全国电力行业“十四五”规划教材
高等教育电气与自动化类专业系列

中国电力教育协会
高校电气类专业精品教材

首批国家级一流本科课程配套教材

电力系统继电保护原理

（第二版）

主　编　焦彦军
副主编　戴志辉
编　写　杨明玉　曹树江　张立港
主　审　李永丽

中国电力出版社
CHINA ELECTRIC POWER PRESS

内 容 提 要

本书为全国电力行业“十四五”规划教材、首批国家级一流本科课程配套教材，并被评为中国电力教育协会高校电气类专业精品教材。

本书以微机保护已经在电力系统获得普遍应用为背景，简要介绍微机保护的硬件构成及基本算法，着重阐明电力系统继电保护的基本理论、分析方法和应用。

本书共分10章，主要介绍了微机保护的硬件构成及基本算法，输电线路的电流保护、功率方向保护、零序电流保护、距离保护、纵联保护的构成原理、分析方法及整定原则，自动重合闸的工作原理及应用，变压器保护、发电机保护和母线保护的构成原理及应用，最后介绍了直流输电系统的保护。

本书可作为高等院校电气工程及其自动化等相关专业本科教材，也可作为高职高专院校电力技术类相关专业教材，同时可供从事继电保护工作的科技人员参考。

图书在版编目（CIP）数据

电力系统继电保护原理/焦彦军主编 .—2 版 .—北京：中国电力出版社，2025.12
ISBN 978-7-5198-7947-1

Ⅰ.①电… Ⅱ.①焦… Ⅲ.①电力系统－继电保护－高等学校－教材 Ⅳ.①TM77

中国国家版本馆 CIP 数据核字（2023）第 118612 号

出版发行：中国电力出版社
地　　址：北京市东城区北京站西街 19 号（邮政编码 100005）
网　　址：http://www.cepp.sgcc.com.cn
责任编辑：乔　莉（010-63412535）
责任校对：黄　蓓　常燕昆
装帧设计：赵姗姗
责任印制：吴　迪

印　　刷：廊坊市文峰档案印务有限公司
版　　次：2015 年 2 月第一版　2024 年 1 月第二版
印　　次：2025 年 12 月北京第四次印刷
开　　本：787 毫米×1092 毫米　16 开本
印　　张：22.75
字　　数：562 千字
定　　价：63.00 元

前　言

《电力系统继电保护原理》第一版自出版以来受到了广大读者的认可，期间经过多次重印，也陆续更正了其中的错漏之处。第二版在部分章节修订的基础上，增加了直流输电系统的保护。

第二版对思考与练习重新进行了梳理，分为三个层次：第一层次为思考题，用于考核初学者对于基本概念、基本原理的理解程度；第二层次为练习题，同学们通过实例分析计算掌握继电保护定值计算、动作行为分析的理论和方法；第三层次为拓展部分，包括历史上曾经出现过的继电保护原理、继电保护装置、特殊问题分析、程序设计与仿真验证及新型电力系统下的新课题，帮助同学们拓展视野，温故知新。

第二版增加的第 10 章直流输电系统的保护由华北电力大学戴志辉编写；感谢华北电力大学的李杭泽、石旭、李东翔、刘宇昂同学，为本章的资料整理、仿真验证贡献了他们的才华。特别感谢教研组的贾文超、王雪老师，对第二版教材的修订提出了很多宝贵的意见和建议，并对部分章节进行了认真细致的校对。

电力系统的不断发展给继电保护带来了新机遇和新挑战，由于作者水平和能力所限，本书定有诸多不足之处，再次恳请广大师生批评指正。

编　者

2023 年 11 月于华北电力大学

第一版前言

微机保护装置在电力系统中已经获得了普遍应用。和基于布线逻辑的传统保护装置不同，微机保护装置的硬件具有通用性，保护的原理依赖软件实现。本书在简要介绍微机保护的硬件构成及基本算法的基础上，重点阐述电力系统继电保护的基本理论、分析方法及其应用。

在本书编写过程中，我们进行了一些尝试，力争从实际出发，紧密和电力系统实际相结合。在概述中对继电保护装置的发展历史及传统保护装置的构成实例进行了简要介绍，在第2章中比较完整地介绍了微机保护的硬件构成，其余章节重点阐述继电保护原理，保护的构成原理大都以逻辑框图的形式进行描述，符合微机保护的特点。本书在重点突出继电保护基本理论的同时，也对其实际应用中需要注意的问题进行了阐述，启发和培养学生全面思考和深入分析问题的能力。每章之后给出了一些思考和练习的题目，有些题目需要学生查阅文献资料，以提高文献阅读和利用的能力；有些题目需要综合利用其他学科的知识，期望在综合利用所学知识解决实际问题方面得到锻炼。

本书共分9章，第1、2、4、5章由焦彦军编写，第3、6章由杨明玉编写，第7、9章由曹树江编写，第8章由张立港编写。全书由焦彦军任主编。

教研组的王雪、贾文超、李翀、戴志辉、王艳、刘青对本书进行了校对与审阅，提出了许多宝贵意见。

本书由天津大学李永丽教授主审，提出了许多修改意见，在此表示衷心感谢。

为了配合电力系统继电保护原理课程的实践教学，我们还编写了《电力系统仿真与继电保护实验指导书》（书号：978-7-5123-6303-8），与本教材配套使用。

限于编者水平，本书定有诸多不足之处，还望广大师生批评指正。

编　者

2014年12月于华北电力大学

本书主要符号表

（一）主要设备、元件的文字符号

元件名称	文字符号	元件名称	文字符号
发电机	G	电流继电器	KA
变压器	T	电压继电器	KV
电动机	M	方向继电器	KW
断路器	QF	时间继电器	KT
电抗器、电感	L	信号继电器	KS
电压互感器	TV	极化继电器	KP
电流互感器	TA	出口继电器	KCO
电抗变换器	UX	防跳继电器	KCF
电流变换器	UA	跳闸位置继电器	KCT
电压变换器	UV	合闸位置继电器	KCC
采样保持器	S/H	自动重合闸	AR
多路转换开关	MUX	熔断器	FU
模数转换器	A/D	绿灯	HG
数模转换器	D/A	红灯	HR
电压频率转换器	VFC	跳闸线圈	YR
中央处理器	CPU	合闸线圈	YO
微控制器	MPU	电阻器	R
数字信号处理器	DSP	晶体管（二极管、三极管）	V
继电器	K	电容器	C

（二）主要电气量、参数的文字符号

文字符号	中文名称	文字符号	中文名称
U	电压	I	电流
u、$u(t)$	电压瞬时值	$u(n)$、$u(nT_s)$	电压序列
i、$i(t)$	电流瞬时值	$i(n)$、$i(nT_s)$	电流序列
E	电动势	P	有功功率
f	频率	Q	无功功率
ω	信号角频率	S	视在功率
X	电抗	$\cos\varphi$	功率因数
R	电阻	Z	阻抗

续表

文字符号	中文名称	文字符号	中文名称
L	电感	K_{rel}	可靠系数
C	电容	K_{SS}	电动机自启动系数
I_{op}	动作电流	K_{er}	电流互感器误差
I_L	负荷电流	K_{np}	非周期分量系数
I_{re}	返回电流	K_{sen}	灵敏系数
I_d	差动电流	K_b	分支系数
I_{res}	制动电流	K_{st}	电流互感器同型系数
I_{unb}	不平衡电流	Δ	突变量
Z_{op}	动作阻抗	A、B、C	用作下标，通常指 A 相、B 相、C 相
ΔZ	工频变化量阻抗	a、b、c	用作下标，通常指 a 相、b 相、c 相
Z_L	负荷阻抗	1、2、0	用作下标，指正、负、零序
R_g	过渡电阻	m	用作下标，指计算(测量)量
φ_k	线路阻抗角	N	用作下标，指额定值
T	时间、周期	Ⅰ、Ⅱ、Ⅲ	用作上标，指Ⅰ段、Ⅱ段、Ⅲ段
Δt	时间级差	|0|	用作下标，指故障前的量
k	故障位置，作为下标指故障点处的量	set	用作下标，指整定值
max	最大	$\delta(n)$	单位抽样序列
K_{jx}	继电器接线系数	$h(n)$	单位抽样响应
φ_{sen}	最大灵敏角	$H(Z)$	系统函数
t	时间	$H(e^{j\omega T_s})$	离散系统频率响应
n_{TV}	电压互感器的变比	$\|H(e^{j\omega T_s})\|$	离散系统幅频响应
n_{TA}	电流互感器的变比	T_s	采样周期
n_T	变压器的变比	f_s	采样频率
min	最小	Ω_s	采样角频率
K_{re}	返回系数		

（三）保护原理逻辑框图中常用图形符号

元件名称	图形符号
元件	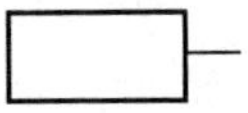
	示例： （1）阻抗Ⅰ段 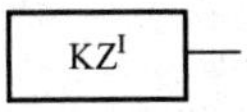 （2）启动元件  （3）电流速断元件 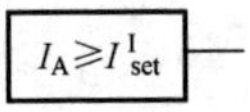
时间元件	示例： （1）瞬时启动延时返回时间元件 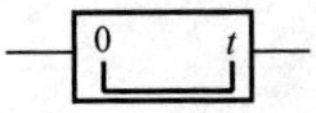 （2）延时启动瞬时返回时间元件 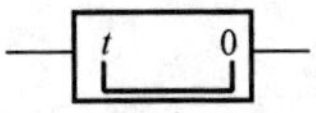 （3）延时启动延时返回时间元件 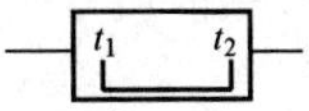 （4）时间保持元件 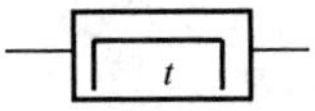
逻辑元件	示例： （1）或 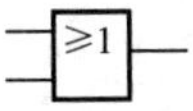 （2）与 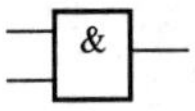 （3）非（否） 
投退控制开关	是否经1输入控制 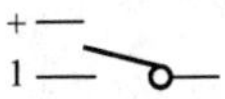
继电器	示例：功率方向继电器 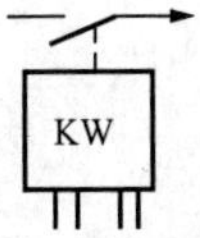 示例：过电压继电器 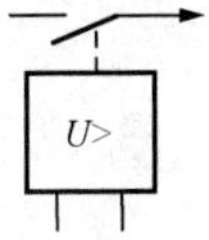
触点	（1）动合触点（常开触点）  （2）动断触点（常闭触点） 

目 录

前言
第一版前言
本书主要符号表

第1章 概述 …… 1
1.1 电力系统继电保护的作用 …… 1
1.2 继电保护原理与继电保护装置 …… 2
1.3 电力系统对继电保护的要求 …… 6
1.4 继电保护装置接入电力系统 …… 8
思考与练习 …… 9

第2章 微机保护基础 …… 12
2.1 引言 …… 12
2.2 微机保护的硬件构成 …… 13
2.3 离散时间系统基本概念 …… 39
2.4 微机保护的基本算法 …… 49
思考与练习 …… 53

第3章 电网的电流保护 …… 55
3.1 单侧电源网络相间短路的电流保护 …… 55
3.2 双侧电源网络相间短路的方向性电流保护 …… 71
3.3 中性点直接接地电网中接地短路的零序电流及零序方向保护 …… 81
3.4 中性点非直接接地系统中单相接地故障的保护 …… 91
思考与练习 …… 97

第4章 电网的距离保护 …… 103
4.1 距离保护的基本工作原理 …… 103
4.2 阻抗元件的测量阻抗 …… 104
4.3 单相式阻抗元件 …… 111

4.4　第Ⅱ类阻抗元件 …… 118
4.5　工频变化量的阻抗元件 …… 125
4.6　距离保护的定值计算 …… 130
4.7　影响距离保护正确动作的因素 …… 137
思考与练习 …… 148

第5章　输电线路纵联保护 …… 154
5.1　纵联保护的作用与分类 …… 154
5.2　电流差动保护 …… 156
5.3　方向纵联保护 …… 169
5.4　行波保护 …… 174
5.5　高频保护简介 …… 180
思考与练习 …… 185

第6章　自动重合闸 …… 189
6.1　自动重合闸的作用、分类及要求 …… 189
6.2　自动重合闸的构成原理 …… 192
6.3　输电线路的三相自动重合闸 …… 194
6.4　输电线路单相自动重合闸 …… 199
6.5　自动重合闸与保护的配合 …… 205
6.6　断路器保护 …… 208
思考与练习 …… 209

第7章　变压器保护 …… 212
7.1　变压器的故障、异常状态及保护配置 …… 212
7.2　变压器纵差保护 …… 213
7.3　变压器励磁涌流及其鉴别方法 …… 225
7.4　变压器相间故障的后备保护 …… 231
7.5　变压器接地短路的后备保护 …… 236
7.6　变压器过负荷、过励磁保护 …… 242
7.7　变压器瓦斯保护 …… 244
思考与练习 …… 245

第8章　发电机保护 …… 248
8.1　发电机的故障、异常状态及保护配置 …… 248
8.2　发电机纵联差动保护 …… 254
8.3　发电机匝间短路保护 …… 259
8.4　发电机定子绕组单相接地保护 …… 264
8.5　发电机转子接地保护 …… 271
8.6　发电机失磁保护 …… 273

8.7　发电机异常工况保护 …… 282
思考与练习 …… 287

第9章　母线保护 …… 290
9.1　母线保护的配置原则及对母线保护的要求 …… 290
9.2　母线保护工作原理 …… 291
9.3　母线保护的应用 …… 294
9.4　断路器失灵保护 …… 299
思考与练习 …… 300

第10章　直流输电系统的保护 …… 304
10.1　直流输电系统简介 …… 304
10.2　直流输电控制保护系统概述 …… 313
10.3　交流侧的保护 …… 321
10.4　换流器区的保护 …… 325
10.5　极区、双极区和直流滤波器的保护 …… 337
10.6　直流输电线路保护 …… 343
思考与练习 …… 348

参考文献 …… 350

第1章 概 述

1.1 电力系统继电保护的作用

电力系统是由发电、变电、输电、配电、用电及其他辅助设备按规定的技术和经济要求组成的，将一次能源转换为电能并输送和分配到用户的一个统一系统。其任务是向用户提供充足、可靠、合格和廉价的电能，主要特点体现在整个电力系统在电磁上是互相耦合和连接的，发、变、输、配、用在同一瞬间完成。

电力系统正常运行时，所有运行设备的电流、电压及频率在允许的范围内。电力系统的合理设计、运行过程中的正确操作和良好维护是维持电力系统正常运行状态的有力保障。然而，电力系统不可避免地会受到各种扰动的影响，在遭受大的干扰（或故障）时，表现为电力系统偏离正常的运行方式，电力供需失去平衡，某些保证系统安全性的约束条件受到破坏；并且由于电力系统的电压和频率超过或低于允许值，直接影响对负荷的正常供电。如果不及时采取措施，会使系统的运行条件进一步恶化，或者使故障扩大和发展，从而有可能使系统失去稳定而解列为几个子系统，大量切除负荷及发电机组，导致大面积的停电，甚至全系统的崩溃。

由于自然力的破坏、绝缘老化、设计制造潜在的缺陷以及维护和操作不当等因素，电力系统中运行的设备发生故障是不可避免的。常见的故障包括短路和断线，对系统和设备影响最大的是各种类型的短路故障。短路故障除了对系统可能造成严重后果外，对电气设备的危害表现为：

(1) 短路点电弧使设备过热，甚至燃烧和爆炸，造成故障设备的损坏程度加重。

(2) 由于电力系统在电磁上是互相耦合和连接的，故障电流流过非故障设备时，由于发热和电动力的作用，可能引起它们的损坏或降低使用寿命。

此外，构成电力系统的设备，由于受电网运行方式或网络结构变化的影响，可能出现超过额定参数的情况，虽然未发生故障，但设备却处于不正常运行状态。例如，系统中因功率缺额出现的频率降低，发电机突然甩负荷而产生的过电压，电气设备非计划停运引起其他设备过负荷，电力系统振荡等，同样危及设备的安全，有可能发展成故障。

一旦电力系统运行的设备发生故障，应当自动迅速地将故障设备从系统中隔离出来，并最大限度地减小对非故障设备的影响，减小停电范围。完成这一任务的装置被称为继电保护装置。实践证明，只有对所有的电气设备配备了原理完善的保护装置，才能达到这一要求。继电保护装置就是通过对电气设备的电气量或非电气量测量，识别其处于故障或异常状态，并动作于跳闸或发出信号的一种装置。其基本任务是：

(1) 自动、迅速、有选择性地将故障设备从电力系统中切除，使故障的设备免于继续遭受破坏，保证其他无故障部分迅速恢复正常运行。

(2) 反应电气设备的不正常运行状态，并根据运行的维护条件（例如有无经常值班人员），而动作于发出信号、减负荷或跳闸。此时一般不要求保护迅速动作，而是根据对电力系统及设备的危害程度规定一定的延时，以免不必要的动作和由于干扰而引起的误动作。

(3) 随着微机型继电保护装置的普遍应用及自动化水平的普遍提高，要求保护装置应该具备事件记录和网络通信等功能。

1.2 继电保护原理与继电保护装置

1. 继电保护原理

继电保护原理的研究内容包括：分析电气设备可能发生的故障类型及不正常运行状态；当电气设备内部发生某种类型的故障时，分析其不同于系统正常运行时的故障特征；研究如何利用这些故障特征实现对设备所处状态的识别。

以输电线路为例，其常见的故障类型包括单相接地短路和相间短路。当发生各种短路时，短路电流较负荷电流会增大；对于中性点直接接地电网，当发生不对称接地短路时会产生零序电流。利用上述特征，可以构成电流保护、零序电流保护等。

用于构成保护原理的电气量被称为故障特征量。除相电流、零序电流这样的单一电气量外，故障特征量还可以是多个电气量的组合量，如距离保护、差动保护及各种方向保护就是利用了电压、电流之间的比值特征或相位差特征。

在研究利用故障特征量构成保护原理时，特别注意以下两点：

(1) 电力系统中的设备不是孤立运行的，某一设备故障时所产生的故障特征量往往在非故障设备上同样存在。

(2) 当系统运行方式发生变化时，同样的故障表现出的故障特征量可能不同。

由于电力系统的复杂性及电气设备故障形态的多样性，导致了继电保护原理的复杂性。

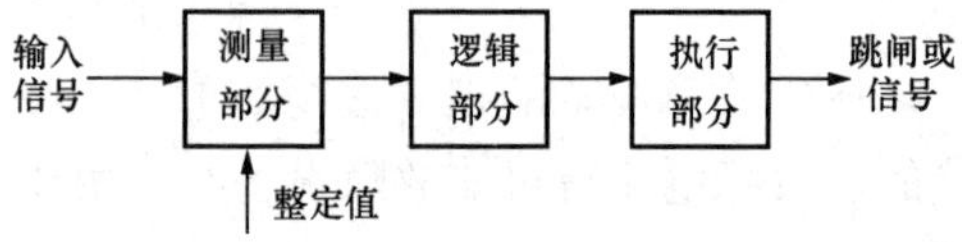

图 1-1 继电保护装置原理结构图

2. 继电保护装置

各种继电保护原理只有在构成继电保护装置后，并在电力系统中应用才能发挥作用。继电保护装置一般由测量部分、逻辑部分和执行部分组成，如图 1-1 所示。

(1) 测量部分。测量来自被保护设备的电气量或非电气量，并与给定的整定值进行比较，根据比较的结果给出“是”“非”“大于”“不大于”“等于”“0”或“1”的一组逻辑信号，从而判断保护是否应该启动，并作为逻辑部分的输入。

继电保护定值整定是继电保护原理的重要内容，整定值是否正确关系到继电保护能否正确动作。继电保护定值整定总的原则是满足电力系统对继电保护的要求，它是一项复杂而需要认真对待的重要工作。

(2) 逻辑部分。根据测量部分输出量的大小、逻辑状态及出现的时间顺序，并考虑其他给定的或可测量到的限定条件，最终确定是否应该使断路器跳闸或发出信号，并将有关命令传送到执行部分。

(3) 执行部分。执行来自逻辑部分的命令，或动作于跳闸或动作于发信号。继电保护的输出通常是继电器的空触点，动作于跳闸的触点接入跳闸回路，动作于信号的触点接入信号回路。

【例1-1】　图1-2（a）为电磁型电流继电器的结构示意图。继电器包括由铁心、空气隙和可活动舌片组成的磁路，在铁心上绕有线圈，舌片上有动触点，继电器内有固定的静触点，弹簧的作用是试图阻止舌片的移动。

当线圈中通过电流时，线圈中产生的磁通在气隙的两侧产生电磁吸力，试图吸引舌片向左移动。当电流足够大，产生的电磁吸力克服弹簧产生的阻力时，继电器动作，触点闭合，此时称继电器动作。当电流减小，当弹簧的作用力大于电流产生的电磁吸力时，舌片将向右移动至未动作状态，此时称继电器返回。能使继电器动作的最小电流值，称为继电器的动作电流或启动电流，以 I_{op} 表示；能使继电器返回的最大电流值，称为继电器的返回电流，以 I_{re} 表示。返回电流与动作电流之比，称为继电器的返回系数，即

$$K_{re}=\frac{I_{re}}{I_{op}} \tag{1-1}$$

显然，过电流继电器的返回系数恒小于1。在实际应用中，通常要求有较高的返回系数，如0.85～0.9。其大小和继电器的结构、制造工艺及所采用的材料有关。

分析继电器的动作过程，存在三个力矩：电磁吸力产生的力矩 M_e 试图使继电器动作，弹簧的反作用力产生的力矩 M_s 试图阻止继电器动作，摩擦力产生的力矩 M_f 与运动的方向相反。当继电器通入电流 I_m 时，继电器的动作条件为

$$M_e=M_{op}=k\frac{I_m^2}{\delta^2}\geqslant M_s+M_f \tag{1-2}$$

继电器的返回条件为

$$M_e=M_{re}=k\frac{I_m^2}{\delta^2}\leqslant M_s-M_f \tag{1-3}$$

式中：δ 为气隙的长度；k 为比例常数，M_{op}、M_{re} 分别为继电器动作及返回过程中的电磁转矩。

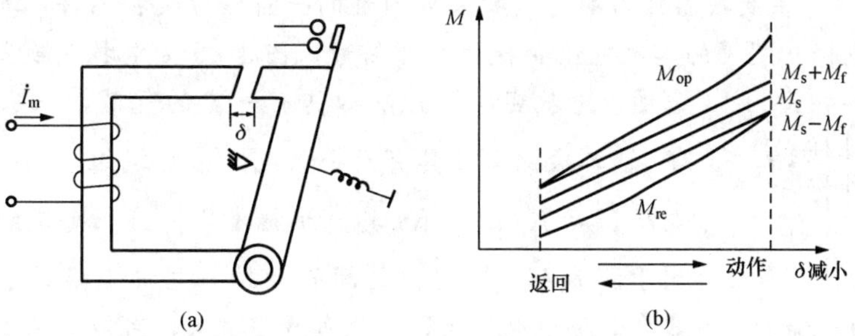

图1-2　电磁性电流继电器的原理结构和转矩曲线图

（a）电流继电器原理结构图；（b）电流继电器转矩曲线图

图1-2（b）示出了继电器动作及返回过程的三个力矩的变化过程。当继电器动作后，随着 δ 的减小，使继电器动作的电磁力矩 M_{op} 将恒大于 M_s+M_f，继电器在动作过程中，不可能停留在某个中间位置上。当继电器返回过程中，随着 δ 的增大，M_s-M_f 恒大于继电器返回时的电磁力矩 M_{re}。由此可见，继电器无

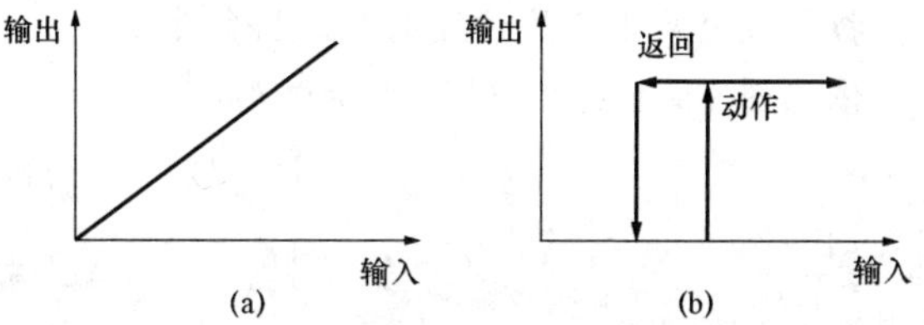

图1-3　测量仪表和继电器的输入/输出特性

（a）测量仪表的输入/输出特性；

（b）继电保护的输入/输出特性

论动作和返回都是干脆的，这种特性被称之为“继电特性”。图 1 - 3 示意了测量仪表和继电器的输入/输出特性的区别。

【例 1 - 2】 图 1 - 4 是 LG - 11 型功率方向继电器的构成原理示意图。它由电压形成回路、比较回路和执行回路构成。图中 UX 为电抗变换器，UV 为电压变换器，BZ1 及 BZ2 为桥式整流电路，KP 为极化继电器。

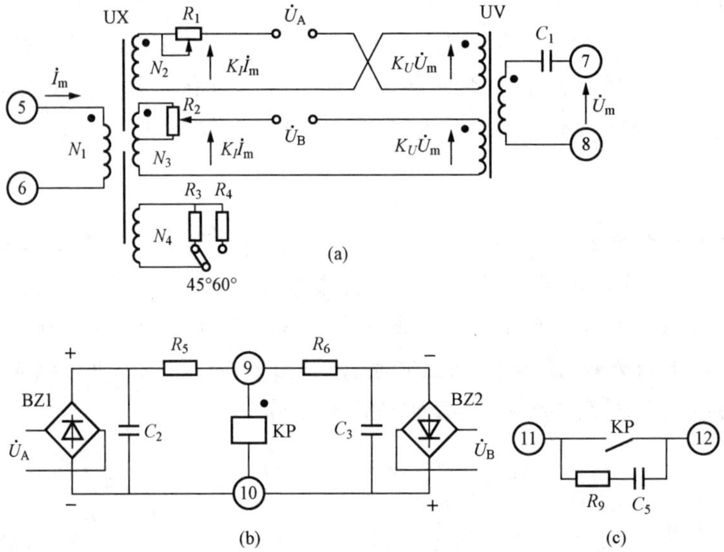

图 1 - 4 LG - 11 型功率方向继电器构成原理示意图

(a) 电压形成回路；(b) 比较回路；(c) 执行回路

图 1 - 4 中，电抗变换器作为继电保护装置内部的一种信号变换器件，其作用是将电流互感器引入继电保护装置的二次电流变换为电压信号。图 1 - 5 为电抗变换器的工作原理示意图。电抗变换器的铁心具有一定的气隙，一次绕组加入电流 $\dot{I}_m$，二次侧通常具有两个（或三个）绕组，一个绕组用作输出电压 $U_2=K_I\dot{I}_m$，K_I 具有阻抗量纲，另一个绕组接入可调电阻用于调节 $\dot{U}_2$ 与 $\dot{I}_m$ 之间的相位。电抗变换器不同于电流互感器，其励磁电流大，二次负载阻抗大，可以认为处于开路工作状态。电压变换器 UV 的工作原理和变压器相同。

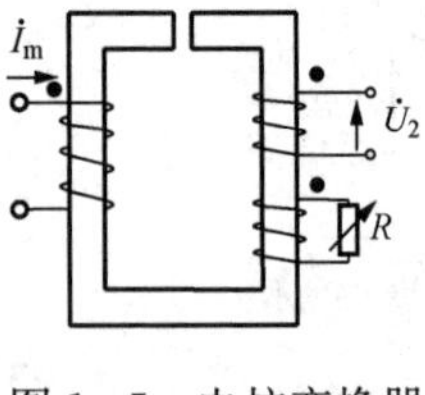

图 1 - 5 电抗变换器工作原理示意图

电压形成回路形成的电压经整流后，加到均压式幅值比较回路。极化继电器 KP 是该继电器的执行元件。

依据图 1 - 4 (a)、(b) 所示电路有

$$|\dot{U}_A| = |K_U\dot{U}_m + K_I\dot{I}_m|$$

$$|\dot{U}_B| = |K_U\dot{U}_m - K_I\dot{I}_m|$$

继电器的动作条件是

$$|K_U\dot{U}_m + K_I\dot{I}_m| \geqslant |K_U\dot{U}_m - K_I\dot{I}_m| \tag{1-4}$$

式 (1 - 4) 是该继电器的幅值比较式动作方程。该式可以转化为式 (1 - 5) 或式 (1 - 6) 所

示的相位比较式动作方程。显然该继电器是比较被测量电压和电流相位关系的一种继电器，用于判断故障发生的方向，因此称之为方向继电器。

$$-90^{\circ} \leqslant \arg \frac{K_U \dot{U}_{\mathrm{m}}}{K_I \dot{I}_{\mathrm{m}}} \leqslant 90^{\circ} \tag{1-5}$$

即

$$-(90^{\circ}+\alpha) \leqslant \arg \frac{\dot{U}_{\mathrm{m}}}{\dot{I}_{\mathrm{m}}} \leqslant 90^{\circ}-\alpha \tag{1-6}$$

其中，$\alpha=\arg K_U-\arg K_I$，习惯上称之为功率方向继电器的内角。

由以上两个例子可以看出，继电器是依赖于电路设计实现了特定的功能（保护原理）。一套完整的继电保护装置通常包含一个或若干个各类继电器，多个继电器按一定的逻辑关系连接在一起，实现继电保护的功能要求。

【例 1-3】 三段式电流保护的原理接线如图 1-6 所示。该保护的构成包含了多个电流继电器（KA）、时间继电器（KT）、信号继电器（KS）和出口继电器（KCO）。请读者自己分析其构成原理和动作过程。

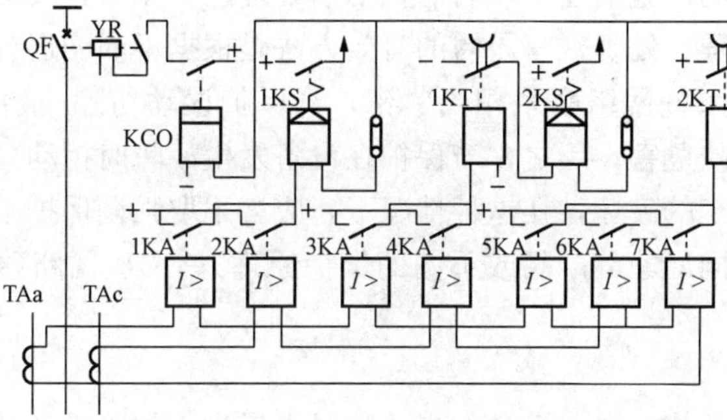

图 1-6 三段式电流保护的原理接线

回顾继电保护装置的发展历史，作为一门应用技术的学科，保护装置的结构型式和制造工艺紧紧跟随了相关学科的技术进步。20 世纪 50 年代以前的继电保护装置都是由电磁型、感应型或电动型继电器组成。这些继电器都具有机械转动部分，统称为机电式继电器。20 世纪 50 年代，由于半导体晶体管的发展，出现了晶体管式的继电保护装置。这种保护装置体积小、功率消耗低、动作速度快、无机械转动部分，称为电子式静态保护装置。随着集成电路技术的发展，20 世纪 80 年代后期出现了集成电路式的继电保护装置，被称为第二代静态保护装置。随着大规模集成电路和微处理器技术的发展，同样是 20 世纪 80 年代后期，出现了第三代静态式继电保护装置——微机型继电保护装置（简称微机保护装置）。截至目前，它已经成为电力系统应用最普遍的继电保护装置。

微机保护装置以前的继电保护装置的共同特点是继电保护原理和继电保护装置是密不可分的，继电保护原理的实现遵循了布线逻辑设计的原则，原理的实现依赖于继电器的逻辑连接或电路的设计。微机保护装置具有硬件和软件，通常软件实现的是继电保护原理，同样的硬件，运行不同的程序可以实现不同的保护原理，不同保护原理可以在一套装置中同时采用。

1.3 电力系统对继电保护的要求

继电保护装置、接入继电保护装置的交流回路、继电保护装置作用于开关或信号的控制回路以及与调度实现通信的网络共同构成了继电保护系统，是电力系统不可缺少的子系统，承担着切除故障设备和支撑电力系统安全运行的重要任务。对动作于跳闸的继电保护装置，在技术上一般应满足四项基本要求，即可靠性、选择性、速动性和灵敏性。

1. 可靠性

继电保护装置的可靠性是指只能在事先规定需要它动作的情况下动作，而在其他一切不需要它动作的情况下都不动作。前者称之为可依赖性，后者称之为安全性。通常在继电保护装置应该动作时却不动作，称保护发生了拒动，而在保护不该动作时却动作，称保护发生了误动。

继电保护装置的拒动和误动都会给电力系统造成危害，然而为了确保保护不误动或不拒动，对同一保护装置所采取的措施往往是矛盾的，如何处理这一矛盾，贯穿于继电保护装置的设计、配置和整定的全过程。处理这一矛盾的有效方法是根据不同的运行条件突出某一方面要求。例如，220kV 受端系统网络联系相当紧密，当保护误动切除一条线路或一台变压器时，不至于对系统造成大的危害；反之，若保护在设备发生故障时拒动，将会引起电气设备的损坏或引起电力系统稳定的破坏，在这种情况下，应当采取强调保护不拒动的可靠性措施，例如配置两套保护（不同厂家的产品或不同的保护原理），二次回路独立，采取各自跳闸的方式。

2. 选择性

继电保护装置的选择性是指在电气设备发生故障时由最靠近故障设备的继电保护装置动作切除故障。为了确保保护动作的选择性，应重视继电保护装置的配置及其系统设计，并在此基础上对保护的动作值进行合理的整定。整定计算的原则是越靠近故障点的保护越灵敏，动作时间越短，两者缺一不可。DL/T 559—2018《220～750kV 电网继电保护装置运行整定规程》和 DL/T 584—2017《3～110kV 电网继电保护装置运行整定规程》是继电保护人员工作中遵循的标准。

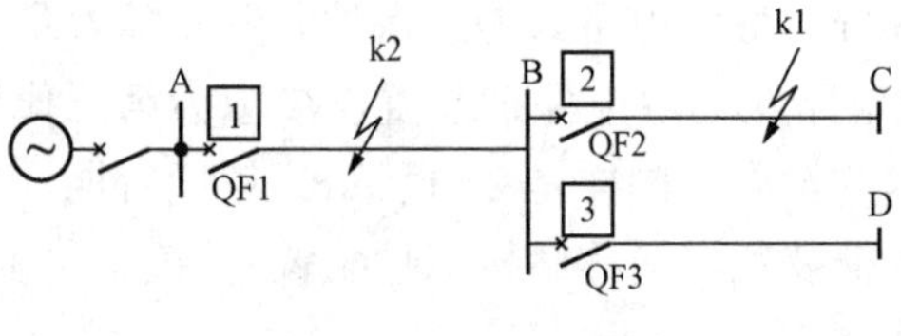

图 1-7　单侧电源线路有选择性保护动作说明

电力系统中的电气设备都应配置完善的继电保护装置，不允许在没有保护的状态下运行。每个继电保护装置都有明确的保护对象，即都有明确的和所限定的保护范围。以图 1-7 给出的单侧电源线路为例，线路 AB、BC、BD 都配置了继电保护装置。

当 BC 线路 k1 点发生短路时，应由保护 2 动作跳开断路器 QF2 切除故障，保护 2 的保护对象是 BC 线路。当 AB 线路 k2 点发生短路时，应由保护 1 动作跳开断路器 QF1 切除故障，保护 1 的保护对象是 AB 线路。同样保护 3 的保护对象是 BD 线路。但当 BC 线路 k1 点发生短路时，由于某种原因（保护 2 拒动或断路器失灵）而断路器 QF2 不能跳闸时，如何切除故障呢？

方法之一：由上一级线路的保护 1 动作跳开断路器 QF1 切除故障。同样是切除故障，但停电范围扩大了。如果 k1 点短路时，保护 2 拒动，但保护 1 动作切除了故障，并没有失去选择性，前提是保护 2 确实不能动作或断路器失灵。保护 1 起到了保护 2 的后备保护的作用。由于这种后备保护的作用是在上一级线路保护中实现的，所以称为远后备保护。

方法之二：为同一电气设备装设两套保护。一套为主要的保护，称为主保护；另一套为后备保护，由于是在同一地点装设的，所以称之为近后备保护。对于复杂的高压电网，当采用远后备保护动作切除故障不能满足电力系统的要求时，就需要采用近后备保护。例如，当断路器失灵时，可使与该断路器连接在同一母线上的其他所有断路器跳闸来切除故障，实现这一功能的保护称为断路器失灵保护。

3. 速动性

继电保护的速动性是指尽可能快地切除故障，以减少电气设备在大电流、低电压情况下的运行时间，降低电气设备的损害程度，同时提高电力系统并列运行的稳定性。由于保护装置本身动作的快速性与选择性及可靠性存在矛盾，实际上略微延长一点保护的动作时间，往往显著提高保护动作的可靠性。因此，只有在确保保护动作可靠性的前提下，尽可能地提高保护的动作速度。在高压电网中，主保护的动作时延应能够满足电力系统暂态稳定的要求。下面列举了一些必须快速切除的故障。

（1）根据维持电力系统稳定的要求，必须快速切除的故障。

（2）使发电厂或重要用户的母线电压低于允许值（一般为 0.7 倍额定电压）的故障。

（3）大容量的发电机、变压器内部发生的故障。

（4）可能危及人身安全、对通信系统或铁路信号系统造成强烈干扰的故障。

需要指出的是，故障切除时间等于保护的动作时间与断路器的分闸时间之和。保护的动作时间由保护的固有动作时间和人为延时构成。对于没有人为延时的快速保护，最快可在故障发生后几毫秒内动作，一般在几十毫秒以内，特殊情况下可以达到 100ms 以上。断路器的分闸时间一般为 60～120ms，分闸时间小于 60ms 的断路器称为快速断路器。在电网的规划设计中，通常进行严重故障条件下的故障切除极限时间校验，以提出切除故障的时间要求。

4. 灵敏性

继电保护装置的灵敏性，是指对于保护范围内发生故障的识别能力，通常用灵敏系数来表示。当电气设备发生故障时，存在不利于保护动作的因素，如电力系统当前的运行方式、故障的位置、故障的类型以及故障点可能存在过渡电阻等。一般用所限定的保护范围内，发生最不利于保护动作的金属性短路来校验保护的灵敏系数，并提出一定的要求。在 GB 14285—2006《继电保护和安全自动装置技术规程》中，对各类保护的灵敏系数都作了具体的规定，一般要求在 1.2～2 范围之内。

保护的灵敏性越高，保护的可依赖性越高，但与保护的安全性相矛盾。

综上所述，在电力系统对继电保护装置的四项要求中，可靠性最重要，选择性是关键，速动性应满足要求，灵敏性必须足够高。它们之间既有矛盾的一面，又在一定条件下达到统一。深刻理解这四项要求的辩证统一关系，是学习电力系统继电保护原理的一把金钥匙。继电保护领域的科学研究、设计、制造和运行的绝大部分工作都是围绕如何处理好这四项基本要求进行的。

1.4 继电保护装置接入电力系统

电压互感器（TV）将一次侧的高电压变换成二次侧的低电压，电流互感器（TA）将一次侧的大电流变换成二次侧的小电流，然后引入继电保护装置。电力系统中的电压和电流一般为交流量，称接入继电保护装置的电压和电流回路为二次交流回路。保护装置动作输出的是若干继电器的空触点，用于跳闸的触点接入跳闸控制回路，用于发信号的触点接入信号回路，同时还提供了远动或故障录波使用的触点。信号回路和控制回路通常为220V或110V的直流回路。

如图1-8所示，当变压器发生故障时，变压器保护动作跳开QF1和QF2切除故障；当母线发生故障时，母线保护动作跳开与该母线相连的所有设备的断路器；当线路发生故障时，线路保护动作跳开QF3。

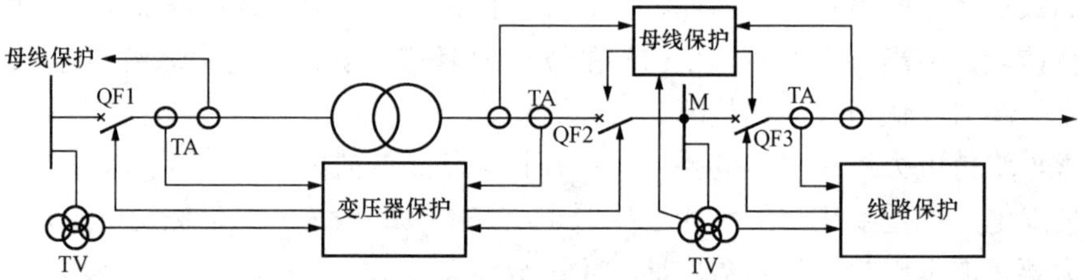

图1-8 继电保护装置接入电力系统示意图

电流互感器通常有若干个二次绕组，其数量、铁心类型和准确度等级应满足继电保护装置和测量仪表的要求。保护用电流互感器的配置应注意避免出现保护死区。按图1-8所示的变压器保护、母线保护、线路保护与电流互感器的二次绕组进行接线，不会出现两个绕组之间发生故障失去保护的问题。

电压互感器的配置与电气主接线有关，具体可参考电气主接线设计的有关文献。220kV及以上电压等级的电压互感器，为了降低成本采用电容式电压互感器，电压互感器通常有三个二次绕组，两个主二次绕组接成星形，一个供测量表计和保护用，另一个供保护用，再一个绕组接成开口三角形供接地保护用。

图1-9是线路保护装置接入电力系统的交流回路示意图。该保护装置共引入了9路模拟量，从安装在母线上的电压互感器引入的三相电压和开口三角形引入的零序电压，从线路侧安装的单相式电压互感器引入的线路抽取电压，从电流互感器引入的三相电流，以及它们封在一起形成的零序电流。在继电保护装置内部，根据测量的电压、电流或它们的组合量，判断被保护的线路是否发生故障；当判断发生故障时，驱动内部继电器动作，跳闸触点闭合，使断路器跳开，从而切除故障。

断路器的控制方式可分为强电控制和弱电控制，更多内容可参考电气主接线设计的有关文献。图1-10为强电控制的断路器控制回路原理接线图。继电保护装置的跳、合闸触点分别接入断路器的跳、合闸控制回路。

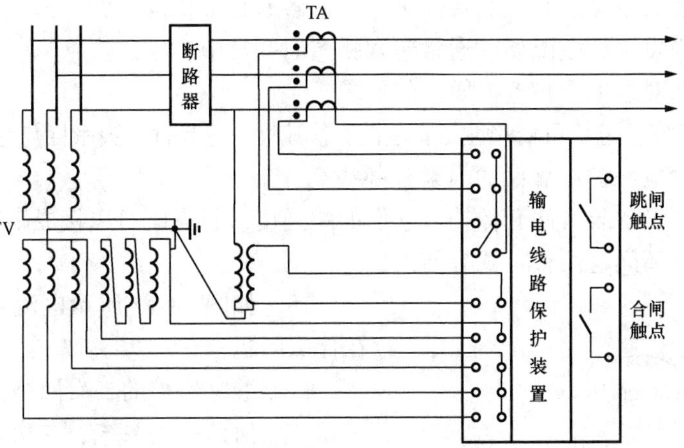

图 1-9　输电线路保护装置接入系统的交流回路

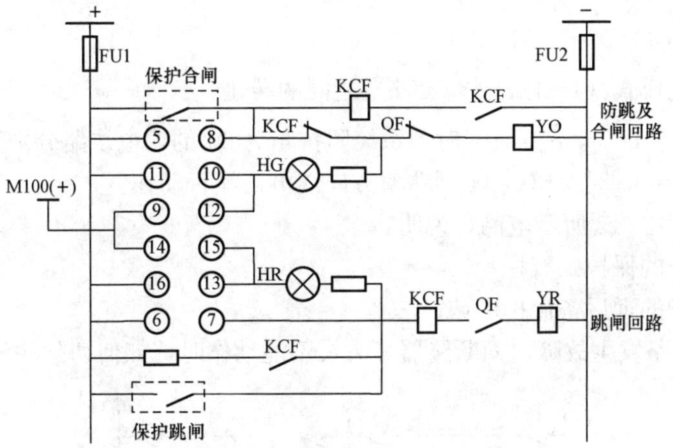

图 1-10　断路器控制回路原理接线

思考与练习

思考

1.1　单回输电线路可能发生的故障类型有哪些？可能存在哪些不正常运行状态？

1.2　过电流和过负荷是常见的异常运行状态，请说明它们的异同点。

1.3　根据单回输电线路发生故障时的故障特征可以构成哪些保护原理？

1.4　继电保护装置的构成通常包含哪三部分？各部分的作用是什么？

1.5　何谓过电流继电器的动作电流、返回电流和返回系数？

1.6　何谓继电器的“继电特性”？

1.7　图 1-2 所示的电流继电器，其动作值如何进行调整？

1.8　按照年代顺序说明继电保护装置的发展历程。

1.9　不同年代的继电保护装置的主要特征是什么？

1.10　何谓近后备保护和远后备保护？它们各有什么优缺点？

1.11　从故障发生到故障切除通常包含哪些时间环节？

1.12　为什么对继电保护有灵敏性的要求？

1.13　请通过实例分析可依赖性与安全性、快速性与选择性、灵敏性与选择性之间的矛盾？

1.14　影响继电保护可靠性的因素有哪些？

1.15　某电气设备装有两套保护，它们的跳闸出口触点既可以接成串联的形式，也可以接成并联的形式。请问这两种方式有何区别？

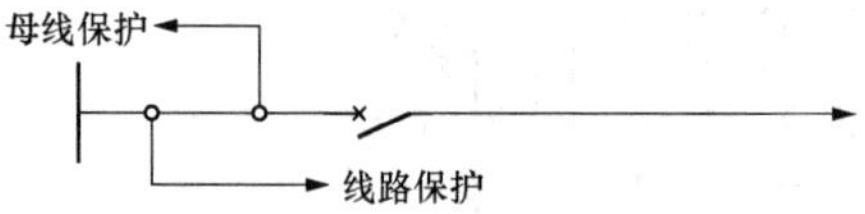

图 1-11　题 1.16 图

1.16　如图 1-11 所示电流互感器的配置方案存在什么问题？

1.17　继电保护的二次回路指的是什么？

1.18　何谓一次系统、二次系统？它们之间是什么关系？

练 习

1.19　尝试完成式（1-4）、式（1-5）之间的转化。

1.20　当 $\dot{U}_{\mathrm{m}}=\dot{U}_{\mathrm{AB}}$，$\dot{I}_{\mathrm{m}}=\dot{I}_{\mathrm{C}}$ 时，系统阻抗角为 60°的输电线路分别发生正方向和反方向三相短路，若 $\alpha=30°$时，LG-11 型功率方向继电器能否动作？

1.21　针对图 1-12 所示电网，说明：

（1）各个保护的保护区域；

（2）每个保护的远后备保护区域；

（3）当 BC 线路发生故障，而断路器 3 失灵不能动作时，如何切除故障？

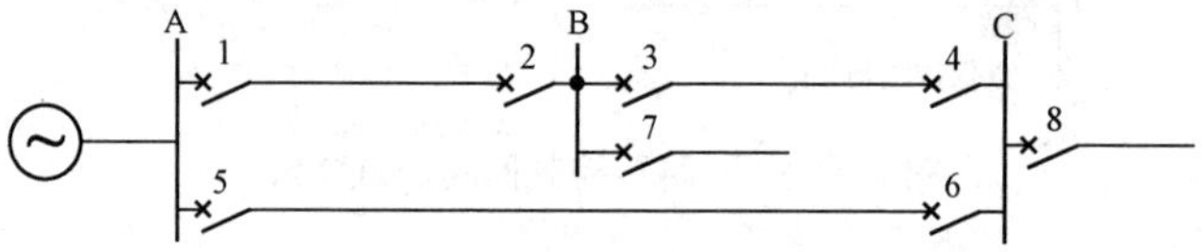

图 1-12　题 1.21 图

1.22　图 1-13 所示电网，保护 1～保护 7 为各线路的保护，保护 8 为发电机保护，保护 9 为变压器保护，保护 10、11 分别为母线 P 和母线 N 的保护，各断路器均装设有失灵保护。试分析：

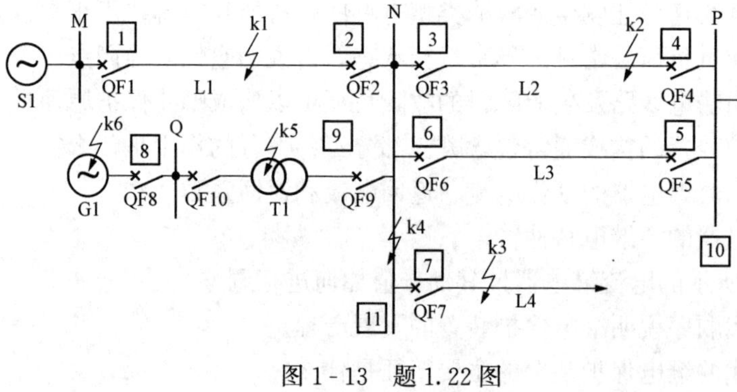

图 1-13　题 1.22 图

(1) 在保护和断路器都正常的情况下，k1、k2、k3、k4、k5、k6 点故障时按选择性的要求哪些保护应动作，分别跳开哪些断路器？

(2) k4 点故障时，如果 QF2 拒动，哪个保护应动作将故障切除？

(3) k1 点故障时 QF2 拒动，哪些保护会动作将故障切除？

(4) k1 点故障时保护 2 拒动，哪些保护会动作将故障切除？

拓展

1.23　分析如图 1-14 所示电路工作原理，并说明该电路在继电保护装置中可能的作用。图中"1"为高电平，"0"为低电平。

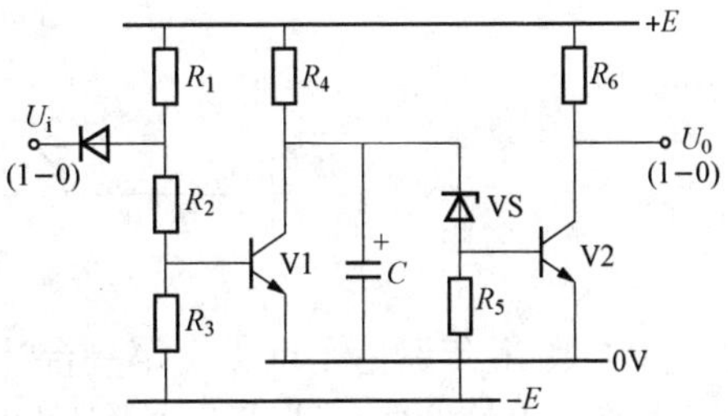

图 1-14　题 1.23 图

1.24　分析如图 1-15 所示电路的工作原理，合理选择元件参数，使该电路为负序滤过器。

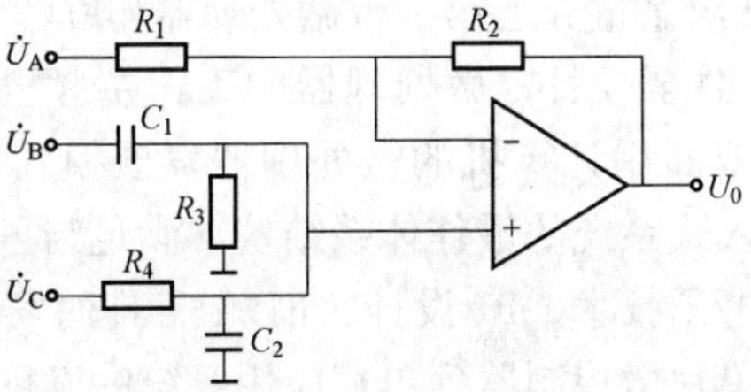

图 1-15　题 1.24 图

1.25　查阅文献资料，列举世界范围内电力系统发生的一些重大事故，说明其发生的时间、原因、影响范围以及应当吸取的教训。

第 2 章 微机保护基础

2.1 引　　言

自从 1946 年诞生了世界上第一台计算机以来，伴随着半导体技术和大规模、超大规模集成电路技术的发展，计算机技术的发展突飞猛进，计算机被广泛应用于科学技术、生产和生活的各个领域。早在 20 世纪 60 年代中后期，一些学者开始进行继电保护装置微机化的研究。当时有人提出用一台或两台小型计算机实现整个变电站继电保护的设想，但是由于经济、技术及可靠性诸多方面的原因，没有取得实际应用；然而由此开始的计算机继电保护计算方法的大量研究，为微机保护获得实际应用奠定了理论基础。

1971 年，INTEL 公司推出了世界上第一台微处理器 4004。它是用于计算器的 4 位微处理器，含有 2300 个晶体管。时至今日，微处理器的工作主频已达上吉（G）赫兹，内部集成有上亿个晶体管。与民用或商用计算机的微处理器发展模式不同，在工业自动化控制领域，主要是寻求单片形态嵌入式系统的最佳体系结构，满足与各种外围电路的接口需要，强调智能化控制能力。随着微电子技术、IC 设计、EDA 工具的发展，应用于工业控制领域的微处理器经历了从单片机、单片微控制器到单片应用系统的发展之路。正是随着微处理器技术的发展，微机保护从 20 世纪 70 年代后期开始，逐渐在电力系统中获得应用。

微机保护的构成如图 2-1 所示。一般而言，它包含数据采集系统（DAS）、保护微机系统和数字量输入/输出系统三部分，其中管理微机系统主要用于人机交互，也归于数字量的输入/输出系统部分。

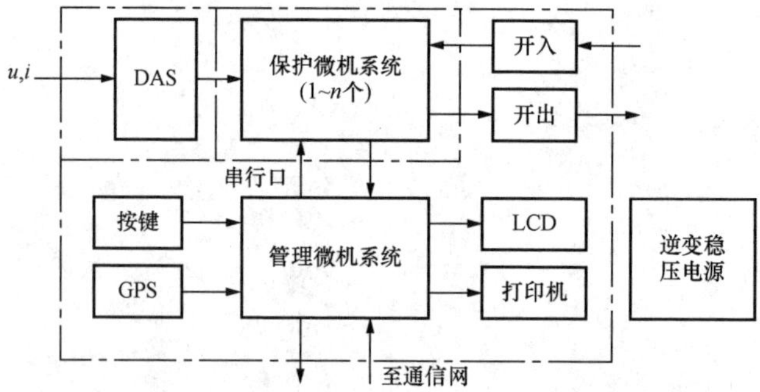

图 2-1　微机保护装置的硬件构成框图

数据采集系统将电流互感器和电压互感器的二次模拟信号转换为数字信号，便于保护微机系统进行数字处理与运算。保护微机系统是以微处理器为核心，与各种存储器、接口电路和其他辅助电路构成的计算机系统，依赖编制的完整程序，实现保护所应具备的各种保护原理及其他辅助功能。数字量输入/输出系统包含了开关量输入、开关量输出以及人机交互所需要的电路。

微机保护装置与常规保护装置相比具有以下特点：

(1) 常规保护装置遵循布线逻辑设计，保护的功能完全依赖于硬件，而微机保护除硬件外，还必须具备相应的软件，便于实现智能化。

(2) 常规保护装置的完好性依赖于定期检验，其存在的隐患不能及时发现，一旦保护装置发生故障，将产生严重的后果。微机保护装置可利用程序对其硬件进行在线自检，一旦发现问题，可立即报警。从这个角度看，微机保护装置的可靠性大大提高。

(3) 常规保护装置的功能单一，而微机保护装置除了能够实现与常规保护完全相同的功能外，还可以提供一些诸如故障录波、事件记录等便于故障处理和保护动作行为分析的附加功能。

(4) 与常规保护装置相比，由于微机保护装置具备友好的人机界面，依靠软件可在较短的时间内完成调试工作，特别是某些保护具有专用的调试仪器，可自动对保护的功能进行快速检查。

(5) 微机保护装置具有完善的网络通信功能，可适用于无人值守或少人值守的自动化变电站。

(6) 微机保护装置利用计算机智能化的特点，可以采用一些新原理，解决一些常规保护装置难以解决的问题。

(7) 对于同一类型的保护对象，微机保护装置可采用相同的硬件结构，不同的保护功能体现在软件上，便于生产和开发新产品。

(8) 微机保护装置本身消耗功率低，降低了对电流互感器和电压互感器的要求。

2.2　微机保护的硬件构成

2.2.1　数据采集系统的构成

在微机保护中，数据采集系统将电压互感器和电流互感器输入的二次电压、二次电流模拟信号转换为数字信号。通常要求数据采集系统能够实现对多个模拟量的同时采样。数据采集系统可以采用逐次比较式的模数转换器构成，也可以采用压频转换器构成。

1. 用逐次比较式的模数转换器构成的数据采集系统

图 2-2 所示是构成微机保护数据采集系统的一个实例。它包括电压形成、低通滤波器（LF）、采样保持器（S/H）、多路转换开关（MPX）和模数转换器（A/D）。

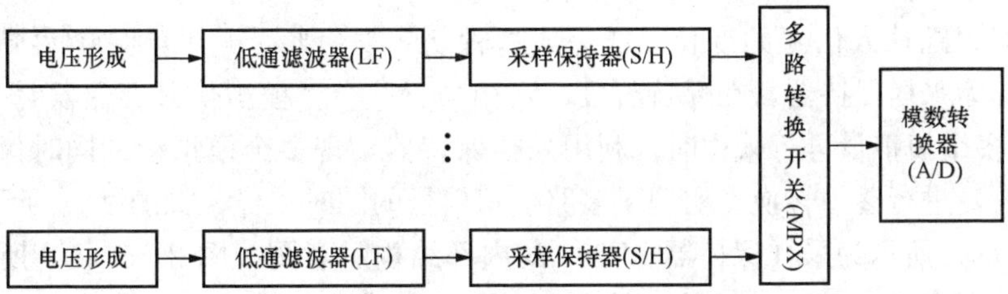

图 2-2　数据采集系统构成实例

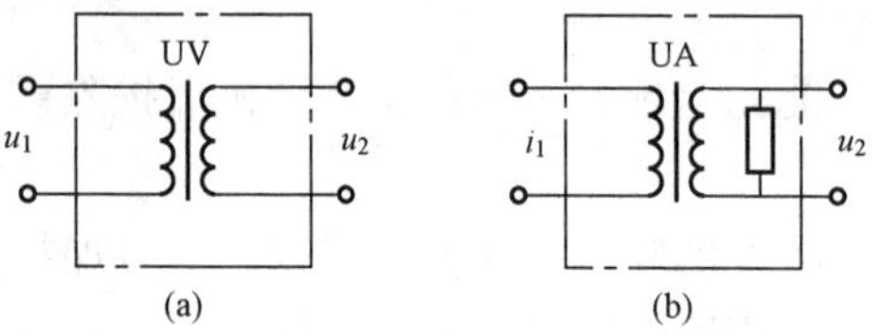

图 2-3 电压变换器和电流变换器构成示意图

(a) 电压变换器；(b) 电流变换器

(1) 电压形成。电压形成电路将从电压互感器和电流互感器引入到保护装置的电压和电流变换成与模数转换器的输入范围（量程）相匹配的电压信号。采用的器件为电压变换器和电流变换器，如图 2-3 所示。它还起到了隔离作用，在一、二次侧之间加一屏蔽层，有利于提高装置的抗干扰水平。

继电保护装置接入哪些模拟量由保护的构成原理确定。输入信号的动态范围是指模拟量的最小值到最大值的变化范围，在这个范围内，对其变换的精度提出要求。输入电流的动态范围一般为（0.08～20）I_N，电压的动态范围一般为（0.01～1.2）U_N。其中，I_N 和 U_N 分别为电流互感器和电压互感器的二次额定电流和二次额定电压。

变换器变比的选取要保证在可能的最大输入时，其二次侧的输出电压不超过 A/D 允许输入的最大值。例如，对于量程为±5V 的 A/D，当电压取自电压互感器二次相电压时，电压变换器的变比可选取 100/3.53V；当电流互感器的二次额定电流为 5A 时，电流变换器的变比可选取 100A/3.53V。

(2) 低通滤波器（LF）。在电力系统发生故障时，故障后的电压、电流信号中除含有 50Hz 的工频分量外，通常还含有衰减的直流分量和频率很高的分量。为了满足采样定理，数据采集系统必须选择很高的采样频率。但采样频率越高，采样间隔越短，在一定时间内产生的数据量就越大，这就对 A/D 的采样速率、处理器的运算速度提出很高的要求。对于反应工频量的保护原理，采样频率无需设计过高，实际应用中通常在 600～4800Hz 范围内。为此，可以在进行模数转换之前，设置模拟低通滤波器，将频率高于采样频率一半的信号滤掉。

模拟滤波器有无源滤波器和有源滤波器之分。图 2-4 所示是微机保护采用的无源二阶阻容低通滤波器原理电路图。

二阶 RC 低通滤波器的传递函数为

$$H(S) = \frac{1}{1 + 3RCS + (RCS)^2} \tag{2-1}$$

(3) 采样保持器（S/H）。通常模数转换器对模拟量的转换不是瞬间完成的，需要一定的时间，在进行模数转换过程中，模拟信号要保持不变，否则会产生误差。要防止这种误差的产生，必须在 A/D 转换开始时将输入信号的电平保持住，而在 A/D 转换结束后又能跟踪输入信号的变化。能完成这种功能的器件被称为采样保持器，在保持阶段，它相当于一个“模拟信号存储器”。另外，在用一个 A/D 对多个模拟量进行采样时，利用采样保持器实现多个模拟量的同时保持，再通过多路转换开关，进行逐一转换，实现了多路模拟信号的同时采样，如图 2-2 所示。

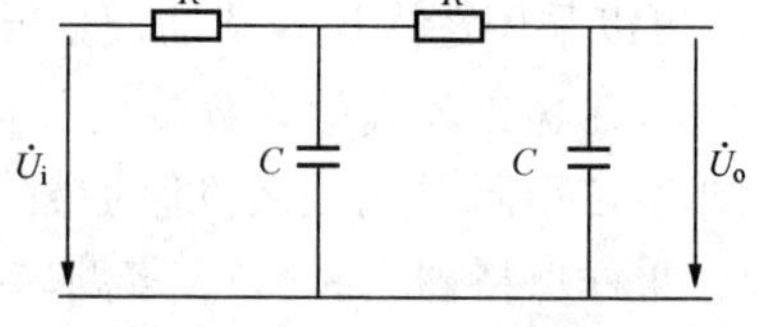

图 2-4 二阶阻容低通滤波器原理电路图

图 2-5（a）所示为采样保持器 LF398 的内部结构示意图，图 2-5（b）所示为其典型应用原理图。图中 A1、A2、A3 为运算放大器，K 为受控电子开关，C_h 为外接的采样保持

电容。当加在逻辑输入端的控制信号为高电平时，电子开关 K 闭合，模拟信号对保持电容充电，由于运算放大器 A1 的输出阻抗很低，所以充电速度非常快，从而实现了对模拟信号的跟踪采样。当加在逻辑输入端的控制信号为低电平时，电子开关 K 断开，C_h 上所充的电荷只能经运算放大器 A3 放电，由于其输入阻抗很大，因此放电极慢，电路进入保持状态。LF398 采样保持器的典型参数为：运算放大器的输出阻抗不大于 6Ω，输入阻抗高达 10000MΩ，在保持期间，电压下降率为 2mV/s。

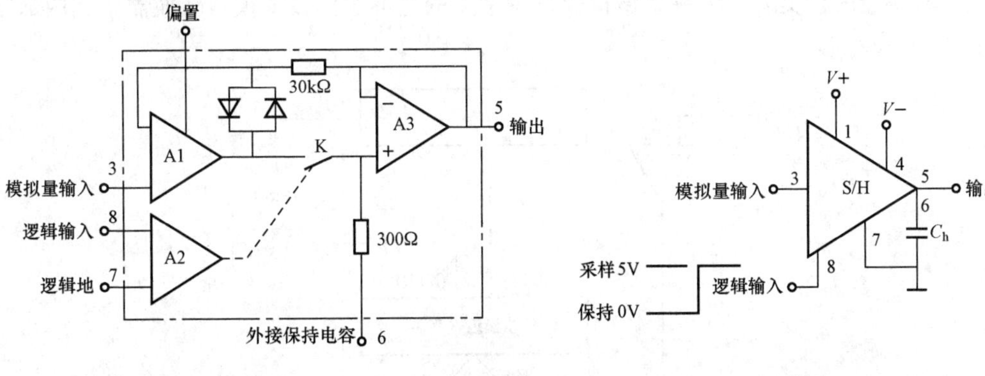

图 2-5　采样保持器 LF398 的内部结构及典型应用

（a）LF398 内部结构示意图；（b）典型应用

（4）多路转换开关。多路转换开关（MPX）实现多路信号的切换，用一个模数转换器对多路输入信号进行依次转换。MPX 是一种多信号输入、单信号输出的电子切换开关器件，多通道输入信号（由 S/H 输入）依次与其输入端连接，而输出端与模数转换器的输入端连接。由 CPU 通过开关选择控制线（A_0～A_3）逐一将各通道模拟量转换成数字量。图 2-6 是多路转换开关 AD7506 的功能框图和真值表。

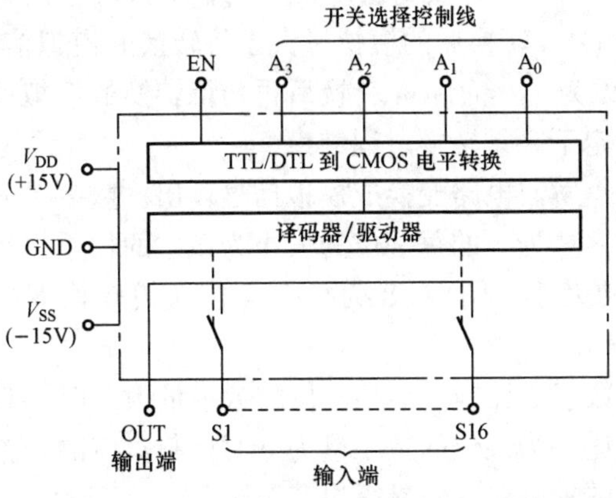

A_3	A_2	A_1	A_0	EN	"ON"
0	0	0	0	1	1
0	0	0	1	1	2
0	0	1	0	1	3
0	0	1	1	1	4
0	1	0	0	1	5
0	1	0	1	1	6
0	1	1	0	1	7
0	1	1	1	1	8
1	0	0	0	1	9
1	0	0	1	1	10
1	0	1	0	1	11
1	0	1	1	1	12
1	1	0	0	1	13
1	1	0	1	1	14
1	1	1	0	1	15
1	1	1	1	1	16

(b)

图 2-6　AD7506 的功能框图和真值表

（a）功能框图；（b）真值表

（5）模数转换器（A/D）。模数转换器可以认为是一种编码电路。它可以将模拟的输入量 U_I 相对于参考电压 V_{REF} 经过一个编码电路转换成数字量 D。用二进制数表示为

$$D = B_1 2^{-1} + B_2 2^{-2} + \cdots + B_n 2^{-n} \tag{2-2}$$

式中：B_1，B_2，…，B_n 为二进制数的 0 或 1；D 是一个小于 1 的数，$D=U_I/V_{REF}$。

从而，模拟信号可表示为

$$U_I = DV_{REF} \tag{2-3}$$

模数转换器的种类有许多种，微机保护中常用的是逐次比较式模数转换器。其内部结构如图 2-7 所示。

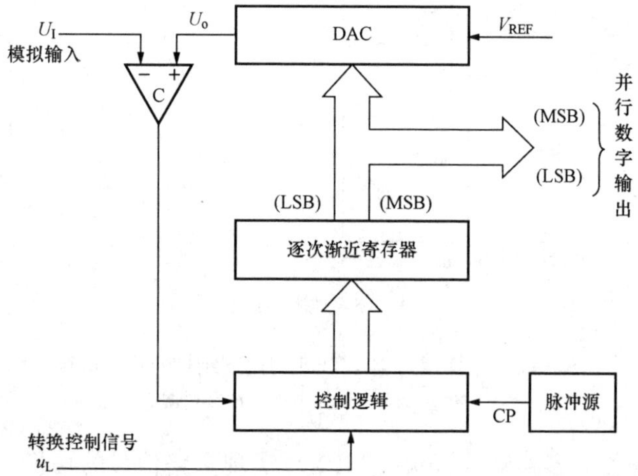

图 2-7　逐次比较式模数转换器内部结构图

采用逐次比较式原理实现模数转换的方法是，首先设定最高位为 1，其余位为 0，将该数字量经过一个 D/A 转换电路变为与其对应的模拟量，再将该模拟量与输入的模拟量进行比较，由比较的结果修改设定的数字量。如果设定的数字量经 D/A 转换后的模拟量小于待转换的模拟信号，则保留设定的数字量的最高位 1，再将次高位设为 1，经 D/A 转换后再与待转换的模拟信号比较；如果设定的数字量经 D/A 转换后的模拟量大于待转换的模拟信号，则将设定的数字量的最高位变为 0，将次高位设为 1，经 D/A 转换后再与待转换的模拟信号比较。重复这一过程直至将数字量的所有位确定下来，转换过程结束。

数模转换器的作用是将一个数字量经过一个解码电路变换成模拟信号输出。数字量的大小是按二进制数码的位权组合表示的。其中数字量为 1 的每一位的大小为该位的权重。将所有为 1 的位按权重相加就代表了这个数字量的大小。图 2-8 为一个 4 位数模转换器的原理图。

图 2-8 中的电子开关 S0～S3 分别受 4 位数字量控制。当某一位的数字量为 1 时，其对应的开关倒向右侧，即与运算放大器的负端接通；当某位的数字量为 0 时，其对应的开关倒向左侧，即与运算放大器的接地端接通。根据图示电路，容易得出

$$I_o = \frac{V_{REF}}{R}(b_1 2^{-1} + b_2 2^{-2} + b_3 2^{-3} + b_4 2^{-4}) \tag{2-4}$$

式中：V_{REF} 为数模转换器的基准电压。

于是，数模转换器的输出为

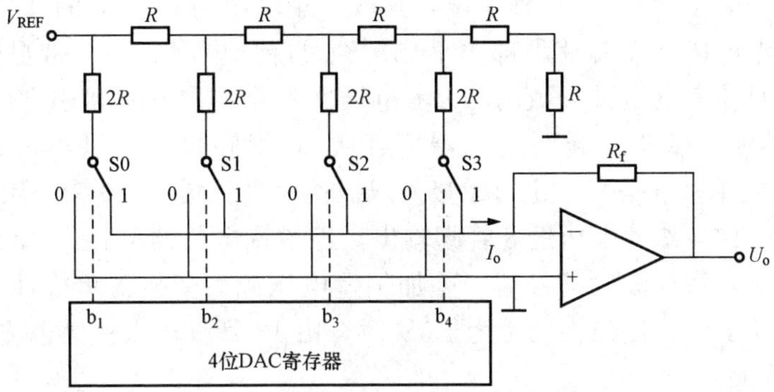

图 2-8　4 位数模转换器的电路原理图

$$U_o = I_o R_f = \frac{V_{REF}}{R} R_f (b_1 2^{-1} + b_2 2^{-2} + b_3 2^{-3} + b_4 2^{-4}) = \frac{V_{REF}}{R} R_f D \qquad (2-5)$$

A/D 的分辨率可以用模数转换器的二进制位数描述，位数越多分辨率越高。由于 A/D 芯片的位数总是有限的，而模拟信号的值是一个无限连续量，因而用有限的数字代表无限连续的模拟信号总会产生误差。数字量的最高位通常用 MSB 表示，最低位用 LSB 表示，在进行 A/D 转换时，比最低位更小的量将被舍去，这就是量化误差。显然，AD 芯片的分辨率越高，量化误差越小。在微机保护装置中，目前大多数产品均选择 12～16 位的 A/D 芯片。AD574 是 12 位逐次比较型 A/D 转换器，转换时间为 25μs，内部有寄存器和三态门，因而允许将此 12 位输出线直接接至 CPU 的数据总线。AD574 曾经在早期的微机保护装置中获得广泛应用，图 2-9 是其内部功能结构框图。

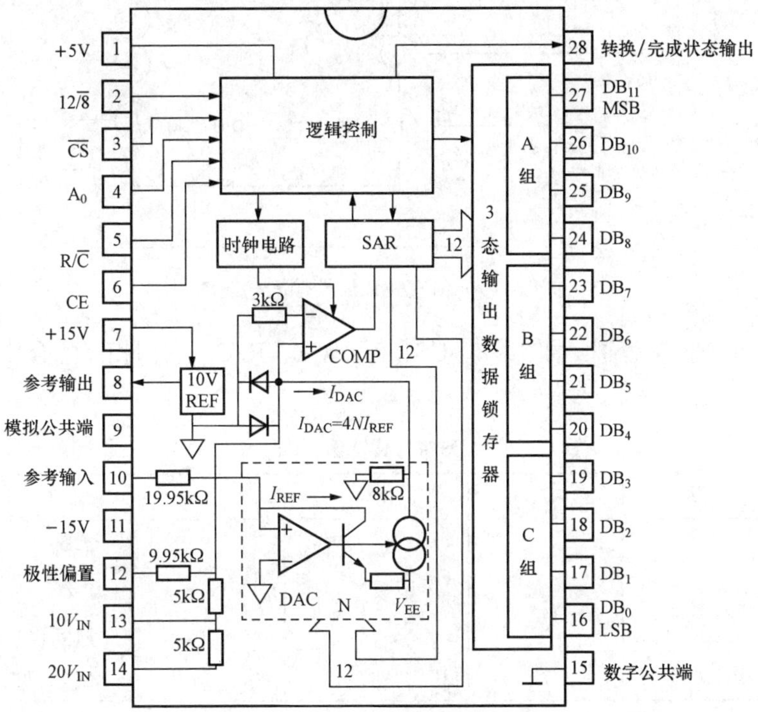

图 2-9　AD574 内部功能结构框图

AD574 需要±15V 及+5V 三种电压，其数字量输出为 0～5V 的 TTL 电平。D/A 转换用的+10V 参考电压，在芯片内部由+15V 经过降压电阻和一个带温度补偿的齐纳二极管产生。为了对参考电压进行微调，参考电压并不是在内部直接引向 D/A 转换器，而是先从 8 管脚引出，经外部微调电位器，再从 10 管脚接入，供给内部 D/A 转换器。AD574 既可以接入单极性信号，也可以接入双极性信号。图 2-10 为采用双极性输入的接线原理图。图中+10V 参考电压经 8 管脚输出，经微调电位器再接入 12 管脚，形成内部偏置电压源，当输入为双极性信号时，叠加偏置电压源后变换为单极性信号。AD574 有两个模拟量输入端子：模拟输入电压为±5V 时，由 13 管脚输入；模拟输入电压为±10V 时，由 14 管脚输入。

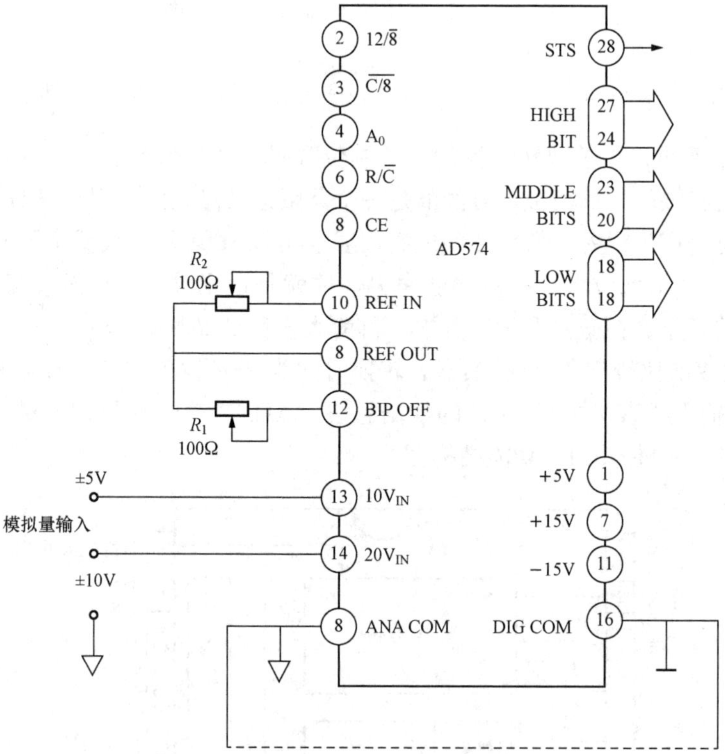

图 2-10 AD574 双极性输入接线图

AD574 有 5 个控制管脚，即 12/$\overline{8}$、$\overline{CS}$、A_0、CE、R/$\overline{C}$，它们相互配合使用的真值表见表 2-1。

表 2-1　　AD574 真 值 表

CE	$\overline{CS}$	R/$\overline{C}$	12/$\overline{8}$	A_0	控制
0	×	×	×	×	无效
×	1	×	×	×	无效
1	0	0	×	0	启动 12 位转换
1	0	0	×	1	启动 8 位转换

续表

CE	$\overline{CS}$	R/$\overline{C}$	12/$\overline{8}$	A_0	控制
1	0	1	管脚 1（+5V）	×	高 12 位并行输出使能
1	0	1	管脚 15（接地）	0	高 8 位输出使能
1	0	1	管脚 15（接地）	1	低 4 位输出使能

在 CE=1、$\overline{CS}$=0 同时满足时，AD574 才会正常工作。在 AD574 处于工作状态时，当 R/$\overline{C}$=0 时，A/D 进行转换，当 R/$\overline{C}$=1 时，读取转换结果。

12/$\overline{8}$ 和 A_0 用来控制启动转换的方式和数据输出格式。进行转换时，A_0=0，完成 12 位数据转换；A_0=1，则进行 8 位数据转换。当 AD574 处于读取数据状态时，12/$\overline{8}$=1，数据输出 12 位。12/$\overline{8}$=0，数据输出分两次完成，A_0=0，高 8 位数据有效；A_0=1，低 4 位数据有效。

STS 是输出管脚，用于指示 A/D 的工作状态。当 STS=1 时，表示转换器正处于转换状态；当 STS=0 时，表示 A/D 转换结束。此信号可以作为处理器的中断或查询信号用。

如果需 AD574 工作于单一模式，只需将 CE、12/$\overline{8}$ 端接至+5V 电源端，$\overline{CS}$和 A_0 端接至 0V，仅用 R/$\overline{C}$ 端来控制 A/D 转换的启动和数据输出。当 R/$\overline{C}$=0 时，启动 A/D 转换器；当 A/D 转换完成后，R/$\overline{C}$=1，即可读取数据。图 2-11 为这一工作模式下，AD574 和 16 位处理器的接口电路。图中 GAL 为可编程逻辑器件，由处理器的地址线、读信号 RD 和写信号 $\overline{W}$ 形成 AD574 启动转换和读取转换结果的控制逻辑。当一次转换完成后，信号 STS 接入处理器的外部中断源引脚（假设是由高电平到低电平产生中断），处理器响应中断，并读取转换结果。

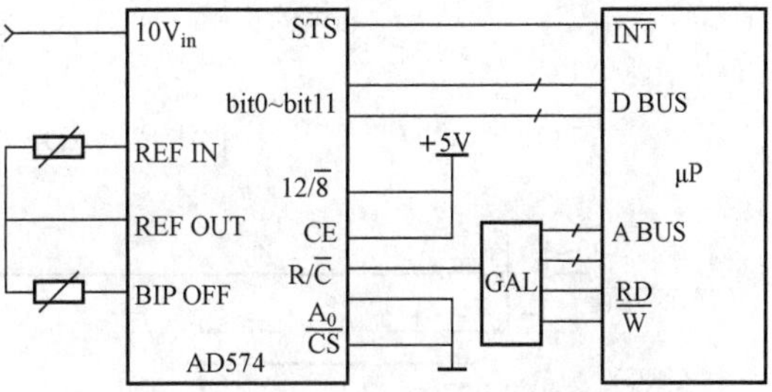

图 2-11　AD574 和 16 位处理器的接口电路

模数转换器件的发展为数据采集系统的设计提供了更多的选择。例如 AD7865 是一个具有 4 路模拟量输入的 14 位模数转换器。片内集成了 4 路采样保持器和 4 选 1 的多路转换开关，如图 2-12 所示。

图 2-13 是 AD7865 所有通道转换完成后读数据的工作时序图。在转换控制管脚$\overline{CONVST}$从低电平到高电平变化的上升沿时刻，被选择的通道（由 $\overline{H}$/S SEL、SL_1、SL_2、SL_3、SL_4 等功能管脚确定，详见 AD7865 的资料）同时保持，并自动进行转换。转换过程中，状态指示管脚 BUSY 是高电平。在每一路转换完成后，转换结束位 EOC 管脚输出低电平。当所有路转换完成后，BUSY 输出低电平。此后，由读信号$\overline{RD}$及芯片选择信号$\overline{CS}$控制数据的输出。当首位数据输出管脚 FRSTDATA 为高电平时，指示数据寄存器指针选择第 1 个寄存器，连续读取 4 次，可读取 4 路模拟信号的转换结果。

图 2-14 是两片 AD7865 并行工作完成 8 路同步数据采集的模数转换系统。数字信号处理器 TMS320F206 的 TOUT 管脚，通过初始化可产生与所设定的采样周期相同的采样脉冲，无需软件干预，就能启动模数转换。转换完成后，处理器以中断方式响应，读取转换结果。与图 2-11 所示的数据采集系统相比，该系统的软件开销减小了很多。

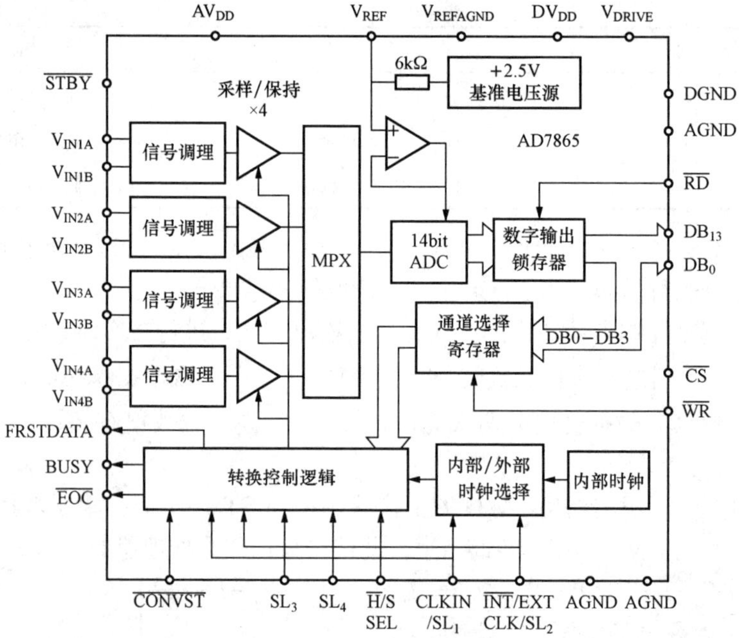

图 2-12 AD7865 内部功能框图

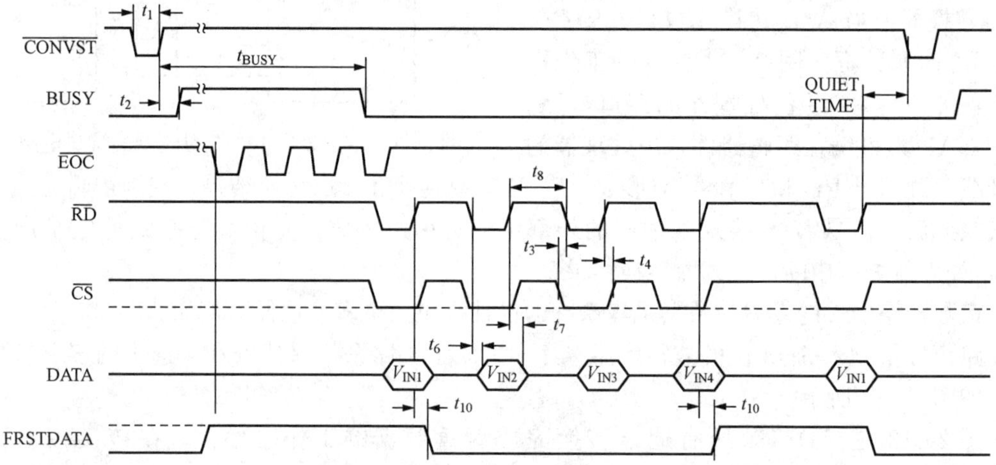

图 2-13 AD7865 所有通道转换完成后读数据的工作时序图

2. 采用电压—频率转换（VFC）器件构成的数据采集系统

图 2-15 是采用 VFC 构成的数据采集系统的原理框图。电压、电流变换器的作用是将电压、电流互感器的二次电压、电流变换成和 VFC 的输入信号相匹配的电平，另外起到隔离屏蔽的作用。浪涌吸收器由 *RC* 网络构成，吸收高频干扰信号。电压频率变换器 VFC 芯片将模拟量变换成具有一定频率的脉冲信号，频率的大小和模拟量电压的大小成比例。光电隔离器实现模拟系统与数字系统的隔离。计数器通常采用 16 位的可编程计数器芯片，记录一定时间间隔内 VFC 产生的脉冲数，从而实现模拟量到数字量的转换。

（1）VFC 器件的工作原理。VFC 器件的构成框图如图 2-16（a）所示。图中运放 A1、电

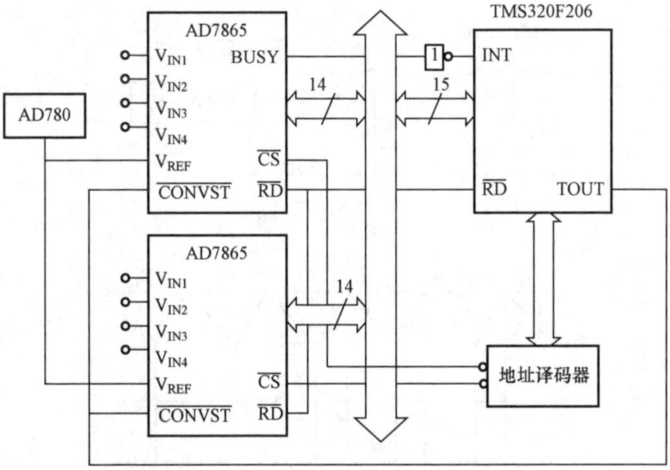

图 2-14　两片 AD7865 构成的 8 路同步数据采集系统

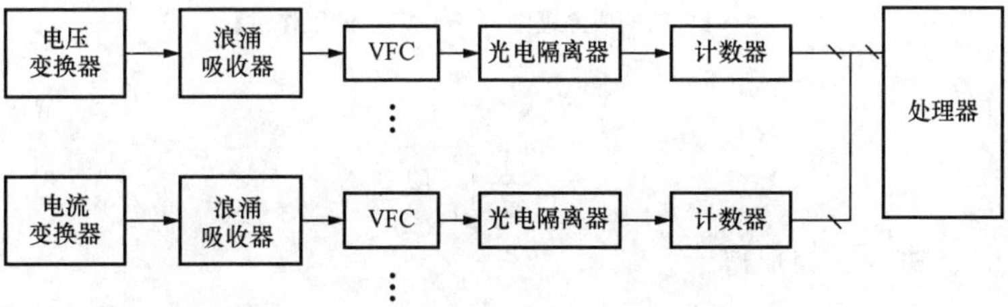

图 2-15　采用 VFC 构成的数据采集系统原理框图

阻 R（R_f）、电容 C 组成一个积分器。运放 A2 为过零电压比较器。开关 S 受单稳态触发器输出控制。U 为被采集的模拟信号，U_R 为与 U 极性相反的基准电压，且满足 $|U_R/R_f|>|U/R|$。

设输入电压 U 为一负电压。当 S 打开时，在 U 作用下，电容 C 充电，使积分器 A1 的输出电压 U_{o1} 上升，当大于 0V 时，过零比较器 A2 发生跳变，触发单稳电路，使之产生一个宽度为 T_0 的脉冲。此脉冲控制开关 S，使其与 U_R 接通 T_0 时间。在 T_0 期间，C 反充电，从而使 U_{o1} 线性地下降到某一电压值。当 T_0 结束时，S 断开，在负的输入电压作用下，电容 C 再次充电，U_{o1} 上升，当上升至 0V 时，过零比较器 A2 发生跳变，触发单稳电路，S 再次闭合，C 再次反充电。如此反复进行下去，振荡不止，于是可将输入的模拟电压变换为一串等幅脉冲输出，如图 2-16（b）所示。

显然，其他参数不变时，当输入电压 U 越大，积分电容 C 充电越快，从而使输出脉冲的频率越高。

当开关 S 闭合，积分电容 C 从 0V 进行反充电，$-\left(\dfrac{U_R}{R_f}+\dfrac{U}{R}\right)=C\dfrac{dU_{o1}}{dt}$，经时间 T_0，得到

$$U_{o1}=-\left(\frac{1}{R_fC}\int_0^{T_0}U_R dt+\frac{1}{RC}\int_0^{T_0}U dt\right)=U_A \tag{2-6}$$

当开关 S 打开时，积分电容 C 从 U_A 进行充电，$-\dfrac{U}{R}=C\dfrac{dU_{o1}}{dt}$，经时间 $T-T_0$，得到

$$U_{o1}=U_A-\frac{1}{RC}\int_{T_0}^{T}U dt$$

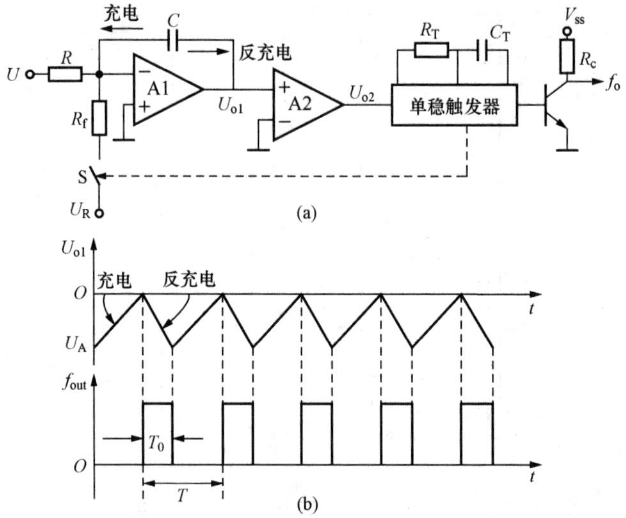

图 2-16 VFC 器件的工作原理

(a) VFC 的构成原理图；(b) VFC 的工作过程

当 $U_{o1}=0$ 时，有

$$U_A=\frac{1}{RC}\int_{T_0}^{T}U\mathrm{d}t \tag{2-7}$$

由式（2-6）、式（2-7）得

$$-\left(\frac{1}{R_fC}\int_0^{T_0}U_R\mathrm{d}t+\frac{1}{RC}\int_0^{T_0}U\mathrm{d}t\right)=\frac{1}{RC}\int_{T_0}^{T}U\mathrm{d}t$$

亦即

$$-\frac{1}{R_fC}\int_0^{T_0}U_R\mathrm{d}t=\frac{1}{RC}\int_0^{T}U\mathrm{d}t$$

所以，有

$$-\frac{U_R}{R_fC}T_0=\frac{U}{RC}T$$

式中：T 为 VFC 输出脉冲的周期。

进而得到 VFC 输出脉冲的频率为

$$f_0=\frac{1}{T}=\frac{-R_f}{RU_RT_0}U=-KU \tag{2-8}$$

式中：K 为一常数，$K=\dfrac{R_f}{RU_RT_0}$。

改变单稳触发器外接的电容 C_T，可以改变 T_0 的大小。一般 C_T 用于控制 VFC 的最高工作频率。

如图 2-15 所示，VFC 输出的脉冲经过光电隔离器输入到计数器。计数器可采用 8253 可编程计数器，其内有 3 个 16 位计数器。它采用递减方式计数，每当计数值至零后，下一个计数值将是 FFFFH，如此循环。处理器每隔一个采样间隔时间 T_s 读取计数器的计数值，在处理器读取数据期间，计数器并不中断计数过程。

取相邻 N 个采样间隔的计数数值相减，其差值为 NT_s 期间的脉冲个数 D，显然 D 只能

取整数。D 与 NT_s 期间模拟信号的积分值具有对应关系，即

$$D = \mathrm{Int}\left[K\int_{NT_s} U\mathrm{d}t\right] \tag{2-9}$$

当输入的电压为恒定的直流分量时，根据式（2-9），显然有

$$D = \mathrm{Int}[KUNT_s]$$

当输入交流电压信号时，由于 VFC 是采用单极性工作方式，为此必须对输入信号叠加一偏置电压，使之成为单极性信号，通常取偏置电压为 $U_{max}/2$。当然，引入偏置电压后，读取计数器的值后，应减去偏置电压的影响，还原为和输入交流信号大小、符号相对应的采样值。

设输入的电压信号为 $u(t)=U_m\sin\omega t$，根据式（2-9）得

$$\begin{aligned} D &= \mathrm{Int}\left(K\int_{-NT_s}^{t} U_m\sin\omega t\,\mathrm{d}t\right) \\ &= \mathrm{Int}\left[K\,\frac{2\sin\omega(NT_s/2)}{\omega}U_m\sin\left(\omega t-\frac{NT_s}{2}\right)\right] \end{aligned}$$

由此可见，对于交流信号，读取的计数器的值，仍然表示交流信号的采样值，只不过相位有所变化，而且经过积分后，信号的频率越高，信号的幅值衰减越大，所以 VFC 具有低通滤波器的作用。其幅频响应可以表示为

$$|H(f)| = \left|K\,\frac{2\sin\omega(NT_s/2)}{\omega}\right|$$

其幅频响应特性如图 2-17 所示。

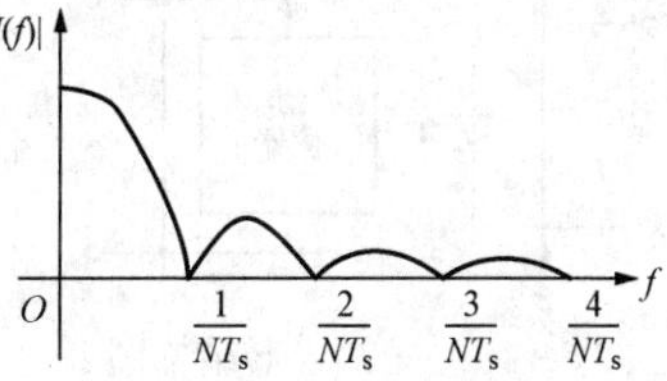

图 2-17　VFC 的幅频特性

（2）利用 VFC110 构成的数据采集系统实例。VFC110 电压频率变换器件是采用电荷平衡原理实现的电压频率转换器。图 2-18 是微机保护中采用 VFC110 构成数据采集系统的实例。芯片内部有一个精密的 5V 参考电压（管脚 3），可作为 VFC 转换时的偏移电压，实现对交流信号的采样。集电极 TTL/CMOS 开路输出，通过光电隔离与计数器相连。与上面的叙述不同的是，输入到 VFC 的是 0～10V 的电压信号。该电路中 VFC 的最高工作频率为 4MHz。关于更多的信息，请查阅 VFC110 的详细资料。

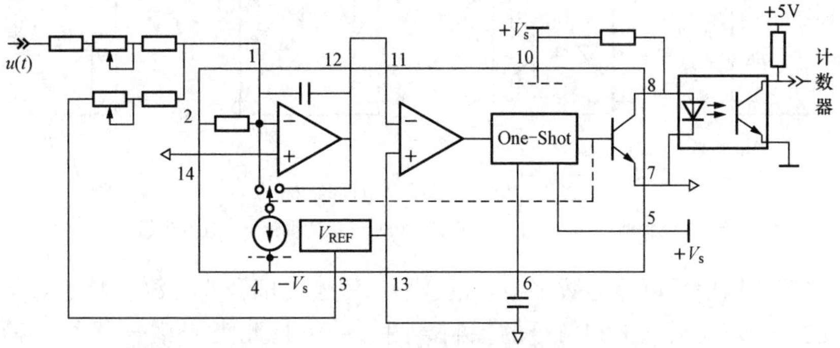

图 2-18　用 VFC110 构成数据采集系统的原理图

（3）采用 A/D 转换器和 VFC 芯片构成的数据采集系统的比较。比较采用 A/D 和 VFC 芯片构成的数据采集系统，它们具有以下差异：

1）A/D 转换的结果可直接用于微机保护中的数字运算；而采用 VFC 芯片构成的数据采集系统中，需将相隔 NT_s 次读出的计数值相减后才能用于数字运算。

2）采用 A/D 构成的数据采集系统的分辨率取决于 A/D 芯片的位数，位数越高，分辨率也越高。而由 VFC 芯片构成的数据采集系统的分辨率不仅与 VFC 芯片的最高转换频率有关，而且还与软件计算时所选取的计算间隔有关。计算间隔越长，分辨率越高。

3）采用 A/D 构成的数据采集系统是对模拟量的转换，而采用 VFC 芯片构成的数据采集系统具有平滑高频干扰的作用。采样间隔越大，这种平滑作用越明显。因此，在需要提取高次谐波时，如果采用 VFC 芯片构成的数据采集系统，采样频率不应过低。

4）采用 VFC 芯片构成数据采集系统，经过光电隔离，实现了模拟电路和数字电路的完全隔离，能够抑制共模干扰，提高了装置的抗干扰能力。

2.2.2 微机保护的数字量输入/输出系统

微机保护的数字量输入/输出系统主要包括实现人机交互（按键、LCD 和打印机）功能的电路、开关量输入和开关量输出电路。为了提高微机保护的可靠性，对外连接的输入/输出电路一般都经过光电隔离。开关量输出电路还要经过继电器的隔离，由其提供的空触点实现驱动跳闸或发信号。

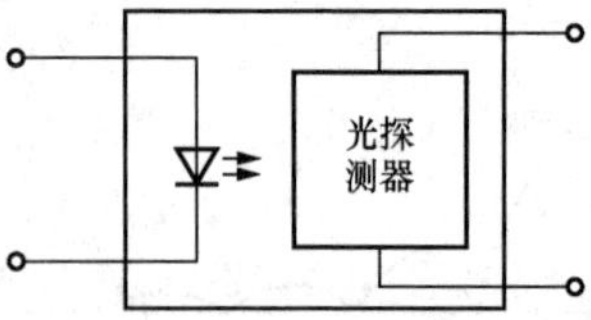

图 2-19　光耦合器结构图

1. 光耦合器的工作原理及其特点

光耦合器亦称光电隔离器，由发光源和受光器（光探测器）两部分组成，如图 2-19 所示。光耦合器将发光源和受光器组装在同一个密闭的管壳内，连接发光源的管脚作为输入端，连接受光器的管脚作为输出端。

光耦合器中的发光器件最常用的是砷化镓红外发光二极管，而光敏器件（光探测器）有多种类型。根据光敏器件的不同，光耦合器可分为光敏二极管型、光敏三极管型、光控晶闸管型、光敏达林顿型等。图 2-20 给出了上述几种类型的光耦合器的内部结构图。

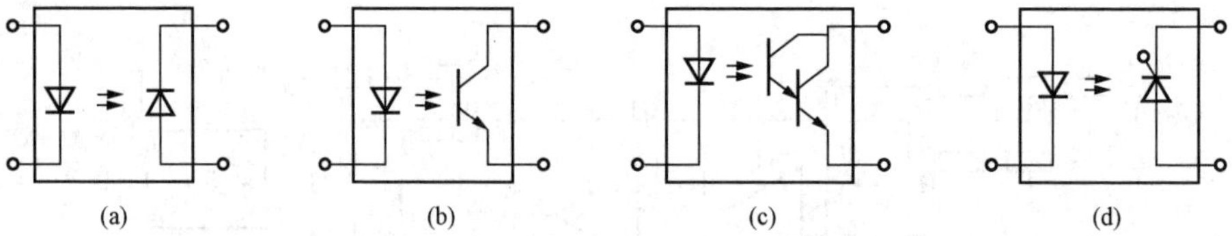

图 2-20　光耦合器内部结构图

（a）光敏二极管型；（b）光敏三极管型；（c）光敏达林顿型；（d）光敏晶闸管型

光耦合器按传输信号可分为数字型光耦合器和线性光耦合器。数字型光耦合器表现为器件的开关特性，实现逻辑电平和信号的控制。图 2-21 是此类光耦合器的一种典型应用。图 2-21（a）中，当 S_1 为低电平时，光耦合器的发光二极管不导通，光敏三极管截止，S_2 为高电平；当 S_1 为高电平时，光耦合器的发光二极管导通，光敏三极管导通，S_2 为低电平。因此，其输出与输入是反相位的。读者可以自己分析图 2-21（b）电路的工作原理，其输出与输入是同相位的。电路 A 和电路 B 的工作电源是独立的，并且其电压值也可以不相同，因此电路 A 和电路 B 没有电的联系，从而实现了电气隔离，但仍然能够实现信号的传输。线性光耦合器可用于隔离模拟信号。微机保护中应用的光耦合器一般应用于数字信号的隔离。

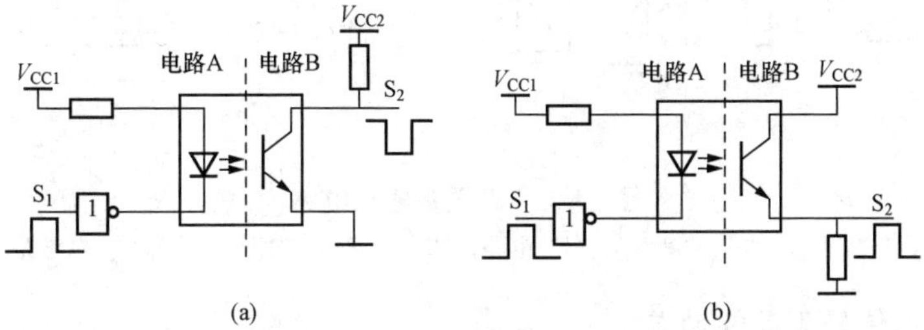

图 2 - 21　数字型光耦合器的应用

（a）输出反相；（b）输出同相

光耦合器的技术参数包括输入特性、输出特性、传输特性和隔离特性等。其主要参数有二极管的正向压降 U_F、正向电流 I_F、功率耗散，光敏三极管的集电极—发射极反向击穿电压 U_{CEO}、集电极—发射极饱和压降 U_{CEsat}、功率耗散，光耦合器的传输比 CTR，隔离电压 U_{ISO}或隔离电阻 R_{ISO}等。此外，在传输数字信号时，还需考虑其上升时间 t_{on}、下降时间 t_{off}等参数。在微机保护中，用于开关量输入和输出的电路，一般对速度要求不高；而用于数字通信电路隔离时，则需要采用高速光耦合器。

总而言之，光耦合器种类繁多，广泛应用于电平隔离、信号传输等许多领域。其主要性能特点如下：

（1）隔离性能好，输入端与输出端完全实现了电隔离，其绝缘电阻一般均能达到 $10^{10}\Omega$ 以上，绝缘耐压一般能超过 1kV，有的可达 10kV 以上。

（2）光信号单向传输，输出信号对输入端无反馈，可有效阻断电路或系统之间的电联系，但并不切断它们之间的信号传递。

（3）光信号不受电磁干扰，工作稳定可靠；抗共模干扰能力强，能很好地抑制干扰并消除噪声。

（4）无触点、寿命长、体积小、耐冲击。

2. 开关量输入电路

微机保护装置中引入的开关量有两类：

（1）来自开关场的辅助触点，如断路器位置辅助触点、开关压力触点等；

（2）来自保护屏上的保护投退连接片。

微机保护的程序流程可根据开关量输入的状态进行改变。如某种保护退出时，可以跳过此保护功能；对于自动重合闸，如果引入的开关压力触点指示开关压力低，则不再进行重合闸等。不同的保护引入的开关量的数量有所不同，如变压器保护还需要引入非电气量保护的触点，如瓦斯保护的触点、油温高保护的触点等。

图 2 - 22 设计了两种形式的开关量输入电路，读者不难分析出它们的不同之处。

3. 开关量输出电路

微机保护装置引出的开关量通常是内部继电器的空触点，按其作用可分为：

（1）用于实现跳、合闸的出口触点；

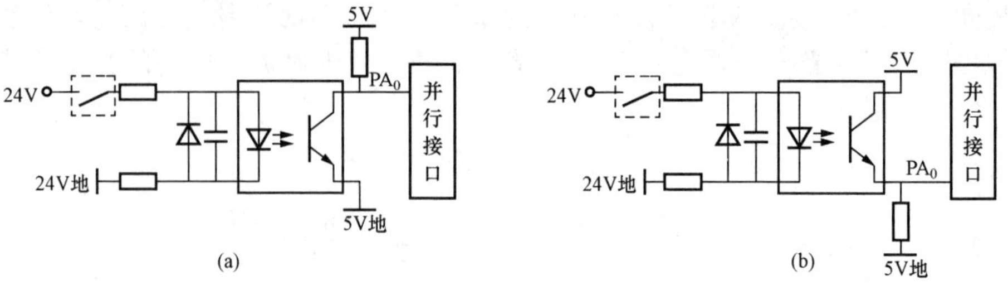

图 2-22　开关量输入电路

(a)“合”为“0”、“断”为“1”电路；(b)“合”为“1”、“断”为“0”电路

(2) 用于本地信号驱动的触点；

(3) 用于中央信号驱动的触点；

(4) 用于接入故障录波器的触点；

(5) 用于接入远动装置的触点等。

微机保护中的开关量输出电路的一般工作原理如图 2-23 所示。图中的并行接口为一锁存器。当锁存器的输出满足 $PA_0=0$、$PA_1=1$ 时，光耦合器的光敏三极管导通，24V 电源驱动继电器 K 动作，其动合触点闭合，若此触点接入断路器控制回路的跳闸回路，则就能够实现断路器的跳闸。图中采用并行接口的两根数据线驱动一路输出，其目的是防止微机保护刚上电时，由于并行接口未经初始化，其状态不定可能造成误出口的一种措施。二极管 VD 被称为续流二极管。当驱动命令被收回时，即不再满足 $PA_0=0$、$PA_1=1$，光敏三极管截止，续流二极管可防止由于电流突变引起的过电压损坏继电器。由图 2-23 所示电路可以看到，微处理器从发出动作命令到输出一个空触点，经过了光电隔离和继电器隔离。

微机保护装置内部使用的继电器通常有两种类型：一种是图 2-24 (a) 所示的非保持型继电器，当继电器的线圈励磁后，继电器动作，动合触点闭合，动断触点打开；当继电器的线圈去磁后，继电器返回，动合触点打开，动断触点闭合；另一种是图 2-24 (b) 所示的保持型继电器，当继电器的线圈 (1-16) 励磁后，继电器动作，动合触点闭合，动断触点打开；当继电器的线圈 (1-16) 去磁后，继电器的触点并不返回，只有当继电器的线圈 (2-15) 励磁后，继电器才返回，动合触点打开，动断触点闭合。通常用于跳合闸的触点、接入故障录波器的触点和远动触点使用非保持型继电器中的触点，而中央信号和本地信号的触点使用保持型继电器的触点。

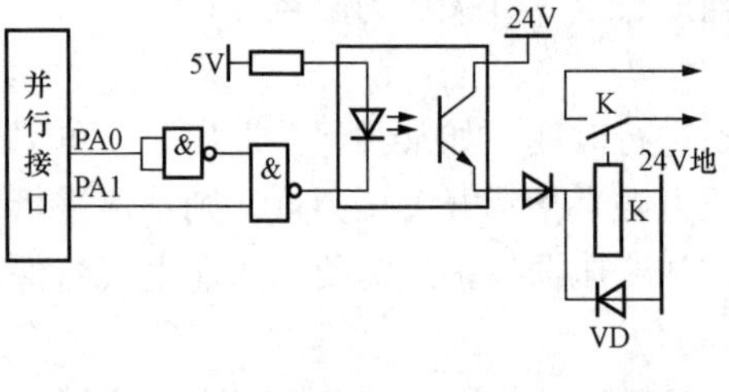

图 2-23　开关量输出电路工作原理图

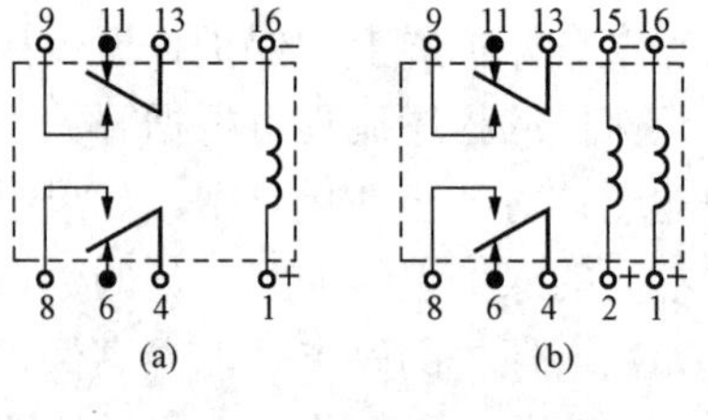

图 2-24　微机保护使用的两种继电器

(a) 非保持型继电器；(b) 保持型继电器

图 2-25 是微机保护开关量输出回路的一种典型设计。在此设计中，共有 5 路开关量输

出，分别是跳闸、合闸、启动、告警和远方复归。每一路输出由并行接口的两路输出控制。K1～K4 为非保持继电器，KS1～KS4 为保持继电器。

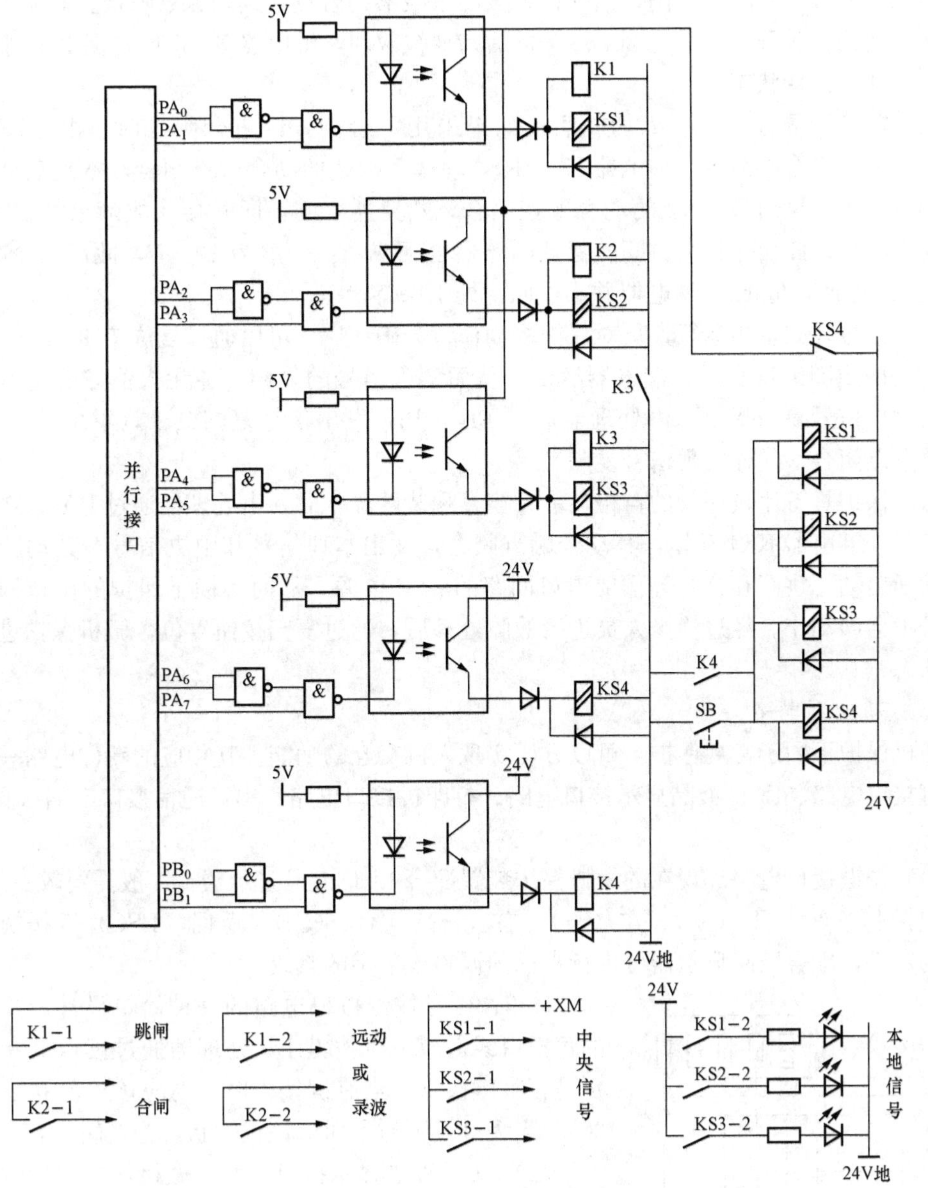

图 2-25　开关量输出回路典型设计

下面简要叙述其工作原理。

(1) 正常状态。当电力系统正常运行且微机保护装置工作正常时，各路开出量均不驱动，所有继电器均不动作，对应的动合触点打开，动断触点闭合。

(2) 保护启动。当电力系统发生故障时，保护的启动元件动作，处理器由 PA_4、PA_5 发出启动命令，继电器 K3、KS3 动作，KS3 的动合触点闭合，本地启动信号灯亮，同时发出中央信号，K3 的动合触点闭合，接通跳、合闸回路的 24V 电源回路。

（3）故障切除。当故障发生在保护范围内部时，处理器由 PA_0、PA_1 发出跳闸命令，继电器 K1、KS1 动作。KS1 的动合触点闭合，本地启动信号灯亮，同时发出中央信号，K1 的动合触点闭合，断路器跳闸，同时接入故障录波器的触点、远动触点闭合。此命令持续时间应保证断路器跳开，一般为 200ms，此后命令被收回，继电器 K1 返回，但 KS1 继电器并不返回，处于保持状态。

（4）断路器重合。当故障切除后，如果采用重合闸，经重合闸延时，由处理器通过 PA2、PA3 发出合闸命令，继电器 K2、KS2 动作，KS2 的动合触点闭合，本地启动信号灯亮，同时发出中央信号，K2 的动合触点闭合，断路器合闸，同时接入故障录波器的触点、远动触点闭合。此命令持续时间应保证断路器合闸成功，一般为 200ms，此后命令被收回，继电器 K2 返回，但 KS2 继电器并不返回，处于保持状态。

（5）信号复归。当运行人员对保护的动作行为确认后，可以通过复位按钮 SB 对 KS1 至 KS4 的去磁线圈进行励磁，继电器返回，从而实现信号的复归。在无人值守变电站，可以由调度发出信号复归指令，由处理器通过 PB_0、PB_1 发出信号复归命令，继电器 K4 动作，其动合触点闭合，同样实现信号复归。

微机保护具备比较完善的自检功能，当发现装置异常时，由处理器通过 PA_6、PA_7 发出告警信号，继电器 KS4 动作，其动合触点闭合，发出本地信号和中央信号，其动断触点打开，切断启动、跳闸和合闸等重要出口回路的 24V 电源，从而闭锁了保护的出口回路，确保保护不会误动作。经过检修人员进行故障处理后，通过复归按钮复位，微机保护进入正常工作状态。

4. 人机交互电路

微机保护不同于常规保护，可以方便实现人机交互的功能。其相应的硬件电路一般应包括按键接口电路、LCD 液晶显示接口电路、打印机接口电路、串行通信接口电路（见 2.2.3 节）等。

（1）按键接口电路。现在的微机保护装置配合 LCD 液晶显示器，一般需要较少的按键，通常包括上（↑）、下（↓）、左（←）、右（→）、确认（↵）、返回（ESC）等按键。根据按键的定义，配合液晶显示器可进行光标的调整或数字的修改。

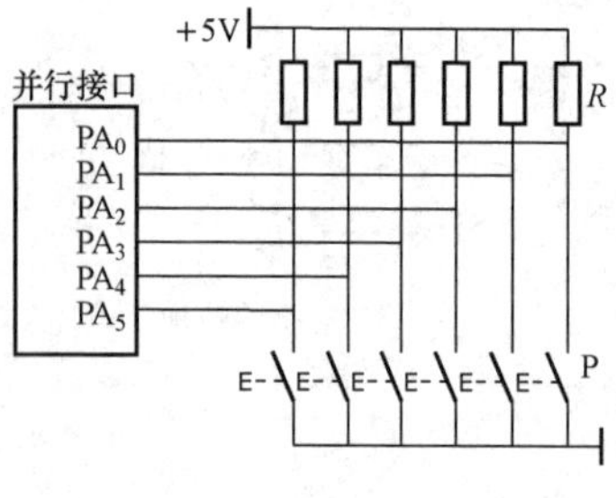

图 2-26　按键接口电路

图 2-26 是按键接口电路的一种简单设计，并行接口的每根口线对应一个按键 P，处理器通过读取其状态来识别是否有键按下。当有键按下时，对应该位的状态为逻辑“0”；当无键按下时，对应该位的状态为逻辑“1”。

（2）LCD 液晶显示接口电路。微机保护装置的液晶显示部分呈现设计好的功能菜单，显示的光标配合按键可以方便地实现人机交互的功能，如查询定值、修改定值、查看测量值、查看保护动作报告、查看开关量输入、开关量输出调试等。

液晶显示器按物理结构不同可分为扭曲向列型（TN）、超扭曲向列型（STN）、双层超扭曲向列型（DSTN）、薄膜晶体管型（TFT）液晶显示器。其中前三种液晶显示器的基本显示原理都相同，只是液晶分子的扭曲角度不同而已。TFT 型液晶显示器为薄膜晶体管有源矩阵液晶显示器件，在每个像素点上设计一个场效应开关管，这样就容易实现真彩色、高分辨率的液晶显示。

液晶显示器按显示类型还可以分为图文式点阵、字符式点阵液晶显示器和段式液晶显示器。图文式点阵液晶显示器可以显示图形和文字，规格有 128×64、160×128 等多种；段式液晶显示器功能简单，可以直观地显示数字等，主要用于仪表制造行业；字符式点阵液晶显示器主要用于显示字符和数字，其编程简单，易于实现人机对话，规格有 6、20、24、40 位和一、二、四行等。

TN 型液晶显示器用于生产字符型液晶显示模块。STN（DSTN）型液晶显示器一般为中小型，既有单色的，也有伪彩色的。TFT 型液晶显示器，则从小到大都有，基本上为真彩色显示。除了 TFT 型液晶显示器外，一般小液晶屏都内置控制器，直接提供与处理器的接口；而较大的液晶屏，一般需要外加控制器。

微机保护装置中通常选择液晶显示模块，它是一种将液晶显示器件、连接件、具有控制器的 PCB 线路板、背光源和结构件装配在一起的组件，具有体积小、质量轻、功耗低、内置控制器以及具有与处理器接口等优点。图 2 - 27（a）是字符型液晶显示模块，图 2 - 27（b）是其与 8031 单片机的接口电路。

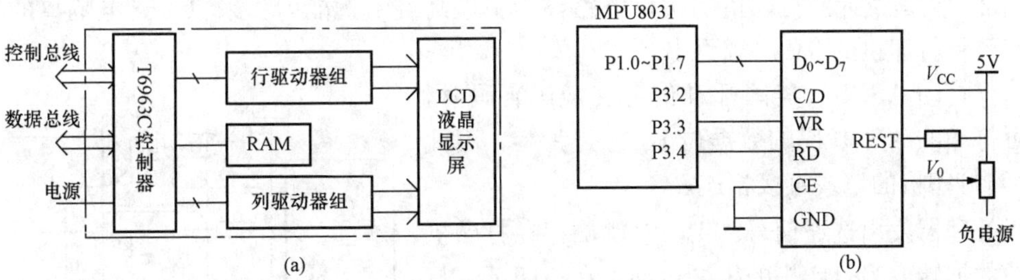

图 2 - 27　字符型液晶显示模块及其与 8031 单片机的接口

（a）内置 T6963C 控制器的液晶显示模块功能框图；（b）液晶显示模块接口

液晶显示模块按光学模式可分为透射式、反射式、半反半透式三类。因为液晶显示模块为被动发光型显示模块，所以必须有外界光源才会显示。透射式液晶显示模块必须加上背景光，反射式液晶显示模块需要较强的环境光线，半反半透式液晶显示模块要求环境光线较强或加背光。图 2 - 27（a）中给出的是透射式液晶显示模块，调节图 2 - 27（b）中 V_0 到合适的电平，能够达到最好的显示效果。

在微机保护装置的液晶显示模块选择过程中，必须注意选择宽温型液晶显示模块。液晶显示模块的工作温度范围可分为常温和宽温，常温的温度范围为 0～50℃，宽温的温度范围为－20～70℃。很多字符型液晶显示模块及小图形点阵液晶有常温型和宽温型的，而大图形点阵的液晶宽温型较少。

实际上，微机保护装置的按键和液晶显示模块有很多种选择，也有取消按键采用触摸屏方式。无论如何设计，它们实现的人机交互功能是基本相同的。

（3）并行打印机驱动电路。打印机按照工作方式可分针式打印机、喷墨式打印机和激光打印机等。针式打印机具有结构简单、技术成熟、性能价格比好、使用成本低等特点。随着专用化和专业化的需要，出现了不同类型的针式打印机，主要有通用针式打印机、存折针式打印机、行式针式打印机和高速针式打印机等。通用针式打印机是早期使用十分广泛的打印设备，打印头针数普遍为 24 针，也有采用 9 针的。打印机按打印纸的宽度又分为宽行和窄行两种。其基本工作原理是打印头在金属杆上来回滑动完成横向行式打印。

微机保护装置直接驱动的打印机一般为窄行 9 针式通用打印机，可采用 USB 或并行接口与打印机相连。当采用并行接口方式进行设计时，标准的接口形式是微机侧的一个 25 针插口，而打印机侧一般采用 Centronics 并行接口协议规定的 36 脚簧式插头座。25 针插口和 36 脚簧式插头座都有确定的信号定义，这里不再赘述。微机保护装置中一般可采用简化设计，用到的信号线如下：

$\overline{STB}$：由处理器发出的选通信号，用于通知打印机此时数据总线 DB 上的打印数据可用。它是一个低电平有效的信号，其宽度应在 5μs 以上。

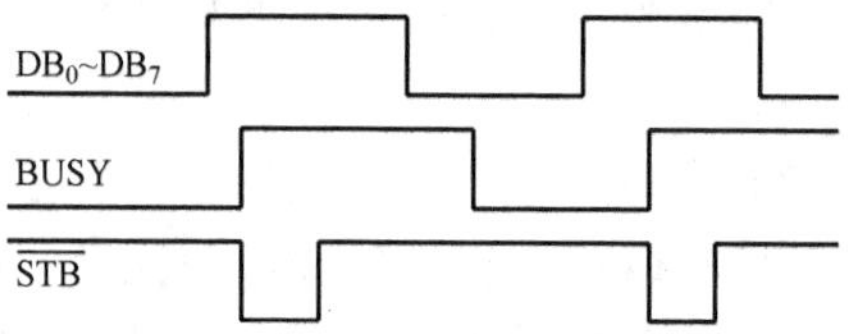

图 2-28　打印机的工作时序

D_0～D_7：8 位数据线，用于处理器提供 ASCII 码打印数据。在$\overline{STB}$出现前，数据总线 DB 必须保持 5μs 以及在 BUSY 变高以后必须保持 10μs。

BUSY：打印机“忙”信号。高电平有效，信号“忙”期间不接收数据。

打印机的工作时序如图 2-28 所示。

图 2-29 是设计的打印机的接口电路，为了提高抗干扰能力，采取了光电隔离的措施，为此需要将打印机的 5V 电源引出。

当仅打印 ASCII（美国标准信息交换码）码时，由于可打印的 ASCII 码的数据位 D_7 总是为零，因此将 D_7 与打印机的地线直接相连。

当处理器发出选通信号$\overline{STB}$，它使储存在打印机内存的数据转变为打印头的机械运动，在打印纸上打印出字符。查询打印机的 BUSY 信号，当打印机不“忙”时，发送下一个字符，并完成打印。

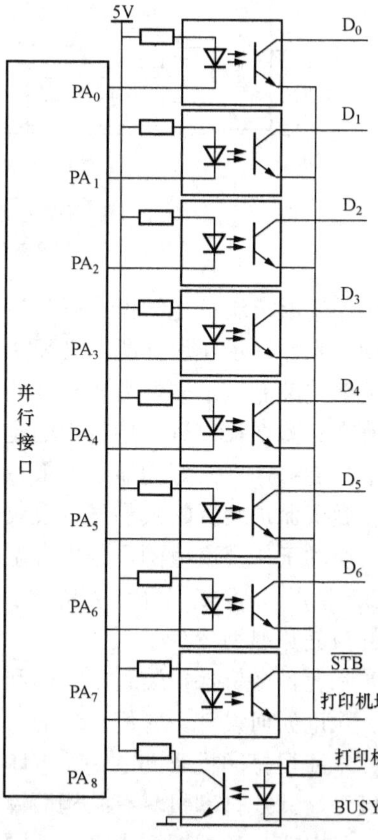

图 2-29　微机保护打印机接口电路

2.2.3　微机保护的微机系统

微机保护的微机系统和一般的微机系统的构成没有太大的差别，都是以微处理器为核心，辅助于系统所需要的外围器件和输入、输出接口电路构成。微机保护的微机系统有两种常见结构。

1. 采用单一处理器的微机系统

图 2-30 是采用单一处理器构成微机系统的框图。它包括了数据采集系统、输入/输出系统和保护的微机系统。前两部分已经在前面进行了阐述，下面仅对保护的微机系统给予简要说明。

（1）存储器。存储器用于保存程序代码和数据。就微机保护而言，需要存储的数据包括保护的程序代码、保护的定值、保护形成的事件报告、采样数据以

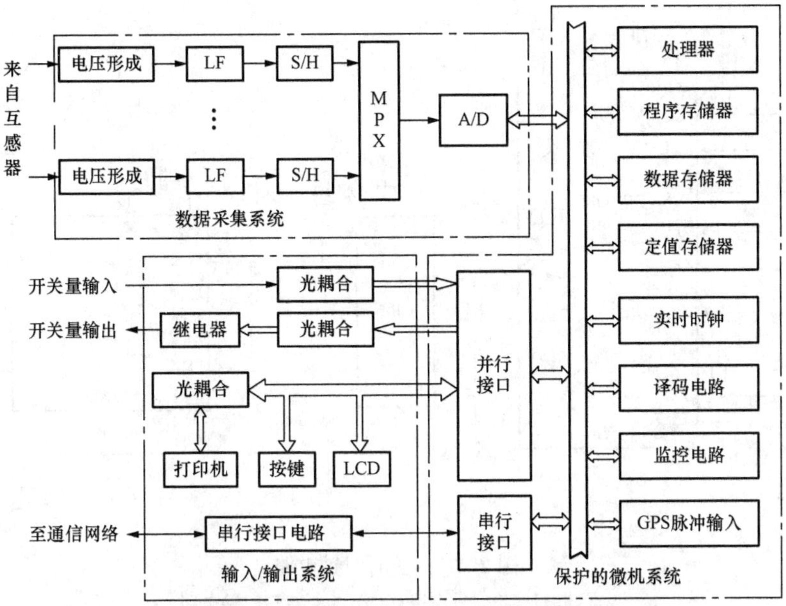

图 2-30 采用单一处理器的微机系统构成框图

及中间计算结果等。对于不同的数据存储器除了满足容量大小的要求外，还要满足以下几方面的要求：

1）程序存储器。其保存的程序代码在保护装置失电时不丢失，且在运行过程中，不能随意被更改。为了保存程序代码，可采用 EPROM 或 FLASH 等存储器。

2）保护的定值及事件报告的存储器。其保存的数据在保护装置失电时不丢失，在运行过程中，保护的定值允许被改写（但一般有密码保护），且在运行过程中不易被干扰所破坏；保护形成的事件报告原则上不允许修改，只供查询或浏览。保护的定值通常保存在 EEPROM 中，而保护的事件报告一般保存在 FLASH 中。

3）采样数据或计算结果的存储器。由于只在保护装置运行中产生这些数据，所以对其一般不做失电不丢失的要求。为了保存此类数据，在微机保护中一般采用随机存储器，如静态 SRAM。

（2）实时时钟与 GPS 授时系统。实时时钟提供微机保护发生的一些事件的时间记录，如保护启动时间等。实时时钟芯片可对秒、分、时、日、周、月和年进行计数，对于小于 31 天的月，月末的日期自动进行调整，还具有闰年校正的功能。时钟可以采用 24 小时格式或带 AM/PM 的 12 小时格式。

图 2-31 给出了并行接口和串行接口的两种实时时钟电路。它们都需要一个备用电池，当保护装置失电后，靠这个电池供电，保证实时时钟仍能正常计时。

为了保证实时时钟的准确性，可以采用 GPS 网络授时与脉冲校时相结合的方法，对实时时钟进行定期修正。

（3）译码电路。译码电路为各种存储器和接口电路分配合理的地址空间。常用的译码电路采用 74LS138 译码器以及多种类型的可编程逻辑器件。图 2-32 是采用 74LS138 译码器的译码电路，请读者自己分析 CS_1 和 CS_2 这两个信号有效的地址范围。

（4）监控电路。监控电路又称“看门狗”电路。图 2-33 是采用 ADM690 构成的监控电

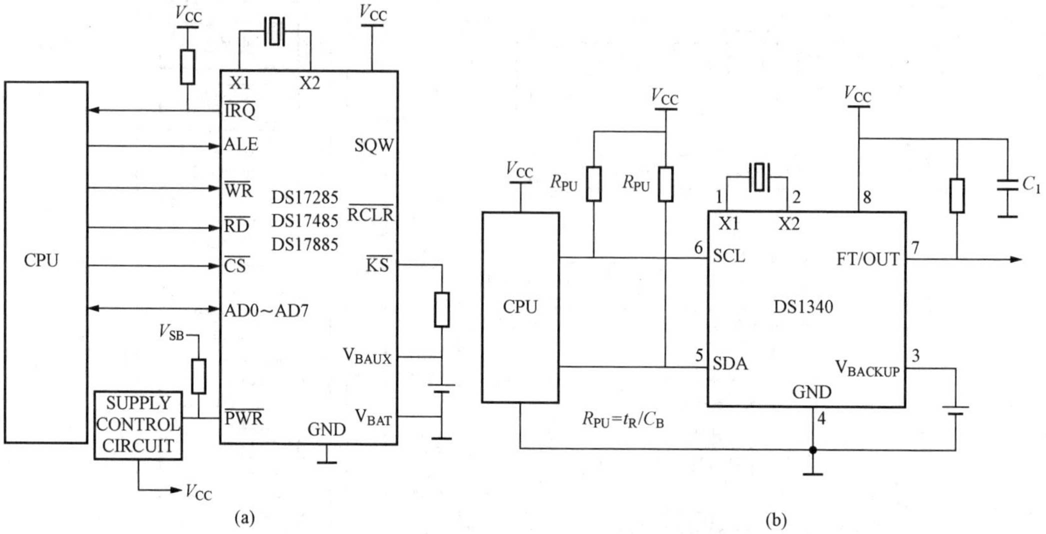

图 2-31 实时时钟电路

(a) 并行接口时钟电路；(b) 串行接口时钟电路

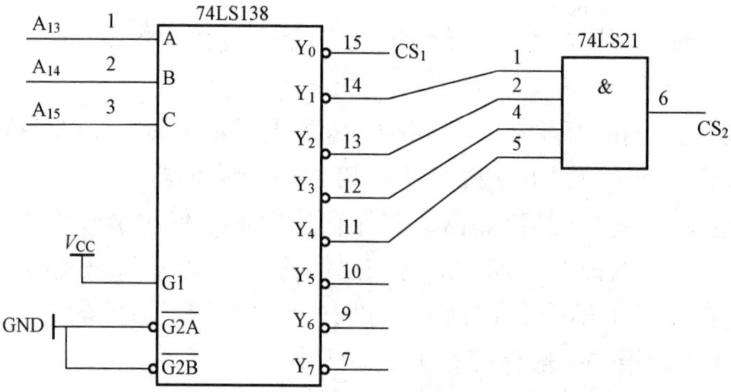

图 2-32 74LS138 译码电路

路（“看门狗”电路）。其工作过程如下：正常运行时，处理器在指令的控制下，通过 I/O LINE 发出高低电平变化的脉冲，使得 ADM690 在 1.6s 时间内检测到 WDI 管脚有高低电平跳变信号，则“看门狗”定时器清零并重新开始计时；若超出 1.6s 后，WDI 管脚仍无高低电平跳变信号，则“看门狗”定时器溢出，$\overline{\text{RESET}}$管脚输出 50ms 的低电平，使微机系统复位。

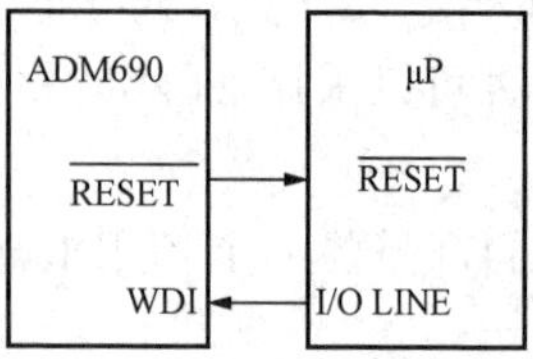

图 2-33 “看门狗”电路

采取“看门狗”电路后，在程序适当的位置插入控制 I/O LINE 电平高低变化的指令，则可以避免程序跑飞或者陷入“死循环”造成的“死机”问题。

(5) 并行接口电路。并行接口电路中每个信息位都有自己的传输线，一个数据字节各位可并行传送，速度快、控制简单。由于电气特性的限制，传输距离不能太长。最基本的接口电路是三态缓冲器（例如 74LS244）和锁存器（例如 74LS373）。8255A 是通用的可编程并行接口芯片，功能强，使用灵活，适合一些并行输入/输出设备的使用。在微机保护的微机系统中，可能使用并行接口的地方包括与数据采集系统的接口、与开关量输入回路的接口、与开关量输出回路的接口及与打印机的接口等。

处理器对并行接口的操作有四种方式：无条件传输方式、查询方式、中断方式和 DMA 方式。读入开关量和输出开关量可采用无条件传输方式；与打印机的接口可采用查询方式；读取数据采集系统的数据，采用中断方式或 DMA 方式时，微处理器的工作效率比较高。图 2-34 画出了几种并行接口电路示意图。

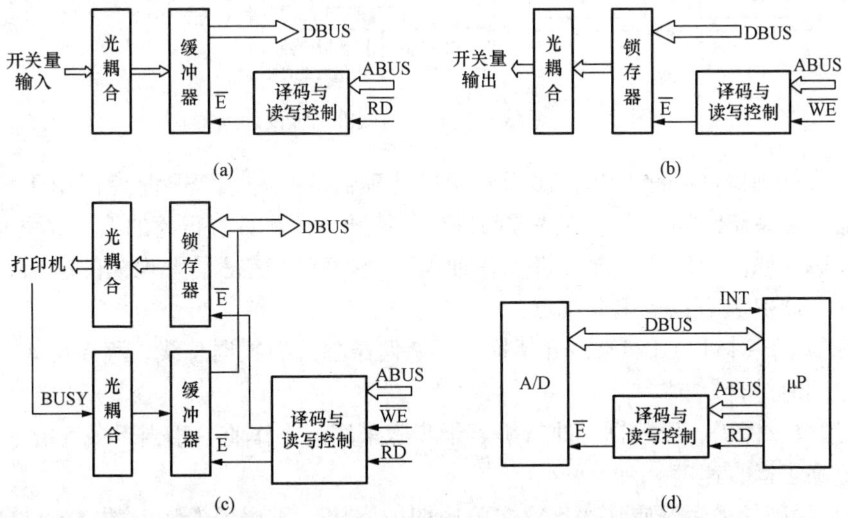

图 2-34　微机保护中的并行接口电路示意图

(a) 开关量输入电路；(b) 开关量输出电路；(c) 打印机接口电路；(d) A/D 转换接口电路

(6) 处理器。微机保护采用的处理器通常为嵌入式微处理器、嵌入式微控制器和专用微处理器。在以嵌入式微处理器为核心构成的系统中，可以运行实时多任务操作系统，例如 Nucleus PLUS、QNX、VRTX、VxWorks 及 μC/OS-Ⅱ等。它能完成多任务并且有较短的中断响应时间，从而使代码的执行时间减少到最低限度。另外，实时多任务操作系统具有很强的存储区保护功能，避免在软件模块之间出现错误的交叉引用。

嵌入式微处理器是由通用计算机中的 CPU 演变而来的。它的特征是具有 32 位以上的处理器，具有较高的性能。但与计算机处理器不同的是，其只保留和应用系统紧密相关的功能硬件，去除其他的冗余功能部分，这样就以最低的功耗和资源满足实际系统应用的要求。目前主要的嵌入式微处理器有 AM186/88、386EX、Power PC、68000、MIPS 和 ARM 系列等。

嵌入式微控制器常称为单片机，其芯片内部集成 ROM/EPROM、RAM、总线、总线逻辑、定时/计数器、看门狗、I/O、串行口、脉宽调制输出、A/D、D/A、FLASH RAM、EEPROM 等各种必要功能和外设。嵌入式微控制器的最大特点是单片化，选择满足系统所需要资源的单片机，可以大大简化外部电路的设计，有利于降低系统总的功耗和成本，也有利于系统可靠性的提高。图 2-35 是一种总线不出芯片的微机保护设计方案。请读者自己分析所选择的嵌入式微控制器具备的硬件资源。在此设计方案中，EEPROM 和实时时钟分别采用了具有 I^2C 和 SPI 串行接口的芯片。嵌入式微控制器通过串行通信与负责人机交互的另一微处理器系统相连，进而实现人机交互的功能（见本节微机保护的串行通信部分）。

相对于上述比较通用的微处理器，专用微处理器是专门针对某一特定领域应用的微处理

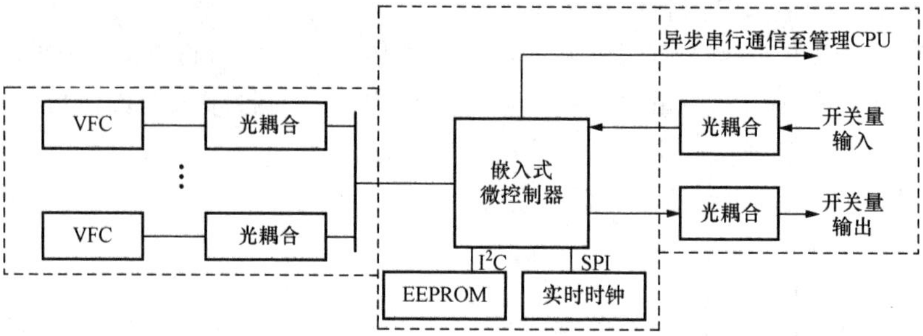

图 2-35 总线不出芯片的微机系统设计方案

器。数字信号处理器，简称 DSP，属于专用微处理器的一种。DSP 是专门用于信号处理方面的处理器，在系统结构和指令算法方面进行了特殊设计，具有很高的编译效率和指令的执行速度。在数字滤波、FFT、谱分析等各种仪器上，DSP 获得了大规模的应用。和通用的处理器相比，DSP 具有以下主要特点：

1）DSP 属于 Modified Harvard 架构，具有两条独立的数据总线、程序总线。取指令和读数据可以同时进行。

2）取指令、译码、取数据、执行等若干步骤采用流水作业。相当于多条指令并行执行，从而大大提高了运算速度。

3）独立的硬件乘法器使乘法运算在单周期内完成，优化了卷积、数字滤波、FFT、矩阵运算等算法中的大量重复乘法。

4）特殊寻址的寻址方式，如循环寻址、位倒序寻址指令使 FFT、卷积等运算中的寻址、排序及计算速度大大提高。

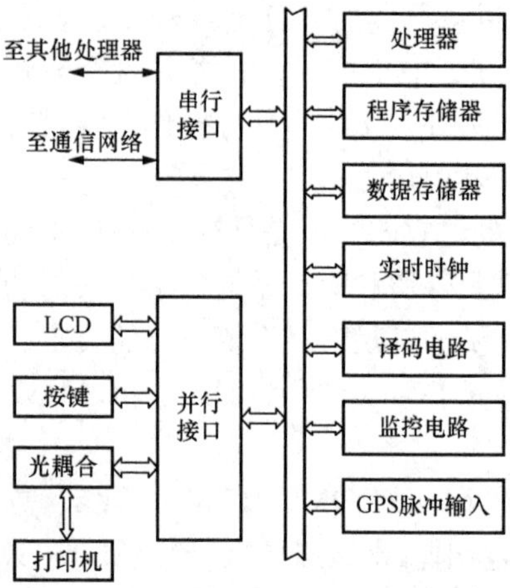

图 2-36 微机保护 MMI 系统构成框图

2. 采用多处理器的微机系统

当保护的构成原理比较复杂，用一个处理器不能同时完成保护、通信及人机交互的任务时，可以采用多个处理器协同工作的方式。在具有多个处理器的微机保护装置中，通常设置一个负责管理任务的微机系统，主要完成人机交互功能、与其他处理器的通信功能和对外通信。图 2-36 是负责管理任务的微机系统的构成框图，该系统简称 MMI 系统。

微机系统的人机交互功能包括定值修改、定值浏览、参数测量（包括查看电流、电压、输入开关量的状态等）、传动试验、报告查询、校时以及网络参数设置等。通常，校时以及网络参数设置是 MMI 系统独自完成的，而其他的功能则需要借助于通信的方式，由 MMI 系统下达命令，保护的处理器执行命令或传回所需要的信息。

图 2-37 是常见的几种多处理器的微机系统构成框图。

图 2-37（a）所示的微机系统具有两个处理器，一个负责完成所有的保护功能，另一个完成人机交互功能。图 2-37（b）所示的微机系统具有三个处理器，其中的 DSP 负责完成数据采集与处理，并将计算结果传送给负责保护的逻辑判断及出口控制的处理器

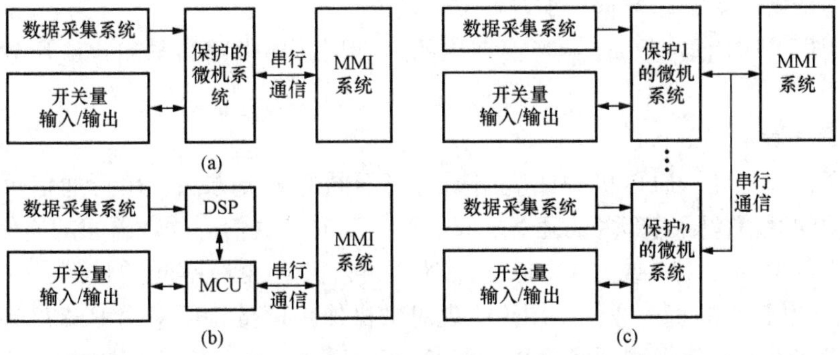

图 2-37　具有多处理器的微机系统构成框图

（a）保护—人机结构；（b）DSP—MCU—人机结构；（c）多保护—人机结构

MCU，两者的数据交互可以采用双端口 RAM 的接口方式。DSP 和 MCU 各自发挥自己的特长，协同工作完成保护功能，对它们的功能划分是软件设计的一项工作。图 2-37（c）所示的微机保护系统具有 n 个执行保护任务的处理器，每个处理器可以独立完成某些特殊的保护功能，它们共同完成所有的保护任务，MMI 系统负责对各处理器的管理，完成人机交互功能。

2.2.4　微机保护的串行通信

微机保护不同于常规保护的重要一点在于微机保护可以实现通信功能。当变电站的所有二次设备都具备智能控制和通信功能后，便具备了建立变电站综合自动化系统的条件，能够实现集监视与控制、继电保护、自动化装置于一体的综合自动化系统，并且可满足遥控、遥测、遥信、遥调功能和无人值班要求。

1. OSI 参考模型

首先介绍一下 OSI 参考模型。它是由国际标准化组织 ISO 于 1981 年提出的一个网络系统互联模型。在 OSI 中，采用了体系结构、服务定义和协议规格说明三级抽象。OSI 参考模型并没有提供一个可以实现的方法，即 OSI 参考模型并不是一个标准，而只是一个在制定标准时所使用的概念性的框架。OSI 各层的主要功能是：

（1）物理层。物理层处于 OSI 参考模型的最底层。物理层的主要功能是利用物理传输介质为数据链路层提供物理连接，以便透明地传送比特流。

（2）数据链路层。在物理层提供比特流传输服务的基础上，数据链路层在通信的实体之间建立数据链路连接，传送以帧为单位的数据，采用差错控制、流量控制方法，使有差错的物理线路变成无差错的数据链路。

（3）网络层。网络层主要任务是通过路由器算法，为分组通过通信子网选择最适当的路径。网络层要实现路由器选择、拥塞控制与网络互联等功能。

（4）传输层。传输层的主要任务是向用户提供可靠的端到端服务，透明地传送报文。它向高层屏蔽了下层数据通信的细节，因而是计算机通信体系结构中最关键的一层。

（5）会话层。会话层的主要任务是组织两个会话进程之间的通信，并管理数据的交换。

（6）表示层。表示层主要用于处理在两个通信系统中交换信息的表示方式，包括数据格式变换、数据加密与解密、数据压缩与恢复等功能。

(7) 应用层。应用层是 OSI 参考模型中的最高层，提供网络与用户应用软件之间的接口服务。

2. 串行通信的分类

根据物理接口特性、通信机制或应用场所等不同的分类方法，串行通信可以分为很多种。微机保护的通信包括内部多处理器之间的通信和对外通信。处理器间的通信通常采用直接互联的异步通信、RS485 或 CAN 通信。对外通信又有两种不同的目的：一是与计算机（一般为笔记本电脑）的直接通信，用于实现对微机保护调试，可采用 RS232 或 USB 接口；二是实现网络连接，通常采用现场总线，如 CAN、Lonworks 及工业以太网等。

(1) 多处理器间异步通信。在异步通信中规定了字符帧格式和波特率。数据通常以字符或者字节为单位组成字符帧传送。异步通信的帧格式如图 2-38 所示。

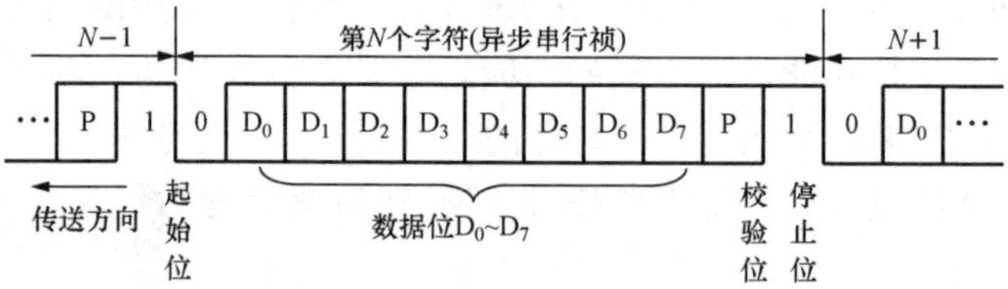

图 2-38 异步通信的帧格式

数据传送按帧传输，一帧数据包含起始位、数据位、校验位和停止位。依靠起始位、停止位保持通信同步。在所传输的有效数据中附加检验位。包括有效位和检验位在内使整个信息位中“1”的个数为奇数或偶数，这样的校验方法称为奇偶校验。发送端和接收端可以由各自的时钟来控制数据的发送和接收，这两个时钟源彼此独立，但必须设置相同的波特率。

许多处理器内部都集成了一个或多个通用异步通信收发器。图 2-39 是 8031 单片机异步通信收发器的功能结构框图。

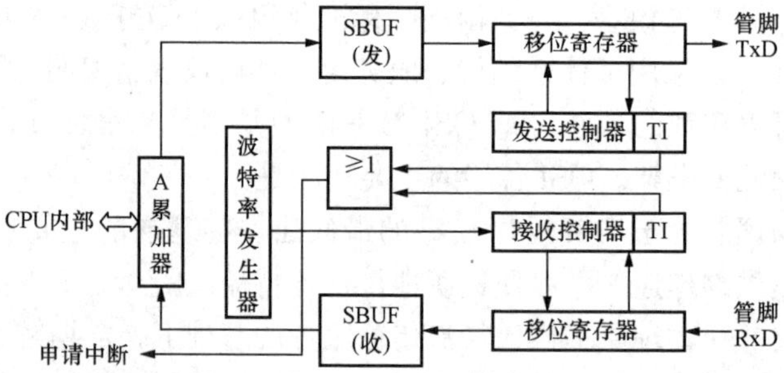

图 2-39 8031 单片机异步通信收发器的功能结构框图

在微机保护中，通常设置负责管理的处理器为通信的主机，其他处理器为从机。按规定好的通信协议，由主机发出命令，从机响应命令，执行相应操作或传回相应信息。图 2-40 是某微机保护内部多处理器间通信的原理图。

(2) RS232 和 RS485。RS232 串行通信接口是由美国电子工业协会 EIA 在 1962 年公布制定的通用串行接口标准，1969 年进行了修订，1987 年 1 月正式改名为 EIA-232D。RS232 设计目的是用于连接调制解调器，现已成为数据终端设备 DTE（例如计算机）与数

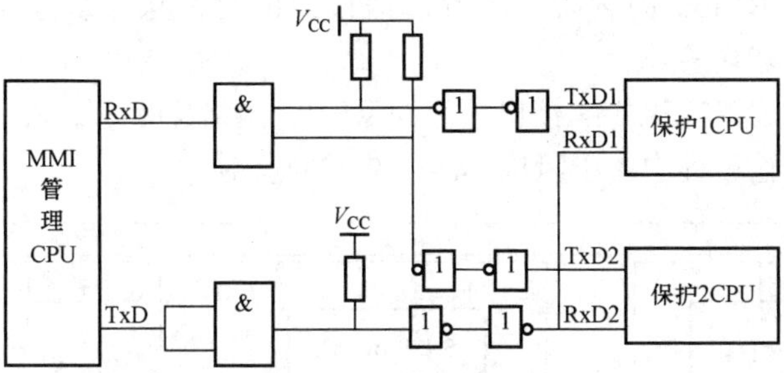

图 2-40　某微机保护内部多处理器间通信的原理图

据通信设备 DCE（例如调制解调器）的标准接口，可以实现远距离通信，也可近距离连接两台微机。RS232 接口标准属于网络层次结构中的最低层——物理层。

RS232C 接口采用 EIA 电平，高电平为＋3～＋15V，低电平为－3～－15V，实际常用±12V或±15V。数据信息用负逻辑表示，＋3～＋15V（高电平）表示数据 0，－3～－15V（低电平）表示数据 1，联络信号用正逻辑表示。而标准 TTL 电平的高电平为＋2.4～＋5V，低电平为 0～0.4V。处理器的异步通信收发器或串行接口芯片如 8250、8251 均使用 TTL 电平。因此应使用电平转换电路转换成符合 RS232 规定的电平，常用的芯片有 MAX232 等。通用异步收发器与 RS232 的电平转换电路是微机保护中常用的转换电路，如图 2-41 所示。由于通常是和微机相连，用于对微机保护的调试，因此可以采用简单的三线连接方式。

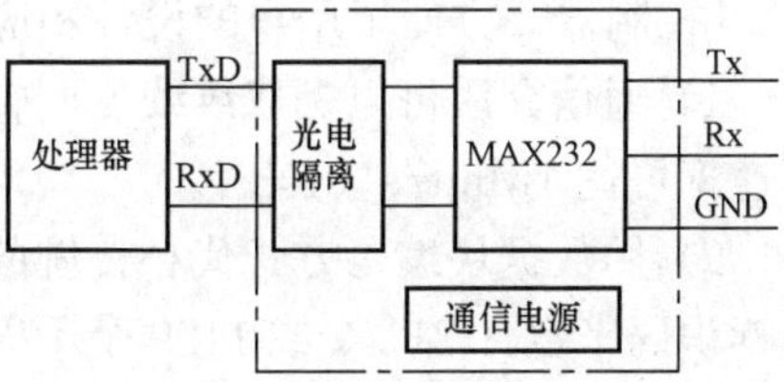

图 2-41　通用异步通信收发器与 RS232 的电平转换电路原理框图

RS232 存在一些不足之处：其接口的信号电平值较高，易损坏接口电路的芯片，又因为与 TTL 电平不兼容故需使用电平转换电路方能与 TTL 电路连接。传输速率较低，在异步传输时，波特率最高只能达到 19200bit/s。接口使用一根信号线和一根信号返回线而构成共地的传输形式，这种共地传输容易产生共模干扰。传输距离有限，在微机保护装置之间不易形成网络连接。

为改进 RS232 通信距离短、速率低等缺点，EIA 制定了 RS422 标准，并于 1983 年在 RS422 基础上制定了 RS485 标准，增加了多点、双向通信能力，即允许多个发送器连接到同一条总线上，后命名为 TIA/EIA-485-A 标准。RS485 具有以下特点：

1）RS485 的电气特性：逻辑“1”以两线间的电压差为＋(2～6)V 表示，逻辑“0”以两线间的电压差为－(2～6)V 表示。接口信号电平比 RS232 降低了，不易损坏接口电路的芯片，且该电平与 TTL 电平兼容，可方便与 TTL 电路连接。

2）RS485 的数据最高传输速率为 10Mbit/s。

3）RS485 接口采用平衡驱动器和差分接收器的组合，抗共模干扰能力增强，即抗噪声干扰性好。

4）RS485 接口的最大传输距离实际上可达 3000m（速率低于 100kbit/s 时），在总线上允许连接多达 128 个收发器，便于实现微机保护装置的网络连接，从而实现建立在网络基础上的变电站综合自动化系统。

和 RS232 一样，RS485 仍然属于串行通信接口的物理层。从通用异步通信收发器到 RS485 仍然需要接口转换芯片。

图 2 - 42 是采用 SN75LBC184 接口芯片的 RS485 网络连接示意图。图中 R 为总线终端电阻，可消除信号传输过程中由于阻抗不匹配造成的反射。

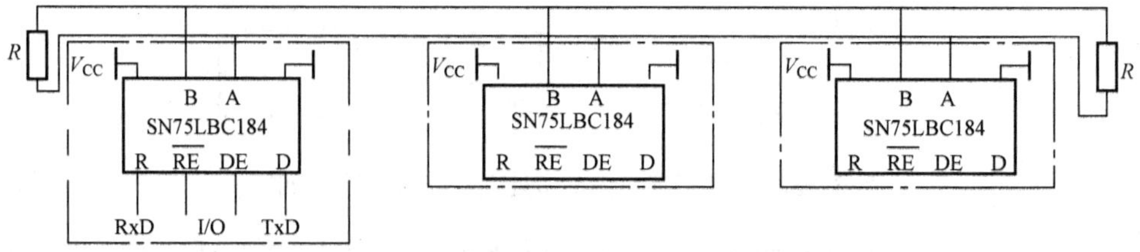

图 2 - 42　RS485 接口芯片及其网络连接示意图

（3）CAN 和 Lonworks。CAN（Controller Area Network，控制器局域网）最早由德国 BOSCH 公司推出，广泛用于离散控制领域，其总线规范已被 ISO 国际标准组织制定为国际标准，得到了 Intel、Motorola、NEC 等公司的支持。CAN 总线建立在 ISO 参考模型基础上，不过只采用了其中最关键的两层，即物理层和数据链路层。许多嵌入式微控制器集成了 CAN 控制器，方便了用户的设计和应用。CAN 具有以下特点：

1）通信介质可以是双绞线、同轴电缆和光纤，通信距离最远可达 10km（5kbit/s），最高速率可达 1Mbit/s（40m）。

2）用数据块编码方式代替传统的站地址编码方式，用一个 11 位或 29 位二进制数组成的标识码来定义 211 个或 1129 个不同的数据块，让各节点通过滤波的方法分别接收指定标识码的数据。

3）网络上任意一个节点均可以主动向其他节点发送数据，是一种多主总线，可以方便地构成多机备份系统。

4）网络上的节点可以定义成不同的优先级，利用接口电路中线与功能，巧妙地实现无破坏性的基于优先权的仲裁。

5）数据帧中的数据字段长度最多为 8bit，在每帧中都有 CRC 校验及其他检错措施。

6）网络上的节点在错误严重的情况下，具有自动关闭总线的功能。

LonWorks 由美国 Echelon 公司推出，并由 Motorola、Toshiba 公司共同倡导。它采用 ISO/OSI 模型的全部 7 层通信协议，采用面向对象的设计方法，通过网络变量把网络通信设计简化为参数设置。LonWorks 的主要特性有：

1）传输介质为双绞线、同轴电缆、光缆、电源线等，传输速率为 78kbit/s（双绞线 2700m）、125Mbit/s（双绞线 130m），采用区、子网和节点地址的分层式寻址方式。

2）采用 LonTalk 通信协议，该协议遵循 OSI 全部 7 层模型。

3）LonTalk 协议的介质访问控制子层（MAC）采用改进的 CSMA 载波信号多路侦听，根据总线负载随机调整时间槽（1～63），从而在负载较轻时使介质访问延迟最小化，而在负载较重时使冲突的可能性最小化。

4）LonWorks 的核心是 Neuron（神经元）芯片，内含 3 个 8 位的 CPU。第 1 个 CPU 为介质访问控制处理器，实现协议的第 1 层和第 2 层；第 2 个 CPU 为网络处理器，实现协议的第 3～6 层；第 3 个 CPU 为应用处理器，实现协议的第 7 层，执行用户程序及所调用的操作系统服务。

2.3　离散时间系统基本概念

微机保护引入的一般是电压、电流量，它们是连续的模拟信号。在微机保护中，经过数据采集系统将模拟信号转换成微处理器能够处理的离散数字信号。对离散时间信号处理的系统被称为离散时间系统。

一个离散时间系统是将输入序列变换成输出序列的一种运算或映射，即

$$y(nT_s) = T[x(nT_s)] \tag{2-10}$$

式中：$T[\cdot]$ 表示离散时间系统的输入序列 $x(nT_s)$ 与输出序列 $y(nT_s)$ 的变换或运算关系。

图 2-43 给出了离散时间系统的框图。

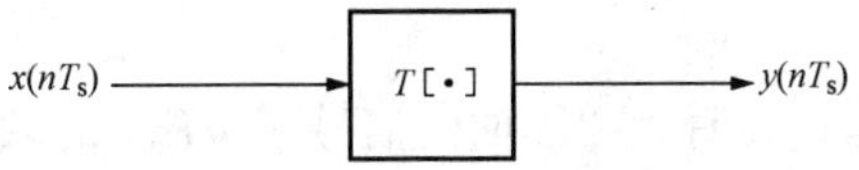

图 2-43　离散时间系统框图

2.3.1　离散时间信号及其 Z 变换

离散时间信号 $x(nT_s)$ 是一个离散的时间序列。其中 n 是该序列的时间序号，只能取整数；T_s 是采样的周期。有时将 $x(nT_s)$ 写成 $x(n)$，隐含了 T_s，实际上，n 是与离散时间 nT_s 一一对应的。

1. 从模拟信号到离散数字信号

图 2-44 给出了从模拟信号到数字信号的转换过程。

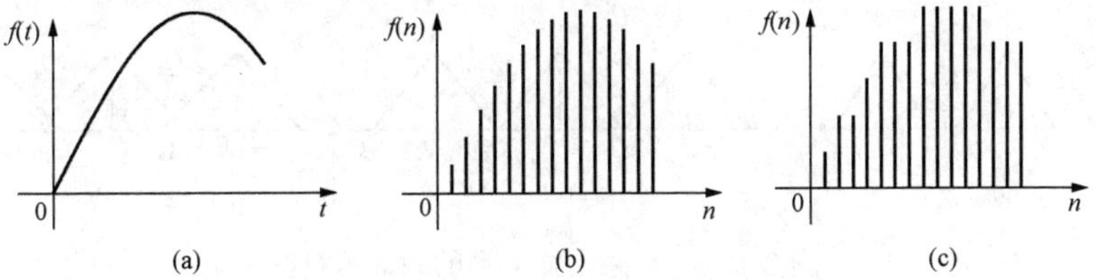

图 2-44　从模拟信号到数字信号的转换

(a) 模拟信号；(b) 抽样信号；(c) 数字信号

模拟信号 $f(t)$ 经过抽样，得到抽样信号

$$f(nT_s) = f(t)\big|_{t=nT_s} \tag{2-11}$$

它是时间离散而幅值连续的。当用 A/D 进行模数转换时，由于 A/D 的分辨率总是有限的，因此存在量化误差。对抽样信号的量化，就得到了时间和幅值都离散的数字信号。

如果离散数字信号是从模拟信号抽样得到的，在数学上可以表示为

$$\begin{aligned}\hat{f}(t) &= \sum_{n=-\infty}^{\infty} f(t)\delta(t-nT_s)\\ &= f(t)s(t)\end{aligned} \tag{2-12}$$

$$s(t) = \sum_{n=-\infty}^{\infty} \delta(t-nT_s)$$

式中：$s(t)$ 为冲激采样信号。

$s(t)$ 是以 T_s 为周期的周期函数，做傅里叶级数展开，得到

$$s(t)=\frac{1}{T_s}\sum_{k=-\infty}^{\infty}\mathrm{e}^{\mathrm{j}k\Omega_s}$$

其中

$$\Omega_s=2\pi f_s=2\pi\frac{1}{T_s}$$

根据式（2 - 12）得到抽样信号

$$\hat{f}(t)=\frac{1}{T_s}\sum_{n=-\infty}^{\infty}f(t)\mathrm{e}^{\mathrm{j}k\Omega_s}$$

对上式进行傅里叶变换，得到抽样信号的频谱

$$F(\mathrm{j}\Omega)=\frac{1}{T_s}\sum_{k=-\infty}^{\infty}\int_{-\infty}^{+\infty}f(t)\mathrm{e}^{\mathrm{j}k\Omega_s t}\mathrm{e}^{-\mathrm{j}\Omega t}\mathrm{d}t$$

$$=\frac{1}{T_s}\sum_{k=-\infty}^{\infty}F[\mathrm{j}(\Omega-k\Omega_s)]$$

上式表明，冲激抽样信号 $f(nT_s)$ 的频谱是将原连续信号 $f(t)$ 的频谱的幅度缩小 T_s 倍，并以采样角频率 Ω_s 为周期进行周期延拓。

设原始信号 $f(t)$ 的最高频率成分为 f_c。图 2 - 45 中分别画出了 $f_s>2f_c$、$f_s=2f_c$、$f_s<2f_c$ 三种情况下的冲激抽样信号的频谱。不难看到，当满足 $f_s\geqslant 2f_c$ 时，冲激抽样信号的频谱不会发生混叠现象。由此得到采样定理：

带限连续时间信号 $f(t)$，如果其频谱中的最高频率成分为 f_c，且采样频率 $f_s\geqslant 2f_c$，那么，信号 $f(t)$ 可以唯一地由其冲激抽样信号 $\hat{f}(t)$ 恢复。

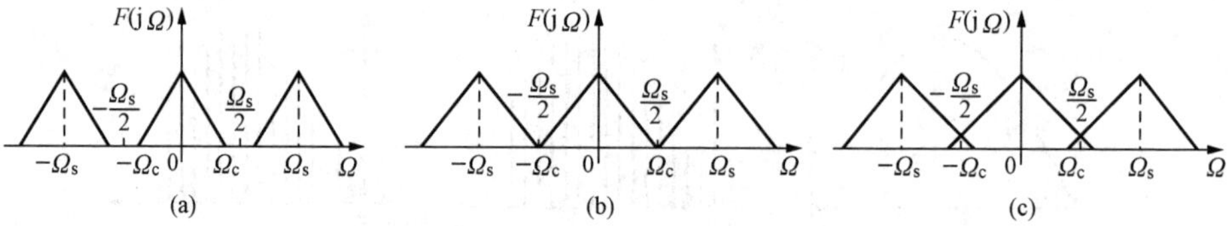

图 2 - 45　冲激抽样信号的频谱示意图

(a) $f_s>2f_c$；(b) $f_s=2f_c$；(c) $f_s<2f_c$

2. 离散信号的 Z 变换

Z 变换在离散系统中的地位与作用，类似于连续系统的拉普拉斯变换（简称拉氏变换）。Z 变换的定义可以由取样信号的拉氏变换引出。

对式（2 - 12）两边取拉氏变换，得到

$$\hat{F}(s)=\int_0^{\infty}\hat{f}(t)\mathrm{e}^{-st}\mathrm{d}t=\int_0^{\infty}\sum_{n=0}^{\infty}f(nT_s)\delta(t-nT_s)\mathrm{e}^{-st}\mathrm{d}t$$

将积分与求和次序对调，利用冲激函数的取样性质，得

$$\hat{F}(s)=\sum_{n=0}^{\infty}f(nT_s)\int_0^{\infty}\delta(t-nT_s)\mathrm{e}^{-st}\mathrm{d}t=\sum_{n=0}^{\infty}f(nT_s)\mathrm{e}^{-snT_s}$$

引入一个新的复变量 z，令 $z=\mathrm{e}^{sT_s}$，得到离散时间信号序列 $f(n)$ 的单边 z 变换，即

$$F(z) = \sum_{n=0}^{\infty} f(n) z^{-n} \tag{2-13}$$

(1) Z 变换常用的几个性质。

线性：已知 $Z[x(n)] = X(z), Z[y(n)] = Y(z)$，则 $Z[ax(n) + by(n)] = aX(z) + bY(z)$

时移：已知 $Z[x(n)] = X(z)$，则 $Z[x(n-m)] = z^{-m}X(z)$

时域卷积：已知 $Z[x(n)] = X(z), Z[y(n)] = Y(z)$，则 $Z[x(n) \otimes y(n)] = X(z)Y(z)$

(2) z 平面与 s 平面的映射关系。

因为 $z = e^{sT_s}$，令 $s = \sigma + j\omega$，则

$$z = re^{j\Omega} = e^{\sigma T_s} e^{j\omega T_s}$$

即

$$\begin{cases} r = e^{\sigma T_s} \\ \Omega = \omega T_s = \omega \dfrac{2\pi}{\omega_s} \end{cases} \tag{2-14}$$

根据式（2-14）不难得出 s 平面和 z 平面存在如下映射关系：s 平面的虚轴映射到 z 平面的单位圆上，s 平面的左半平面映射到 z 平面的单位圆内，s 平面的右半平面映射到 z 平面的单位圆外，如图 2-46 所示。

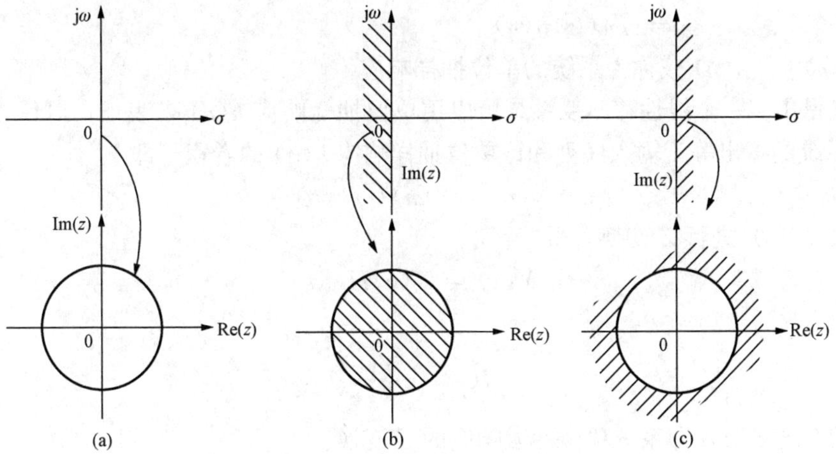

图 2-46 s 平面到 z 平面的映射

(a) 虚轴映射到单位圆；(b) 左半平面映射到单位圆内；(c) 右半平面映射到单位圆外

2.3.2 离散时间系统

1. 线性移不变离散时间系统

若 $y_i(nT_s) = T[x_i(nT_s)]$，当满足

可加性 $$\sum_{i=0}^{I} y_i(nT_s) = \sum_{i=0}^{I} T[x_i(nT_s)]$$

均匀性 $$\sum_{i=0}^{I} a_i y_i(nT_s) = \sum_{i=0}^{I} a_i T[x_i(nT_s)]$$

时，则该系统为线性系统。

当满足

$$y_i(nT_s - mT_s) = T[x_i(nT_s - mT_s)]$$

时，则该系统为移不变系统。

同时具有线性和移不变性的离散时间系统称为线性移不变系统，简称 LSI 系统。

2. 线性移不变系统输入和输出的关系

对于线性移不变离散系统的一个任意输入序列

$$x(n) = \sum_{m=-\infty}^{\infty} x(m)\delta(n-m)$$

$$\delta(n) = \begin{cases} 1 & n = 0 \\ 0 & n \neq 0 \end{cases}$$

式中：$\delta(n)$ 为单位抽样序列。

系统输出

$$\begin{aligned} y(n) &= T[x(n)] = T[\sum_{m=-\infty}^{\infty} x(m)\delta(n-m)] \\ &= \sum_{m=-\infty}^{\infty} x(m)T[\delta(n-m)] = \sum_{m=-\infty}^{\infty} x(m)h(n-m) \\ &= x(n) \otimes h(n) \end{aligned}$$

式中：$T[\delta(n)] = h(n)$ 被称为系统的单位抽样响应。

由上式得出，一个线性移不变系统可以用单位抽样响应 $h(n)$ 来表征，对任意输入的序列 $x(n)$，系统的输出等于输入序列和该单位抽样响应 $h(n)$ 的卷积，即

$$y(n) = x(n) \otimes h(n) \tag{2-15}$$

对式（2 - 15）进行 Z 变换，得

$$Y(z) = X(z)H(z)$$

有

$$H(z) = \frac{Y(z)}{X(z)}$$

为该系统的系统函数，即系统单位冲激响应的 Z 变换。

3. 离散时间系统的频率响应特性

离散时间系统对输入信号的频率响应意味着对输入信号进行频谱处理的特征。分析系统的频率响应特性，从而能够确定所设计的离散时间系统是否满足要求。

系统在正弦稳态序列作用下的稳态响应称为系统的频率响应。系统对不同频率信号的输入，产生不同的加权，这就是系统的频率响应特性。

设输入序列为 $x(n) = e^{j\omega nT_s}$，称其为本征函数。系统的输出为

$$\begin{aligned} y(nT_s) &= h(nT_s) \otimes e^{j\omega nT_s} = \sum_{m=-\infty}^{\infty} h(mT_s)e^{j\omega(n-m)T_s} \\ &= e^{j\omega nT_s} \sum_{m=-\infty}^{\infty} h(mT_s)e^{-j\omega mT_s} \end{aligned}$$

令

$$H(e^{j\omega T_s}) = \sum_{m=-\infty}^{\infty} h(mT_s)e^{-j\omega m T_s} = H(z)\big|_{z=e^{j\omega T_s}}$$

为输入序列的加权，体现了系统对信号的处理功能，是系统函数 $H(z)$ 在单位圆上的动态特性。

记

$$H(e^{j\omega T_s}) = |H(e^{j\omega T_s})| e^{j\varphi(\omega T_s)} \tag{2-16}$$

式中：$|H(e^{j\omega T_s})|$ 描述系统的幅频特性；$\varphi(\omega T_s)$ 描述系统的相频特性。

在微机保护中，一般不关心系统的相频特性。这是因为，当多路输入信号经过相同的离散时间系统进行处理后，各路信号的相对相位关系不会发生改变。

【例 2 - 1】 已知系统的单位抽样响应 $h(n) = \{-1, -1, 0, 1, 1\}$，抽样频率 $f_s=600\text{Hz}$。试完成：

(1) 求其幅频响应特性；

(2) 分析能否滤除直流、4 次谐波分量。

解 系统的单位抽样响应的 Z 变换为

$$H(z) = -1 - z^{-1} + z^{3} + z^{4}$$

(1) 系统的幅频响应特性表达式

$$\begin{aligned}|H(e^{j\omega T_s})| &= |-1 - e^{-j\omega T_s} + e^{-j3\omega T_s} + e^{-j4\omega T_s}| \\ &= |-1 - e^{-j2\pi\frac{f}{f_s}} + e^{-j6\pi\frac{f}{f_s}} + e^{-j8\pi\frac{f}{f_s}}|\end{aligned}$$

(2) 将 $f=0$ 和 $f=200\text{Hz}$ 代入上式，不难得出 $|H(e^{j\omega T_s})| = 0$，即该系统能够滤除直流和 4 次谐波分量。

4. 线性常系数差分方程及其 Z 变换

一个离散系统可以用差分方程进行数学描述为

$$y(n) = \sum_{r=0}^{M} b_r x(n-r) \pm \sum_{k=1}^{N} a_k y(n-k) \tag{2-17}$$

该系统既可以用硬件实现，也可以用编程的方法实现。当用硬件实现时，硬件包含了加法器、延迟单元和乘法器。当用程序实现时，其步骤是：①存储现在和过去时刻的序列值；②用常数乘序列；③对乘积进行累加。

当 $a_k=0$ 时，有

$$y(n) = \sum_{r=0}^{M} b_r x(n-r)$$

该系统称为非递归或有限冲激响应系统，简称 FIR 系统。

当 $a_k \neq 0$ 时，有

$$y(n) = \sum_{r=0}^{M} b_r x(n-r) \pm \sum_{k=1}^{N} a_k y(n-k)$$

该系统称为递归或无限冲激响应系统，简称 IIR 系统。

对式 (2 - 17) 两边进行 Z 变换，得

$$Y(z) = \sum_{r=0}^{M} b_r z^{-r} X(z) \pm \sum_{k=1}^{N} a_k z^{-k} Y(z)$$

于是求得系统函数为

$$H(z)=\frac{Y(z)}{X(z)}=\frac{\sum_{r=0}^{M}b_r z^{-r}}{1\pm\sum_{k=1}^{N}a_k z^{-k}} \tag{2-18}$$

式中：使分子为零的所有 z 值称为系统的零点。使分母为零的所有 z 值称为系统的极点。

需要说明的是，对于一个稳定的系统，所有的极点必须位于单位圆内部。可以根据系统函数 $H(z)$ 零点和极点在 z 平面的分布情况，通过几何方法确定系统的频率特性。

由式（2-18），系统函数 $H(z)$ 用零点和极点表示为

$$H(z)=G\frac{\prod_{r=1}^{M}(z-z_r)}{\prod_{k=1}^{N}(z-p_k)}$$

系统的频率响应特性为

$$H(e^{j\omega T_s})=G\frac{\prod_{r=1}^{M}(e^{j\omega T_s}-z_r)}{\prod_{k=1}^{N}(e^{j\omega T_s}-p_k)}=G\frac{\prod_{r=1}^{M}A_r e^{j\psi_r}}{\prod_{k=1}^{N}B_k e^{j\phi_k}}$$

则系统的幅频特性为

$$|H(e^{j\omega T_s})|=G\frac{\prod_{r=1}^{M}A_r}{\prod_{k=1}^{N}B_k}$$

系统的相频特性为

$$\varphi(\omega)=\sum_{r=1}^{M}\Psi_r-\sum_{k=1}^{N}\phi_k$$

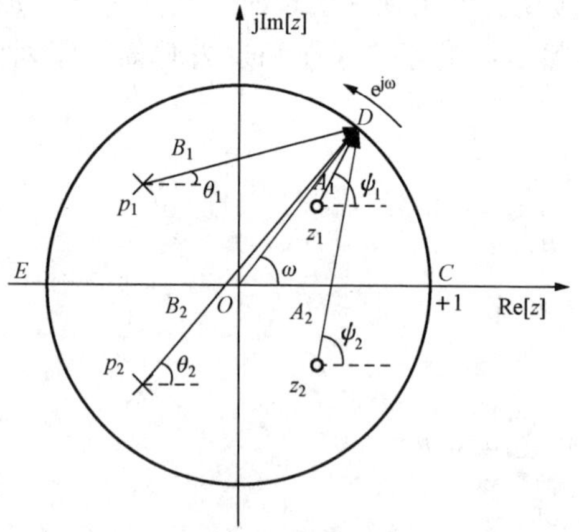

图 2-47 系统频率响应特性几何确定法

图 2-47 给出了一个具有两个零点和两个极点系统的频率响应特性几何确定法的示例。对于某一频率 ω，则系统的幅频特性为

$$|H(e^{j\omega T_s})|=G\frac{A_1A_2}{B_1B_2}$$

相频特性为

$$\varphi(\omega)=\psi_1+\psi_2-\theta_1-\theta_2$$

2.3.3 数字滤波器分析与设计

1. 数字滤波器的特点

滤波器实际上是一种选频器，可在含有噪声的信号中提取出有用的信号。模拟滤波器按实现的物理器件不同可分为有源滤波器和无源滤波器。无源滤波器由 R、L、C 器件构成，而有源滤波器由 R、L、C 和运算放大器构成。数字滤波器可以采用专用硬件构成，而很多场合下直接编写程序由计算机完成。

和模拟滤波器相比，数字滤波器具有以下优点：

（1）由于构成滤波器的元件特性存在差异，设计参数相同的多路模拟滤波器的特性也会存在差异；而数字滤波器由于没有物理器件，只是用软件编写的一段程序，所以不存在特性的差异，滤波器的性能稳定。

（2）由于构成滤波器的元件老化及受温度变化的影响，模拟滤波器的滤波特性可能会产生波动；而数字滤波器不受这些因素的影响。

（3）模拟滤波器一旦设计完成，其滤波特性便固定不变。如要改变滤波器的特性，必须重新设计，更换元件。而数字滤波器具有高度的灵活性，改变滤波器的滤波特性只需改变软件中某些参数即可实现。

（4）模拟滤波器的输入阻抗应和信号源的阻抗匹配，输出阻抗应和负载的阻抗匹配。而数字滤波器不存在阻抗匹配的问题。

（5）同一个数字滤波器，可在不同时刻使用，这只需调用滤波器的程序即可。还可用同一数字滤波器分别对多路数字信号处理，例如用同一滤波器分别对三相电流滤波，严格保持了三相信号处理的一致性。

在微机保护装置中为什么要采用数字滤波器呢？其原因一是由于电力系统发生故障时，信号中不仅含有工频分量，而且含有多种频率成分的谐波分量，而微机保护的许多算法是基于工频信号的，因此必须用数字滤波器将工频信号滤出，将非工频信号滤除。其二是有一些保护的原理就是基于某些特殊频率成分的信号，例如，在变压器保护中，为了识别励磁涌流，需用到 2 次谐波分量，就需要数字滤波器提取出 2 次谐波分量。其三是数字滤波器与模拟滤波器相比具有许多优点。因此在各种微机保护装置中，广泛采用了各种不同特性的数字滤波器。

2. 数字滤波器的分析方法和设计

数字滤波器的滤波特性可用滤波器的冲激响应来描述。按滤波器的冲激响应分类，数字滤波器可分为有限冲激响应滤波器（称为 FIR 滤波器）和无限冲激响应滤波器（称为 IIR 滤波器）。按照数字滤波器的实现方法来分类，数字滤波器可分为三类：递归型数字滤波器、非递归型数字滤波器和快速傅里叶变换型（FFT）数字滤波器。本节将以举例的方法说明数字滤波器的一些概念和分析方法，并介绍采用零、极点配置设计数字滤波器的方法。

（1）简单数字滤波器的幅频特性分析举例。

【例 2-2】 设模拟信号为 $i(t)=1+\sin\omega t+0.5\sin 4\omega t$。该信号是一个含有直流分量、基波分量和 4 次谐波分量的信号（这里仅为说明数字滤波器的一些概念，该信号与电力系统实际发生故障时的特征无对应关系）。微机保护对其进行采样，设采样频率为 $f_s=600\text{Hz}$。试完成：

1）求出采样序列 $i(n)$；

2）将离散序列 $i(n)$ 输入单位抽样响应为 $h(n)=\{-1,-1,0,1,1\}$ 的数字滤波器，计算滤波器的输出。

解 1）采样序列 $i(n)$ 为

$$i(n)=1+\sin\frac{\pi}{6}n+0.5\sin\frac{2\pi}{3}n$$

当 n 从 0 开始取连续的整数时，得到的离散序列见表 2-2。

表 2-2　　信号 $i(t)=1+\sin\omega t+0.5\sin4\omega t$ 的离散序列

n	0	1	2	3	4	5	6	7	8	9	10	11	…
$i(n)$	1	1.933	1.433	2.0	2.299	1.067	1	0.933	−0.299	0.0	0.567	0.067	…

2）滤波器的输出为 $i'(n)=i(n)\otimes h(n)$，计算结果见表 2-3。

表 2-3　　滤波器的输出序列

n	0	1	2	3	4	5	6	7	8	9	10	11	…
$i'(n)$	−1	−2.933	−3.366	−2.433	1.366	0	−1.366	−2.366	−2.732	−2.366	−1.366	0	…

图 2-48（a）为滤波器输入信号的波形，图 2-48（b）为滤波器输出信号的波形。比较这两个波形，发现滤波器的输出波形在 $n=4$ 之后为纯正弦波形，而且基波分量的幅值扩大为原来的 2.732 倍，滤除了直流分量和 4 次谐波分量，这一点在［例 2-1］中已得到了证明。

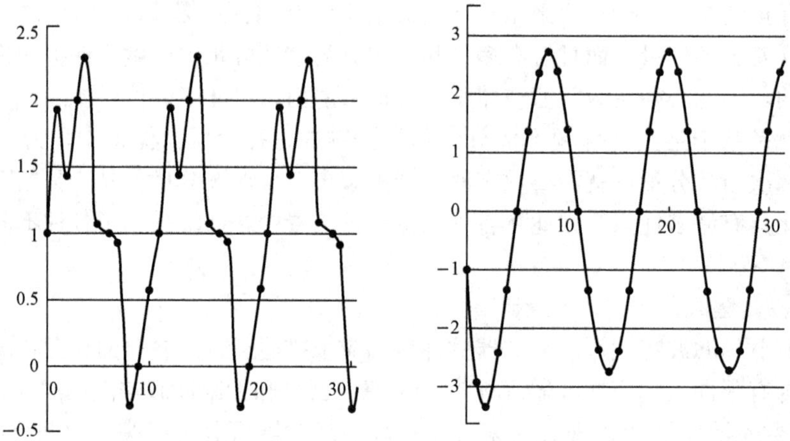

(a)　(b)

图 2-48　滤波器输入信号和输出信号的波形

（a）输入信号波形；（b）输出信号波形

在 $n=4$ 之前，滤波器输出波形并非正弦信号，这是因为采样信息并不充分，不能真实代表故障后的信号，是不可靠的输出，因此也不能使用。这说明了数字滤波器同样存在延时问题。为了说明数字滤波器的延时，定义数字滤波器的数据窗为数字滤波器单位抽样响应数据的多少。本例中的数字滤波器的数据窗为 $D_w=5$。定义数字滤波器的时间窗为数字滤波器单位抽样响应的时间跨度，本例中的数字滤波器的时间窗为 $T_w=6.67$ms。在本例中，数字滤波器的延时为 6.67ms。

需要强调说明的是，本例中的数字滤波器并不能滤除 2、3 次谐波分量（关于这一点，请读者自己证明），因此它如果应用于微机保护中，不可避免存在误差。一般来讲，具有较高精度的数字滤波器，通常具有较长的数据窗。对于微机保护来讲，这就是保护的测量精度和其动作速度的矛盾，如何处理这一矛盾，是微机保护研究领域的一项重要工作。

【例 2-3】　一阶差分滤波器的差分方程为 $y(n)=x(n)-x(n-k)$，式中 $k\geq1$。分析该滤波器的幅频特性。

解　对差分方程进行 z 变换，得

$$Y(z)=X(z)-z^{-k}X(z)$$

于是求得

$$H(z)=1-z^{-k}$$

则差分滤波器的幅频特性为

$$\begin{aligned}|H(e^{j\omega T_s})| &= |1-e^{-jk\omega T_s}| = |1-\cos k\omega T_s+j\sin k\omega T_s| \\ &= \sqrt{(1-\cos k\omega T_s)^2+\sin^2 k\omega T_s} \\ &= \sqrt{2(1-\cos k\omega T_s)} = 2\left|\sin\frac{k\omega T_s}{2}\right|\end{aligned}$$

式中：$\omega=2\pi f$，f 为输入信号的频率；T_s 为采样间隔。

又设 f_1 为基波频率，通常采样频率是基波频率的整数倍，用 N 表示，则

$$N=\frac{f_s}{f_1}$$

对于 m 次谐波，其幅频响应为

$$|H(e^{j\omega T_s})|=2\left|\sin\frac{k2\pi mf_1}{2f_s}\right|=2\left|\sin\frac{k\pi m}{N}\right|$$

显然，若要滤除 m 次谐波，则应满足$\dfrac{k\pi m}{N}=I\pi$，其中 I 为整数，从而可求得滤波器能滤除的谐波次数为

$$m=\frac{N}{k}I$$

【例 2-4】　积分滤波器的差分方程为

$$y(n)=x(n)+x(n-1)+x(n-2)+\cdots+x(n-k),k\geqslant 1$$

试分析该滤波器的幅频特性。

解　容易求得该滤波器的传递函数为

$$H(z)=1+z^{-1}+z^{-2}+\cdots+z^{-k}=\frac{1-z^{-(k+1)}}{1-z^{-1}}$$

于是，滤波器的幅频特性为

$$|H(e^{j\omega T_s})|=\left|\frac{\sin\dfrac{k+1}{2}\omega T_s}{\sin\dfrac{\omega T_s}{2}}\right|$$

类似［例 2-3］的分析，欲滤除 m 次谐波，应满足

$$m=\frac{N}{k+1}I$$

其中 I 取整数。但当 $I=0$ 时，$m=0$，并不能因此得出能滤除直流分量的结论。

（2）用零、极点配置法设计数字滤波器。由图 2-47 可知，离散时间系统的频率响应特性受零、极点位置的影响，具体如下：

1）位于 $z=0$ 处的零、极点对幅值响应不产生作用，因而在 $z=0$ 处加入和去除零、极点，不会使幅值响应发生变化，但会影响相位。

2）当 $e^{j\omega T_s}$ 点旋转到某个极点附近时，如果矢量的长度最短，则频率响应在该点可能出现峰值。

3）若极点越靠近单位圆，相应的矢量的长度越短，则频率响应在峰值附近越尖锐。

4）若极点落在单位圆上，则对应该点频率的幅频响应趋于无穷大。

5）零点的作用与极点相反，当零点落在单位圆上，则对应该点频率的幅频响应为零。

因此，利用零、极点的配置，可以设计出符合要求的数字滤波器。

设被采样信号的基波频率为 f_1，采样频率为 f_s，则每基波周期内采样的点数为 $N=f_s/f_1$。而

$$\omega T_s = 2\pi f T_s = 2\pi k f_1/f_s = k\frac{2\pi}{N}$$

即，对于每基波周期有 N 点采样时，将单位圆等分成 N 份，每一份对应的间隔为基波数字频率 $\omega_1 T_s$，第 k 次谐波在单位圆上的位置为 $k\frac{2\pi}{N}$。

根据频率响应和零、极点的关系可知，要想滤除第 k 次谐波，应在其所在单位圆的位置上设置零点。

采用零、极点配置设计数字滤波器的步骤：

1）由于差分方程的系数为实数，要求零、极点设置必须共轭成对。

2）极点的位置必须位于单位圆内。

3）为滤除某些频率成分，应在适当位置设置零点。

4）分析频率响应特性，若达不到要求，调整零、极点的位置。

【例 2-5】 设采样周期为 T_s，写出滤除 k 次谐波的传递函数。

解 为了滤除 k 次谐波，应在单位圆上设置共轭的零点：$e^{jk\omega_1 T_s}$、$e^{-jk\omega_1 T_s}$，则滤除 k 次谐波的传递函数为

$$\begin{aligned}H_k(z) &= (1-e^{jk\omega_1 T_s}z^{-1})(1-e^{-jk\omega_1 T_s}z^{-1})\\ &= 1-2\cos k\omega_1 T_s z^{-1}+z^{-2}\end{aligned} \tag{2-19}$$

【例 2-6】 设采样频率 $f_s=600\text{Hz}$，设计一个全零点（即没有极点）的数字滤波器，要求保留基波分量，而将直流和其他各整次谐波都滤除；并分析所设计的数字滤波器的幅频响应特性。

解 根据式（2-19）及滤波要求，在直流、2 次、3 次、4 次、5 次、6 次谐波处设置零点，得到滤除各次谐波分量的传递函数，并将它们进行级联，得到滤波器的传递函数为

$$\begin{aligned}H(z) &= (1-z^{-1})(1-z^{-1}+z^{-2})(1+z^{-2})(1+z^{-1}+z^{-2})(1+\sqrt{3}z^{-1}+z^{-2})(1+z^{-1})\\ &= 1+\sqrt{3}z^{-1}+2z^{-2}+\sqrt{3}z^{-3}+z^{-4}-z^{-6}-\sqrt{3}z^{-7}-2z^{-8}-\sqrt{3}z^{-9}-z^{-10}\end{aligned}$$

在微机保护中实现该滤波器算法的差分方程为

$$\begin{aligned}y(n) = & x(n)+\sqrt{3}x(n-1)+2x(n-2)+\sqrt{3}x(n-3)+x(n-4)-x(n-6)\\ & -\sqrt{3}x(n-7)-2x(n-8)-\sqrt{3}x(n-9)-x(n-10)\end{aligned}$$

该滤波器的幅频响应为滤除各次谐波的幅频响应的乘积，即

$$|H(e^{j\omega T_s})| = 2\left|\sin\frac{\omega T_s}{2}\right| \times \left|\frac{\cos\frac{3}{2}\omega T_s}{\cos\frac{\omega T_s}{2}}\right| \times 2|\cos\omega T_s| \times \left|\frac{\sin\frac{3}{2}\omega T_s}{\sin\frac{\omega T_s}{2}}\right| \times 2\left|\cos\frac{\omega T_s}{2}\right| \times$$

$$\sqrt{(1+\sqrt{3}\cos\omega T_s+\cos 2\omega T_s)^2+(-\sin 2\omega T_s-\sqrt{3}\sin\omega T_s)^2}$$

该数字滤波器的幅频响应特性如图 2 - 49 所示。

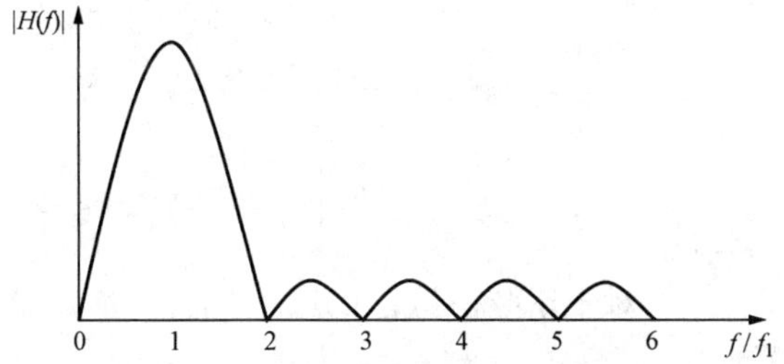

图 2 - 49　保留基波的全零点数字滤波器的幅频响应特性

2.4　微机保护的基本算法

微机保护利用数据采集系统获得的采样序列，经过适当的算法，求得保护所需要的故障特征量，如电压、电流或阻抗等。微机保护中采用什么样的算法，需要考虑两方面的问题：一是算法的计算精度，它关系到保护能否正确动作；二是算法的速度，它关系到保护动作的快慢。保护的动作速度除了受处理器运算速度快慢影响外，主要取决于算法所用的数据窗的长度。一般地，算法用的数据窗越长，计算精度越高，而保护动作相对较慢；反之，计算精度越低，但保护的动作速度相对较快。在微机保护中，采用何种算法，应根据保护的原理以及对计算精度和动作快速性的要求合理选择。下面介绍微机保护中常用的半周绝对值积分算法和傅氏算法。

2.4.1　半周绝对值积分算法

该算法的依据是一个正弦信号在任意半周期内，其绝对值积分（求面积）的结果正比于信号的有效值。

设 $u(t)=U_{\rm m}\sin(\omega t+\alpha)$，计算下列积分值

$$S=\int_0^{\frac{T}{2}}U_{\rm m}\,|\sin(\omega t+a)|\,{\rm d}t=\int_0^{\frac{T}{2}}U_{\rm m}\sin\omega t\,{\rm d}t$$

$$=-\frac{U_{\rm m}}{\omega}\cos\omega t\Big|_0^{\frac{T}{2}}=\frac{2\sqrt{2}}{\omega}U$$

从而求得有效值

$$U=\frac{S}{2\sqrt{2}}\omega$$

在微机保护中通常采用求面积的方法近似求出积分值 S。图 2 - 50 给出了每周波采样 12 点的半周积分算法的应用实例。

正弦信号在任意半周内的面积 S 可由这六块面积相加求出。各部分的面积按近似梯形面积来求，分别是

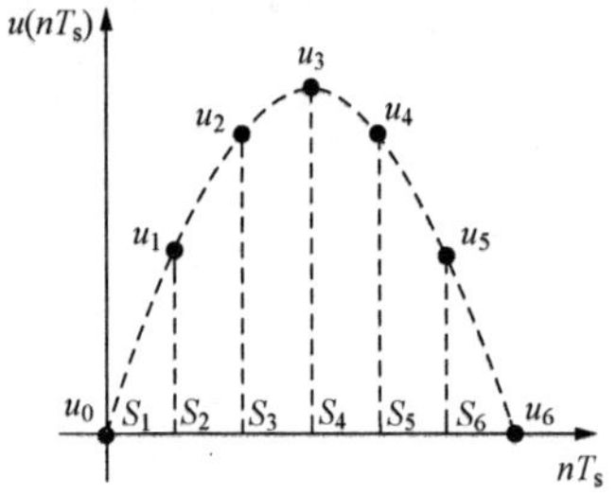

图 2 - 50 半周积分算法

$$S_1=\frac{|u_0|+|u_1|}{2}T_s,\ S_2=\frac{|u_1|+|u_2|}{2}T_s$$

$$S_3=\frac{|u_2|+|u_3|}{2}T_s,\ S_4=\frac{|u_3|+|u_4|}{2}T_s$$

$$S_5=\frac{|u_4|+|u_5|}{2}T_s,\ S_6=\frac{|u_5|+|u_6|}{2}T_s$$

对于正弦信号，$|u_0|=|u_6|$，所以求得

$$S=(|u_0|+|u_1|+|u_2|+|u_3|+|u_4|+|u_5|)T_s$$

即

$$S=\sum_{n=0}^{\frac{N}{2}-1}|u_n|T_s$$

于是

$$U=\frac{\sum_{n=0}^{\frac{N}{2}-1}|u_n|}{2\sqrt{2}}\omega T_s \tag{2-20}$$

该算法的数据窗为半个周期。误差由两方面产生：一是由于用梯形面积代替正弦函数面积而产生的误差，二是由于采样时刻与信号过零时刻的相角不同而产生的误差。

因为

$$u_n=U_m\sin\left(\frac{2\pi}{N}n+\alpha\right)$$

代入式（2 - 20），得

$$U=\frac{\sum_{n=0}^{\frac{N}{2}-1}\left|U_m\sin\left(\frac{2\pi}{N}n+\alpha\right)\right|}{2\sqrt{2}}\omega T_s=\frac{U_m}{\sqrt{2}}\frac{\omega T_s}{2}\sum_{n=0}^{\frac{N}{2}-1}\left|\sin\left(\frac{2\pi}{N}n+\alpha\right)\right|$$

显然，对于一个纯正弦函数，该算法的误差为

$$\varepsilon=\left[1-\frac{\omega T_s}{2}\sum_{n=0}^{\frac{N}{2}-1}\left|\sin\left(\frac{2\pi}{N}n+\alpha\right)\right|\right]\times 100\%$$

2.4.2 傅里叶算法

设周期函数 $u(t)$ 的周期为 T。若该周期函数满足狄里赫利条件，则该周期函数可以用傅里叶级数表示为

$$u(t)=\sum_{n=0}^{\infty}(a_n\sin n\omega_1 t+b_n\cos n\omega_1 t) \tag{2-21}$$

$$a_n=\frac{2}{T}\int_{-\frac{T}{2}}^{\frac{T}{2}}u(t)\sin n\omega_1 t\,\mathrm{d}t \tag{2-22}$$

$$b_n=\frac{2}{T}\int_{-\frac{T}{2}}^{\frac{T}{2}}u(t)\cos n\omega_1 t\,\mathrm{d}t \tag{2-23}$$

式中：a_n、b_n 分别为 n 次谐波分量的正弦项和余弦项系数；ω_1 为基波角频率。

对于基波分量，有

$$a_1 = \frac{2}{T}\int_{-\frac{T}{2}}^{\frac{T}{2}} u(t)\sin\omega_1 t\mathrm{d}t \tag{2-24}$$

$$b_1 = \frac{2}{T}\int_{-\frac{T}{2}}^{\frac{T}{2}} u(t)\cos\omega_1 t\mathrm{d}t \tag{2-25}$$

设基波正弦信号 $u_1(t)=\sqrt{2}U\sin(\omega_1 t+\alpha)$，可表示为另一种形式

$$u_1(t)=\sqrt{2}U\cos\alpha\sin\omega_1 t+\sqrt{2}U\sin\alpha\cos\omega_1 t$$

对照式（2-21）可知，$a_1=\sqrt{2}U\cos\alpha$，$b_1=\sqrt{2}U\sin\alpha$。所以，当按式（2-24）、式（2-25）计算出 a_1、b_1 后，就可以求得基波分量的有效值和相角分别为

$$U=\frac{1}{\sqrt{2}}\sqrt{a_1^2+b_1^2}$$

$$\alpha=\tan^{-1}\frac{b_1}{a_1}$$

基波正弦信号 $u_1(t)=\sqrt{2}U\sin(\omega_1 t+\alpha)$，还可以表示为相量的形式

$$\dot{U}=U\mathrm{e}^{\mathrm{j}\alpha}=U\cos\alpha+\mathrm{j}U\sin\alpha$$

而

$$a_1=\frac{2}{T}\int_{-\frac{T}{2}}^{\frac{T}{2}}\sqrt{2}U\sin(\omega_1 t+\alpha)\sin\omega_1 t\mathrm{d}t=\sqrt{2}U\cos\alpha$$

$$b_1=\frac{2}{T}\int_{-\frac{T}{2}}^{\frac{T}{2}}\sqrt{2}U\sin(\omega_1 t+\alpha)\cos\omega_1 t\mathrm{d}t=\sqrt{2}U\sin\alpha$$

所以，得

$$\dot{U}=\frac{1}{\sqrt{2}}a_1+\mathrm{j}\frac{1}{\sqrt{2}}b_1$$

由此可见，提取基波的傅里叶算法得到的是基波相量的实部和虚部，记为

$$\begin{cases} U_{\mathrm{R}}=\dfrac{\sqrt{2}}{T}\displaystyle\int_{-\frac{T}{2}}^{\frac{T}{2}} u(t)\sin\omega_1 t\mathrm{d}t \\ U_{\mathrm{I}}=\dfrac{\sqrt{2}}{T}\displaystyle\int_{-\frac{T}{2}}^{\frac{T}{2}} u(t)\cos\omega_1 t\mathrm{d}t \end{cases} \tag{2-26}$$

对于其他各次谐波分量的求法与求基波分量的方法类似。

在微机保护中，设 $u(k)$ 是经 A/D 转换得到的离散电压信号，每周期采样点数为 N，式（2-26）可以用梯形法代替积分运算，得到

$$\begin{cases} U_{\mathrm{R}}=\dfrac{\sqrt{2}}{N}\displaystyle\sum_{k=0}^{N-1} u(k)\sin\frac{2\pi}{N}k \\ U_{\mathrm{I}}=\dfrac{\sqrt{2}}{N}\displaystyle\sum_{k=0}^{N-1} u(k)\cos\frac{2\pi}{N}k \end{cases} \tag{2-27}$$

或

$$\begin{cases} U_{\mathrm{R}}=\dfrac{\sqrt{2}}{N}\displaystyle\sum_{k=1}^{N-1} u(k)\sin\frac{2\pi}{N}k \\ U_{\mathrm{I}}=\dfrac{\sqrt{2}}{N}\left[\dfrac{u(0)+u(N)}{2}+\displaystyle\sum_{k=1}^{N-1} u(k)\cos\frac{2\pi}{N}k\right] \end{cases} \tag{2-28}$$

当采样频率确定后，$\sin\frac{2\pi}{N}k$、$\cos\frac{2\pi}{N}k$（$k=0, 1, 2, \cdots, N-1$）是两个离散的时间序列，可以离线算出，并以常量的形式存储在保护中。

观察式（2-27），求取基波相量实部和虚部的两个计算式，可以看成两个离散时间系统对输入序列 $u(k)$ 的处理。这两个系统的单位抽样响应分别为

$$h_R = \left\{\frac{\sqrt{2}}{N}\sin\frac{2\pi}{N}k\right\}$$

$$h_I = \left\{\frac{\sqrt{2}}{N}\cos\frac{2\pi}{N}k\right\}$$

且 $k=0, 1, 2, \cdots, N-1$。它们具有相同的幅频响应特性，如图 2-51 所示。由此可见，提取基波分量的傅里叶算法能够滤除直流分量和各整次谐波分量，因而具有很好的滤波效果，在微机保护中获得了广泛应用。该算法用到了一个周波的数据，所以又称为全周傅里叶算法，简称全周傅氏算法。

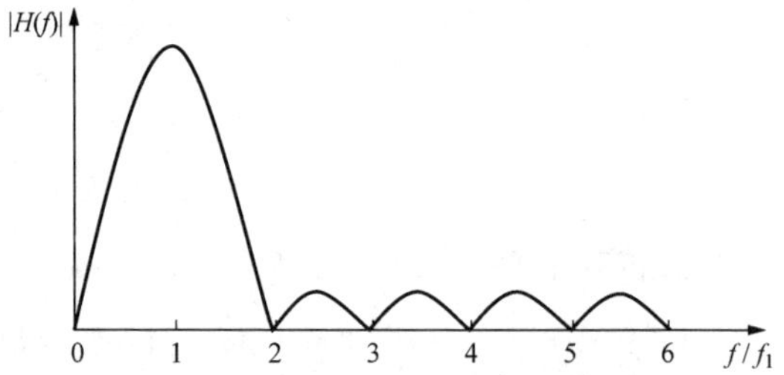

图 2-51　提取基波分量的傅里叶算法的幅频响应特性

【例 2-7】 设采样频率为 $f_s=600\text{Hz}$，写出全周傅氏算法提取基波分量的计算式。

解 每周的采样点数 $N=12$，根据式（2-27）得到

$$U_R = \frac{\sqrt{2}}{12}\{[u(1)+u(5)-u(7)-u(11)]\times 0.5+[u(2)+u(4)-u(8)-u(10)]\times 0.866+[u(3)-u(9)]\}$$

$$U_I = \frac{\sqrt{2}}{12}\{[u(2)-u(4)-u(8)+u(10)]\times 0.5+[u(1)-u(5)-u(7)+u(11)]\times 0.866+[u(0)-u(6)]\}$$

【例 2-8】 全周傅氏算法并不能滤除衰减的非周期分量，为了抑制非周期分量的影响，可以预先级联一个一阶差分滤波器 $H(z)=1-z^{-1}$。写出经差分滤波器后，采用全周傅氏算法计算基波相量的计算式。

解 利用［例 2-3］的结果，一阶差分滤波器的幅频响应为

$$|H(e^{j\omega T_s})| = 2\left|\sin\frac{\omega T_s}{2}\right|$$

所以，经一阶差分滤波器后的全周傅氏算法计算式为

$$\begin{cases} U_R = \dfrac{\sqrt{2}}{2N\sin\dfrac{\omega T_s}{2}}\displaystyle\sum_{k=1}^{N}[u(k)-u(k-1)]\sin\frac{2\pi}{N}k \\ U_I = \dfrac{\sqrt{2}}{2N\sin\dfrac{\omega T_s}{2}}\displaystyle\sum_{k=1}^{N-1}[u(k)-u(k-1)]\cos\frac{2\pi}{N}k \end{cases} \tag{2-29}$$

由于全周波傅氏算法所需的数据窗为一个周波，所以当检测到故障后，必须经 20ms 后才能得到计算结果，保护的动作速度将大于 20ms。为了加快保护动作速度，可以采用半周傅氏算法，其提取 n 次谐波分量的计算式为

$$\begin{cases} U_{\mathrm{R}} = \dfrac{2\sqrt{2}}{N}\sum\limits_{k=0}^{\frac{N}{2}-1} u(k)\sin n\dfrac{2\pi}{N}k \\ U_{\mathrm{I}} = \dfrac{2\sqrt{2}}{N}\sum\limits_{k=0}^{\frac{N}{2}-1} u(k)\cos n\dfrac{2\pi}{N}k \end{cases} \tag{2-30}$$

但是，半周傅氏算法不能滤除恒定直流分量和偶次谐波分量（关于这一点请读者自己分析）。因此，半周傅氏算法的计算误差较大，在应用时应当引起注意。

思考与练习

思考

2.1　微机保护装置的硬件一般包括几部分？各部分的作用是什么？

2.2　基于逐次逼近式 A/D 构成的数据采集系统中，设置模拟低通滤波电路的作用是什么？

2.3　图 2-2 中，采样保持器的作用是什么？

2.4　简述基于 VFC 的数据采集系统的工作原理。

2.5　比较基于 VFC 和 A/D 构成的数据采集系统的异同点。

2.6　何谓 A/D 器件的采样速率？何谓数据采集系统的采样频率？它们二者有何区别和联系？

2.7　简述微机保护中开关量输入电路的作用。

2.8　简述微机保护中开关量输出电路的作用。

2.9　微机保护装置中需要哪些类型的存储器？说明它们的用途。

2.10　微机保护的人机交互功能有哪些？

2.11　简述数字滤波器的作用和特点。

2.12　何谓微机保护的算法？

2.13　从被保护设备发生故障开始到微机保护发出跳闸命令的时间长短和哪些因素有关？

2.14　简要说明全周傅里叶算法的原理和特点。

练习

2.15　一个离散时间系统有两个极点，即 $z_1 = 0.36 + \mathrm{j}0.48$，$z_2 = 0.36 - \mathrm{j}0.48$，该系统是否是一个稳定系统？

2.16　已知一算法为 $\Delta i(k) = i(k) - i(k-N)$，其中 N 为每工频周期内的采样点数。试设想这一算法在微机保护中有何种用途。

2.17　尝试采用 LF398、AD7506 和 AD574 画出对 5 路电压和 4 路电流进行同步采集的数据采集系统的电路原理图。并以图 2-11 所示 AD574 和 16 位处理器的接口电路为例，画出处理器控制数据采集系统的程序流程图。假定采样频率为 600Hz。

2.18　尝试为图 2-25 的开关量输出回路设计一自检回路，并叙述其工作原理、程序设计要求。

2.19　已知微机保护装置内部的电压变换器的变比为 100V/3.53V，A/D 的输入量程为 ±5V，满刻度对应的数字量为 7FFFH。对于应用于 220kV 线路的保护装置，计算额定运行条件下的电压峰值对应的 A/D 输出值。

2.20　假设输入信号为 $i(t)=25e^{-25t}+12\sin\omega t$，其中 ω 为工频角频率。对该信号按 $f_s=2400\text{Hz}$ 进行采样，给出提取基波分量的算法，并对该算法进行评价。

2.21　对于采样频率为 $f_s=1200\text{Hz}$ 的离散时间系统，设计一个保留 3 次谐波的全零点滤波器，理论分析其幅频特性。

2.22　如果微机保护采用的处理器关于运算的指令只有加、减、乘运算，请设计以下算法：①求导数；②求相量的有效值。

2.23　若 $u(k)$ 为一纯正弦信号的采样序列，请设计一种简单的求取有效值 U 的算法。

2.24　已知某保护元件的动作判据为 $-120°\leqslant\arg\dfrac{\dot{U}_{BC}}{\dot{I}_A}\leqslant 60°$，假设保护的采样序列为 $u_B(k)$、$u_C(k)$、$i_A(k)$，试给出上述判据的实现方法。

2.25　已知微机保护的 A 相电压的部分采样值为

$$u_a(n)=\{-58,-29.4,-9.5,15.9,37.0,48.8,47.3,32.8,10.1,-15.1,-36,-48,-46.8\}$$

试完成：

(1) 求数据采集系统的采样频率。

(2) 采用半周绝对值算法、全周傅氏算法、半周傅氏算法计算有效值，并对结果进行对比分析。

2.26　如图 2-52 所示单相输电线路模型，当线路发生短路时可以用微分方程描述，即

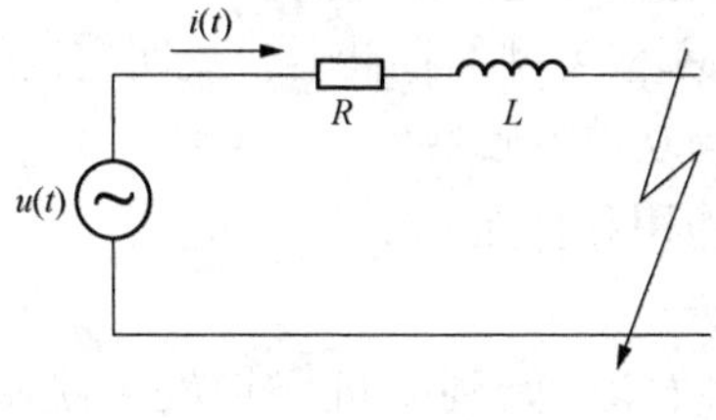

图 2-52　题 2.26 图

$$u(t)=Ri(t)+L\frac{\mathrm{d}i(t)}{\mathrm{d}t}$$

若测量到的电压、电流序列分别为 $u(k)$、$i(k)$。设计求取 R、L 的算法。

拓展

2.27　查阅有关文献资料，了解国家继电器检测单位对微机保护进行检测的内容及依据的标准。

2.28　了解有哪些可以产生和实际电力系统故障后的暂态信号相近的仿真软件。

第3章 电网的电流保护

电网由输电网和配电网组成，包括各电压等级的电力线路、变压器和相应的配电装置，其结构通常按电压等级进行分层。输电网主要是将远离负荷中心的发电厂的大量电能经过变压器升高电压，通过高压输电线路，送到邻近负荷中心的枢纽变电站，也可起到联络相邻电力系统或相邻变电站的作用。输电网的额定电压通常为220～1000kV，它的结构与电力系统运行的安全性及经济性关系极大，对继电保护的要求也很高。

配电网分为高压、中压配电网和低压配电网。高压配电网的电压一般为35～110kV或更高；中压配电网的电压一般为6～20kV，将来自变电站的电能分配到众多的配电变压器，以及直接供应中等容量的用户；低压配电网的电压为380/220V，用于向数量很大的小用户供电。在绝缘投资所占比例不太大的60kV及以下配电网中，出于供电可靠性等方面的考虑，大都采用中性点不接地或经消弧线圈接地的方式，此种方式下发生单相接地短路故障时，不要求继电保护动作于跳闸。

3.1 单侧电源网络相间短路的电流保护

本节主要针对中性点非直接接地的中、低压配电网输电线路，分析其保护配置、整定计算等相关问题。为了便于继电保护的整定配合和运行管理，配电网通常采用单侧电源供电的运行方式，如图3-1（a）所示。在单侧电源供电的辐射型电网中，只需要在线路靠近电源端的一侧安装断路器和保护装置。例如，当AB线路上k1点短路时，则由保护1动作跳开断路器QF1；当BC线路上k2点短路时，则由保护2动作跳开断路器QF2等。

利用短路后电流增大的特点，对故障线路进行识别和判断，从而切除故障线路，这就构成了电流保护。

3.1.1 单侧电源网络相间短路时的电流特征

图3-1（a）所示电网，当某点发生短路时，根据电力系统短路的分析可知，流过电源与故障点之间的短路电流为

$$I_{\mathrm{k}} = K\frac{E_{\mathrm{ph}}}{Z_{\mathrm{s}} + z_1 l_{\mathrm{k}}} \tag{3-1}$$

式中：K 为短路类型系数，三相短路时取1，两相短路时取 $\frac{\sqrt{3}}{2}$；E_{ph} 为系统等效电源的相电动势；Z_{s} 为归算到保护安装处系统的等值阻抗；z_1 为线路单位长度的正序阻抗；l_{k} 为短路点至保护安装处的距离。

由式（3-1）可见，短路电流的大小与故障点的位置、类型以及系统的运行方式有关。

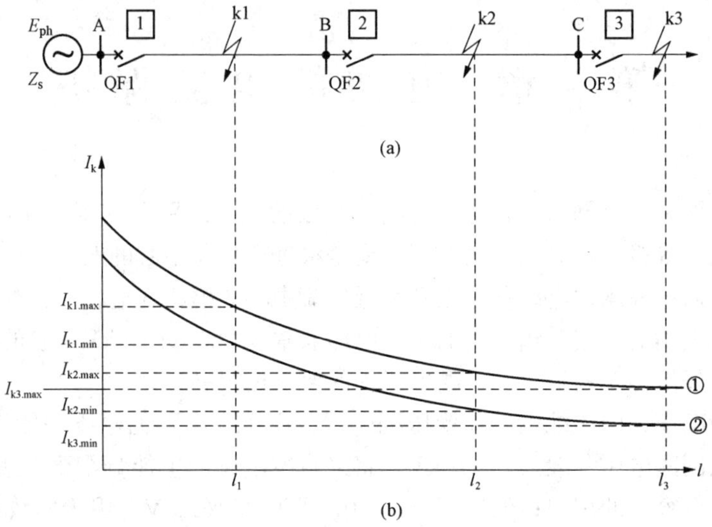

图 3-1　单侧电源辐射型接线网络

(a) 系统图；(b) 不同地点短路时的电流变化曲线

图 3-1（a）中的电源实际上是一个等值电源或等值系统，其参数 E_{ph}、Z_s 取决于系统中发电厂或变电站内设备的投运情况和电网中输电线路的运行情况，包括了设备或线路的故障停运及计划检修，因此实际运行中的电网存在很多运行方式。当系统的运行方式变化时，E_{ph}、Z_s 都会发生变化，考虑系统正常运行时必须满足一定的电能质量，可以认为 E_{ph} 为一常量，分析计算时可以取平均电压或额定电压。

系统存在一种最大运行方式，系统阻抗最小（$Z_{s.min}$），在这种方式下发生短路，短路电流最大。对于特定的保护而言，流过该保护的短路电流最大时的方式，称为该保护的最大运行方式。据此可知，保护 1、2、3 的最大运行方式就是系统取最大运行方式。

系统也存在一种最小运行方式，系统阻抗最大（$Z_{s.max}$），在这种方式下发生短路，短路电流最小。对于特定的保护而言，流过该保护的短路电流最小时的方式，称为该保护的最小运行方式。据此可知，保护 1、2、3 的最小运行方式就是系统取最小运行方式。

根据式（3-1）可知，在最大运行方式下发生三相短路时短路电流最大，如图 3-1（b）中的曲线①。在最小运行方式下发生两相短路时短路电流最小，如图 3-1（b）中的曲线②。在系统所有运行方式下，在相同地点发生不同类型短路时，流过保护的短路电流都介于这两个短路电流值之间。图中还标出了不同地点短路时的最大、最小短路电流。当 k3 点短路时，流过保护 1、2、3 的电流是相同的；当 k2 点短路时，流过保护 1、2 的电流相同，而流过保护 3 的电流为 0（不计负荷电流）。

单侧电源网络相间短路时的短路电流具有以下特征：

（1）同一点短路时，最大运行方式下发生三相短路时的短路电流最大，最小运行方式下发生两相短路时的短路电流最小。

（2）其他条件相同的情况下，故障点离保护安装处越近，流过保护的短路电流越大。

（3）短路电流的大小反映了故障点的位置，可以根据短路电流的大小判断故障是否发生在被保护线路上。

3.1.2　定时限三段式电流保护

定时限三段式电流保护构成的逻辑框图如图 3-2 所示。

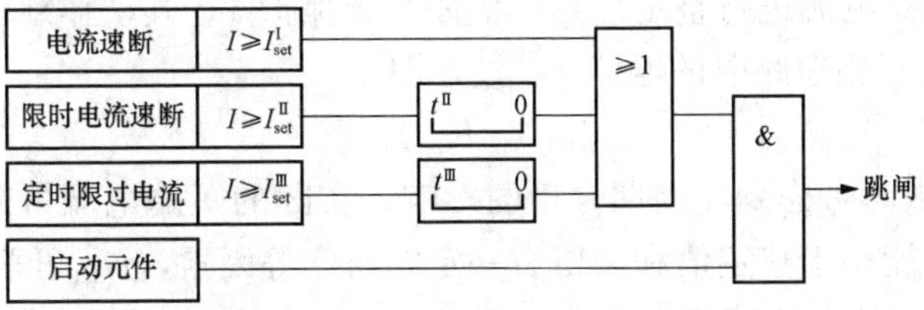

图 3-2　定时限三段式电流保护的逻辑框图

图 3-2 中包含有电流元件、启动元件、时间元件、逻辑元件及执行元件。

启动元件可以利用电流、电压或它们的变化量作为动作条件，用于判断电网中发生了故障，进而开放保护的出口回路，提高了保护的安全性。

电流速断保护不带动作延时，一旦电流大于其定值，保护直接动作于跳闸。限时电流速断及定时限过电流保护动作带有延时（在特定条件下，动作时限可以为 0），只有当电流持续大于其定值的时间达到规定的时限后，保护才动作，若规定的时限未到，而电流又小于其定值时，电流元件及时间元件立即返回。

对于安装在不同地点的电流保护，其定值（动作参数）的整定是电流保护工作原理的重要内容。继电保护定值整定的正确与否关系到保护能否正确动作，继电保护工作者在实践中必须认真对待，不能有丝毫的马虎。整定计算所遵循的原则，从根本上说仍然是要满足选择性、速动性、灵敏性和可靠性的要求。

1. 电流速断保护定值整定

电流速断保护的整定原则可用图3-3来说明，假设保护 1 和保护 2 均装设有电流速断保护。按照选择性的要求，当线路 AB 上发生故障时，应该由保护 1 动作切除故障，而当线路 BC 上故障时，保护 1 就不应该动作，而应该由保护 2 动作切除故障。对保护 1 而言，当 BC 线路始端（习惯上又称为出口处）k2 点短路时，在可能出现的最大短路电流 $I_{k2.max}$的作用下，不应该动作；而在 AB 线路末端 k1 点短路时，保护 1 应该动作切除故障。实际上，k2 点与 k1 点之间的阻抗非常小，因此可以认为线路 AB 末端 k1 点短路时的最大短路电流 $I_{k1.max}=I_{k2.max}$。因此，希望 k1 点短路时速断保护 1 能动作，而 k2 点短路时速断保护 1 又不动作的要求是不可能同时得到满足的。

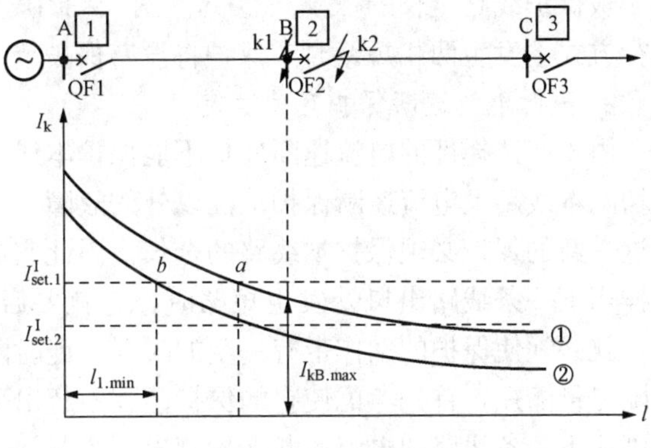

图 3-3　电流速断保护定值整定说明

为解决这个矛盾可以有两种办法：一是为了保证动作的选择性，从保护定值的整定上保证下一条线路出口处短路时不动作，在继电保护技术中，这又称为按躲开下一条线路出口处短路的条件整定，或称为按躲过线路末端短路的条件整定；另一种办法是在个别情况下，当快速切除故障是首要条件时，则采用无选择性的速断保护，而以自动重合闸来纠正这种无选择性动作，对此将在第 6 章中进行阐述。这里只考虑有选择性的电流速断保护的定值整定。

由于电流速断保护为瞬时动作的电流保护，为了保证其选择性，应按躲过线路末端短路时可能出现的最大短路电流进行整定计算。例如对于保护 1，其动作定值应大于最大运行方式下变电站 B 母线上三相短路时的电流 $I_{\mathrm{kB.max}}$，即

$$I_{\mathrm{set.1}}^{\mathrm{I}}=K_{\mathrm{rel}}^{\mathrm{I}}I_{\mathrm{kB.max}} \tag{3-2}$$

式中：$K_{\mathrm{rel}}^{\mathrm{I}}$为可靠系数。考虑到非周期分量的影响、实际的短路电流可能大于计算值、保护装置的实际动作值可能小于整定值和需留有一定的裕度等因素，$K_{\mathrm{rel}}^{\mathrm{I}}$可取为 1.25～1.3。

按式（3 - 2）整定的电流速断定值画在图 3 - 3 中，它与曲线 1 和曲线 2 各相交于 a 点和 b 点。在交点至保护安装处之间的一段线路上短路时，由于短路电流大于启动电流，保护装置会动作。而在交点以后的一段线路上短路时，由于短路电流小于启动电流，保护将不会动作。由此可见，有选择性的电流速断保护不可能保护线路的全长。

电流速断保护的保护范围受运行方式、短路类型影响。校验电流速断保护的最小保护范围时，考虑最小运行方式下保护范围末端 $l_{\mathrm{l.min}}$发生两相短路时，短路电流与动作电流相等，即

$$I_{\mathrm{set.1}}^{\mathrm{I}}=\frac{\sqrt{3}}{2}\times\frac{E_{\mathrm{ph}}}{Z_{\mathrm{s.max}}+z_1 l_{\mathrm{l.min}}}$$

解之得

$$l_{\mathrm{l.min}}=\frac{1}{z_1}\left(\frac{\sqrt{3}E_{\mathrm{ph}}}{2I_{\mathrm{set.1}}^{\mathrm{I}}}-Z_{\mathrm{s.max}}\right) \tag{3-3}$$

此保护范围通常用线路全长的百分数来表示。规程规定，一般要求其最小保护范围不应小于被保护线路全长的 15%～20%。图 3 - 3 中也给出了保护 2 的电流速断定值，当在最小运行方式下发生两相短路时，保护将没有保护范围，就需要采取其他原理的保护。

2. 限时电流速断保护定值整定

由于有选择性的电流速断保护不能保护本线路的全长，因此需要增加一段新的保护，用来切除本线路上电流速断保护范围以外的故障，同时也能作为电流速断保护的后备。由于要求这一新的保护必须保护本线路的全长，因此它的保护范围必然要延伸到下一条线路中去，这样当下一条线路出口处发生短路时，它就要启动。在这种情况下，为了保证动作的选择性，就必须使保护的动作带有一定的时限，此时限的大小与其延伸的范围有关。为了使这一时限尽量缩短，首先考虑使它的保护范围不超出下一条线路电流速断保护的范围，而动作时限则比下一条线路的电流速断保护高出一个时间级差，此时间级差以 Δt 表示。

仍以图 3 - 3 中的保护 1 为例来说明限时电流速断保护的整定方法。

由于 BC 线路上发生短路时，流过保护 2 和保护 1 的短路电流相同，考虑到电流互感器的误差和保护装置特性的差异，为了确保保护 1 的限时电流速断保护范围不超出下一级线路保护 2 的电流速断保护范围，则其动作定值必然要大于保护 2 的电流速断定值 $I_{\mathrm{set.2}}^{\mathrm{I}}$，引入可靠系数 $K_{\mathrm{rel}}^{\mathrm{II}}$，保护 1 的限时电流速断定值整定为

$$I_{\mathrm{set.1}}^{\mathrm{II}}=K_{\mathrm{rel}}^{\mathrm{II}}I_{\mathrm{set.2}}^{\mathrm{I}} \tag{3-4}$$

对于可靠系数 $K_{\mathrm{rel}}^{\mathrm{II}}$，考虑到短路电流中非周期分量已经衰减，一般取为 1.1～1.2。

为了使限时电流速断保护能够保护本线路全长，要求在本线路末端发生短路故障时具有足够的反应能力，这个能力通常用灵敏系数 K_{sen} 来衡量。对反应于数值上升而动作的过量保护装置，其灵敏系数计算式为

$$K_{sen}=\frac{\text{保护范围内发生金属性短路时故障参数的最小计算值}}{\text{保护装置的动作参数}} \tag{3-5}$$

式中，故障参数的最小计算值应根据实际情况合理采用最不利于保护动作的系统运行方式、故障类型和故障位置来计算，可不必考虑可能性很小的特殊情况。

对于保护 1 的限时电流速断保护而言，应取系统最小运行方式下，被保护线路 AB 末端发生两相短路时的短路电流作为故障参数的最小计算值。设此电流为 $I_{kB.min}$，代入式（3-5）得灵敏系数

$$K_{sen}=\frac{I_{kB.min}}{I_{set.1}^{\mathrm{II}}} \tag{3-6}$$

一般要求 $K_{sen}\geqslant 1.3\sim 1.5$。

之所以有这样的要求，是因为存在一些不利于保护启动的因素，例如：

（1）故障一般都不是金属性短路，在短路点存在过渡电阻，它将使短路电流减小，因而不利于保护装置动作。

（2）短路电流计算值由于计算误差或其他原因大于实际的短路电流。

（3）保护装置所使用的电流互感器，在短路电流通过的情况下，一般都具有负误差，因此使实际流入保护装置的电流小于按额定变比折合的数值。

（4）保护装置的实际启动数值可能具有正误差。

（5）考虑一定的裕度。

如果灵敏系数校验不满足要求，那就意味着将来真正发生内部故障时，由于上述因素的影响保护可能不能启动，即达不到保护线路全长的要求。为了解决这个问题，通常都是考虑降低限时电流速断保护的整定值，延伸其保护范围，使之与下一线路的限时电流速断保护相配合，即

$$I_{set.1}^{\mathrm{II}}=K_{rel}^{\mathrm{II}}I_{set.2}^{\mathrm{II}} \tag{3-7}$$

同时其动作时限也应比下一线路限时电流速断保护的动作时限再高一个 Δt。可见，保护范围的伸长，必然导致动作时限的升高。

从尽快切除故障的观点来看，Δt 应越小越好，但是为了保证两个保护之间动作的选择性，其值又不能选择得太小。现以 BC 线路上发生故障时，保护 1 与保护 2 的配合关系为例，说明确定 Δt 的原则如下：

（1）保护 2 Ⅰ 段的固有动作时间一般考虑在 0.02～0.05s 之间。

（2）断路器 QF2 跳闸时间因种类的不同一般在 0.04～0.1s 之间。

（3）外部故障切除保护 1 的返回时间。

（4）考虑一定的裕度。

考虑保护装置的特性、断路器的种类以及保护之间的配合关系，Δt 一般应在 0.2～0.7s 的范围内取值。

利用电流速断保护和限时电流速断保护相互配合，可以使全线路范围内发生短路故障时能在最短的时限内切除故障，在一般情况下都能够满足速动性的要求。具有这种性能的保护称为该线路的“主保护”。

3. 定时限过电流保护定值整定

过电流保护的启动电流按照躲开最大负荷电流来整定。它在正常运行时不应该启动，而在电网发生故障时，则能反应于电流的增大而动作。在一般情况下，它不仅能够保护本线路的全长，而且也能保护相邻线路的全长，以起到远后备保护的作用。

过电流保护的作用原理及整定原则可用图 3-4 说明。

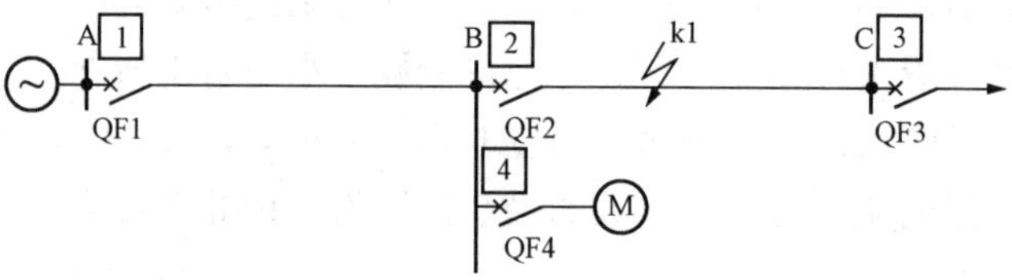

图 3-4　选择过电流保护启动电流的网络图

为了保证在正常运行情况下过电流保护不动作，保护的启动电流必须整定得大于该线路上可能出现的最大负荷电流 $I_{L.max}$。然而，在确定保护装置的启动电流时，还必须考虑以下两个因素：

（1）外部故障切除，电压恢复时，电动机自启动导致的电流增大。

（2）在最大的非故障电流作用下，保护能够可靠返回。

如图 3-4 所示 k1 点短路，由于短路时电压降低，变电站 B 母线上所接负荷的电动机被制动，因此，在故障切除后电压恢复时，电动机要有一个自启动的过程。电动机的自启动电流要大于它正常工作时的电流，因此，引入一个自启动系数 K_{SS} 来表示自启动时最大电流 $I_{SS.max}$ 与正常运行时最大负荷电流 $I_{L.max}$ 之比，即

$$I_{SS.max} = K_{SS} I_{L.max}$$

而保护 1 在这个电流的作用下应能够可靠返回，则保护 1 的定时限过电流保护装置的启动电流整定为

$$I_{set}^{III} = \frac{I_{re}}{K_{re}} = \frac{K_{rel}^{III} K_{SS}}{K_{re}} I_{L.max} \tag{3-8}$$

式中：K_{rel}^{III} 为可靠系数，一般取为 1.15～1.25；K_{SS} 为电动机自启动系数，数值大于 1，由网络具体接线和负荷性质确定；K_{re} 为电流元件的返回系数，一般采用 0.85～0.95。

由式（3-8）可见，当 K_{re} 越小时，保护装置的启动电流越大，因而其灵敏性就越差，这就是为什么要求过电流保护应有较高的返回系数的原因。

下面讨论过电流保护动作时限的整定原则。

如图 3-5 所示，假定在每个电气元件上均装有过电流保护，各保护的启动电流均按照躲开被保护元件上各自的最大负荷电流来整定。当电网的最末端电动机内部故障时，保护 1～5 在短路电流的作用下都有可能启动，为了保证选择性，过电流保护的动作时限必须按阶梯原则选择，如图 3-5 所示。两个相邻保护装置的动作时限应相差一个 Δt，即

$$t_2^{III} = t_1^{III} + \Delta t$$

$$t_3^{III} = t_2^{III} + \Delta t$$

依此类推。

一般而言，任一过电流保护的动作时限，应选择得比相邻各元件保护的动作时限高出至少一个 Δt，只有这样才能充分保证动作的选择性。对于图 3-5 中保护 4 而言，其动作时限

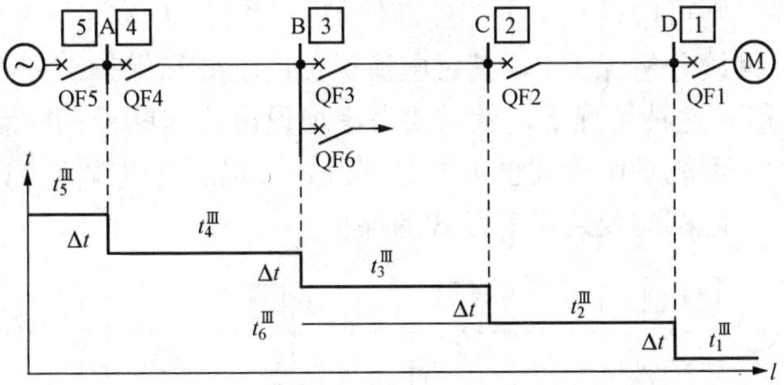

图 3-5 过电流保护动作时限选择的示意图

应整定为

$$t_4^{\mathrm{III}} = \max\{t_3^{\mathrm{III}} + \Delta t, t_6^{\mathrm{III}} + \Delta t\}$$

过电流保护灵敏系数的校验仍采用式（3-5），当过电流保护作为本线路的近后备保护时，应采用最小运行方式下本线路末端两相短路时的电流进行校验，要求 $K_{\mathrm{sen}} \geqslant 1.3 \sim 1.5$；当作为相邻线路的远后备保护时，则应采用最小运行方式下相邻线路末端两相短路时的电流进行校验，此时要求 $K_{\mathrm{sen}} \geqslant 1.2$。

此外，在各个过电流保护之间，还必须要求灵敏系数相互配合，即对同一故障点而言，要求越靠近故障点的保护应具有越高的灵敏系数。例如在图 3-5 所示网络中，应要求各保护的灵敏系数之间具有下列关系

$$K_{\mathrm{sen.1}} > K_{\mathrm{sen.2}} > K_{\mathrm{sen.3}} > K_{\mathrm{sen.4}} > \cdots \tag{3-9}$$

在单侧电源网络接线中，由于越靠近电源端时，负荷电流越大，从而保护装置的定值越大，而发生故障后，各保护装置均流过同一短路电流，因此上述灵敏系数相互配合的要求是自然满足的。

在后备保护之间，只有当灵敏系数和动作时限都互相配合时，才能切实保证动作的选择性。这一点在复杂网络的保护中，尤其应该注意。

当过电流保护的灵敏系数不能满足要求时，应该采用性能更好的其他保护方式。

4. 阶段式电流保护的应用及对它的评价

电流速断、限时电流速断和过电流保护都是反应于电流升高而动作的保护。它们之间的区别主要在于按照不同的原则来选择启动电流。即速断是按照躲开相邻线路出口短路时的最大短路电流来整定，限时速断是按照与下级各相邻元件电流速断保护相配合来整定，而过电流保护则是按照躲开最大负荷电流来整定。

由于电流速断保护不能保护线路全长，限时电流速断保护又不能作为相邻元件的后备保护，因此，为保证迅速而有选择性地切除故障，常常将电流速断、限时电流速断和过电流保护组合在一起，构成阶段式电流保护。应该指出，线路相间短路的电流保护不一定都用三段，也可以只用两段，即瞬时或限时电流速断保护作为第Ⅰ段，过电流保护作为第Ⅱ段。现以图 3-6 所示的网络接线为例予以说明：在电网最末端的用户的电动机或其他受电设备上，保护 1 采用瞬时动作的过电流保护即可满足要求，其启动电流按躲开电动机启动时的最大电流整定，与电网中其他保护在定值和时限上都没有配合关系。在电网的倒数第二级上，保护 2 应首先考虑采用 0.5s 的过电流保护，如果在电网中对线路 CD 上的故障没有提出瞬时切除的要求，则保护 2 只装设一个 0.5s 的过电流保护也是完全允许的，而如果要求线路 CD 上

的故障必须快速切除，则可增设一个电流速断保护，此时保护 2 就是一个速断保护加过电流保护的两段式保护。继续分析保护 3，其过电流保护由于要和保护 2 配合，因此动作时限要整定为 1～1.2s。一般在这种情况下，就需要考虑增设电流速断或同时装设电流速断和限时电流速断，此时保护 3 可能是两段式也可能是三段式。越靠近电源端，则过电流保护的动作时限就越长，因此，一般都需要装设三段式的保护。

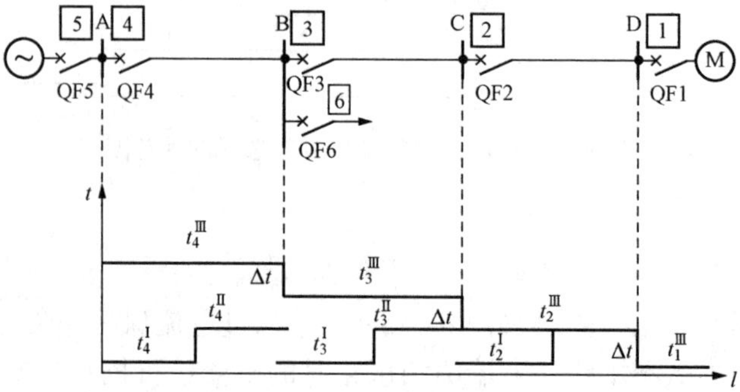

图 3-6　阶段式电流保护配合示意图

图 3-7 所示为线路—变压器组接线方式的供电网络。将 AB 线路和变压器看作一个元件，保护 1 的电流速断保护可以按照变压器另外一侧（C 母线）短路整定。由于变压器的阻抗较大，因此保护 1 的电流速断定值较小，即使在最小运行方式下线路末端（B 处）发生两相短路，保护 1 仍然能够动作，这是电流速断保护能够保护线路全长的一个特例，而且能够保护变压器的一部分。由于线路—变压器组接线方式多用于终端变电站，保护 1 可以只配置电流速断保护和定时限过电流保护。

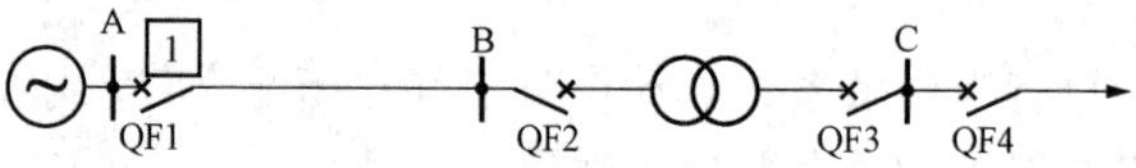

图 3-7　线路—变压器组接线的供电网络

概括起来，使用电流速断、限时电流速断、定时限过电流的三段式电流保护具有以下特点：

（1）电流速断保护没有人为延时，以牺牲保护范围提高保护的快速性，一般不能保护线路全长。

（2）限时电流速断保护的保护范围大于本线路全长，但必须带一定的延时，以保证选择性。

（3）线路发生故障时，若电流速断保护与限时电流速断保护共同使用，能在较短时间内切除故障。电流速断保护和限时电流速断保护共同构成线路的主保护。

（4）定时限过电流保护起到后备保护的作用，可作为本线路的近后备保护，也可作为相邻设备的远后备保护。

（5）各段的保护范围受运行方式、故障类型的影响，当运行方式变化较大时，往往不能满足灵敏系数或保护范围的要求。

阶段式电流保护因其原理简单、工作可靠，在 35kV 及以下的电网中获得了广泛应用。

【例3-1】 图3-8所示为35kV单侧电源辐射网络，其线路AB拟装设三段式电流保护。已知电源等值阻抗$X_{s.max}=8\Omega$、$X_{s.min}=6\Omega$；线路AB阻抗$X_{AB}=10\Omega$，线路BC阻抗$X_{BC}=24\Omega$；线路AB正常运行时流过的最大负荷电流$I_{L.max}=170A$，负荷自启动系数为1.3；线路BC过电流保护的动作时限$t_2=2.5s$。试计算线路AB的各段保护的动作电流及动作时限，并校验保护的灵敏系数。

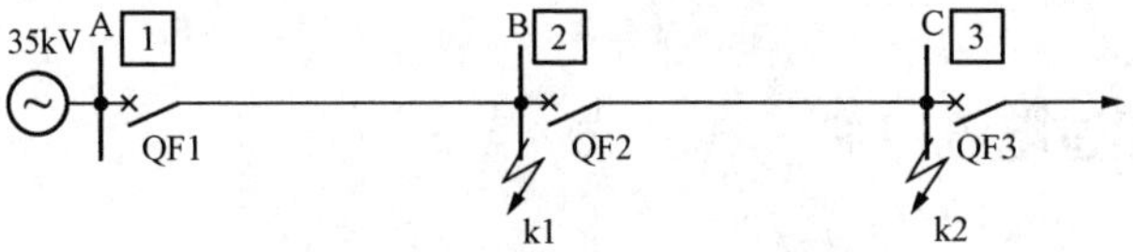

图3-8　35kV单侧电源辐射网络

解　(1) 短路电流计算。

k1点三相短路时流过保护1的最大短路电流

$$I_{k1.max}=\frac{E_{ph}}{X_{s.min}+X_{AB}}=\frac{37/\sqrt{3}}{6+10}=1.335(kA)$$

k1点两相短路时流过保护1的最小短路电流

$$I_{k1.min}=\frac{\sqrt{3}}{2}\times\frac{E_{ph}}{X_{s.max}+X_{AB}}=\frac{\sqrt{3}}{2}\times\frac{37/\sqrt{3}}{8+10}=1.028(kA)$$

K2点三相短路时流过保护1的最大短路电流

$$I_{k2.max}=\frac{E_{ph}}{X_{s.min}+X_{AB}+X_{BC}}=\frac{37/\sqrt{3}}{6+10+24}=0.534(kA)$$

K2点两相短路时流过保护1的最小短路电流

$$I_{k2.min}=\frac{\sqrt{3}}{2}\times\frac{E_{ph}}{X_{s.max}+X_{AB}+X_{BC}}=\frac{\sqrt{3}}{2}\times\frac{37/\sqrt{3}}{8+10+24}=0.44(kA)$$

(2) 电流速断保护。

动作电流　$$I_{set.1}^{I}=K_{rel}^{I}I_{k1.max}=1.3\times1.335=1.736(kA)$$

最小保护范围校验

$$l_{min}=\frac{1}{X_{AB}}\left(\frac{\sqrt{3}}{2}\times\frac{E_{ph}}{I_{set.1}^{I}}-X_{s.max}\right)=\frac{1}{10}\times\left(\frac{\sqrt{3}}{2}\times\frac{37/\sqrt{3}}{1.736}-8\right)\times100\%=26.6\%>20\%,\text{合格。}$$

(3) 限时电流速断保护。

首先计算线路BC电流速断保护的动作电流

$$I_{set.2}^{I}=K_{rel}^{I}I_{k2.max}=1.3\times0.534=0.694(kA)$$

线路AB限时电流速断保护的动作电流

$$I_{set.1}^{II}=K_{rel}^{II}I_{set.2}^{I}=1.1\times0.694=0.764(kA)$$

动作时限　$$t_1^{II}=t_2^{I}+\Delta t=0.5s$$

最小灵敏系数校验：取k1点两相短路时流过保护1的最小短路电流来进行校验，$K_{sen.1}^{II}=\frac{I_{k1.min}}{I_{set.1}^{II}}=\frac{1.028}{0.764}=1.35>1.3$，合格。

(4) 过电流保护。

动作电流　$$I_{set.1}^{III}=\frac{K_{rel}^{III}K_{SS}}{K_{re}}I_{L.max}=\frac{1.15\times1.3}{0.85}\times170=299\ (A)$$

动作时限 $t_1^{\mathrm{III}}=t_2^{\mathrm{III}}+\Delta t=3\mathrm{s}$

最小灵敏系数校验：

本线路 AB 末端短路时，$K_{\mathrm{sen.1}}^{\mathrm{III}}=\dfrac{I_{\mathrm{k1.min}}}{I_{\mathrm{set.1}}^{\mathrm{III}}}=\dfrac{1.028\times1000}{299}=3.4>1.5$，合格。

相邻线路 BC 末端短路时，$K_{\mathrm{sen.1}}^{\mathrm{III}}=\dfrac{I_{\mathrm{k2.min}}}{I_{\mathrm{set.1}}^{\mathrm{III}}}=\dfrac{0.44\times1000}{299}=1.47>1.2$，合格。

3.1.3 反时限过电流保护

反时限过电流保护的动作时限与通过它的电流大小有关，当电流大时，保护的动作时限短，而电流小时动作时限长，具有反时限的动作特性。

1. 反时限过电流继电器的特性曲线

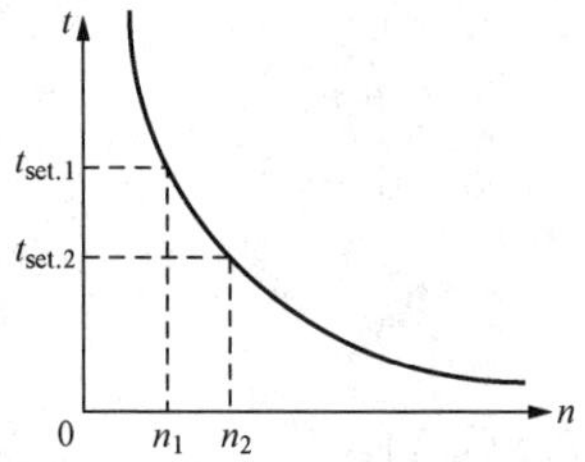

图 3-9 反时限过电流保护时限特性

反时限过电流保护的时限特性如图 3-9 所示，n 为流过保护的电流与保护定值的比值，即电流倍数。当电流倍数 n 有 $n_1<n_2$ 时，则动作时间 $t_{\mathrm{set.1}}>t_{\mathrm{set.2}}$。为了获得这一特性，在传统的保护装置中广泛应用了带有转动圆盘的感应型继电器或由静态电路构成的反时限过电流继电器。此时电流元件和时间元件的功能由同一个继电器来完成，在一定程度上它具有如图 3-6所示的三段式电流保护的功能，即近处故障时短路电流大动作时限短，而远处故障时短路电流小动作时限长，可以同时满足速动性和选择性的要求。

在微机保护中可以比较方便地通过公式计算实现任何反时限特性。目前，国内外常用反时限过电流保护的通用动作时间特性为

$$t=\frac{KT_{\mathrm{P}}}{\left(\dfrac{I}{I_{\mathrm{set}}}\right)^{C}-1} \tag{3-10}$$

式中：t 为保护的动作时间；I 为流过保护的电流；K 为设计常数；T_{P} 为时间整定系数，用以使特性曲线上下平移，其值越大，保护动作时间越长；I_{set}为保护的启动电流整定值；C 为反时限特性常数，通常在 0～2 之间取值，改变其大小可以获得任何曲率的反时限特性。

式（3-10）表明，保护的动作时间 t 是输入电流 I 的函数。当 $I<I_{\mathrm{set}}$时，t 为负，表示保护不动作；当 $I>I_{\mathrm{set}}$时，t 为正，保护动作。显然 I 越大，t 越小，所以保护的动作时间 t 对输入电流 I 的特性为反时限特性。

反时限过电流保护时限特性由继电保护生产厂家提供，也可以通过实验方法测出。根据 K 值及反时限特性常数 C 取值不同，反时限过电流保护的时限特性可分为以下三种：

（1）标准反时限特性

$$t=\frac{0.14T_{\mathrm{P}}}{\left(\dfrac{I}{I_{\mathrm{set}}}\right)^{0.02}-1} \tag{3-11}$$

（2）非常反时限特性

$$t = \frac{13.5T_P}{\frac{I}{I_{set}} - 1} \tag{3-12}$$

（3）极端反时限特性

$$t = \frac{80T_P}{\left(\frac{I}{I_{set}}\right)^2 - 1} \tag{3-13}$$

三种特性的区别在于曲线的曲率不同，可根据需要选用。图 3-10 为具有相同动作电流和时间整定系数的三种反时限特性曲线。图 3-11 给出了标准反时限过电流保护的不同 T_P 整定时间系数的时间特性。根据整定点或配合点的启动电流倍数和整定的动作时间，即可从曲线族中选一条曲线和相应的 T_P 值。由式（3-11）可知，当短路电流等于动作电流时，t 趋于无穷大，与 T_P 值无关，或者说曲线族中各条曲线都是以电流倍数为 1 的纵轴为渐近线。只要选定曲线上的一个点，即可确定最合适的曲线。

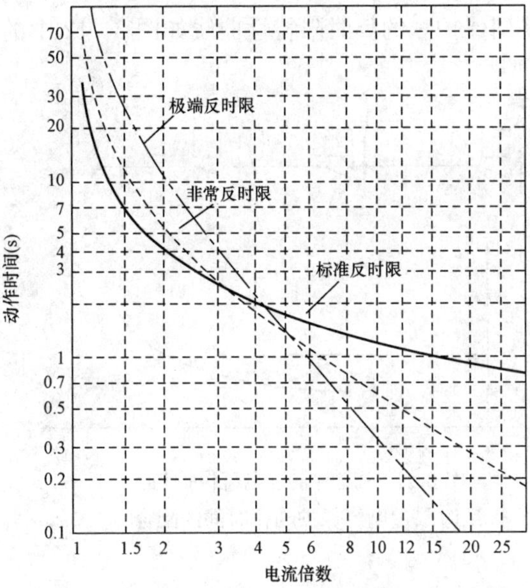

图 3-10　三种反时限特性

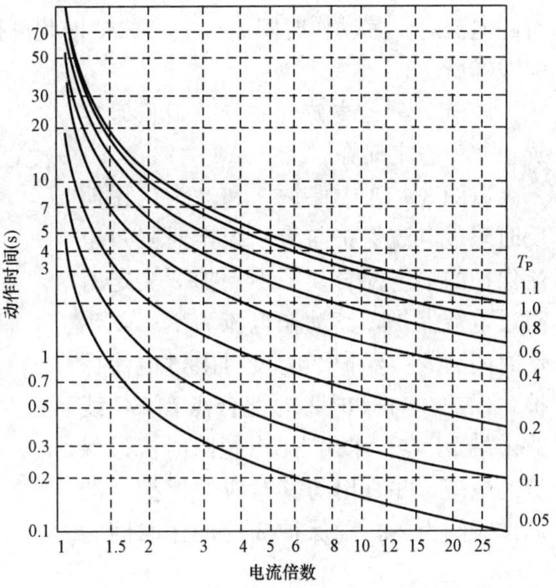

图 3-11　标准反时限特性曲线族

通常输电线路采用标准反时限特性即可满足配合要求，否则可采用非常反时限特性或极端反时限特性。

2. 反时限过电流保护之间的整定配合

反时限过电流保护启动电流的整定计算原则与定时限过电流保护相同，即正常运行时保护不启动，相邻元件短路故障切除后保护应该返回。反时限过电流保护灵敏系数的计算方法和对它的要求，与定时限过电流保护也是相同的，在此不再赘述。反时限过电流保护的动作时间同样应该逐级配合来确定，不同的是反时限过电流保护的动作时间与通过它的短路电流大小有关，因此其时限特性的整定与配合要比定时限保护复杂。下面以图 3-12 所示系统中保护 1、2、3 为例来加以说明。

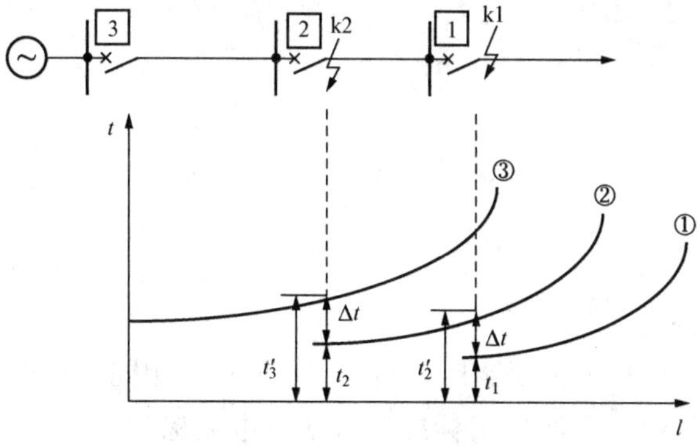

图 3-12 反时限过电流保护动作时间的配合

系统中各保护采用相同的反时限特性曲线，即在配合范围内，上下级过电流保护的反时限特性曲线不相交，这是保证上下级保护之间逐级配合所必须的。设保护 1 的反时限特性曲线如图 3-12 中的曲线①，当保护 1 出口 k1 点短路时，如果保护 1 的动作时间为 t_1，则保护 2 的动作时间应整定为：当保护 2 流过 k1 点短路时的电流，其动作时间 $t'_2 = t_1 + \Delta t$。据此可得到保护 2 的反时限特性曲线如图 3-12 中的曲线②。由两曲线之间的关系可见，短路点离首端越远，时间级差越大，所以只要在线路首端 k1 点短路时满足时间配合的要求，那么在线路其他点短路时，均能满足选择性的要求。

由曲线②可得到保护 2 出口 k2 点短路时其动作时间为 t_2，那么当保护 3 流过 k2 点短路时的电流时，其动作时间 $t'_3 = t_2 + \Delta t$。据此可得到保护 3 的反时限特性曲线如图 3-12 中的曲线③所示。

3. 定时限过电流保护与反时限过电流保护的整定配合

以图 3-13 中保护 3 和 2 为例说明反时限过电流保护与上一级定时限过电流保护的整定配合。图中保护 3 为定时限过电流保护，其动作电流为 $I_{set.3}$，动作时间为 t_3；保护 2 为反时限过电流保护。保护 3 与保护 2 的配合点在 BC 线路末端 k1 点。求出 k1 点短路时流过保护的电流，并查出与其对应的保护 2 的动作时间为 t_2，则保护 3 的动作时间为 $t_3 = t_2 + \Delta t$。

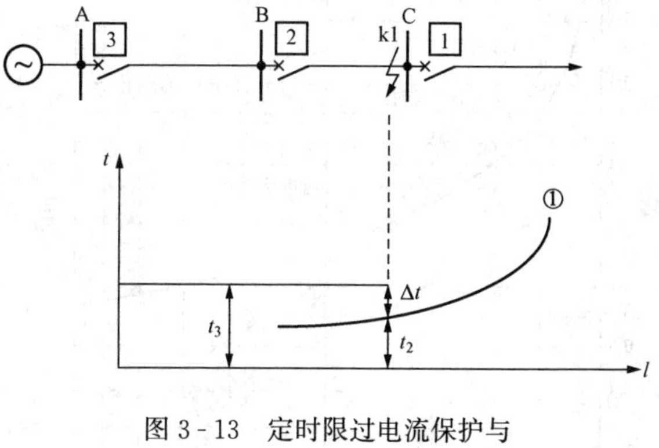

图 3-13 定时限过电流保护与反时限过电流保护动作时间的配合

4. 反时限过电流保护与定时限过电流保护之间的整定配合

以图 3-14 中保护 2 和 1 为例说明反时限过电流保护与下一级定时限过电流保护的整定配合。图中保护 1 为定时限过电流保护，其动作时间为 t_1；保护 2 为反时限过电流保护。求出下一级线路保护出口 k1 点短路时流过保护的电流，则保护 2 的动作时间为 $t_2 = t_1 + \Delta t$，据此可得到反时限过电流保护的反时限特性曲线如图 3-14 中的曲线①所示。

5. 反时限过电流保护的应用

对比定时限过电流和反时限过电流两种保护的时限特性可见，其基本整定原则相同，但反时限过电流保护可使靠近电源端的故障具有较小的切除时间。由于反时限过电流保护的动作时间相互配合比较复杂，且在某些情况下（例如在系统最小运行方式下或者经过较大过渡电弧电阻短路时，短路电流比较小），动作时限要增大，因此在高压线路上不被采用，主要用在单侧电源供电的终端线路和电动机保护，作为主保护和后备保护使用。

3.1.4　电流保护的接线方式

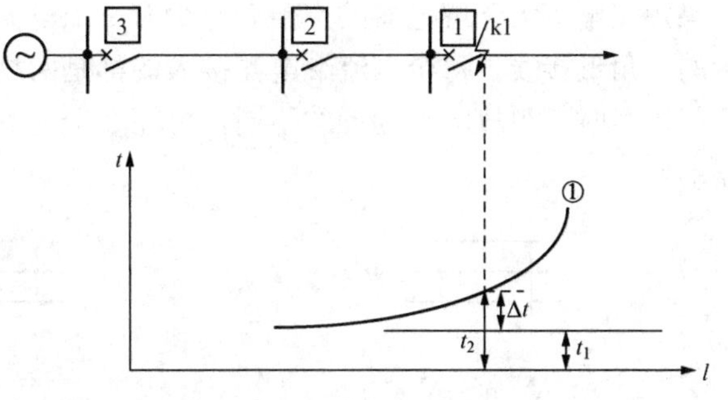

图 3 - 14　反时限过电流保护与下一级定时限过电流保护动作时间的配合

如图 1 - 6 所示电磁型三段式电流保护，保护的测量元件是电流继电器，它与电流互感器二次回路的连接方式称为电流保护的接线方式。其中电流速断保护（1KA、2KA）、限时电流速断保护（3KA、4KA）均采用如图 3 - 15 所示的两相星形接线方式，这种接线方式只需要在 A、C 相上安装电流互感器，节省了电流互感器的投资，但保护不能测量 B 相电流。当发生短路时，只要 1KA（接入 A 相电流）、2KA（接入 C 相电流）其中一个电流继电器大于电流速断定值而动作，就能发出Ⅰ段动作信号并跳闸。只要 3KA（接入 A 相电流）、4KA（接入 C 相电流）其中一个电流继电器大于限时电流速断定值而动作，就能启动时间继电器开始计时，只不过在Ⅰ段范围内发生故障时，1KA 或 2KA 动作切除故障后，所有电流继电器返回，Ⅱ段时间继电器（1KT）未到给定的延时就已返回；如果故障发生在本线路Ⅰ段范围之外，3KA 或 4KA（此时 1KA、2KA 均不动作）动作后启动时间继电器计时，达到给定的动作延时后，发出Ⅱ段动作信号并跳闸。定时限过电流保护采用如图 3 - 16所示的两相星形三继电器接线方式，这种接线方式也是只需要在 A、C 相上安装电流互感器，除了接于 A、C 相的电流继电器外，还增加了 1 个电流继电器接入 A、C 两相的和电流，对于中性点不接地系统，$\dot{I}_A + \dot{I}_C = -\dot{I}_B$，即增加了 1 个电流继电器反应 B 相电流的大小。5KA 接于 A 相，6KA 接于 C 相，7KA 接入 A、C 两相的和电流（即接于中性线上），无论本线路还是相邻线路发生相间短路，这三个继电器中总是有两个动作，启动 2KT 时间继电器计时，但正常情况下，Ⅲ段不会动作于跳闸，请读者根据不同的短路故障进行分析。

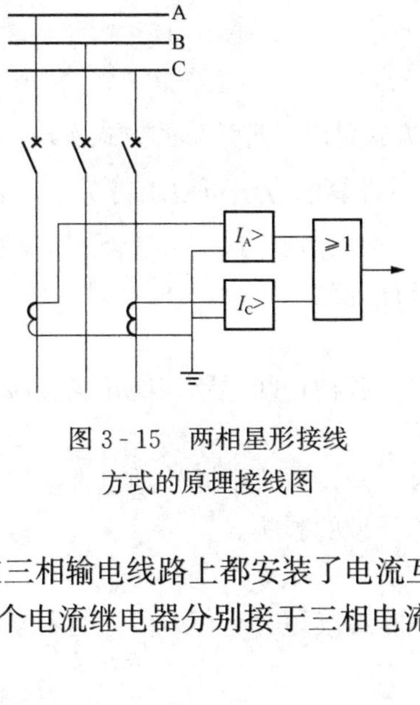

图 3 - 15　两相星形接线方式的原理接线图

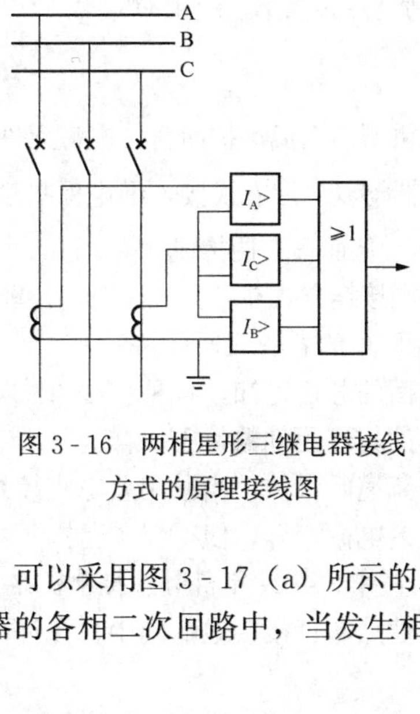

图 3 - 16　两相星形三继电器接线方式的原理接线图

如果在三相输电线路上都安装了电流互感器，可以采用图 3 - 17（a）所示的三相星形接线方式，3 个电流继电器分别接于三相电流互感器的各相二次回路中，当发生相间短路时，如果短路电流大于继电器的定值，至少有 2 个电流互感器动作。也可以采用图 3-17（b）所示的三角形接线，每个电流继电器接入的都是两相电流之差，所以也称为差流接线，当发生两相短路时，视故障点远近的不同，可能 3 个电流继电器都动作，也可能只有 1 个电流继电器动作。

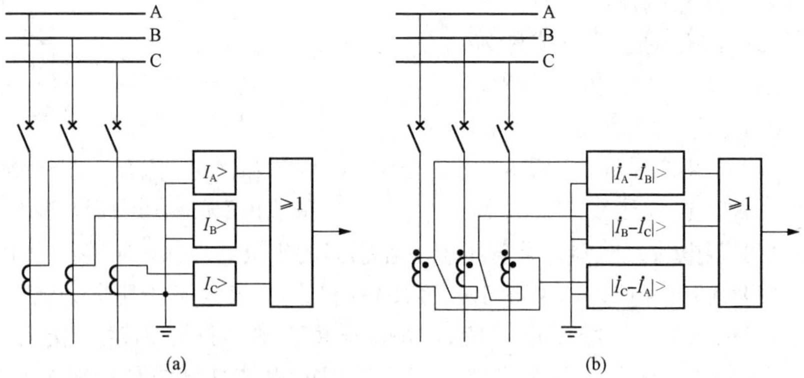

图 3-17　安装三相电流互感器的原理接线图

（a）三相星形接线；（b）三角形接线

设正常无故障时流入电流继电器的电流为 I_r，电流互感器的二次电流为 I_2。定义接线系数 K_{jx}来表示两者之间的关系，即

$$K_{jx}=\frac{I_r}{I_2} \tag{3-14}$$

设电流互感器的变比为 $n_{TA}=\frac{I_1}{I_2}$，则 $I_r=K_{jx}I_2=K_{jx}\frac{I_1}{n_{TA}}$。因此，当保护装置的动作电流整定为 I_{set}时，则电流元件的动作电流应为

$$I_{op}=K_{jx}\frac{I_{set}}{n_{TA}} \tag{3-15}$$

上面介绍的 4 种接线方式，三角形接线的接线系数 K_{jx}为 $\sqrt{3}$，其他三种接线方式的接线系数 K_{jx}均等于 1。当 $K_{jx}=1$ 时，有

$$I_{op}=\frac{I_{set}}{n_{TA}} \tag{3-16}$$

对于微机型的电流保护而言，电流元件的接线方式可以通过计算的方式实现，换言之，即便电流互感器均以星形方式接入继电保护装置，通过计算的方法可以求得 I_A、$|\dot I_A+\dot I_C|$或 $|\dot I_A-\dot I_C|$，从而很方便构成 $I_A\geqslant I_{set}$、$|\dot I_A+\dot I_C|\geqslant I_{set}$ 或 $|\dot I_A-\dot I_C|\geqslant I_{set}$ 等电流元件。

现对不同接线方式在各种故障时的性能进行分析比较。

1. 对电网中的各种相间短路

通过前面的分析得知，各种接线方式对电网中的各种相间短路均能正确反应，不同之处仅在于动作的电流元件数目不一样。

对于电流速断保护，当采用差电流接线方式时，同一方式下同一地点发生三相短路和两相短路时的差电流相等，使得保护范围不再受故障类型的影响。

2. 对电网中的异线异相两点接地短路

由于中性点非直接接地电网中，允许单相接地时继续短时运行，因此当不同线路发生不同相别的两点接地时，只要求切除一条线路即可。当发生上述故障时，会形成短路回路，产生较大的短路电流，对于不同的电网结构，采用三相星形接线还是两相星形接线，将有不同的效果。

对于多回路并联接线的网络，如图 3 - 18 所示，当发生不同相别的跨线两点接地故障时，希望任意切除一条线路即可。当保护 1 和 2 均采用三相星形接线时，两套保护均将启动，如保护 1 和保护 2 的时限相同，即 $t_1=t_2$，则保护 1 和 2 将同时动作切除两条线路。如果采用两相星形接线，则有 2/3 的机会只切除任一条线路，从而提高了供电的可靠性。这是两相星形接线的优点。必须指出，如果两线路保护的动作时间不同，则此优点就不存在。如果采用两相星形接线，但两条线路的电流互感器不装在同名相上。例如线路 L1 的保护装在 A、C 相上，线路 L2 的保护装在 B、C 相上，对于上述各种故障相别可能的组合来说，只有 1/3 机会切除一个故障点，而有 1/2 机会同时切除两个故障点，特别是有 1/6 机会两套保护均不动作，这是不允许的，因此两相星形接线的两个电流互感器必须装在同名的两相上。

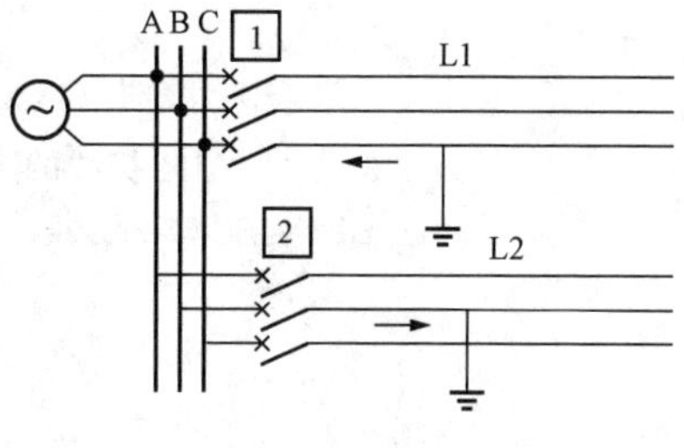

图 3 - 18　并联线路上两点接地的示意图

对于串联线路，如图 3 - 19 所示。当发生不同相别的跨线两点接地时，希望只切除距电源较远的线路 L2，而不要切除线路 L1，以保证母线 N 所连的其他线路或设备连续供电。如果是采用两相星形接线，只能保证有 2/3 的机会有选择性地切除后面一条线路。当线路 L2 上是 B 相接地时，则保护 2 就不能动作，此时只能由保护 1 动作切除线路 L1，因而扩大了停电范围，这是不希望的。而如果采用三相星形接线，由于两个保护之间在定值上和时间上都是按照选择性的要求配合整定的，因此就能保证 100% 只切除后一条线路。

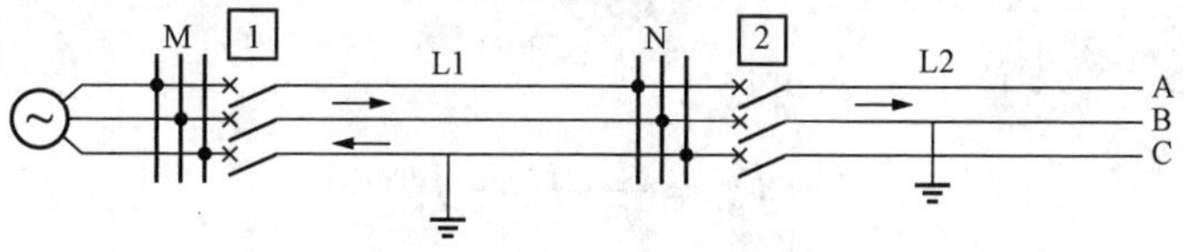

图 3 - 19　串联线路上两点接地的示意图

由以上分析可见，在中性点非直接接地电网发生两点接地短路时，两种接线方式各有优缺点。为了节省设备和投资，通常在这种网络上规定采用两相星形接线。必须指出，在整个网络上应该将两相星形接线的两个电流互感器都装在相同的两相上（通常为 A、C 两相）。

3. 对 Yd 接线变压器后面的两相短路

图 3 - 20（a）所示的 Yd11 接线的变压器，Y 侧各相绕组的匝数为 W_Y，三相电流分别为 $\dot{I}_A^Y$、$\dot{I}_B^Y$、$\dot{I}_C^Y$；d 侧各相绕组的匝数为 W_d，三相电流分别为 $\dot{I}_A^d$、$\dot{I}_B^d$、$\dot{I}_C^d$，三相绕组中的电流分别为 $\dot{I}_a$、$\dot{I}_b$、$\dot{I}_c$；设变压器的变比 $n_T=1$（即把各个参数归算到了同一个电压等级）。

根据变压器的工作原理，下列关系式成立。

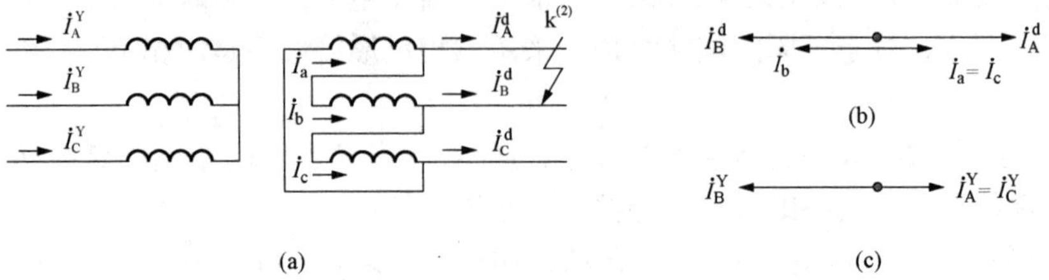

图 3 - 20 Yd11 接线的降压变压器低压侧 AB 两相短路时电流分析图

(a) Yd11 变压器原理接线；(b) d 侧的电流相量关系；(c) Y 侧的电流相量关系

$$\begin{cases} n_T = \sqrt{3}W_Y/W_d \\ \dot{I}_A^Y W_Y = \dot{I}_a W_d \\ \dot{I}_B^Y W_Y = \dot{I}_b W_d \\ \dot{I}_C^Y W_Y = \dot{I}_c W_d \\ \dot{I}_A^d = \dot{I}_a - \dot{I}_b \\ \dot{I}_B^d = \dot{I}_b - \dot{I}_c \\ \dot{I}_C^d = \dot{I}_c - \dot{I}_a \end{cases} \tag{3-17}$$

据此可推得，Y 侧电流与 d 侧电流满足

$$\begin{cases} \dot{I}_A^d = \frac{1}{\sqrt{3}}(\dot{I}_A^Y - \dot{I}_B^Y) \\ \dot{I}_B^d = \frac{1}{\sqrt{3}}(\dot{I}_B^Y - \dot{I}_C^Y) \\ \dot{I}_C^d = \frac{1}{\sqrt{3}}(\dot{I}_C^Y - \dot{I}_A^Y) \end{cases} \tag{3-18}$$

补充方程 $\dot{I}_A^Y + \dot{I}_B^Y + \dot{I}_C^Y = 0$ ，可得

$$\begin{cases} \dot{I}_A^Y = \frac{1}{\sqrt{3}}(\dot{I}_A^d - \dot{I}_C^d) \\ \dot{I}_B^Y = \frac{1}{\sqrt{3}}(\dot{I}_B^d - \dot{I}_A^d) \\ \dot{I}_C^Y = \frac{1}{\sqrt{3}}(\dot{I}_C^d - \dot{I}_B^d) \end{cases} \tag{3-19}$$

当图 3 - 19 (a) 所示的 Yd11 变压器 d 侧发生 AB 两相短路时，由于 $\dot{I}_A^d = -\dot{I}_B^d$ ，$\dot{I}_C^d = 0$ ，由式 (3 - 19) 可以看出 $I_B^Y = 2I_A^Y = 2I_C^Y$ 。d 侧和 Y 侧的电流相量关系如图 3 - 19 (b)、(c) 所示。

由上述分析可看出，当 Yd11 接线变压器的三角侧发生两相短路时，变压器星侧中有两相电流相等，且为第三相的一半。如果保护装置采用三相星形接线方式，总有一相电流元件流过的电流最大，保护装置的灵敏系数较高；如果采用两相星形接线，则在发生 AB 两相短路时，流过 A、C 相电流元件的电流为 B 相电流的 1/2 ，从而使保护装置的灵敏度减少一半。为了克服这个缺点，可以在两相星形接线的基础上，再增加一个电流元件，用于反应

A、C 两相的电流和，如图 3 - 16 所示，提高了 AB 两相短路时保护的灵敏度。

请读者自己分析星形侧的电流保护采用差电流接线方式的效果。

3.2 双侧电源网络相间短路的方向性电流保护

3.2.1 功率方向继电器的作用

随着电力工业的发展和用户对供电可靠性要求的提高，现代的电力系统实际上都是由很多电源组成的复杂网络。例如，在图 3 - 21 所示的双侧电源网络接线中，为了提高供电的可靠性，必须在每条线路的两侧均装设断路器和保护装置，以便在线路上短路时，由两侧保护动作跳开断路器切除故障线路。

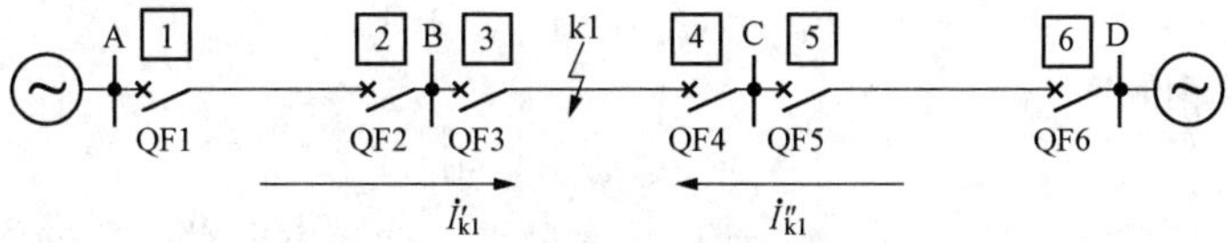

图 3 - 21 双侧电源系统图

当图 3 - 21 的 k1 点发生短路时，应由距故障点最近的保护 3、4 动作切除故障，不会造成停电，这正是双端供电的优点。然而，由电源供给的短路电流 $\dot{I}'_{k1}$ 也将通过保护 2，如果 $\dot{I}'_{k1} > I^{I}_{2.set}$，则保护 2 的第 I 段此时也将无延时跳闸，从而使变电站 B 全部停电，这是不能允许的。同理，保护 5 也可能会误动。如何解决这些问题呢?

分析图 3 - 21 的 k1 点发生短路时流过各线路短路功率（一般指短路时母线电压与线路电流相乘所得到的感性功率）的方向，在故障线路 BC 两侧的短路功率都是从母线流向线路；而流经非故障线路 AB、CD 两侧短路功率方向的特点是：靠近短路点侧（保护 2、5）的短路功率方向是从线路流向母线，而远离短路点侧（保护 1、6）的短路功率方向是从母线流向线路。在其他线路故障时，上述分析也是正确的。

规定：短路功率由母线流向线路时为正方向。如果短路功率方向为正，称之为正方向发生短路。图 3 - 21 中，k1 点发生短路，我们称保护 1、3、4、6 正方向发生短路，保护 2、5 反方向发生短路。

如果能够实现功率方向的判别，在正方向短路时，允许保护动作，在反方向发生短路时，闭锁保护，那么前面的问题就解决了。为此，必须增加一个功率方向元件（习惯上称之为功率方向继电器)，构成具有方向性的电流保护。具有方向性的过电流保护的单相原理接线如图 3 - 22 所示，主要由方向元件 KW、电流元件 KA 和时间元件 KT 组成。KW 和 KA 的触点构成“与”回路，只有在正方向区内故障时，KW 和 KA 都动作，才能去启动时间元件，再经过预定的延时后动作于跳闸。

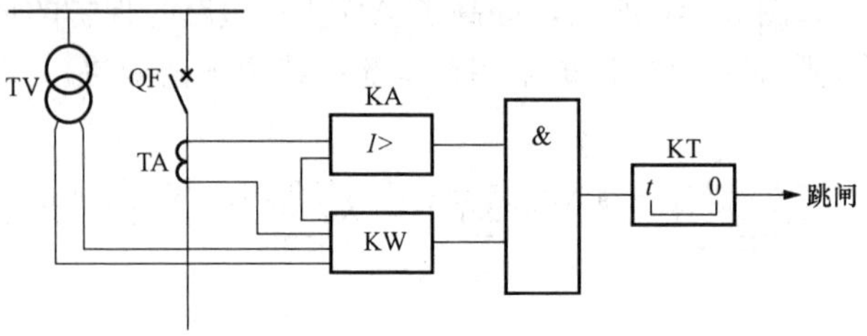

图 3-22 方向过电流保护的单相原理接线图

3.2.2 功率方向继电器的工作原理

设接入功率方向继电器的电压和电流分别为 $\dot{U}_m$ 、$\dot{I}_m$ ，电压超前电流的角度为 $\varphi_m = \arg(\dot{U}_m / \dot{I}_m)$ ，则正方向短路时应满足

$$P_m = U_m I_m \cos\varphi_m \geqslant 0 \tag{3-20}$$

式（3-20）等价于

$$-90° \leqslant \varphi_m \leqslant 90° \tag{3-21}$$

显然，当 $\varphi_m = 0°$ 时，$P_m = U_m I_m$ 动作功率最大，功率方向继电器动作最灵敏，对应的角度被称为最大灵敏角 φ_{sen} 。式（3-20）的最大灵敏角 $\varphi_{sen} = 0°$，但这与实际的电力系统并不相符。

如图 3-23（a）所示，在保护 3 的正方向上 k 点发生三相短路，规定电流的正方向从母线指向被保护线路，则保护 3 的电压和电流的相量关系如图 3-23（b）所示。

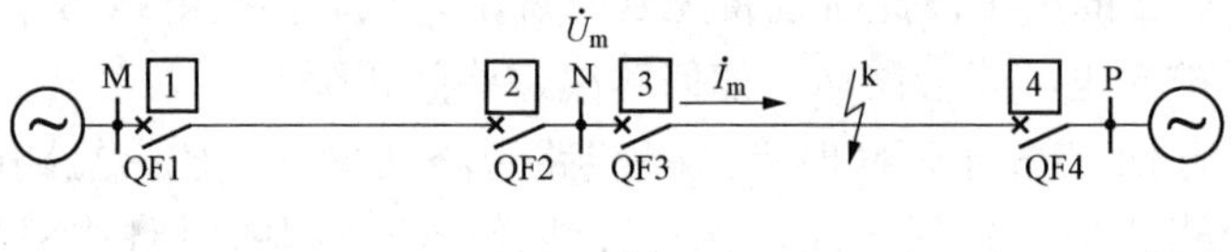

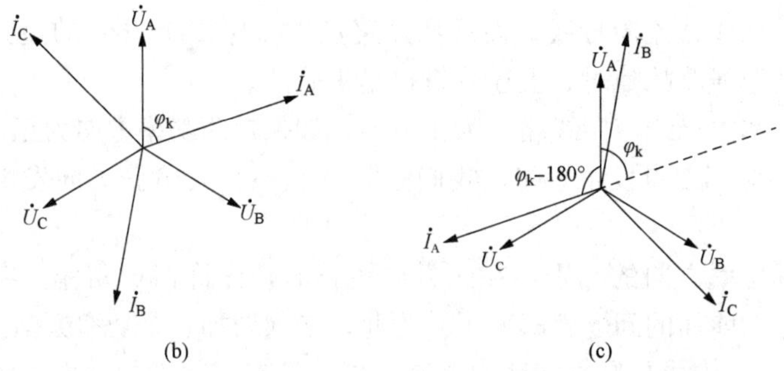

图 3-23 功率方向元件工作原理的分析

（a）网络接线图；（b）k 点短路时保护 3 的相量图；（c）k 点短路时保护 2 的相量图

如果通过 A 相电压和电流（其他两相亦是如此）判断正方向，此时 $\varphi_m = \varphi_k$ ，φ_k 为 NP 线路的正序阻抗角。由式（3-20）得到 $P_m = U_m I_m \cos\varphi_k$ ，动作功率并非最大。为了使功率方向继电器工作在最灵敏状态，对式（3-20）进行修正，即

$$P_m = U_m I_m \cos(\varphi_m - \varphi_k) \geqslant 0 \tag{3-22}$$

式（3 - 22）的功率方向继电器的最大灵敏角 $\varphi_{sen} = \varphi_k$ 。

通过以上分析可知，功率方向继电器的动作方程的一般形式为

$$U_m I_m \cos(\varphi_m - \varphi_{sen}) \geqslant 0 \tag{3-23}$$

即

$$-90° + \varphi_{sen} \leqslant \varphi_m \leqslant 90° + \varphi_{sen} \tag{3-24}$$

当满足式（3 - 23）或式（3 - 24）时，判断短路发生在正方向，允许保护动作于跳闸。当 k 点发生三相短路时，对于保护 3，$\varphi_m = \varphi_k$ ，动作方程满足，为正方向短路；对于保护 2，其电压和电流的相量关系如图 3 - 23（c）所示，流过保护 2 的电流与保护 3 的电流大小相等、相位相反，$\dot{U}_A$ 超前 $\dot{I}_A$ 的相位为 $\varphi_m = \varphi_k - 180°$ ，不满足动作方程，实现了电流保护的闭锁。

灵敏角的选择是功率方向继电器的设计问题，也可以说是整定问题，它与功率方向继电器接入的电压 $\dot{U}_m$ 和电流 $\dot{I}_m$ 有关，即与功率方向继电器的接线方式有关。在上面的分析中采用的是同名相的电压和电流，这种接线方式为 0°接线方式，如果系统中的元件都是纯电阻性的，则电压与电流同相位，故此而得名。

当保护的正方向出口附近发生两相接地短路或三相短路时，可能出现 $\dot{U}_m \approx 0$ ，0°接线的功率方向继电器将不能动作，称为功率方向继电器的“电压死区”。当在死区范围内发生故障时，若功率方向继电器不能动作，整套方向性电流保护将要拒动，这是一个很大的缺点，因此，0°接线的功率方向继电器在线路保护中很少采用。

简而言之，功率方向继电器利用短路功率的方向或电压、电流之间的相位关系判别发生故障的方向。对反应正方向短路而动作的功率方向继电器的基本要求是：

（1）应具有明确的方向性，即正方向发生各种相间短路（包括故障点存在过渡电阻的情况）时应能可靠动作，而在反方向发生各种相间短路时应可靠不动作。

（2）正方向短路时不存在保护“死区”。

（3）故障时应有足够的灵敏度。

3.2.3　90°接线的功率方向继电器

在方向性电流保护中，功率方向继电器广泛采用的是 90°接线方式，三个功率方向继电器的接线方式见表 3 - 1。所谓 90°接线方式是指在三相对称且功率因数 $\cos\varphi = 1$ 的情况下，加入继电器的电压 $\dot{U}_m$ 和电流 $\dot{I}_m$ 相位相差 90°，如图 3 - 24 所示。

表 3 - 1　　90°接线功率方向继电器的接线方式

继电器	$\dot{I}_m$	$\dot{U}_m$
KWa	$\dot{I}_A$	$\dot{U}_{BC}$
KWb	$\dot{I}_B$	$\dot{U}_{CA}$
KWc	$\dot{I}_C$	$\dot{U}_{AB}$

图 3 - 25 为功率方向继电器采用 90°接线方式时，三相式方向过电流保护的原理接线图。

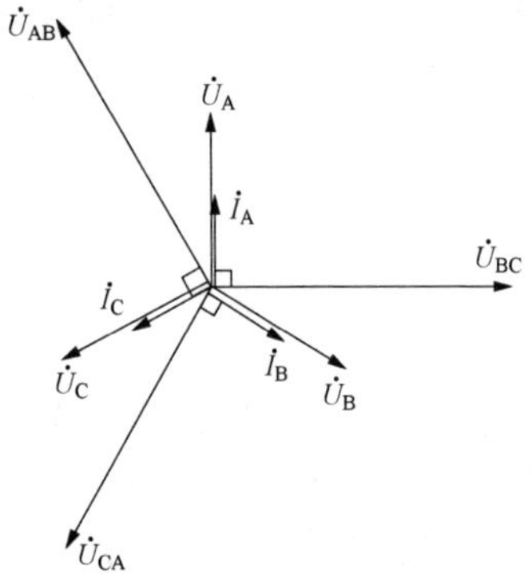

图 3-24　90°接线方式下的电流、电压相量图

对于方向性电流保护的接线，必须十分注意电流和电压的极性问题，如果极性接反，就会出现正方向短路时保护拒绝动作，而反方向短路时保护误动作的严重事故。

当发生不对称短路时，由于引入了非故障相的电压，例如保护出口处发生 AB 两相接地短路，用于和 $\dot{I}_A$ 比相的电压为 $\dot{U}_{BC}$，用于和 $\dot{I}_B$ 比相的电压为 $\dot{U}_{CA}$，均引入了非故障相 C 相的电压，将不再存在保护“死区”。但是，在正方向出口附近发生三相短路时，各相电压都很小，功率方向继电器仍然可能拒动，为了消除三相短路时的保护死区问题，可以采取电压记忆回路（见第 4 章思考与练习的 4.11 题）或利用微机保护存储功能（见 4.4.1）加以解决。

当功率方向继电器采用 90°接线时，其最大灵敏角应该如何确定呢？所遵循的原则是正方向发生如下情形下的短路时能够可靠动作，并力争动作最灵敏。

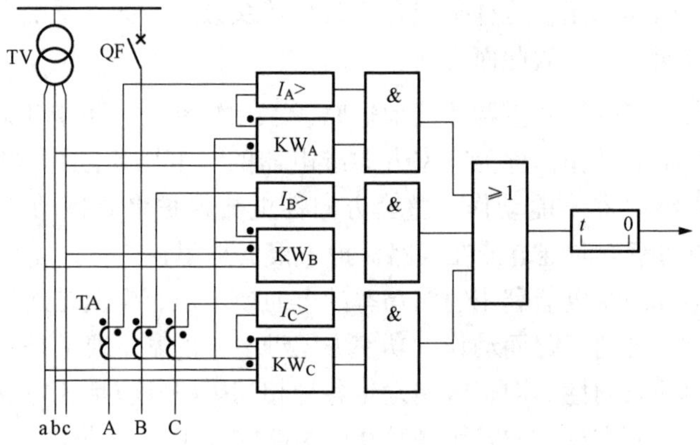

图 3-25　三相式方向过电流保护的原理接线图

（1）当输电线路发生经过渡电阻短路时，短路阻抗角的变化范围考虑在 0°～90°之间变化。

（2）要考虑不同地点发生不同的故障类型（三相短路、两相短路）。

下面分析采用 90°接线方式的功率方向继电器在线路上发生各种相间短路时的动作情况。

1. 正方向发生三相短路

在正方向发生三相短路时，三相电压和电流都是对称的，电流和电压的相量关系如图 3-26 所示。此时三个功率方向继电器的工作情况完全相同，因此，可取任一继电器（例如 A 相继电器）来进行分析。

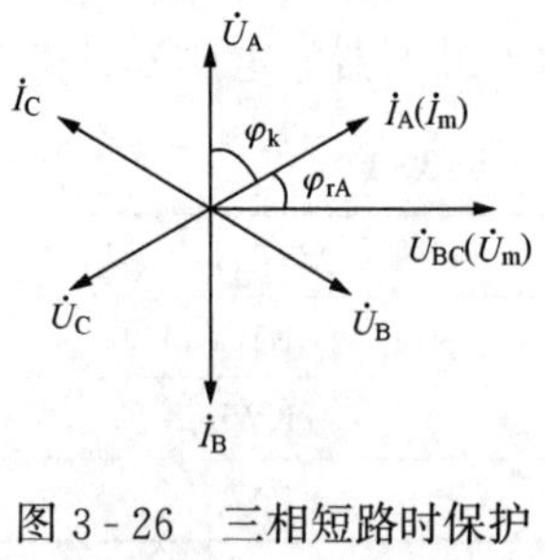

图 3-26　三相短路时保护安装处电流电压相量图

由图可见，$\dot{I}_m=\dot{I}_A$，$\dot{U}_m=\dot{U}_{BC}$。$\dot{I}_A$ 落后 $\dot{U}_A$ 角 φ_k，φ_k 决定于线路的阻抗角和故障点的过渡电阻，其值为 $0°<\varphi_k<90°$。例如：当发生三相金属性短路时，φ_k 等于线路的阻抗角；当线

路始端经过渡电阻发生三相短路时，$\varphi_k \approx 0°$。那么，$\dot{U}_{BC}$ 超前 $\dot{I}_A$ 的角 $\varphi_m = \varphi_k - 90°$，故 $-90° \leqslant \varphi_m \leqslant 0°$。

根据 φ_m 的大小适当选用 φ_{sen}，可满足 $\cos(\varphi_m - \varphi_{sen}) \approx 1$ 的要求。例如：一般架空线路的阻抗角 φ_k 约为 65°，所以三相短路时，$\varphi_m = \varphi_k - 90° = -25°$，在此线路上的功率方向继电器的 φ_{sen} 应选用 $-25°$。一般而言，电力系统任何电缆或架空线路的阻抗角（包括含有过渡电阻短路的情况）都位于 $0° < \varphi_k < 90°$ 之间，为使方向继电器在任何 φ_k 的情况下均能动作，就必须要求 $U_{BC} I_A \cos(\varphi_k - 90° - \varphi_{sen}) \geqslant 0$，为此，应选择 $-90° \leqslant \varphi_{sen} \leqslant 0°$ 之间才能满足要求。

2. 正方向发生两相短路

以 BC 两相短路为例，分析功率方向继电器的动作情况。如图 3-27 所示，线路上发生 BC 两相短路，以下分别针对两种极限情况加以分析。

(1) 短路点位于保护安装地点附近，短路阻抗 $Z_k \ll Z_s$（Z_s 为保护安装处到电源中性点间的系统阻抗），极限时取 $Z_k = 0$，此时的相量图如图 3-28 所示，短路电流 $\dot{I}_B$ 由电动势 $\dot{E}_{BC}$ 产生，$\dot{I}_B$ 滞后 $\dot{E}_{BC}$ 的角度为 φ_k，电流 $\dot{I}_C = -\dot{I}_B$，保护安装地点（即短路点）的电压为

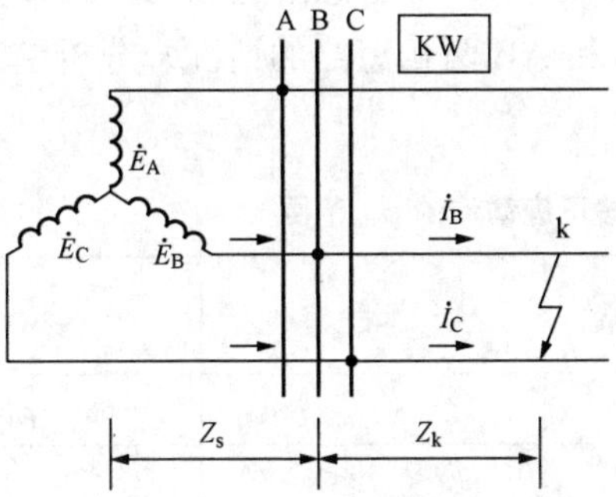

图 3-27　BC 两相短路的系统接线图

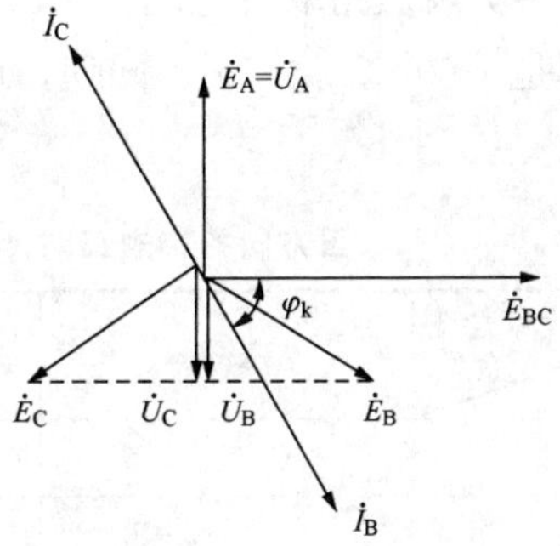

图 3-28　保护出口两相短路时的相量图

$$
\begin{cases}
\dot{U}_A = \dot{E}_A \\
\dot{U}_B = \dot{U}_{kB} = -\dfrac{1}{2}\dot{E}_A \\
\dot{U}_C = \dot{U}_{kC} = -\dfrac{1}{2}\dot{E}_A
\end{cases}
\tag{3-25}
$$

对于 A 相（非故障相）的功率方向继电器，当忽略负荷电流时，$I_A \approx 0$，因此继电器不动作。

对于 B 相的功率方向继电器，$\dot{I}_m = \dot{I}_B$，$\dot{U}_m = \dot{U}_{CA}$，因为 $0° < \varphi_k < 90°$，所以 $\varphi_m = \varphi_k - 90°$，因而 $-90° < \varphi_m < 0°$。

对于 C 相的功率方向继电器，$\dot{I}_m = \dot{I}_C$，$\dot{U}_m = \dot{U}_{AB}$，因为 $\varphi_m = \varphi_k - 90°$，因而 $-90° < \varphi_m < 0°$。

与三相短路时分析相同，为了在 $0° < \varphi_k < 90°$ 的范围内使继电器均能动作，也需要选择 $-90° < \varphi_{sen} < 0°$。

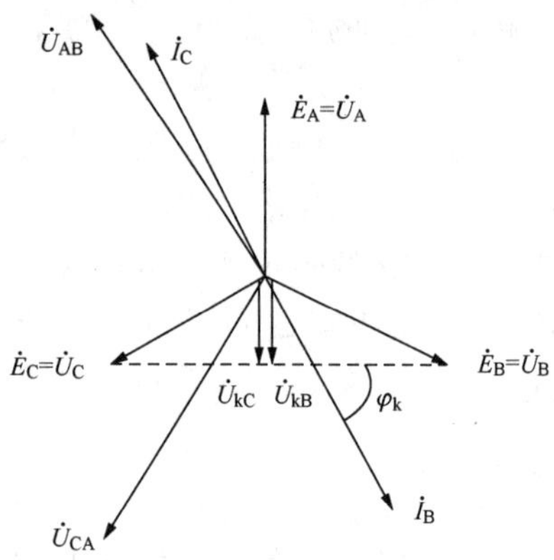

图 3-29 远处两相短路时的相量图

(2) 短路点远离保护安装地点，且系统容量很大，此时 $Z_k \gg Z_s$，极限时取 $Z_s=0$，则相量图如图 3-29 所示，短路电流 $\dot{I}_B$ 仍由电动势 $\dot{E}_{BC}$ 产生，并滞后 $\dot{E}_{BC}$ 一个角度 φ_k，保护安装地点的电压为

$$\begin{cases}\dot{U}_A = \dot{E}_A \\ \dot{U}_B = \dot{U}_{kB} + \dot{I}_B Z_k \approx \dot{E}_B \\ \dot{U}_C = \dot{U}_{kC} + \dot{I}_C Z_k \approx \dot{E}_C\end{cases} \quad (3-26)$$

对于 B 相的功率方向继电器，由于 $\dot{U}_{CA} \approx \dot{E}_{CA}$，因此，$\varphi_m = \varphi_k - 120°$。当 $0° < \varphi_k < 90°$ 时，$-120° < \varphi_m < -30°$。因此，继电器的最大灵敏角取值范围应满足 $-120° < \varphi_{sen} < -30°$。

对于 C 相的功率方向继电器，由于 $\dot{U}_{AB} \approx \dot{E}_{AB}$，因此，$\varphi_m = \varphi_k - 60°$。当 $0° < \varphi_k < 90°$ 时，$-60° < \varphi_m < 30°$。因此，继电器的最大灵敏角取值范围应满足 $-60° < \varphi_{sen} < 30°$。

综合以上两种极限情况可得出，在正方向任何地点发生 BC 两相短路时，使 B 相继电器能够动作的最大灵敏角取值范围是 $-90° < \varphi_{sen} < -30°$，使 C 相继电器能够动作的最大灵敏角取值范围是 $-60° < \varphi_{sen} < 0°$。同理，可以分析 CA 和 AB 两相短路的情况。分析结果列于表 3-2 中。

表 3-2 正方向各种短路时，方向继电器能够正确动作的 φ_{sen} 范围

继电器 \ 故障类型	$k^{(3)}$	$k_{AB}^{(2)}$	$k_{BC}^{(2)}$	$k_{CA}^{(2)}$
KW_A	$-90° < \varphi_{sen} < 0°$	$-90° < \varphi_{sen} < -30°$	—	$-60° < \varphi_{sen} < 0°$
KW_B	$-90° < \varphi_{sen} < 0°$	$-60° < \varphi_{sen} < 0°$	$-90° < \varphi_{sen} < -30°$	—
KW_C	$-90° < \varphi_{sen} < 0°$	—	$-60° < \varphi_{sen} < 0°$	$-90° < \varphi_{sen} < -30°$

综合三相短路和各种两相短路的分析可得出，当 $0° < \varphi_k < 90°$ 时，故障相方向继电器在各种故障情况下都能够动作的条件应为

$$-60° \leqslant \varphi_{sen} \leqslant -30° \quad (3-27)$$

应该指出，以上的讨论只是继电器在各种故障情况下均能够动作的条件，而不是动作的最灵敏的条件。为了减小死区的范围，继电器动作最灵敏的条件，应根据三相短路时使 $\cos(\varphi_m - \varphi_{sen}) = 1$ 来确定最大灵敏角，因此对某一已经确定了阻抗角的送电线路而言，应采用 $\varphi_{sen} = \varphi_k - 90°$，以获得最大的灵敏度。

对于微机保护之前的功率方向继电器，通常给出 $-45°$、$-30°$ 两个可整定的值，用户根据线路的阻抗角进行选择。另外，功率方向继电器的整定参数往往用继电器的内角 α 表示，它和最大灵敏角的关系为 $\alpha = -\varphi_{sen}$。

由以上分析可见，90°接线方式的主要优点是：①对各种两相短路都没有死区，因为继电器引入了非故障相的电压，其值很高；②适当地选择继电器的 φ_{sen} 后，对线路上发生的各种故障，都能保证动作的方向性。因此，90°接线得到了广泛的应用。

3.2.4　功率方向继电器的按相启动

在电网中发生不对称短路时，非故障相仍有负荷电流流过，为保证方向过电流保护不受非故障相电流的影响，除在整定计算动作电流时，要躲过非故障相电流外，还必须在保护接线中采用按相启动的接线方式。

按相启动接线系指接入同名相电流的电流元件和功率方向元件的触点直接串联，如图3-30所示。保护采用按相启动接线后，当反方向不对称短路时（例如AB两相短路），故障相（A、B相）的方向元件不会动作；非故障相（C相）的电流测量元件不会误动作，因此保护不会误跳闸。如果保护采用图3-31的接线（非按相启动接线），则在反方向不对称短路（例如AB两相短路）时，若A、B相电流测量元件和C相功率方向元件动作，将造成保护误跳闸。

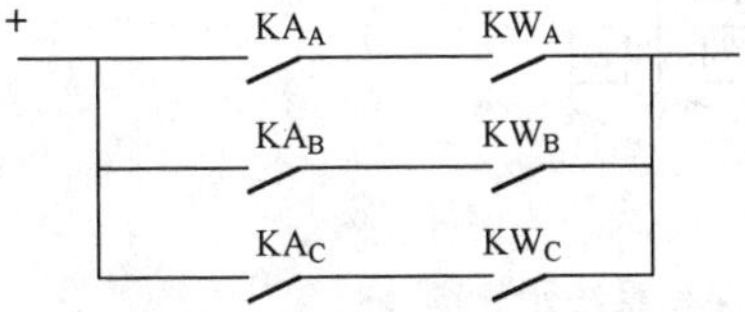

图3-30　按相启动原理接线

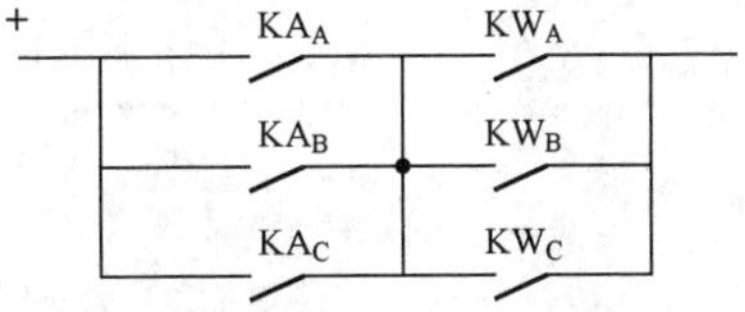

图3-31　非按相启动接线

此外，在中性点直接接地的电力系统中，当被保护线路背后发生接地短路时，非故障相还有较大的零序电流通过。如果电流启动元件的动作电流还要按躲过这一电流来整定，势必使整定值很大，方向过电流保护的灵敏度就要下降。因此，不宜用提高电流启动元件整定值的办法来防止保护装置的误动作，而是在接地短路时将保护相间短路的方向过电流保护加以闭锁。其闭锁的接线示意图如图3-32所示。当电力系统发生接地短路时，反应零序电流的电流继电器KA0动作，它的动断触点断开，将相间短路保护闭锁。这时相间短路保护中电流元件的动作电流只需躲开非故障相中负荷电流即可。

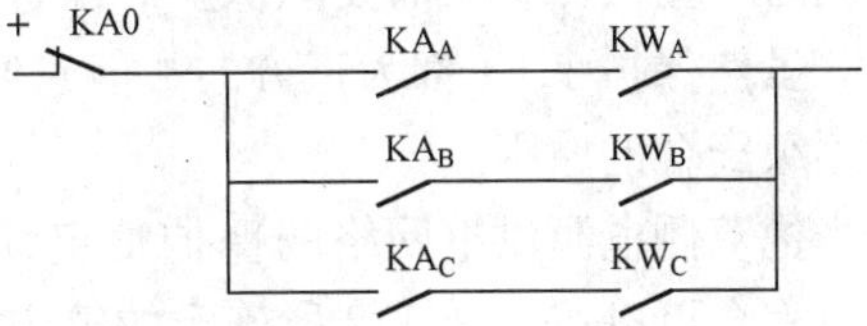

图3-32　防止接地短路时保护误动的闭锁接线

3.2.5　方向性电流保护的整定计算

如图3-33（a）所示双端电源供电网络，假设保护7～10所在线路对侧无电源，因而属于单侧电源供电的保护，无需经方向元件闭锁。在进行三段式电流保护整定计算时，可以假设保护1～6各个保护都经方向元件闭锁，即不考虑反方向短路保护是否会误动的问题，这样一来，双侧电源网络的保护可分为两个单端电源的保护系统，如图3-33（b）、（c）所示。

由图3-33（b）、（c）可清楚看到保护之间的配合关系，这一点对于限时电流速断及定时限过电流保护的定值计算非常重要。例如，整定保护1的限时电流速断定值时，需要考虑和相邻线路保护（3、7、8）的电流速断定值进行配合，取其中最大值作为其定值。再如，整定保护6的定时限过电流保护的动作时限，需要考虑和相邻线路保护（4、9、10）的定时

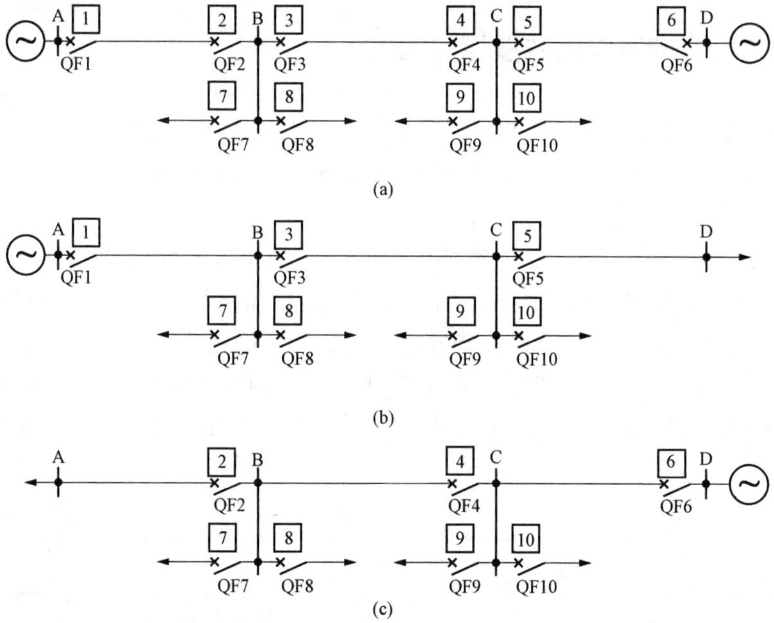

图 3-33　双侧电源网络及其保护系统示意图

限过电流保护进行配合，取其中最长动作时限再增加一个 Δt。保护之间是否存在配合关系可通过分析是否相同方向及流过的电流是否关联来判断。假设图 3-33（a）中保护 8 的正方向发生短路，两侧电源都有电流流向故障点，对所有保护而言，保护 1、8、4、6 都属于正方向短路，显然保护 1 需要和保护 8 配合，保护 4 需要和保护 8 配合，保护 6 需要和保护 4 配合。虽然保护 1、4 都为正方向，但它们之间的电流并没有关联关系。需要说明的是保护遵循逐级配合的原则。

当把双侧电源供电网络的保护整定计算分解成两个单侧电源供电网络的保护整定计算后，就完全可以按照 3.1.2 所确定的整定原则进行定值计算。但是需要考虑分支电路对限时电流速断保护和定时限过电流保护整定的影响。

1. 具有分支电路时的限时电流速断保护整定

对应用于双侧电源网络中的限时电流速断保护，其基本的整定原则仍应与下一级保护的电流速断保护相配合，但需考虑保护安装地点与短路点之间有电源或线路（通称为分支电路）的影响。由于分支电路会影响短路电流的分布和大小，因此，对继电保护整定计算也会产生影响。下面分两种典型情况进行讨论。

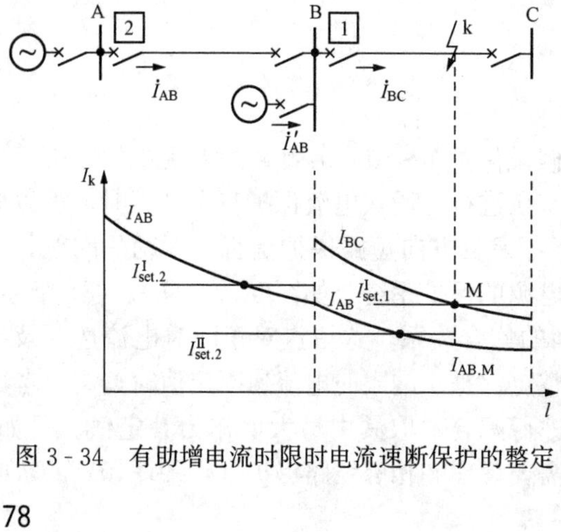

图 3-34　有助增电流时限时电流速断保护的整定

（1）助增电流的影响。如图 3-34 所示，分支电路为电源，当线路 BC 上的 k 点发生短路时，故障线路中的短路电流为 $\dot{I}_{BC}=\dot{I}_{AB}+\dot{I}'_{AB}$。分支电源提供的短路电流 $\dot{I}'_{AB}$ 称为助增电流。由于助增电流的存在，使得流过故障线路的电流 I_{BC} 将大于 I_{AB}，短路电流分布曲线示于图 3-34 中。

此时保护 1 电流速断的整定值仍按躲开相邻线路出口短路整定为 $I_{set.1}^{I}$，其保护范围末端位于 M 点，该点为保护配合点，即保护 2 的限时电流速断在 M 点短路时不应动作。为此，保护 2 的限时电流速断的动作电流应大于在 M 点短路时流过保护 2 的短路电流 $I_{AB.M}$，即

$$I_{set.2}^{II} = K_{rel}^{II} I_{AB.M} \tag{3-28}$$

引入分支系数 K_b，其定义为

$$K_b = \frac{\text{故障线路流过的短路电流}}{\text{前一级保护所在线路上流过的短路电流}} \tag{3-29}$$

在图 3-34 中，整定配合点 M 处的分支系数为

$$K_b = \frac{I_{BC.M}}{I_{AB.M}} = \frac{I_{set.1}^{I}}{I_{AB.M}} \tag{3-30}$$

代入式（3-28）得

$$I_{set.2}^{II} = K_{rel}^{II} \frac{I_{set.1}^{I}}{K_b} \tag{3-31}$$

不计电阻分量，设系统相电动势为 E_{ph}，系统 A 的电抗为 x_A，系统 B 的电抗为 x_B，AB、BC 线路的电抗分别为 x_{AB}、x_{BC}。不计负荷电流，保护 1 与保护 2 配合时的分支系数为

$$K_b = 1 + \frac{x_A + x_{AB}}{x_B}$$

显然，具有助增电源时的分支系数 $K_b>1$，分支系数的大小与故障点在 BC 线路上的位置无关。系统 A、B 在不同的运行方式下会有不同的分支系数，系统 A 为最大运行方式、系统 B 为最小运行方式时，保护 2 与保护 1 配合时的分支系数最小，为

$$K_{b.min} = 1 + \frac{x_{A.min} + x_{AB}}{x_{B.max}}$$

系统 A 为最小运行方式、系统 B 为最大运行方式时，保护 2 与保护 1 配合时的分支系数最大，为

$$K_{b.max} = 1 + \frac{x_{A.max} + x_{AB}}{x_{B.min}}$$

为了确保在不同运行方式下保护不失去选择性，式（3-31）中应取最小分支系数，即

$$I_{set.2}^{II} = K_{rel}^{II} \frac{I_{set.1}^{I}}{K_{b.min}} \tag{3-32}$$

式（3-32）的计算偏于保守，它和保护 1 的电流速断定值整定时的运行方式并不一致。保护 1 的电流速断定值为

$$I_{set.1}^{I} = K_{rel}^{I} \frac{E_{ph}}{(x_{A.min} + x_{AB})//x_{B.min} + x_{BC}}$$

系统 A、B 都为最大运行方式。

（2）外汲电流的影响。如图 3-35 所示，分支电路是一并联的线路。当在并联线路 BC 上发生短路故障时，故障线路中的电流 $\dot{I}'_{BC} = \dot{I}_{AB} - \dot{I}''_{BC}$，$I'_{BC}$ 将小于 I_{AB}。这是因为并联支路的存在，使故障线路短路电流减小了 $\dot{I}''_{BC}$，该电流称为外汲电流。此时分支系数 $K_b<1$，短路电流的分布曲线示于图3-35中。

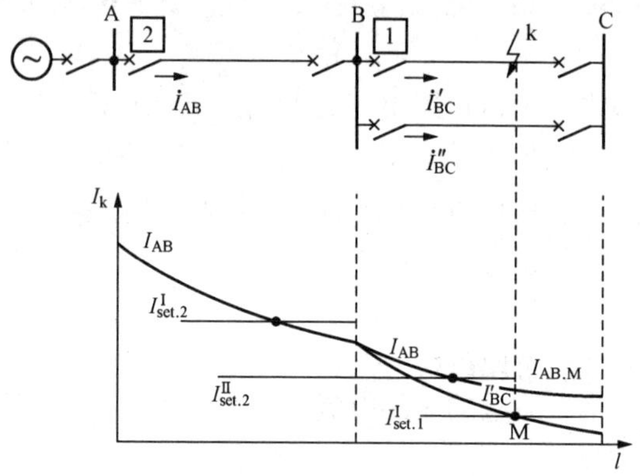

图 3-35 有外汲电流时限时电流速断保护的整定

有外汲电流时的分析方法和有助增电流的情况相同，限时电流速断保护的启动电流仍应按照式（3-32）整定。

不计电阻分量，设 BC 双回线路的电抗分别为 x'_{BC}（保护 1 所在线路）、x''_{BC}，故障点距保护 1 的距离占线路全长的比例为 α 。根据图 3-35，显然有

$$I'_{BC}=I_{AB}\frac{x''_{BC}+(1-\alpha)x'_{BC}}{x'_{BC}+x''_{BC}}$$

保护 2 与保护 1 配合时的分支系数为

$$K_{b}=\frac{x''_{BC}+(1-\alpha)x'_{BC}}{x'_{BC}+x''_{BC}}$$

显然，分支系数的大小与故障点的位置有关，故障点距离保护 1 越远分支系数越小。由于电流速断保护的保护范围并不稳定，在整定保护 2 的限时电流速断保护时，将短路点设置在相邻线路的末端，以取得最小分支系数，即

$$K_{b.\min}=\frac{x''_{BC}}{x'_{BC}+x''_{BC}}$$

这与保护 1 的电流速断定值整定时的运行方式也不一致。保护 1 的电流速断定值为

$$I^{\mathrm{I}}_{set.1}=K^{\mathrm{I}}_{rel}\frac{E_{ph}}{x_{A.\min}+x_{AB}+x'_{BC}}$$

式中：E_{ph}为系统相电动势；x_{A} 为系统 A 的电抗；x_{AB}为线路 AB 的电抗。

运行方式为系统取最大运行方式、双回线路单回运行。

注意到保护 2 与保护 1 配合时的最大分支系数 $K_{b.\max}=1$（双回线路单回运行）。

当图 3-35 中的变电站 B 母线上既有电源又有并联的线路时，其分支系数可能大于 1 也可能小于 1，此时应根据实际可能的运行方式，选取分支系数的最小值进行整定计算。

2. 具有分支电路时的定时限过电流保护的远后备灵敏系数校验

定时限过电流保护仍按式（3-8）进行定值整定。作为近后备保护，灵敏系数仍然按本线路末端短路时的最小短路电流进行校验。作为相邻线路的远后备保护，灵敏系数按相邻线路末端短路时流过保护的最小短路电流进行校验。以图 3-34 为例，C 母线短路时的最小短路电流为

$$I_{k.C.\min}=\frac{\sqrt{3}}{2}\frac{E_{ph}}{(x_{A.\max}+x_{AB})//x_{B.\max}+x_{BC}}$$

此时，流过保护 2 的最小短路电流应为 $I_{k.C.\min}/K_{b.\max}$ ，所以保护 2 的远后备灵敏系数计算式应为

$$K_{sen(远)}=\frac{I_{k.C.\min}/K_{b.\max}}{I^{\mathrm{II}}_{set.2}}$$

注意到上式计算 $I_{k.C.\min}$ 、$K_{b.\max}$ 的运行方式并不一致。

3. 是否经方向元件闭锁的问题

本着越简单越可靠的原则，在不使用方向元件保护也不会失去选择性时，就不采取经方向元件闭锁的措施，这需要综合考虑动作电流与动作时限两方面的因素。对于电流速

断保护，若反方向出口（背后母线）发生短路时的最大短路电流明显小于其电流速断定值，可以不经方向元件闭锁。同一母线上各条出线的定时限过电流保护，除单侧电源线路的保护外，动作时延最长的保护可不经方向元件闭锁，其余双侧电源线路的保护都要经方向元件闭锁。

3.3　中性点直接接地电网中接地短路的零序电流及零序方向保护

我国电力系统中采用的中性点接地方式，通常有中性点直接接地、中性点经消弧线圈接地、中性点经小电阻接地和中性点不接地等方式。不同中性点接地方式对电网绝缘水平、过电压幅值、供电可靠性、继电保护方式、电网建设投资等都会产生不同程度的影响。我国110kV 及以上电压等级的电网都采用中性点直接接地方式。在这类电网中发生接地故障时，通过变压器接地点构成短路通路，使故障相流过很大的短路电流，因此这类电网也称为大电流接地系统。

统计资料表明，在中性点直接接地的电网中，接地故障占故障总次数的绝大多数，一般在 90%以上。线路的电压等级越高，所占百分比越大。因此，接地保护是高压电网中最重要的一种保护。

前述的完全星形接线的电流保护和方向性电流保护，虽然也能反应大电流接地系统的单相接地短路，但由于它们的动作电流较大，而单相接地短路电流又往往较小，因此用它们来反应单相接地短路，灵敏度常常不能满足要求。为了反应接地短路，必须装设专用的接地保护。目前，较简单的接地保护是零序电流保护和方向性零序电流保护。110kV 及以上电压等级的输电线路上也普遍采用接地距离保护和纵联保护等作为接地保护。在这一节中，介绍零序电流保护和方向性零序电流保护的原理与应用。

3.3.1　零序分量及其特点

以图 3-36（a）所示中性点直接接地电网为例，设系统的正序阻抗与负序阻抗相等，M 侧系统的正序阻抗为 Z_{M1}，N 侧系统的正序阻抗为 Z_{N1}，两台变压器的正序参数分别为 Z_{T1}、Z_{T2}，并假设负序参数等于正序参数，当 MN 线路中的 k 点发生不对称接地短路时，左右两侧线路的正序（负序）阻抗分别为 $Z'_{MN.1}$、$Z''_{MN.1}$，零序阻抗分别为 $Z'_{MN.0}$、$Z''_{MN.0}$，故障时的零序网络如图 3-36（b）所示。

根据对称分量法将电流和电压分解为正序、负序和零序分量，利用复合序网可以进行定量计算，进而分析零序分量的特点。当 k 点发生短路时的综合序阻抗分别为

$$Z_{\Sigma1}=Z_{\Sigma2}=(Z_{M1}+Z_{T1}+Z'_{MN.1})//(Z_{N1}+Z_{T2}+Z''_{MN.1})$$

$$Z_{\Sigma0}=(Z_{T1}+Z'_{MN.0})//(Z_{T2}+Z''_{MN.0})$$

式中：$Z_{\Sigma1}$、$Z_{\Sigma2}$、$Z_{\Sigma0}$ 分别为 k 点短路时的综合正序、负序和零序阻抗。

1. 零序电流

当 k 点发生不对称接地短路时，故障支路的零序电流为

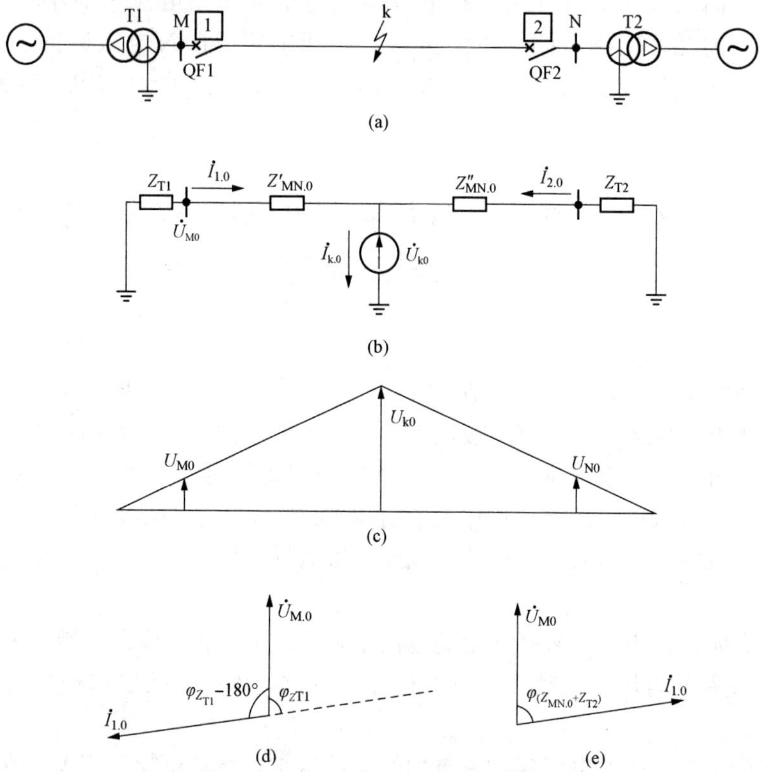

图 3-36 接地短路时零序分量分析

(a) 系统图；(b) 零序等效网络图；(c) 零序电压分布图；

(d) 正方向短路时零序电压、零序电流相量图；(e) M 母线短路时零序电压、零序电流相量图

$$
\begin{cases}
\dot{I}_{k0} = \dfrac{\dot{E}_{ph}}{2Z_{\Sigma1} + Z_{\Sigma0}} & \text{单相接地短路} \\[2ex]
\dot{I}_{k0} = \dfrac{\dot{E}_{ph}}{Z_{\Sigma1} + 2Z_{\Sigma0}} & \text{两相接地短路}
\end{cases}
\tag{3-33}
$$

流过保护 1、2 的零序电流可根据图 3-36（b）的零序网络进行计算，得

$$
\dot{I}_{1.0} = \dot{I}_{k0} \times \frac{Z''_{MN.0} + Z_{T2}}{Z_{T1} + Z_{MN.0} + Z_{T2}}
$$

$$
\dot{I}_{2.0} = \dot{I}_{k0} \times \frac{Z'_{MN.0} + Z_{T1}}{Z_{Ti} + Z_{MN.0} + Z_{T2}}
$$

其中 $Z_{MN.0} = Z'_{MN.0} + Z''_{MN.0}$ 为 MN 线路总的零序阻抗。

由以上定量分析可知：

（1）零序电流的大小与系统的运行方式有关。运行方式的不同意味着正序、负序阻抗的不同，从而影响零序电流的大小。

（2）零序电流的大小与变压器中性点接地的位置和数目有关。如果中性点接地变压器的数目增多，零序阻抗将减小，零序电流将增大。接地变压器位置的变化直接影响零序电流的分布，如果图 3-36（a）中的变压器 T2 中性点不接地，则流过保护 2 的零序电流 $I_{2.0} = 0$。

（3）零序电流的大小和故障点位置、故障类型有关。当同一点发生不对称接地短路时，

如果 $Z_{\Sigma1} < Z_{\Sigma0}$（假设阻抗角相同，可看做是模值大小比较），单相接地短路时的零序电流大；如果 $Z_{\Sigma1} > Z_{\Sigma0}$，两相接地短路时的零序电流大。

2. 零序电压

根据图 3-36（b）所示零序网络，可得故障点零序电压、保护安装处的零序电压与零序电流的关系为

$$\dot{U}_{k0} = -\dot{I}_{k0}Z_{\Sigma0} = -\dot{I}_{1.0}(Z_{T1} + Z'_{MN.0}) = -\dot{I}_{2.0}(Z_{T2} + Z'_{MN.0})$$

$$\dot{U}_{M0} = \dot{U}_{k0} + \dot{I}_{1.0}Z'_{MN.0} = -\dot{I}_{1.0}Z_{T1}$$

$$\dot{U}_{N0} = \dot{U}_{k0} + \dot{I}_{2.0}Z'_{MN.0} = -\dot{I}_{2.0}Z_{T2}$$

零序电压在系统中的分布如图 3-36（c）所示，故障点的零序电压最高，系统中距离故障点越远处的零序电压越低，变压器中性点接地处的零序电压为零。$\dot{U}_{M0}$、$\dot{U}_{N0}$ 分别为保护 1、2 安装处的零序电压。

3. 零序功率

根据保护保护安装处零序电压和零序电流的关系可知：

（1）在正方向发生不对称接地短路时，保护安装处零序电压和零序电流之间的相位关系与故障点的远近无关，与短路点是否有过渡电阻无关，只取决于保护安装处背后到大地间零序阻抗的阻抗角。对于保护 1 而言，若变压器 T1 的阻抗角为 $\varphi_{Z_{T1}}$，则保护 1 处的零序电压和零序电流的相量关系如图 3-36（d）所示，零序电压超前零序电流的角度为 $\varphi_{Z_{T1}} - 180°$。

（2）当反方向发生不对称接地短路时，保护安装处零序电压和零序电流之间的相位关系与故障点的远近、与短路点是否有过渡电阻无关，只取决于保护安装处正向总的零序阻抗的阻抗角。例如，图 3-36（a）中的母线 M 短路时，对于保护 1 属于反方向短路，此时 $\dot{U}_{M0} = \dot{I}_{1.0}(Z_{MN.0} + Z_{T2})$［将图 3-36（b）中故障支路移至母线 M 就是该点短路时的零序网络］，零序电压超前零序电流的角度为 $\varphi_{(Z_{MN.0}+Z_{T2})}$，保护 1 处的零序电压和零序电流的相量关系如图 3-36（e）所示。

（3）在正方向发生短路时，零序功率的方向与正序功率的方向相反，实际上是由线路流向母线。显然，通过比较零序功率方向或零序电压与零序电流的相位关系可以构成零序功率方向继电器。

3.3.2 零序电压与零序电流的测量

1. 零序电压的测量

图 3-37 所示的网络中，母线上装有一台三相五柱电压互感器，mn 为开口三角形的接线端子，其输出电压为

$$\dot{U}_{mn} = \frac{\dot{U}_A + \dot{U}_B + \dot{U}_C}{n_{TV0}} = \frac{3\dot{U}_0}{n_{TV0}} \tag{3-34}$$

式中：n_{TV0} 为电压互感器一次相电压与开口三角侧电压的比值（变比），在中性点直接接地电网中，$n_{TV0} = \frac{U_N}{\sqrt{3}}/100V$；$U_N$ 为电网的一次侧额定电压。

在微机保护中，如果已经测量到三相电压的情况下，可以根据式（3-34）通过计算的

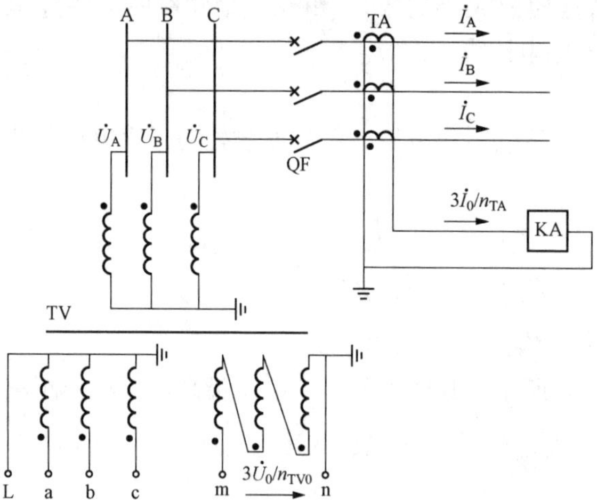

图 3-37 零序电压、零序电流的测量

方法得出 $3\dot{U}_0$（习惯上称之为自产 $3\dot{U}_0$）。在正常运行或相间短路时，由于电压互感器的误差、三相不平衡等因素的影响，mn 端子会存在数值不大的电压，称之为不平衡电压。另外，当系统中存在 3 次谐波电压时，也会有电压输出。

通过三只单相式电压互感器也可以测量电网的零序电压，通过单台电压互感器可以测量发电机中性点及变压器中性点（不接地）的零序电压。

2. 零序电流的测量

图 3-37 所示的网络中，三相输电线路上装有变比相同的三台电流互感器，将它们按同极性端并联的方式接在一起，输出的就是零序电流。设电流互感器的变比为 n_{TA}，则

$$\dot{I}_m=\frac{\dot{I}_A+\dot{I}_B+\dot{I}_C}{n_{TA}}=\frac{3\dot{I}_0}{n_{TA}} \tag{3-35}$$

在微机保护中，如果已经测量到三相电流的情况下，可以根据式（3-35）通过计算的方法得出 $3\dot{I}_0$（习惯上称之为自产 $3\dot{I}_0$）。

在正常运行或相间短路时，同样也会产生零序不平衡电流。测量零序电流的等值电路如图 3-38 所示。图中的各相电流已归算至二次侧，$\dot{I}'_{eA}$、$\dot{I}'_{eB}$、$\dot{I}'_{eC}$ 为三台电流互感器归算至二次侧的励磁电流，于是

$$\begin{aligned}\dot{I}_m&=(\dot{I}'_A-\dot{I}'_{eA})+(\dot{I}'_B-\dot{I}'_{eB})+(\dot{I}'_C-\dot{I}'_{eC})\\&=(\dot{I}'_A+\dot{I}'_B+\dot{I}'_C)-(\dot{I}'_{eA}+\dot{I}'_{eB}+\dot{I}'_{eC})\end{aligned}$$

在系统参数对称情况下，正常运行或发生相间短路时，$\dot{I}'_A+\dot{I}'_B+\dot{I}'_C=0$，则

$$\dot{I}_m=\dot{I}'_{eA}+\dot{I}'_{eB}+\dot{I}'_{eC}=\dot{I}_{unb} \tag{3-36}$$

$\dot{I}_{unb}$为不平衡电流，它是由三台电流互感器的特性差异产生的。在发生相间短路时，短路电流中的非周期分量使电流互感器的传变特性变差，误差增加，不平衡电流增大。

对于电缆线路，可以使用单台电流互感器（零序电流互感器）测量零序电流，在一次系统对称的情况下，正常运行及发生相间短路时，不会产生零序不平衡电流。

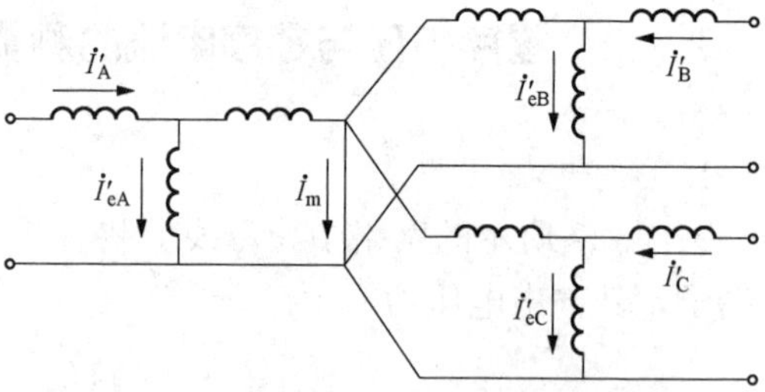

图 3-38 零序电流的测量的等值电路

由于测量或计算出的零序电压、零序电流为 $3\dot{U}_0$ 和 $3\dot{I}_0$，在保护的动作判据或定值计算中直接使用它们，通常不再除以 3，这一点需要注意。

3.3.3 输电线路的阶段式零序电流保护及其整定计算

利用发生不对称接地短路时产生零序电流的特征可以构成零序电流保护。出于和电流保护采用阶段式的相同理由，零序电流保护的构成也是阶段式的，且各段定值整定的基本原则也是相通的。下列情形会产生零序电流，但对零序电流保护的要求各不相同，需要在定值计算时予以注意。

(1) 输电线路发生不对称接地短路时，会产生零序电流，要求零序电流保护能够有选择性地切除故障线路。

(2) 输电线路非全相运行时，会产生零序电流。这通常发生在输电线路采用单相重合闸的场合（详见第6章），当输电线路发生单相接地短路时，保护只将故障相切除，非故障相继续运行，在重合闸将切除相重新投入运行之前，存在一个较短时间的非全相运行。在这种情况下，不允许零序电流保护动作。特别是非全相运行伴随系统振荡有较大零序电流时，保护也不允许无选择性跳闸。

(3) 输电线路非全相运行期间，运行的两相如果再发生接地短路，保护应可靠动作。

(4) 输电线路合闸时，由于断路器三相触头不同时合闸，会产生短暂的零序电流，在这种情况下，零序电流保护不应该动作。

一相先合闸时的零序电流为

$$3\dot{I}_0 = 3\times\frac{\Delta\dot{E}}{2Z_{\Sigma1}+Z_{\Sigma0}} \tag{3-37}$$

两相合闸后的零序电流为

$$3\dot{I}_0 = 3\times\frac{\Delta\dot{E}}{Z_{\Sigma1}+2Z_{\Sigma0}} \tag{3-38}$$

式中：$\Delta\dot{E}$ 为两侧系统的相电动势差；$Z_{\Sigma1}$、$Z_{\Sigma0}$ 分别为从断口看出去的综合正序、零序阻抗。上面计算中假设正序阻抗和负序阻抗相等。

(5) 正常运行或发生相间短路时，会存在零序不平衡电流，零序电流保护应可靠躲过不平衡电流的影响。

(6) 在发生经过渡电阻的接地短路时，零序电流会减小，零序电流保护应满足一定的灵敏度要求。

零序电流保护整定计算时，必须考虑变压器中性点接地的方式。变压器中性点接地数目的多少和接地的位置，对零序电流保护的影响极大。不论发电厂或是变电站，首先是按照变压器的绝缘要求来确定中性点是否接地；其次是以保持对该母线的零序阻抗在运行中变化最小为出发点。当变压器台数较多时，也可以采取几台变压器组合（即部分变压器中性点接地）的方法。这样可使零序电流的分布保持不变或变化较小，保证零序电流保护有足够的灵敏度，且系统不会出现危险的过电压。具体的选择原则如下：

(1) 发电厂的母线上至少有一台变压器中性点接地运行。为改善设备过电压的条件，对双母线上接有多台（一般是四台以上）变压器时，可选择两台变压器同时接地运行，并各分占一条母线，这样在母联断路器断开后，不至于因为失去中性点接地而成为不接地系统。

(2) 变电站的变压器中性点可分为两种情况，单侧电源受电的变压器，如果不采用单相重合闸，其中性点一般应不接地运行，以简化零序电流保护的整定计算；双侧电源受电端的变压器，则视该母线上连接的线路条数和变压器台数的多少以及变压器容量的大小，按变压器零序阻抗变化最小的原则进行组合。

在我国，110kV 及以上电网采用中性点直接接地方式，普遍采用零序电流保护作为接地短路的主保护或后备保护。110kV 电网通常采用三相重合闸方式，220kV 及以上电网可以采用单相重合闸方式。重合闸方式的不同，对零序电流保护的配置及整定有直接的影响，下面分别进行介绍。

1. 采用三相重合闸线路的零序电流保护整定

在零序电流保护的配置上，110kV 单侧电源线路的零序电流保护一般为三段式，终端线路也可以采用两段式；对于双侧电源的线路，零序电流保护一般为四段式或三段式保护。在使用了阶段式接地距离保护的复杂电网中，零序电流保护宜适当简化。

（1）零序电流保护Ⅰ段。零序电流保护Ⅰ段也称为零序电流速断保护，其整定值按以下两个条件整定。

1）按躲过线路末端单相接地或两相接地短路时流过保护的最大三倍零序电流 $3I_{0.\max}$ 整定

$$I_{\text{set}}^{\text{I}} = K_{\text{rel}}^{\text{I}} \times 3I_{0.\max} \tag{3-39}$$

式中，可靠系数 $K_{\text{rel}}^{\text{I}}$ 一般取 1.3～1.5。

2）按躲开断路器三相触头不同期合闸时出现的最大三倍零序电流 $3I_{0.\text{unb}}$ 整定

$$I_{\text{set}}^{\text{I}} = K_{\text{rel}}^{\text{I}} \times 3I_{0.\text{unb}} \tag{3-40}$$

式中，可靠系数 $K_{\text{rel}}^{\text{I}}$ 一般取为 1.1～1.2。

由于断路器合闸时三相触头不可能同时闭合，双侧电源线路重合闸时将出现较大的零序电流。断路器三相接通后一次回路中的 $3I_0=0$，但由于 TA 的励磁阻抗中的电流不能突变，在 TA 的二次回路中的 $3I_0$ 不会立即消失，将作为暂态自由非周期分量逐渐衰减。零序电流速断保护的整定值如果按照条件 2）整定将使动作电流过大而使保护范围缩小时，也可以采用在手动合闸以及三相自动合闸时，使零序电流速断保护带有一个小的延时（约 0.1s）或退出运行，以躲开断路器三相不同期合闸的暂态零序电流，这样在定值整定时就无需考虑条件 2）。

（2）零序电流保护Ⅱ段。三段式零序电流保护Ⅱ段电流定值，应确保本线路末端接地短路时有不小于规定的灵敏系数，还应与相邻线路零序电流保护Ⅰ段或Ⅱ段配合，当线路末端有 Ynynd 接线的三绕组变压器时，零序电流保护Ⅱ段的保护范围一般不应伸出线路末端变压器另一个中性点接地侧（220kV 或 330kV 侧）母线，动作时间按配合关系整定。具体整定原则如下：

1）按与相邻线路零序保护Ⅰ段配合整定

$$I_{\text{set.2}}^{\text{II}} = \frac{K_{\text{rel}}^{\text{II}}}{k_{\text{b.0.min}}} I_{\text{set.1}}^{\text{I}} \tag{3-41}$$

式中：$I_{\text{set.1}}^{\text{I}}$ 为相邻线路零序Ⅰ段整定值；$k_{\text{b.0.min}}$ 为零序电流最小分支系数；$K_{\text{rel}}^{\text{II}}$ 为可靠系数，$K_{\text{rel}}^{\text{II}} \geqslant 1.1$。

2）当按条件 1）整定不能满足灵敏系数要求时，考虑按与相邻线路零序保护Ⅱ段配合整定

$$I_{set.2}^{\text{II}}=\frac{K_{rel}^{\text{II}}}{k_{b.0.min}}I_{set.1}^{\text{II}} \tag{3-42}$$

式中：$I_{set.1}^{\text{II}}$为相邻线路零序Ⅱ段整定值。

动作时间按上下级时限配合关系进行整定。

图3-39（a）为一中性点直接接地系统，在母线N上接有变压器T。当k点发生不对称接地短路时，等效零序网络如图3-39（b）所示。

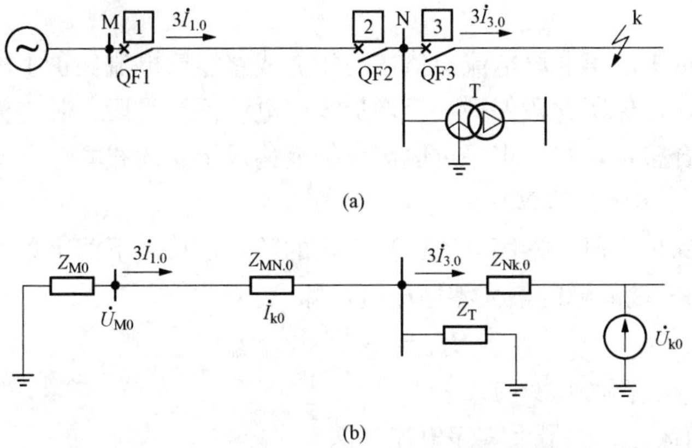

图3-39 零序电流分支系数的计算分析

（a）系统图；（b）等效零序网络

当对保护1的零序电流保护Ⅱ段进行整定时，考虑和保护3的零序电流保护Ⅰ段或Ⅱ段配合，k点短路时流过保护3的零序电流为$3I_{3.0}$，流过保护1的零序电流为$3I_{1.0}$，保护1和保护3配合时的零序分支系数为

$$k_{b.0}=\frac{3I_{3.0}}{3I_{1.0}}=1+\frac{Z_{M0}+Z_{MN.0}}{Z_T}$$

此时$k_{b.0}>1$，接地的变压器就是一个助增源。如果母线N接有多台变压器时，计算最小零序分支系数时，应选择阻抗大的变压器接地运行，M处等值电源取零序阻抗最小的运行方式。

3）按躲过线路末端变压器另一个中性点接地侧（220kV或330kV侧）的母线接地故障时流过保护的最大零序电流$3I_0$整定。

$$I_{set}^{\text{II}}\geqslant K_{rel}^{\text{II}}\times 3I_0 \tag{3-43}$$

式中：K_{rel}^{II}为可靠系数，K_{rel}^{II}取1.1～1.3。

动作时间取0.5s。

三段式零序电流保护Ⅱ段的灵敏系数，应按照本线路末端金属性接地短路时流过保护的最小零序电流来检验，对于20km以下线路，不小于1.5；对于20～50km的线路，不小于1.4；对于50km以上线路，不小于1.3。

（3）零序电流保护Ⅲ段。三段式保护的零序电流保护的Ⅲ段是作为本线路经电阻接地故障和相邻元件接地故障的后备保护，其电流一次定值不应大于300A，也称为零序过电流保护。在躲过本线路末端变压器其他各侧三相短路最大不平衡电流的前提下，力争在相邻线路末端接地故障时有足够的灵敏度，并校核与相邻线路零序电流保护Ⅱ段或Ⅲ段的配合情况，动作时间按配合关系整定。其具体整定原则如下：

1）按与相邻线路的零序电流保护Ⅱ段或Ⅲ段配合，计算公式参照式（3-42），动作时间按上下级时限配合关系进行整定。

2）校核保护范围是否伸出线路末端变压器另一个中性点接地侧（220kV或330kV侧）的母线，计算公式参照式（3-43），动作时间和接地侧线路零序电流保护Ⅱ段配合。

零序电流保护Ⅲ段电流定值，对相邻线路末端金属性接地故障的灵敏系数力争不小于1.2。

如果零序电流保护的第Ⅱ段电流定值按与相邻线路零序电流保护Ⅰ段配合整定，即使灵敏系数不满足要求，也保留此段保护，另增加零序电流保护Ⅲ段，其定值按与相邻线路零序保护Ⅱ段或Ⅲ段配合整定，加之零序过电流保护就构成了四段式零序电流保护。

2. 采用单相重合闸的线路零序电流保护整定

（1）零序电流保护Ⅰ段。零序电流保护Ⅰ段的整定值按以下两个条件整定：

1）躲过本线路末端故障的最大零序电流，即

$$I_{set}^{I}=K_{rel}^{I}\times 3I_{0.max} \tag{3-44}$$

式中：可靠系数K_{rel}^{I}一般取1.3～1.5。

2）躲过非全相运行时的最大零序电流，即

$$I_{set}^{I}=K_{rel}^{I}\times 3I_{0.F} \tag{3-45}$$

式中：$3I_{0.F}$为本线路非全相运行最大零序电流。$I_{0.F}$按实际摆角计算时，$K_{rel}^{I}\geqslant 1.2$；$I_{0.F}$按180°摆角计算时，$K_{rel}^{I}\geqslant 1.1$；对发电厂直接引出的线路，K_{rel}^{I}值应较所计算值适当放大。

如果按照第2）条原则确定的保护定值较大，将造成保护的保护范围较小，这是不利的。为此，保留按第1）条原则整定的定值，此段保护在全相运行时投入运行，在非全相运行时退出，该段保护被称为灵敏Ⅰ段。按第2）条原则整定的保护被称为不灵敏Ⅰ段。

（2）零序电流保护Ⅱ段。零序电流保护Ⅱ段的整定值按以下四个条件整定：

1）若相邻线路配置的纵联保护作为主保护长期运行，可考虑与相邻线路纵联保护配合，躲过相邻线路末端接地故障时流过本线路的最大零序电流，即

$$I_{set.2}^{II}=\frac{K_{rel}^{II}}{k_{b.0.min}}\times 3I_{0.max} \tag{3-46}$$

式中：$3I_{0.max}$为相邻线路末端接地故障时的最大零序电流；K_{rel}^{II}为可靠系数，$K_{rel}^{II}\geqslant 1.2$。

2）按与相邻线路在非全相运行过程中不退出运行的零序电流保护Ⅰ段配合整定，即

$$I_{set.2}^{II}=\frac{K_{rel}^{II}}{k_{b.0.min}}I_{set.1}^{I} \tag{3-47}$$

式中：$K_{rel}^{II}\geqslant 1.1$。

3）若按原则2）整定时，其定值无法满足灵敏性的要求，考虑与相邻线路非全相运行过程中不退出运行的零序电流保护Ⅱ段配合，即

$$I_{set.2}^{II}=\frac{K_{rel}^{II}}{k_{b.0.min}}I_{set.1}^{II} \tag{3-48}$$

式中：$K_{rel}^{II}\geqslant 1.1$。

4）此外，零序电流保护Ⅱ段的定值需满足以下条件：

a）躲过本线路非全相运行的最大零序电流，即

$$I_{\text{set}}^{\text{II}} = K_{\text{rel}}^{\text{II}} \times 3I_{0.\text{F}} \tag{3-49}$$

式中：$K_{\text{rel}}^{\text{II}} \geqslant 1.2$。

b）躲过线路对侧变压器的另一接地侧母线接地故障时流过本线路的零序电流 $3I_0$，即

$$I_{\text{set}}^{\text{II}} \geqslant K_{\text{rel}}^{\text{II}} \times 3I_0 \tag{3-50}$$

式中：$K_{\text{rel}}^{\text{II}} \geqslant 1.3$。

如零序电流保护Ⅱ段定值躲过本线路非全相运行最大零序电流，动作时间可取 1.0s；如零序电流保护Ⅱ段定值躲不过本线路非全相运行最大零序电流，动作时间一般可取 1.5s；对采用快速重合闸的线路，其动作时间可取 1.0s 左右。

（3）零序电流保护Ⅲ段。零序电流保护Ⅲ段应与相邻线路在非全相运行中不退出运行的Ⅱ段配合，即

$$I_{\text{set.2}}^{\text{III}} = \frac{K_{\text{rel}}^{\text{III}}}{k_{\text{b.0.min}}} I_{\text{set.1}}^{\text{II}} \tag{3-51}$$

式中：$K_{\text{rel}}^{\text{II}} \geqslant 1.1$。

零序电流保护Ⅲ段的灵敏性应按照本线路末端金属性接地短路时流过保护的最小零序电流来检验，对于 50km 以下线路，不小于 1.5；对于 50～200km 的线路，不小于 1.4；对于 200km 以上线路，不小于 1.3。

若不能满足上述灵敏性要求，则可与相邻线路零序电流保护Ⅲ段配合。

（4）零序电流保护Ⅳ段。零序电流保护Ⅳ段的一次侧定值一般不应大于 300A，按与相邻线路在非全相运行中不退出运行的Ⅲ段或Ⅳ段配合整定。其动作时间除了按比相邻对应配合段的时间大一个时间级差之外，还应大于单相重合闸周期加一个时间级差。

3.3.4 零序功率方向继电器

在大电流接地系统中，中性点接地的变压器可以视为零序电流的电源。在双侧或多侧电源的网络中，电源处变压器的中性点一般至少有一台要接地，因而在变压器接地数目比较多的复杂网络中，就需要考虑零序电流保护动作的方向性问题。

零序功率方向继电器的动作方程为

$$3U_0 \times 3I_0 \cos(\varphi_{\text{m}} - \varphi_{\text{sen}}) \geqslant 0 \tag{3-52}$$

式中：$\varphi_{\text{m}} = \arg(3\dot{U}_0/3\dot{I}_0)$。

式（3-52）可写成

$$-90° + \varphi_{\text{sen}} \leqslant \arg\frac{3\dot{U}_0}{3\dot{I}_0} \leqslant 90° + \varphi_{\text{sen}} \tag{3-53}$$

根据 3.3.1 中分析的正、反方向短路时零序电压和零序电流的相位关系，零序功率方向继电器的灵敏角应为保护安装处背后系统零序阻抗的阻抗角减去 180°。在实际使用中，一般取 $\varphi_{\text{sen}} = -110°$（认为背后系统零序阻抗的阻抗角为 70°）。

在微机保护之前，有些继电器厂家生产的零序功率方向继电器的灵敏角为 70°，在使用中需要改变零序电压的接线，即采用 $\dot{U}_{\text{m}} = -3\dot{U}_0$、$\dot{I}_{\text{m}} = 3\dot{I}_0$ 的接线方式。

由于越靠近故障点的零序电压越高，因此零序方向元件没有电压死区。相反，当故障点距离保护安装点越远时，由于保护安装处的零序电压较低，零序电流较小，必须校验方向元

件在这种情况下的灵敏系数。例如，当零序保护作为相邻元件的后备保护时，应采用相邻元件末端短路时，流过本保护安装处的最小零序电流、电压或功率（经电流、电压互感器转换到二次侧的数值）与功率方向继电器的最小启动电流、电压或启动功率之比来计算灵敏系数，要求 $K_{sen} \geqslant 2$。

具有方向性的三段式零序方向电流保护的逻辑框图如图 3-40 所示。只有当方向元件和电流元件同时动作后，才能分别去启动出口中间继电器或各自的时间继电器。

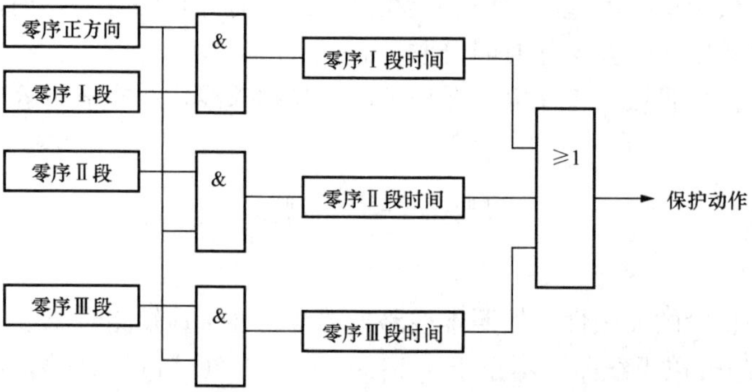

图 3-40 三段式零序方向电流保护的逻辑框图

3.3.5 对零序电流保护的评价

在中性点直接接地的高压电网中，由于零序电流保护简单、经济、可靠，作为辅助保护和后备保护获得广泛应用。它与相间电流保护相比具有独特的优点：

（1）相间短路的电流保护按照大于负荷电流整定，继电器的启动电流一般为 5～7A，而零序电流保护则按照躲开不平衡电流的原则整定，其值一般为 2～3A，由于发生单相接地短路时，故障相的电流与零序电流相等，因此零序电流保护的灵敏度高。此外，由图 3-41 可见，零序电流保护的动作时限也较相间短路电流保护为短。尤其是对于两侧电源的线路，当线路内部靠近任一侧发生接地短路时，本侧零序保护Ⅰ段动作跳闸后，对侧零序电流增大，可使对侧零序保护Ⅰ段也相继动作跳闸，因而使总的故障切除时间更加缩短。

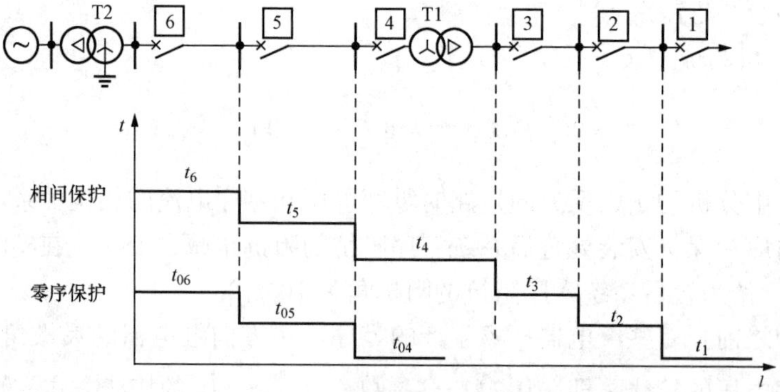

图 3-41 零序过电流保护的时限特性

(2) 相间短路的电流速断保护和限时电流速断保护受运行方式变化的影响很大，而零序电流保护受运行方式变化的影响要小得多。此外，由于线路零序阻抗比正序阻抗大，故线路始端与线路末端短路时零序电流变化显著，曲线较陡，因此零序Ⅰ段保护的保护范围较大，也较稳定，零序保护Ⅱ段的灵敏系数也容易满足要求。

(3) 当系统中发生某些不正常状态，如系统振荡、短时过负荷时，三相是对称的，相间短路电流保护均将受它们的影响而可能误动作，因而需要采用必要的措施予以防止，而零序电流保护则不受它们的影响。

(4) 方向性零序电流保护没有电压死区。

(5) 在110kV及以上的高压和超高压电网中，单相接地故障占70～90%，而且其他故障也往往是由单相接地发展起来的，因此，采用专门的零序保护就具有显著的优越性，从我国电力系统的实际运行经验中，也充分证明了这一点。

零序电流保护的缺点：

(1) 对于短线路或运行方式变化很大的情况，保护往往不能满足系统运行所提出的要求。

(2) 随着单相重合闸的广泛应用，在重合闸动作的过程中将出现非全相运行状态，再考虑两侧系统的功角摇摆，则可能出现较大的零序电流，因而影响零序电流保护的正确工作，此时应从整定计算上予以考虑，或在单相重合闸的过程中使之短时退出运行。

(3) 当采用自耦变压器联系两个不同电压等级的网络时，任一网络的接地短路都将在另一网络中产生零序电流，这将使零序保护的整定配合复杂化，并将增大第Ⅲ段保护的动作时限。

随着220kV及以上电网的快速发展，电网结构日趋复杂多变，零序保护已难以适应系统运行方式的变化。在主保护日臻完善且配置接地距离保护的条件下，零序电流保护的配置已经大大简化，通常配置两段式零序电流保护，一段按本线路末端短路有灵敏度进行整定，另外一段按经高阻接地短路满足一定灵敏度要求进行整定，它们的动作时限一般也较长。需要说明的是，110kV及以下中性点接地系统主要是辐射形网络，零序电流保护仍然是线路最主要的接地保护。

3.4 中性点非直接接地系统中单相接地故障的保护

对于35kV及以下电压等级的配电系统，变压器中性点通常采用非直接接地方式，即中性点不接地或经消弧线圈接地。当配电线路发生单相接地故障时，由于输电线路对地存在分布电容，接地故障处会流过电流，但此电流较小。因此，中性点非直接接地系统又被称为小电流接地系统。在这类配电线路中，单相接地短路的发生率最为频繁，占系统总故障率的70%以上，相间短路故障也多由单相接地短路故障发展而来。

在中性点非直接接地系统中发生单相接地时，由于故障点电流很小，而且三相之间的线电压仍然保持对称，对负荷的供电没有影响，因此在一般情况下都允许再继续运行1～2h，而不必立即跳闸，这也是采用中性点非直接接地运行的主要优点。但是在单相接地后，其他两相的对地电压要升高$\sqrt{3}$倍，当系统再伴随有铁磁谐振产生时，就会使相电压升高1～5倍，甚至更高，形成过电压，加速了电气设备绝缘材料的老化，缩短使用寿命，从而导致绝缘设备被击穿，就会出现两相或多相同时接地而发生短路事故，加大了电气设备的损坏程度。为了防止故障进一步扩大成两点或多点接地短路，就应及时发出信号，以便运行人员采取措施予以消除。若单相接地对人身和设备的安全有危险时，则应动作于跳闸。

3.4.1 中性点不接地电网中单相接地故障的特点

当网络中有发电机（G）和多条线路存在时，如图 3-42 所示的电网中，在正常情况下，三相对地有相同的电容，发电机和每条线路的对地电容分别以 C_{0G}、$C_{0\text{I}}$、$C_{0\text{II}}$ 等集中电容来表示。在相电压的作用下，每相都有一超前于相电压 90°的电容电流流入地中，而三相电容电流之和等于零。当在任一线路上（如图中的线路Ⅱ）发生 A 相接地后，接地点的 A 相电压等于零。如果忽略负荷电流和电容电流在线路阻抗上的电压降，则全系统 A 相电压均等于零，因而各元件 A 相对地电容电流也等于零。而 B 相和 C 相的对地电压将升高$\sqrt{3}$倍，对地电容电流也相应增大$\sqrt{3}$倍。此时的电容电流的分布如图 3-42 所示，相量关系如图 3-43 所示。

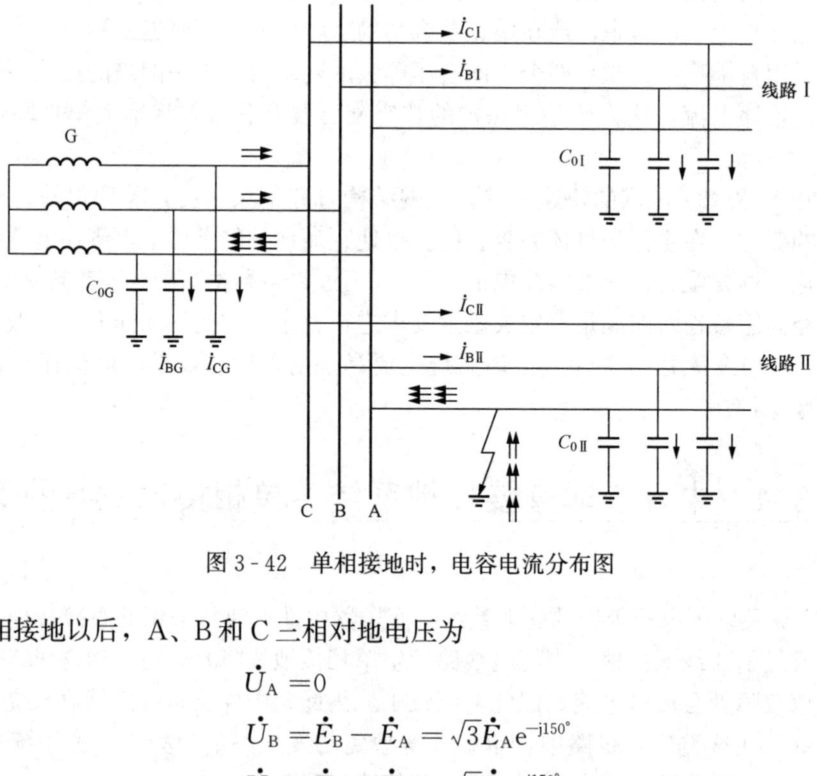

图 3-42 单相接地时，电容电流分布图

在 A 相接地以后，A、B 和 C 三相对地电压为

$$\dot{U}_A = 0$$
$$\dot{U}_B = \dot{E}_B - \dot{E}_A = \sqrt{3}\dot{E}_A e^{-j150^\circ}$$
$$\dot{U}_C = \dot{E}_C - \dot{E}_A = \sqrt{3}\dot{E}_A e^{j150^\circ}$$

故障点的零序电压为

$$\dot{U}_{k0} = \frac{1}{3}(\dot{U}_A + \dot{U}_B + \dot{U}_C) = -\dot{E}_A \tag{3-54}$$

在非故障线路Ⅰ上，A 相电流为零，B 相和 C 相中有本身的电容电流 $\dot{I}_{B\text{I}}$ 和 $\dot{I}_{C\text{I}}$。实

际上线路各相对地电容是沿线路均匀分布的，因此，线路上的电容电流沿线是不相等的。越靠近线路末端，电容电流越小。但由于保护装设在线路始端，因此，可以认为各相对地电容是集中参数。流过线路的 B 相和 C 相的电容电流分别为

$$\dot{I}_{\mathrm{BI}} = \dot{U}_{\mathrm{B}}/(-\mathrm{j}X_{\mathrm{CI}}) = \mathrm{j}\dot{U}_{\mathrm{B}}\omega C_{0\mathrm{I}}$$

$$\dot{I}_{\mathrm{CI}} = \dot{U}_{\mathrm{C}}/(-\mathrm{j}X_{\mathrm{CI}}) = \mathrm{j}\dot{U}_{\mathrm{C}}\omega C_{0\mathrm{I}}$$

因此，线路始端所反应的零序电流为

$$3\dot{I}_{0\mathrm{I}} = \dot{I}_{\mathrm{AI}} + \dot{I}_{\mathrm{BI}} + \dot{I}_{\mathrm{CI}} = \mathrm{j}(\dot{U}_{\mathrm{B}} + \dot{U}_{\mathrm{C}})\omega C_{0\mathrm{I}} = \mathrm{j}3\dot{U}_0\omega C_{0\mathrm{I}}$$

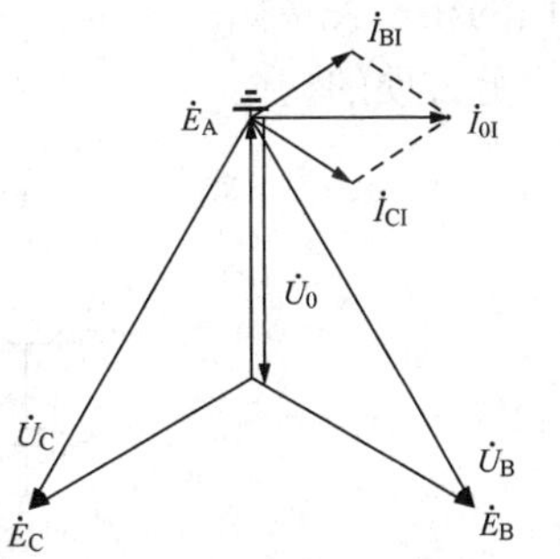

图 3-43 A 相接地时的相量图

其有效值为

$$3I_{0\mathrm{I}} = 3U_{\mathrm{ph}}\omega C_{0\mathrm{I}} \tag{3-55}$$

由此可见，流过非故障线路Ⅰ始端的零序电流为线路Ⅰ本身的电容电流，电容性无功功率的方向为从母线流向线路。当电网中线路很多时，上述结论可适用于每一条非故障线路。

在发电机 G 上，首先有它本身的 B 相和 C 相对地电容电流 $\dot{I}_{\mathrm{BG}}$ 和 $\dot{I}_{\mathrm{CG}}$，同时由于它还是产生其他电容电流的电源，因此，从 A 相中要流回从故障点流出来的全部电容电流，而在 B 相和 C 相中又要分别流出各线路上同名相的对地电容电流。此时从发电机出线端所反应的零序电流仍应为三相电流之和，由图 3-42 可见，各线路的电容电流由于从 A 相流入后又分别从 B 相和 C 相流出，因此相加后互相抵消，而只剩下发电机本身的电容电流，故

$$3\dot{I}_{0\mathrm{G}} = \dot{I}_{\mathrm{BG}} + \dot{I}_{\mathrm{CG}} = \mathrm{j}(\dot{U}_{\mathrm{B}} + \dot{U}_{\mathrm{C}})\omega C_{0\mathrm{G}} = \mathrm{j}3\dot{U}_0\omega C_{0\mathrm{G}}$$

其有效值为

$$3I_{0\mathrm{G}} = 3U_{\mathrm{ph}}\omega C_{0\mathrm{G}} \tag{3-56}$$

由此可见，发电机出线端的零序电流为发电机本身的电容电流，电容性无功功率的方向为从母线流向发电机。这个特点与非故障线路是一样的。

在发生故障的线路Ⅱ上，在 B 相和 C 相上，与非故障线路相同，流有它本身的电容电流 $\dot{I}_{\mathrm{BII}}$ 和 $\dot{I}_{\mathrm{CII}}$，而不同之处在于 A 相要流回全系统 B 相和 C 相对地电容电流之总和，其值为

$$\dot{I}_{\mathrm{k}} = \dot{I}_{\mathrm{BI}} + \dot{I}_{\mathrm{CI}} + \dot{I}_{\mathrm{BII}} + \dot{I}_{\mathrm{CII}} + \dot{I}_{\mathrm{BG}} + \dot{I}_{\mathrm{CG}}$$

这样在故障线路Ⅱ始端所反应的零序电流则为

$$\begin{aligned}3\dot{I}_{0\mathrm{II}} &= -(\dot{I}_{\mathrm{BI}} + \dot{I}_{\mathrm{CI}} + \dot{I}_{\mathrm{BII}} + \dot{I}_{\mathrm{CII}} + \dot{I}_{\mathrm{BG}} + \dot{I}_{\mathrm{CG}}) + \dot{I}_{\mathrm{BII}} + \dot{I}_{\mathrm{CII}} \\ &= -\mathrm{j}3\dot{U}_0\omega(C_{0\Sigma} - C_{0\mathrm{II}})\end{aligned}$$

其有效值为

$$3I_{0\mathrm{II}} = 3U_{\mathrm{ph}}\omega(C_{0\Sigma} - C_{0\mathrm{II}}) \tag{3-57}$$

式中：$C_{0\Sigma}$ 为全系统每相对地电容的总和。

由此可见，故障线路的零序电流等于全系统非故障元件对地电容电流之和，电容性无功功率的方向为从线路流向母线，恰好与非故障线路零序电流的方向相反。

根据上述分析结果，可以做出单相接地时的零序等效网络，如图 3-44（a）所示。在接地点有一个零序电压 $\dot{U}_{\mathrm{k0}}$，而零序电流的回路是通过各元件对地电容构成的，由于线路的零序阻抗远小于电容的阻抗，因此可忽略不计。各元件中的零序电流就是其对地电容电流，它

们的相量关系如图 3 - 44（b）所示。利用该零序等效网络，对计算零序电流的大小和分布是十分方便的。

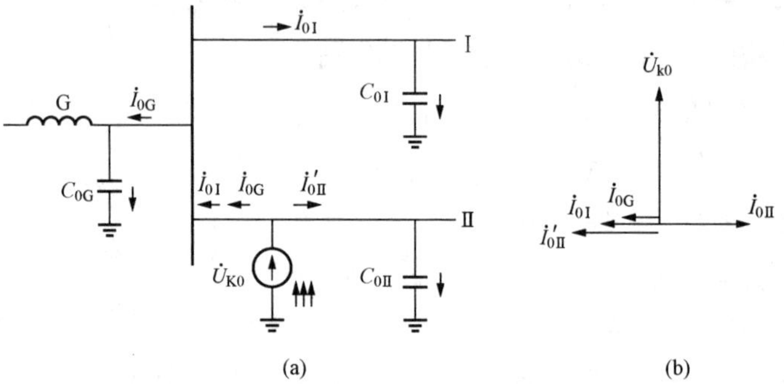

图 3 - 44　单相接地时的零序等效网络及相量图
（a）零序等效网络；（b）相量图

总结以上的分析，可以得出如下结论：

（1）发生单相接地故障时，全系统都会出现零序电压，它与故障相电压大小相等、方向相反。

（2）在非故障线路上有零序电流，其数值等于该线路本身的电容电流，电容性无功功率的方向为从母线流向线路。

（3）在故障线路上，零序电流为全系统非故障元件对地电容电流之总和，电容性无功功率的方向从线路流向母线。

这些特点将是考虑保护构成方式的依据。

3.4.2　中性点经消弧线圈接地系统中单相接地故障的特点

根据以上分析，在中性点不接地电网中发生单相接地时，在接地点要流过全系统的对地电容电流，如果此接地电流达到一定数值时，在接地点燃起电弧，引起弧光过电压，从而使非故障相的对地电压进一步升高，有可能引起绝缘破坏，形成两点或多点的接地短路，造成停电事故。为了解决这个问题，通常在中性点接入一个电感线圈，如图 3 - 45 所示。

当系统发生单相接地短路时，在接地点就有一个电感电流通过，此电流补偿了系统中的电容电流，使得残余电流的接地电弧易于熄灭，因此称它为消弧线圈。在各级电压网络中，当全系统的电容电流超过下列数值时，应装设消弧线圈：3～6kV 电网，30A；10kV 电网，20A；22～66kV 电网，10A。

如图 3 - 45 所示，在线路Ⅱ上发生 A 相接地短路时，电容电流的大小和分布与电网中性点不接地时完全相同，所不同的是在接地点增加了一个电感分量的电流

$$\dot{I}_{\mathrm{L}} = \frac{\dot{U}_{\mathrm{k0}}}{\mathrm{j}\omega L} \tag{3-58}$$

式中：L 为消弧线圈的电感。

由于接地电容电流和 $\dot{I}_{\mathrm{L}}$ 都通过接地点，因此从接地点流回的电流为

$$\dot{I}_{\mathrm{k}} = \dot{I}_{\mathrm{L}} + \dot{I}_{\mathrm{C\Sigma}}$$

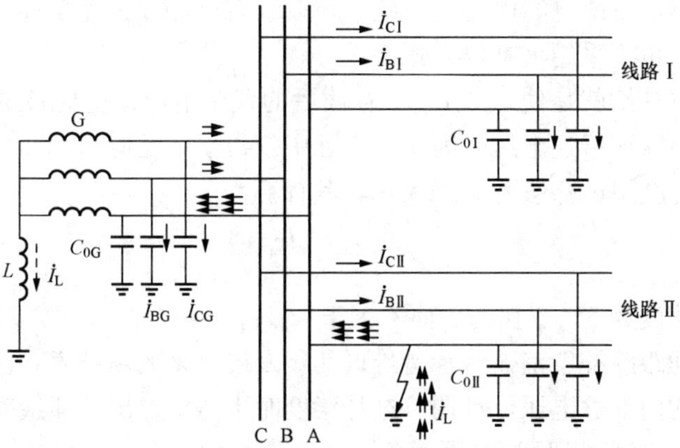

图 3-45 消弧线圈接地电网中单相接地时的零序电流分布

$\dot{I}_{C\Sigma}$超前$\dot{U}_{k0}$为90°，而$\dot{I}_L$滞后$\dot{U}_{k0}$为90°，两者相位相反，因此，$\dot{I}_k$将因消弧线圈的补偿而减小。类似于中性点不接地系统，可绘制出中性点经消弧线圈接地系统的零序等效网络，如图3-46所示。

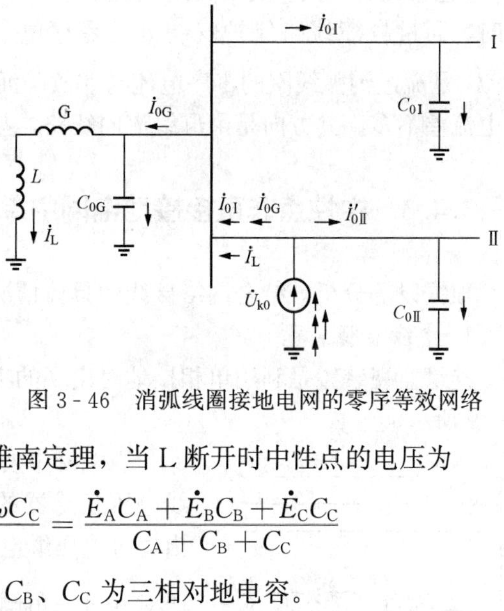

图 3-46 消弧线圈接地电网的零序等效网络

根据对电容电流补偿程度的不同，消弧线圈可以有完全补偿、欠补偿和过补偿三种补偿方式。

（1）完全补偿。完全补偿就是使$I_L=I_{C\Sigma}$，接地点的电流近似为0。从消除故障点的电弧，避免出现弧光过电压的角度来看，这种补偿方式是最好的。但是，采用完全补偿时，由于$\omega L=\frac{1}{3\omega C_{0\Sigma}}$，正是电感$L$和三相对地电容$3C_{0\Sigma}$对50Hz交流串联谐振的条件。如果三相对地电容不相等，则在正常情况下，电源中性点对地之间将产生电压偏移。根据戴维南定理，当L断开时中性点的电压为

$$\dot{U}_0=\frac{\dot{E}_A j\omega C_A+\dot{E}_B j\omega C_B+\dot{E}_C j\omega C_C}{j\omega C_A+j\omega C_B+j\omega C_C}=\frac{\dot{E}_A C_A+\dot{E}_B C_B+\dot{E}_C C_C}{C_A+C_B+C_C}$$

式中：$\dot{E}_A$、$\dot{E}_B$、$\dot{E}_C$为三相电源电动势；C_A、C_B、C_C为三相对地电容。

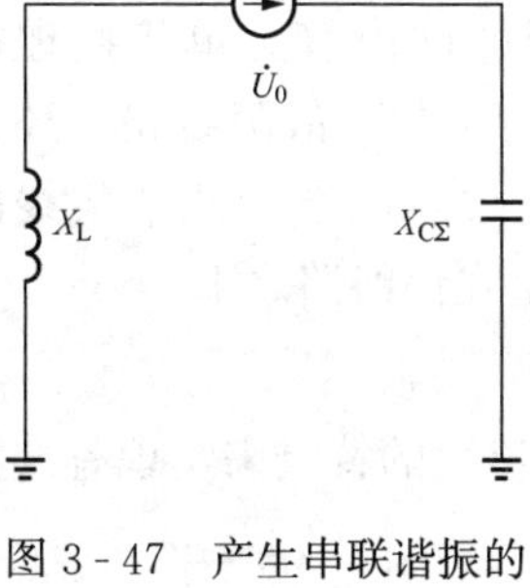

图 3-47 产生串联谐振的零序网络

此外，当断路器三相触头不同时合闸时，也将短时出现一个数值更大的零序电压。

在上述两种情况下所出现的零序电压，在如图3-47所示的串联谐振回路中会产生很大的电流，此电流在消弧线圈上又会产生很大的电压降，使电源中性点对地的电压大大升高，这是不允许的。因此，在实际中不采用完全补偿方式。

（2）欠补偿。欠补偿就是使$I_L<I_{C\Sigma}$，补偿后的接地电流仍然是电容性的。采用这种补偿方式时，仍然不能避免上述问题的发生，因为当系统运行方式发生变化时，例如某些线路因检修被

切除或因短路跳闸时，系统电容电流将会减小，以致有可能成为完全补偿而出现危险的过电压。因此，在电网中也不采用欠补偿方式。

(3) 过补偿。过补偿就是使 $I_L > I_{C\Sigma}$，补偿后的残余电流是电感性的。采用这种补偿方式不会发生危险的串联谐振过电压，因而在实际中获得了广泛应用。

I_L 大于 $I_{C\Sigma}$ 的程度用过补偿度 p 来表示，其计算为

$$p = \frac{I_L - I_{C\Sigma}}{I_{C\Sigma}} \tag{3-59}$$

一般选择过补偿度为 5%～10%，而不大于 10%。

微机控制的自动跟踪补偿消弧装置是最近几年发展起来的新技术，它能够保证过补偿度的精度和限制电网的内部过电压，且调节过补偿度时不需要退出消弧线圈。自动跟踪补偿消弧线圈装置可自动实时监测跟踪电网运行方式的变化，快速调节消弧线圈的电感值，以跟踪补偿变化的电容电流，使补偿度始终处于规定的范围内。

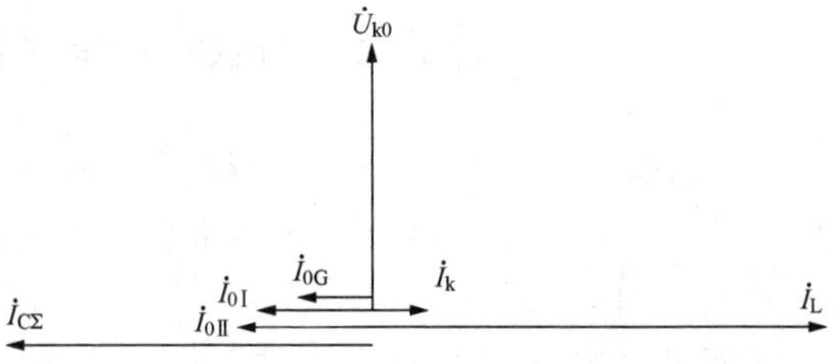

图 3-48　消弧线圈接地电网单相接地时的相量图

综合以上分析，可以得出如图 3-48 所示的相量图及如下结论：当采用过补偿方式时，通过故障线路保护安装处的零序电流 $\dot{I}_k$ 是流经消弧线圈的零序电流与非故障元件零序电流之差，它的大小和非故障线路的容性电流差不多。其方向是由母线流向线路，与非故障线路的方向一样。

3.4.3　中性点非直接接地电网中单相接地故障保护

根据以上分析，结合网络接线的具体情况，可利用以下方式来构成单相接地保护。

1. 绝缘监视装置

绝缘监视装置是利用单相接地时出现的零序电压，带延时动作于信号，其原理接线如图 3-49 所示。

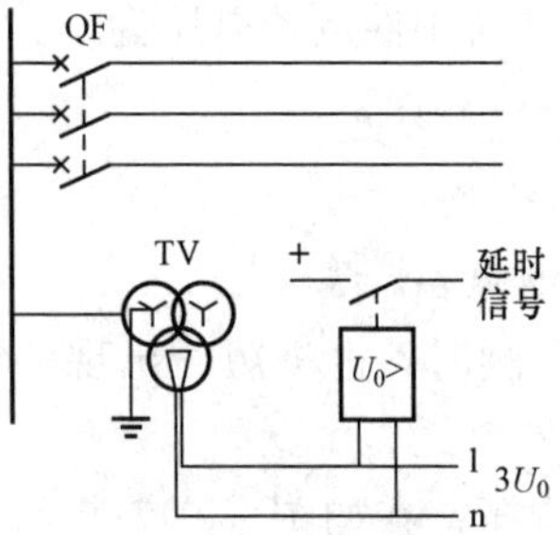

图 3-49　绝缘监视装置原理接线图

当电网中发生单相接地故障时，母线上出现零序电压，母线电压互感器的开口三角形侧的端子 l、n 上有 100V 电压输出，过电压继电器动作，发出接地信号。电压互感器一次侧电压对开口三角侧电压的变比为 $\frac{U_N}{\sqrt{3}} \Big/ \frac{100V}{3}$。

采用了绝缘监视装置后，能监视电网内有无单相接地故障，但不能判别出是哪条线路故障。为了找出故障线路，还需要由运行人员依次断开各条线路查找故障，当断开某条线路时，零序电压信号消失，即表明故障是在该线路之上。

2. 零序电流保护

零序电流保护是利用故障线路的零序电流比非故障线路零序电流大的特点来实现有选择性地发出信号或动作于跳闸。

零序电流保护的原理接线如图 3-50 所示。电流继电器接于零序电流互感器或零序电流

滤过器的二次侧。这种保护一般使用在有条件安装零序电流互感器的线路上（如电缆线路或经电缆引出的架空线路）；或当单相接地电流较大，足以克服零序电流滤过器中不平衡电流的影响时，保护装置也可以接于三个电流互感器构成的零序回路中。

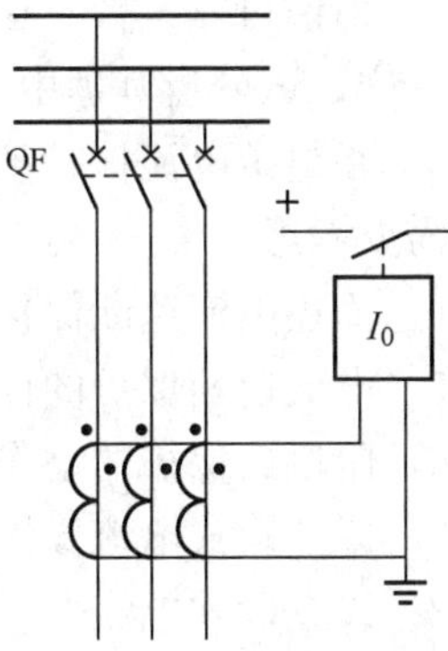

图 3-50 零序电流保护原理接线图

根据图 3-44 的分析，当某条线路上发生单相接地时，非故障线路上也有零序电流流过，其大小为本线路的电容电流，因此，为了保证动作的选择性，零序电流保护的动作电流 I_{set} 应大于本线路的电容电流，即

$$I_{set} = K_{rel} \times 3U_{ph}\omega C_0 \tag{3-60}$$

式中：K_{rel}为可靠系数，保护延时动作时，取 1.5～2；保护瞬时动作时，取 4～5。C_0 为被保护线路每相的对地电容。

按式（3-60）整定后，还需要校验在本线路上发生单相接地故障时的灵敏系数，由于流经故障线路上的零序电流为全网络中非故障线路电容电流的总和，可用 $3U_{ph}\omega(C_{0\Sigma} - C_0)$ 来表示，因此灵敏系数的校验按下式进行

$$K_{sen} = \frac{3U_{ph}\omega(C_{0\Sigma} - C_0)}{K_{rel} \times 3U_{ph}\omega C_0} = \frac{C_{0\Sigma} - C_0}{K_{rel}C_0} \tag{3-61}$$

式中：$C_{0\Sigma}$为同一电压等级网络中，各元件每相对地电容之和。校验时应采用系统最小运行方式时的电容电流，也就是 $C_{0\Sigma}$ 为最小时的电容电流，要求 $K_{sen} \geqslant 2$。

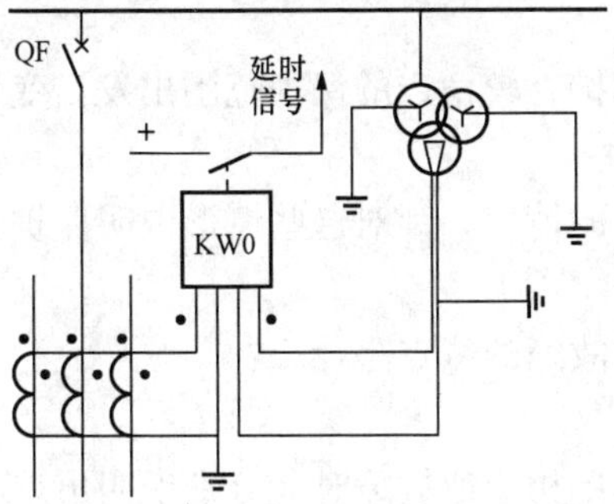

图 3-51 零序功率方向保护原理接线图

由式（3-61）可见，当全网络的电容电流越大（线路越多）或被保护线路的电容电流越小（线路越短）时，零序电流保护的灵敏系数就越容易满足要求。

3. 零序功率方向保护

零序功率方向保护是利用故障线路和非故障线路的保护安装处零序功率方向相反的特点来实现有选择性的保护，延时动作于信号或跳闸。其原理接线图如图 3-51所示。这种方式适用于零序电流保护不能满足灵敏系数要求时和接线复杂的网络中。

根据前面的分析可知，在经消弧线圈接地的电网中，已无法利用稳态情况下零序功率方向的差别来判别故障线路。另外，由于过补偿度不大，因此也无法利用零序电流保护来实现有选择性的接地保护。近年来提出了一些故障选线方法，如首半波法、基于小波变换的暂态法、谐波分量法、零序电流有功方向法等。

思考与练习

思考

3.1 对继电保护而言，什么是最大运行方式？什么是最小运行方式？

3.2 何谓可靠系数？在Ⅰ、Ⅱ、Ⅲ段电流保护整定计算中，为什么 $K_{rel}^{Ⅰ}$ 、$K_{rel}^{Ⅱ}$ 、$K_{rel}^{Ⅲ}$ 的取值不一样，试分析其理由。

3.3 在整定电流保护第Ⅲ段定值时，为什么必须考虑返回系数？在整定Ⅰ、Ⅱ段定值时是否需要考虑？

3.4 简述电流速断保护的优缺点。

3.5 电流速断保护的保护范围与哪些因素有关？

3.6 阶段式保护的动作时限级差的确定考虑哪些因素？

3.7 以三段式电流保护为例，简述主保护和后备保护概念及作用。

3.8 以三段式电流保护为例，说明满足选择性、快速性及灵敏性的要求是构成继电保护原理的指导原则。

3.9 何谓灵敏系数？灵敏系数是否越大越好？

3.10 在什么情况下采用三段式电流保护？什么情况下采用两段式电流保护？什么情况下可只用一段定时限过电流保护？Ⅰ、Ⅱ段电流保护能否单独使用？

3.11 对于线路—变压器组接线的输电线路，电流保护一般如何配置？

3.12 电流保护的接线方式有几种？它们各自适合于什么情况？

3.13 举例说明在什么情况下电流保护有必要加装方向元件。

3.14 何谓90°接线？为什么采用90°接线的功率方向继电器在相间短路时没有死区？

3.15 相间短路功率方向继电器的最大灵敏角和其动作范围如何确定？试举例说明之。

3.16 在方向过电流保护中为什么要采用按相启动？

3.17 简述零序电流方向保护在接地保护中的作用。

3.18 中性点直接接地电网中，从有利于零序电流保护有较稳定的保护范围出发，变压器的中性点接地方式如何考虑？

3.19 在中性点直接接地电网中，说明产生零序电流的情形，针对这些情形说明保护是否应该动作。

3.20 中性点直接接地电网，当发生单相接地时，其故障的特点是什么？

3.21 零序功率方向继电器有无死区？为什么？

3.22 在中性点不接地或经消弧线圈接地电网中发生单相接地故障时，分别说明出现的零序电压和零序电流特点。

3.23 为什么绝缘监视装置是无选择性的？用什么方法查找故障线路？

3.24 在非直接接地系统中，构成有选择性接地保护的主要困难是什么？

练习

3.25 分析图3-52中保护1和保护5的最大、最小运行方式。

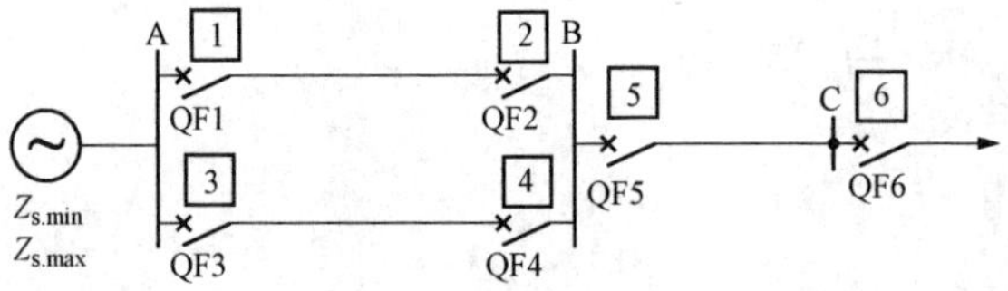

图3-52 题3.25图

3.26 如图3-53所示为35kV单侧电源辐射网络，已知电源等值阻抗 $X_{s.max}=5\Omega$ 、$X_{s.min}=4\Omega$ ；线路阻抗参数 $x_1=0.4\Omega/km$ 。试绘制最大、最小运行方式下不同地点发生三相和两相金属性短路时的电流变化曲线；给出母线

N、母线 H 短路时的最大、最小短路电流及对应的计算条件。提示：计算采用平均电压值，不计负荷电流影响，可采用编程计算或用 Excel 表格的方法获得不同地点短路时的数据。

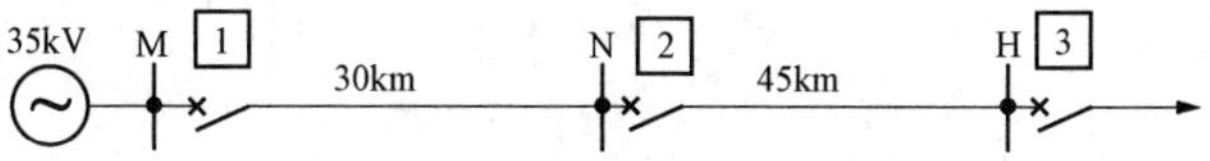

图 3 - 53　题 3.26 图

3.27　题 3.26 中，保护 1 装设三段式电流保护，试计算其定值。已知 MN 线路的最大负荷电流为 180A。整定计算参数：$K_{rel}^{\mathrm{I}} = 1.3$, $K_{rel}^{\mathrm{II}} = 1.2$, $K_{rel}^{\mathrm{III}} = 1.15$, $K_{re} = 0.85$, $K_{ss} = 1.5$ 。

3.28 题 3.26 中，如果保护 1 的Ⅰ、Ⅱ段采用两相星形接线，Ⅲ段采用两相星形三继电器接线。试完成：

（1）做出保护 1 的三段式电流保护原理框图。

（2）已知电流互感器的变比为 $n_{TA} = 315/5$ ，给出保护 1 各段的二次定值。

（3）在最大运行方式下，距母线 M 20km 处发生两相短路、三相短路时，分析各继电器的动作情况及保护的动作行为。

3.29　如图 3 - 54 所示为 35kV 单侧电源辐射网络，已知系统等值阻抗 $X_{s.max} = 12.84\Omega$, $X_{s.min} = 7.53\Omega$; $x_{MN} = 4.37\Omega$, $x_{NH} = 9.71\Omega$ 。保护 1、2、3 配置反时限特性的电流保护，请完成整定计算（ $K_{rel} = 1.2$ 、$K_{re} = 0.85$ 、$T_P = 0.05s$ ）。

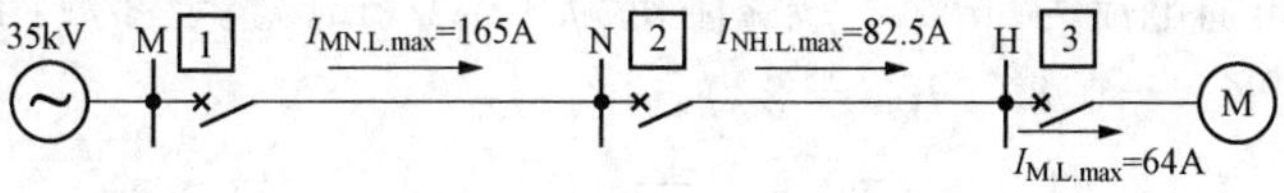

图 3 - 54　题 3.29 图

3.30　图 3 - 55 所示系统，Yd11 接线的变压器归算到 10kV 侧的电抗为 8.73Ω ，其他参数标在图中。试完成：

（1）保护 2 只装设过电流保护，计算其动作值。已知 $K_{re} = 0.85$, $K_{rel} = 1.1$, $K_{ss} = 2$ 。

（2）对保护 1 进行保护配置，并计算其整定值。电流速断保护可靠系数取 $K_{rel}^{\mathrm{I}} = 1.25$ 。

（3）当 10kV 母线上发生 AB 两相短路时，计算流过保护 1 的各相电流，并分析采用两相星形接线和三相星形接线的保护的灵敏度是否相同。

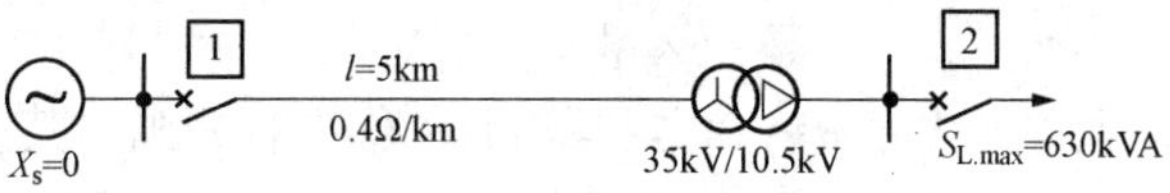

图 3 - 55　题 3.30 图

3.31　图 3 - 56 所示单电源环网，以保护 1、2、3 为例说明它们的电流保护Ⅱ段整定计算的思路，说明和相邻保护配合时的最大、最小分支系数计算条件。

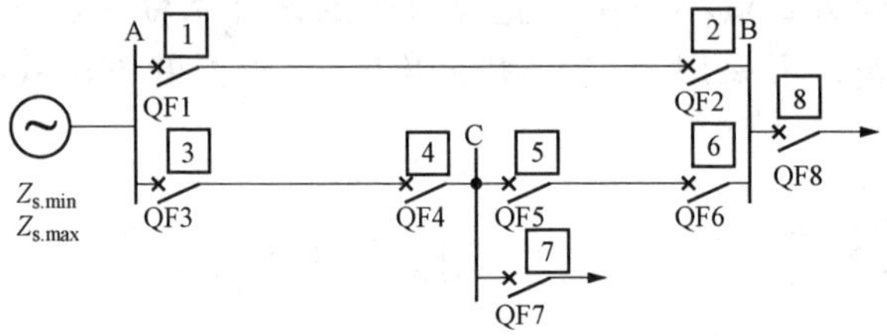

图 3-56　题 3.31 图

3.32　如图 3-57 所示的双端电源网络中，每个断路器均装设有过电流保护，各变电站出线的保护动作时限如图示，且 QF1、QF6 为发电机过电流保护，应与相邻线路保护配合，试确定：

（1）断路器 QF1～QF6 的保护动作时限；（Δt＝0.5s）

（2）断路器 QF1～QF6 的保护中哪些应装设方向元件以保证选择性？其原则是什么？

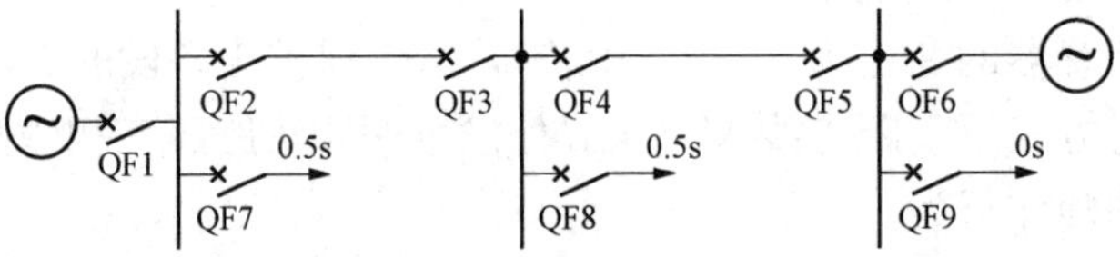

图 3-57　题 3.32 图

3.33　如图 3-58 所示 110kV 系统，对保护 1 进行三段式电流保护的整定计算。已知流过 AB 线路的最大负荷电流为 170A，线路阻抗为 0.4Ω/km。整定参数：$K_{rel}^{I}=1.3$，$K_{rel}^{II}=1.25$，$K_{rel}^{III}=1.2$，$K_{re}=0.85$，$K_{ss}=2.0$。

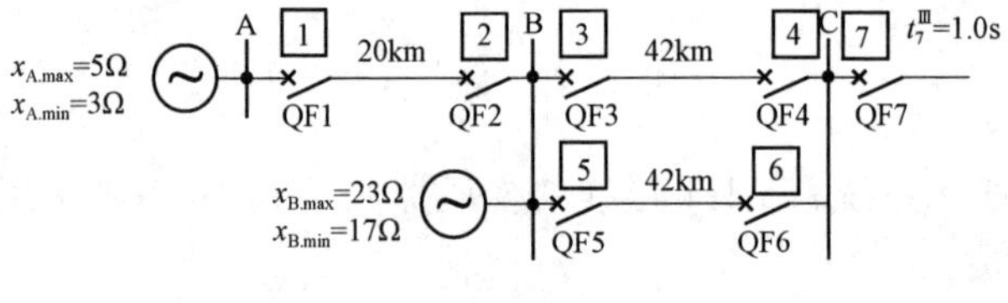

图 3-58　题 3.33 图

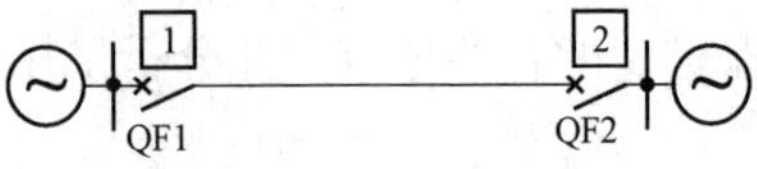

图 3-59　题 3.34 图

3.34　图 3-59 所示系统，保护 1 装有 90°接线的功率方向继电器，请回答并分析：

（1）90°接线的功率方向继电器引入的电流、电压是什么量？

（2）如功率方向继电器的内角 α＝ 30°，写出其动作方程并画出其动作特性曲线。

（3）设保护 1 安装在送电侧，负荷功率因数为 0.85，分析正常运行时 B 相功率方向继电器的动作情况。

3.35　如图 3-60 所示零序方向过电流保护原理接线图，如果 A 相与 B 相电流互感器二次绕组间出现了断线（如图中×处）。假如正常运行时 A、B、C 三相中的一次电流等于 480A，电流互感器的变比为 500/5，零序电流继电器的动作电流为 4A，试问：

（1）流入零序电流继电器中的电流为多少？零序电流继电器是否会误动？

（2）零序功率方向继电器是否会误动？

(3) 整套保护会不会误动?

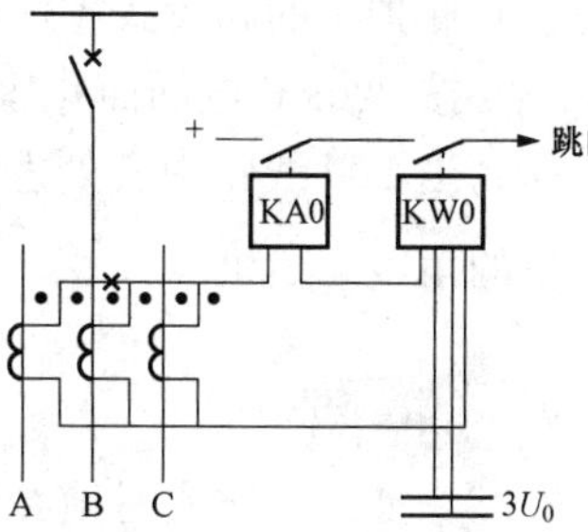

图 3-60 题 3.35 图

3.36 如图 3-61 所示 110kV 电网，110kV 变压器 T3、T4 和 T5 的中性点不接地。系统参数（归算至 220kV 侧）：$x_{s.1.min}=24.4\Omega$，$x_{s.1.max}=33.74\Omega$，$x_{s.0.min}=53.67\Omega$，$x_{s.0.max}=57.42\Omega$；变压器 T1 参数：$S_N=180/180/60$MVA，YNyn0d11，230±8×1.25%/121/38.5，$U_{k.hm}\%=12.5$，$U_{k.hl}\%=22.1$，$U_{k.ml}\%=7.55$；变压器 T2～T5 参数：$S_N=31.5$MVA，Yd11，110±2×2.5%/11，$U_k\%=10.5$；线路的正序参数 $x_1=0.4\Omega/\text{km}$，单回线路的零序参数 $x_0=3x_1$，同杆并架双回线路的零序参数 $x_0=4.7x_1$，$x_{m0}=1.7x_1$。试完成：

(1) 保护 1、2 零序电流保护的配置及整定计算。

(2) 分析保护 4～7 的零序电流保护配置及整定计算的原则。

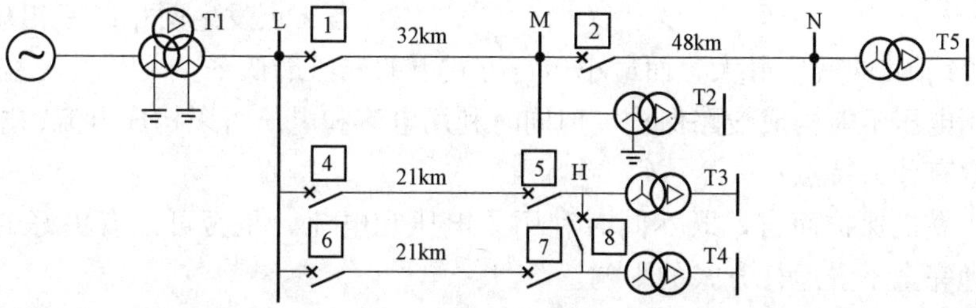

图 3-61 题 3.36 图

3.37 图 3-62 所示 220kV 系统，L 发电厂有三台同型号机组，发电机参数：$U_N=15.75$kV，$P_N=250$MW，$x''_d=0.1175$，$\cos\varphi_N=0.85$；T1～T3 变压器参数：$S_N=300$MVA，Yd11，220kV/15.75kV，$U_k\%=14.8$；最大运行方式开 3 台机，最小运行方式开 1 台机。T4～T5 变压器参数：$S_N=240$MVA，Yyd-12-11，230kV/115kV/10.5kV，$U_{k.hm}\%=18.8$，$U_{k.hl}\%=33.4$，$U_{k.ml}\%=11.2$；H 系统参数（标幺值，$S_B=1000$MVA，$U_B=230$kV）：$x_{1.max}=0.329$，$x_{1.min}=0.229$，$x_{0.max}=0.403$，$x_{0.min}=0.303$；线路参数：$r_1=0.04\Omega/\text{km}$，$x_1=0.4\Omega/\text{km}$，$r_0=0.22\Omega/\text{km}$，$x_0=0.89\Omega/\text{km}$。M 变电站变压器 110kV 侧中性点不接地。试完成：

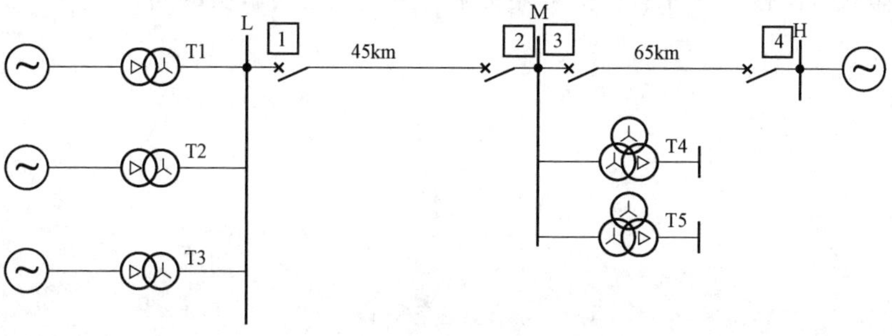

图 3-62 题 3.37 图

(1) 变压器中性点接地方式的选择；

（2）保护 1 的四段式零序电流保护的整定计算；

（3）按 220kV 电网简化零序电流保护的整定计算原则对保护 1 重新整定；

（4）当 LM 线路中心处发生不对称接地短路时，分析计算保护 2、3 零序功率方向继电器测量的角度 $\arg(3\dot{U}_0/3\dot{I}_0)$，不计发电机、变压器及系统的电阻分量。

拓展

3.38 如果能够实时地在线测出被保护线路的负荷电流 I_L，计算出发生故障瞬间时的系统阻抗 Z_s，并说明改善保护的性能的途径。

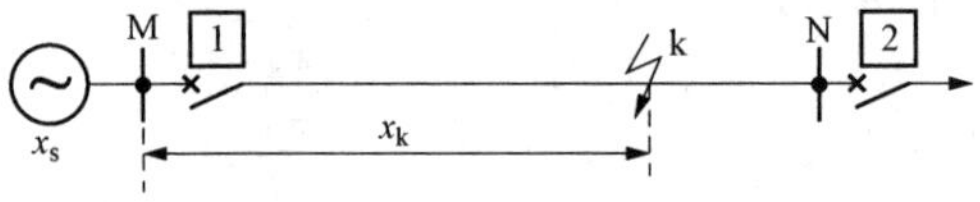

图 3-63 题 3.39 图

3.39 图 3-63 所示单电源供电网络。试分析：

（1）当 k 点发生两相短路、三相短路时，故障回路的母线 M 的相间电压相同。

（2）当 k 点发生两相或三相短路时，最大运行方式下母线 M 的残压最大，而最小运行方式下的残压最低。

（3）利用电压不能构成线路保护，但同时利用电流和电压可以构成电流、电压联锁速断保护。请问它有什么特点？

（4）对于微机保护而言，既然同时利用了电压和电流，是否可以有更好的速断保护原理，且该原理完全不受运行方式的影响？

3.40 在国家政策激励下，各类分布式电源（DG）接入配电网，如图 3-64 所示。

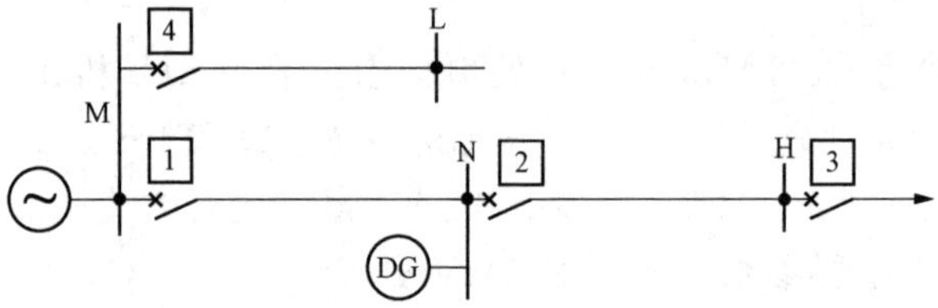

图 3-64 题 3.40 图

查阅相关文献资料，对以下问题进行阐述：

（1）分布式电源的类型及在配电网发生故障时供给短路电流的特点；

（2）分布式电源接入对原有保护可能带来的影响及需要解决的问题。

第 4 章　电网的距离保护

4.1　距离保护的基本工作原理

由于电流保护的动作范围受电网结构和系统运行方式的影响，在 35kV 及以上电压等级的复杂网络中，它们很难满足选择性、灵敏性以及快速切除故障的要求。为此，就必须采用性能更加完善的保护原理，期望这种保护原理克服电网运行方式变化对保护动作范围的影响，即能够准确识别出故障点的位置——距保护安装处的远近。电流保护本质上也是反映故障点位置的，只是它受运行方式和故障类型的影响而不能精确“测距”。

对于输电线路而言，其参数可以用单位长度的阻抗 z（自阻抗 z_L、各相之间的互阻抗 z_M、正序阻抗 z_1、负序阻抗 $z_2=z_1$、零序阻抗 z_0）来表示，设线路长度为 L，则线路的总阻抗为 $Z_l=zL$，如果能够测量出故障时的阻抗 Z_m，也就间接知道了故障点距保护安装处的距离 l_m，当满足

$$l_m \leqslant K_{rel}L \tag{4-1}$$

时，说明故障发生在本线路上，保护可以动作跳闸。

式中：K_{rel} 是为了保证选择性而考虑的可靠系数，显然它应该小于 1。

这种根据故障点至保护安装处的距离，并根据此距离的远近确定动作时间的保护就是距离保护。它广泛应用在 110kV 及以上电压等级的电网中。

距离保护中的测量元件就是测量故障点到保护安装处的距离，并和给定的定值进行比较。利用测量阻抗间接反应故障点位置的测量元件就是阻抗元件，习惯上称之为阻抗继电器。参考式（4-1）构成阻抗继电器的动作判据 $Z_m \leqslant K_{rel}Z_l$ 显然是错误的，阻抗继电器的构成要比电流继电器复杂，且种类也很多。

通过测量阻抗反应故障点远近的距离保护和电流保护相比有以下不同之处：

（1）必须同时测量电流和电压量，保护的接线更复杂。

（2）当发生故障时，电压降低，电流增大，测量阻抗减小，距离保护是一种反应故障特征量减小的保护，简称减量保护。

（3）通过后面的分析可知，距离保护的Ⅰ段保护范围不受运行方式和故障类型的影响。

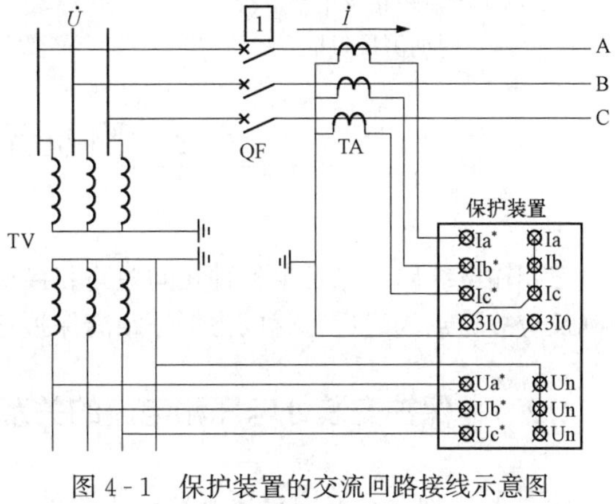

图 4-1　保护装置的交流回路接线示意图

距离保护装置引入来自电压互感器的二次电压，以及来自电流互感器的二次电流，如图 4-1 所示。设电压互感器的变比为 n_{TV}，电流互感器的变比为 n_{TA}，引入保护装置的电压为 $\dot{U}_m$，引入保护装置的电流

为 $\dot{I}_m$，计算阻抗也称为测量阻抗，为

$$\dot{Z}_m=\frac{\dot{U}_m}{\dot{I}_m}=\frac{\dot{U}/n_{TV}}{\dot{I}/n_{TA}}=Z\frac{n_{TA}}{n_{TV}} \tag{4-2}$$

式中：$\dot{U}$ 和 $\dot{I}$ 分别为一次侧的电压和电流；Z 为测量阻抗 Z_m 对应的一次阻抗值。

在正常运行时，测量阻抗为负荷阻抗，阻抗角取决于功率因数角 φ_L。在输电线路发生短路时，该线路保护的测量阻抗为故障点到保护安装处的线路阻抗，也称为短路阻抗。线路阻抗 Z_l 既有电抗分量，也有电阻分量，220kV 及以上电压等级的输电线路，阻抗角 φ_l 一般不低于 75°。由于互感器的传变误差、保护装置误差、测量方法误差及故障点可能存在过渡电阻等因素的影响，测量阻抗和故障点到保护安装处的线路阻抗不完全相符。图 4-2 给出了短路时的测量阻抗 Z_{mk}、正常运行时的测量阻抗 Z_{mL} 在复平面上可能位于的区域示意图。

在后面的分析中，如果没有特殊的说明，都用一次侧的量进行论述，尽管电压、电流和阻抗仍然用 $\dot{U}_m$、$\dot{I}_m$ 和 Z_m 表示。

和电流保护一样，为了兼顾快速性和选择性，距离保护的构成仍然采用分段的方式。距离保护的Ⅰ段（无人为延时）不能保护线路全长；距离保护Ⅱ段和相邻线路保护的Ⅰ段配合，要求能够保护线路全长，当不满足灵敏系数要求时，考虑和相邻线路保护的Ⅱ段配合，但动作时限应比被配合段的保护动作时限高一个 Δt；距离保护Ⅲ段作为本线路和相邻元件的后备保护，动作时限和灵敏度是逐级配合的。图 4-3 给出了距离保护各段保护范围及动作时限的示意图。

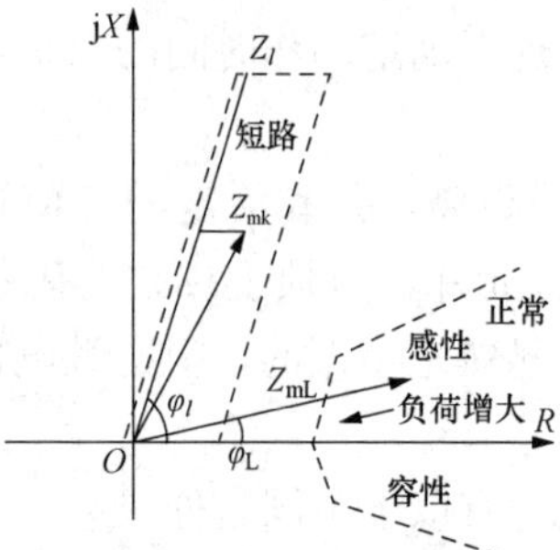

图 4-2　短路及正常运行时的测量阻抗

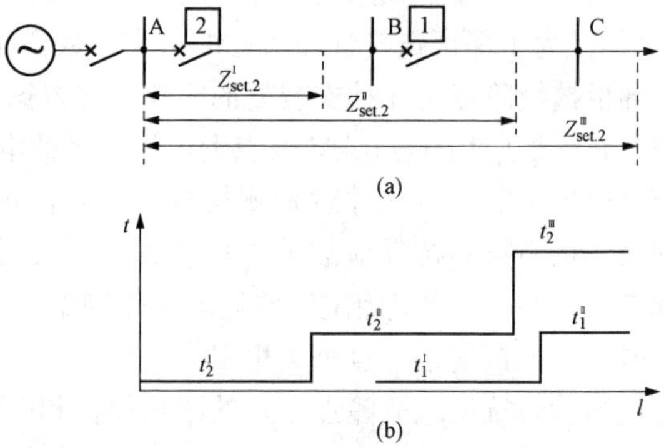

图 4-3　三段式距离保护各段保护范围和动作时限示意图
（a）保护 2 的各段保护范围；（b）保护 1、2 各段动作时限

4.2　阻抗元件的测量阻抗

三相输电线路可能发生各种相间短路和接地短路，如何通过计算（测量）短路时的阻抗准确反应故障点的远近，就成为保证距离保护正确动作的关键问题。

4.2.1　保护安装处电压和电流的关系

如图 4-4 所示，故障点在 k 处，保护安装在线路的始端 M 处，假设 Mk 之间的线路三

相对称且无分支。设各相电流分别为 $\dot{I}_A$、$\dot{I}_B$、$\dot{I}_C$，Mk 区段线路的各相自阻抗为 Z，各相间的互阻抗为 Z_M，Mk 线路的电压降和各相电流关系满足

$$\begin{bmatrix}\dot{U}_{MkA}\\ \dot{U}_{MkB}\\ \dot{U}_{MkC}\end{bmatrix}=\begin{bmatrix}Z & Z_M & Z_M\\ Z_M & Z & Z_M\\ Z_M & Z_M & Z\end{bmatrix}\begin{bmatrix}\dot{I}_A\\ \dot{I}_B\\ \dot{I}_C\end{bmatrix} \tag{4-3}$$

利用对称分量法对式（4-3）进行分解，可以得到以序分量表示的电压和电流的关系，即

$$\begin{bmatrix}\dot{U}_{Mk1}\\ \dot{U}_{Mk2}\\ \dot{U}_{Mk0}\end{bmatrix}=\begin{bmatrix}Z_1 & 0 & 0\\ 0 & Z_2 & 0\\ 0 & 0 & Z_0\end{bmatrix}\begin{bmatrix}\dot{I}_1\\ \dot{I}_2\\ \dot{I}_0\end{bmatrix} \tag{4-4}$$

式中：Z_1 为 Mk 段线路的正序阻抗，$Z_1=Z_l-Z_M$；Z_2 为 Mk 段线路的负序阻抗，$Z_2=Z_l-Z_M$，与正序阻抗相同；Z_0 为 Mk 段线路的零序阻抗，$Z_0=Z_l+2Z_M$。

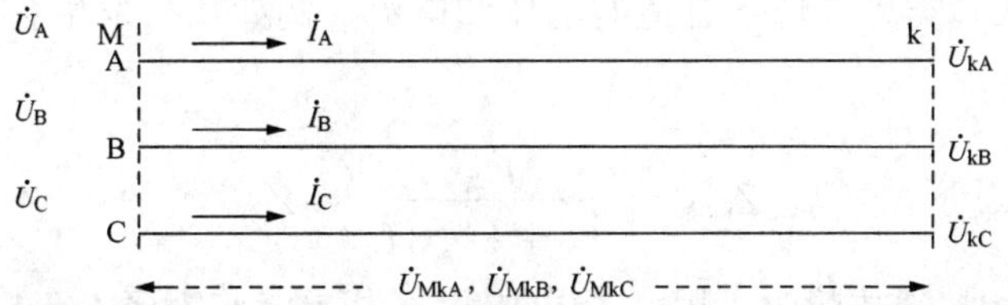

图 4-4　三相平衡无分支输电线路电压电流关系示意图

设故障点的电压分别为 $\dot{U}_{kA}$、$\dot{U}_{kB}$、$\dot{U}_{kC}$，保护安装处测量的相电压分别为 $\dot{U}_A$、$\dot{U}_B$、$\dot{U}_C$。如果式（4-4）是以 A 相为特殊相，则

$$\begin{aligned}\dot{U}_A&=\dot{U}_{kA}+\dot{I}_1Z_1+\dot{I}_2Z_2+\dot{I}_0Z_0\\&=\dot{U}_{kA}+\left(\dot{I}_1+\dot{I}_2+\dot{I}_0+\frac{Z_0}{Z_1}\dot{I}_0-\dot{I}_0\right)Z_1\\&=\dot{U}_{kA}+\left(\dot{I}_A+\frac{Z_0-Z_1}{3Z_1}\times 3\dot{I}_0\right)Z_1\\&=\dot{U}_{kA}+(\dot{I}_A+k\times 3\dot{I}_0)Z_1\\ \dot{U}_B&=\dot{U}_{kB}+\alpha^2\dot{I}_1Z_1+\alpha\dot{I}_2Z_2+\dot{I}_0Z_0\\&=\dot{U}_{kB}+\left(\alpha^2\dot{I}_1+\alpha\dot{I}_2+\dot{I}_0+\frac{Z_0}{Z_1}\dot{I}_0-\dot{I}_0\right)Z_1\\&=\dot{U}_{kB}+\left(\dot{I}_B+\frac{Z_0-Z_1}{3Z_1}\times 3\dot{I}_0\right)Z_1\\&=\dot{U}_{kB}+(\dot{I}_B+k\times 3\dot{I}_0)Z_1\end{aligned}$$

同理

$$\dot{U}_C=\dot{U}_{kC}+(\dot{I}_C+k\times 3\dot{I}_0)Z_1$$

其中，$k=\dfrac{Z_0-Z_1}{3Z_1}=\dfrac{z_0-z_1}{3z_1}$，称为零序补偿系数；$z_0$、$z_1$ 为输电线路单位长度的零序阻抗、正序阻抗。由此可见，当同一条线路发生故障时，零序补偿系数可以看作是和故障点

位置无关的一个常数。

综上所述，保护安装处的测量电压和电流满足如下关系

$$\left.\begin{aligned}\dot{U}_A &= \dot{U}_{kA} + (\dot{I}_A + k\times 3\dot{I}_0)Z_1\\ \dot{U}_B &= \dot{U}_{kB} + (\dot{I}_B + k\times 3\dot{I}_0)Z_1\\ \dot{U}_C &= \dot{U}_{kC} + (\dot{I}_C + k\times 3\dot{I}_0)Z_1\end{aligned}\right\} \tag{4-5}$$

需要说明的是，式（4-5）并未特指 k 点发生的故障类型，它是具有普遍意义的关系表达式。

4.2.2 欧姆计测量阻抗法

用电压和电流的比值计算阻抗的方法，称为欧姆计测量阻抗法。由式（4-5）可知，如果用测量电压和测量电流的比值计算故障点到保护安装处的阻抗，用以反应故障点的远近，则必须根据具体的故障类型，选择合适的电压和电流。例如，当发生金属性 A 相接地故障时，$\dot{U}_{kA}=0$，则

$$Z_{m.A} = \frac{\dot{U}_A}{\dot{I}_A + k\times 3\dot{I}_0} = Z_1$$

成立，即当发生 A 相接地故障时，用 A 相电压和 A 相电流与零序电流构成的复合电流（又称以零序电流进行补偿的电流）进行比值计算，其测量阻抗为故障点到保护安装处的正序阻抗，自然能够正确反应故障点的远近。但对于非故障相，采用类似的计算方法，是不能够正确反应故障点的位置，即在 A 相发生接地短路故障时

$$Z_{m.B} = \frac{\dot{U}_B}{\dot{I}_B + k\times 3\dot{I}_0} \neq Z_1,\ Z_{m.C} = \frac{\dot{U}_C}{\dot{I}_C + k\times 3\dot{I}_0} \neq Z_1$$

通常，非故障相流过负荷电流，其测量阻抗较故障相的测量阻抗大。表 4-1 给出了发生各种类型故障时，能够正确测量故障点位置的电压和电流的选择。

表 4-1　电压和电流的选取与故障类型对照表

故障类型	电压、电流的选取	故障特征
A 相接地短路	$\dot{U}_A/(\dot{I}_A+k\times 3\dot{I}_0)$	$\dot{U}_{kA}=0$
B 相接地短路	$\dot{U}_B/(\dot{I}_B+k\times 3\dot{I}_0)$	$\dot{U}_{kB}=0$
C 相接地短路	$\dot{U}_C/(\dot{I}_C+k\times 3\dot{I}_0)$	$\dot{U}_{kC}=0$
AB 两相短路	$\dot{U}_{AB}/(\dot{I}_A-\dot{I}_B)$	$\dot{U}_{kA}=\dot{U}_{kB}$
BC 两相短路	$\dot{U}_{BC}/(\dot{I}_B-\dot{I}_C)$	$\dot{U}_{kB}=\dot{U}_{kC}$
CA 两相短路	$\dot{U}_{CA}/(\dot{I}_C-\dot{I}_A)$	$\dot{U}_{kC}=\dot{U}_{kA}$
AB 两相接地短路	$\dot{U}_{AB}/(\dot{I}_A-\dot{I}_B)$，$\dot{U}_A/(\dot{I}_A+k\times 3\dot{I}_0)$，$\dot{U}_B/(\dot{I}_B+k\times 3\dot{I}_0)$	$\dot{U}_{kA}=\dot{U}_{kB}=0$
BC 两相接地短路	$\dot{U}_{BC}/(\dot{I}_B-\dot{I}_C)$，$\dot{U}_B/(\dot{I}_B+k\times 3\dot{I}_0)$，$\dot{U}_C/(\dot{I}_C+k\times 3\dot{I}_0)$	$\dot{U}_{kB}=\dot{U}_{kC}=0$
CA 两相接地短路	$\dot{U}_{CA}/(\dot{I}_C-\dot{I}_A)$，$\dot{U}_C/(\dot{I}_C+k\times 3\dot{I}_0)$，$\dot{U}_A/(\dot{I}_A+k\times 3\dot{I}_0)$	$\dot{U}_{kC}=\dot{U}_{kA}=0$

续表

故障类型	电压、电流的选取	故障特征
三相短路或三相接地短路	$\dot{U}_A/(\dot{I}_A+k\times3\dot{I}_0)$，$\dot{U}_B/(\dot{I}_B+k\times3\dot{I}_0)$，$\dot{U}_C/(\dot{I}_C+k\times3\dot{I}_0)$ $\dot{U}_{AB}/(\dot{I}_A-\dot{I}_B)$，$\dot{U}_{BC}/(\dot{I}_B-\dot{I}_C)$，$\dot{U}_{CA}/(\dot{I}_C-\dot{I}_A)$ $\dot{U}_A/\dot{I}_A$，$\dot{U}_B/\dot{I}_B$，$\dot{U}_C/\dot{I}_C$	$\dot{U}_{kA}=\dot{U}_{kB}=\dot{U}_{kC}=0$

注　按所选取的电压、电流与故障类型对应时，测量阻抗均为故障点到保护安装处的正序阻抗。

当采用欧姆计测量阻抗法构成阻抗元件时，要求用一个或多个阻抗元件能够反应所有的故障类型。通过对表 4-1 的分析发现，对所列出的故障类型，选择六个阻抗元件就能实现所有故障类型情况下的阻抗测量。

反应相间短路的阻抗元件

$$\begin{cases} Z_{m.AB}=\dot{U}_{AB}/(\dot{I}_A-\dot{I}_B) \\ Z_{m.BC}=\dot{U}_{BC}/(\dot{I}_B-\dot{I}_C) \\ Z_{m.CA}=\dot{U}_{CA}/(\dot{I}_C-\dot{I}_A) \end{cases} \tag{4-6}$$

反应接地短路的阻抗元件

$$\begin{cases} Z_{m.A}=\dot{U}_A/(\dot{I}_A+k\times3\dot{I}_0) \\ Z_{m.B}=\dot{U}_B/(\dot{I}_B+k\times3\dot{I}_0) \\ Z_{m.C}=\dot{U}_C/(\dot{I}_C+k\times3\dot{I}_0) \end{cases} \tag{4-7}$$

当发生某种故障类型时，六个阻抗元件中至少有一个的测量阻抗值为故障点到保护安装处的正序阻抗。

式（4-6）及式（4-7）都可以表示为

$$Z_m=\frac{\dot{U}_m}{\dot{I}_m} \tag{4-8}$$

只不过对于不同的阻抗元件，对应的电压与电流不同。例如反应 AB 相间短路的阻抗元件，$\dot{U}_m=\dot{U}_{AB}$，$\dot{I}_m=\dot{I}_A-\dot{I}_B$，而反应 A 相接地短路的阻抗元件，$\dot{U}_m=\dot{U}_A$，$\dot{I}_m=\dot{I}_A+k\times3\dot{I}_0$，其他可依式（4-6）、式（4-7）确定。

另外，式（4-6）和式（4-7）并不是正确测量阻抗仅有的选择。

【例 4-1】　分析 $\dot{U}_{AB}/\dot{I}_A$、$\dot{U}_{AB}/(-\dot{I}_B)$ 能够正确反应的故障类型。

解　由式（4-5）可以方便得出，当发生三相短路时，有

$$Z_{m.AB}=\frac{\dot{U}_{AB}}{\dot{I}_A}=\sqrt{3}\frac{\dot{U}_{AB}}{\dot{I}_{AB}}e^{j30^\circ}=\sqrt{3}Z_1e^{j30^\circ}$$

$$Z'_{m.AB}=\frac{\dot{U}_{AB}}{-\dot{I}_B}=\sqrt{3}\frac{\dot{U}_{AB}}{\dot{I}_{AB}}e^{-j30^\circ}=\sqrt{3}Z_1e^{-j30^\circ}$$

当发生 AB 两相短路时，由于 $\dot{I}_A=-\dot{I}_B$，有

$$Z_{m.AB}=\frac{\dot{U}_{AB}}{\dot{I}_A}=2\frac{\dot{U}_{AB}}{\dot{I}_{AB}}=2Z_1$$

$$Z'_{m.AB}=\frac{\dot{U}_{AB}}{-\dot{I}_B}=2\frac{\dot{U}_{AB}}{\dot{I}_{AB}}=2Z_1$$

当具体的故障类型已知的情况下，也可以采用这样的电压和电流的选取方式，构成反应三相短路和 AB 两相短路的阻抗元件。

【例 4-2】 如图 4-5 所示，当反方向距离保护安装处 l（km）的地方发生短路时，计算保护的测量阻抗。假定线路单位长度的正序阻抗为 z_1。

解 由图可知，显然有

$$\dot{U}_m=-\dot{I}_m z_1 l$$

所以

$$Z_m=\frac{\dot{U}_m}{\dot{I}_m}=-z_1 l$$

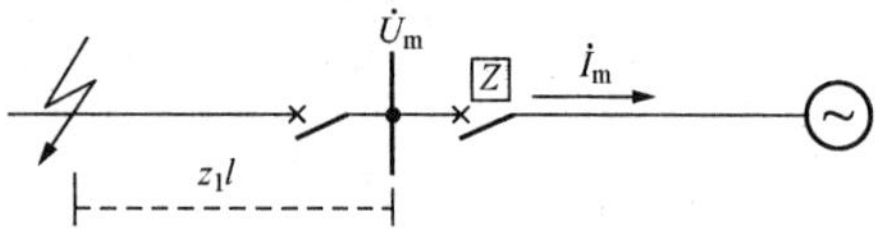

图 4-5 反方向发生短路测量阻抗计算

关于阻抗元件及其测量阻抗做如下说明：

（1）阻抗元件引入什么电压和什么电流进行阻抗的计算（测量）被称作阻抗元件的接线方式。例如 BC 相间阻抗元件的接线方式为 $\dot{U}_m=\dot{U}_{BC}$、$\dot{I}_m=\dot{I}_B-\dot{I}_C$。习惯上称相间阻抗元件的接线方式为 0° 接线方式。再比如 B 相接地阻抗元件的接线方式为 $\dot{U}_m=\dot{U}_B$、$\dot{I}_m=\dot{I}_B+k\times3\dot{I}_0$。习惯上称接地阻抗元件的接线方式为以零序电流进行补偿的 0° 接线方式。

（2）由上面的分析可以看到测量阻抗为故障点到保护安装处的线路正序阻抗（反方向短路时为负值），这一结论成立的条件是三相输电线路完全对称、均匀、无分支、金属性短路。

如图 4-6 所示系统，系统及线路的阻抗参数标于图上，假设线路及系统的正序阻抗与负序阻抗相等，下标 1、2、0 分别表示正序、负序及零序。假设在母线 O 上发生金属性短路，流过保护 1、3 的电流序分量也标示在了图中，电流的正方向规定为指向被保护线路，在此种故障条件下，流过保护 2 的电流与流过保护 1 的电流大小相等方向相反。

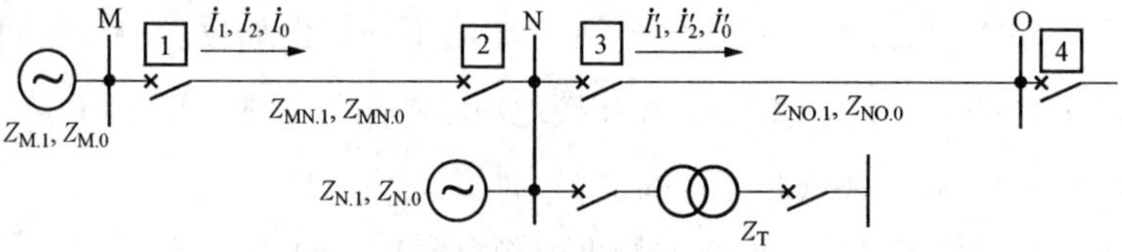

图 4-6 具有分支时的测量阻抗

对于金属性短路，无论何种故障类型，对于 0° 接线的阻抗元件，保护 3 处正确的测量阻抗总等于 $Z_{NO.1}$。但对于保护 1、2，故障点和它们之间有一个电源分支，它们的测量阻抗又是多少呢？

1）当发生单相接地短路时，以 A 相接地短路为例，母线 M 的 A 相电压为

$$\dot{U}_{m.A}=(\dot{I}_A+k\times3\dot{I}_0)Z_{MN.1}+(\dot{I}'_A+k'\times3\dot{I}'_0)Z_{NO.1}$$

其中：$\dot{I}_A$ 为流过保护 1 的 A 相电流，$\dot{I}_A=\dot{I}_1+\dot{I}_2+\dot{I}_0$；$\dot{I}'_A$ 为流过保护 3 的 A 相电流，$\dot{I}'_A=\dot{I}'_1+\dot{I}'_2+\dot{I}'_0$；$k$ 为 MN 线路的零序补偿系数，$k=(Z_{MN.0}-Z_{MN.1})/3Z_{MN.1}$；$k'$ 为 NO 线路的零序补偿系数，$k'=(Z_{NO.0}-Z_{NO.1})/3Z_{NO.1}$。

保护1的测量阻抗为

$$Z_{m.1.A}=\frac{\dot{U}_{MA}}{I_A+k\times 3\dot{I}_0}=Z_{MN.1}+\frac{\dot{I}'_A+k'\times 3\dot{I}'_0}{\dot{I}_A+k\times 3\dot{I}_0}Z_{NO.1} \quad (4-9)$$

显然，保护1的测量阻抗 $Z_{m.1.A}\neq Z_{MN.1}+Z_{NO.1}$。令 $k_{b1}=\dot{I}'_1/\dot{I}_1$、$k_{b2}=\dot{I}'_2/\dot{I}_2$、$k_{b0}=\dot{I}'_0/\dot{I}_0$ 分别为保护1与保护3配合时的正序、负序及零序电流分支系数（关于分支系数的概念参见3.2.5），当正序阻抗和负序阻抗相等时，$k_{b1}=k_{b2}$。将以上关系代入式（4-9），得

$$Z_{m.1.A}=Z_{MN.1}+\frac{k_{b1}\dot{I}_1+k_{b1}\dot{I}_2+k_{b0}\dot{I}_0+k'k_{b0}\times 3\dot{I}_0}{\dot{I}_1+\dot{I}_2+\dot{I}_0+k\times 3\dot{I}_0}Z_{NO.1} \quad (4-10)$$

对于图4-6所示系统，显然有 $\dot{I}'_1=\dot{I}'_2=\dot{I}'_0$，计及 $k_{b1}=k_{b2}$，所以 $\dot{I}_1=\dot{I}_2$，式（4-10）经整理，得

$$Z_{m.1.A}=Z_{MN.1}+k_{b1}Z_{NO.1}+\frac{(k_{b0}-k_{b1})\dot{I}_0+(k'k_{b0}-kk_{b1})\times 3\dot{I}_0}{\dot{I}_1+\dot{I}_2+\dot{I}_0+k\times 3\dot{I}_0}Z_{NO.1} \quad (4-11)$$

或

$$Z_{m.1.A}=Z_{MN.1}+k_{b1}Z_{NO.1}+\frac{(k_{b0}-k_{b1})(1+3k)\dot{I}_0}{\dot{I}_1+\dot{I}_2+\dot{I}_0+k\times 3\dot{I}_0}Z_{NO.1}+\frac{(k'-k)k_{b0}\times 3\dot{I}_0}{\dot{I}_1+\dot{I}_2+\dot{I}_0+k\times 3\dot{I}_0}Z_{NO.1} \quad (4-12)$$

由此可见，当故障点与保护安装处之间有助增或外汲的分支时，接地阻抗元件在发生接地短路时的测量阻抗与电网设备的参数有关。

容易得出保护2的A相接地阻抗元件的测量阻抗为

$$Z_{m.2.A}=-\left[k_{b1}+\frac{(k_{b0}-k_{b1})\dot{I}_0+(k'k_{b0}-kk_{b1})3\dot{I}_0}{\dot{I}_1+\dot{I}_2+\dot{I}_0+k\times 3\dot{I}_0}\right]Z_{NO.1} \quad (4-13)$$

或

$$Z_{m.1.A}=-\left[k_{b1}+\frac{(k_{b0}-k_{b1})(1+3k)\dot{I}_0}{\dot{I}_1+\dot{I}_2+\dot{I}_0+k\times 3\dot{I}_0}+\frac{(k'-k)k_{b0}3\dot{I}_0}{\dot{I}_1+\dot{I}_2+\dot{I}_0+k\times 3\dot{I}_0}\right]Z_{NO.1} \quad (4-14)$$

当故障点向保护3移动时，只要用故障点至保护3的正序阻抗代替式（4-11）～式（4-14）中的 $Z_{NO.1}$ 即可。注意到只要故障点在NO线路上，k_{b1}、k_{b2}、k_{b0} 不会随故障点变化而改变，因此式（4-11）～式（4-14）中 $Z_{NO.1}$ 前的系数是一常数。所以，此时的测量阻抗同样能够反应故障点的位置。

2）当发生相间短路时，以BC相间短路为例，母线M的BC相间电压为

$$\begin{aligned}\dot{U}_{m.BC}=&\dot{U}_{kB}+(\dot{I}'_B+k'\times 3\dot{I}'_0)Z_{NO.1}+(\dot{I}_B+k\times 3\dot{I}_0)Z_{MN.1}\\&-[\dot{U}_{kC}+(\dot{I}'_C+k'\times 3\dot{I}'_0)Z_{NO.1}+(\dot{I}_C+k\times 3\dot{I}_0)Z_{MN.1}]\end{aligned}$$

当发生BC两相短路时，故障点的电压 $\dot{U}_{kB}=\dot{U}_{kC}$，$3\dot{I}'_0=3\dot{I}_0=0$，当发生BC两相接地短路时，$\dot{U}_{kB}=\dot{U}_{kC}=0$，上式中的零序电流也被消掉。有

$$\dot{U}_{m.BC}=(\dot{I}_B-\dot{I}_C)Z_{MN.1}+(\dot{I}'_B-\dot{I}'_C)Z_{NO.1}$$

式中：$\dot{I}_B$、$\dot{I}_C$ 分别为保护1的B相和C相电流；$\dot{I}'_B$、$\dot{I}'_C$ 分别为保护3的B相和C相电流。

所以，保护1的BC相间阻抗元件的测量阻抗为

$$Z_{m.1.BC}=\frac{\dot{U}_{MBC}}{\dot{I}_B-\dot{I}_C}=Z_{MN.1}+\frac{\dot{I}'_B-\dot{I}'_C}{\dot{I}_B-\dot{I}_C}Z_{NO.1} \tag{4-15}$$

当正序阻抗和负序阻抗相等时，$k_{b1}=k_{b2}$，不难得出

$$Z_{m.1.BC}=Z_{MN.1}+k_{b1}Z_{NO.1} \tag{4-16}$$

由此可见，当故障点与保护安装处之间有助增或外汲的分支时，相间阻抗元件在发生相间短路时，只要计算出正序分支系数，便可得到阻抗元件的测量阻抗，它同样能够反应故障点的位置。

保护 2 的 BC 相间阻抗元件的测量阻抗为

$$Z_{m.2.BC}=-k_{b1}Z_{NO.1}$$

3）当发生两相接地短路时，相间阻抗元件和接地阻抗元件都能够正确反应故障点的位置，但它们的测量阻抗可能并不相同，这一点需要注意。

（3）除了分支支路对测量阻抗的影响外，在分析阻抗元件的测量阻抗时还应该注意到以下故障形态或运行工况：

1）发生非金属性短路时，故障支路的过渡电阻对测量阻抗的影响。

2）系统振荡时的测量阻抗以及对阻抗元件的影响。

3）非全相运行状态及非全相运行时再发生短路时的测量阻抗。

4）具有零序互感的平行线路发生不对称接地短路时的测量阻抗。

5）当变压器一侧发生短路时，安装在另一侧的阻抗元件的测量阻抗与变压器接线组别的关系。

4.2.3 解微分方程求阻抗法

忽略分布电容的影响，将故障点到保护安装处之间的线路看作是具有电阻 R 和电感 L 集中参数串联的等效电路。当发生金属性短路时，根据式（4 - 6）可知，对于相间短路，以 AB 相间短路为例，得出基于线路模型的微分方程为

$$u_{ab}=(i_a-i_b)R+L\frac{d(i_a-i_b)}{dt} \tag{4-17}$$

对于接地短路，以 A 相接地短路为例，根据式（4 - 7）可知

$$\begin{aligned}\dot{U}_A&=Z_1\left(\dot{I}_A+\frac{Z_0-Z_1}{3Z_1}\times 3\dot{I}_0\right)=Z_1\dot{I}_A+(Z_0-Z_1)\dot{I}_0\\&=(R_1+jX_1)\dot{I}_A+[R_0-R_1+j(X_0-X_1)]\dot{I}_0\\&=R_1\dot{I}_A+(R_0-R_1)\dot{I}_0+jX_1\dot{I}_A+j(X_0-X_1)\dot{I}_0\\&=R_1\left(\dot{I}_A+\frac{R_0-R_1}{3R_1}\times 3\dot{I}_0\right)+jX_1\left(\dot{I}_A+\frac{X_0-X_1}{3X_1}\times 3\dot{I}_0\right)\\&=R_1(\dot{I}_A+k_R\times 3\dot{I}_0)+jX_1(\dot{I}_A+k_X\times 3\dot{I}_0)\end{aligned}$$

式中：k_R 为电阻分量的零序补偿系数，$k_R=\frac{R_0-R_1}{3R_1}=\frac{r_0-r_1}{3r_1}$，其中，$r_0$、$r_1$ 为线路单位长度的零序电阻和正序电阻分量；k_X 为电抗分量的零序补偿系数，$k_X=\frac{X_0-X_1}{3X_1}=\frac{x_0-x_1}{3x_1}$，

其中，x_0、x_1 为线路单位长度的零序电抗和正序电抗分量。

于是，得出 A 相接地短路时的微分方程

$$u_a=(i_a+k_R\times 3i_0)R+L\frac{\mathrm{d}(i_a+k_X\times 3i_0)}{\mathrm{d}t} \tag{4-18}$$

将式（4 - 17）和式（4 - 18）用下式统一表示，即

$$u_m=Ri_m+L\frac{\mathrm{d}i_m}{\mathrm{d}t}$$

取两个不同时刻的瞬时值，建立微分方程组，即

$$\begin{cases}u_m(t_1)=Ri_m(t_1)+L\dfrac{\mathrm{d}i_m(t_1)}{\mathrm{d}t}\\ u_m(t_2)=Ri_m(t_2)+L\dfrac{\mathrm{d}i_m(t_2)}{\mathrm{d}t}\end{cases}$$

亦即

$$\begin{cases}u_m(t_1)=Ri_m(t_1)+Li'_m(t_1)\\ u_m(t_2)=Ri_m(t_2)+Li'_m(t_2)\end{cases} \tag{4-19}$$

求解方程组（4 - 19），可得

$$R=\frac{u_m(t_2)i'_m(t_1)-u_m(t_1)i'_m(t_2)}{i_m(t_2)i'_m(t_1)-i_m(t_1)i'_m(t_2)} \tag{4-20}$$

$$L=\frac{u_m(t_1)i'_m(t_2)-u_m(t_2)i'_m(t_1)}{i_m(t_2)i'_m(t_1)-i_m(t_1)i'_m(t_2)} \tag{4-21}$$

所以，测量阻抗为

$$Z_m=R+\mathrm{j}\omega L$$

4.3 单相式阻抗元件

依据不同的分类原则可以将阻抗元件分为不同种类。依据实现形式的不同，可以分为幅值比较式阻抗元件和相位比较式阻抗元件；依据引入电压量和电流量的不同，可以分为单相式阻抗元件（第Ⅰ类阻抗元件）和多相补偿式阻抗元件（第Ⅱ类阻抗元件）；依据动作特性的不同，可以分为圆特性阻抗元件和多边形特性阻抗元件等。

当引入同一相或相间的电压 $\dot{U}_m$ 和电流 $\dot{I}_m$ 构成阻抗元件时，该阻抗元件被称为单相式阻抗元件。单相式阻抗元件的动作方程包含了测量电压 $\dot{U}_m$ 和测量电流 $\dot{I}_m$，根据式（4 - 2），其动作方程可以转变为测量阻抗 Z_m 为单一变量的形式。

4.3.1 阻抗元件构成的一般性问题

1. 阻抗元件的动作方程和动作特性

当求得测量阻抗后，如何利用测量阻抗 Z_m 和给定的定值 Z_{set} 进行比较，进而判断保护是否动作，这是阻抗元件的设计问题。由于 $Z_m=R_m+\mathrm{j}X_m$ 为复数形式，阻抗元件的构成比电流保护要复杂。

(1) 幅值比较式阻抗元件。设计一个阻抗元件，其动作方程为

$$|Z_{m}| < |Z_{set}| \tag{4-22}$$

式（4-22）就代表了一个阻抗元件，它是通过比较测量阻抗和整定阻抗模值的大小实现的。

式（4-22）的两边都乘以 $\dot{I}_{m}$，得

$$|\dot{U}_{m}| \leqslant |\dot{I}_{m} Z_{set}| \tag{4-23}$$

式（4-23）是幅值比较式动作方程的电压形式。

由式（4-23）可以看到，实际上无需计算（测量）短路后的阻抗，仅利用保护可以直接测量到的电压和电流，阻抗元件就可以决定是否动作，这种构成阻抗元件的方法，称之为间接阻抗法。而采用式（4-22）的动作方程构成阻抗元件时，就必须求出阻抗值，称之为直接阻抗法，这两种方法在实际中都有应用。

(2) 相位比较式阻抗元件。设计一个阻抗元件，其动作方程为

$$90^{\circ} \leqslant \arg \frac{Z_{m} + Z_{set}}{Z_{m} - Z_{set}} \leqslant 270^{\circ} \tag{4-24}$$

式（4-24）给出的阻抗元件是通过比较两个量的相位实现的。其分子、分母都乘以 $\dot{I}_{m}$，得

$$90^{\circ} \leqslant \arg \frac{\dot{U}_{m} + \dot{I}_{m} Z_{set}}{\dot{U}_{m} - \dot{I}_{m} Z_{set}} \leqslant 270^{\circ} \tag{4-25}$$

式（4-25）是相位比较式动作方程的电压形式。

(3) 阻抗元件的动作特性。动作方程是阻抗元件的数学描述，如果在复平面上把能够使阻抗元件动作的测量阻抗的区域画出来，就是阻抗元件的动作特性。

容易看出，根据式（4-22）在复平面画出的动作特性是以整定阻抗为半径的圆，如图4-7（a）所示。以保护安装处为原点，将其保护的线路的阻抗按其沿线的分布画在复平面的第Ⅰ象限内，与 R 轴的夹角为线路阻抗角 φ_{l}。保护的定值根据整定原则计算得出，例如距离保护的Ⅰ段不能保护线路全长，可以整定为 $Z_{set}^{\mathrm{I}} = 0.85 Z_{l}$，保护范围的末端位于 S 点，Z_{l} 为线路的阻抗。显然以 OS 为半径的圆就是式（4-22）阻抗元件的动作特性，圆内为动作区。当线路发生短路时，由于过渡电阻的存在及测量误差的影响，测量阻抗并不一定和直线 OS 代表的线路阻抗重合，这也是阻抗元件必须有一定的动作区域的原因。

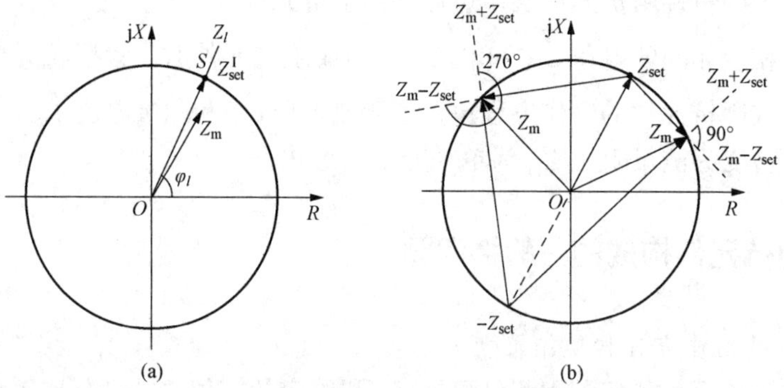

图4-7　阻抗元件动作特性分析

(a) 根据幅值比较式动作方程画动作特性；(b) 根据相位比较式动作方程画动作特性

现在根据式（4-24）给出的相位比较式动作方程画出该阻抗元件的动作特性，如图 4-7（b)所示。已知整定阻抗 Z_{set}，将其向第Ⅲ象限延长至 $-Z_{set}$，理论上测量阻抗 Z_m 可以在复平面的任意位置，连接相量 Z_m 和 $-Z_{set}$，得出相量 Z_m+Z_{set}，连接相量 Z_m 和 Z_{set}，得出相量 Z_m-Z_{set}。显然，满足式（4-24）左边条件的区域为以 $2Z_{set}$ 为直径的圆的右半圆，满足式（4-24）右边条件的区域为以 $2Z_{set}$ 为直径的圆的左半圆。可见，式（4-24）代表的阻抗元件的动作特性也是以整定阻抗为半径的圆。

从动作特性的角度上看，式（4-22）～式（4-25）是同一种阻抗元件，只是构成的方式和实现的方法不同。

以上是先设计阻抗元件的动作方程，再画出其动作特性。反过来，设计一个阻抗元件的动作特性更具有随意性，只是能够用动作方程描述时，它才可以实现。通常复杂的动作特性意味着要完成较复杂的计算，在微机保护时代，这不是很难的事情，但在通过电路实现阻抗继电器的时期，实现较复杂的特性并不容易。

澄清一下测量阻抗、整定阻抗、动作阻抗、返回阻抗这几个概念。测量阻抗反应的是系统运行方式及当前状态的一个测量值，它是继电保护装置的测量参数。整定阻抗是根据继电保护整定原则计算得到的一整定值，需要在继电保护装置投运前进行设置。动作阻抗和返回阻抗趋近于动作特性的边界，从不动作状态逐渐调整到动作时对应的阻抗是动作阻抗，它是使阻抗元件动作的最大阻抗；从动作状态逐渐调整到返回时对应的阻抗是返回阻抗，它是使阻抗元件返回的最小阻抗。显然返回阻抗大于动作阻抗，阻抗元件的返回系数大于 1。

2. 阻抗元件动作特性的意义

将阻抗元件在某种条件下的测量阻抗（变化轨迹）和其动作特性画在同一复平面上可以直观判断阻抗元件的动作行为，这种分析阻抗元件动作行为的方法称为测量阻抗特性法。

根据阻抗元件的动作特性，可以直观发现这种阻抗元件的一些特点。如图 4-7 所示阻抗元件，当反方向发生短路时，测量阻抗位于第Ⅲ象限，有可能动作，即该阻抗元件没有方向性。

在定值相同的条件下，把不同阻抗元件的动作特性画在一起，可以相互比较优劣，便于阻抗元件的选择。

3. 阻抗元件的补偿电压和极化电压

相位比较式阻抗元件的动作方程的一般形式为

$$90^\circ \leqslant \arg \frac{\dot{U}_p}{\dot{U}'_m} \leqslant 270^\circ \tag{4-26}$$

式中：$\dot{U}_p$ 被称为极化电压；$\dot{U}'_m$ 被称为补偿电压或工作电压。

补偿电压具有明确的含义：由于保护范围末端的电压不能直接测量，阻抗元件试图通过计算的方法得出，即

$$\dot{U}'_m = \dot{U}_m - \dot{I}_m Z_{set} \tag{4-27}$$

图 4-8 所示双电源网络，给出了输电线路上不同地点发生短路时补偿电压 $\dot{U}'_m$ 的变化情况。由图 4-8（b)、(e）可见，当 k1、k4 点短路时，即在保护区以外发生短路时，补偿电

压 $\dot{U}'_{m}$ 都等于保护范围末端的真实电压。当保护范围末端发生金属性短路时，$\dot{U}'_{m}=0$，如图 4-8（c）所示。当保护范围内部短路时，由 M 侧电源提供的电流 $\dot{I}_{m}$ 只流至故障点，此时的补偿电压 $\dot{U}'_{m}$ 仅是一个计算值，可由电压分布线延长到保护范围末端得到，如图 4-8（d）所示。

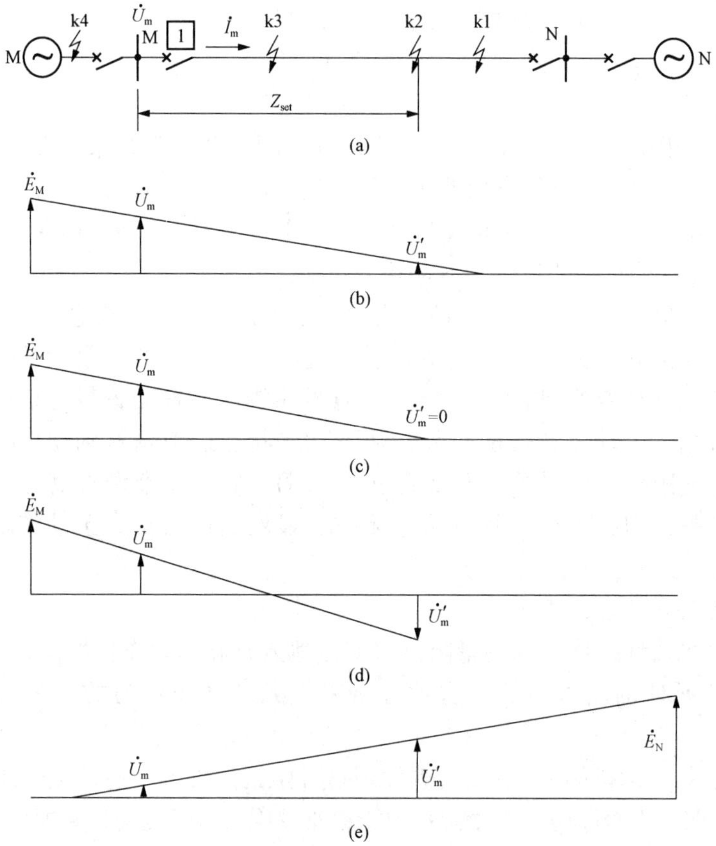

图 4-8 不同地点发生短路时 U'_{m} 的变化

（a）系统图；（b）k1 点短路；（c）k2 点短路；（d）k3 点短路；（e）k4 点短路

式（4-26）的相位比较式动作方程即以极化电压 $\dot{U}_{p}$ 为基准，测量补偿电压相位。

实际上，极化量既可以是电压量，也可以是电流量。极化量选择的不同，就构成了不同特性的阻抗元件。当选择的极化量只包含与补偿电压完全相同的电压和电流时，就是单相式阻抗继电器。

通过以上分析，可以感觉到阻抗元件的设计具有很大的灵活性，可以设计出众多不同特性的阻抗元件，以满足不同场合的需求。

4.3.2 圆特性的阻抗元件

这里所说的圆特性还包括了用部分圆弧形成的特性，如图 4-9 所示。

1. 全阻抗元件

图 4-9（a）是全阻抗元件的动作特性。在 4.3.1 中，以它为例介绍了阻抗元件的一般性问题。式（4-22）～式（4-25）是该阻抗元件的动作方程。它具有以下特点：

（1）整定阻抗为圆的半径。

（2）任何阻抗角下，动作阻抗和整定阻抗的大小相等。

（3）反方向短路时，可能动作，即没有方向性。

2. 方向阻抗元件

图 4-9（b）所示为方向阻抗元件的动作特性，它是以整定阻抗为直径的圆，圆内为动作区。

其幅值比较式动作方程为

$$\left|Z_{\mathrm{m}}-\frac{1}{2}Z_{\mathrm{set}}\right|\leqslant\left|\frac{1}{2}Z_{\mathrm{set}}\right| \tag{4-28}$$

或

$$\left|\dot{U}_{\mathrm{m}}-\frac{1}{2}\dot{I}_{\mathrm{m}}Z_{\mathrm{set}}\right|\leqslant\left|\frac{1}{2}\dot{I}_{\mathrm{m}}Z_{\mathrm{set}}\right| \tag{4-29}$$

其相位比较式动作方程为

$$90°\leqslant\arg\frac{Z_{\mathrm{m}}}{Z_{\mathrm{m}}-Z_{\mathrm{set}}}\leqslant 270° \tag{4-30}$$

或

$$90°\leqslant\arg\frac{\dot{U}_{\mathrm{m}}}{\dot{U}_{\mathrm{m}}-\dot{I}_{\mathrm{m}}Z_{\mathrm{set}}}\leqslant 270° \tag{4-31}$$

方向阻抗元件具有以下特点：

（1）整定阻抗为圆的直径。

（2）当测量电压和电流的相位关系发生变化时，动作阻抗的大小是不相同的。当电压超前电流的角度 φ 等于整定阻抗的阻抗角时，动作阻抗达到最大值，保护范围最大，工作最灵敏，这个角度称为方向阻抗元件的最大灵敏角，记为 φ_{sen}。

（3）在反方向发生短路时，测量阻抗不会落入动作区内，因而不会动作，具有方向性，故此称为方向阻抗元件。

（4）在保护的出口附近短路时，电压很小，测量阻抗很小，受互感器误差和装置误差的影响，测量阻抗可能会落入动作区外，导致阻抗元件拒动。当某些区域发生短路时，因某种原因造成保护应该动作而拒动时，称保护存在“死区”，对应的区域为存在“死区”的范围。方向阻抗元件的“死区”范围为保护的出口附近。对于保护存在的“死区”问题，必须采取措施进行解决。

（5）在保护的反方向出口附近短路时，电压很小，测量阻抗很小，受互感器误差和装置误差的影响，测量阻抗可能会进入动作区内，导致阻抗元件误动。这也是必须引起注意的一个问题。

3. 偏移阻抗元件

图 4-9（c）所示为偏移阻抗元件的动作特性。它的动作特性是以 $(1+\alpha)Z_{\mathrm{set}}$ 为直径的圆，$0<\alpha<1$，动作区域向第Ⅲ象限进行了偏移。

其幅值比较式动作方程为

$$\left|Z_{\mathrm{m}}-\frac{1}{2}(1-\alpha)Z_{\mathrm{set}}\right|\leqslant\left|\frac{1}{2}(1+\alpha)Z_{\mathrm{set}}\right| \tag{4-32}$$

或

$$\left|\dot{U}_{\mathrm{m}}-\frac{1}{2}\dot{I}_{\mathrm{m}}(1-\alpha)Z_{\mathrm{set}}\right|\leqslant\left|\frac{1}{2}\dot{I}_{\mathrm{m}}(1+\alpha)Z_{\mathrm{set}}\right| \tag{4-33}$$

其相位比较式动作方程为

$$90^{\circ}\leqslant\arg\frac{Z_{\mathrm{m}}+\alpha Z_{\mathrm{set}}}{Z_{\mathrm{m}}-Z_{\mathrm{set}}}\leqslant 270^{\circ} \tag{4-34}$$

或

$$90^{\circ}\leqslant\arg\frac{\dot{U}_{\mathrm{m}}+\alpha\dot{I}_{\mathrm{m}}Z_{\mathrm{set}}}{\dot{U}_{\mathrm{m}}-\dot{I}_{\mathrm{m}}Z_{\mathrm{set}}}\leqslant 270^{\circ} \tag{4-35}$$

显然偏移阻抗元件的最大优点是不存在保护“死区”，且由于 α 取值一般不大，反方向短路的动作区域也不大。

全阻抗元件和方向阻抗元件是偏移阻抗元件的特例。α 取不同的值，就代表了所选取的极化电压不同，因此构成了不同特性的阻抗元件。

$$90^{\circ}\leqslant\arg\frac{\dot{U}_{\mathrm{m}}+\alpha\dot{I}_{\mathrm{m}}Z_{\mathrm{set}}}{\dot{U}_{\mathrm{m}}-\dot{I}_{\mathrm{m}}Z_{\mathrm{set}}}\leqslant 270^{\circ}\quad\begin{cases}\alpha=1 & \text{全阻抗}\\ \alpha=0 & \text{方向阻抗}\\ 0<\alpha<1 & \text{偏移阻抗}\end{cases} \tag{4-36}$$

由于反方向短路时存在较大的动作区，全阻抗元件在输电线路保护中很少采用。使用最多的是具有方向性的阻抗元件，实际上，图 4-9（b）、（d）、（e）、（f）都属于方向阻抗元件这一类。

对于圆特性的阻抗元件，其幅值比较式动作方程遵循“找圆心，求半径”的方法写出。图 4-9（e）、（f）均可写出两个圆的幅值比较式动作方程，这两个方程之间前者是“或”的关系，后者是“与”的逻辑关系。图 4-9（h）也可写出两个圆的幅值比较式动作方程，这两个方程之间是“大的满足”“小的不满足”的关系。

方向阻抗元件的相位比较式动作方程的一般形式为

$$\theta_1\leqslant\arg\frac{Z_{\mathrm{m}}}{Z_{\mathrm{m}}-Z_{\mathrm{set}}}\leqslant\theta_2 \tag{4-37}$$

当 $\theta_2-\theta_1=180^{\circ}$，为圆特性；当满足 $\theta_2-\theta_1=180^{\circ}$、$\theta_1<90^{\circ}$ 时，为右偏特性；当满足 $\theta_2-\theta_1=180^{\circ}$、$\theta_1>90^{\circ}$ 时，为左偏特性；当满足 $\theta_1<90^{\circ}$、$\theta_2<270^{\circ}$ 时，为苹果特性；当满足 $\theta_1>90^{\circ}$、$\theta_2>270^{\circ}$ 时，为透镜特性。

请读者根据上述方法写出其他阻抗元件的动作方程，并总结出各自的特点。

4.3.3 直线特性的阻抗元件

图 4-10 给出了三种直线形特性的阻抗元件。

图 4-10（a）是电抗型阻抗元件的动作特性，它可以看作是图 4-9（c）偏移特性 $\alpha\to\infty$ 时的一个特例，其相位比较式动作方程为

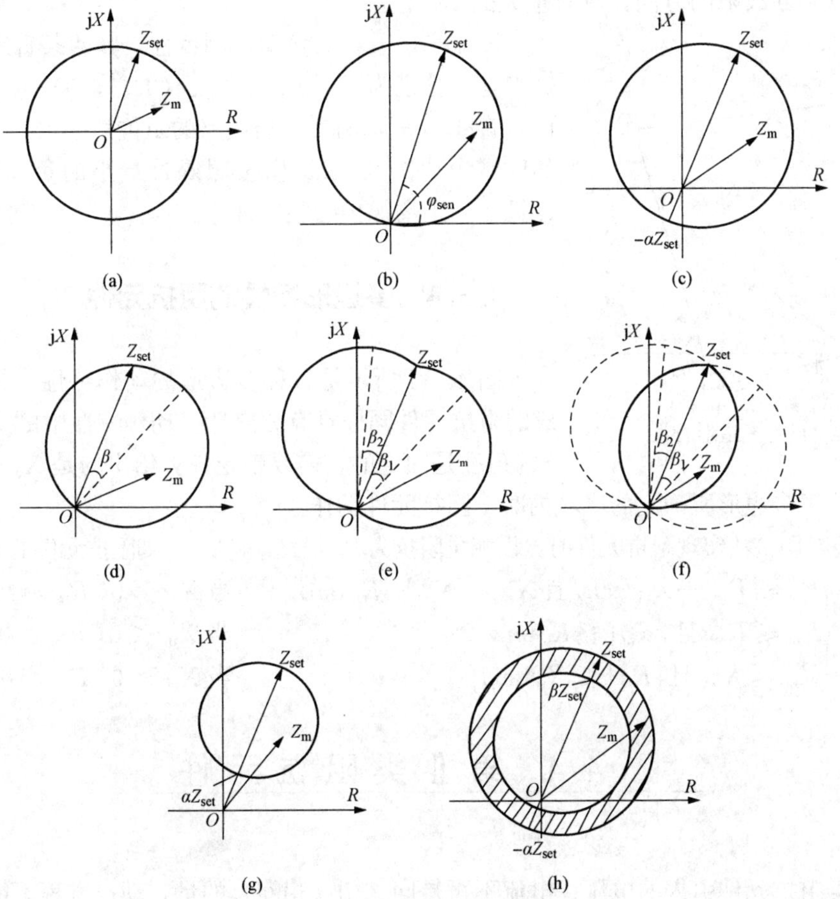

图 4-9　圆特性的阻抗元件

(a) 全阻抗元件；(b) 方向阻抗元件；(c) 偏移阻抗元件；(d) 右偏阻抗元件；(e) 苹果形阻抗元件；(f) 透镜形阻抗元件；(g) 上抛圆阻抗元件；(h) 圆环形阻抗元件（阴影为动作区，$0<\alpha,\beta<1$）

$$90^\circ \leqslant \arg \frac{Z_{\text{set}}}{Z_{\text{m}}-Z_{\text{set}}} \leqslant 270^\circ \tag{4-38}$$

其特点是没有方向性，第Ⅰ象限的动作区扩大。

图 4-10 (b) 是功率方向阻抗元件的动作特性，它可以看作是图 4-9 (b) 中 $Z_{\text{set}}\to\infty$时的一个特例。其相位比较式动作方程为

$$90^\circ \leqslant \arg \frac{Z_{\text{m}}}{-Z_{\text{set}}} \leqslant 270^\circ \tag{4-39}$$

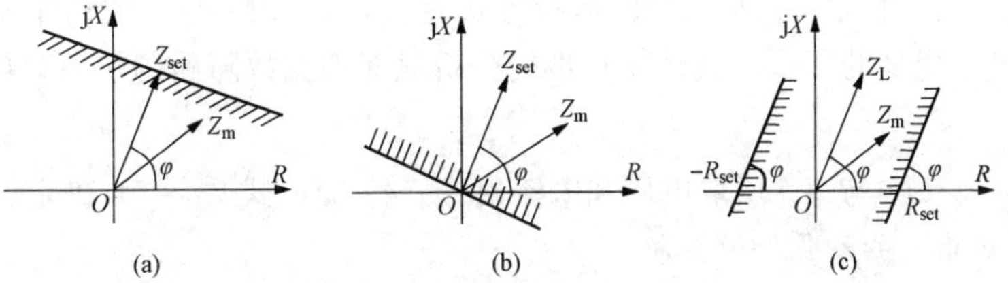

图 4-10　直线形动作特性的阻抗元件

(a) 电抗型特性；(b) 功率方向特性；(c) 负荷限制特性

它可以判断故障的方向，具有很大的动作范围。

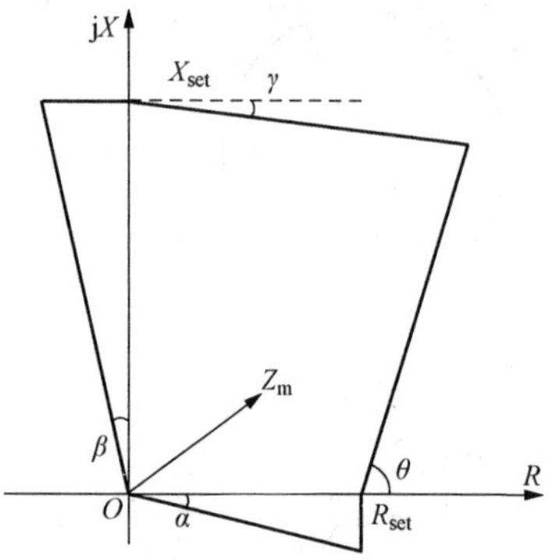

图 4-11　多边形特性

图 4-10（c）为负荷限制特性，其两条直线与 R 轴的交点坐标分别为（$-R_{set}$，0）、（R_{set}，0），R_{set} 为一整定值，直线与 R 轴的夹角与线路的阻抗角一致。两条直线间的区域为动作区，R_{set} 应按照躲过最小的负荷阻抗确定，详见 4.6 距离保护的整定计算。

4.3.4　多边形特性的阻抗元件

图 4-11 所示是一种多边形的动作特性。按该特性构成的阻抗元件同样具有方向性。动作特性中的参数 α、β、γ、θ 的角度是固定的，需要整定计算给出的是 X_{set}、R_{set}。当测量阻抗位于多边形所确定的区域内时，阻抗元件动作。

采用直接阻抗法实现阻抗元件时，设测量阻抗为 $Z_m=R_m+jX_m$，则阻抗元件的动作方程为

$$\begin{cases} R_m \leqslant R_{set}+X_m/\tan\theta \text{ 且 } X_m \leqslant X_{set}-R_m\tan\gamma & \text{当 } X_m \geqslant 0,\ R_m \geqslant 0 \\ R_m \leqslant R_{set} \text{ 且 } |X_m| \leqslant R_m\tan\alpha & \text{当 } X_m < 0,\ R_m \geqslant 0 \\ X_m \leqslant X_{set} \text{ 且 } |R_m| \leqslant X_m\tan\beta & \text{当 } X_m > 0,\ R_m < 0 \end{cases} \tag{4-40}$$

4.4　第Ⅱ类阻抗元件

第Ⅱ类阻抗元件引入的电压、电流不再是同一相（相间）的量，动作方程不能转化为以 Z_m 为单一变量的形式。这类阻抗元件的动作特性因具体的故障条件（包括故障位置、故障类型、是否经过过渡电阻等）和运行方式的不同而不同，不能像单相式阻抗元件那样采用测量阻抗特性法进行分析，只能根据当前的故障条件进行具体问题具体分析。

4.4.1　以故障前电压为极化电压的阻抗元件

设记忆的故障前电压为 $\dot{U}_{m|0|}$，以其为极化电压构成阻抗元件的动作方程为

$$90° \leqslant \arg\frac{\dot{U}_{m|0|}}{\dot{U}_m-\dot{I}_m Z_{set}} \leqslant 270° \tag{4-41}$$

由于故障前的电压 $\dot{U}_{m|0|}$ 和系统的运行方式有关，式（4-41）的动作方程不能转化为测量阻抗 Z_m 单一变量的形式，其动作特性的分析只能根据故障前的状态和具体的故障条件进行分析。

式中 $\dot{U}_{m|0|}$、$\dot{U}_m$ 与 $\dot{I}_m$ 所取电压和电流由式（4-6）、式（4-7）确定。

1. 正方向短路时的动作特性分析

图 4-12（a）所示系统，当 k 点发生短路时，阻抗元件的测量阻抗为 Z_m，等于故障点到保护安装处的短路阻抗，于是有

$$\dot{U}_m - \dot{I}_m Z_{set} = \dot{I}_m(Z_m - Z_{set}) = \frac{\dot{E}_M}{Z_m + Z_s}(Z_m - Z_{set})$$

其中 Z_s 为保护安装处背后系统的阻抗，代入式（4-41）得

$$90° \leqslant \arg \frac{\dot{U}_{m|0|}}{\dot{E}_M} \frac{Z_m + Z_s}{Z_m - Z_{set}} \leqslant 270°$$

即

$$90° + \theta \leqslant \arg \frac{Z_m + Z_s}{Z_m - Z_{set}} \leqslant 270° + \theta \tag{4-42}$$

其中 $\theta = \arg \dfrac{\dot{E}_M}{\dot{U}_{m|0|}}$。当系统空载运行时，$\theta = 0°$；当 M 侧系统为送电侧时，$\theta > 0°$；而当 M 侧系统为受电侧时，$\theta < 0°$。图 4-12（b）给出了上述三种情况下的动作特性。

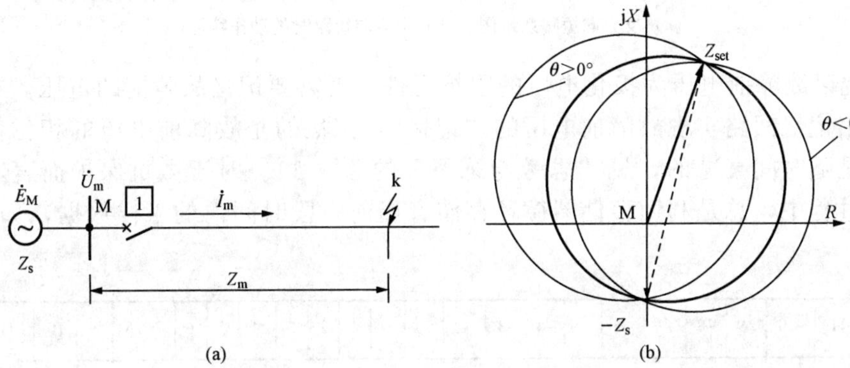

图 4-12　以故障前电压为极化电压的阻抗元件正方向短路时的动作特性分析
（a）正方向短路系统图；（b）正方向短路时的动作特性

2. 反方向短路时的动作特性分析

图 4-13（a）所示，当 k 点发生短路时，注意到 Z_m 本身为负值，有

$$\dot{U}_m - \dot{I}_m Z_{set} = \dot{I}_m(Z_m - Z_{set}) = -\frac{\dot{E}_N}{Z'_s - Z_m}(Z_m - Z_{set})$$

$$= \frac{\dot{E}_N}{Z_m - Z'_s}(Z_m - Z_{set})$$

式中：Z'_s 为保护安装处正方向总的系统阻抗。

代入式（4-41）得

$$90° \leqslant \arg \frac{\dot{U}_{m|0|}}{\dot{E}_N} \frac{Z_m - Z'_s}{Z_m - Z_{set}} \leqslant 270°$$

即

$$90° + \arg \frac{\dot{E}_N}{\dot{U}_{m|0|}} \leqslant \arg \frac{Z_m - Z'_s}{Z_m - Z_{set}} \leqslant 270° + \arg \frac{\dot{E}_N}{\dot{U}_{m|0|}} \tag{4-43}$$

图 4-13（b）画出了空载运行条件下反方向发生短路时 $\left(\arg \dfrac{\dot{E}_N}{\dot{U}_{m|0|}} = 0°\right)$ 的动作特性，

它属于上抛圆特性。由于测量阻抗位于第三象限，所以反方向短路时，以记忆故障前电压 $\dot{U}_{m|0|}$ 为极化电压构成的阻抗元件不会动作，且具有明确的方向性。

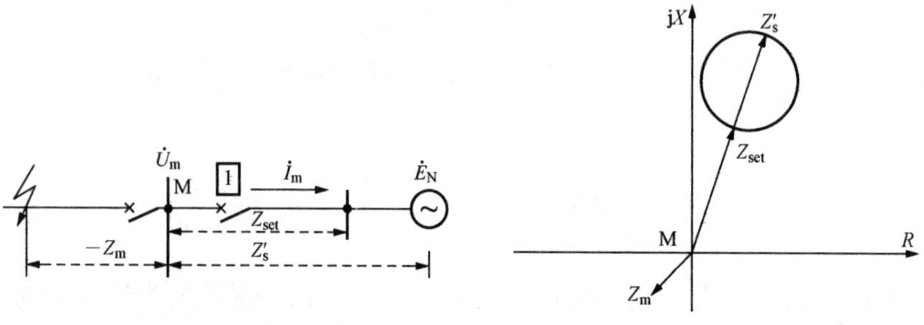

(a)　　(b)

图 4 - 13　以故障前电压为极化电压的阻抗元件反方向短路时的动作特性分析

(a) 反方向短路系统图；(b) 反方向短路时的动作特性

要实现以故障前电压为极化电压的阻抗元件，就需要记忆故障前的电压。在微机保护之前采用记忆回路实现故障前电压的“记忆”，记忆的是故障前电压的相位信息，电压的大小是随时间衰减的，见“思考与练习”的题 4.11。对于微机保护而言，其在连续的工作过程中，总是利用存储器循环存储着当前一段时间内的采样数据，如图 4 - 14 所示。

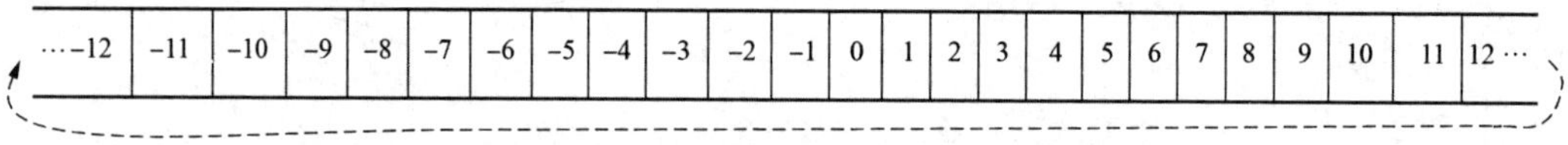

图 4 - 14　微机保护中采样值的存储序列

设序列标号为“0”的时刻是故障时刻，这通常由保护的故障检测元件标定。另外，需要注意的问题就是在使用故障前和故障后的数据时，一定要整周期对应。假设微机保护的采样频率 $f_s = 600\text{Hz}$，每工频周期采样点数 $N = 12$，则故障后的“0”对应故障前的“－12”，故障后的“1”对应故障前的“－11”等，当进入故障后的第 2 个周期后，“12”不是对应“0”，而是对应其两周波前的“－12”，以此类推。只有按整周期对应才能保证计算结果的正确。

4.4.2　以正序电压为极化电压的阻抗元件

以正序电压为极化电压的阻抗元件的动作方程为

$$90^\circ \leqslant \arg \frac{\dot{U}_{m1}}{\dot{U}_m - \dot{I}_m Z_{set}} \leqslant 270^\circ \tag{4-44}$$

式中：$\dot{U}_{m1}$ 为保护测量的正序电压。

$\dot{U}_{m1}$、$\dot{U}_m$ 与 $\dot{I}_m$ 所取电压和电流由式（4 - 6）、式（4 - 7）确定。

以 A 相接地阻抗元件为例，当采用正序电压为极化电压时，其动作方程为

$$90^\circ \leqslant \arg \frac{\dot{U}_{A.1}}{\dot{U}_A - (\dot{I}_A + k \times 3\dot{I}_0)Z_{set}} \leqslant 270^\circ \tag{4-45}$$

式中：$\dot{U}_{A.1} = (\dot{U}_A + a\dot{U}_B + a^2\dot{U}_C)/3$ 为 A 相正序电压，$a = e^{j120^\circ}$ 为旋转因子。

再以 BC 相间短路为例，当采用正序电压为极化电压时，其动作方程为

$$90^\circ \leqslant \arg \frac{\dot{U}_{BC.1}}{\dot{U}_{BC} - (\dot{I}_B - \dot{I}_C)Z_{set}} \leqslant 270^\circ \tag{4-46}$$

式中：$\dot{U}_{BC.1}$为 BC 相间正序电压，$\dot{U}_{BC.1} = (\dot{U}_{BC} + a\dot{U}_{CA} + a^2\dot{U}_{AB})/3$ 。

由此可见，以正序电压为极化电压的阻抗元件，相当于在极化电压中引入了其他两相（相间）的电压，并对电压进行了 $\pm 120^\circ$ 的移相。这种选取极化电压的方式通常称为交叉极化。

为了分析其动作特性，仍按正方向短路和反方向短路两种情况分别讨论。

1. 正方向短路

以图 4-12 所示的单侧电源系统为例，不计负荷电流的影响，当 k 点发生不同类型的故障时，分别进行讨论。设电源电动势为 $\dot{E}_{MA}$、$\dot{E}_{MB}$、$\dot{E}_{MC}$，保护测量的相电流为 $\dot{I}_A$、$\dot{I}_B$、$\dot{I}_C$，正序电流为 $\dot{I}_{A1}$、$\dot{I}_{B1}$、$\dot{I}_{C1}$，系统的各序阻抗为 Z_{s1}、Z_{s2}、Z_{s0}，综合各序阻抗为 $Z_{1\Sigma}$、$Z_{2\Sigma}$、$Z_{0\Sigma}$。

以 BC 两相短路为例，容易得出

$$\begin{aligned}\dot{U}'_{BC} &= \dot{U}_{BC} - (\dot{I}_B - \dot{I}_C)Z_{set} = (\dot{I}_B - \dot{I}_C)(Z_m - Z_{set}) \\ &= 2\dot{I}_B(Z_m - Z_{set}) \\ \dot{U}_{BC1} &= \dot{U}_{B1} - \dot{U}_{C1} = (\dot{E}_{MB} - \dot{I}_{B1}Z_{s1}) - (\dot{E}_{MC} - \dot{I}_{C1}Z_{s1}) \\ &= \dot{E}_{MBC} - (\dot{I}_{B1} - \dot{I}_{C1})Z_{s1} = (\dot{I}_B - \dot{I}_C)(Z_m + Z_{s1}) - \dot{I}_B Z_{s1} \\ &= 2\dot{I}_B(Z_m + 0.5Z_{s1})\end{aligned}$$

代入式（4-44）得

$$90^\circ \leqslant \arg \frac{Z_m + 0.5Z_{s1}}{Z_m - Z_{set}} \leqslant 270^\circ \tag{4-47}$$

而正方向三相短路时，由于三相短路的对称关系，反应各种短路的阻抗元件动作特性都相同，以 A 相为例进行分析。

$$\dot{U}'_A = \dot{U}_A - \dot{I}_A Z_{set} = \dot{I}_A(Z_m - Z_{set})$$

$$\dot{U}_{A1} = \dot{I}_A Z_m$$

代入式（4-44）得

$$90^\circ \leqslant \arg \frac{Z_m}{Z_m - Z_{set}} \leqslant 270^\circ \tag{4-48}$$

图 4-15（a）为正方向两相短路和三相短路时的动作特性。

2. 反方向短路

以图 4-13 所示的单侧电源系统为例，不计负荷电流的影响，当 k 点发生不同类型的故障时，采用类似上面的分析方法，可以得到其动作特性。例如 BC 两相短路，有

$$\dot{U}'_{BC} = \dot{U}_{BC} - (\dot{I}_B - \dot{I}_C)Z_{set} = (\dot{I}_B - \dot{I}_C)(Z_m - Z_{set})$$

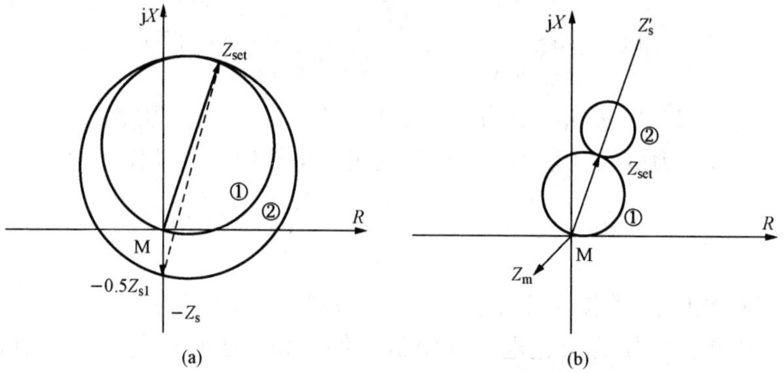

图 4-15 以正序电压为极化电压的阻抗元件短路时的动作特性分析

(a) 正方向短路时的动作特性；(b) 反方向短路时的动作特性

①—三相短路时的动作特性；②—两相短路时的动作特性

$$
\begin{aligned}
&=2\dot{I}_{B}(Z_{m}-Z_{set})\\
\dot{U}_{BC1}&=\dot{U}_{B1}-\dot{U}_{C1}=(\dot{E}_{NB}+\dot{I}_{B1}Z'_{s1})-(\dot{E}_{NC}+\dot{I}_{C1}Z'_{s1})\\
&=\dot{E}_{NBC}+(\dot{I}_{B1}-\dot{I}_{C1})Z'_{s1}=-(\dot{I}_{B}-\dot{I}_{C})(-Z_{m}+Z'_{s1})+\dot{I}_{B}Z'_{s1}\\
&=2\dot{I}_{B}(Z_{m}-0.5Z'_{s1})
\end{aligned}
$$

代入式 (4-44) 得

$$90^{\circ}\leqslant\arg\frac{Z_{m}-0.5Z'_{s1}}{Z_{m}-Z_{set}}\leqslant 270^{\circ} \tag{4-49}$$

而反方向三相短路时，有

$$\dot{U}'_{A}=\dot{U}_{A}-\dot{I}_{A}Z_{set}=\dot{I}_{A}(Z_{m}-Z_{set})$$

$$\dot{U}_{A1}=\dot{I}_{A}Z_{m}$$

代入式 (4-44) 得

$$90^{\circ}\leqslant\arg\frac{Z_{m}}{Z_{m}-Z_{set}}\leqslant 270^{\circ} \tag{4-50}$$

式 (4-49)、式 (4-50) 动作特性如图 4-15 (b) 所示。由于测量阻抗位于第三象限，所以反方向短路时，以正序电压为极化电压构成的阻抗元件不会动作。

以上仅分析了两相短路和三相短路的情况，请读者自己分析正、反方向单相接地和两相接地短路时的动作特性。分析结果表明：以正序电压为极化电压时，发生三相短路时的特性仍然是图 4-9 (b) 所示的方向阻抗元件的静态特性，不能解决保护“死区”和反方向短路可能误动的问题；而发生其他类型故障时，正方向短路为偏移特性，反方向短路为上抛特性，解决了保护“死区”的问题，且有明确的方向性。

4.4.3 以零序电压、电流为极化量的阻抗元件

接地阻抗元件的补偿电压为

$$\begin{cases}\dot{U}'_A=\dot{U}_A-(\dot{I}_A+k\times 3\dot{I}_0)Z_{set}\\ \dot{U}'_B=\dot{U}_B-(\dot{I}_B+k\times 3\dot{I}_0)Z_{set}\\ \dot{U}'_C=\dot{U}_C-(\dot{I}_C+k\times 3\dot{I}_0)Z_{set}\end{cases} \tag{4-51}$$

式中：$\dot{U}_A$、$\dot{U}_B$、$\dot{U}_C$ 分别为保护 1 处的三相电压；$\dot{I}_A$、$\dot{I}_B$、$\dot{I}_C$、$3\dot{I}_0$ 分别为流过保护 1 的三相电流和零序电流；k 为保护 1 的零序补偿系数。

图 4 - 16（a）所示双侧电源供电网络，当发生不同地点短路时，补偿电压及保护安装处的零序电压变化如图 4 - 16（b）所示。

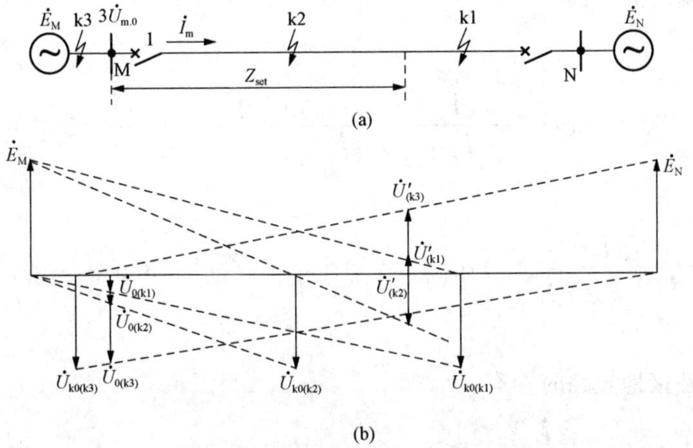

图 4 - 16　不同地点发生接地短路时补偿电压和零序电压的变化

（a）系统图；（b）电压变化图

由图 4 - 16（b）的定性分析可以看出，当保护范围内发生短路时，补偿电压与零序电压同相位，当保护范围外部或反方向短路时，补偿电压与零序电压相位相反。据此可以构成以零序电压为极化电压的接地阻抗元件，其相位比较式动作方程为

$$-90°\leqslant \arg\frac{3\dot{U}_0}{\dot{U}_\varphi-(\dot{I}_\varphi+k3\dot{I}_0)Z_{set}}\leqslant 90° \tag{4-52}$$

式中：$\varphi=A,B,C$。

由于故障点离保护安装处越近，零序电压越高，所以该阻抗元件不存在保护“死区”，而且具有方向性。请读者自己分析正、反方向发生单相接地短路和两相接地短路时的动作特性。

当正方向发生短路时，有

$$3\dot{U}_0=-3\dot{I}_0Z_{M0} \tag{4-53}$$

式中：Z_{M0} 为保护 1 背后系统的零序阻抗。

当反方向发生短路时，有

$$3\dot{U}_0=3\dot{I}_0Z'_{N0} \tag{4-54}$$

式中：Z'_{N0} 为从保护 1 向正方向看出去的总的零序阻抗，$Z'_{N0}=Z_{MN0}+Z_{N0}$，其中 Z_{MN0} 为线路的零序阻抗，Z_{N0} 为 N 侧系统的零序阻抗。

根据图 4 - 16（b）零序电压和补偿电压的相位关系及式（4 - 53）、式（4 - 54）可以画出补偿电压与零序电流的相位关系，如图 4 - 17 所示。假设零序阻抗角为 90°。

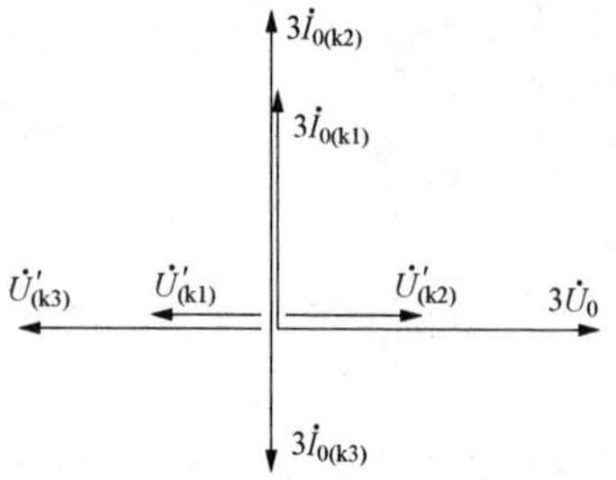

图 4-17 不同地点短路时补偿电压和零序电流的相位关系

由图 4-17 发现，如果用零序电流为极化量，可以实现正方向保护范围外部短路不动作，但保护范围内部及反方向短路时都将动作，即以零序电流为极化量的阻抗元件没有方向性，其相位比较式动作方程为

$$0^\circ \leqslant \arg \frac{3\dot{I}_0}{\dot{U}_\varphi-(\dot{I}_\varphi+k\times 3\dot{I}_0)Z_{set}} \leqslant 180^\circ \quad (4-55)$$

式（4-55）可以写成

$$180^\circ \leqslant \arg \frac{\dot{U}_\varphi-(\dot{I}_\varphi+k\times 3\dot{I}_0)Z_{set}}{3\dot{I}_0} \leqslant 360^\circ \quad (4-56)$$

或

$$180^\circ \leqslant \arg \frac{\dot{U}_\varphi-(\dot{I}_\varphi+k\times 3\dot{I}_0)Z_{set}}{\dot{I}_\varphi+k\times 3\dot{I}_0}\,\frac{\dot{I}_\varphi+k\times 3\dot{I}_0}{3\dot{I}_0} \leqslant 360^\circ$$

即

$$180^\circ+\arg \frac{3\dot{I}_0}{\dot{I}_\varphi+k\times 3\dot{I}_0} \leqslant \arg\left(\frac{\dot{U}_\varphi}{\dot{I}_\varphi+k\times 3\dot{I}_0}-Z_{set}\right) \leqslant 360^\circ+\arg \frac{3\dot{I}_0}{\dot{I}_\varphi+k\times 3\dot{I}_0} \quad (4-57)$$

当发生金属性接地短路时，有

$$180^\circ+\arg \frac{3\dot{I}_0}{\dot{I}_\varphi+k\times 3\dot{I}_0} \leqslant \arg(Z_m-Z_{set}) \leqslant 360^\circ+\arg \frac{3\dot{I}_0}{\dot{I}_\varphi+k\times 3\dot{I}_0} \quad (4-58)$$

当发生经过渡电阻 R_g 的单相接地短路时，$\dot{U}_\varphi=(\dot{I}_\varphi+k\times 3\dot{I}_0)Z_m+3\dot{I}_{k0}R_g$，$\dot{I}_{k0}$ 为故障支路的零序电流。由式（4-57）得

$$180^\circ+\arg \frac{3\dot{I}_0}{\dot{I}_\varphi+k\times 3\dot{I}_0} \leqslant \arg\left(Z_m+\frac{3\dot{I}_{k0}R_g}{\dot{I}_\varphi+k\times 3\dot{I}_0}-Z_{set}\right) \leqslant 360^\circ+\arg \frac{3\dot{I}_0}{\dot{I}_\varphi+k\times 3\dot{I}_0}$$

即

$$180^\circ+\arg \frac{3\dot{I}_0}{3\dot{I}_{k0}R_g} \leqslant \arg(Z_m-Z_{set}) \leqslant 360^\circ+\arg \frac{3\dot{I}_0}{3\dot{I}_{k0}R_g}$$

亦即

$$180^\circ+\arg \frac{3\dot{I}_0}{3\dot{I}_{k0}} \leqslant \arg(Z_m-Z_{set}) \leqslant 360^\circ+\arg \frac{3\dot{I}_0}{3\dot{I}_{k0}} \quad (4-59)$$

认为零序补偿系数为实数，当 $3\dot{I}_0$ 与 $\dot{I}_\varphi$ 或 $3\dot{I}_0$ 与 $3\dot{I}_{k0}$ 相位相同时，式（4-58）、式（4-59）变为

$$180^\circ \leqslant \arg(Z_m-Z_{set}) \leqslant 360^\circ \quad (4-60)$$

其动作特性如图 4-18 所示。该阻抗元件不受过渡电阻的影响。在反方向短路时同样会动作，因而没有方向性，因此一般不会单独使用。

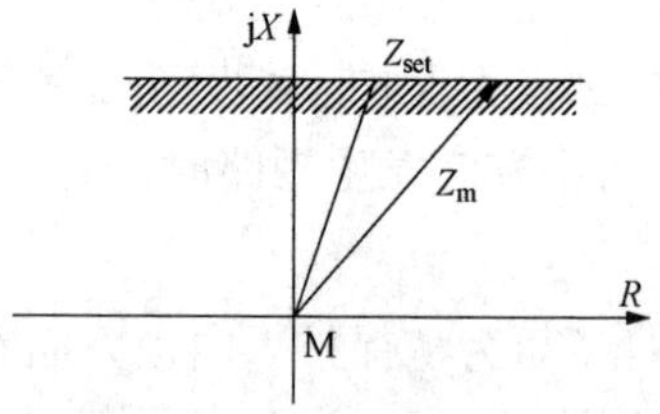

图 4-18 以零序电流为极化量的阻抗元件的动作特性

4.5 工频变化量的阻抗元件

4.5.1 故障分量的特点

图4-19是两端供电网络，在正常运行状态下，一个系统向另一个系统传送功率。此时，线路中的电流和保护1安装处的母线电压分别记为 $\dot{I}_{M|0|}$ 和 $\dot{U}_{M|0|}$，如图4-19（a）所示。当线路k点发生短路时，设故障前k点的电压为 $\dot{U}_{k|0|}$，于是故障后的网络可用图4-19（b)表示。

根据叠加原理，图4-19（b）可以分解为图4-19（c)、（d）两个等效网络，前者对应的是正常运行时的网络，后者为故障的附加网络。根据故障附加网络计算得到的各个量，统称为故障分量。

利用故障分析的知识，计算出故障点故障分量电流的各序分量 $\dot{I}_{k1}$、$\dot{I}_{k2}$、$\dot{I}_{k0}$后，则可计算出流过保护1的故障电流序分量为 $c_1\dot{I}_{k1}$、$c_2\dot{I}_{k2}$、$c_0\dot{I}_{k0}$，其中 c_1、c_2、c_0 分别为正序、负序电流和零序电流的分布系数。假如计算是以A相为特殊相的，则全电流的各序分量为

$$\begin{cases}\dot{I}_{M1}=c_1\dot{I}_{k1}+\dot{I}_{MA|0|}\\ \dot{I}_{M2}=c_2\dot{I}_{k2}\\ \dot{I}_{M0}=c_0\dot{I}_{k0}\end{cases}$$

进而可以计算出保护安装处的各相电流，A相电流为

$$\begin{aligned}\dot{I}_{MA}&=\dot{I}_{M1}+\dot{I}_{M2}+\dot{I}_{M0}\\&=c_1\dot{I}_{k1}+c_2\dot{I}_{k2}+c_0\dot{I}_{k0}+\dot{I}_{MA|0|}\\&=\Delta\dot{I}_{MA}+\dot{I}_{MA|0|}\end{aligned}$$

B相电流为

$$\begin{aligned}\dot{I}_{MB}&=\alpha^2\dot{I}_{M1}+\alpha\dot{I}_{M2}+I_{M0}\\&=\alpha^2c_1\dot{I}_{k1}+\alpha c_2\dot{I}_{k2}+c_0\dot{I}_{k0}+\alpha^2\dot{I}_{MA|0|}\\&=\Delta\dot{I}_{MB}+\dot{I}_{MB|0|}\end{aligned}$$

同理，C相电流为

$$\dot{I}_{MC}=\Delta\dot{I}_{MC}+\dot{I}_{MC|0|}$$

$\Delta\dot{I}_{MA}$、$\Delta\dot{I}_{MB}$、$\Delta\dot{I}_{MC}$分别为A、B、C相电流的工频变化量或突变量。

同理，计算出故障点电压的各序故障分量分别为 $\dot{U}_{k1}$、$\dot{U}_{k2}$、$\dot{U}_{k0}$后，可以计算出保护安装处的电压各序分量，假如计算以A相为特殊相的，则以A相为基准的各序分量为

$$\begin{cases}\dot{U}_{M1}=\dot{U}_{k1}+c_1\dot{I}_{k1}Z_{Mk1}+\dot{U}_{MA|0|}\\ \dot{U}_{M2}=\dot{U}_{k2}+c_2\dot{I}_{k2}Z_{Mk2}\\ \dot{U}_{M0}=\dot{U}_{k0}+c_0\dot{I}_{k0}Z_{Mk0}\end{cases}$$

式中：Z_{Mk1}、Z_{Mk2}、Z_{Mk0} 分别为故障点到保护安装处的正序、负序、零序阻抗，且 $Z_{Mk1}=Z_{Mk2}$。

进而可以计算出保护安装处的各相电压，A 相电压为

$$\begin{aligned}\dot{U}_{MA}&=\dot{U}_{M1}+\dot{U}_{M2}+\dot{U}_{M0}\\&=(\dot{U}_{k1}+\dot{U}_{k2}+\dot{U}_{k0})+(c_1\dot{I}_{k1}Z_{Mk1}+c_2\dot{I}_{k2}Z_{Mk2}+c_0\dot{I}_{k0}Z_{Mk0})+\dot{U}_{MA|0|}\\&=\dot{U}_{kA}+(\Delta\dot{I}_{MA}+k\times 3\dot{I}_0)Z_{Mk1}+\dot{U}_{MA|0|}\\&=\Delta\dot{U}_{MA}+\dot{U}_{MA|0|}\end{aligned}$$

同理，得

$$\dot{U}_{MB}=\Delta\dot{U}_{MB}+\dot{U}_{MB|0|}$$
$$\dot{U}_{MC}=\Delta\dot{U}_{MC}+\dot{U}_{MC|0|}$$

其中

$$\begin{cases}\Delta\dot{U}_{MA}=\dot{U}_{kA}+(\Delta\dot{I}_{MA}+k\times 3\dot{I}_0)Z_{Mk1}\\ \Delta\dot{U}_{MB}=\dot{U}_{kB}+(\Delta\dot{I}_{MB}+k\times 3\dot{I}_0)Z_{Mk1}\\ \Delta\dot{U}_{MC}=\dot{U}_{kC}+(\Delta\dot{I}_{MC}+k\times 3\dot{I}_0)Z_{Mk1}\end{cases}\tag{4-61}$$

k 为零序补偿系数。$\Delta\dot{U}_{MA}$、$\Delta\dot{U}_{MB}$、$\Delta\dot{U}_{MC}$ 分别为 A、B 相和 C 相电压的工频变化量或突变量。

由式（4-61）得

$$\begin{cases}\dot{U}_{kA}=\Delta\dot{U}_{MA}-(\Delta\dot{I}_{MA}+k\times 3\dot{I}_0)Z_{Mk1}\\ \dot{U}_{kB}=\Delta\dot{U}_{MB}-(\Delta\dot{I}_{MB}+k\times 3\dot{I}_0)Z_{Mk1}\\ \dot{U}_{kC}=\Delta\dot{U}_{MC}-(\Delta\dot{I}_{MC}+k\times 3\dot{I}_0)Z_{Mk1}\end{cases}\tag{4-62}$$

综上所述，电流和电压的工频变化量可记为

$$\Delta\dot{I}_m=\dot{I}_m-\dot{I}_{m|0|}\tag{4-63}$$

$$\Delta\dot{U}_m=\dot{U}_m-\dot{U}_{m|0|}\tag{4-64}$$

根据图 4-19（d）可知，在正方向发生短路时，有

$$\Delta\dot{U}_m=-\Delta\dot{I}_mZ_M\tag{4-65}$$

其中 Z_M 为保护安装处背后系统的等值阻抗。

故障分量可以分为两类：一是稳定的故障分量，如零序和负序分量；二是突变量，例如 $\Delta\dot{I}_A=\dot{I}_A-\dot{I}_{A|0|}$、$\Delta\dot{I}_{AB}=\dot{I}_{AB}-\dot{I}_{AB|0|}$、$\Delta\dot{I}_1=\dot{I}_1-\dot{I}_{1|0|}$ 等都是突变量。

当以瞬时值的形式表示时，以相电流突变量为例，可按下式计算

$$\Delta i(t)=i(t)-i(t+nT)\tag{4-66}$$

式中：n 为整数；T 为工频周期。

图 4-20 是计算突变量的示意图。

显然，对于一个稳定的周期信号，式(4-66)的输出恒为零。在发生突变后的第一个周期内，和其一周前对应的值相减就是突变量，在突变后的第二个周期内，应和其两周前对应的值相减。理论上，突变量总是可以计算得出的，但电力系统发生故障后，由于电力系统各种自动装置的调节作用，系统的状态发生了变化，故障前记录下来的值就不再是当前状态下对应的非故障状态的值。因此，一般而言，可测量的突变量只是短时间存在的，通常利用突变量构成快速动作的保护。

利用故障分量构成的保护具有如下特点：

(1) 故障分量仅在故障后存在，非故障状态下不存在故障分量，因而利用故障分量构成的保护灵敏性高。

(2) 故障点的故障分量电压最高，系统中性点的故障分量电压为零，利用故障分量构成的保护可以消除出口附近短路时保护动作的死区。例如零序功率方向元件不存在出口短路的死区。

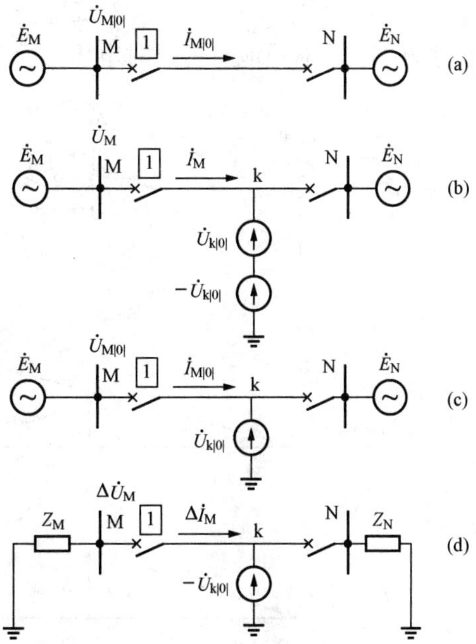

图 4-19　应用叠加原理计算故障分量

(a) 正常运行网络；(b) 故障等效网络；(c) 正常运行等效网络；(d) 故障附加网络

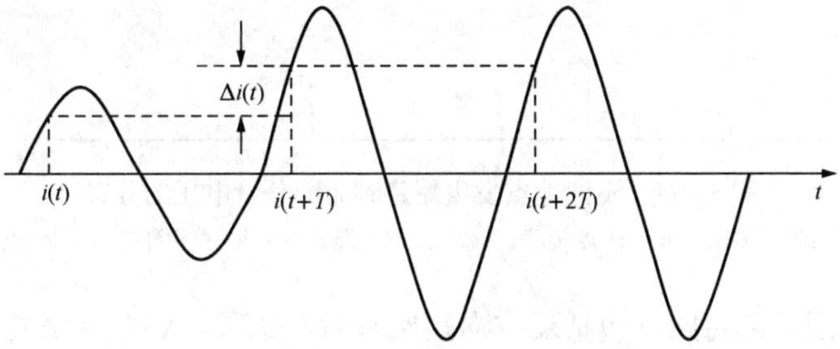

图 4-20　突变量计算示意

(3) 当正方向发生短路时，故障分量电压和电流的相位关系，取决于保护安装处背后系统的阻抗角，与两侧系统的电动势夹角、故障点远近以及是否有过渡电阻无关。

(4) 利用稳定的故障分量构成的保护不反应过负荷和系统振荡，当然也不反应三相短路。利用突变量构成的保护受系统振荡的影响较小，但能够反应三相短路。

4.5.2　工频变化量阻抗元件的构成原理

图 4-21 给出了一双侧电源供电网络，假定保护 1 的定值为 Z_{set}。当短路前系统处于空载状态，则故障前系统各点的电压为电源的电动势，记为 $\dot{E}_{|0|}$。设短路后，保护测量电压的变化量为 $\Delta\dot{U}_m$，电流变化量为 $\Delta\dot{I}_m$。计算

$$|\Delta\dot{U}'_{m}|=|\Delta\dot{U}_{m}-\Delta\dot{I}_{m}Z_{set}| \tag{4-67}$$

并通过图 4 - 21 不同地点短路时电压的分布可以看出：

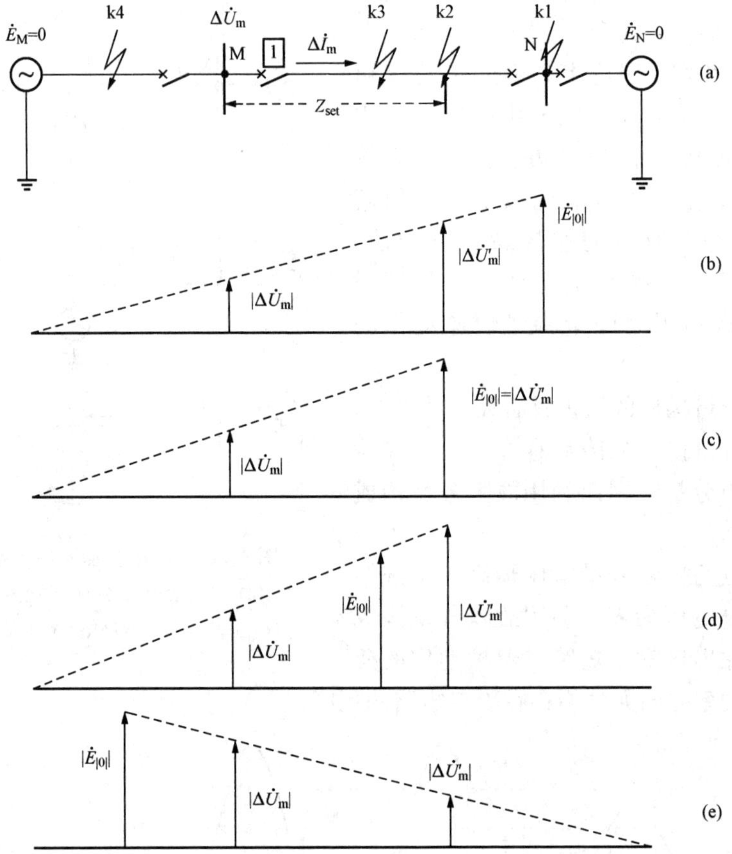

图 4 - 21　不同地点发生短路时故障分量电压的分布

(a) 系统示意图；(b) k1 点短路；(c) k2 点短路；(d) k3 点短路；(e) k4 点短路

(1) 当保护范围外部短路（包括反方向短路）时，$\Delta U'_{m}=\Delta\dot{U}_{m}-\Delta\dot{I}_{m}Z_{set}$ 为保护范围末端处的真实的电压变化量，满足 $|\Delta\dot{U}'_{m}|<|\dot{E}_{|0|}|$。

(2) 当保护范围末端短路时，$|\Delta\dot{U}'_{m}|=|\dot{E}_{|0|}|$。

(3) 当保护范围内部短路时，$\Delta\dot{U}'_{m}=\Delta\dot{U}_{m}-\Delta\dot{I}_{m}Z_{set}$ 为保护范围末端处的电压变化量，但它只是一个计算值，满足 $|\Delta\dot{U}'_{m}|>|\dot{E}_{|0|}|$。

当系统带负载运行时，系统各点的电压不再与电源电动势相等，由于各点正常运行时的电压相差不大，以保护能够直接测量到的故障前的电压 $\dot{U}_{m|0|}$ 代替 $\dot{E}_{|0|}$，反应工频变化量的阻抗元件的动作判据为

$$|\Delta\dot{U}'_{m}|\geqslant|\dot{U}_{m|0|}| \tag{4-68}$$

根据式 (4 - 67)，实际应用时，反应相间短路的工频变化量的阻抗元件的动作判据为

$$\begin{cases} |\Delta\dot{U}'_{AB}| = |\Delta\dot{U}_{AB} - (\Delta\dot{I}_A - \Delta\dot{I}_B)Z_{set}| \geqslant |\dot{U}_{AB|0|}| \\ |\Delta\dot{U}'_{BC}| = |\Delta\dot{U}_{BC} - (\Delta\dot{I}_B - \Delta\dot{I}_C)Z_{set}| \geqslant |\dot{U}_{BC|0|}| \\ |\Delta\dot{U}'_{CA}| = |\Delta\dot{U}_{CA} - (\Delta\dot{I}_C - \Delta\dot{I}_A)Z_{set}| \geqslant |\dot{U}_{CA|0|}| \end{cases} \tag{4-69}$$

反应接地短路的工频变化量的阻抗元件的动作判据为

$$\begin{cases} |\Delta\dot{U}'_A| = |\Delta\dot{U}_A - (\Delta\dot{I}_A + k\times 3\dot{I}_0)Z_{set}| \geqslant |\dot{U}_{A|0|}| \\ |\Delta\dot{U}'_B| = |\Delta\dot{U}_B - (\Delta\dot{I}_B + k\times 3\dot{I}_0)Z_{set}| \geqslant |\dot{U}_{B|0|}| \\ |\Delta\dot{U}'_C| = |\Delta\dot{U}_C - (\Delta\dot{I}_C + k\times 3\dot{I}_0)Z_{set}| \geqslant |\dot{U}_{C|0|}| \end{cases} \tag{4-70}$$

式（4 - 70）中的 k 为零序补偿系数。式（4 - 69）、式（4 - 70）中的 Z_{set} 为阻抗元件的整定值，一般取线路正序阻抗的 0.8～0.85 倍。

4.5.3　工频变化量阻抗元件的动作特性

1. 正方向短路

图 4 - 22 所示为正方向短路时的故障附加网络。其中 Z_s 为保护安装处背后系统的阻抗，测量阻抗 Z_m 等于故障点到保护安装处的短路阻抗。

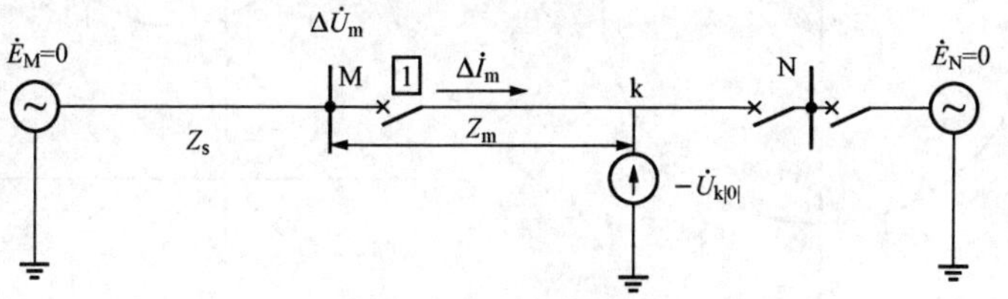

图 4 - 22　正方向短路时的故障附加网络

由图 4 - 22 可知下列关系式成立

$$\Delta\dot{U}_m = -\Delta\dot{I}_m Z_s$$

$$-\dot{U}_{k|0|} = -\Delta\dot{I}_m(Z_m + Z_s)$$

$$\Delta\dot{U}'_m = \Delta\dot{U}_m - \Delta\dot{I}_m Z_{set} = -\Delta\dot{I}_m(Z_s + Z_{set})$$

由式（4 - 68），当认为 $\dot{U}_{k|0|} = \dot{U}_{m|0|}$ 时，有

$$|Z_s + Z_{set}| \geqslant |Z_m + Z_s| \tag{4-71}$$

式（4 - 71）所描述的动作特性如图 4 - 24（a）所示。

2. 反方向短路

图 4 - 23 所示为反方向短路时的故障附加网络。其中 Z'_s 为保护安装处正方向侧的总的阻抗，测量阻抗 Z_m 等于故障点到保护安装处的线路阻抗的负值。

由图 4 - 23 可知下列关系式成立

$$\Delta\dot{U}_m = \Delta\dot{I}_m Z'_s$$

$$-\dot{U}_{k|0|} = \Delta\dot{I}_m(-Z_m + Z'_s)$$

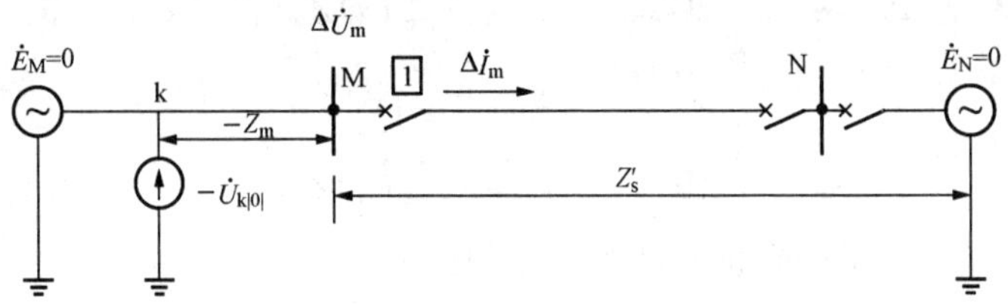

图 4-23　反方向发生短路时的故障附加网络

$$\Delta\dot{U}'_m = \Delta\dot{U}_m - \Delta\dot{I}_m Z_{set} = \Delta\dot{I}_m(Z'_s - Z_{set})$$

由式（4-68），当认为 $\dot{U}_{k|0|} = \dot{U}_{m|0|}$ 时，有

$$|Z'_s - Z_{set}| \geqslant |Z_m - Z'_s| \tag{4-72}$$

式（4-72）所描述的动作特性如图 4-24（b）所示。显然，在反方向发生短路时阻抗元件不会动作。

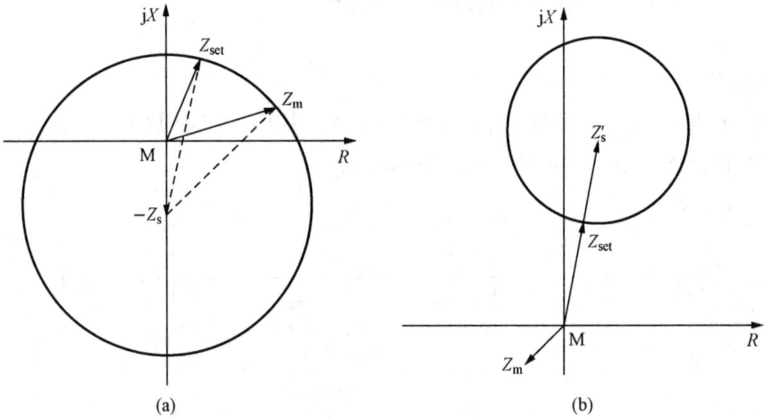

图 4-24　工频变化量阻抗元件短路时的动作特性

（a）正方向短路时的动作特性；（b）反方向短路时的动作特性

通过上面的分析，可以看出工频变化量阻抗元件具有以下特点：

（1）提取故障后的工频突化量，不受负荷状态的影响。

（2）基本上不受系统振荡的影响，可以不经系统振荡闭锁控制。

（3）正方向短路时，扩大了第Ⅰ象限的动作区域，提高了抗过渡电阻的能力。

（4）在反方向短路时不动作，具有明确的方向性。

（5）原理简单，在微机保护中实现方便，通常用于距离保护的第Ⅰ段，快速切除输电线路故障。

4.6　距离保护的定值计算

对于三段式距离保护，各段中的阻抗元件的定值整定，必须以满足选择性和灵敏性为基本原则。定值的大小决定了保护动作的灵敏性，在实现上下级线路的保护配合时，必须在灵敏度和动作时限两方面实现配合。假定距离保护具有阶段式的时限特性，并认为阻抗元件具有方向性，下面介绍具体的整定计算原则。

1. 距离保护Ⅰ段

一般按躲开线路末端短路的原则整定，即

$$Z_{set}^{\mathrm{I}} = K_{rel}^{\mathrm{I}} Z_l \tag{4-73}$$

式中：Z_l 为被保护线路的正序阻抗，Ω。K_{rel}^{I}为可靠系数，整定相间距离保护时，取 0.8～0.85，一般建议不宜超过 0.8；整定接地距离保护时，一般建议不宜超过 0.7。这主要考虑了保护装置的测量误差、互感器的误差、线路参数的误差、接地短路时的过渡电阻影响等因素。

距离保护Ⅰ段为瞬动段，不附加人为延时。

2. 距离保护Ⅱ段

距离保护Ⅱ段的整定原则是能够保护线路全长，力求与相邻线路快速动作的保护相配合，以使距离保护Ⅱ段的动作时间尽可能短。如图 4-25 所示，当整定保护 2 的相间距离保护Ⅱ段时，按下述原则进行整定计算。

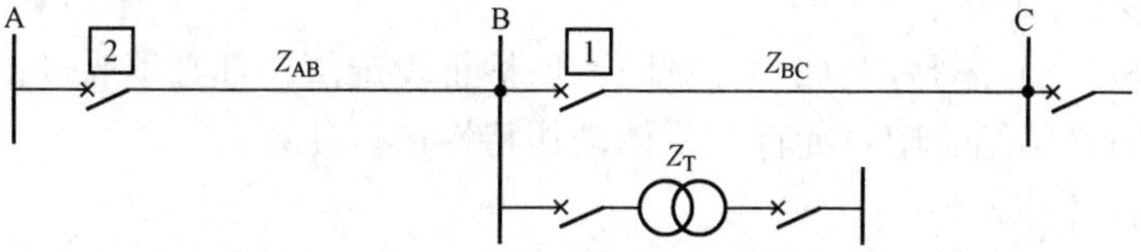

图 4-25 距离保护整定计算的网络接线

(1) 与相邻线路保护 1 的Ⅰ段配合整定，计算式为

$$Z_{set.2}^{\mathrm{II}} = K'_{rel} Z_{AB} + K''_{rel} k_{b.min} Z_{set.1}^{\mathrm{I}} \tag{4-74}$$

式中：Z_{AB}为被保护线路的正序阻抗；$Z_{set.1}^{\mathrm{I}}$为保护 1 的Ⅰ段定值；$k_{b.min}$为相邻线路Ⅰ段保护范围末端短路时，可能出现的最小分支系数；K'_{rel}、K''_{rel}为可靠系数，取 $K'_{rel}=0.8\sim0.85$，$K''_{rel}\leqslant0.8$。

(2) 躲过线路末端连接的变电站变压器低压侧短路时的阻抗值，计算式为

$$Z_{set.2}^{\mathrm{II}} = K'_{rel} Z_{AB} + K''_{rel} k_{b.min} Z_T \tag{4-75}$$

式中：Z_T 为变压器的正序阻抗；$k_{b.min}$为变压器低压侧母线短路时，可能出现的最小分支系数；K'_{rel}、K''_{rel}为可靠系数，取 $K'_{rel}=0.8\sim0.85$，$K''_{rel}\leqslant0.7$。

取以上两式中数值较小值为整定值，并进行灵敏系数校验，即

$$K_{sen} = \frac{Z_{set.2}^{\mathrm{II}}}{Z_{AB}} \tag{4-76}$$

一般不小于 1.25～1.5。

(3) 若灵敏系数不满足要求，考虑和相邻线路保护的Ⅱ段配合，仍采用式 (4-74) 计算，只不过用 $Z_{set.1}^{\mathrm{II}}$代替了 $Z_{set.1}^{\mathrm{I}}$。

当按 (1) 和 (2) 确定了保护 2 的Ⅱ段定值时，保护的动作时延和相邻元件的速动保护配合，一般可取 0.5s。当按 (3) 确定了保护 2 的Ⅱ段定值时，保护的动作时延则与相邻元件的Ⅱ段保护配合，可取 1～1.2s。

3. 距离保护Ⅲ段

距离保护Ⅲ段的作用是作为本线路和相邻设备的后备保护。如图 4-25 所示，当整定保护 2 的相间距离保护Ⅲ段时，按下述原则进行整定计算。

(1) 与相邻线路距离保护的Ⅱ段配合整定，采用下式进行计算

$$Z_{set.2}^{Ⅲ}=K'_{rel}Z_{AB}+K''_{rel}k_{b.min}Z_{set.1}^{Ⅱ} \tag{4-77}$$

式中：$Z_{set.1}^{Ⅱ}$为保护 1 的距离保护Ⅱ段定值；$k_{b.min}$为相邻线路末端短路时，可能出现的最小分支系数；K'_{rel}、K''_{rel}为可靠系数，取K'_{rel}=0.8～0.85，K''_{rel}≤0.8。

作为本线路保护的近后备保护，其灵敏系数校验

$$K_{sen(近)}=\frac{Z_{set.2}^{Ⅲ}}{Z_{AB}} \tag{4-78}$$

一般应大于 1.5。

作为相邻线路或其他设备保护的远后备保护，其灵敏系数校验

$$K_{sen(远)}=\frac{Z_{set.2}^{Ⅲ}}{Z_{AB}+k_{b.max}Z} \tag{4-79}$$

一般应大于 1.2。其中 Z 为相邻设备的正序阻抗。

(2) 若灵敏系数不满足要求，考虑和相邻线路距离保护的Ⅲ段配合，仍采用式（4-77）计算，只不过用 $Z_{set.1}^{Ⅲ}$代替了 $Z_{set.1}^{Ⅱ}$。

(3) 无论是按（1）还是按（2）计算距离保护Ⅲ段定值，都必须躲过正常运行时的最小负荷阻抗，但此时必须结合阻抗元件的具体动作特性进行计算。

最小负荷阻抗计算式为

$$Z_{L.min}=\frac{U_{L.min}}{I_{L.max}}=\frac{(0.9-0.95)U_N}{I_{L.max}} \tag{4-80}$$

其中：$U_{L.min}$为正常运行时可能出现的最低电压；U_N 为额定电压；$I_{L.max}$为最大负荷电流。

参照过电流保护的整定计算原则，考虑到外部故障切除后，在电动机自启动条件下，距离保护的Ⅲ段必须立即返回，阻抗元件在负荷功率因数角下的动作阻抗确定为

$$Z_{op}=\frac{Z_{L.min}}{K_{rel}K_{re}K_{SS}} \tag{4-81}$$

对于全阻抗元件，由于在各个阻抗角下的动作阻抗都等于整定阻抗，因此全阻抗元件的整定值为

$$Z_{set}^{Ⅲ}=\frac{Z_{L.min}}{K_{rel}K_{re}K_{SS}} \tag{4-82}$$

对于圆特性的方向阻抗元件，由图 4-26（a）可知，其整定值为

$$Z_{set}^{Ⅲ}=\frac{Z_{L.min}}{K_{rel}K_{re}K_{SS}\cos(\varphi_{sen}-\varphi_L)} \tag{4-83}$$

对于多边形的方向阻抗元件，如图 4-26（b）所示，$Z_{set}^{Ⅲ}$可按前述（1）或（2）原则整定，进而可计算出 X_{set}，可由式（4-81）确定的 Z_{op} 计算出 R_{set}。

注意：式（4-81）～式（4-83）中的 K_{rel}一般取 1.2～1.25。

(4) 距离保护Ⅲ段的动作时限的确定，遵循下列原则：

1）与被配合段的保护配合，在其动作时限的基础上增加一个 Δt。

2）保护范围伸出线路末端连接的变电所变压器低压侧母线时，要考虑和变压器的相间短路的后备保护动作时限相配合。

3）当不经振荡闭锁控制时，其动作时延应大于可能最长的振荡周期（详见 4.7.3）。

以上所述为相间距离保护的整定原则。接地距离保护Ⅱ段和Ⅲ段与相邻线路的保护配合

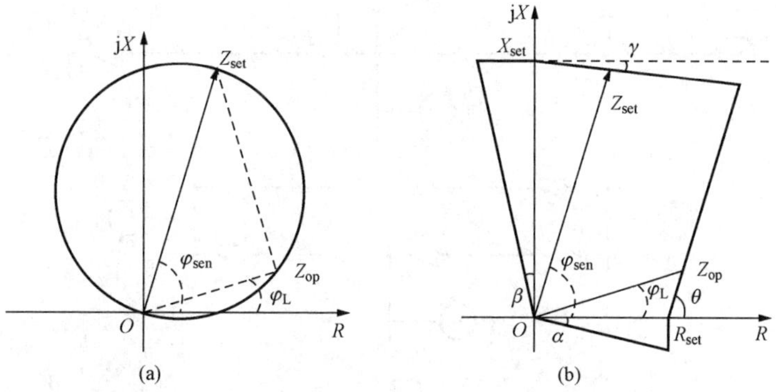

图 4-26 方向阻抗元件的Ⅲ段定值计算

(a) 圆特性的方向阻抗元件定值整定；(b) 多边形特性的阻抗元件定值整定

时，需考虑两条线路的零序补偿系数可能不同（参考 4.2 节中关于阻抗元件及其测量阻抗的说明部分）。

高压长距离输电线路中的距离保护如果采用圆特性的阻抗元件，按躲最小负荷阻抗整定可能会面临一些困难。因为按照 1)、2) 的原则进行整定，定值较大，圆特性的动作区域就大，无法躲过最小负荷阻抗。如果按照 3) 的原则进行整定，灵敏度又无法满足要求。采用多边形特性可以很好地解决这一矛盾。当然采用圆特性叠加负荷限制特性的综合特性也可以解决这一问题。

距离保护的整定计算过程中，分支系数计算的正确与否，直接关系到保护范围的大小，也影响到保护各段的配合及灵敏度。

【例 4-3】 图 4-27 给出了几种常见的网络结构，当讨论保护 1 和保护 2 的配合时，分析最大、最小分支系数计算的条件。

解 图 4-27 (a)：计算最小分支系数时，系统 A 取最大运行方式，系统 B 取最小运行方式，短路点选择在 BC 线路上；计算最大分支系数时，系统 A 取最小运行方式，系统 B 取最大运行方式，短路点选择在 BC 线路上。

图 4-27 (b)：计算最小分支系数时，系统 A、C 取最大运行方式，系统 B 取最小运行方式，QF1 断开，短路点设在 BC 线路上；计算最大分支系数时，短路点设在保护 2 的Ⅰ段范围末端，计算判断 AB 线路电流方向，若由 B 流向 A，则断开 AC 线路，系统 A 取最小运行方式，系统 B 取最大运行方式；否则，再判断 AC 线路，若由 A 流向 C，则闭环运行，否则断开 AC 线路，系统 A 取最小运行方式，系统 B 取最大运行方式。

图 4-27 (c)：计算最小分支系数时，系统 D 取最大运行方式，环网闭环运行，系统 C 取最小运行方式，短路点选择在保护 2 的Ⅰ段范围末端，若 AC 线路的电流是从 C 流向 A，则断开 QF1，最小分支系数为 1；计算最大分支系数时，系统 D 取最小运行方式，系统 C 取最大运行方式，断开 QF2，短路点选择在 B 母线。

图 4-27 (d)：短路点选择在 AD 线路上。计算最小分支系数时，断开 QF1，最小分支系数为 1；计算最大分支系数时，系统 B 取最小运行方式，系统 C 取最大运行方式，若 BC 线路电流从 B 流向 C，则闭环运行，否则断开 QF2。

图 4-27 (e)：计算最小分支系数时，双回线并列运行，整定计算保护 1 的Ⅱ段时，短

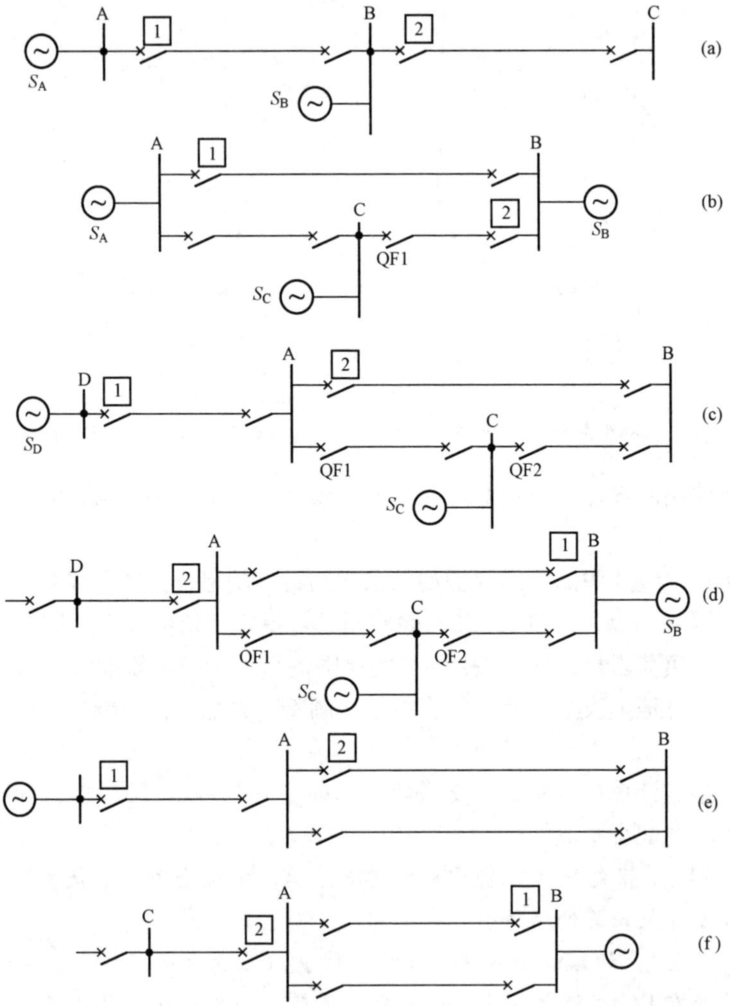

图 4-27　分支系数计算的网络结构图

(a) 具有助增电源的保护配合；(b) 环网内保护配合；(c) 环网外保护与环网内保护配合；(d) 环网内保护与环网外保护配合；(e) 与双回线内的保护配合；(f) 双回线内保护与双回线外的保护配合

路点选择在保护 2 的Ⅰ段范围末端；计算最大分支系数时，双回线单回运行，最大分支系数为 1。

图 4-27 (f)：计算最小分支系数时，短路点选择在 C 母线，双回线单回运行，最小分支系数为 1；计算最大分支系数时，短路点选择在 C 母线，双回线双回运行。

【例 4-4】 图 4-28 所示某 110kV 双回线路为发电厂 B 与系统 C 的联络线，系统各设备参数（已归算到 110kV 侧）及保护 5 的相间距离保护定值都标示在图上。对保护 1 的相间距离保护进行整定计算，已知各段阻抗元件均采用单相式圆特性的方向阻抗元件。

解 (1) 计算保护 1 的Ⅰ段定值

$$Z_{set.1}^{I} = K_{rel}^{I} Z_{BC} = 0.85 \times 21 = 17.85(\Omega)$$

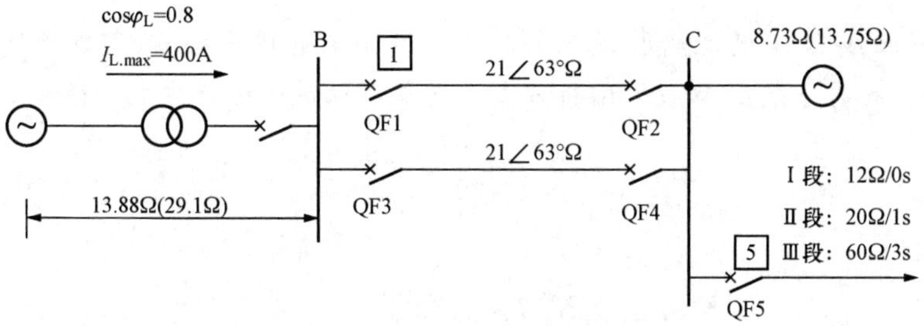

图 4-28　双回联络线系统接线图

$$\varphi_{sen} = 63^\circ$$

$$t^{\mathrm{I}} = 0\mathrm{s}$$

（2）计算保护 1 的Ⅱ段定值。

1）和保护 5 的距离Ⅰ段配合。首先计算最小的分支系数，双回线取单回运行，发电厂取最大运行方式，系统 C 取最小运行方式，由此得

$$k_{b5.\min} = \frac{13.88 + 21 + 13.75}{13.75} = 3.53$$

于是得

$$\begin{aligned} Z^{\mathrm{II}}_{set.1} &= K'_{rel} Z_{BC} + K''_{rel} k_{b5.\min} Z^{\mathrm{I}}_{set.5} \\ &= 0.85 \times 21 + 0.8 \times 3.53 \times 12 = 51.74(\Omega) \end{aligned}$$

$$K_{sen} = \frac{51.74}{21} = 2.46$$

2）和另一回线 QF4 的距离Ⅰ段配合。此时考虑 QF3 断开，计算最小的分支系数，发电厂取最大运行方式，系统 C 取最小运行方式，由此得

$$k_{b4.\min} = k_{b5.\min} = 3.53$$

于是得

$$\begin{aligned} Z^{\mathrm{II}}_{set.1} &= K'_{rel} Z_{BC} + K''_{rel} k_{b4.\min} Z^{\mathrm{I}}_{set.4} \\ &= 0.85 \times 21 + 0.8 \times 3.53 \times 17.85 = 68.26(\Omega) \end{aligned}$$

$$K_{sen} = \frac{68.26}{21} = 3.25$$

所以，取

$$Z^{\mathrm{II}}_{set.1} = 51.74\Omega$$

$$K_{sen} = 2.46$$

$$\varphi_{sen} = 63^\circ$$

$$t^{\mathrm{II}} = 0.5\mathrm{s}$$

（3）计算保护 1 的Ⅲ段定值。

1）和保护 5 的距离Ⅱ段配合

$$\begin{aligned} Z^{\mathrm{III}}_{set.1} &= K'_{rel} Z_{BC} + K''_{rel} k_{b5.\min} Z^{\mathrm{II}}_{set.5} \\ &= 0.85 \times 21 + 0.8 \times 3.53 \times 20 = 74.33(\Omega) \end{aligned}$$

$$\varphi_{sen} = 63^\circ$$

$$t^{\text{Ⅲ}}=1.5\text{s}$$

2）和另一回线 QF4 的距离Ⅱ段配合。QF4 的距离Ⅱ段应按 QF2 断开时，和保护 1 的距离Ⅰ段配合，此时系统 C 取最大运行方式，发电厂取最小运行方式，得

$$k_{\text{b1.min}}=\frac{8.73+21+29.1}{29.1}=2.02$$

于是得

$$Z_{\text{set.4}}^{\text{Ⅱ}}=K'_{\text{rel}}Z_{\text{BC}}+K''_{\text{rel}}k_{\text{b1.min}}Z_{\text{set.1}}^{\text{Ⅰ}}$$
$$=0.85\times 21+0.8\times 2.02\times 17.85=46.7(\Omega)$$
$$K_{\text{sen}}=\frac{46.7}{21}=2.22$$

当和 QF4 的距离Ⅱ段配合时，考虑 QF3 断开，于是

$$Z_{\text{set.1}}^{\text{Ⅲ}}=K'_{\text{rel}}Z_{\text{BC}}+K''_{\text{rel}}k_{\text{b4.min}}Z_{\text{set.4}}^{\text{Ⅱ}}$$
$$=0.85\times 21+0.8\times 3.53\times 46.7=149.73(\Omega)$$
$$\varphi_{\text{sen}}=63^{\circ}$$
$$t^{\text{Ⅲ}}=1.5\text{s}$$

3）和保护 5 的距离Ⅲ段配合

$$Z_{\text{set.1}}^{\text{Ⅲ}}=K'_{\text{rel}}Z_{\text{BC}}+K''_{\text{rel}}k_{\text{b5.min}}Z_{\text{set.5}}^{\text{Ⅲ}}$$
$$=0.85\times 21+0.8\times 3.53\times 60=187.29(\Omega)$$
$$\varphi_{\text{sen}}=63^{\circ}$$
$$t^{\text{Ⅲ}}=3.5\text{s}$$

4）按躲过最小负荷阻抗整定。考虑单回运行，所有负荷都流过一回线路，即

$$Z_{\text{L.min}}=\frac{0.95\times 110/\sqrt{3}}{400\times 10^{-3}}=150.84(\Omega)$$

由于采用圆特性的方向阻抗元件，所以

$$Z_{\text{set.1}}^{\text{Ⅲ}}=\frac{Z_{\text{L.min}}}{K_{\text{rel}}K_{\text{re}}K_{\text{SS}}\cos(\varphi_{\text{sen}}-\varphi_{\text{L}})}$$
$$=\frac{150.84}{1.2\times 1.2\times 2\times\cos(63^{\circ}-36.87^{\circ})}=58.34(\Omega)$$
$$\varphi_{\text{sen}}=63^{\circ}$$
$$t^{\text{Ⅲ}}=3.5\text{s}$$

由上述计算可见，保护 1 的Ⅲ段定值应按 4）计算结果选择。作为本线路的后备保护，灵敏系数为

$$K_{\text{sen(近)}}=\frac{58.34}{21}=2.78$$

作为相邻线路保护 5 的后备保护，灵敏系数为

$$K_{\text{sen(远)}}=\frac{Z_{\text{set.1}}^{\text{Ⅲ}}}{Z_{\text{BC}}+k_{\text{b5.max}}Z_{\text{set.5}}^{\text{Ⅰ}}/0.85}$$

而

$$k_{\text{b5.max}}=2\times\frac{8.73+21/2+29.1}{8.73}=11.07$$

则

$$K_{sen(远)}=\frac{58.34}{21+11.07\times 12/0.85}=0.33$$

不能满足作为远后备保护的要求。

如果取3）计算结果作为保护1的Ⅲ段定值，作为相邻线路保护5的后备保护，灵敏系数提高为

$$K_{sen(远)}=\frac{187.29}{21+11.07\times 12/0.85}=1.06$$

但需采取躲避负荷的措施，如采取图4-29所示的复合特性。

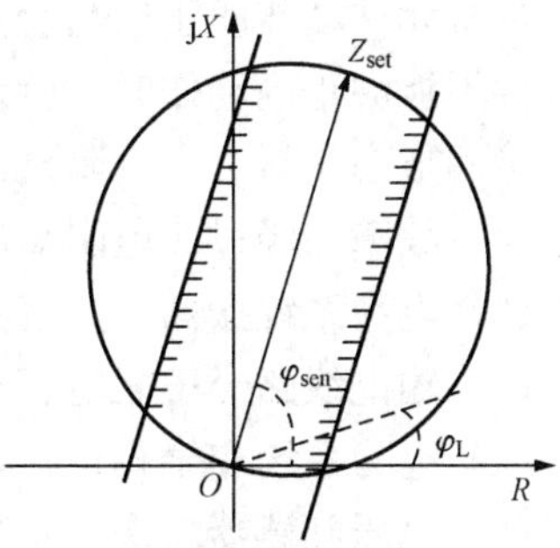

图4-29 方向阻抗与负荷限制的复合特性

4.7 影响距离保护正确动作的因素

阻抗元件的构成有多种方法，其动作特性也是多种多样的。距离保护广泛应用于高压及超高压电网中，作为距离保护测量元件的阻抗元件应满足以下要求：

（1）当被保护线路上发生金属性短路时，测量阻抗应正比于故障点到保护安装处的距离。

（2）在正方向保护范围以外发生短路时，阻抗元件不应动作。如果此时阻抗元件动作，称阻抗元件发生了超越，超越有暂态超越和稳态超越两种。暂态超越由短路后的暂态分量引起，由于暂态分量是衰减的，最简单的方法就是增加阻抗元件启动的延时，但是在超高压电网中，一方面要求保护快速动作，另一方面暂态过程长，因此需采用有效的滤波措施减小暂态分量的影响。稳态超越是指只要外部故障点存在，阻抗元件就一直处于动作状态，这是不允许的，必须采取措施加以克服。

（3）在反方向发生短路时，当有方向性要求时，阻抗元件不动作。特别注意的是在反方向距保护安装处较近的地点发生短路时，由于测量误差及较小过渡电阻的影响可能导致的阻抗元件误动作。

（4）在正方向保护安装处附近发生短路时，保护应可靠动作，即不存在保护动作的死区。在近保护安装处发生短路时，由于测量误差的影响，存在阻抗元件不能启动的可能性。

（5）在被保护的线路上发生经过渡电阻短路时，要求阻抗元件具有一定的抗过渡电阻能力。对于330～500kV线路，接地短路的最大过渡电阻按300Ω考虑；对于200kV线路，按100Ω考虑。

（6）在最大负荷（即最小的负荷阻抗）下，阻抗元件不应启动。

（7）在非全相运行及系统振荡等异常工况条件下，若阻抗元件可能发生误启动，则必须采取防止距离保护误动作的措施。但是，在非全相运行及系统振荡等异常工况条件下又发生短路时，应该采取确保保护动作切除故障的措施。

由此可见，对于一个应用于输电线路距离保护的阻抗元件，必须对其在各种运行工况条件下的动作行为进行全面仔细的分析，以便采取防止保护误动和拒动的有效措施，从而确保保护动作的可靠性。

阻抗元件动作的正确与否直接关系到距离保护的性能，当受到某些因素的影响，使得阻抗元件不能够正确动作时，就需要采取防止保护误动和拒动的措施。从电网可能的运行方式和故障的形态来看，影响阻抗元件正确动作的因素一般包括：

（1）故障点经过渡电阻短路。

（2）电力系统振荡，振荡过程中发生短路。

（3）输电线路经串联电容补偿。

（4）电力系统非全相运行，非全相运行过程中发生短路。

（5）电压互感器二次回路断线。

（6）输电线路过负荷。

（7）保护装置测量误差、互感器的传变误差。

（8）故障暂态过程中的暂态分量的影响等。

上述（6）、（7）两个因素在整定计算时予以考虑，因素（8）则要求保护具有良好的滤波性能。

4.7.1 近保护安装处短路对阻抗元件的影响

当保护安装处的出口附近发生短路时，由于测量误差的影响，其计算的测量阻抗有可能落在动作区外，此时，保护将拒动，保护存在“死区”。而当保护安装处附近反方向发生短路时，由于测量误差的影响，或短路点存在过渡电阻（见第 4.7.3 节分析），其计算的测量阻抗有可能落在动作区内，将导致保护发生误动作。

为了消除正方向短路时的保护“死区”，一是采用具有明确方向性而又不存在保护“死区”的阻抗元件，如以故障前电压为极化量的阻抗元件、工频变化量阻抗元及以正序电压为极化量的阻抗元件（除三相短路外）；二是对于存在保护“死区”的阻抗元件，可以增设方向元件闭锁环节，在满足正方向短路的前提下，改变阻抗元件的动作特性，使其动作区包含原点。

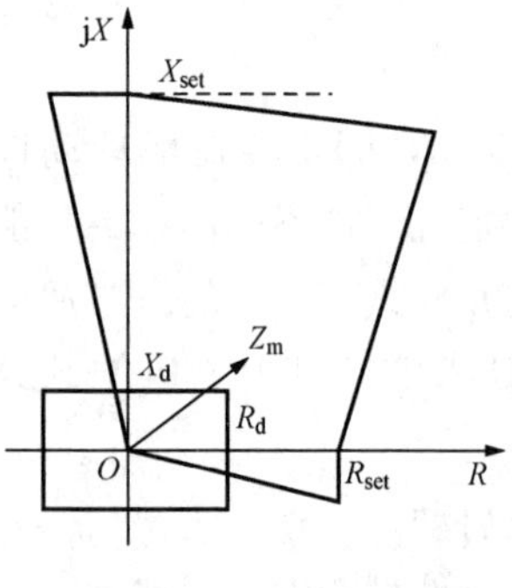

图 4-30 叠加了小矩形的多边形特性

【例 4-5】 多边形特性的阻抗元件消除保护“死区”的方法。

解 为了消除多边形特性的阻抗元件在保护安装处出口附近短路时，保护可能存在拒动的问题，可以在多边形动作特性的基础上，叠加一个小矩形，如图 4-30 所示。

小矩形的动作边界可按照测量阻抗满足一定的精度要求时，计算结果落在小矩形内部来确定。通常按下述原则确定动作边界：

当 $X_{set}>1\Omega$ 时，取 $X_d=0.5\Omega$；当 $X_{set}<1\Omega$ 时，取 $X_d=0.5X_{set}$。R_d 取 $8X_d$ 与 $0.125R_{set}$ 之中的较小值。

应当注意方向元件不能存在“死区”，特别是在保护的出口附近发生短路时，应有较高的灵敏度。常用的方向元件包括零序方向元件、负序方向元件和突变量方向元件。零序方向元件已在第 3 章中进行了介绍。其他常用方向元件的分析见第 5 章。

4.7.2　短路点过渡电阻对阻抗元件的影响

电力系统中的短路一般不是金属性的，而是在短路点存在过渡电阻。过渡电阻的存在，将使阻抗元件的测量阻抗发生变化，可能会使保护范围缩短或延长，在反方向短路时又可能使保护误动作。

1. 短路点过渡电阻的性质

短路点的过渡电阻 R_g 是指相间短路或接地短路时，短路电流从一相到另一相或从相到地的途径中的电阻，包括电弧电阻、中间物质的电阻、相导线与地之间的接触电阻、金属杆塔的接地电阻等。实验证明，当故障点电流达到数百安培以上时，电弧上的电压梯度几乎与电流无关，大约可取为每米弧长上 1.4～1.5kV（最大值）。根据这些数据可知电弧实际呈现的有效电阻

$$R \approx 1050\,\frac{l_{arc}}{I_{arc}} \tag{4-84}$$

式中：l_{arc}为电弧长度，m；I_{arc}为电弧电流有效值，A。

在一般情况下，短路初始，电弧电流最大，电弧长度最短，电弧电阻最小。几个周期后，在风吹、空气对流和电动力作用下，电弧电阻有急速增大的趋势。

在相间短路时，过渡电阻主要由电弧电阻构成，其数值可按式（4-84）估算。在导线对杆塔放电的接地短路时，铁塔及其接地电阻构成过渡电阻的主要部分，铁塔的对地电阻和大地的电导率有关，可达到数十欧姆。当导线经树木或其他物体对地短路时，过渡电阻可能呈现更高的数值。

2. 过渡电阻对阻抗元件的影响

经过渡电阻短路的形式可以用图 4-31 来表示，图 4-31（a）为单相经过渡电阻接地短路，图 4-31（b）为两相经过渡电阻短路，图 4-31（c）为两相经过渡电阻接地短路，图 4-31（d）为三相经过渡电阻接地短路。

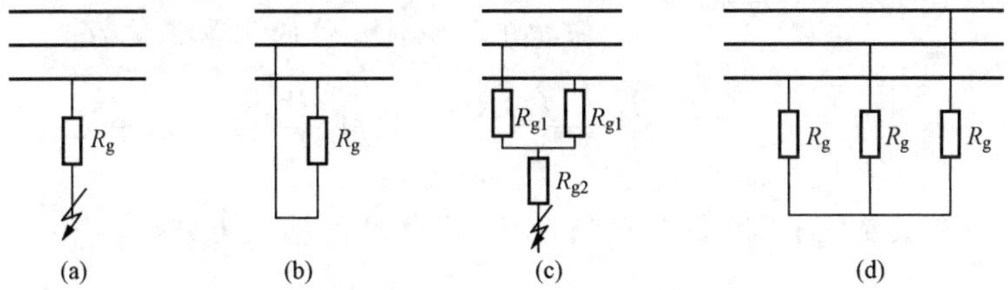

图 4-31　经过渡电阻短路的几种形式

（a）单相经过渡电阻接地短路；（b）两相经过渡电阻短路；

（c）两相经过渡电阻接地短路；（d）三相经过渡电阻接地短路

对于单相式阻抗元件，只要计算出经过渡电阻短路时的测量阻抗（或测量阻抗随过渡电阻变化的轨迹），就可以采用测量阻抗特性法分析阻抗元件的动作行为。

【例 4-6】 图 4-32（a）所示为一单侧电源供电网络，分析当 k 点发生 A 相经过渡电阻 R_g 短路时保护的动作情况。

解　保护 1 的阻抗元件的测量阻抗为

$$Z_m=\frac{\dot U_m}{\dot I_m}=\frac{\dot U_A}{\dot I_A+k\times 3\dot I_0}=\frac{(\dot I_A+k\times 3\dot I_0)Z_k+3\dot I_0R_g}{\dot I_A+k\times 3\dot I_0}$$

$$=Z_k+\frac{3\dot I_0R_g}{\dot I_A+k\times 3\dot I_0}=Z_k+\frac{1}{1+k}R_g=Z_k+\Delta Z_R$$

式中：Z_k 为故障点到保护安装处的正序阻抗；ΔZ_R 为过渡电阻引起的附加阻抗，$\Delta Z_R=\frac{1}{1+k}R_g$；$k$ 为零序补偿系数。

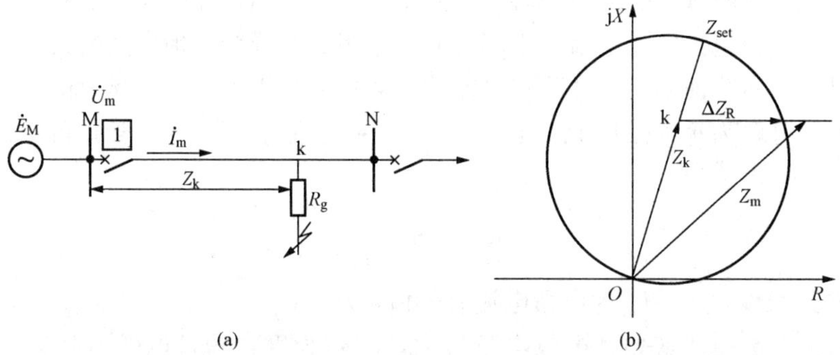

图 4-32 单侧供电网络经过渡电阻短路及过渡电阻对阻抗元件的影响

(a) 单电源供电网络经过渡电阻短路；(b) 过渡电阻对阻抗元件的影响

显然，由于过渡电阻的存在，当保护范围内部发生短路时，可能造成保护拒动，如图 4-32 (b) 所示。

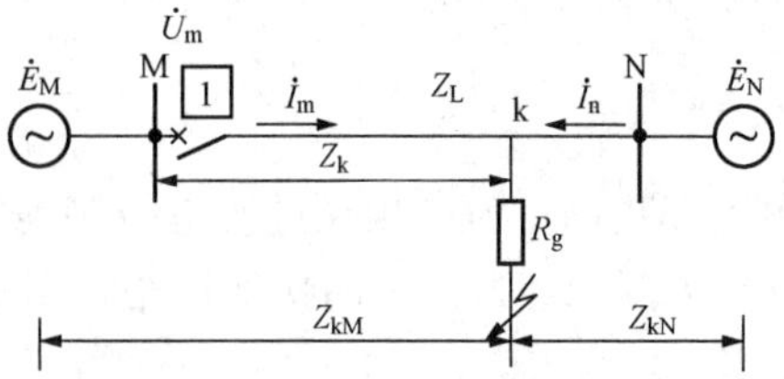

图 4-33 双侧供电网络经过渡电阻短路

【例 4-7】 图 4-33 所示为一双侧电源供电网络，当 k 点发生三相经过渡电阻 R_g 的短路时，分析保护 1 的阻抗元件的测量阻抗随 R_g 变化的轨迹。

解 当 k 点发生三相经过渡电阻 R_g 的短路时，保护 1 的阻抗元件的测量阻抗为

$$Z_m=\frac{\dot U_m}{\dot I_m}=\frac{\dot I_mZ_k+(\dot I_m+\dot I_n)R_g}{\dot I_m}=Z_k+\frac{\dot I_k}{\dot I_m}R_g=Z_k+\Delta Z_R \tag{4-85}$$

式中：$\dot I_m$、$\dot I_n$ 分别为 M 侧、N 侧的电流；$\dot I_k$ 为故障支路的电流，$\dot I_k=\dot I_m+\dot I_n$；$Z_k$ 为故障点到保护安装处的正序阻抗；ΔZ_R 为过渡电阻引起的附加阻抗，$\Delta Z_R=\frac{\dot I_k}{\dot I_m}R_g$。

经推导，可以得出

$$Z_m=Z_k+\Delta Z_{R.max}\left(1-\frac{1}{1+ce^{-j\theta}R_g}\right) \tag{4-86}$$

式中：$ce^{-j\theta}=\frac{\dot E_M-\dot E_N}{\dot E_MZ_{kN}}$ 可根据系统运行条件和参数计算得出，为一常数。$\Delta Z_{R.max}=\frac{\dot E_MZ_{kN}+\dot E_NZ_{kM}}{\dot E_M-\dot E_N}$ 为过渡电阻为无穷大时（相当于正常运行）的附加阻抗。

当过渡电阻 R_g 从 0～∞范围内变化时的测量阻抗变化轨迹是以 $\Delta Z_{R.max}$ 为弦的圆弧。

如图4-34（a）所示，M侧为送电侧时，保护范围外部发生经过渡电阻短路时的测量阻抗变化轨迹；如图 4-34（b）所示，M侧为受电侧时，反方向发生经过渡电阻短路时的测量阻抗变化轨迹。

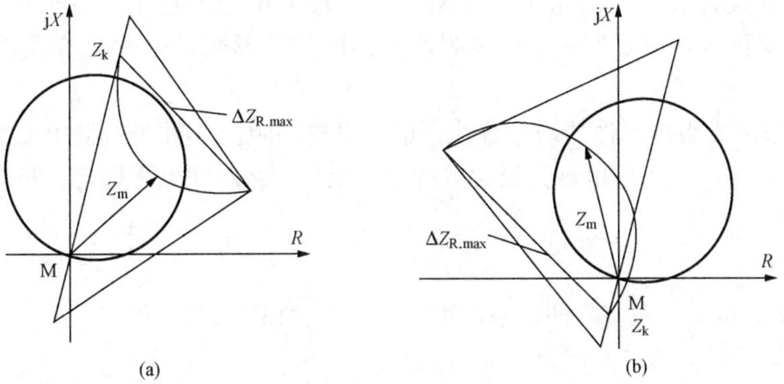

图 4-34　过渡电阻变化时测量阻抗的变化轨迹

（a）M侧为送电侧时的测量阻抗变化轨迹；（b）M侧为受电侧时的测量阻抗变化轨迹

在图 4-34 中，将方向阻抗元件的动作特性画在了复平面上，不难得出以下结论：

（1）在区内发生经过渡电阻短路时，保护可能拒动。

（2）对于安装在送电侧的保护，当保护区外发生经过渡电阻的短路时，可能发生超越现象。

（3）对于安装在受电侧的保护，不会发生超越现象，但当反方向发生经过渡电阻（数值较小时）短路时，可能误动作。

对于不同特性的单相式阻抗元件，过渡电阻的影响是不同的。图 4-35 所示为几种阻抗元件的动作特性，它们具有相同定值。由图可见它们在区内短路时的抗过渡电阻的能力是不相同的。一般来说，阻抗元件的动作特性在 $+R$ 轴方向所占的动作区域越大，其受过渡电阻的影响越小，但必须注意躲避负荷阻抗的影响。

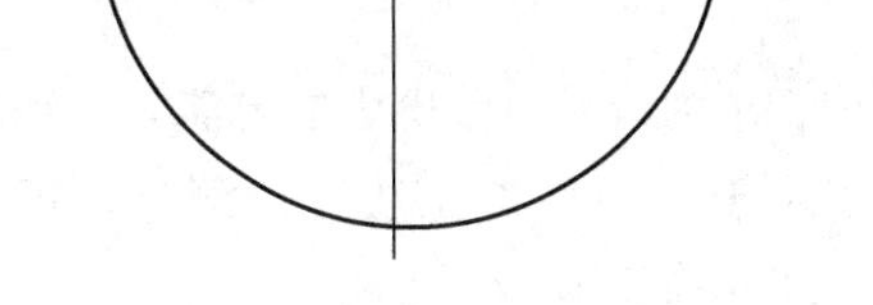

图 4-35　过渡电阻对不同特性的阻抗元件的影响比较

一般来说，对于以故障前电压为极化量的阻抗元件、以正序电压为极化量的阻抗元件和工频变化量阻抗元件，它们的动作区比较大，受过渡电阻的影响较小。电抗型阻抗元件抗过渡电阻能力最强。

3. 减小过渡电阻对阻抗元件影响的方法

概括起来，减小过渡电阻对阻抗元件影响，提高容许过渡电阻的限值，有以下几种方法。

（1）采用容许较大过渡电阻的阻抗元件。在选择具有较大容许过渡电阻的阻抗元件时，需同时考虑在最小负荷阻抗条件下和反方向短路时不能误动，在正方向短路时，防止发生超越现象。

根据前面的分析，圆特性的单相式阻抗元件，其容许过渡电阻的能力和其动作定值的大小有关，动作定值越大（被保护的线路越长），容许的过渡电阻值越大，另外在不同的地点短路时，容许的过渡电阻值也不相同。以故障前电压为极化量的阻抗元件、以正序电压为极化量的阻抗元件和故障分量阻抗元件，它们容许过渡电阻的能力和系统的参数有关。以零序电流为极化量的阻抗元件基本不受过渡电阻的影响。多边形动作特性，其在第Ⅰ象限的动作区，主要取决于躲避最小负荷阻抗的影响，因此阻抗保护各段的 R_{set} 可整定为相同的值。

另外，通过改变阻抗元件的动作特性，也可以提高阻抗元件抗过渡电阻的能力。例如，式（4-44）所描述的以正序电压为极化量的阻抗元件，将正序电压进行移相，即

$$90° \leqslant \arg \frac{\dot{U}_{m1} e^{j\theta}}{\dot{U}_m - \dot{I}_m Z_{set}} \leqslant 270° \tag{4-87}$$

其中：θ 为设定的角度，在实际使用中，可令 θ 为 0°、15°、30°、45°。

若正方向短路时的动作方程为

$$90° - \theta \leqslant \arg \frac{Z_m + 0.5 Z_{s1}}{Z_m - Z_{set}} \leqslant 270° - \theta$$

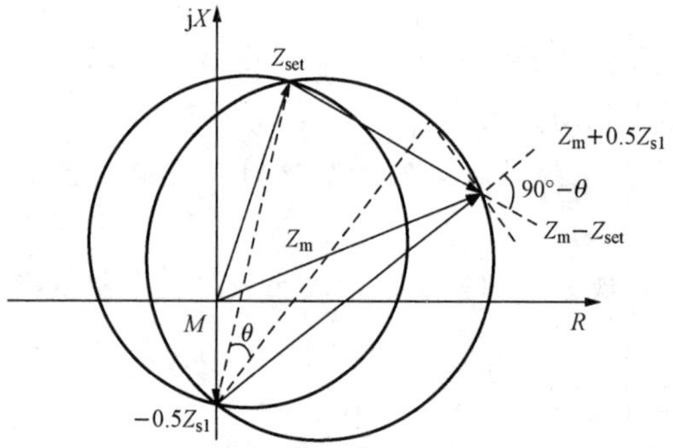

图 4-36　以正序电压为极化电压的阻抗元件 θ 取不同值时动作特性分析

θ 值选取的不同，其动作特性不同，如图 4-36 所示。不难得出，θ 值选取得越大，容许的过渡电阻值也越大。

（2）完善过渡电阻条件下测量阻抗的方法。当发生接地短路时，过渡电阻的值可能较大，特别是双侧电源系统发生接地短路故障时，对阻抗元件会产生较大的影响。如果能够比较准确地测量出故障点到保护安装处的电抗（电感）值，在一定程度上可以规避过渡电阻的影响。

以图 4-33 为例，当发生 A 相经过渡电阻接地短路时，准确的微分方程为

$$u_{mA} = R(i_{mA} + k_R \times 3i_{0m}) + L\frac{d(i_{mA} + k_L \times 3i_{0m})}{dt} + i_k R_g \tag{4-88}$$

式中：i_k 为流过过渡电阻的电流，$i_k = i_m + i_n$。

由于 i_k 值保护无法直接测量，可用 M 侧的零序电流代替故障支路的零序电流。式（4-88）简化为

$$u_{mA} = L\frac{d(i_{mA} + k_L \times 3i_{0m})}{dt} + 3i_{0m}R' \tag{4-89}$$

按式（4-89）求得的 R' 是包含了过渡电阻和线路电阻的一个等效计算分量。如果故障支路的电流和流过保护的零序电流相位相同，则计算的电抗值就是准确的，否则就会产生一定的误差，通常这两个电流的相位相差不大。

（3）瞬时测量长时记忆的方法。在发生相间短路时，过渡电阻主要是电弧电阻，其数值在短路初期最小，经过 0.1～0.15s 后，就迅速增大。据此特点，它对距离保护Ⅰ段的影响

较小，但在距离保护Ⅱ段范围内发生短路时，可能出现一开始距离保护Ⅱ段阻抗元件动作，但经过一定时间（不超过 0.5s）后，阻抗元件返回，造成距离保护Ⅱ段不能动作的现象。为解决此问题，可以采用距离保护Ⅱ段启动、Ⅲ段（或单独的电流元件）保持的方法，解决过渡电阻增大导致距离保护Ⅱ段不能跳闸的问题。其构成原理如图 4 - 37 所示，只要距离保护Ⅱ段一旦动作过，而距离保护Ⅲ段（或电流元件）动作后没有返回，距离保护Ⅱ段延时到后，就可以动作跳闸。

需要说明的是这种方法一般只用于反应相间短路的阻抗元件，在发生接地短路时，由于电弧电阻占总过渡电阻的比例较小，这种方法不会起很大作用。另外，这种方法一般只用于辐射电网中，在相邻线路为双回线或环网时，不能采用这种方法。如图 4 - 38 所示，当 k 点发生短路时，应该由保护 4 的Ⅱ段动作切除故障，但故障发生后，保护 3 的Ⅰ段动作跳开断路器前，保护 1 的Ⅱ段也动作，若采用瞬时测量法，将造成保护 1 无选择性跳闸。

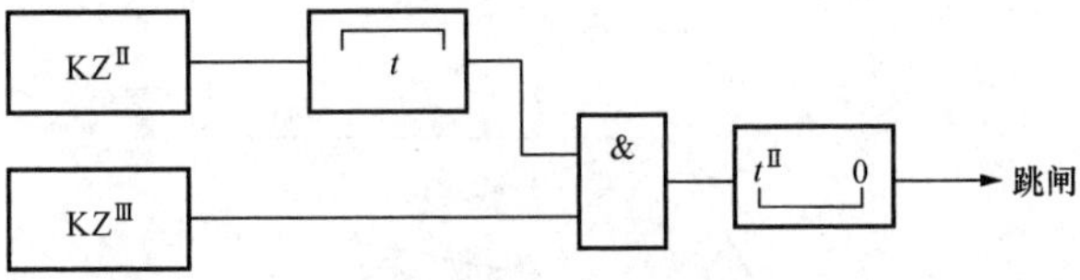

图 4 - 37　瞬时测量法工作原理示意图

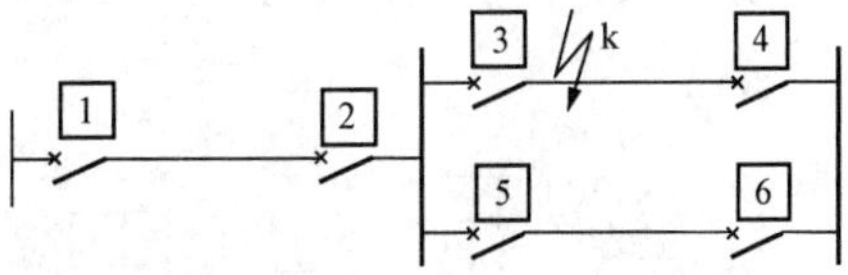

图 4 - 38　瞬时测量法不宜采用举例

4.7.3　电力系统振荡对阻抗元件的影响

电力系统振荡的原因：①输电线路输送功率超过静态稳定极限；②无功功率不足引起的系统电压降低；③短路后故障切除缓慢；④自动重合闸重合不成功。从造成电力系统振荡的原因来讲，可以归结为静态稳定破坏引起的振荡和暂态稳定破坏引起的振荡。当电力系统发生同步振荡或异步运行时，各点的电压、电流和功率都将发生周期性地变化。长期以来，我国处理电力系统振荡的做法是：在振荡时，力求保持系统的完整性，避免继电保护随意动作跳闸，而是由调度处理，通过预定的手动或自动装置的调节使系统恢复同步运行，若调节无效（最长不得超过 3～4min），则在事先规定的适当地点解列。因此，通常来讲，继电保护装置在系统振荡时应满足以下要求：

（1）系统发生振荡而没有故障时，保护应可靠不动作，如果保护因振荡可能动作时，必须采取闭锁保护的措施，且振荡不停息，闭锁不应该解除。

（2）当系统发生各种类型的故障时，不能因为闭锁环节的存在，造成保护拒绝动作而不能切除故障。

（3）在振荡过程中发生各种类型的故障时，保护应正确动作切除故障。

（4）先故障而后发生振荡，保护不致无选择性的动作。

因此，对于距离保护来讲，必须对阻抗元件在系统振荡时的动作行为进行分析。

1. 电力系统振荡的基本概念

图 4 - 39（a）所示为双侧电源系统接线图。在对称运行的情况下，图 4 - 39（b）画出了以 $\dot{E}_M$ 为参考，$\dot{E}_N$ 滞后 $\dot{E}_M$ 的角度为 δ 时的电压和电流相量图。

在系统振荡时，可以认为 $\dot{E}_N$ 围绕 $\dot{E}_M$ 旋转，因此 $\dot{E}_N$ 滞后 $\dot{E}_M$ 的角度 δ 在 0°～360°之间变化。变化一周所需要的时间，称之为振荡周期。

令 $\dot{E}_N=h\dot{E}_M e^{-j\delta}$（$h$ 为常数，当 $h=1$ 时，两侧电动势的幅值相等），在某一 δ 角度下，根据图 4-39（a）规定的参考方向，下列关系式成立

$$\dot{I}=\frac{\dot{E}_M-\dot{E}_N}{Z_M+Z_L+Z_N}=\frac{\dot{E}_M}{Z_M+Z_L+Z_N}(1-he^{-j\delta}) \tag{4-90}$$

$$\dot{U}_M=\dot{E}_M-\dot{I}Z_M=\dot{E}_M\left(1-\frac{1-he^{-j\delta}}{Z_M+Z_L+Z_N}Z_M\right) \tag{4-91}$$

$$\dot{U}_N=\dot{E}_N+\dot{I}Z_N=\dot{E}_M\left(he^{-j\delta}+\frac{1-he^{-j\delta}}{Z_M+Z_L+Z_N}Z_N\right) \tag{4-92}$$

由式（4-90）～式（4-92）可知，当系统振荡时，随着 δ 周期性地变化，系统中的电流、各点的电压以及输送的功率都将发生周期性地变化。振荡过程中，在某一角度 δ 下电压最低的点，称之为振荡的电气中心或振荡中心。

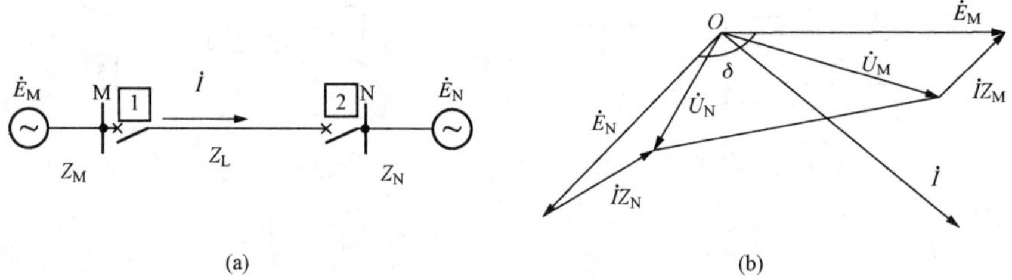

图 4-39 双侧电源系统振荡分析

（a）两机系统接线图；（b）电压、电流相量图

【例 4-8】 图 4-39（a）所示的双机系统，假定 $\dot{E}_M=\dot{E}_N e^{j\delta}$，$Z_M$、$Z_L$、$Z_N$ 的阻抗角相等，画出电压、电流的相量图，并分析振荡中心所处的位置。

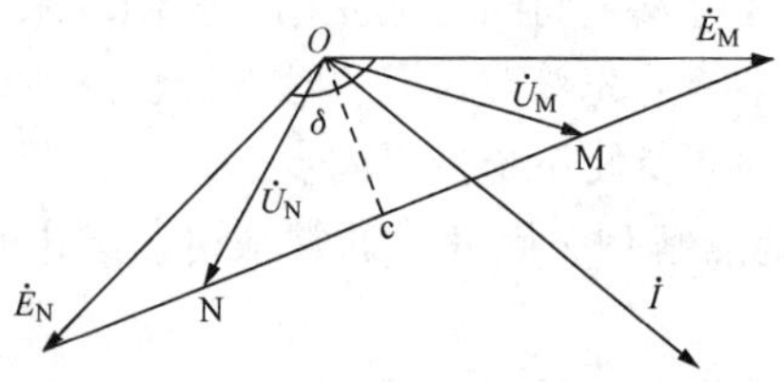

图 4-40 ［例 4-8］的电压、电流相量图

解 在给定的假设条件下，很容易画出在某一角度 δ 下的电压、电流相量图，如图 4-40 所示。从 O 点向直线 MN 作垂线交于 c 点，则意味着 c 点的电压最低。因此 c 点即为振荡角度为 δ 时的振荡中心。显然，在给定的假设条件下，振荡中心的位置并不随 δ 的变化而变化，总是处于 $Z_M+Z_L+Z_N$ 的中点。

由图 4-40 可知，当 δ 变化时，振荡中心 c 的电压将发生变化，当 $\delta=180°$时，振荡中心的电压将降至零。

2. 电力系统振荡对阻抗元件的影响

图 4-39（a）所示的双侧电源系统，假设 Z_M、Z_L、Z_N 的阻抗角相等。下面分析三相对称运行条件下发生系统振荡时，保护 1 阻抗元件测量阻抗的变化轨迹。

设保护引入的电流和电压为 $\dot{I}_m$ 和 $\dot{U}_m$，则

$$\dot{I}_m=\frac{\dot{E}_M-\dot{E}_N}{Z_M+Z_L+Z_N}$$

$$\dot{U}_m = \dot{E}_M - \dot{I}_m Z_M$$

所以

$$Z_m = \frac{\dot{U}_m}{\dot{I}_m} = \frac{\dot{E}_M - \dot{I}_m Z_M}{\dot{I}_m} = \frac{\dot{E}_M}{\dot{I}_m} - Z_M$$

即

$$Z_m = \frac{\dot{E}_M}{\dot{E}_M - \dot{E}_N}(Z_M + Z_L + Z_N) - Z_M \tag{4-93}$$

$$= \frac{1}{1 - he^{-j\delta}} Z_\Sigma - Z_M$$

式中：Z_Σ为系统总的阻抗，$Z_\Sigma = Z_M + Z_L + Z_N$。

由式（4-93）可知，当h一定的情况下，阻抗元件的测量阻抗随δ的变化而变化，如图4-41所示。

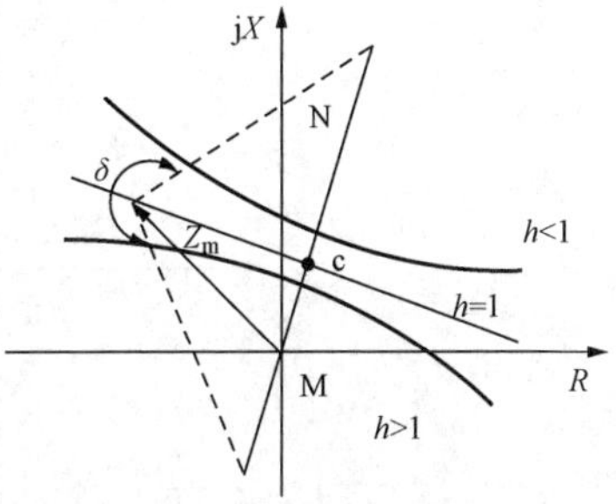

图4-41 测量阻抗变化轨迹

对于单相式阻抗元件，只要保护的测量阻抗变化轨迹进入其动作区，则阻抗元件就会启动。一般来讲，阻抗元件是否因振荡会造成保护误动作，和其安装的地点、动作特性及动作的延时有关。

图4-42（a）所示为一双侧电源系统，在图4-42（b）中给出了保护1的Ⅰ、Ⅱ、Ⅲ段动作特性以及保护3的Ⅰ、Ⅱ段动作特性。直线OO'为系统振荡时阻抗元件测量阻抗的变化轨迹。

不难得出如下结论：保护1的Ⅰ段、保护3的各段均不受振荡的影响；如果测量阻抗的变化轨迹从2进入保护1的Ⅱ段动作区到从3离开的时间小于保护1的Ⅱ段延时，则保护不会误动作，反之，如不采取措施，保护将会发生误动作；同样如果测量阻抗的变化轨迹从1进入保护1的Ⅲ段动作区到从4离开的时间小于保护1的Ⅲ段延时，则保护不会误动作，当距离保护Ⅲ段按躲过最大的振荡周期整定动作延时后，不采取闭锁保护的措施，保护也不会发生误动作，一般认为最大的振荡周期不超过1.5s。

请读者自己分析保护2、4受系统振荡影响的情况。

一般情况下，距离保护的Ⅰ段因为是瞬时动作段，距离保护的Ⅱ段延时较短，通常要采取防止保护因系统振荡可能误动的措施。

3. 振荡闭锁元件的构成原理

对于在系统振荡时可能误动的保护，应该设置振荡闭锁元件，以防止系统振荡时保护误动。振荡闭锁元件构成的基本原理是能够有效地区分振荡和短路这两种情况。

电力系统振荡和短路的主要区别如下：

（1）振荡时，电流和各点电压的幅值均作周期性变化，只在$\delta=180°$时才出现最严重现象；而短路后，短路电流和各点电压的值若不计其衰减时，是不变的。在［例4-8］中，当$\delta=180°$时，振荡中心的电压为零，相当于在该点发生了三相短路，但和真正的三相短路又不相同，因为当发生短路时，两侧系统提供的短路电流的方向都是从电源指向故障点；而振荡时，电流总是从一侧电源流向另一侧电源，是穿越性电流。

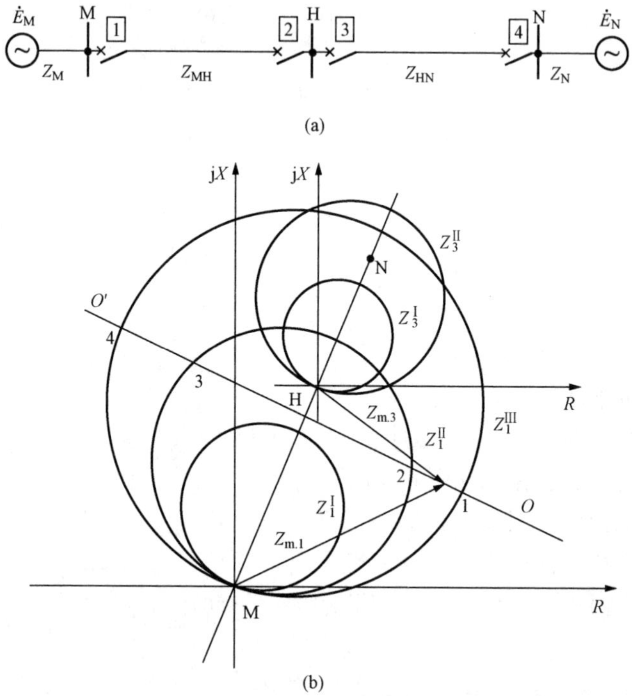

图 4-42 系统振荡对阻抗元件影响的分析

(a) 系统接线图；(b) 保护 1、3 的阻抗元件测量阻抗变化轨迹

(2) 振荡时，电流、电压和测量阻抗的值是缓慢变化的，变化速率$\left(\frac{di}{dt}、\frac{du}{dt}和\frac{dz}{dt}\right)$较小，而从正常运行状态过渡到短路状态，电流突然增大，电压突然降低，测量阻抗突然降低，它们的变化速率很大。

(3) 当全相运行发生振荡时，由于三相对称，电力系统没有负序分量和零序分量（若存在较小的值，属于不平衡输出值）；而当发生不对称短路时，总要出现负序分量，当发生不对称接地短路时，总要出现零序分量。

对于振荡闭锁元件的要求如下：

(1) 电力系统振荡时，应可靠闭锁保护，防止保护误动作。

(2) 当系统发生短路时，应避免保护被误闭锁。

(3) 电力系统外部故障引起系统振荡时，应可靠闭锁保护，防止保护误动作。

(4) 电力系统振荡过程中保护范围内发生故障时，应确保能够快速切除故障。

具有振荡闭锁元件的距离保护构成简化原理框图如图 4-43 所示。

(1) 短时开放回路。ΔI_q 为保护启动元件，I_A 为静稳破坏检测的电流元件。当保护启动元件动作，而电流元件尚未动作或动作不到 t_1 时间，则开放振荡闭锁回路 t_2 时间，短时开放距离保护Ⅰ段、Ⅱ段，用于判定故障并动作于跳闸。

保护启动元件可以利用相电流或相间电流突变量原理构成，也可以利用负序电流及零序电流或它们的突变量构成。要求保护启动元件有较高的灵敏性和较快的动作速度。

静稳破坏检测元件是利用系统振荡时电流的增大而构成，其动作值应按躲过最大负荷电

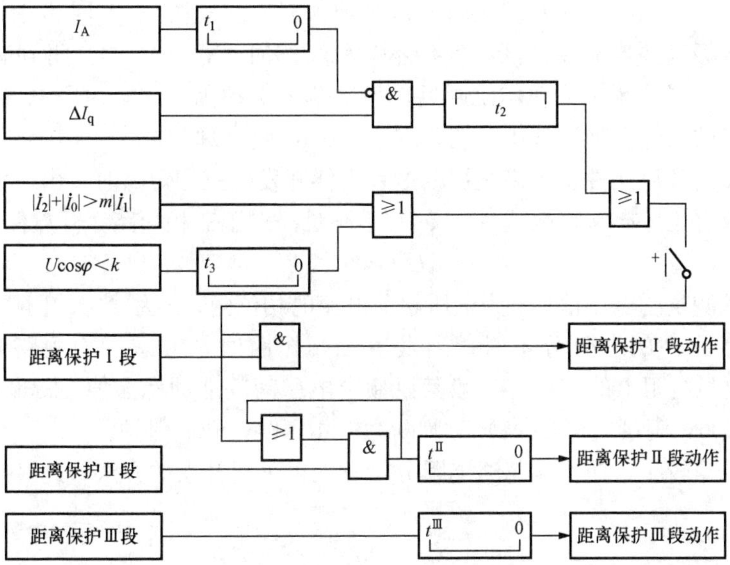

图4-43　距离保护构成简化原理框图

流整定值。

为了防止系统发生短路时由于电流的增大而导致静稳破坏电流检测元件可能误闭锁保护，需增加一延时 t_1，确保保护启动元件可靠开放保护，t_1 通常取10ms。

t_2 被称为振荡闭锁开放时间，一般取160ms，其选取要考虑两个因素：一是在保护范围内发生短路时，要确保距离保护Ⅰ段有足够的时间可靠跳闸及距离保护Ⅱ段可靠启动并实现自保持，因而时间不能太短，一般不小于0.1s；二是要保证外部故障引起系统振荡时，测量阻抗在 t_2 时间内不会进入阻抗Ⅱ段动作区，因而时间又不能取得太长，一般不大于0.3s。

当系统振荡或外部故障而导致距离保护Ⅰ段、Ⅱ段被闭锁后，如没有其他措施，若此时保护范围内再发生短路，则只能以Ⅲ段时限切除故障，这将导致故障切除时间延长。为此，振荡闭锁元件设置了振荡过程中短路故障识别回路，当振荡过程中再发生短路时，快速开放距离保护的Ⅰ段、Ⅱ段。

（2）不对称短路开放元件。发生不对称短路时，开放保护的判据为

$$|\dot{I}_2|+|\dot{I}_0|>m|\dot{I}_1| \tag{4-94}$$

其中：$\dot{I}_1$、$\dot{I}_2$、$\dot{I}_0$ 分别为保护测量的正序、负序和零序电流；m 为给定的常数。

当系统振荡时，负序电流和零序电流只有较小的不平衡电流输出，而存在较大的正序电流，因此式（4-94）不满足。

当系统振荡过程中又发生不对称短路时，不计负荷电流的影响，在故障支路中各序电流的关系如下：

单相接地故障　　$\dot{I}_1=\dot{I}_2=\dot{I}_0$，$|\dot{I}_2|+|\dot{I}_0|=2|\dot{I}_1|$

两相短路故障　　$\dot{I}_1=-\dot{I}_2$，$\dot{I}_0=0$，$|\dot{I}_2|+|\dot{I}_0|=|\dot{I}_1|$

两相接地短路故障　　$\dot{I}_2+\dot{I}_0=-\dot{I}_1$，$|\dot{I}_2|+|\dot{I}_0|\geqslant|\dot{I}_1|$

对于安装在某一侧的距离保护，其测量到的各序电流分量是故障支路电流乘以电流分配

系数后的值，即 $c_1\dot{I}_1$、$c_2\dot{I}_2$、$c_0\dot{I}_0$。在确定 m 的取值时，应校核（$|c_2\dot{I}_2|+|c_0\dot{I}_0|)/|c_1\dot{I}_1|$，$m$ 的取值要确保系统振荡并伴随保护区内发生不对称短路时，式（4 - 94）得到满足，或至少有一侧的保护满足。当该侧保护动作跳闸后，另一侧的保护因式（4 - 94）得到满足而开放保护，确保了故障的切除。理论分析表明，取 $m=0.66$ 是合理的。

（3）对称短路开放元件。当系统振荡过程中伴随发生三相短路时，由于负序电流和零序电流为零，而仅有正序电流，故式（4 - 94）不满足。对于三相短路，开放保护的判据为

$$|U\cos\varphi|<k \tag{4-95}$$

式中：U 为保护测量的电压值；φ 为电压超前电流的相位角；k 为给定的门槛值。

忽略系统各元件的电阻分量时，当发生三相短路时，考虑三相短路时的电弧电阻，$U\cos\varphi$ 实际为电弧电阻上的压降，一般其以额定电压为基准的标幺值在 0.032～0.05 之间。所以可取 $k=0.06$，满足式（4 - 95）时判断为三相短路，开放保护。

当线路阻抗角较小，而不能忽略电阻分量时，可采用补偿的方法，此时判断三相短路的判据为

$$|U\cos(\varphi+90°-\varphi_l)|<k \tag{4-96}$$

式中：φ_l 为线路的阻抗角。

式（4 - 96）的意义用图 4 - 44 所示的相量图表示，可看出 $U\cos(\varphi+90°-\varphi_l)$ 更接近电弧上的电压降。

当系统振荡时，$U\cos\varphi$ 为振荡中心的电压，而振荡中心的电压是一个随 δ 变化而变化的量。如图 4 - 45 所示，假定 $\dot{E}_M=\dot{E}_N$，不难得出，当 δ 在 130°～180°的范围内变化时，式（4 - 95）得到满足。按最大振荡周期为 3s 考虑，满足式（4 - 95）的时间为 116ms。因此，必须在连续满足三相短路判据一定时间后，才能开放保护，因而保护的动作带有一定的延时，即图 4 - 43 中所示的 t_3。

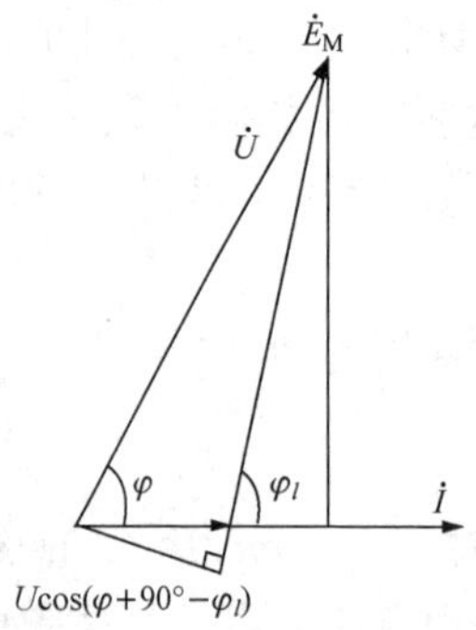

图 4 - 44　三相短路时的电压相量图

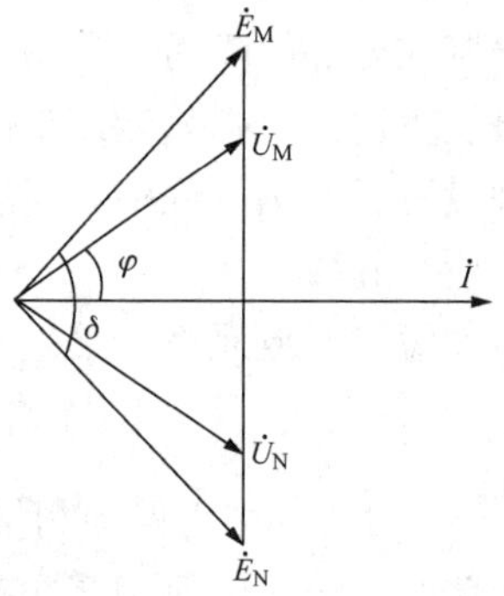

图 4 - 45　系统振荡时的电压相量图

思考与练习

思考

4.1　什么叫距离保护？总结电流保护与距离保护的异同点。

4.2　距离保护一般由哪几部分组成？简述各部分的作用。

4.3　阻抗继电器的接线方式应满足哪些要求？

4.4　说明相间 0°接线阻抗继电器的接线方式及其反应的故障类型。

4.5　接地阻抗继电器引入的电流为什么要用零序电流进行补偿？

4.6　总结阻抗元件的整定阻抗、测量阻抗、动作阻抗和返回阻抗的意义，并加以区别。

4.7　什么是方向阻抗继电器的最大灵敏角，为什么通常选定线路阻抗角为最大灵敏角？

4.8　何谓阻抗继电器的补偿电压或工作电压？说明其意义。

4.9　说明阻抗继电器极化电压的作用。写出全阻抗继电器、方向阻抗继电器、偏移特性阻抗继电器的极化电压。

4.10　归纳总结教材中的具有方向性的阻抗继电器，说明哪些继电器有“死区”，哪些继电器无“死区”而又不失去方向性。

4.11　图 4-46 所示电路为整流型圆特性方向阻抗继电器所采用的记忆回路，其目的是消除方向阻抗继电器的“死区”。引入阻抗继电器的电压为 $\dot{U}_m$，而极化电压取 $\dot{U}_p$，试讨论该电路的参数应该如何设计？

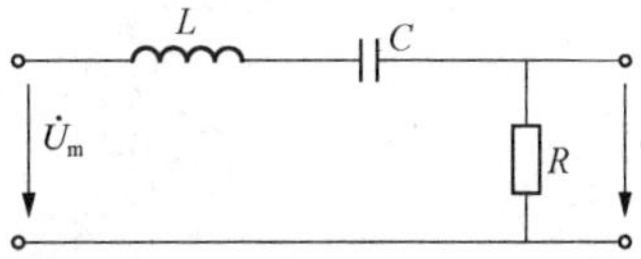

图 4-46　题 4.11 图

4.12　何谓第Ⅰ类（单相式）阻抗继电器？何谓第Ⅱ类（多相补偿式）阻抗继电器？

4.13　以故障前电压为极化电压的阻抗继电器有何优点？它在微机保护中是如何实现的？

4.14　以正序电压为极化电压的阻抗继电器能否消除三相短路时的保护“死区”？

4.15　为什么以零序电流为极化量的阻抗继电器具有很强的抗过渡电阻能力？

4.16　工频变化量阻抗继电器有何优点？为什么它一般只用作距离保护Ⅰ段的测量元件？

4.17　距离保护Ⅰ段的保护范围为什么不受运行方式变化的影响？

4.18　为什么整定距离保护Ⅱ段定值时要考虑最小分支系数？校验距离保护Ⅲ段灵敏性时要考虑最大分支系数？

4.19　在特高压长距离输电线路上采用圆特性的方向阻抗继电器很难躲过最小负荷阻抗，可采取何种措施？

4.20　按躲最小负荷阻抗整定距离保护Ⅲ段，分析采用方向阻抗继电器和全阻抗继电器的灵敏性。

4.21　影响阻抗继电器正确动作的因素有哪些？

4.22　概述过渡电阻对阻抗继电器的影响体现在哪些方面？

4.23　系统振荡和短路故障时电气量的区别有哪些？利用这些区别可以构成哪些原理的振荡闭锁回路？

4.24　叙述振荡闭锁回路中的短时开放原理，采用该原理的距离保护有何不足？

4.25　基于 $|U\cos\varphi| \leqslant k$ 原理识别三相短路为什么需要带一定的延时？

4.26　将图 4-40 所示电压矢量图中的各电压矢量分别除以电流 $\dot{I}$，得到阻抗矢量图。解释各矢量的含义。当 δ 变化时，说明矢量图的变化趋势。

4.27　圆特性的全阻抗、方向阻抗和偏移阻抗继电器，在定值相同的条件下，从躲负荷阻抗能力、抗过渡电阻能力、受系统振荡影响程度等方面进行分析比较。

练习

4.28 如图 4-47 所示系统，距离保护 1 采用单相式阻抗元件。试计算分析：

（1）当 k2 点发生 A 相接地短路时，计算保护 1 的 A 相接地阻抗元件的测量阻抗。

（2）当 k2 点发生 AB 两相接地短路时，计算保护 1 的 A 相接地阻抗元件和 AB 相间阻抗元件的测量阻抗。

（3）当 k2 点发生 AB 两相短路时，计算保护 1 的 AB 相间阻抗元件的测量阻抗。

（4）按上述条件计算保护 2 的测量阻抗。

（5）对上述计算结果进行总结。

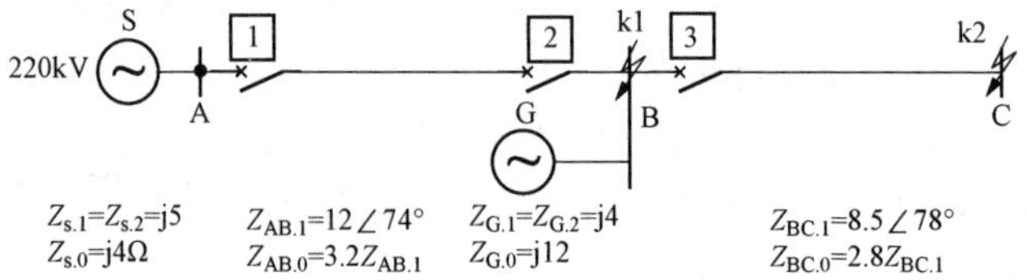

图 4-47 题 4.28 图

4.29 写出图 4-9 及图 4-10 所给出的各种动作特性的幅值比较式和相位比较式动作方程。

4.30 反应 AB 相间短路的阻抗继电器的动作方程为 $90^\circ \leqslant \arg \dfrac{\dot{U}_{AB}+\alpha\dot{U}_{C}e^{-j90^\circ}}{\dot{U}_{AB}-(\dot{I}_{A}-\dot{I}_{B})Z_{set}} \leqslant 270^\circ$。按图 4-48 所示系统分析 k 点发生三相短路及两相短路时的动作特性，进而说明该继电器在两相短路时无“死区”。

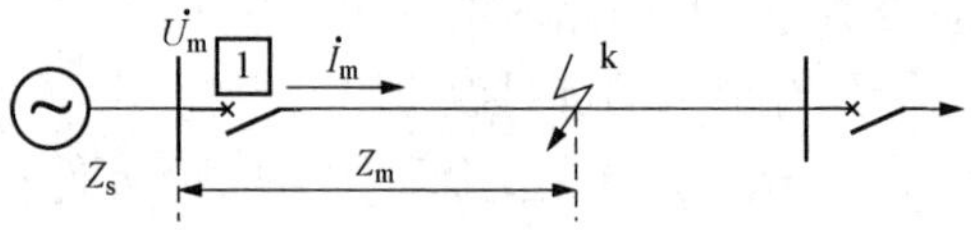

图 4-48 题 4.30 图

4.31 AB 相间圆特性的方向阻抗元件的最大灵敏角设定为 75°，对其进行试验调试，测得的一组数据为：在 $\arg\dot{U}_{AB}/(\dot{I}_A-\dot{I}_B)=45^\circ$ 时，其动作阻抗为 15Ω。试分析计算：

（1）该阻抗元件的整定阻抗。

（2）当单电源辐射线路的出口发生 AB 两相经过渡电阻短路时，阻抗元件能够动作允许的最大过渡电阻是多少？

4.32 图 4-49 所示电网，当给定的故障点发生三相短路时，某些线路的电流分布如图 4-49 所示。试分析：

（1）各保护之间的配合关系。

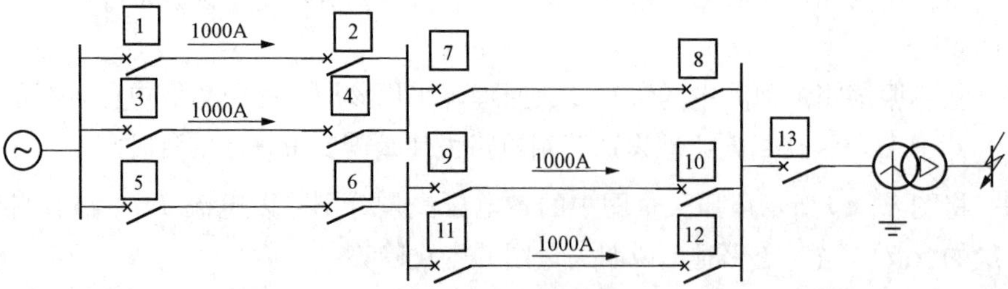

图 4-49 题 4.32 图

（2）分析保护 1、5、7 相间距离保护与相邻保护配合时的最小分支系数与最大分支系数（能有确定值的给出具体数值，不能给出具体数值的说明计算条件）。

（3）各距离保护的Ⅲ段动作时间如何确定？

4.33　如图 4-50 所示，线路单位长度正序阻抗为 $z_1 = 0.4\Omega/km$，对保护 1 的相间距离保护Ⅱ段进行整定计算（$K_{rel}^{I} = 0.85$，$K_{rel}^{II} = 0.8$）。

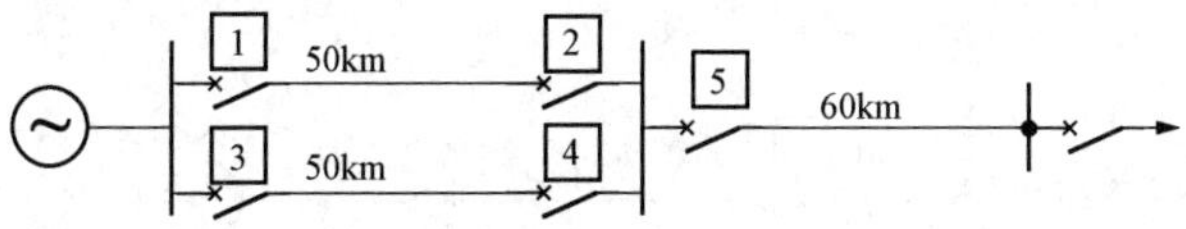

图 4-50　题 4.33 图

4.34　如图 4-51 所示系统，线路单位长度正序阻抗 $z_1 = 0.42\Omega/km$，系统及线路的阻抗角均为 75°，计算 1 处相间距离保护的Ⅱ段定值（$K_{rel}^{I} = 0.85$，$K_{rel}^{II} = 0.8$）。

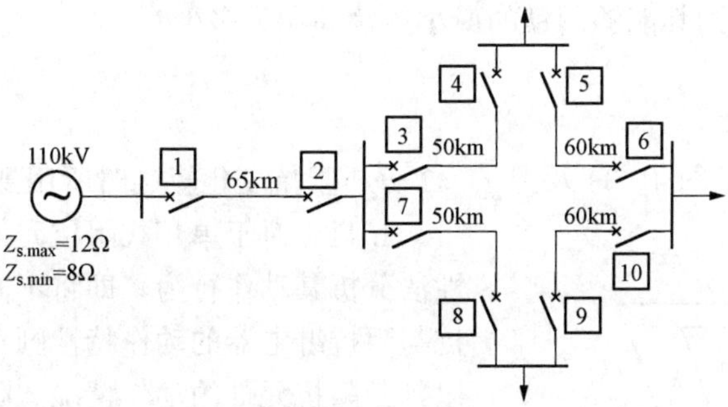

图 4-51　题 4.34 图

4.35　图 4-52 所示 220kV 系统，已知：$Z_{A.max} = 17\Omega$，$Z_{A.min} = 12\Omega$，$Z_{B.max} = 9.57\Omega$，$Z_{B.min} = 7.8\Omega$，线路单位长度正序阻抗 $z_1 = 0.42\Omega/km$，假定系统各元件的阻抗角均为 84°，计算保护 1 的相间距离保护三段定值（$K_{rel}^{I} = 0.85$，$K_{rel}^{II} = 0.8$，$K_{rel}^{III} = 1.25$，$K_{re} = 1.05$，$K_{SS} = 1.5$）。

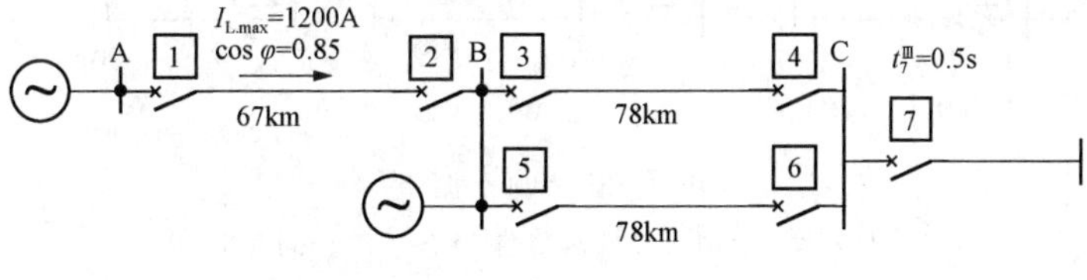

图 4-52　题 4.35 图

4.36　假定题 4.35 中保护 1 的相间距离采用图 4-11 的多边形特性，给出各段的定值，并在复平面上画出相应的动作特性。

4.37　题 4.35 中，系统 A、B 均为最大运行方式，BC 间双回线运行。当 BC 线路中间发生短路时，计算保护 1 的测量阻抗，并分析题 4.36 中多边形阻抗元件的动作行为。

4.38　图 4-53 所示双侧电源网络，各元件参数已标在图中。保护 1 装有反应相间短路的方向阻抗元件，距离保护Ⅰ段可靠系数取 0.85，试分析：

（1）当 $\delta = 0°$ 时，保护 1 出口发生经过渡电阻的三相短路，使阻抗元件 1 的Ⅰ段尚可动作的最大过渡电阻是多少？

（2）当 $\delta = 70°$ 时，计算保护 1 阻抗元件的测量阻抗值。

（3）当 $\delta = 70°$ 时，N 母线发生金属性短路时，计算保护 1 阻抗元件的测量阻抗值。

（4）按比例在 R - X 复平面上画出系统振荡时，保护 1 的测量阻抗变化轨迹。

（5）当系统振荡时，假如振荡周期为 1.2s，计算保护 1 的阻抗元件Ⅰ段持续处于动作状态的时间。

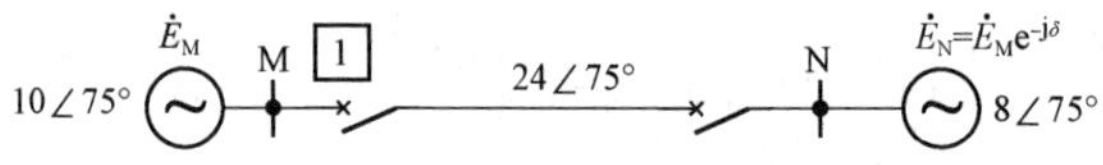

图 4-53　题 4.38 图

4.39　国外距离保护的振荡闭锁元件普遍采用如图 4-54 所示大框套小框的动作特性，简要说明其工作原理。当 $\delta_1 = 30°$，$\delta_2 = 40°$，如果从 a 线进入到从 b 线穿出的时间不小于 30ms 时判断为振荡，则其能够闭锁的最小振荡周期为多少？

拓展

4.40　请归纳总结图 4-34 及图 4-41 分析阻抗变化轨迹时所用到的数学方法。

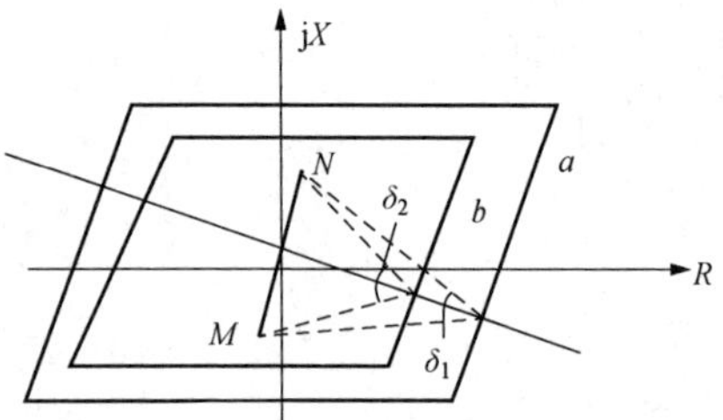

图 4-54　题 4.39 图

4.41　对于单相式阻抗元件，可采用测量阻抗特性法分析其动作行为，即将不同运行条件下的测量阻抗与阻抗继电器的动作特性画在同一复平面上，就可以判断阻抗元件的动作情况。除此之外，常用的方法还有解析法和电压矢量图法，请查阅相关文献资料说明它们应用于阻抗动作行为分析的方法。

4.42　图 4-55 所示具有串联补偿的线路，针对给出的三种串联补偿方式，在整定阻抗计算方法、保护范围等方面讨论其对距离保护的影响。

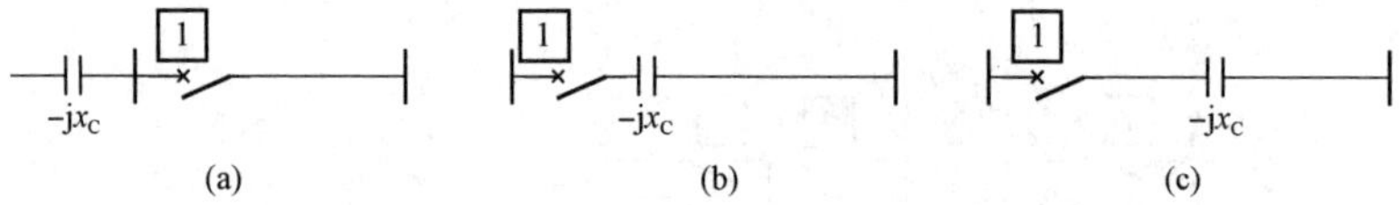

图 4-55　题 4.42 图

（a）反方向补偿；（b）始端补偿；（c）中间补偿

4.43　查阅文献资料，分析并总结非全相运行及非全相运行再发生短路时，第Ⅰ类阻抗元件能否正确工作。

4.44　当发生 AB 相间短路故障时，某保护记录下的故障后的部分采样数据为

$$i_a(n) = \{-2.5, -5.3, -6.5, -6.4, -4.6, -0.9, 2.9, 5.5, 6.6, 6.6, 4.8, 1.1, -2.8, -5.3, -6.4, -6.5\}$$

$$i_b(n) = \{2.5, 5.3, 6.5, 6.4, 4.6, 0.9, -2.9, -5.5, -6.6, -6.6, -4.8, -1.1, 2.8, 5.3, 6.4, 6.5\}$$

$$u_a(n) = \{-18.4, -4.6, -0.5, 3.9, 7.6, 9.7, 8.9, 5.7, 1.5, -3.0, -6.8,$$

$-8.9, -8.3, -5.2, -0.8, 3.7\}$

$u_b(n) = \{52, 16, 5, -8, -18.5, -24.1, -23.1, -15.7, -4.2, 8.6, 18.9, 24.5, 23.5, 16.1, 4.6, -8.2\}$

$n = 0, 1, 2, 3, \cdots$

采用适当的方法计算 AB 相间阻抗元件的测量阻抗。

4.45　开发一种阻抗元件（程序），利用合适的电力系统仿真软件，搭建一仿真模型，进行各种工况及故障情况下的数字仿真，获得仿真数据，验证所设计的阻抗元件的性能，并说明仿真测试结果与理论分析的一致性。

第 5 章　输电线路纵联保护

5.1　纵联保护的作用与分类

5.1.1　纵联保护的作用

电流保护和距离保护直接测量保护安装处的电压和电流，只利用了线路一端的电气量，这类保护称为单端电气量保护。它们采用阶段式的保护原理，在保证选择性的前提下，速动段保护不能保护线路全长。例如，线路两端的距离保护Ⅰ段仅能保护线路全长的 80%～85%。因此，在线路中段 60%～70%的范围内发生故障时，线路两端的保护能够瞬时动作切除故障，而在线路两端 30%～40%的范围内发生故障时，将有一端以带时限的Ⅱ段保护动作切除故障，不能做到全线任何一点发生故障时，两端的保护都能无延时动作，难以满足高压电网稳定运行的要求。

利用输电线路两端的电气量可构成全线速动保护，该保护称为纵联保护。图 5-1 是纵联保护构成示意图。纵联保护需要借助通信通道将线路两端的电气量联系起来，两端的保护协同工作，当线路任意一点发生短路时，两端的保护都能快速动作切除故障线路。

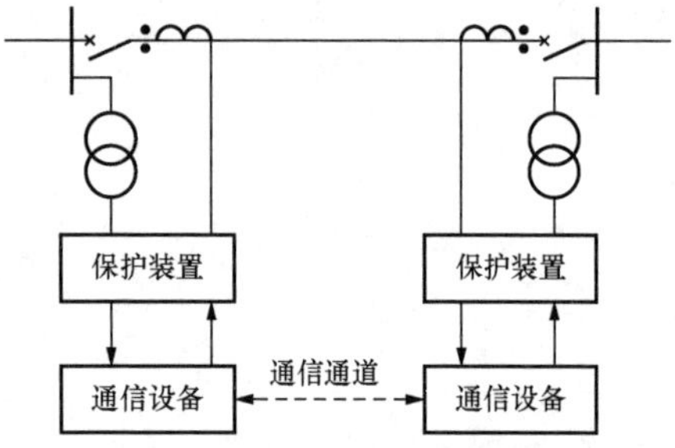

图 5-1　纵联保护构成示意图

一套完整的纵联保护包括两端的保护装置、通信设备以及通信通道。

由于纵联保护在电网中可实现全线速动，有利于保证电力系统并列运行的稳定性和提高输送功率、减小故障造成的损坏程度、改善与后备保护之间的配合性能。因此，纵联保护作为 220kV 及以上电压等级的输电线路的主保护获得了广泛应用。为了推动“碳达峰、碳中和”目标的实现，以新能源和电力电子设备大规模接入为特征的新型电力系统得到迅速发展。传统配电网的结构、故障电流的特征发生显著变化，在阶段式保护不能满足要求的情况下，纵联保护就成为一种可选择的方案。

5.1.2　纵联保护的分类

1. 根据保护动作原理分类

纵联保护按照保护动作原理可以分为比较线路两端电流大小和相位的电流纵联差动保护（简称电流纵差保护）、比较线路两端电流相位的电流纵联相位差动保护（简称电流相差保护）、方向比较式纵联保护（简称方向纵联保护）和行波保护。

图 5-2 所示系统，规定电流（功率）的正方向指向被保护线路。

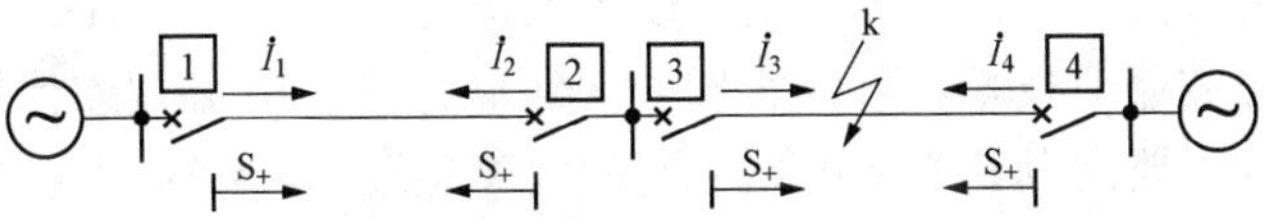

图 5-2　纵联保护原理说明系统图

电流纵差保护利用线路两端电流相量和的大小判断是否发生故障。对于非故障线路，两端电流的相量和为 0（实际存在不平衡电流）；对于故障线路，两端电流的相量和为故障总电流。

电流相差保护通过比较线路两端电流的相位判断是否发生故障。对于非故障线路，两端电流相位相差 180°；对于故障线路，两端电流的相位更接近于同相位。

方向纵联保护通过比较线路两端保护的方向信息判断是否发生故障。当线路发生故障时，两端的保护都判断为正方向发生短路，见图 5-2 中的保护 3、4；对于非故障线路，远离故障点的保护（如保护 1）判断为正方向短路，靠近故障点的保护（如保护 2）判断为反方向短路。根据向对端保护传递信号的作用，方向比较式纵联保护可分为闭锁式方向纵联保护、允许式方向纵联保护和跳闸式方向纵联保护。闭锁式方向纵联保护由判断为反方向的保护发出闭锁信号，保证自己不动作的同时，也使对端的保护收到闭锁信号而不能动作，保护动作的条件是本端保护判断为正方向且收不到闭锁信号。允许式方向纵联保护由判断为正方向的保护向对端的保护发出允许保护动作的信号，当本端保护判断为正方向且收到对端保护的允许信号时动作于跳闸。跳闸式方向纵联保护则是只要收到对端保护的跳闸信号就直接动作于跳闸。

根据故障时产生行波的理论形成的继电保护称为行波保护。行波纵联保护包括行波差动保护、行波方向保护、行波电流极性比较式保护。

2. 根据采用的通信通道类型分类

纵联保护按照所利用通道类型可分为导引线纵联保护（简称导引线保护）、电力线载波纵联保护（通常称为高频保护）、微波纵联保护（简称微波保护）和光纤纵联保护（简称光纤保护）。

将输电线路两端电流互感器的二次绕组通过电缆（被称为辅助导线）连接起来，就形成了导引线通道，它通常用于电流差动保护中。导引线电流差动保护的接线有环流式和均压式两种方式（见思考与练习题 5.23）。对于环流式的接线方式，如果导引线发生开路故障时，保护要误动，导引线发生短路故障时，保护要拒动。而采用均压式接线时，则正好相反。为了防止导引线的故障引起保护误动，应对导引线的状态进行监视。鉴于导引线纵联保护的技术特点，它一般只应用于较短的输电线路中。对于发电厂或变电站的发电机、变压器、母线等主设备，将设备各侧电流互感器的二次电流接入到同一继电保护装置中，实现电流差动保护则没有什么技术难度。

电力线载波通道由输电线路及高频加工设备（阻波器、结合电容器及高频收发信机等）构成（详见 5.5 节）。在利用电力线载波通道构成纵联保护时，由于通常传送的是频率为 50～400kHz 的信号，所以这种纵联保护又称为高频保护，电力线载波通道也称为高频通道。借助于高频通道可以实现方向纵联保护、电流相差保护。

微波通信是使用微波作为载体进行通信的方式。人们通常把频率在 300MHz 到 3THz

范围内的电磁波称为微波，而微波通信主要使用频率范围在 3～30GHz（波长 1～10cm）之间的信号。借助于微波通信技术，可以实现方向纵联保护、电流相差保护、电流纵差保护。使用微波保护面临的主要问题是当变电站之间的距离超过 50km 时，需设置微波中继站，增加了成本；又由于微波站和变电站不在一起，也增加了维护的困难。

光纤通信利用光导纤维构成的光缆作为传输介质，以很高频率的光波作为载波实现信号传输。光纤纵联保护的光纤通道有专用光纤通道和复用光纤通道两种方式。图 5-3 给出了专用光纤通道应用于纵联保护的两种方式。图 5-3（a）中，线路两端的纵联保护装置内部集成了用于光纤通信的收发器，通过光纤的直接连接实现数字信息传输，通常用于构成电流纵差保护。图 5-3（b）中，纵联保护装置与保护命令传送装置通过开关量输入/输出回路实现信息传递，保护命令传送装置通过光纤信道交换两端保护的信息，这种方式主要应用于方向纵联保护。

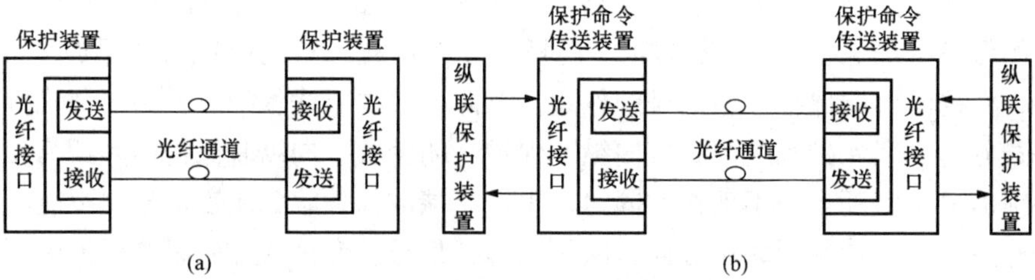

图 5-3　应用专用光纤通道的纵联保护构成

（a）光纤直连；（b）经保护命令传送装置互连

利用高频电流构成保护的设想早在电气工业技术发展的初期就已经出现，1923 年在意大利开展了相关实验研究。1927 年提出了电流相差高频保护的设想，1931 年提出方向高频保护。高频纵联方向保护长期采用两种技术路线，一种是用距离保护和高频通道配合使用构成高频距离保护，另外一种就是采用各种方向继电器构成的高频方向保护。自 20 世纪 50 年代以来，使用微波通道的纵联保护开始在许多国家的电力系统中应用。20 世纪 90 年代中期，以光纤为信息传输通道的纵联保护开始在我国电网中应用。随着光纤性价比的不断提高，光纤纵联保护作为高压电网输电线路的主保护已经占据主导地位。

5.2 电流差动保护

5.2.1 电流纵差保护的工作原理

1. 不带制动特性的电流纵差保护

如图 5-4 所示系统，规定电流的正方向指向被保护线路。定义线路两端电流相量和的模值为电流纵差保护的差动电流。如 MN 线路电流纵差保护的差动电流为

$$I_d = |\dot{I}_M + \dot{I}_N| \tag{5-1}$$

当被保护线路外部 k2 点发生短路时，忽略分布电容的影响，有

$$\dot{I}_M + \dot{I}_N = 0 \tag{5-2}$$

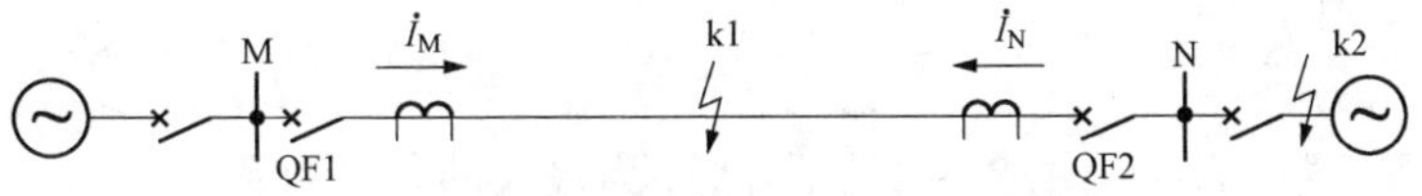

图 5-4　电流纵差保护的工作原理分析系统图

而当内部 k1 点发生短路时，线路两端电流之和为总的故障电流，即

$$\dot{I}_M + \dot{I}_N = \dot{I}_k \tag{5-3}$$

式中：$\dot{I}_k$ 为故障支路的电流。

由此可见，通过比较差动电流的大小，可以判别被保护线路是否发生故障。形成如下保护判据

$$I_d \geqslant I_{set} \tag{5-4}$$

按式（5-4）动作判据构成的电流纵差保护即为不带制动特性的电流纵差保护。

设线路两端电流互感器的变比为 n_{TA}，根据电流互感器的等值电路，差动电流（二次值）为

$$I'_d = \left| \frac{\dot{I}_M - \dot{I}_{Me}}{n_{TA}} + \frac{\dot{I}_N - \dot{I}_{Ne}}{n_{TA}} \right| \tag{5-5}$$

式中：$\dot{I}_{Me}$、$\dot{I}_{Ne}$ 分别为 M、N 侧电流互感器的励磁电流。

在正常运行或外部故障时，假设一次电流满足 $\dot{I}_M + \dot{I}_N = 0$，则

$$I'_d = \left| \frac{\dot{I}_{Me}}{n_{TA}} + \frac{\dot{I}_{Ne}}{n_{TA}} \right| \tag{5-6}$$

如果 $\dot{I}_{Me} + \dot{I}_{Ne} \neq 0$，则 $I'_d \neq 0$。正常运行或外部故障时的差动电流为不平衡电流，记为 I_{unb}。

除非有特别说明，下面仍以一次电流进行论述。为了确保正常运行和外部故障时，保护不会误动作，I_{set} 应按以下原则整定：

（1）躲过外部短路时的最大不平衡电流。最大不平衡电流估算式为

$$I_{unb.max} = K_{np} K_{er} K_{st} I_{k.max} \tag{5-7}$$

式（5-7）的计算考虑了以下因素：

1）计及了故障电流中含有的非周期分量，它使得电流互感器的传变特性变差，误差增加，为此引入了非周期分量系数 K_{np}，一般取 1.5～2；

2）电流互感器的误差按 10%考虑，即 $K_{er} = 0.1$；

3）两端电流互感器型号不一致（但要求两端电流互感器的变比一致，否则必须采取相应的补偿措施），传变特性存在一定差异，为此引入电流互感器同型系数 K_{st}。当两端电流互感器型号相同时，$K_{st} = 0.5$，当两端电流互感器型号不同时，$K_{st} = 1$；

4）外部短路时的最大短路电流，$I_{k.max}$ 为外部短路时最大短路电流工频分量的一次值。

引入一可靠系数 $K_{rel} = 1.2 \sim 1.3$，则

$$I_{set} = K_{rel} I_{unb.max} = K_{rel} K_{np} K_{er} K_{st} I_{k.max} \tag{5-8}$$

式（5-8）为整定值的一次值。

（2）躲过最大负荷电流。考虑在最大负荷电流作用下，线路一端的电流互感器二次断线

时，保护不会误动作，即

$$I_{set} = K_{rel} I_{L.max} \tag{5-9}$$

式中：K_{rel} 为可靠系数，$K_{rel} = 1.2 \sim 1.3$；$I_{L.max}$ 为最大的负荷电流。

取以上两项计算中的较大值作为保护的整定值，并按照单端电源线路末端发生短路时的最小差动电流进行灵敏度校验，即

$$K_{sen} = \frac{I_{d.min}}{I_{set}} \tag{5-10}$$

式中：$I_{d.min}$ 为内部短路时的最小差动电流。

一般要求 $K_{sen} \geqslant 2$ 。当灵敏度不满足要求时，应当采用带制动特性的电流纵差保护。

2. 比率制动特性的电流纵差保护

当输电线路正常运行或外部故障时，电流从一端流入而从另一端流出，称这一电流为穿越电流，在此电流的作用下，差动回路中会产生不平衡电流。分析式（5-8）可知，不平衡电流的大小与穿越电流的大小有关，并且由于电流互感器铁磁材料的非线性，不平衡电流和穿越电流的大小也不是线性关系。不平衡电流随穿越电流大小变化的曲线如图 5-5 中的虚线所示，在最大的外部短路电流 $I_{k.max}$ 作用下，产生最大的不平衡电流 $I_{unb.max}$ 。

如果能够根据穿越电流的大小自动对动作电流进行调整，即穿越电流大时，动作电流大，而穿越电流小时，动作电流也小，从而提高了保护的灵敏度，又不至于造成保护误动作。这就是比率制动纵差保护构成的基本思路。

定义

$$I_{res} = \frac{1}{2} | \dot{I}_M - \dot{I}_N | \tag{5-11}$$

为电流纵差保护的制动电流。显然，在正常运行及外部故障时，按式（5-11）定义的制动电流即为穿越电流。

图 5-5 中的 O' 为按不带制动特性电流纵差保护整定的门槛线与过 $I_{k.max}$ 垂线的交点，连接 OO' ，该线总是位于不平衡电流变化曲线的上方，以此线作为电流纵差保护的动作边界，在降低动作电流的同时，也能够确保外部短路时保护不会误动。直线 OO' 的斜率

$$K = \frac{I_d}{I_{res}} \tag{5-12}$$

为比率制动纵差保护的制动系数。由式（5-8）及式（5-9）可知

$$K = \frac{K_{rel} I_{unb.max}}{I_{k.max}} = K_{rel} K_{np} K_{er} K_{st} \tag{5-13}$$

对于单端电源线路，当内部发生故障时，由式（5-1）和式（5-11）得出 $I_d = 2I_{res}$ 。所以，K 的取值应小于 2，才能保证这种情况下保护能够动作。

例如，当 $K_{rel} = 1.3, K_{np} = 1.5, K_{er} = 0.1, K_{st} = 0.5$ 时，$K = 0.1$ 。在实际应用中，K 一般取 $0.25 \sim 0.8$ ，既能保证外部短路时保护的安全性，也能提高内部故障时保护的灵敏度。

图 5-6 为电流纵差保护的动作特性，图中的阴影区为保护的动作区，$I_{op.0}$ 为最小动作电流。之所以设定一个动作门槛 $I_{op.0}$ ，是因为除了电流互感器的误差产生的不平衡电流外，输电线路分布电容的电流也是不平衡电流，同样要防止正常运行时由于电容电流的作用导致保护误动作。最小动作电流 $I_{op.0}$ 按以下原则确定：

（1）躲过正常运行时的不平衡电流，一般按实测稳态电容电流 I_C 计算，取可靠系数 $K_{rel}=1.5$，则

$$I_{op.0}=K_{rel}I_C \tag{5-14}$$

（2）躲过线路合闸时的电容充电电流，按实测电容电流 I_C 的 4～6 倍估算，即取可靠系数 $K_{rel}=4\sim6$，最小动作电流仍按式（5-14）计算。

按原则（1）确定的定值不能躲过合闸条件下的电容充电电流，保护动作需要带一定的延时，躲过电容充电的暂态过程。

（3）按经高阻接地故障时满足一定灵敏度要求整定。

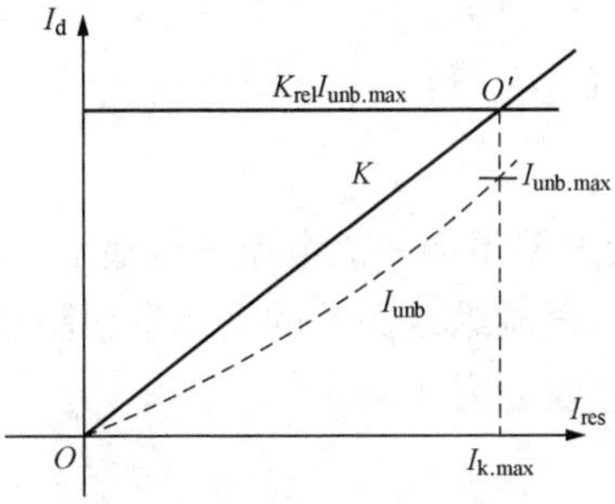

图 5-5　制动系数 K 的确定

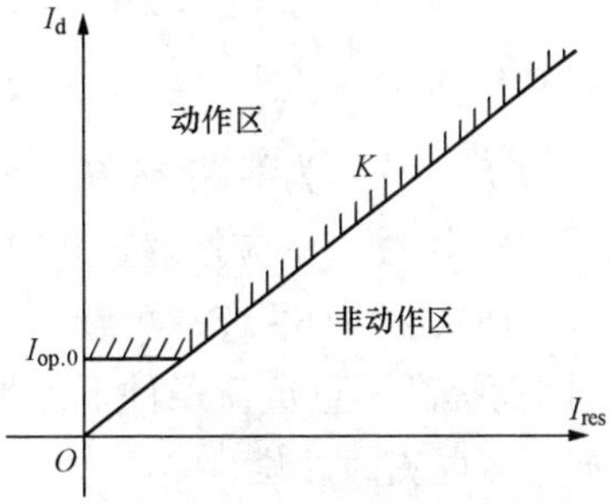

图 5-6　电流纵差保护的动作特性

比率制动特性的电流纵差保护的动作判据为

$$I_d \geqslant I_{op.0}$$
$$I_d \geqslant KI_{res} \tag{5-15}$$

3. 故障分量电流纵差保护

根据 4.5.1 的分析，故障分量分为稳定故障分量和突变量两类，故障分量仅在故障时存在，利用故障分量构成的保护通常具有较高的灵敏性。图 5-7 所示的双端电源供电系统，设正常运行时的负荷电流为 $\dot{I}_L$，方向由 M 端指向 N 端。当 MN 线路内部发生故障时，两端的电流分别为

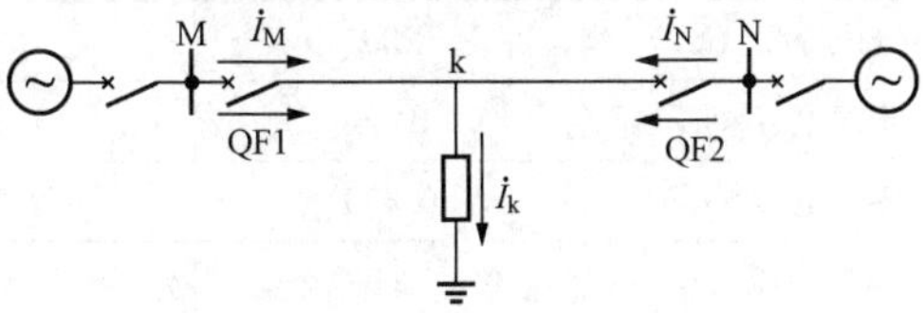

图 5-7　负荷电流对电流纵差保护的影响

$$\dot{I}_M=\Delta\dot{I}_M+\dot{I}_L$$

$$\dot{I}_N=\Delta\dot{I}_N-\dot{I}_L$$

式中：$\Delta\dot{I}_M$、$\Delta\dot{I}_N$ 分别为线路两端电流的突变量。

于是，电流纵差保护的差动电流为

$$I_d=|\dot{I}_M+\dot{I}_N|=|\Delta\dot{I}_M+\Delta\dot{I}_N|=\dot{I}_k$$

按式（5-11）选取的制动电流为

$$I_{res}=\frac{1}{2}|\dot{I}_M-\dot{I}_N|=\frac{1}{2}|\Delta\dot{I}_M-\Delta\dot{I}_N+2\dot{I}_L|$$

由此可见，差动电流与负荷电流无关，即差动电流不受负荷电流的影响。制动电流则与负荷电流有关，在内部发生故障时，制动量的增大会降低保护的灵敏性。特别是在重负荷线路发生经高阻接地的短路时，由于动作量较小，制动量较大，保护可能拒动。

解决的方法之一是降低重负荷线路比率制动电流纵差保护的制动系数，但会降低外部短路时保护的安全性；另一种方法就是消除负荷电流的影响。为此，构造出两种故障分量的电流纵差保护。

一是突变量电流纵差保护，其动作判据为

$$\begin{cases} |\Delta\dot{I}_{M}+\Delta\dot{I}_{N}|\geqslant I_{op.0} \\ |\Delta\dot{I}_{M}+\Delta\dot{I}_{N}|\geqslant K|\Delta\dot{I}_{M}-\Delta\dot{I}_{N}| \end{cases} \tag{5-16}$$

另外一种是零序电流纵差保护，其动作判据为

$$\begin{cases} |3\dot{I}_{0.M}+3\dot{I}_{0.N}|\geqslant 3I_{0.op.0} \\ |3\dot{I}_{0.M}+3\dot{I}_{0.N}|\geqslant K|3\dot{I}_{0.M}-3\dot{I}_{0.N}| \end{cases} \tag{5-17}$$

式中：$3\dot{I}_{0.M}$、$3\dot{I}_{0.N}$ 分别为线路 M 端、N 端的零序电流。

式（5-17）中 $3I_{0.op.0}$ 应按躲过正常运行时的最大零序不平衡电流进行整定。

由式（5-16）、式（5-17）可看出，故障分量的电流纵差保护的动作量和制动量与负荷电流无关，因而提高了重负荷条件下保护的抗过渡电阻能力。

4. 分布电容电流的补偿

电流纵差保护的基本原理遵循基尔霍夫电流定律，输电线路相与相之间和相与地之间都存在分布电容，使得正常运行或外部故障时的两端一次电流之和不再为 0。在电压等级低、线路短的情况下，分布电容电流很小，对线路电流纵差保护的影响不大，其影响可忽略不计。而在高压、长距离输电线路或电缆线路上，分布电容所产生的电容电流将使输电线路两端电流的大小和相位发生变化，从而对电流纵差保护的性能产生影响。表 5-1 给出了不同电压等级下架空输电线路每百公里的电容、容抗及电容电流的参考值。

表 5-1　　不同电压等级下的分布电容及电容电流（每百公里）

电压等级（kV）	220	330	500	750
正序电容（μF）	0.86	1.113	1.23	1.367
零序电容（μF）	0.605	0.763	0.84	0.93
电容电流（A）	34	66	111	193
正序容抗（Ω）	3700	2860	2590	2340
零序容抗（Ω）	5220	4172	3790	3420

分析电容电流对电流纵差保护的影响，一般要考虑以下因素：

（1）分布电容在暂态过程中将产生各种高频自由振荡分量，使输电线路中的电流、电压的大小和相位都产生严重的畸变，必须考虑电流相量的计算精度。

（2）电容电流是从线路内部流出的电流，因此它构成动作电流，而负荷电流是穿越性的电流，它只产生制动电流。所以必须考虑空载或轻载条件下，远处短路时保护的安全性。

（3）高压长距离输电线路空载合闸时，线路合闸侧能够测量到电流，而未合闸侧则没有电流，因此在此情况下的动作电流和制动电流相等。此时保护装置测量到的电流比较大，要考虑这种情况下保护的安全性。

（4）为了限制工频过电压，往往在超高压长距离输电线路的一端或两端设置并联电抗

器，补偿度一般在 40%以上。对于只在一端有电抗器的线路，电抗器退出时，线路一般也会退出运行；两端都有电抗器的线路，即使有电抗器的投切也是仅一端的电抗器进行投切，一般不会出现两端电抗器都投切的情况。因此，加装电抗器的超高压输电线路在正常运行时电容电流未必很大。

可以通过提高最小动作电流的门槛消除电容电流的影响，但会降低保护的灵敏度，对于高电压、长距离输电线路，此种方法不可取。为此，可采用补偿的方法消除或降低其影响。图 5 - 8 所示系统，线路的分布电容等值到线路的两端，即输电线路以 Π 形等效网络表示。

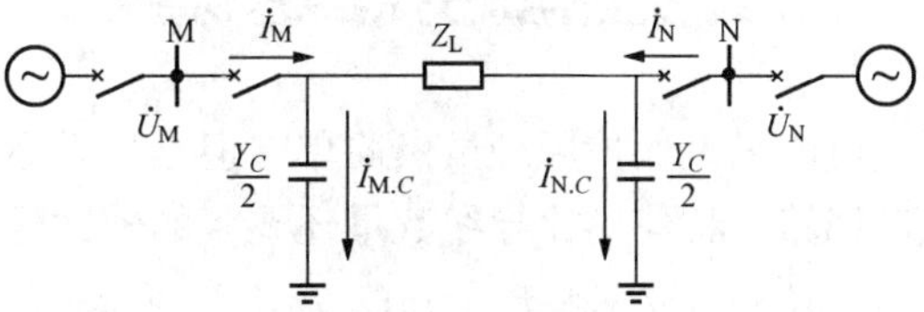

图 5 - 8　电容电流对电流纵差保护的影响

由图 5 - 8 可知，在线路两端分别计算电容电流

$$\dot{I}_{\mathrm{M}.C} = \mathrm{j}\dot{U}_{\mathrm{M}} \frac{Y_C}{2}$$

$$\dot{I}_{\mathrm{N}.C} = \mathrm{j}\dot{U}_{\mathrm{N}} \frac{Y_C}{2}$$

则补偿后的两端电流分别为

$$\begin{cases} \dot{I}'_{\mathrm{M}} = \dot{I}_{\mathrm{M}} - \dot{I}_{\mathrm{M}.C} \\ \dot{I}'_{\mathrm{N}} = \dot{I}_{\mathrm{N}} - \dot{I}_{\mathrm{N}.C} \end{cases} \tag{5-18}$$

式中：$\dot{I}_{\mathrm{M}}$、$\dot{I}_{\mathrm{N}}$ 为两端保护分别测量到的电流相量。

在三相输电系统中，需要计算出各序补偿电流，再合成各相补偿电流。M 端各相补偿电流的具体计算式分别为

$$\begin{aligned} \dot{I}_{\mathrm{M}.C.\mathrm{A}} &= \mathrm{j}(\dot{U}_{\mathrm{m.A}} - \dot{U}_{\mathrm{M}.0}) \frac{Y_{C.1}}{2} + \mathrm{j}\dot{U}_{\mathrm{M}.0} \frac{Y_{C.0}}{2} \\ \dot{I}_{\mathrm{M}.C.\mathrm{B}} &= \mathrm{j}(\dot{U}_{\mathrm{M.B}} - \dot{U}_{\mathrm{M}.0}) \frac{Y_{C.1}}{2} + \mathrm{j}\dot{U}_{\mathrm{M}.0} \frac{Y_{C.0}}{2} \\ \dot{I}_{\mathrm{M}.C.\mathrm{C}} &= \mathrm{j}(\dot{U}_{\mathrm{M.C}} - \dot{U}_{\mathrm{M}.0}) \frac{Y_{C.1}}{2} + \mathrm{j}\dot{U}_{\mathrm{M}.0} \frac{Y_{C.0}}{2} \end{aligned} \tag{5-19}$$

式中：$\dot{U}_{\mathrm{M.A}}$、$\dot{U}_{\mathrm{M.B}}$、$\dot{U}_{\mathrm{M.C}}$、$\dot{U}_{\mathrm{M}.0}$ 分别为 M 端保护测量到的三相电压及零序电压；$Y_{C.1}$、$Y_{C.0}$ 分别为电容的正序、零序导纳值。

同样的方法可计算出 N 端各相补偿电流。根据式（5 - 18）可计算出补偿后两端的各相电流。

考虑实际线路为具有均匀分布参数的超高压长距离输电线路，且三相对称，各序电容的导纳计算式为

$$Y_{C.1} = Y_{C.2} = \frac{2(\mathrm{ch}\gamma_1 l - 1)}{Z_{\mathrm{c}.1}\mathrm{sh}\gamma_1 l} \tag{5-20}$$

$$Y_{C.0} = \frac{2(\mathrm{ch}\gamma_0 l - 1)}{Z_{\mathrm{c}.0}\mathrm{sh}\gamma_0 l} \tag{5-21}$$

式中：$Z_{\mathrm{c}.1}$、$Z_{\mathrm{c}.0}$分别为正序和零序线路波阻抗；γ_1、γ_0 分别为正序和零序传播系数；l 为线

路长度。

上述补偿方法是在线路两端各补偿一半的电容电流，因此也称为半补偿法。该方法假设线路的分布电容值为常数，在实际系统中，由于故障位置的不同，补偿的效果会有所差别。

5.2.2 光纤电流分相纵差保护

电流纵差保护原理虽然简单，但是如果通过辅助导引线将线路两端的电流按相连接构成差动回路，将使用比导线数量还要多的辅助导引线。为了减少导引线的数量，可以构成复式电流（$\dot{I}_1+K\dot{I}_2$ 或 $\dot{I}_1+K\dot{I}_0$，$\dot{I}_1$、$\dot{I}_2$和 $\dot{I}_0$分别为正序、负序、零序电流，K 为常数）纵差保护。即便如此，对于中、长距离的输电线路，采用这种辅助导引线的电流纵差保护，在技术上仍有许多困难，经济上也很不合理。借助导引线的电流纵差保护一般仅用于短线路。随着光纤通信技术的发展及其在电力系统中的应用，近年来，光纤分相电流纵差保护作为高压输电线路的主保护获得了广泛应用。

光纤电流分相纵差保护具有以下优点：

（1）原理简单，选择性强，能够实现全线速动，与相邻线路的保护没有配合关系。

（2）定值整定简单，差动电流仅反应故障分量，抗过渡电阻能力强，具有较高的灵敏性。

（3）能够反应所有故障类型，不受系统振荡的影响。

（4）具有良好的“天然”选相功能。

（5）不受电压互感器断线的影响。

（6）良好的网络拓扑适应能力，能应用于长、短线路，能够应用于同杆并架双回线、串补电容线路以及 T 形分支线路。

1. 光纤通信简介

光纤通信系统的构成如图 5-9 所示，它由光发射机、光纤信道、光接收机组成，当进行长距离通信时，还需要中继器。

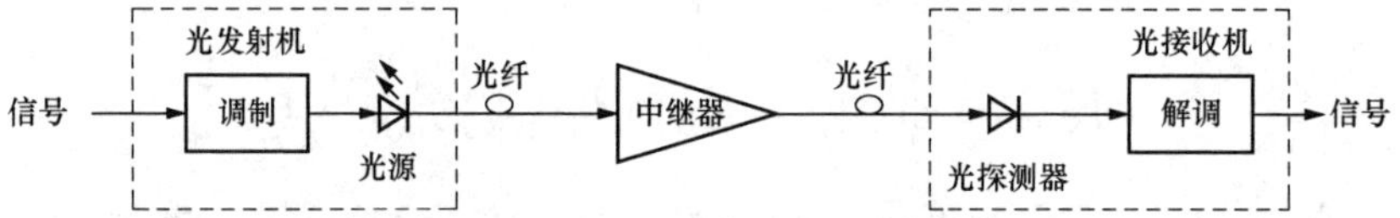

图 5-9 单向光纤通信系统的构成

（1）光发射机。光发射机实现电光转换。其功能是将电信号对光源发出的光波进行调制，成为已调制光波，然后再将已调制的光信号耦合到光纤或光缆中传输。它由光源、驱动器和调制器组成。目前采用直接调制方法，即把要传送的信息转变为电流信号注入光源，从而获得相应的光信号。由于光源输出功率基本上与注入电流成正比，因而是一种光强调制方法。光源为半导体激光器或半导体发光二极管。

（2）光接收机。光接收机实现光电转换，其功能是将从光纤中接收到的光信号转变为电信号。它由光探测器（光电二极管或雪崩光电二极管）、前置放大器、均衡滤波器、判决器和时钟恢复电路等环节组成。如果在发射端进行了线路编码（或扰乱），那么在接收端需要有相应的译码（或解扰）电路。

（3）中继器。光信号在光纤中传输时，其功率将不断衰减，当传输到一定距离以后，已变得很微弱，而不能满足光接收机灵敏度的要求。为此，必须在光纤通信线路上适时地加入“中继器”，用来补偿光纤的传输损耗和消除信号中的噪声和失真，使光信号得以恢复。

（4）光纤或光缆。光纤或光缆构成光的传输通路，将发信端发出的已调制光信号，经过光纤或光缆的远距离传输后，耦合到收信端的光检测器，完成信息传输。

光纤按光在其中的传输模式可分为单模光纤和多模光纤。多模光纤的纤芯直径为50μm左右，单模光纤的纤芯直径不超过10μm。多模光纤的模间色散较大，适用于近距离通信。单模光纤只传输主模态，避免了模态色散，传输频带宽，传输容量大，适用于长距离通信。

光纤中使用光波的几个波段为：800～900nm、1250～1350nm、1500～1600nm。在这些波段中，光纤传输性能表现最佳，即存在光纤通信的三个低损耗窗口。多模光纤运行波长为850nm或1300nm，而单模光纤运行波长则为1310nm或1550nm。

光纤通信具有以下优点：

（1）通信容量大。通信容量和载频的频率成正比，电力线载波的载频一般不超过400kHz，微波的载频在3～30GHz，而光纤载频达10^{15} Hz量级。虽然在实际应用中由于受到了光电器件特性的限制，传输带宽比理论上窄许多，光纤仍然是目前通信容量最大的一种通信介质。

（2）光纤的传输损耗小，中继间隔长，可达上百公里。因为用于拉制光纤的SiO_2玻璃介质纯度极高，因此光信号在光纤中的损耗极低，从而中继距离可以很长，这样就减少了通信中继站的数量，降低了通信系统的成本。当通信传输速率为400Mbit/s时，采用金属同轴电缆通信的中继间隔为1.6km，而光纤通信系统的中继间隔可以达到100km以上。

（3）通信系统可靠性高。光波能量传播局限在纤芯内部，不易被窃听，不引起噪声，不产生纤间干扰，不受外面电磁场干扰的影响，同时也不干扰其他通信设备。光纤通道独立于输电线路之外，不受输电线路故障的影响。

继电保护信息在光纤通信系统的传输通常采用高级数据链路控制（HDLC）规程规定的协议格式，如图5-10所示。

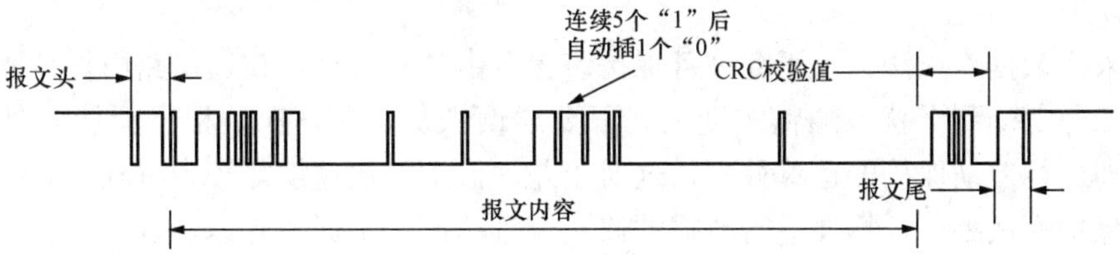

图5-10　HDLC报文格式

报文头、报文内容、循环冗余码（CRC）校验值和报文尾构成完整的一帧通信报文。其中报文头和报文尾是固定为“01111110”的8bit序列。发送端报文内容连续5个“1”后自动插入1个“0”，区别于报文头和报文尾；相应地，接收端连续收到5个“1”后自动删除后面插入的那个“0”。发送端将报文内容除以约定的多项式得到的余数作为CRC校验值构成报文的一部分；同样，接收端将报文内容除以相同的多项式，得到的余数与收到的CRC校验值相比较，如果两者相等，认为报文没有误码，否则认为报文通不过CRC校验。两个报文之间的空闲位可以是高电平，也可以是多个“01111110”序列。

2. 两端电流采样的同步方式

电流纵差保护计算差动电流、制动电流时，必须使用两端相同时刻的电流数值，否则计算结果将产生误差甚至导致保护误动或拒动。两端电流采样的同步方式包括采样数据修正法、采样时刻调整法和时钟同步法。

（1）采样数据修正法。所谓采样数据修正法，不要求两侧的保护装置进行同步采样，而是各自装置以相同的采样频率进行独立的采样，在收到对侧的数据后，通过计算的方法，将其校正到和本侧电流数据对应到同一时刻的值。为此，必须测定通信通道的延时，测定通道延时的方法如图 5-11 所示。在 t_{M1}时刻，M 侧保护向 N 侧保护发送了一帧数据信息，该信息中含有时间标签 t_{M1}及电流值。该信息经通道延时 t_{d1}后达到 N 侧，N 侧保护记录到达时刻 t_N，经 t_d 延时后，N 侧保护在 t_{N3}时刻也向 M 侧保护发送一帧数据信息，信息中包含时间标签 t_{N3}、对侧刚送过来的 t_{M1}、N 侧计算出的延时 t_d 以及电流值，经 t_{d2}延时后，在 t_M 时刻到达 M 侧。在发送信息和接收信息具有相同的通道延时的条件下，即 $t_{d1}=t_{d2}$，M 侧可以计算出通道延时为

$$t'_d = t_{d1} = t_{d2} = (t_M - t_{M1} - t_d)/2 \tag{5-22}$$

N 侧的保护按相同的方法测定通道延时，并进行两者的比较，两者一致时，表明通信通道工作正常，通道延时计算正确；否则，重复上述过程。通道工作正常后，可以交换两侧电流数据。

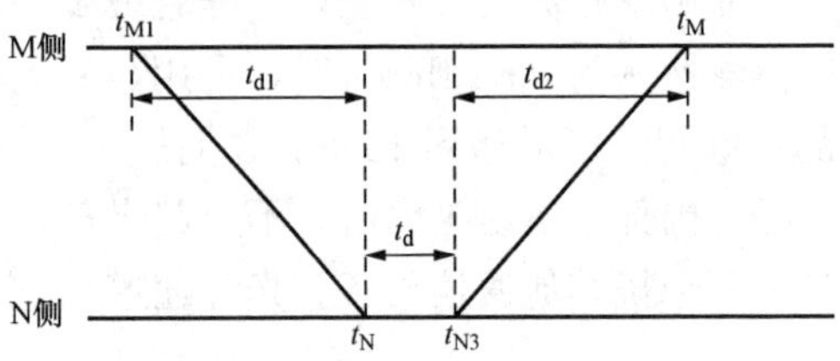

图 5-11 通信通道延时的测定

需要说明的是，采用采样数据修正法只适用于基于电流相量的差动保护，例如传递的信息是经过傅里叶算法得到的电流相量的实部和虚部，同时包含了计算的电流相量时刻和发送时刻的时间差 Δt，则接收侧就能计算出其和本侧电流对应的时刻为 $\Delta t + t'_d$。如果接收侧的计算电流相量与对应的 $\Delta t + t'_d$时刻的相量相位差为 θ，则需将本侧相量乘以旋转因子 $e^{-j\theta}$进行修正，再和对侧的电流相量进行动作量和制动量的计算。

对于采样数据修正法，由于允许各保护装置自由独立采样，在通信路由保持固定不变的条件下，当通信受到干扰或通信中断后，只要通信恢复正常，保护根据新接收到的电流报文，可立即进行差动保护的运算处理，这对于差动保护的快速恢复较为有利。其缺点就是每次的差动保护算法处理，均要进行数据的修正，且总离不了通道延迟参数 t_d。它不适应通信路由发生变化的情况，而且，电网频率的变化也会影响其相量移位修正的结果。

（2）采样时刻调整法。当采用此方法进行两侧采样时刻的同步时，两侧保护装置的一侧设置为主机，另一侧设置为从机。两侧采样实现同步的方法如图 5-12 所示。

从机上电后，向主机发送一帧测定通道时延的报文，同时以本侧装置的相对时钟为基准记录报文发送时刻 t_{ss}。主机收到该报文后，以本侧装置的相对时钟为基准，记录该报文接收时刻 t_{mr}，等到下一个定时发送时刻 t_{ms}，向从机回应一帧通道时延测试报文，同时将 $t_{ms}-t_{mr}$作为报文内容。从机在 t_{sr}时刻收到主机的通道时延测试报文，并得到 $t_{ms}-t_{mr}$，由此可以计算得到通道时延为

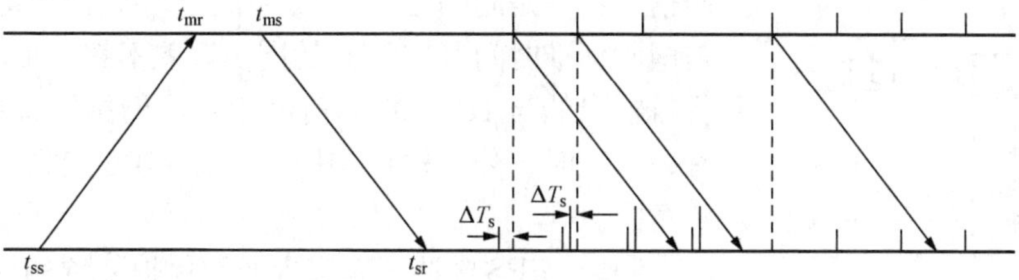

图 5 - 12　采样时刻调整法实现两侧保护装置的同步采样

$$t_d = \frac{(t_{sr} - t_{ss}) - (t_{ms} - t_{mr})}{2} \tag{5-23}$$

重复此过程，当连续若干次测得的通道时延都相等时，说明通道时延计算正确，即可以开始两侧保护同步采样时刻的调整。

主机以装置内部时钟为基准，按固定间隔 T_s 进行采样，同时向从机发送带有时间标签的电流报文。从机收到主机发送的电流报文，根据通道时延可以得到主机的采样时刻，同时根据本侧电流采样时刻，得到两侧装置采样时刻的误差 ΔT_s。从机调整下一个采样间隔，使得 $\Delta T_s \to 0$。当 $\Delta T_s < \zeta$ 时，可以认为两侧装置实现了同步采样。

从上面的分析不难看出：为了确保通道时延计算的正确，其前提是通道收、发双向时延相等。

采样时刻调整法实际上分成了两步，首先是测定通道时延，然后再进行数据同步采样时刻的调整。当同步采样时刻调整好后，差动保护算法处理较为简单，计算与通道延迟参数 t_d 无直接的关系。另外，由于晶振一般稳定性好，精度高，只要采样同步完成之后，在正常的情况下，这一同步完全凭惯性，也能保持一段较长的时间，这就给测量通道延迟参数 t_d 带来充分的时间，前后两次采样时刻的误差测量和调整之间的时间间隔也可以较长。采用此方法，既可以实现电流相量的差动保护，也可以实现采样值的差动保护。不足之处是：一旦采样失步后，其实现同步调整的时间较长，不利于快速恢复同步采样。

（3）GPS 时钟同步法。全球卫星定位系统（Global Positioning System，GPS）是 20 世纪 70 年代开始由美国军方着手筹建，并在 1993 年建成使用的定位授时系统。GPS 由空间导航卫星系统、地面支撑系统和 GPS 接收机三部分组成。

空间卫星部分由在地球上空的 24 颗卫星组成，这 24 颗卫星等间隔分布在 6 个互成 60°的轨道面上，地球上任何位置均能同时观测到至少 4 颗 GPS 卫星。GPS 卫星以载码的形式每秒向地球发送一次位置和时间信息，来完成定位和授时目的。其信号的传播和接收不受气候和地域的限制，可在全球范围内全天候提供服务。

地面支撑系统由 1 个主控站、3 个注入站和 5 个监测站组成。它们用于对 GPS 卫星的运行状况进行跟踪观察、数据采集、完成卫星编制、参数计算和修正，并将各种导航信息和修正参数注入卫星，保证 GPS 卫星发射给地面用户的信息准确无误。

GPS 接收机接收 GPS 卫星发射的信号，以获得必要的导航和定位信息，经数据处理完成导航和定位工作。GPS 接收机硬件一般由主机、天线和电源组成。

GPS 接收机由接收模块和天线组成。专用授时型 GPS 接收机能同时接收 4～8 颗卫星的信号。其内部硬件电路和处理软件通过对接收信号的解码和处理，能从中提取并输出两种时

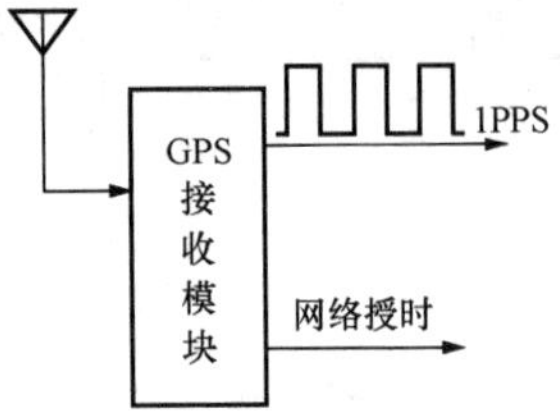

图 5 - 13 GPS 接收机构成示意图

间信号：一是间隔为 1s 的脉冲信号，即 1PPS，其脉冲前沿与国际标准时间（UTC）的同步误差不超过 1μs；二是经串行口输出的与 1PPS 脉冲前沿相对应的国际标准时间（年、月、日、时、分、秒）。图 5 - 13 是 GPS 接收机构成的简单示意图。

利用 1PPS 脉冲可以实现两侧保护装置的同步采样，其方法是由稳定性很高的晶振产生满足一定采样频率要求的脉冲信号，该信号每过 1s 被 1PPS 信号同步一次（相位锁定），能保证其脉冲前沿与 UTC 具有 1μs 的同步精度，两侧保护装置的采样误差不超过 2μs。接收机输出的绝对时间代码可用来给采样数据置以时间标签。

GPS 时钟同步法与通信路由无关，可以适应各种形式的通信系统，其精度高，不受电网频率的影响，计算量少，从原理上来讲是一种理想的采样同步方法。但 GPS 时钟脉冲的可靠性以及 GPS 卫星的战时受控性是需要考虑的问题。

我国自 1985 年开始着手建设卫星导航系统，到 2020 年，建成了由 24 颗中圆地球轨道卫星、3 颗地球静止轨道卫星和 3 颗倾斜地球同步轨道卫星共同组成的北斗三号全球卫星导航系统。该系统可在全球范围内为各类用户提供高精度和高可靠性的定位、导航、授时服务，并具有短报文通信能力。目前，基于北斗系统已建立了全系统高精度授时及全网时间同步系统，应用于厂站自动化系统、故障定位、电力抢修等领域。

3. 光纤电流纵差保护的构成原理

光纤电流纵差保护的构成如图 5 - 14 所示。借助于光纤通道，实时地向对端传送电流数据，各端保护利用本端和对端的电流数据进行分析计算，做出对被保护线路是否发生故障的判断。

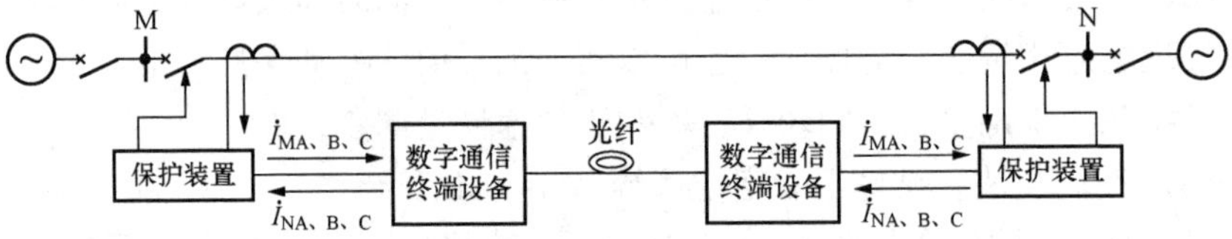

图 5 - 14 光纤电流纵差保护的构成原理图

光纤电流差动保护根据传送的电流数据的不同，可分为相量电流纵差保护和采样值电流纵差保护。根据使用的电流量的不同，可分为分相电流纵差保护和零序电流纵差保护，而分相电流纵差保护又包括相电流纵差保护和突变量电流纵差保护。

除了交换两端的电流信息外，还可以用“控制字”的方式传送其他必要的信息。所谓“控制字”就是用一个二进制位代表某种信息，可定义该位为“1”代表真，“0”代表伪。图 5 - 15 给出了一个“控制字”的实例。

光纤电流纵差保护基本逻辑框图如图 5 - 16 所示。

（1）电流纵差保护的启动。保护的启动元件可以采用相电流差突变量启动元件、零序电流突变量启动元件。当两端保护的启动元件均启动时，才允许相电流纵差保护和零序电流纵差保护动作跳闸。

如果线路一端断路器处于三相跳闸状态，此时线路内部发生短路，由于该侧保护启动元

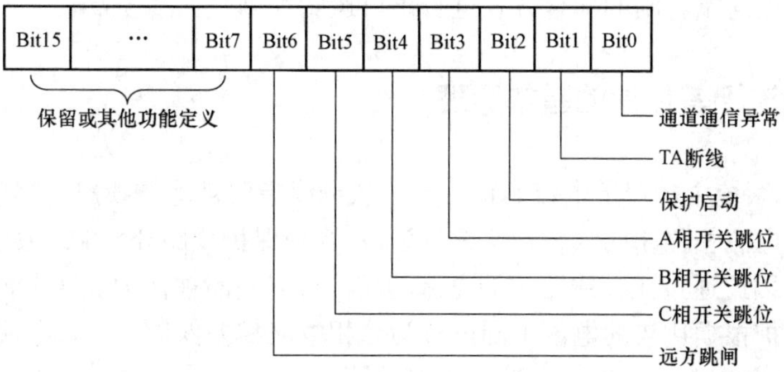

图 5-15　“控制字”示例

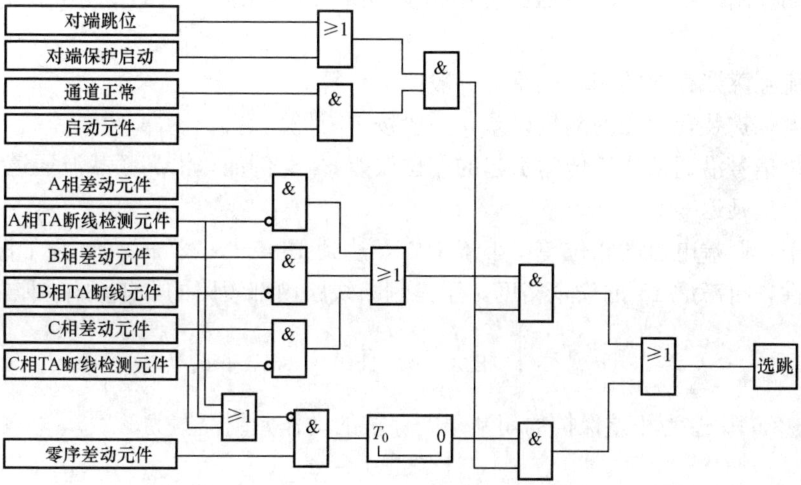

图 5-16　光纤电流纵差保护构成逻辑框图

件不会动作，若不采取措施，将导致电流纵差保护拒动。为此断路器断开侧的保护需将断路器的位置信息传送给对端的保护，这样当线路上发生短路时，电流纵差保护就可以动作于跳闸。

（2）TA 断线的检测。当 TA 发生断线时会产生零序电流和差动电流，但保护不会误动作。这是因为未发生断线侧的保护不会启动，从而闭锁了断线侧的保护。为此，可利用对侧保护不启动，而本侧保护存在差动电流的特点构成 TA 断线检测元件。满足以下条件时，发出告警信号，并闭锁相应的纵差保护。

1）零序电流连续 12s 大于一设定值，发出“TA 断线告警”信号，并闭锁零序电流纵差保护。该设定值可和零序电流保护最灵敏段的定值一致。

2）任意相电流连续 12s 小于一设定值，发出“某相 TA 断线告警”信号，并闭锁该相的电流纵差保护及零序电流纵差保护。该设定值可取 $0.06I_N$，其中 I_N 为额定电流。

3）差动电流连续 12s 大于 $0.25I_N$，而该相电流小于 $0.06I_N$，发出“某相 TA 断线告警”信号，并闭锁该相的电流纵差保护及零序电流纵差保护。

零序电流纵差保护作为稳态量纵差保护及故障分量纵差保护的后备保护，延时 100ms（T_0）动作，以躲过断路器三相不同时合闸等因素的影响。

选跳元件根据与重合闸的配合方式进行出口逻辑控制（见第 6 章）。

5.2.3 电流相差保护的基本原理

图 5-4 所示系统中，规定电流的正方向是从母线指向被保护线路。当 MN 线路内部 k1 点短路时，两端电流相位相同（暂且这么认为）；当被保护线路外部 k2 点短路时，两端电流相位相差 180°。因此通过比较线路两端电流的相位可以判断被保护线路是否发生短路。

电流相差保护根据比较的电流不同可分为分相电流相差保护、复式电流相差保护。

1. 相差保护的动作判据与闭锁角

电流相差保护的测量元件是相位比较元件，其动作判据的构成应首先保证外部短路时保护可靠不误动。图 5-4 所示系统 k2 点短路时，由于以下原因，MN 线路两端的电流并非相差 180°。

（1）电流互感器存在的相位误差，一般按 7°计算。

（2）继电保护装置存在的测量误差，一般按 15°计算。

（3）相位信号沿通信通道传输引起的相位误差 φ_ε。例如，沿高频载波通道（见 5.5 节）传输，每百公里延迟 6°。

这样一来，两端电流的相位差将小于 180°，达到 180°－（22°＋φ_ε），为了保证电流相差保护的安全性，再考虑 15°的安全裕度，于是判断线路内部短路的保护动作判据为

$$|\varphi_m| = \left|\arg\frac{\dot{I}_M}{\dot{I}_N}\right| \leqslant 180° - (37° + \varphi_\varepsilon)$$

记 $\varphi_B = 37° + \varphi_\varepsilon$ 为相差保护的闭锁角。保护的动作判据简写为

$$|\varphi_m| \leqslant 180° - \varphi_B \tag{5-24}$$

如图 5-17 所示，以 $\dot{I}_M$ 为基准，$\dot{I}_M$ 与 $\dot{I}_N$ 的相位差为 φ_m，当电流相量 $\dot{I}_N$ 落入阴影区域时，保护不动作。

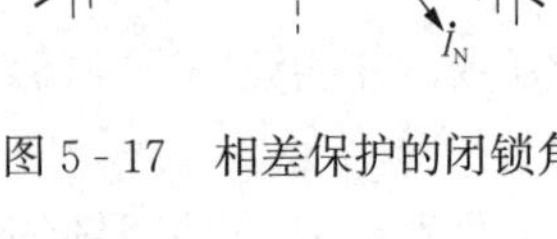

图 5-17 相差保护的闭锁角

2. 复式电流相差保护

受限于通信通道，当不能按相比较两端电流的相位时，就必须寻找一个综合电流，使其能够反应各种短路故障，又可仅使用一个通道。经过多年的研究，早期的相差保护普遍采用 $\dot{I}_1 + K\dot{I}_2$ 作为相位比较的电流，其中 $\dot{I}_1$ 和 $\dot{I}_2$ 分别为正序电流和负序电流，原理上该电流能反应对称短路和各种不对称短路。

图 5-18（a）所示系统，在 k 点发生三相短路时，由于没有负序电流，参与比相的只有正序电流，而两端正序电流的相位与两端电动势的相位差有关，在重负荷运行条件下，计及故障点两侧阻抗角的差异，两端电流的相位差将达到较大的值。设 $\dot{E}_M$ 超前 $\dot{E}_N$ 的角度为 $\delta = 70°$，M 侧正序阻抗角为 60°，N 侧正序阻抗角为 90°，如图 5-18（b）所示，$\dot{I}_M$ 超前 $\dot{I}_N$ 的角度为 100°。

当 k 点发生不对称短路时，线路两端的负序电流相位差不受系统电动势相位差的影响，更接近于同相位，也有利于保护动作。因此希望负序电流在参与比较的两端电流中起决定性作用，即

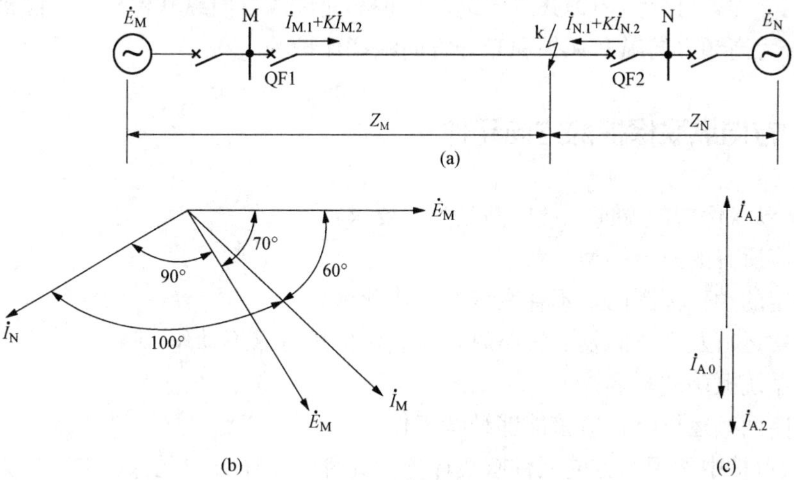

图 5-18　复式电流相位分析

(a) 系统图；(b) 三相短路时的相量图；(c) 两相接地短路时的电流相量图

$$K\dot{I}_2 > \dot{I}_1$$

取

$$K \geqslant 1.5\left|\frac{\dot{I}_1}{\dot{I}_2}\right| \tag{5-25}$$

比较各种不对称短路，当以两相接地短路最不利于保护动作。假设 BC 两相接地短路时电流序分量的相量关系如图 5-18（c）所示，而以 A 相为基准提取复式电流时，正序电流与负序电流相位相反，恰是不利于保护动作最严重的情况。

总之，两端复式电流 $\dot{I}_1+K\dot{I}_2$ 的相位差受系统运行方式、故障类型、阻抗参数的影响。一般情况下，$K=6\sim8$ 可满足要求。

借助于高频通道和微波通道可实现高频相差保护（见 5.5 节）和微波相差保护。

5.3　方向纵联保护

如图 5-19 所示，规定短路功率的正方向是从母线指向被保护线路。当 k1 点短路时，两侧的保护都判断为正方向，通过通信通道将判断结果传送给对方，由于两侧都判断为正方向，从而确定了故障发生在被保护线路上，瞬时动作跳开两侧的断路器。当 k2 点短路时，远离故障点 M 侧的保护判断为正方向。而近故障点 N 侧的保护判断为反方向，在保证本侧保护不动作的同时，将判断结果传送给 M 侧保护，从而闭锁 M 侧的保护。

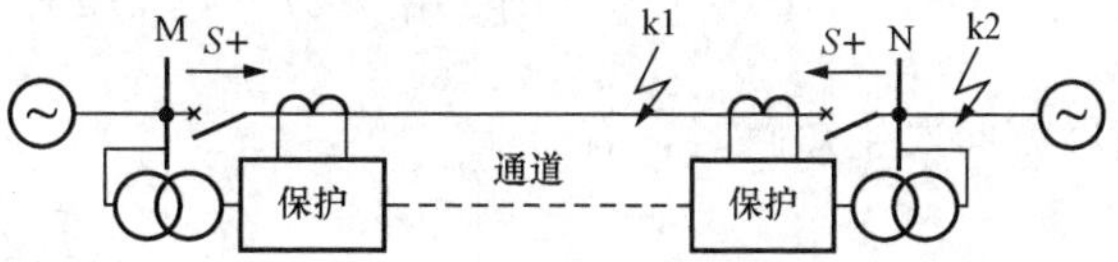

图 5-19　输电线路方向纵联保护工作原理

方向纵联保护按照判别元件分类，可分为方向纵联保护、距离纵联保护等；按照判别元件的动作范围不同，可分为超范围式方向纵联保护和欠范围式方向纵联保护；按照信息传送到保护逻辑回路所起的作用分类，可分为闭锁式方向纵联保护和允许式方向纵联保护；按照借助的通信通道分类，可分为高频方向纵联保护和光纤方向纵联保护等。

5.3.1 方向纵联保护的方向元件

作为方向纵联保护的方向元件应满足如下要求：

1）能反应所有的故障类型。

2）在给定的动作范围内，不存在保护动作死区。

3）在正常运行及反方向发生短路时，应确保保护可靠不动作。

4）不受系统振荡的影响。

5）在线路两相运行时，应该能够继续工作。

方向纵联保护中常用的方向元件有负序方向元件、零序方向元件、突变量方向元件和相电压补偿式方向元件等。

1. 负序方向元件

图5-20给出了保护1正、反方向短路时负序网络。由图5-20（a）可知，当正方向发生不对称短路时，保护安装处的负序电压和负序电流（规定从母线指向被保护线路为正方向）满足

$$\dot{U}_2=-\dot{I}_2Z_{M2}$$

式中：Z_{M2}为保护安装处背后系统的负序阻抗。

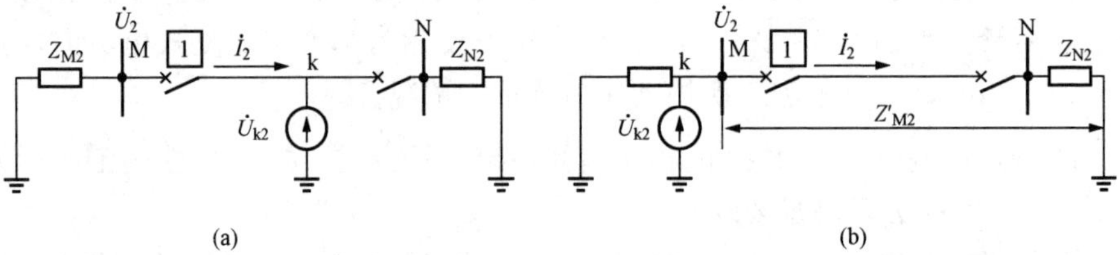

图5-20 不对称短路时的负序网络

（a）正方向短路；（b）反方向短路

显然，和零序方向元件一样，在正方向发生短路时，负序电压和负序电流的相位关系只取决于背后系统的负序阻抗角，和故障点的远近及故障点是否有过渡电阻无关，也不存在动作的“死区”，即

$$\arg\frac{\dot{U}_2}{\dot{I}_2}=\arg Z_{M2}-180^\circ$$

于是，判断正方向短路的动作判据是

$$\arg Z_{M2}-270^\circ\leqslant\arg\frac{\dot{U}_2}{\dot{I}_2}\leqslant\arg Z_{M2}-90^\circ \tag{5-26}$$

当反方向发生短路时，有

$$\dot{U}_2=\dot{I}_2Z'_{M2}$$

式中：Z'_{M2}为保护安装处正方向总的负序阻抗。

$$\arg\frac{\dot{U}_2}{\dot{I}_2}=\arg Z'_{M2}$$

所以，判断反方向短路的动作判据是

$$-90^{\circ}+\arg Z'_{M2}\leqslant\arg\frac{\dot{U}_2}{\dot{I}_2}\leqslant 90^{\circ}+\arg Z'_{M2} \tag{5-27}$$

负序方向元件在全相运行条件下，能够正确反应各种不对称短路，具有不受系统振荡影响、灵敏度较高和原理简单等优点，但是，负序方向元件也存在一些不足之处：

1）不反应三相短路。

2）要求电压互感器安装在线路侧，确保在非全相运行（包括单相自动重合闸过程中）时保护不会误动作。尽管如此，在非全相运行过程中再发生短路，保护存在拒动的可能。

3）线路分布电容的存在，使得线路空载合闸时，由于三相不同时合闸，保护可能误动。受分布电容的影响，当外部发生短路时，若分布电容足够大时，保护也会误动作，应采取补偿措施。

4）在具有串联电容补偿的线路上，只要串补电容不存在不对称击穿，则在全相运行条件下发生各种不对称短路时，负序方向元件能够正确动作。当串补电容位于保护区内，在系统振荡或外部短路时，若发生串补电容不对称击穿，保护将误动。当串补电容位于保护区外，在保护区内发生短路时，若发生串补电容不对称击穿，保护将拒动。

5）受电压二次回路断线的影响，可能造成保护不正确动作。当检测到电压二次回路断线时，应将负序方向元件退出运行。

2. 突变量方向元件

将图5-20中标示的 $\dot{U}_2$、$\dot{I}_2$、$\dot{U}_{k2}$ 分别标示为 $\Delta\dot{U}_m$、$\Delta\dot{I}_m$、$-\dot{U}_{k|0|}$，就是正、反方向短路时的故障附加网络。在正方向发生短路时，满足

$$\Delta\dot{U}_m=-\Delta\dot{I}_m Z_M$$

在反方向短路时，满足

$$\Delta\dot{U}_m=\Delta\dot{I}_m Z'_M$$

式中：$\Delta\dot{U}_m$ 取 $\Delta\dot{U}_{AB}$、$\Delta\dot{U}_{BC}$ 或 $\Delta\dot{U}_{CA}$；$\Delta\dot{I}_m$ 取与 $\Delta\dot{U}_m$ 对应的相间电流 $\Delta\dot{I}_{AB}$、$\Delta\dot{I}_{BC}$ 或 $\Delta\dot{I}_{CA}$。

不难看到，利用突变量构成的方向元件和零序方向元件、负序方向元件具有相同的特点，所不同的是它反应所有的故障类型。

于是，判断正方向短路的动作判据是

$$\arg Z_M-270^{\circ}\leqslant\arg\frac{\Delta\dot{U}_m}{\Delta\dot{I}_m}\leqslant\arg Z_M-90^{\circ} \tag{5-28}$$

判断反方向短路的动作判据是

$$-90^{\circ}+\arg Z'_M\leqslant\arg\frac{\Delta\dot{U}_m}{\Delta\dot{I}_m}\leqslant 90^{\circ}+\arg Z'_M \tag{5-29}$$

突变量方向元件具有以下优点：

1）不反应系统振荡，也不受负荷影响。

2）能够反应三相短路及各种不对称短路，且灵敏度高。

3）在非全相运行条件下，保留健全相的突变量方向元件，例如 BC 两相运行时，利用 $\Delta\dot{U}_{BC}$ 和 $\Delta\dot{I}_{BC}$ 进行相位比较，仍能实现对线路的保护。

5.3.2 方向纵联保护的构成原理

1. 闭锁式方向纵联保护

图 5-21 为采用正、反两个方向元件构成的闭锁式方向纵联保护的工作原理框图。方向元件有负序方向元件、零序功率方向元件、突变量方向元件、方向阻抗元件及行波方向元件等。反方向元件动作后，向对端保护发出闭锁信号（命令）；正方向元件动作后，如果收不到对端保护的闭锁信号，则动作于跳闸。正方向元件的动作范围必须大于被保护线路；反方向元件的灵敏度必须大于对端保护正方向元件的灵敏度，才能保证反方向故障时对端的保护不会误动。

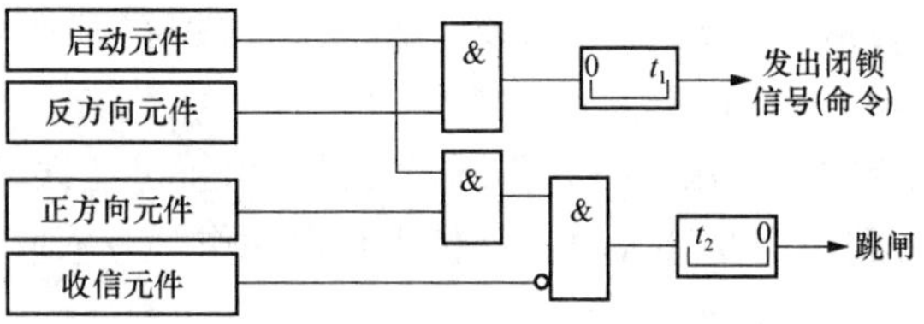

图 5-21 闭锁式方向纵联保护原理框图（一）

启动元件用于故障检测，当检测到故障发生后，开放保护。启动元件可以采用相电流启动元件、相电流差突变量启动元件、零序电流突变量启动元件。

时间元件 t_1 瞬时动作，延时 t_1 返回，防止反方向短路故障切除后，反方向元件返回快，而对端保护的正方向元件返回慢而误动作。时间元件 t_2 延时 t_2 动作，瞬时返回，其作用是防止闭锁信号到达前保护误跳闸。

图 5-22 为使用一个正方向元件的方向纵联保护工作原理框图。方向元件及启动元件可采用如前所述原理。低定值启动元件动作后，瞬时发出闭锁信号（命令），高定值启动元件动作后，与正方向元件共同准备好跳闸回路。

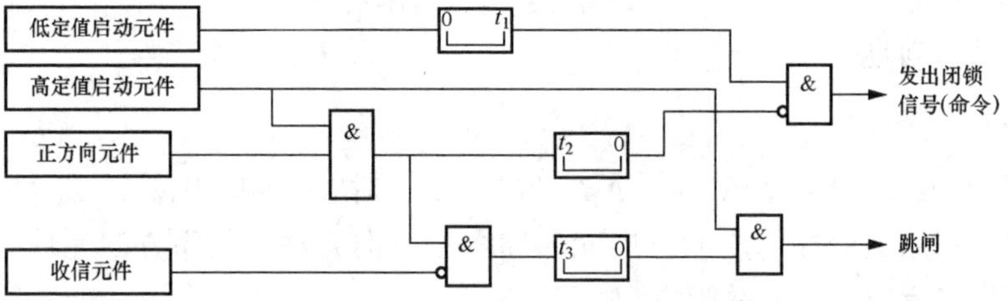

图 5-22 闭锁式方向纵联保护原理框图（二）

采用两个定值不同的启动元件可以有效防止外部故障时可能造成的保护误动作。例如图 5-23 中，假定保护 1 和 2 都只有一个启动元件，其定值都整定为 $I_{set}=100A$。当 k 点短路时，假定短路电流为 100A，由于电流互感器及保护装置存在测量误差，一般允许的误差范围是±5%，若保护 1 的实际测量值为 105A，保护 2 的测量值为 95A，则保护 1 启动发出闭锁信号，又由于是正方向短路，随后又停发闭锁信号，保护 2 则不启动，也不发出闭锁信号，虽然保护 2 不会动作，但由于保护 1 收不到闭锁信号将会误动作。采用灵敏度不同的两个启动元件，可以有效解决此问题。两个启动元件的定值一般应满足

$$I_{H.set} = (1.6 \sim 2) I_{L.set} \tag{5-30}$$

其中：$I_{H.set}$ 为高定值启动元件动作值；$I_{L.set}$ 为低定值启动元件动作值。

时间元件 t_1 、t_2 的作用同图 5-21 中时间元件的作用，时间元件 t_3 可防止闭锁信号短暂中断造成保护误动。

如图 5-23 所示系统，当 k 点发生短路时，根据图 5-22 所示方向纵联保护的工作原理，凡是能够启动的保护首先发出闭锁信号，而当保护判断为正方向短路时，则停止发送闭锁信号。保护 1、3、4、6 停发闭锁信号，而保护 2、5 持续发出闭锁信号，保护 1 收到来自保护 2 的闭锁信号不会动作，同样保护 6 收到来自保护 5 的闭锁信号也不会动作。保护 3、4 都收不到闭锁信号，从而两侧的保护都动作切除故障线路。

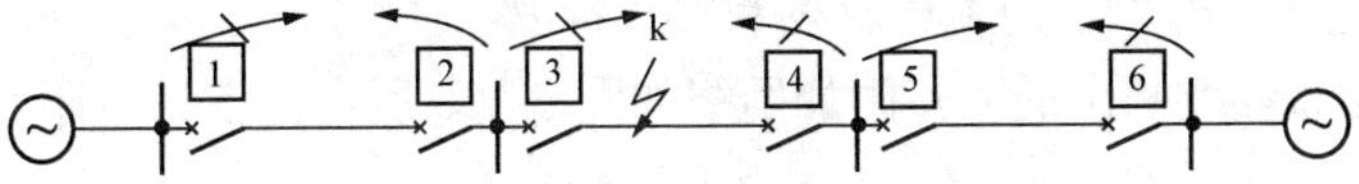

图 5-23　闭锁式方向纵联保护工作原理说明

2. 允许式方向纵联保护

允许式方向纵联保护的工作原理如图 5-24 所示。当被保护线路内部发生短路时，启动元件及正方向元件动作，向对端保护发出允许信号（命令），收到对端保护发来的允许信号后动作于跳闸。当被保护线路外部短路时，远离故障点的保护判断为正方向，发出允许信号，近故障点的保护判断为反方向短路，不会发出允许信号，两端的保护都不会动作。外部故障切除时，启动元件和方向元件都返回，保护不会误动作。

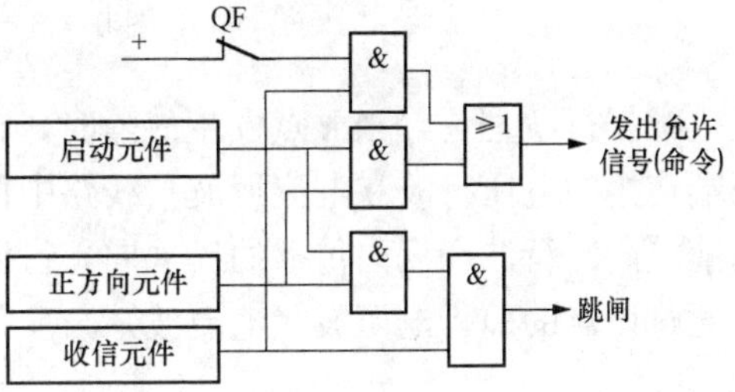

图 5-24　允许式方向纵联保护原理框图

在单电源线路内部发生短路时，远离电源端的保护因启动元件或方向元件不动作而不能发出允许信号，将造成近电源端的保护拒动。为解决这一问题，利用断路器的辅助触点控制发信元件发出允许信号，即当断路器在跳闸位置且收到对端保护的允许信号时，向对端保护发出允许信号，近电源端的保护收到允许信号后动作于跳闸。

3. 传送跳闸信号的方向纵联保护

图 5-25 为传送跳闸信号的方向纵联保护工作原理框图。当本端保护测量元件动作后动作于跳闸，同时向对端保护发出跳闸信号（命令）；如果本端的保护收到跳闸信号，也动作于跳闸。显然，保护中的测量元件不仅要具有方向性，而且其保护范围应大于线路全长的 50%，小于 100%，例如可使用具有方向性的阻抗 I 段作为测量元件，当线路内部发生短路时，至少有一端的保护动作于跳闸，并发出跳闸信号令另一端的保护同时动作于跳闸。这是一种欠范围式的方向纵联保护。

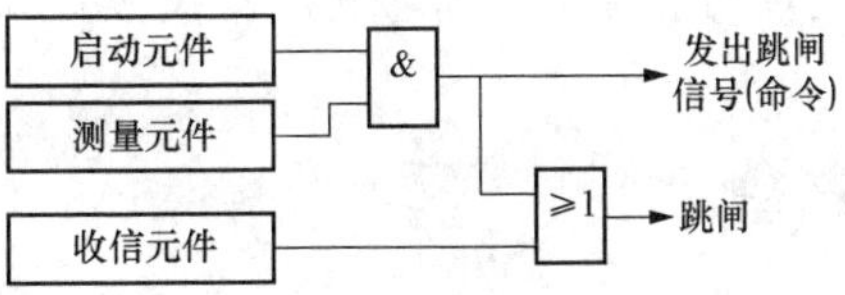

图 5-25　传送跳闸信号的方向纵联保护原理框图

传送跳闸信号的方式也可用在断路器失灵或其他保护动作需要跳开远端断路器以切除故障的情形，这种方式被称为远方跳闸。

实际上，当采用数字光纤通信后，可以借用差动保护的方法，线路两端的保护可以直接相互传递信息丰富的数字信号，实现保护的跳闸或闭锁，原来的允许式、闭锁式已无太大意义。

5.4 行 波 保 护

5.4.1 行波的基础理论

1. 电压波、电流波与它们的前向行波和反向行波

输电线路按分布参数画出的故障附加网络如图 5 - 26 所示，不计电阻及电导，认为输电线路为均匀无损线路。

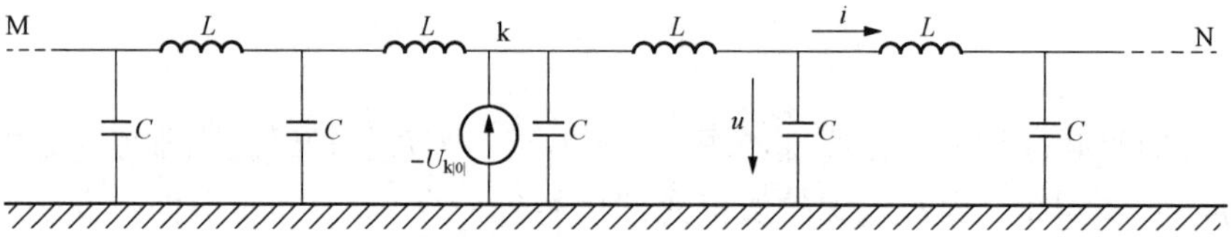

图 5 - 26 单相均匀无损线路

根据行波理论，当 k 点发生故障时，在 $-U_{k|0|}$ 电压的作用下，将产生由故障点向线路两端传播的电压行波和电流行波。线路中传播的任意波形的电压和电流，可分解成向前传播的前（向）行波和反向传播的反（向）行波的叠加，即线路上某点某时刻的电压（或电流）为通过该点的前行电压波（电流波）与反行电压波（电流波）的代数和，表达式为

$$u(x,t)=u_1\left(t-\frac{x}{v}\right)+u_2\left(t+\frac{x}{v}\right) \tag{5-31}$$

$$i(x,t)=i_1\left(t-\frac{x}{v}\right)+i_2\left(t+\frac{x}{v}\right) \tag{5-32}$$

式中：v 为波速；$u_1\left(t-\frac{x}{v}\right)$ 为前行电压波；$u_2\left(t+\frac{x}{v}\right)$ 为反行电压波；$i_1\left(t-\frac{x}{v}\right)$ 为前行电流波；$i_2\left(t+\frac{x}{v}\right)$ 为反行电流波，它们之间有如下关系

$$u_1=i_1Z_c \tag{5-33}$$

$$u_2=-i_2Z_c \tag{5-34}$$

式中：Z_c 为线路的波阻抗。

前行电压波与前行电流波的符号相同，反行电压波与反行电流波的符号相反。式（5 - 32）可写成

$$i(x,t)=\frac{1}{Z_c}\left[u_1\left(t-\frac{x}{v}\right)-u_2\left(t+\frac{x}{v}\right)\right] \tag{5-35}$$

根据式（5 - 31）、式（5 - 35），可得

$$u(x,t)+i(x,t)Z_c=2u_1\left(t-\frac{x}{v}\right) \tag{5-36}$$

$$u(x,t)-i(x,t)Z_c=2u_2\left(t+\frac{x}{v}\right) \tag{5-37}$$

由此可知，电压的方向行波可以由线路上的电压和电流求得。根据式（5-33）、式（5-34）可求得电流的方向行波。

2. 贝瑞隆方程

图 5-27 为单相均匀线路，u_M 、i_M 、u_N 、i_N 分别为 M、N 端的电压和电流。为了便于后面的分析，M 端电流的正方向与 N 端电流的正方向相反，与输电线路保护的电流正方向规定为指向被保护线路一致，线路长度为 L 。

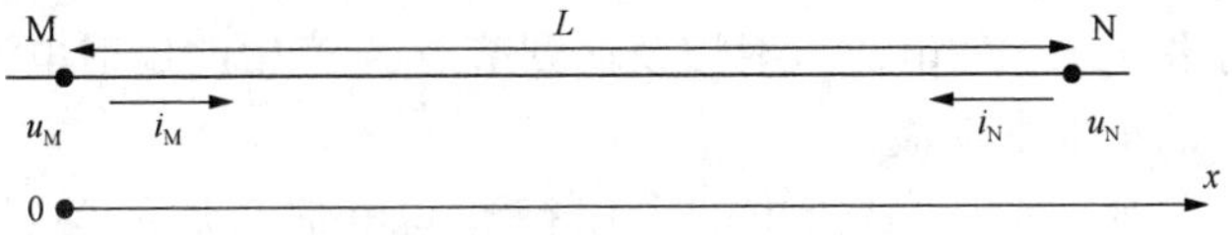

图 5-27　贝瑞隆模型

由式（5-36）、式（5-37）可得出线路 MN 两端电压、电流的关系。

对于 M 端，将 $x=0$ 代入式（5-36）得

$$u_M(t)+i_M(t)Z_c=2u_1(t) \tag{5-38}$$

对于 N 端，将 $x=L$ 代入式（5-36）得

$$u_N(t)-i_N(t)Z_c=2u_1\left(t-\frac{L}{v}\right) \tag{5-39}$$

式中：电流 i_N 前的“－”号代表所规定的方向与电流的实际方向相反。

在式（5-38）中，将 t 以 $t-\frac{L}{v}$ 代替，得

$$u_M\left(t-\frac{L}{v}\right)+i_M\left(t-\frac{L}{v}\right)Z_c=2u_1\left(t-\frac{L}{v}\right) \tag{5-40}$$

由式（5-39）、式（5-40）可得

$$u_M\left(t-\frac{L}{v}\right)+i_M\left(t-\frac{L}{v}\right)Z_c=u_N(t)-i_N(t)Z_c$$

即

$$i_M(t-\tau)+\frac{1}{Z_c}u_M(t-\tau)=-i_N(t)+\frac{1}{Z_c}u_N(t) \tag{5-41}$$

式中：$\tau=\frac{L}{v}$为 MN 线路的波行时间。

式（5-41）即为无损均匀单导线的贝瑞隆方程。当行波沿 MN 线路传播时，等式左边的行波以波速 v 从 M 端向 N 端前进，经过时间 τ 后到达 N 端，两者相等。

3. 波的折射与反射

波在传播过程中遇到波阻抗参数的改变将会引起波的反射与折射。图 5-28 所示，波沿波阻抗为 Z_{c1} 的导线传播，到达节点 A 处，遇到波阻抗为 Z_{c2} 的导线 2，于是在节点 A 产生波的折射和反射。

设沿导线 1 的电压入射波为 u_{11} ，遇到节点 A 产生的反射电压波为 u_{12} ，穿过节点 A 形成沿导线 2 传播的折射电压波为 u_{21} ，显然有

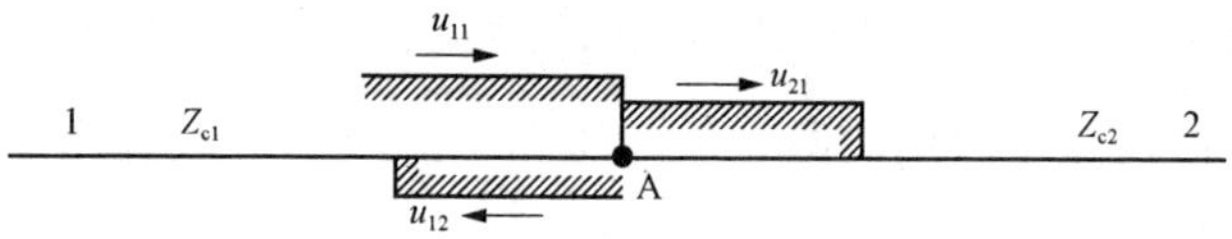

图 5-28　波的折射和反射

$$u_{11}+u_{12}=u_{21} \tag{5-42}$$

同样，对于电流波

$$i_{11}+i_{12}=i_{21} \tag{5-43}$$

式中：i_{11} 、i_{12} 分别为沿导线 1 的电流入射波及遇到节点 A 产生的反射电流波；i_{21} 为穿过节点 A 形成沿导线 2 传播的折射电流波。

根据式（5-33）、式（5-34）给出的电压行波与电流行波的关系及式（5-42）、式（5-43）可得

$$u_{21}=\frac{2Z_{c2}}{Z_{c1}+Z_{c2}}u_{11}=\alpha_u u_{11} \tag{5-44}$$

$$u_{12}=\frac{Z_{c2}-Z_{c1}}{Z_{c1}+Z_{c2}}u_{11}=\beta_u u_{11} \tag{5-45}$$

$$i_{21}=\frac{2Z_{c1}}{Z_{c1}+Z_{c2}}i_{11}=\alpha_i i_{11} \tag{5-46}$$

$$i_{12}=\frac{Z_{c1}-Z_{c2}}{Z_{c1}+Z_{c2}}i_{11}=\beta_i i_{11} \tag{5-47}$$

式中：α_u 、α_i 分别为电压波、电流波的折射系数；β_u 、β_i 分别为电压波、电流波的反射系数。

由以上公式不难看到，折射系数永远是正值，入射波与折射波有相同的极性；而反射系数可正可负，由边界点两侧的线路（设备）参数决定。折射系数、反射系数之间的关系满足

$$\alpha=1+\beta \tag{5-48}$$

$$\beta_u=-\beta_i \tag{5-49}$$

为了更好地说明行波保护的工作原理，需要对行波沿输电线路传播的折、反射过程进行分析。如图 5-29 所示，以电压波为例，当 k 点短路时，在 $u_k=-U_{k|0|}$ 电压的作用下，电压波沿导线向 M 母线传播，到达 M 母线后产生沿 MP 线路的折射波 $\alpha_{Mu}u_k$ 与返回故障点的反射波 $\beta_{Mu}u_k$ ，其中 α_{Mu} 、β_{Mu} 为行波沿线路 MN 传播至 M 母线时的折、反射系数。折射波到达母线 P 后产生反射波 $\beta_{Pu}\alpha_{Mu}u_k$ ，其中 β_{Pu} 为电压行波沿 MP 线路传播到达 P 母线时的反射系数，而该波到达 M 母线时形成波的反射与折射，其中折射入 Mk 线路的折射波为 $(2-\alpha_{Mu})\beta_{Pu}\alpha_{Mu}u_k$ ；反射波 $\beta_{Mu}u_k$ 到达故障点后将产生 $-\beta_{Mu}u_k$ 的反射波，从而维持 $-U_{k|0|}$ 不变。以上分析假定故障点没有过渡电阻，对于无损线路，波的反射与折射将是多线路多节点之间循环往复的过程。

5.4.2　行波差动保护

行波差动保护的原理是根据贝瑞隆方程构成的。令差动电流

$$i_{d1}(t)=i_N(t)+i_M(t-\tau)-\frac{1}{Z_c}[u_N(t)-u_M(t-\tau)] \tag{5-50}$$

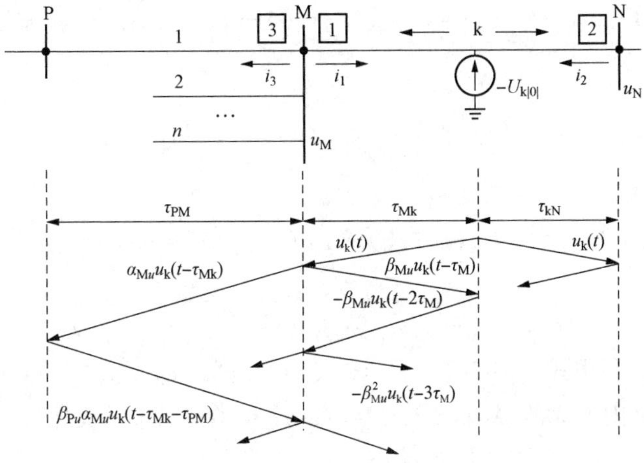

图 5-29　电压行波在输电线路中的折射和反射

根据式（5-41），对于图 5-30（a）所示的无故障线路，显然有 $i_{d1}(t)=0$。

类似式（5-41）的推导，基于式（5-37），可得到另一种形式的贝瑞隆方程，即

$$-i_M(t)+\frac{1}{Z_c}u_M(t)=i_N(t-\tau)+\frac{1}{Z_c}u_N(t-\tau) \tag{5-51}$$

令

$$i_{d2}(t)=i_M(t)+i_N(t-\tau)-\frac{1}{Z_c}[u_M(t)-u_N(t-\tau)] \tag{5-52}$$

同样，对于图 5-30（a）所示的无故障线路，显然有 $i_{d2}(t)=0$。

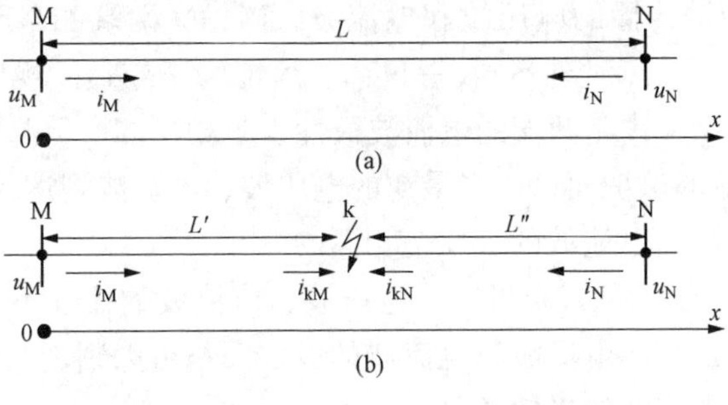

图 5-30　单相均匀线路电流、电压分布示意图

（a）线路内部无故障；（b）线路内部故障

如图 5-30（b）所示，当线路 k 点发生短路时，故障点两侧的线路长度分别为 L'、L''，行波传播时间分别为 $\tau_M=L'/v$，$\tau_N=L''/v$。令故障点 k 的电压为 $u_k(t)$，故障点两侧的电流为 $i_{kM}(t)$、$i_{kN}(t)$，根据式（5-51）可得出

$$-i_M(t)+\frac{1}{Z_c}u_M(t)=-i_{kM}(t-\tau_M)+\frac{1}{Z_c}u_k(t-\tau_M) \tag{5-53}$$

$$i_{kN}(t-\tau_M)+\frac{1}{Z_c}u_k(t-\tau_M)=i_N(t-\tau_M-\tau_N)+\frac{1}{Z_c}u_N(t-\tau_M-\tau_N) \tag{5-54}$$

需要注意图 5-30（b）中 $i_{kM}(t)$、$i_{kN}(t)$ 与图 5-28 规定的电流正方向的不同。由式（5-53）、式（5-54）消去 u_k，得

$$-i_M(t)+\frac{1}{Z_c}u_M(t)+i_{kM}(t-\tau_M)=-i_{kN}(t-\tau_M)+i_N(t-\tau_M-\tau_N)+\frac{1}{Z_c}u_N(t-\tau_M-\tau_N)$$

经整理，得

$$i_M(t)-\frac{1}{Z_c}u_M(t)+i_N(t-\tau)+\frac{1}{Z_c}u_N(t-\tau)=i_{kM}(t-\tau_M)+i_{kN}(t-\tau_M)$$

由式（5-52），得

$$i_{d2}(t)=i_{kM}(t-\tau_M)+i_{kN}(t-\tau_M)=i_k(t-\tau_M) \tag{5-55}$$

同理，可得出

$$i_{d1}(t)=i_{kM}(t-\tau_N)+i_{kN}(t-\tau_N)=i_k(t-\tau_N) \tag{5-56}$$

通过以上分析，利用式（5-50）、式（5-52）计算的 $i_{d1}(t)$、$i_{d2}(t)$ 可以判别输电线路是否发生故障。当线路内部无故障时，$i_{d1}(t)=i_{d2}(t)=0$，保护不动作；当线路内部故障时，$i_{d1}(t)$ 和 $i_{d2}(t)$ 为故障点的电流，保护动作。

以上分析是在单相输电线路基础上进行的，对于三相输电线路，可采用模量变换的方法，把三相线路分解为三个独立的单相线路，对应独立的一个模分量，上述的分析方法适用于每一个模分量。

5.4.3 行波方向纵联保护

故障后的行波信息中包含故障方向的信息，可以构成判别故障的行波方向元件，借助于通信通道可以构成行波方向纵联保护。

（1）行波极性比较式方向元件。如图 5-29 中的分析，当 k 点发生故障时，在 $-U_{k|0|}$ 作用下产生向 M、N 两端传播的电压波和电流波。M、N 两端测量到的电压波总是同极性的，对于交流输电线路，故障时刻不同，$-U_{k|0|}$ 可能为正或负。规定线路两端电流的正方向为指向被保护线路，MN 线路两端的电流波极性也是相同的，但与电压波的极性相反。

对于 PM 线路 M 端的保护而言，当最初的电压波、电流波到达 M 母线折射入 MP 线路后，保护测量到的电压波与电流波的极性是相同的。

根据式（5-44）～式（5-47）可知，电压波、电流波的极性不会在第 1 次发生折、反射时而改变，因此根据最初的电压波与电流波的极性关系可以判别故障的方向。正方向元件的动作判据为电压波与电流波的极性相异。

（2）行波电压幅值比较式方向元件。图 5-29 中，规定正向行波为指向被保护线路的方向，当 k 点发生故障时，对保护 1 而言，在折射入背后线路的电压波到达对侧母线而形成的反射波再次回到 M 母线之前，保护 1 测得的正、反方向电压行波为

$$u_{1.1}=\beta_{Mu}u_k(t-\tau_M)-\beta_{Mu}^2u_k(t-3\tau_M)+\cdots$$

$$u_{1.2}=u_k(t)-\beta_{Mu}u_k(t-2\tau_M)+\cdots$$

由于反射系数 $|\beta_{Mu}|\leqslant 1$，因此 $|u_{1.2}|\geqslant|u_{1.1}|$ 总是成立的。

对于保护 3 而言，在折射入 MP 线路的电压波到达 P 母线而形成的反射波再次回到 M 母线之前，保护 3 测得的正、反方向电压行波为

$$u_{3.1}=\alpha_{Mu}u_k(t-\tau_M)$$

$$u_{3.2}=0$$

此时，$|u_{3.2}| \leqslant |u_{3.1}|$ 。

通过以上分析，通过比较最初的正、反向电压行波的大小可以构成行波电压幅值比较式方向元件，正方向元件的动作条件为反向行波电压的幅值大于正向电压行波的幅值。

（3）行波判别式方向元件。如图 5-31 所示，当 k1 点发生短路时，根据贝瑞隆方程可写出

$$u_k(t) + i_k(t)Z_c = u_M(t+\tau) - i_M(t+\tau)Z_c \tag{5-57}$$

式中：τ 为行波从故障点传播到 M 母线的时间。

设故障点故障前的电压为 $u_{k|0|} = \sqrt{2}U\sin(\omega t + \varphi)$ ，根据故障的附加网络可知

$$u_k(t) = -\sqrt{2}U\sin(\omega t + \varphi)$$

由于 $u_k(t) = i_k(t)Z_c$ ，代入式（5-57），得

$$u_k(t) + i_k(t)Z_c = 2u_k(t) = -2\sqrt{2}U\sin(\omega t + \varphi) \tag{5-58}$$

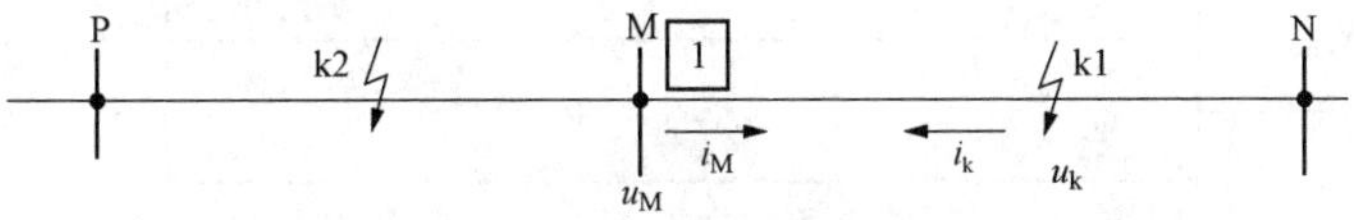

图 5-31　正、反方向故障时的行波判别

设故障在 $t = 0$s 时刻发生故障，根据式（5-57）可知保护 1 的行波特性，在 $0 \leqslant t \leqslant 2\tau$ 时间内

$$u_M(t+\tau) - i_M(t+\tau)Z_c = -2\sqrt{2}U\sin(\omega t + \varphi) \tag{5-59}$$

式（5-59）是保护 1 在 $\tau \leqslant t \leqslant 3\tau$ 时能够测量到的；时间大于 3τ 以后，由于故障点的反射将使上述特性发生变化。

对于式（5-59）进行求导数，得

$$\frac{\mathrm{d}u_M(t+\tau)}{\mathrm{d}t} - \frac{\mathrm{d}i_M(t+\tau)}{\mathrm{d}t}Z_c = -2\sqrt{2}\omega U\cos(\omega t + \varphi) \tag{5-60}$$

由式（5-59）、式（5-60）得到

$$[u_M(t+\tau) - i_M(t+\tau)Z_c]^2 + \frac{1}{\omega^2}\left[\frac{\mathrm{d}u_M(t+\tau)}{\mathrm{d}t} - \frac{\mathrm{d}i_M(t+\tau)}{\mathrm{d}t}Z_c\right]^2 = 8U^2$$

简写为

$$[u_M(t) - i_M(t)Z_c]^2 + \frac{1}{\omega^2}\left[\frac{\mathrm{d}u_M(t)}{\mathrm{d}t} - \frac{\mathrm{d}i_M(t)}{\mathrm{d}t}Z_c\right]^2 = 8U^2 \tag{5-61}$$

当没有故障时，因为 $u_k(t) = 0$ ，式（5-61）的左边为 0，而当发生故障时不为 0。

当 k2 点短路时，故障后的行波折射入 MN 线路，到达 N 母线后形成的反射波再次回到 M 母线时，式（5-61）成立且不为 0，因此仅仅依靠式（5-61）不能判断故障的方向。为此测量

$$[u_M(t) + i_M(t)Z_c]^2 + \frac{1}{\omega^2}\left[\frac{\mathrm{d}u_M(t)}{\mathrm{d}t} + \frac{\mathrm{d}i_M(t)}{\mathrm{d}t}Z_c\right]^2 = 8U^2 \tag{5-62}$$

式（5-61）和式（5-62）代表两个方向相反的行波判别式。当正方向发生故障时，式（5-61）先满足动作条件，式（5-62）后满足动作条件，当反方向发生故障时，则正好相反。

5.4.4 行波电流极性比较式纵联保护

行波电流极性比较式纵联保护的原理与电流相差纵联保护的原理类似，通过比较线路两端初始行波电流的极性识别被保护线路是否发生故障。

如图 5 - 29 中的分析，当 k 点发生故障时，在 $-U_{k|0|}$ 作用下产生向 M、N 两端传播的电流波，由于故障时刻的不同，它们的极性或正或负，但总是相同的。对于 PM 线路，线路两端的电流行波极性总是相反的。

因此，当线路两端电流行波的极性相同时，判断为内部故障，保护动作跳闸。

对于双回线路，当一回线路发生故障时，另一回线路两端的电流行波极性可能相同，从而判断为内部故障，造成保护误动作，需要采取防止误动的措施，如图 5 - 32 所示。

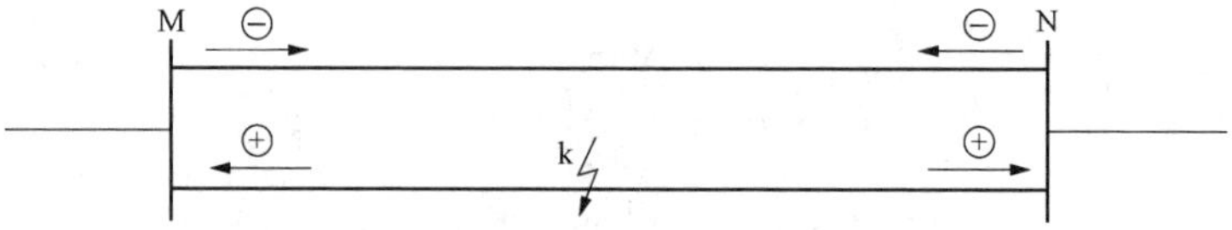

图 5 - 32　双回线一回故障时两回线路的电流行波

行波保护原理简单，利用故障后的暂态量可以构成超高速动作的保护。从故障暂态分量中准确提取出行波信号是行波保护应用的前提，但行波信号的不确定性、衰减和畸变以及经过互感器的传变特性都会对行波信号的获得产生影响。20 世纪 80 年代初，一种具有时—频多分辨功能的小波分析理论能够同时从时域和频域描述奇异信号的每一个细节，能够提取出行波的极性、大小、时间信息等。对于三相输电线路，往往还要进行相模变换以实现解耦处理。利用高频暂态信号构成保护原理，往往要求继电保护装置具有较高的采样频率，加之较复杂的计算方法，需要有高性能的数字信号处理器硬件平台的支撑。

5.5 高频保护简介

5.5.1 高频通道

1. 高频通道的构成

高频通道的构成如图 5 - 33 所示。下面简要介绍各部分的作用。

(1) 输电线路。输电线路机械强度大，运行安全可靠。但是在线路发生故障时通道可能遭到破坏，因此在构成高频保护时，应该采取本线路故障使得通道遭到破坏的情况下，保护仍然能够正确动作的措施。

利用输电线路构成高频通道可以有相—相制和相—地制两种方式。相—相制利用输电线路的两相导线作为高频通道。采用这种方式时，高频电流衰耗较小，但由于需要两套构成高频通道的设备，投资较大，一般很少采用。相—地制在输电线路的同一相两端装设高频耦合和分离设备，利用输电线路的一相（该相称加工相）和大地作为高频通道。

这种方式的缺点是高频电流的衰耗和受到的干扰都比较大，但因其比较经济，在我国得到了广泛应用。图 5 - 33 即为相—地制方式。

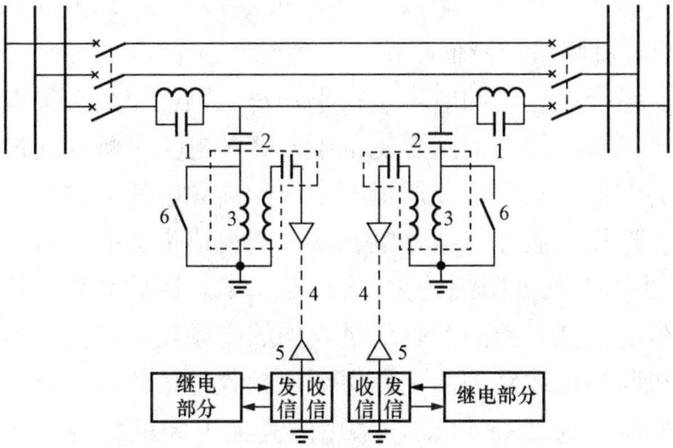

图 5 - 33　高频通道构成示意图

1—阻波器；2—结合电容器；3—连接滤波器；
4—电缆；5—高频收发信机；6—接地开关

图 5 - 34 是相—地制方式下高频电流的流经途径。发信机发送的高频载波电流，并不完全沿着加工相的高频通道传输，这是因为输电线路各相导线之间以及导线对地之间存在着耦合电容。因此，由高频发信机发出的高频电流，在沿线传输的过程中，有一部分电流会通过相导线和大地的耦合电容及泄漏电阻流回来。其余高频电流经高频通道流至对端入地后分三路流回。经大地流回发信端的高频电流 I_1 称返地波。其余两路，一路高频电流 I_2 是经未加工的两相对地电容流经两相导线，再经这两相的对地电容流回发信端；另一路高频电流 I_3 则是经对侧未加工的两相母线对地电容，流经这两相输电线路，再经本侧该两相母线的对地电容流回发信端，该路高频电流称相返波。

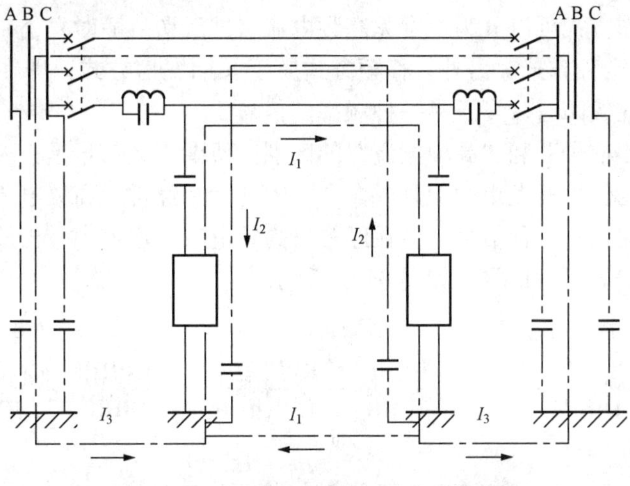

图 5 - 34　高频电流沿输电线路传播路径

(2) 高频阻波器。高频阻波器的最主要构成元件是一个电感线圈和一个可变电容器。其基本原理是：将电感线圈与可变电容器并联后组成一个回路，当并联谐振时，它所呈现的阻抗很大（一般在 1000Ω 以上）。为此，当输电线路上的载波频率与其谐振频率相同时，它就对载波信号产生较强的阻挡作用。在实际应用中，一般是由电感、电容器及电阻等依据一定的电路原理组成的一个带阻滤波器，在某一频率或频段形成高阻抗区，以阻止高频信号通过，而对于 50Hz 工频电流则呈现极低阻抗，其值约为 0.04Ω。

（3）结合电容器。结合电容器的电容量很小，对工频电流具有很大的阻抗，可防止工频高压侵入高频收发信机。对高频电流则阻抗很小，高频电流可顺利通过。结合电容器与连接滤波器共同组成带通滤波器，只允许此通道频率内的高频电流通过。

（4）连接滤波器。连接滤波器与结合电容器共同组成带通滤波器。由于电力架空线路的波阻抗约为 400Ω，电力电缆的波阻抗约为 100Ω 或 75Ω，因此利用连接滤波器起到阻抗匹配作用，以减小高频信号的衰耗，使高频收信机收到的高频功率最大。同时还利用连接滤波器进一步使高频收发信机与高压线路隔离，以保证高频收发信机与人身的安全。

当输电线路的特性阻抗为 $Z_1=400\Omega$，采用的高频电缆的特性阻抗为 $Z_2=100\Omega$ 时，连接滤波器结合电容器侧的匝数 w_1 与高频电缆侧的匝数 w_2 之比应满足

$$\frac{w_1}{w_2}=\sqrt{\frac{Z_1}{Z_2}}=2$$

（5）高频电缆。高频电缆的作用是将室内的高频收发信机和室外的连接滤波器连接起来。高频电缆的长度要避免接近 1/4 波长或 1/4 波长整数倍的情况，以免高频信号无法传送到对侧。

（6）接地开关。接地开关是高频通道的辅助设备。在调整或检修高频收发信机和连接滤波器时，将它接地，以保证人身安全。

（7）高频收发信机。高频收发信机用来发出和接收高频信号。发信机的发信和停信由继电保护控制。在单一频率的情况下，收信机既能接收来自对端发信机发出的信号，也能接收本端发出的高频信号。在双频率条件下，一般只接收来自对端发信机发出的信号。

2. 高频通道的工作方式和高频信号的作用

高频通道的工作方式可以分为经常无高频电流（即所谓故障时发信）和经常有高频电流（即所谓长期发信）两种方式。另外，移频方式属于长期发信方式，即在正常工作时发送一种频率的信号，而在故障时，发送另一种频率的信号。

应该注意“高频信号”和“高频电流”的区别。所谓高频信号是指线路一端的保护在故障时向线路另一端的保护所发出的信息或命令。因此，在经常无高频电流的通道中，当故障时发出高频电流固然代表一种信号，但在经常有高频电流的通道中，当故障时将高频电流停止或改变其频率也代表一种信号，如图 5-35 所示。

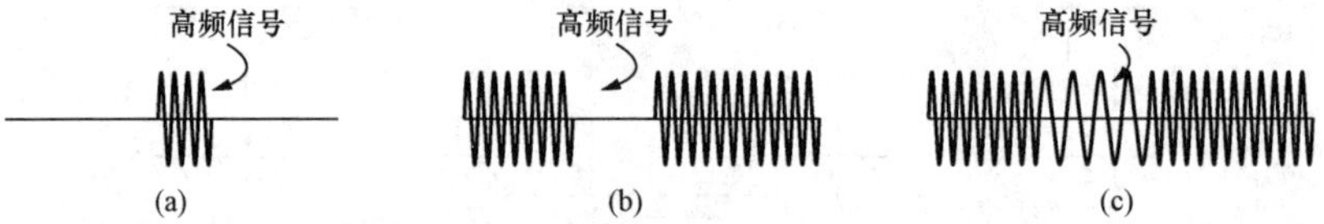

图 5-35　高频通道的工作方式

（a）故障发信；（b）长期发信；（c）移频方式

在这两种工作方式中，按高频信号的作用可以分为传送闭锁信号、允许信号和跳闸信号

三种类型。

(1) 闭锁信号是指"收不到这种信号是保护动作跳闸的必要条件"。显然，根据纵联保护的作用，当被保护的输电线路外部故障时，至少有一端的保护发出高频闭锁信号，将两端的保护闭锁；而当内部故障时，两端均不发出闭锁信号，从而两侧的保护也因收不到闭锁信号可动作于跳闸。

(2) 允许信号是指"收到这种信号是高频保护动作跳闸的必要条件"。因此，当被保护的输电线路内部故障时，两端保护应向对端发出允许信号，使保护装置能够动作于跳闸；而当外部故障时，则至少有一侧的保护不发允许信号，保证该侧保护不动作的同时，由于对侧保护收不到允许信号也不能跳闸。

(3) 跳闸信号是指"收到这种信号是保护动作于跳闸的充分条件"。

图 5-36 给出了三种高频信号与保护的配合逻辑。

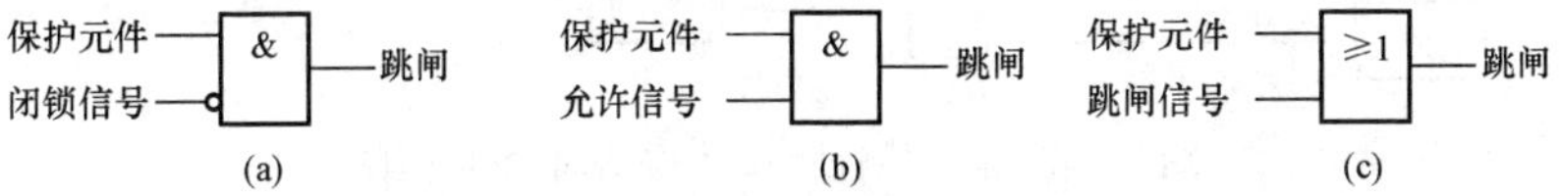

图 5-36 高频信号与保护的配合逻辑

(a) 闭锁信号；(b) 允许信号；(c) 跳闸信号

采用不同的高频信号构成高频保护时会有一些区别。例如，采用闭锁信号时，由于信号在通道中传输有一定的延时，为了确保能够收到对端的闭锁信号，保护的动作必须加一些延时，从而影响保护的动作速度；任何一端发出闭锁信号元件的灵敏度应高于对端保护动作于跳闸元件的灵敏度，即保证两端灵敏度的配合。而采用允许信号时，只要在内部故障时任何一端发出允许信号的灵敏度足够即可，不存在两端灵敏度配合的问题。当发生故障并伴随通道破坏时，为防止对保护的影响，故障发信方式应采用闭锁信号，长期发信方式应采用允许信号。

5.5.2 高频方向保护

借助于高频通道可以构成高频方向保护，各种方式的方向纵联保护工作原理已经在 5.3.2 中做了介绍。图 5-21、图 5-22、图 5-24 的收发信元件用高频收发信机实现就构成对应方式的高频方向保护。

高频闭锁方向保护的工作原理采用短时发信方式，即正常工作时不发出高频信号，只是在检测到故障时才短时发信，这是我国高频闭锁方向保护普遍采用的一种方式。

高频方向保护可以快速切除被保护线路内部发生的各种类型的故障，但不能作为变电站母线和相邻线路的后备保护。由于构成距离保护的启动元件和阻抗元件也是构成高频闭锁方向保护的元件，因此借助于高频通道把两端的距离保护联系起来就可以构成高频闭锁距离保护，使得内部故障时两端的保护能够瞬时动作，而在外部故障时具有不同的时限特性，起到后备保护的作用。高频闭锁距离保护的构成基本逻辑框图如图 5-37 所示。

高频闭锁距离保护本质上仍然是高频闭锁式方向保护，只不过停信元件变成了阻抗Ⅱ段元件，因而要求其具有明确的方向性，且在保护范围内不存在保护死区。由于距离保护受系统振荡影响可能会误动，因此高频距离保护同样也要采取相应的措施来防止保护的误动作。

类似高频距离保护是距离保护和高频通道结合构成的，零序方向电流保护和高频通道结合可以构成高频闭锁零序方向电流保护。

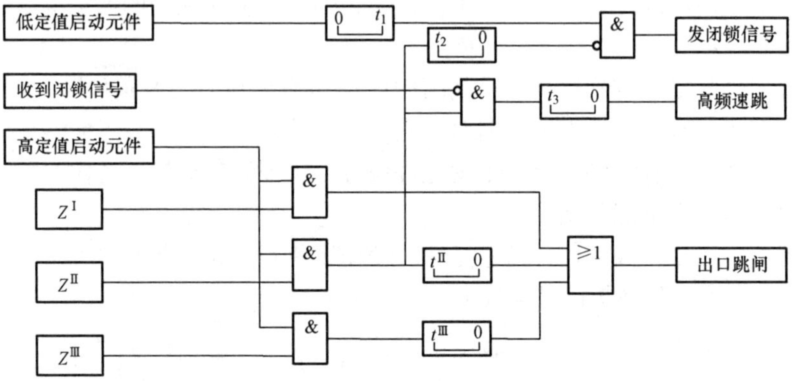

图 5 - 37　高频闭锁距离保护基本逻辑框图

5.5.3　高频相差保护

电流相差保护的基本原理已经在 5.2.6 中做了介绍。借助高频通道传递电流的相位信息，实现线路两端电流相位的比较，就构成了高频相差保护。被比较相位的电流（$\dot{I}_1+K\dot{I}_2$）用于控制发信机的发信和停信，使发信机发出的高频电流信号与工频电流的相位对应，这一电流也被称为操作电流。

图 5 - 38（a）中，规定电流由母线流向线路的方向为正方向。当 k1 点短路时，在理想的条件下，线路 MN 两端的电流 $\dot{I}_M$（$=\dot{I}_{M.1}+K\dot{I}_{M.2}$）、$\dot{I}_N$（$=\dot{I}_{N.1}+K\dot{I}_{N.2}$）相位相同，如图 5 - 38（b）所示。当 k2 点短路时，忽略分布电容的影响，$\dot{I}_M$（$=\dot{I}_{M.1}+K\dot{I}_{M.2}$）与 $\dot{I}_N$（$=\dot{I}_{N.1}+K\dot{I}_{N.2}$）相位相反，如图 5 - 38（b′）所示。

假定采用正半周发信、负半周停信。不难看出，当被保护线路内部发生故障时，MN 线路两端的发信机会同时发信和停信，如图 5 - 38（c）、（d）所示，高频收信机收到的高频电流是间断的，如图 5 - 38（e）所示，理想情况下高频电流的间断角 $\varphi=180°$。而外部故障时，MN 线路 M 侧的发信机发信时，N 侧发信机停信；M 侧发信机停信时，N 侧发信机发信，如图 5 - 38（c′）、（d′）所示，高频收信机收到的高频电流是连续的，如图 5 - 38（e′）所示，即间断角 $\varphi=0°$。

图 5 - 39 为高频相差保护构成逻辑框图，它包括了启动元件、操作元件和相位比较元件。

（1）启动元件包括低定值启动元件和高定值启动元件。低定值启动元件动作后，立即启动发信机发信，当启动元件返回后，延时 t_1 时间停信，防止外部故障切除后，由于停信快，而相位比较元件返回慢，从而造成保护误动作。高定值启动元件动作后，延时 t_2 时间开放相位比较元件，由于延时 t_2 的存在，当相位比较元件被开放时，已经确保收到了来自对端保护的高频信号。

（2）相位比较元件由与门 H1 和 t_3 时间元件构成，当收信机持续 t_3 时间收不到高频电流

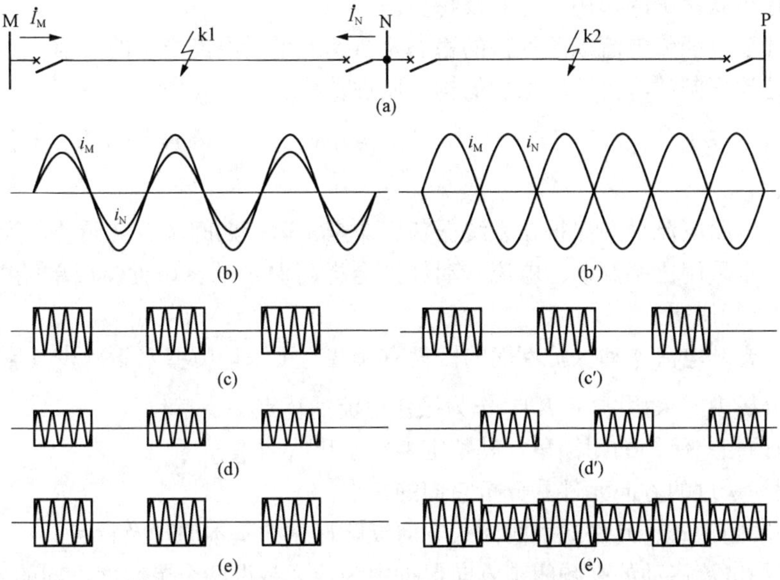

图 5-38 高频相差保护工作原理

(a) 系统图；(b)、(b′) 区内外短路时两侧电流的相位关系；

(c)、(c′) M 侧发信机发出的高频电流；(d)、(d′) N 侧发信机发出的高频电流；

(e)、(e′) 两侧发信机收到的高频电流

后，保护动作进行选跳逻辑控制。显然 t_3 与闭锁角 φ_B 的关系为

$$t_3=\frac{\varphi_B}{360}\times 20(\text{ms}) \tag{5-63}$$

(3) $|\dot{I}_1+K\dot{I}_2|$ 为电流操作元件，图 5-39 中所示为负半周发信，正半周停信。

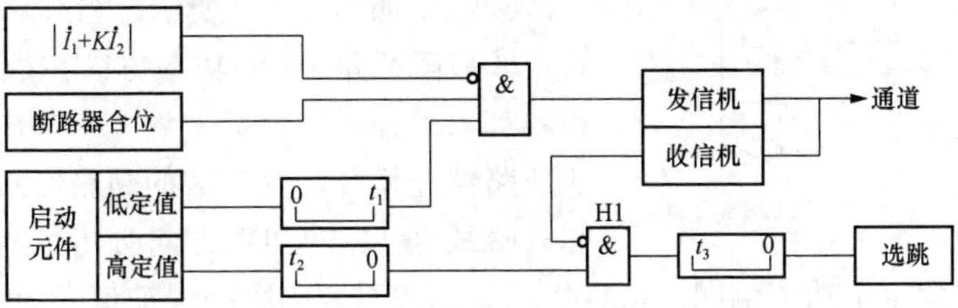

图 5-39 高频相差保护构成逻辑框图

当断路器处于跳开位置时，停止发信机发信，确保单端电源线路或对端开关处于断开位置，而内部发生故障时，保护能够可靠动作切除故障，同时也是实现保护“相继动作”的需要（见思考与练习 5.24）。

思 考 与 练 习

思考

5.1 哪些保护属于单端电气量保护，它们有何共同特点？

5.2　简述纵联保护的作用、分类及特点。

5.3　简述输电线路电流纵差保护的稳态及暂态不平衡电流产生的原因。

5.4　简述比率制动电流差动保护的构成原理及特点。

5.5　分析选取 $I_{res}=0.5|\dot{I}_M+\dot{I}_N|$，$I_{res}=\max\{|\dot{I}_M|,|\dot{I}_N|\}$，$I_{res}=|\dot{I}_M|$ 或 $I_{res}=|\dot{I}_N|$ 的差异。

5.6　输电线路电流纵差保护在系统振荡、非全相运行期间是否会误动，为什么？

5.7　为什么采用比率制动的电流差动保护会提高保护的灵敏性？以单端电源线路内部发生故障为例进行说明。

5.8　影响光纤电流差动保护性能的因素有哪些？可采取哪些对策减少其影响？

5.9　试分析说明采用 $\dot{I}_1+K\dot{I}_2$ 作为操作电流的优点。

5.10　何谓相差保护的闭锁角？其整定考虑了哪些因素？

5.11　列举学过的方向元件并分析它们的特点。

5.12　说明闭锁式、允许式和跳闸式方向纵联保护的基本原理及特点。

5.13　采用电流启动的高频闭锁方向保护中为什么装设两个灵敏度不同的启动元件？

5.14　何谓闭锁信号、允许信号、跳闸信号？说明它们与本侧保护的逻辑关系。

5.15　何谓行波保护？行波纵联保护的原理有哪些？

5.16　行波保护在交流电网中应用面临哪些困难？

5.17　简要说明高频通道的构成及各部分的作用。

5.18　试说明故障时发信方式宜采用闭锁信号，长期发信方式宜采用允许信号的理由。

5.19　简述相差高频保护的工作原理。

5.20　针对输电线路内部和外部故障，说明高频闭锁方向纵联保护收、发信机的损坏对保护动作行为的影响。

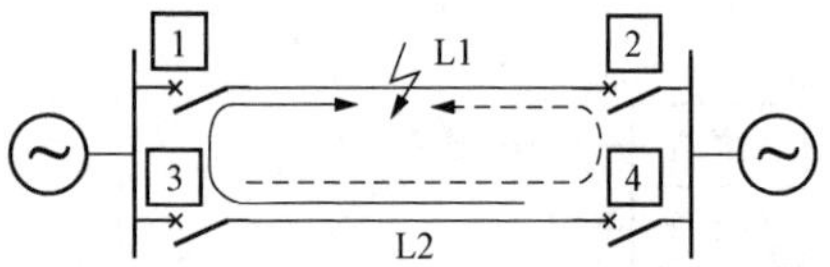

图 5-40　题 5.21 图

5.21　如图 5-40 所示，当线路 L1 发生故障时，假定非故障线路 L2 的功率方向在故障线路两侧的断路器都未跳开时为保护 4 到 3（图中实线），若保护 1 的断路器先跳开，保护 2 的断路器尚未跳开，则此时非故障线路 L2 的功率方向必然是从保护 3 到 4（图中虚线），我们说发生了功率倒向。试分析功率倒向对方向纵联保护带来的影响及对策。

练习

5.22　图 5-41 所示系统，$\dot{E}_M=\dot{E}_N e^{-j\delta}=220e^{-j\delta}$kV。故障发生在 N 侧保护的出口，故障点两侧的各序阻抗参数分别为：$Z_{M1}=Z_{M2}=35\angle 70°\Omega$，$Z_{M0}=42\angle 70°\Omega$，$Z_{N1}=Z_{N2}=18\angle 90°\Omega$，$Z_{N0}=8\angle 90°\Omega$，MN 线路装设电流差动保护，不计分布电容电流的影响，试完成：

（1）当 $\delta=0°$ 时，k 点发生三相短路，计算差动电流和制动电流（$I_{res}=0.5|\dot{I}_M-\dot{I}_N|$）。

（2）当 $\delta=60°$ 时，重新计算（1）。

（3）若比率制动特性的最小动作电流 $I_{op.0}=380$A，制动系数 $K=0.42$，分析上述两种故障时保护的动作行为。

（4）如何对（3）给出的比率制动特性的电流差动保护进行灵敏性校验？

（5）当 $\delta = 0°$ 时，k 点发生 A 相金属性接地短路，计算零序差动电流 $3I_{0.d}$ 和制动电流 $3I_{0.res}$。

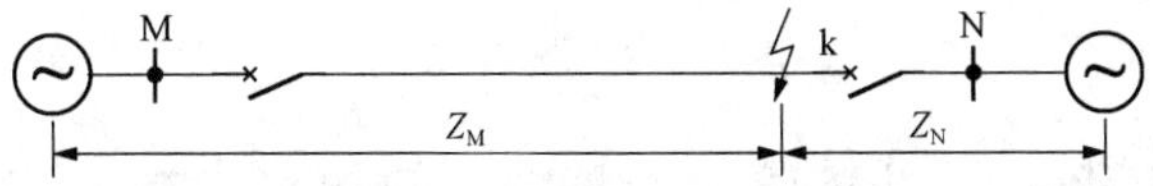

图 5 - 41　题 5.22 图

5.23　图 5 - 42 中画出了单相导引线电流差动保护的原理接线，其中图（a）为环流式接线，图（b）为均压式接线。试分析它们的工作原理和技术特点。

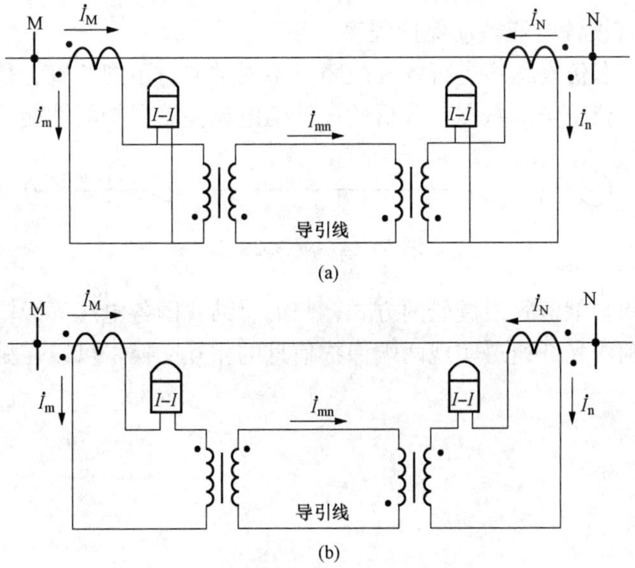

图 5 - 42　题 5.23 图

（a）环流式；（b）均压式

5.24　系统如图 5 - 18 所示，假设输电线路的长度为 420km，当采用高频相差保护时，试完成：

（1）计算高频相差动保护的闭锁角。

（2）分析 M 侧和 N 侧相差动高频保护的动作行为。

拓展

5.25　图 5 - 43 所示双回输电线路，当线路正常运行或外部故障时，两条线路中的电流相等。而当其中一回线路故障时，这两条线路中的电流不再相等，即 $\dot{I}_d = \dot{I}_1 - \dot{I}_2$ 不为零，利用这一思路构成的保护为输电线路横差保护。试分析：

（1）如何确定故障线路？

（2）该保护是否存在保护“死区”和相继动作？

（3）总结归纳形成完整的保护原理。

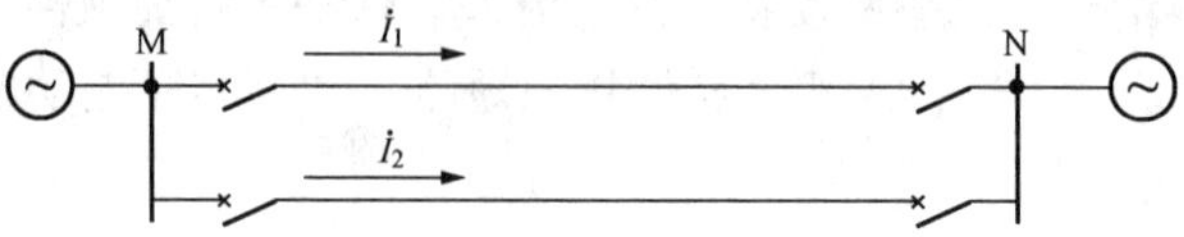

图 5 - 43 题 5.25 图

5.26 图 5 - 44 所示 500kV 输电线路，已知线路参数：$r_1=0.021\Omega/\text{km}$，$L_1=0.898\text{mH/km}$，$r_0=0.115\Omega/\text{km}$，$L_0=2.287\text{mH/km}$，$c_1=0.013\times10^{-9}\mu\text{F/km}$，$c_0=0.0052\mu\text{F/km}$，线路长度 $l=300\text{km}$；M 侧系统参数：$E_M=1.05\angle0°$，$R_{M1}=1.052\Omega$，$L_{M1}=0.137\text{H}$、$R_{M0}=0.6\Omega$，$L_{M0}=0.093\text{H}$；N 侧系统参数：$E_N=1.05\angle\delta$，$R_{N1}=26.5\Omega$，$L_{N1}=0.143\text{H}$，$R_{N0}=21\Omega$，$L_{N0}=0.12\text{H}$。试完成：

(1) 利用C语言设计电流差动保护程序。

(2) 利用电磁暂态仿真程序进行各种故障（不同类型、不同位置、是否经过渡电阻及不同功角）数字仿真，获得仿真数据，分析所设计的电流差动保护的性能。

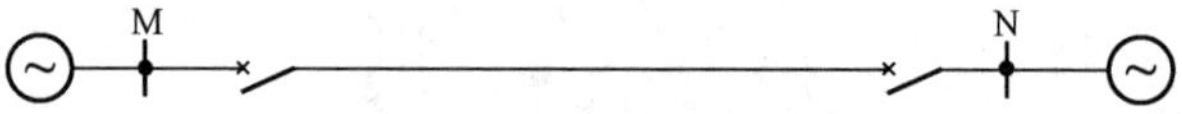

图 5 - 44 题 5.26 图

5.27 通过查阅文献资料或调研的方式，归纳总结我国各电压等级输电线路保护配置。

5.28 请思考利用光纤通道实现两端保护信息的相互交换，可以在哪些方面提高保护的性能。

第 6 章　自 动 重 合 闸

6.1　自动重合闸的作用、分类及要求

6.1.1　自动重合闸的作用

运行经验表明，在电力系统的故障中，输电线路（尤其是架空线路）的故障占绝大部分，而且绝大多数是瞬时性的，例如雷击过电压引起绝缘子表面闪络、大风时的短时碰线、通过鸟类身体放电、风筝绳索或树枝落在导线上引起的短路等。在线路发生瞬时性故障而被继电保护迅速断开后，电弧即可熄灭，故障点的绝缘强度重新恢复，故障随即自行消失。这时若重新将断路器合上，往往能恢复供电，因而减小停电时间，提高供电的可靠性。当然，重新合上断路器的工作可由运行人员手动操作进行，但由于停电时间过长，用户电动机多数可能停转，重新合闸所取得的效果并不显著。为此，在电力系统中采用自动重合闸装置（简称 AR）代替运行人员将停电的线路重新合上。所谓自动重合闸装置，是将因故跳开后的断路器按需要自动投入的一种自动装置。

线路上也可能发生永久性故障，例如由于线路倒杆、断线、绝缘子击穿或损坏等引起的故障。若发生永久性故障的线路被继电保护迅速断开后，由重合闸重新合上断路器，由于故障仍然存在，故障线路还要被继电保护再次断开。

在线路上装设重合闸装置以后，由于它并不能够判断是瞬时性故障还是永久性故障，因此，在重合之后可能成功（指恢复供电不再断开），也可能不成功。根据运行资料的统计，用重合成功的次数与总的动作次数之比来表示重合闸的成功率，一般为 60%～90%。若重合闸能够判断是瞬时性故障还是永久性故障，以及检测消弧情况，还可以进一步提高重合闸的成功率。可见重合闸的经济效益是显著的，加之重合闸的功能通常集成在微机线路保护装置中，无需额外的投资，且工作可靠，因此在电网中获得了广泛的应用。

一般而言，在输电线路上采用自动重合闸装置的作用可归纳如下：

(1) 在输电线路发生瞬时性故障时，可迅速恢复供电，从而能大大提高供电的可靠性，减少停电损失。

(2) 对于双侧电源的高压输电线路，可以提高系统并列运行的稳定性，从而提高线路的输送容量。

(3) 可以纠正由于继电保护误动作、工作人员误碰断路器的操动机构、断路器操动机构失灵等引起的误跳闸。

但是，采用自动重合闸装置后，当重合于永久性故障时，它也将带来一些不利的影响，例如：

(1) 电力系统将再次受到短路电流的冲击，并可能降低系统并列运行的稳定性。

(2) 断路器在短时间内连续两次切断短路电流，恶化了断路器的工作条件。这种情况对

于油断路器必须加以考虑。因为在第一次跳闸时，由于电弧的作用，已使油的绝缘强度降低，其绝缘性能的恢复需要一定的时间。特别是对于具有灭弧室的油断路器，其绝缘油恢复时间较长。因此在使用重合闸时，应该考虑降低油断路器的遮断容量（一般约降低到80%）。

由于输电线路上瞬时性故障的概率较大，所以规程规定，3kV及以上的架空输电线路及电缆与架空导线混合线路，在具有断路器的条件下，如用电设备允许且无备用电源自动投入时，应装设自动重合闸装置。

对于发电机、变压器来说，因为它们都有金属护壳，不会受到动物等外界因素侵害，在发电厂、变电站内防雷设施以及维护、管理也较好，所以它们发生的故障绝大多数是永久性故障。如果也采用自动重合闸装置，绝大多数情况下将是重合在永久性故障上。这样，不但系统会又受到一次冲击，而且电气设备内部将会再一次受到电弧灼伤和电动力损伤。这对价格昂贵、检修比较复杂的发电机和变压器来说是很不利的。所以，在发电机和变压器上不装设自动重合闸装置。

母线是一个重要的电气设备，相对于野外运行的输电线路而言，安装在变电站内部的母线在防雷、维护等运行环境上要好很多。但大多数母线不是封闭式的母线，所以母线上的永久性故障的概率比输电线路多，但少于发电机和变压器。由于母线上连接的电气设备众多，如果重合在永久性故障的母线上将给系统带来巨大影响，所以目前大多数系统母线上不用自动重合闸。

6.1.2 自动重合闸的分类及使用原则

自动重合闸可以按照不同的特征来分类：

（1）按照动作次数，可分为一次重合闸和二次重合闸。二次重合闸一般使用在配电网中与分段器配合，自动隔离故障区段，是配电自动化的重要组成部分。而一次重合闸主要用于输电线路，用以提高供电可靠性和系统的稳定性。

（2）按重合闸使用的条件，可分为单侧电源重合闸和双侧电源重合闸。

（3）按重合闸的运行方式，可分为三相重合闸、单相重合闸、禁用重合闸或停用重合闸。

所谓三相一次重合闸是指无论线路上发生何种类型的故障，继电保护装置均将三相断路器同时跳开，然后启动重合闸，经预定延时发出合闸脉冲，将三相断路器一起合上。若线路上发生的是瞬时性故障，则重合闸成功，线路恢复正常运行。若是永久性故障，继电保护再次动作，跳开三相断路器，不再重合。

所谓单相一次重合闸，就是当线路上发生单相接地故障时，保护动作只跳开故障相的断路器，然后进行单相重合。若故障是瞬时性的，则重合成功，恢复三相供电。若故障是永久性的，单相重合不成功，则需根据系统的具体情况，如不允许长期非全相运行时，则应跳开三相断路器，不再进行重合；如需要转入非全相运行时，则应再次切除单相不再进行重合。目前一般都是采用重合不成功时跳开三相的方式。当线路发生相间短路时，一般都跳开三相断路器，不进行三相重合；如因其他原因断开三相断路器时，也不进行重合。

所谓禁用重合闸是指重合闸功能退出，但不影响保护动作行为，线路发生单相接地故障时保护装置单相跳闸，线路发生相间故障时三相跳闸，均不重合。

所谓停用重合闸是指重合闸功能退出，并实现断路器的沟通三跳功能，对于任何类型的故障，都要求保护装置跳开三相。

对于一条具体的线路，究竟使用何种重合闸方式，要根据电力系统的结构、电压等级、系统稳定要求、负荷状况、线路上所装设的继电保护装置及断路器性能，以及其他技术经济等因素决定。

在 110kV 及以下电压等级的输电线路上，绝大多数的断路器都是三相操动机构的断路器。三相断路器的传动机构在机械上是连在一起的，无法分相跳、合闸，所以这些电压等级中的自动重合闸均采用三相重合闸方式。

在 220kV 及以上电压等级的输电线路上，断路器都是分相操动机构的断路器，三相断路器是独立的，因而可以进行分相跳、合闸。所以这些电压等级中的自动重合闸可以由用户选择使用三相重合闸、单相重合闸、禁用重合闸或停用重合闸。重合闸方式选用一般原则如下：

(1) 凡是选用简单的三相重合闸方式能满足系统实际需要的，都应当选用三相重合闸方式。特别对于那些处于集中供电地区的密集环网中，线路跳闸后不进行重合闸也能稳定运行的电网，更宜采用整定时间适当的三相重合闸。对于这样的环网线路，快速切除故障是第一位重要的问题。

(2) 当发生单相接地故障时，如果使用三相重合闸不能保证系统稳定，或者地区系统会出现大面积停电，或者会导致重要负荷停电的线路，应当选用单相重合闸方式。

(3) 在大机组出口线路上一般不使用三相重合闸。

6.1.3 对自动重合闸的基本要求

根据生产需要，同时考虑到我国的运行经验，对输电线路的自动重合闸装置的基本要求为：

(1) 由值班人员手动操作（或通过遥控装置）断开断路器及手动合闸于故障而被保护断开时，自动重合闸不应动作。手动合闸于故障时，故障一般是永久性的，它可能是由于检修质量不合格，隐患未消除，或者检修时的安保接地线忘记拆除等原因造成，因此再重合一次有害无益。除上述原因以外，当断路器由继电保护动作或其他原因而跳闸后，自动重合闸均应动作，使断路器重新合闸。

(2) 自动重合闸的动作次数应符合预先的规定。如采用一次重合闸方式，当重合于永久性故障断路器再次跳闸后，在规定的重合闸周期内，不进行第二次重合。对二次重合闸就应该能够动作两次，当第二次重合于永久性故障而跳闸后，就不应再次重合。

(3) 自动重合闸动作后，应能够经整定的时间后自动复归，准备好再次动作。对于受雷击机会较多的线路，为了发挥自动重合闸的作用，这一要求更为必要。

但对于 10kV 及以下电压等级的线路，如当地有值班人员时，为简化重合闸的实现，也可采用手动复归的方式。采用手动复归方式的缺点是，当重合闸动作后，在值班人员未及时复归以前，而又一次发生故障时，重合闸将拒绝动作，这在雷雨季节，雷害活动较多的地方尤其可能发生。

(4) 自动重合闸应能在重合闸后加速继电保护动作，必要时可在重合闸前加速继电保护动作，以便更好地与继电保护配合，加速切除故障。

(5) 如用控制开关手动合闸并合于永久性故障上时，也宜采用加速继电保护动作的措施，因为这种情况与实现重合闸后加速保护动作的要求是一致的。

(6) 自动重合闸装置应具有接收外来闭锁信号的功能，在断路器处于不正常状态（例如操动机构中使用的气压、液压降低等）而不允许重合时能将自动重合闸闭锁。

6.2 自动重合闸的构成原理

自动重合闸由重合闸启动元件、充放电元件、重合闸延时元件和执行元件等部分组成，图 6-1 所示为一种自动重合闸构成的原理框图。

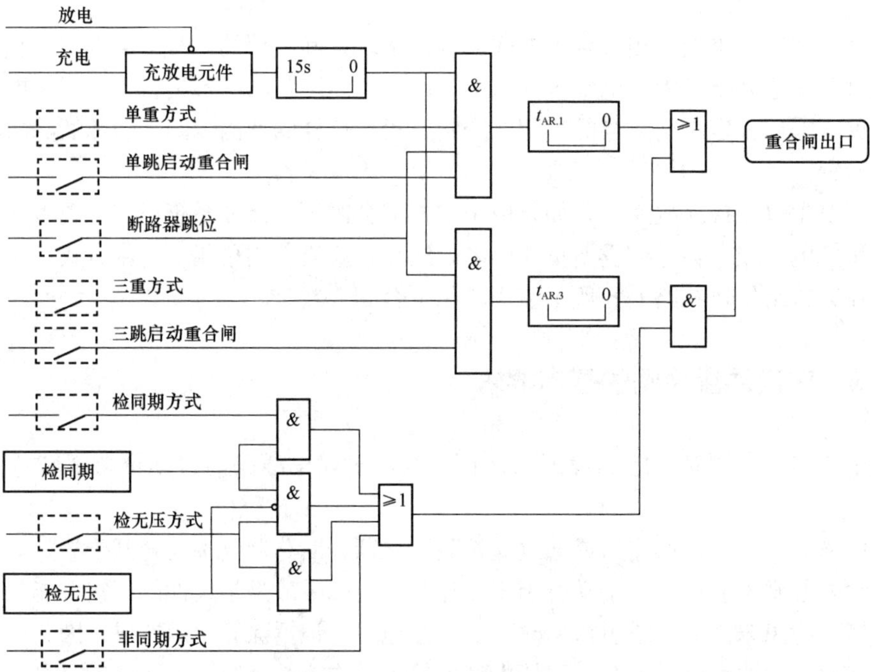

图 6-1 自动重合闸的构成原理框图

1. 重合闸的启动

重合闸启动元件的作用是当断路器跳闸后，使重合闸的延时元件启动。重合闸的启动方式有保护启动和开关位置不对应启动两种方式。

所谓保护启动方式就是在保护动作发出跳闸令后启动重合闸。对于微机保护，当线路保护和自动重合闸的功能在同一装置中由同一处理器完成时，保护发出跳闸令后可自动转入自动重合闸程序，重合闸与保护的配合比较容易实现。当线路保护的功能和自动重合闸的功能不是由同一处理器完成，或者不在同一装置中时，可通过“单跳启动重合闸”或“三跳启动重合闸”这两个开关量输入信号启动重合闸。单纯采用保护启动重合闸的方式，当断路器发生“偷跳”（断路器机构不良或误碰操作机构引起的跳闸）时，自动重合闸将不被启动。

所谓的开关位置不对应是指断路器的控制开关与断路器的位置不对应。例如当手动操作将断路器合闸，控制开关在“合闸后”位置，断路器也在“合闸”位置，它们是对应关系。当手动操作将断路器跳闸，控制开关在“跳闸后”位置，断路器也在“跳闸”位置，它们也是对应关系。当线路故障由继电保护装置将断路器跳开后，断路器在“跳闸”位置，但是控制开关仍在“合闸后”位置，它们的关系是不对应的，满足这一条件就可以启动自动重合闸，避免了手动跳闸启动重合闸。实现上述功能需要一种俗称 KK 开关的特殊断路器操作把手，它能提供“预分、分、分后、预合、合、合后”6 个位置状态。

随着变电站自动化水平的提高，不再使用传统的六个位置的 KK 操作把手，因而无法提供反映断路器在合后位置的触点。图 6 - 1 中采用反应断路器位置的跳位继电器触点启动重合闸，当一相断路器跳闸后，可以启动单相重合闸，当三相断路器都在跳开位置时，可启动三相重合闸。具体采用何种重合闸方式，可通过“单重方式”“三重方式”连接片进行设置。采用这种方式，发生断路器“偷跳”以后也可以启动重合闸。需要注意的是，二次回路的设计必须保证手动跳闸时不启动重合闸。

2. 充放电元件

重合闸构成的一个重要原则，不应由于任一元件损坏或回路不合理等，引起断路器多次重合闸，以防止损坏断路器和扩大事故。充放电元件的作用是保证自动重合闸只重合一次，在重合闸停用或其他不允许重合闸动作的情况下，通过放电实现闭锁重合闸。

在早期的自动重合闸装置中，采用电容器充放电原理实现一次重合闸。当手动合闸或自动重合闸后，如果一切正常，电容器开始充电，电容器只有充电时间大于 15s 后，重合闸发合闸命令时才能使出口继电器动作。一旦重合闸动作，电容器立即放电。

当线路发生短路而保护动作跳开断路器后，重合闸动作合上断路器，如果重合于永久性故障线路上，保护会再次将断路器跳开。因电容器放电后未能重新充满电，故不能再次发合闸命令，满足了一次重合闸的要求。

对于微机式的自动重合闸，利用计数器的计数与清零来模拟电容的充、放电。在手动合闸或自动重合闸后，如果一切正常，计数器开始计数，模拟“充电”。计数器的计数达到 15s 后，置“充电满”标志，启动重合闸后，才允许发合闸命令。需要“放电”时就把计数器清零，同时清除“充电满”标志，闭锁重合闸。

满足以下条件时重合闸开始充电：

（1）断路器在“合闸”位置。

（2）重合闸没有被启动。

（3）没有闭锁重合闸开关量信号输入。

（4）重合闸不在停用位置。

满足以下条件时重合闸放电：

（1）重合闸方式在停用位置。

（2）重合闸设置在单重方式，保护动作三相跳闸。

（3）重合闸“充电”未满时，跳闸位置继电器动作或有保护启动重合闸开关量信号输入。

（4）重合闸启动发出合闸命令后。

（5）重合闸启动过程中，跳开相有电流，且又有三跳启动重合闸。这通常是线路发生故障保护发出单相或三相跳闸命令而断路器跳闸失败，保护会再次发出被称为“永跳”的三相跳闸命令。这种情况下，断路器自身可能故障需要检修，所以不再重合。

(6) 有外部闭锁重合闸开关量信号输入时，如手动合闸时应闭锁重合闸，其他保护（如母线保护）动作跳开断路器不能重合时。

(7) 收到断路器低气压闭锁重合闸的开关量输入信号时。为了防止继电器接点抖动引起重合闸的误闭锁，经 400ms 延时“放电”。

(8) 有闭锁重合闸的“控制字”时，如“相间距离Ⅲ段闭锁重合闸”“接地距离Ⅲ段闭锁重合闸”“零序电流Ⅲ段闭锁重合闸”等。

3. 重合闸延时元件

因为断路器跳闸后故障点的电弧熄灭和周围介质恢复绝缘强度需要一定时间，同时断路器触头周围绝缘强度的恢复以及消弧室准备好具有一定开断容量的再操作也需要一定的时间，因此自动重合闸启动后，需要经预定的时间延时后再进行重合才有可能成功。

重合闸的延时有“长延时”和“短延时”。对于双端电源供电的输电线路，当纵联保护投入时，能够实现全线速动，两侧断路器几乎同时跳闸，重合闸时间投“短延时”；当纵联保护退出运行时，输电线路两侧的保护可能以不同的时限跳闸，故障切除较慢，重合闸时间投“长延时”。关于重合闸时间的整定详见 6.3 和 6.4 节。

4. 执行元件

执行元件将重合闸动作信号送至合闸回路和信号回路，使断路器重新合闸，并发出相应信号。

对于双侧电源输电线路，当采用三相重合闸时，线路发生故障保护动作跳开三相断路器后，可能使得互联的两个系统发生解列，重合闸动作进行合闸时必须要考虑两个系统同期的问题。图 6-1 给出了检无压和检同期的重合闸方式，确保合闸时两侧系统同步，避免对系统造成很大的冲击。如果系统联系紧密或采用快速重合闸方式，也可以采用“非同期合闸”方式，详见 6.3 节。

目前，电力系统中很难看到独立的自动重合闸装置，除了 3/2 断路器接线方式外，大多数的线路保护装置都集成了自动重合闸的功能，因为它们具有相同的控制对象，实现保护与自动重合闸之间的配合更容易。自动重合闸装置这个“形”已经无处可寻，它的功能依靠软件程序实现，并寄生在线路保护装置中。对于 3/2 断路器接线方式的线路保护，重合闸功能用一种被称为断路器保护的装置实现，详见 6.6 节。

6.3 输电线路的三相自动重合闸

三相自动重合闸广泛应用于各种电压等级的输电线路中。对于单侧电源输电线路，自动重合闸的动作逻辑相对简单，只要满足重合闸启动、没有闭锁信号输入及达到给定的时间延时后就可以发出合闸命令。

双侧电源输电线路上采用的三相自动重合闸装置，除应满足 6.1.3 中提出的各项要求外，还应考虑下述两个问题：

(1) 时间的配合。在线路上发生故障时，两侧的保护装置可能以不同的时限动作于跳闸。因此，两侧的重合闸必须保证在两侧的断路器都跳开，故障点电弧熄灭和绝缘强度恢复后，再进行重合，以使重合成功。

（2）同期问题。在某些情况下，当线路上发生故障跳闸后，线路两侧电源之间的电动势角将摆开，有可能失去同步。故存在重合时两侧电源是否同步，以及是否允许非同步合闸的问题。

因此，在双侧电源输电线路上，应根据电网的接线方式和具体的运行情况，采用不同的重合闸方式。

6.3.1　双侧电源输电线路重合闸的主要方式

1. 快速自动重合闸方式

在现代高压输电线路上，采用快速重合闸是提高系统并列运行稳定性和供电可靠性的有效措施。所谓快速重合闸，就是当输电线路上发生故障时，继电保护很快使线路两侧的断路器断开并接着进行重合。由于从短路开始到重新合上断路器的整个时间为 0.5～0.6s，在这样短的时间内，两侧电源的电动势角摆开不大，系统还没有失步。即使两侧电源的电动势角摆得很大，由于重合的周期很短，断路器重合后，系统也会很快拉入同步。这种重合闸方式的最大特点是快速。采用快速重合闸方式必须具备下列条件：

（1）线路两侧都装有保护整条线路的快速保护（如纵联保护）。

（2）线路两侧必须采用可以进行快速重合闸的断路器（如快速气体断路器）。

（3）在线路两侧断路器合闸的瞬间，输电线路上所出现的冲击电流，对电力系统各元件的冲击，均未超过规定的允许值。

输电线路的冲击电流，可根据两侧电动势可能摆开的最大角度 δ 来计算。当双侧电源电动势绝对值相等时，由合闸引起的冲击电流为

$$I=\frac{2E}{Z_{\Sigma}}\sin\frac{\delta}{2} \tag{6-1}$$

式中：Z_{Σ} 为系统的总阻抗；δ 为两侧电源电动势的相角差，最严重情况时为 180°；E 为发电机电动势有效值，对同步发电机的电动势取 $1.05U_N$，U_N 为发电机的额定电压。

按规定，由式（6-1）计算所得的冲击电流不应超过表 6-1 的规定值。

此外，在采用快速重合闸方式时，应考虑发电机组轴系因扭振可能造成的损伤，影响机组使用寿命。

2. 非同期重合闸方式

非同期重合闸就是当线路两侧断路器跳闸后，不管线路两侧电源是否同步，一般不附加条件即可进行重合。在合闸瞬间，两侧电源可能同步也可能不同步。合闸后，系统将自行拉入同步。只有当符合下列条件且认为有必要时，才可以采用非同期重合闸：

（1）非同期重合闸时，流过发电机、同步调相机或变压器的冲击电流未超过规定的允许值。采用非同期重合闸方式时，系统中各元件都要受到冲击电流的考验。因此在最严重的情况下（δ=180°），按式（6-1）计算出的最大周期分量的冲击电流在不超过表 6-1 中所规定的数值时，就可采用非同期重合闸方式。此外，也应考虑机组轴系的扭伤问题。

表 6-1　　最大冲击电流周期分量允许值

汽轮发电机	水轮发电机		同步调相机	电力变压器
	有纵轴和横轴阻尼绕组	无阻尼回路或阻尼回路不全		
$\frac{0.65}{X''_d}I_N$	$\frac{0.6}{X''_d}I_N$	$\frac{0.61}{X'_d}I_N$	$\frac{0.84}{X_d}I_N$	$\frac{100}{U_k\%}I_N$

注　I_N 为各元件的额定电流；X''_d为发电机次暂态电抗的标幺值；X'_d为发电机暂态电抗的标幺值；X_d 为同步调相机同步电抗的标幺值；$U_k\%$为电力变压器短路电压的百分值。

(2) 在非同期重合闸所产生的振荡过程中，对重要负荷的影响较小。采用非同期重合闸方式时，在两侧电源由非同步运行拉入同步的过程中，系统处于振荡状态，系统中各点的电压将不同程度的波动，对负荷电动机的工作会造成影响。对装有失压保护的异步电动机，因瞬时电压降低会导致失压保护动作，电动机要停止运转。

(3) 躲过非同期重合闸对继电保护产生的影响。在非同期重合闸的振荡过程中，电流保护、电压保护、距离保护等可能误动作。在非同期重合闸过程中，由于断路器三相触头不同期闭合，可能短时出现零序分量，从而引起零序电流保护Ⅰ段误动作。因此，在采用非同期重合闸方式时，应根据具体情况，在继电保护的整定值上或在振荡闭锁的复归时间上，或在其他回路上采取适当的措施，以躲过非同期重合闸对继电保护产生的影响。

3. 解列重合闸与自同期重合闸

在双侧电源的单回线路上，当不能采用快速重合闸和非同期重合闸方式时，一般可采用解列重合闸方式。其工作原理如图 6-2 所示。

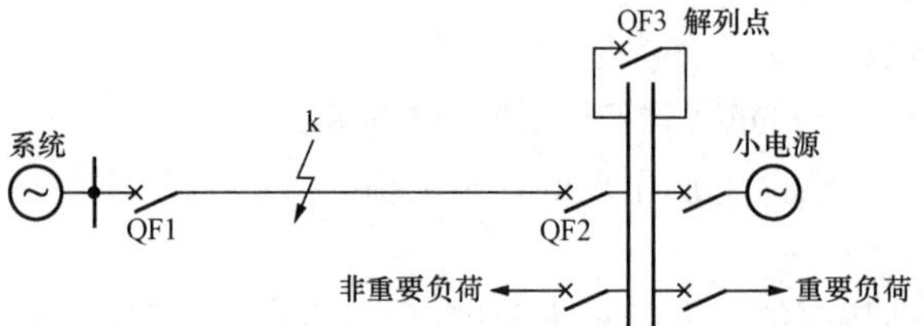

图 6-2　单回线路上采用解列重合闸的示意图

正常运行时，由系统向小电源侧输送功率，当线路在 k 点发生故障后，线路系统侧的保护动作使断路器 QF1 跳闸，小电源侧的保护动作使解列点断路器 QF3 跳闸，而不跳断路器 QF2。小电源与系统解列后，小电源的容量应基本上与所带的重要负荷相平衡，这样就可以保证地区重要负荷的连续供电并保证电能质量。在断路器 QF1 和 QF3 跳闸后，线路系统侧的重合闸检查线路无电压（确认 QF3 已跳闸）后进行重合，如重合成功，则由系统恢复对地区非重要负荷的供电，然后再在解列点处实行同步并列，恢复正常供电。如果重合不成功，则系统侧的保护再次动作跳闸，地区的非重要负荷将被迫中断供电。

如何选择解列点和使小电源的发电容量与所带重要负荷尽量接近平衡，是这种重合闸方式必须解决的问题。

当受电侧为水电厂时，可采用自同期重合闸，如图 6-3 所示。

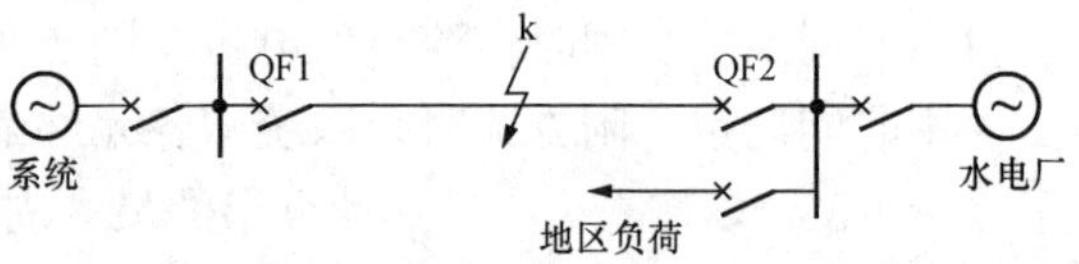

图 6-3　在水电厂采用自同期重合闸的示意图

当线路在 k 点发生故障后，线路系统侧的保护动作使断路器 QF1 跳闸，水电厂侧的保护则动作于跳开发电机的断路器和灭磁开关而不跳故障线路的断路器。然后，线路系统侧的重合闸检查线路无电压后进行重合，如重合成功，则水轮发电机以自同步的方式，自动与系统并列，因此称自同期重合闸。如果重合不成功，则系统侧的保护再次动作跳闸，水电厂也被迫停机。

采用自同期重合闸时，必须考虑对水电厂侧地区负荷供电的影响，因为在自同期重合闸的过程中，如果不采取其他措施，地区负荷将被迫全部停电。当水电厂有两台以上的机组时，为了保证对地区负荷的供电，则应考虑使一部分机组与系统解列，继续向地区负荷供电，另一部分机组实现自同期重合闸。

4. 不检同期重合闸

电网的结构保证线路两侧不会失去同步。如并列运行的发电厂或电力系统之间具有三个及以上紧密联系的线路时，由于同时断开所有联系的可能性几乎不存在，可采用不检同期重合闸。

5. 检查同期重合闸

这是在高压电网中应用最广的一种三相重合闸方式。根据检查同步方法的不同又分为：平行双回线检查另一回线有电流的重合闸，具有同步检定和无电压检定的重合闸。

(1) 平行双回线检查另一回线有电流的重合闸。在没有其他旁路联系的双回线路上，当不能采用非同期重合闸时，可采用检查另一回线有电流的重合闸，如图 6-4 所示。因为当另一回线路上有电流时，即表示两侧电源仍保持联系，一般是同步的，因此可以重合。采用这种重合闸方式的优点是电流检定比同步检定简单，但当双回线同时断开时即失去自动重合的可能。

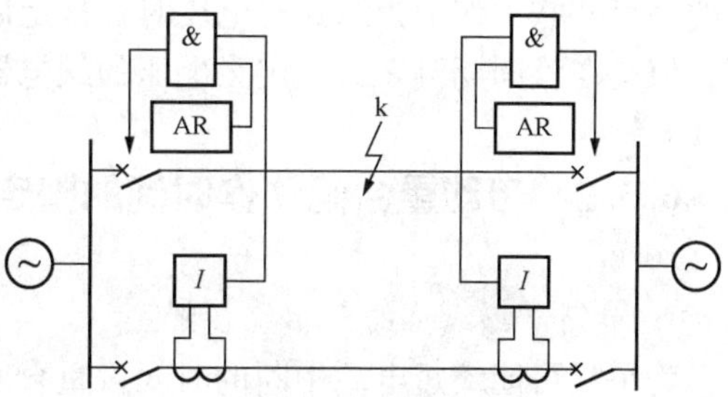

图 6-4 平行双回线检查另一回线有电流的重合闸示意图

(2) 具有同步检定和无电压检定的重合闸。具有同步检定和无电压检定的重合闸的特点是，当线路故障，两侧断路器跳开后，先让一侧的断路器合上，另一侧断路器重合时，应进行同步条件的检查，只有在断路器两侧电源满足同期条件时，才允许重合。这种重合闸方式不会产生很大的冲击电流，合闸后也能很快拉入同步运行。

检无压和检同期重合闸方式的工作原理如图 6-5 所示，在线路两端除装设自动重合闸装置之外，还装有检定线路无电压的低压继电器（$U<$）和检定两端系统同步的同期继电器（U-U），它们的投入方式可通过连接片切换，重合闸启动时间元件的回路中串入了 $U<$ 或 U-U 继电器的触点。线路两端的重合闸方式，一侧设置为“检无压”方式，这一侧的 $U<$ 和 U-U 继电器都投入；另一侧设置为“检同期”方式，投入 U-U 继电器，$U<$ 继电器则不能投入。

当线路发生故障，两侧断路器跳开以后，线路失去电压。检定线路无电压一侧的重合闸首先动作，使断路器合闸。如果重合于永久性故障，则断路器再次跳闸。此时，由于线路没有电压，同步检定继电器不动作，该侧重合闸不启动。如果是瞬时性故障，检定无电压侧先重合成功，则检同期侧在检定同步后再进行重合，线路恢复正常运行。

由此可见，在检定无电压侧，如重合于永久性故障，就将连续两次切断短路电流，因此它的工作条件就比检同期侧恶劣。为此，可利用连接片定期切换其工作方式，可以使两侧断路器的工作条件接近。另外，在正常运行情况下，由于某种原因（如误碰跳闸机构，保护误

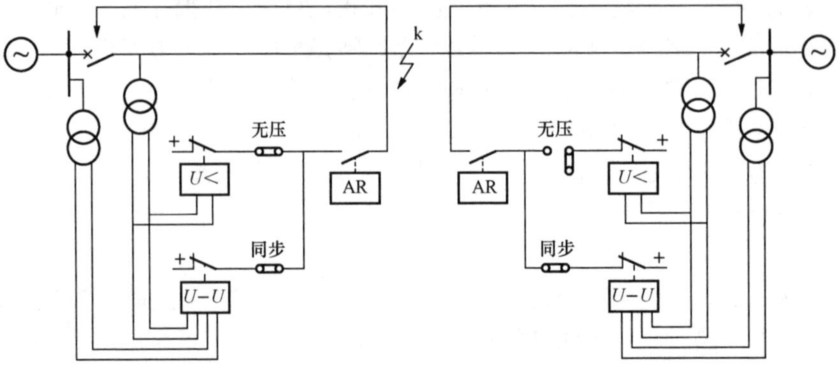

图 6-5　具有同步检定和无电压检定的重合闸示意图

动作等)，使检定无电压侧误跳闸时，因对侧并未动作跳闸，所以线路上仍有电压，检定无电压继电器不能动作进行重合。为此，通常在检定无电压侧也同时投入检定同步继电器，两者的触点并联工作。当线路有电压时，检定同步继电器能工作，可将误跳开的断路器重新合闸。但是在检同期侧，其检定无电压的继电器是绝对不允许同时投入的。

6.3.2　自动重合闸动作时间的整定

1. 单侧电源线路的三相重合闸

为了尽可能缩短电源中断的时间，重合闸的动作时限原则上应越短越好。因为电源中断后，电动机的转速急剧下降，电动机被其负荷所制动。当重合闸成功恢复供电以后，很多电动机要自启动。此时由于自启动电流很大，往往会引起电网内电压降低，因而又造成自启动的困难或拖延其恢复正常供电的时间。电源中断的时间越长影响就越严重。那么重合闸为什么又要带有时限呢？其原因如下：

(1) 在断路器跳闸后，故障点的电弧熄灭和周围介质恢复绝缘强度需要一定时间，必须在这个时间以后进行合闸才有可能成功。在考虑上述时间时，还必须计及负荷电动机向故障点反馈电流所产生的影响，因为它是使绝缘强度恢复变慢的因素。

(2) 在断路器跳闸后，其触头周围绝缘强度的恢复以及消弧室准备好具有一定开断容量的再操作也需要一定的时间。对于空气断路器，是压缩空气的储气筒的压力要恢复到允许投入自动重合闸的最低压力；对于油断路器，是油断路器消弧室的“回油”时间。重合闸必须在这个时间以后才能向断路器发出合闸脉冲，否则，如果重合于永久性故障上，就会降低断路器的开断容量，甚至可能发生断路器爆炸的严重事故。

(3) 如果重合闸是利用继电保护启动，则动作时间还应该加上断路器的跳闸时间。

因此，重合闸的动作时限 t_{AR}应在满足以上要求的前提下，力求缩短。根据我国电力系统的运行经验，采用 0.3～0.5s 的重合闸动作时限，重合的成功率较低，而采用 1s 左右的时间较为合适。

2. 双侧电源线路的三相重合闸

双侧电源线路重合闸动作时间的整定除满足单侧电源线路三相重合闸的要求外，还应考虑线路两侧继电保护以不同的时限切除故障的可能性。从最不利的情况出发，每一侧的重合闸都应该以本侧先跳闸而对侧后跳闸为整定依据。

以图 6-6 中 M 侧重合闸动作时间整定为例。设重合闸由不对应方式启动，本侧（M 侧）保护的最小动作时间为 $t_{M.min}$，断路器的跳闸时间为 $t_{M.QF.T}$，对侧（N 侧）保护的最大动作时间为 $t_{N.max}$，断路器的跳闸时间为 $t_{N.QF.T}$，则在本侧跳闸以后，对侧还需要经过 $t_{N.max}+t_{N.QF.T}-t_{M.min}-t_{M.QF.T}$ 的时间才能跳闸。再考虑故障点灭弧和周围介质去游离的时间 t_u，则重合闸的动作时限应整定为

$$t_{AR.M}=t_{N.max}-t_{M.min}+t_{N.QF.T}-t_{M.QF.T}+t_u+t_y-t_{M.QF.H} \tag{6-2}$$

式中：t_y 为裕度时间，一般取 0.5s；$t_{M.QF.H}$ 为 M 侧断路器合闸时间。

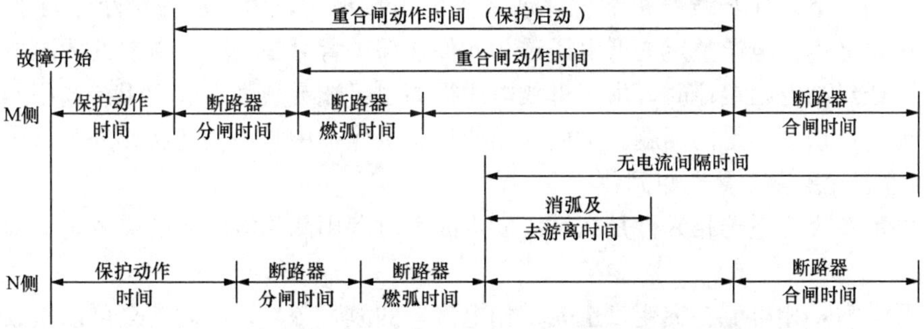

图 6-6　双侧电源线路三相重合闸动作时限配合示意图

当线路上装设有纵联保护时，本侧考虑由快速辅助保护（如突变量距离继电器）动作，最小动作时间约为 15ms，对侧由纵联保护跳闸，最大动作时间为 100～120ms。当线路上采用阶段式保护时，本侧考虑由Ⅰ段保护瞬时跳闸，对侧由Ⅱ段（或Ⅲ段）保护延时跳闸。

如果重合闸是利用保护来启动，则重合闸的动作时限应整定为

$$t_{AR.M}=t_{N.max}-t_{M.min}+t_{N.QF.T}+t_u+t_y-t_{M.QF.H} \tag{6-3}$$

6.4　输电线路单相自动重合闸

在 220～500kV 的架空输电线路上，由于线间距离大，相间故障的机会比较小，绝大部分故障都是单相接地短路。从故障录波数据的分析还发现，在发生的相间故障中，相当一部分也是由单相接地故障发展而成的。如果在三相线路上装设三个单相断路器，当发生单相接地故障时，只将故障相的断路器跳开，而未发生故障的其余两相仍继续运行。这样不仅可以提高供电的可靠性和系统并列运行的稳定性，还可以减少相间故障发生的机会。因此，在高压输电线路上，若不允许采用快速非同期三相重合闸，而采用检查同期重合闸，又因恢复供电时间太长，满足不了系统稳定运行的要求时，可以采用单相重合闸方式。

采用单相重合闸时，要求发生单相接地故障时只跳开故障相，然后进行单相重合。与三相重合闸相比，单相重合闸所带来的新问题主要表现在以下几方面：

(1) 需要设置故障选相元件来对故障相进行判断，从而确定跳哪一相。应该指出微机型重合闸是与微机保护做在一起，而微机保护装置本身具备选相功能。

(2) 应考虑未断开相的电压、电流产生的潜供电流和恢复电压对单相重合闸的影响。

（3）应考虑非全相运行对继电保护的影响，还需考虑非全相运行对通信系统和铁路系统的影响。

6.4.1 故障选相原理

选相元件是实现单相重合闸的重要元件，其作用是在单相接地故障时选出故障相来实现单相跳闸。常用的选相元件有电流选相元件、低电压选相元件、阻抗选相元件、对称分量选相元件和两相电流差突变量选相元件。按躲过最大负荷电流整定的电流选相元件在保护背后是小电源的情况下，在长线路末端短路或经高电阻接地时，由于电流很小，可能灵敏度不够。按躲过最低工作电压整定的低电压选相元件在保护背后是一个大电源的情况下，在长线路末端短路或经高电阻接地时，由于母线电压很高也可能灵敏度不够。阻抗选相元件也存在经高阻接地时灵敏度不足的问题。下面介绍两种微机保护中常用的选相元件。

1. 两相电流差突变量选相元件

两相电流差突变量选相元件是在系统发生故障时利用两相电流差的突变量的幅值特征进行故障选相。

从本质上看，相电流差突变量也就是相电流差的故障分量，因此完全可以用故障分量来说明其动作原理。下面以单电源空载线路为例分析相电流突变量选相元件的构成原理。

（1）单相接地短路。以 A 相接地短路为例，由于 $\dot{I}_{A1}=\dot{I}_{A2}=\dot{I}_{A0}$，各相电流的故障分量为

$$\Delta\dot{I}_{MA}=3\dot{I}_{A1}$$

$$\Delta\dot{I}_{MB}=0$$

$$\Delta\dot{I}_{MC}=0$$

任意两相电流差的突变量为

$$\Delta\dot{I}_{AB}=3\dot{I}_{A1}$$

$$\Delta\dot{I}_{BC}=0$$

$$\Delta\dot{I}_{CA}=-3\dot{I}_{A1}$$

由此可见，单相接地短路的幅值特征是两非故障相电流差的突变量等于零。

（2）两相接地短路。以 BC 两相接地短路为例，由于 $\dot{I}_{A1}=-(\dot{I}_{A2}+\dot{I}_{A0})$，各相电流的故障分量为

$$\Delta\dot{I}_{MA}=0$$

$$\Delta\dot{I}_{MB}=\alpha^2\dot{I}_{A1}+\alpha\dot{I}_{A2}+\dot{I}_{A0}=(\alpha^2-1)\dot{I}_{A1}+(\alpha-1)\dot{I}_{A2}$$

$$\Delta\dot{I}_{MC}=\alpha\dot{I}_{A1}+\alpha^2\dot{I}_{A2}+\dot{I}_{A0}=(\alpha-1)\dot{I}_{A1}+(\alpha^2-1)\dot{I}_{A2}$$

任意两相电流差的突变量为

$$\Delta\dot{I}_{AB}=(1-\alpha^2)\dot{I}_{A1}+(1-\alpha)\dot{I}_{A2}=\sqrt{3}\dot{I}_{A1}e^{j30^\circ}+\sqrt{3}\dot{I}_{A2}e^{-j30^\circ}$$

$$\Delta\dot{I}_{BC}=(\alpha^2-\alpha)\dot{I}_{A1}+(\alpha-\alpha^2)\dot{I}_{A2}=-j\sqrt{3}\dot{I}_{A1}+j\sqrt{3}\dot{I}_{A2}$$

$$\Delta\dot{I}_{CA}=(\alpha-1)\dot{I}_{A1}+(\alpha^2-1)\dot{I}_{A2}=\sqrt{3}\dot{I}_{A1}e^{j150^\circ}+j\sqrt{3}\dot{I}_{A2}e^{-j150^\circ}$$

由此可见，两相接地短路时的幅值特征是两故障相电流差值的突变量最大。

(3) 两相短路。以BC两相短路为例，由于 $\dot{I}_{A1}=-\dot{I}_{A2}$，各相电流的故障分量为

$$\Delta\dot{I}_{MA}=0$$

$$\Delta\dot{I}_{MB}=\alpha^2\dot{I}_{A1}+\alpha\dot{I}_{A2}=(\alpha^2-\alpha)\dot{I}_{A1}=-j\sqrt{3}\dot{I}_{A1}$$

$$\Delta\dot{I}_{MC}=\alpha\dot{I}_{A1}+\alpha^2\dot{I}_{A2}=(\alpha-\alpha^2)\dot{I}_{A1}=j\sqrt{3}\dot{I}_{A1}$$

任意两相电流差的突变量为

$$\Delta\dot{I}_{AB}=j\sqrt{3}\dot{I}_{A1}$$

$$\Delta\dot{I}_{BC}=-2j\sqrt{3}\dot{I}_{A1}$$

$$\Delta\dot{I}_{CA}=j\sqrt{3}\dot{I}_{A1}$$

由此可见，两相短路时的幅值特征与两相接地短路相同，即两故障相电流差值的突变量最大。

(4) 三相短路。当发生三相短路时，显然有 $\Delta\dot{I}_{AB}=\Delta\dot{I}_{BC}=\Delta\dot{I}_{CA}$。

由此可见，三相短路时的幅值特征是三个相电流差的突变量相等。

通过以上分析，可得出如下结论：

当发生单相接地故障时，非故障相的两相电流差的突变量为零，与故障相相关的两个差电流突变量绝对值相等；当发生两相或两相接地故障时，故障两相的差电流突变量最大，而包含有非故障相的两个差电流突变量相等；对于三相短路，三个相电流差突变量相等。

那么，将各种故障下两相电流差的突变量的模值 ΔI_{AB}、ΔI_{BC}和 ΔI_{CA}，按大、中、小排序，就能够选出故障相别。选相结果见表6-2，表中“+”表示较大，“++”表示很大，“—”表示较小。

表6-2　　两相电流差突变量选相结果

参数	A相接地	B相接地	C相接地	AB两相短路	BC两相短路	CA两相短路	三相短路
ΔI_{AB}	+	+	—	++	+	+	+
ΔI_{BC}	—	+	+	+	++	+	+
ΔI_{CA}	+	—	+	+	+	++	+

为了进一步区分两相接地短路和两相短路，最简便的方法是检查是否有零序电流或电压存在。

2. 序分量电流相位比较选相元件

利用故障分量的正序和负序电流比较相位可构成选相元件。

(1) 单相接地短路。图6-7为发生单相接地短路时，正序电流 $\dot{I}_{A1}$和负序电流 $\dot{I}_{A2}$的相位关系。

由图6-7的电流相量图可以看出：

1) A相接地时，$\dot{I}_{A1}$与 $\dot{I}_{A2}$同相位；

2) B相接地时，$\dot{I}_{A1}$滞后 $\dot{I}_{A2}$ 120°；

3) C相接地时，$\dot{I}_{A1}$超前 $\dot{I}_{A2}$ 120°。

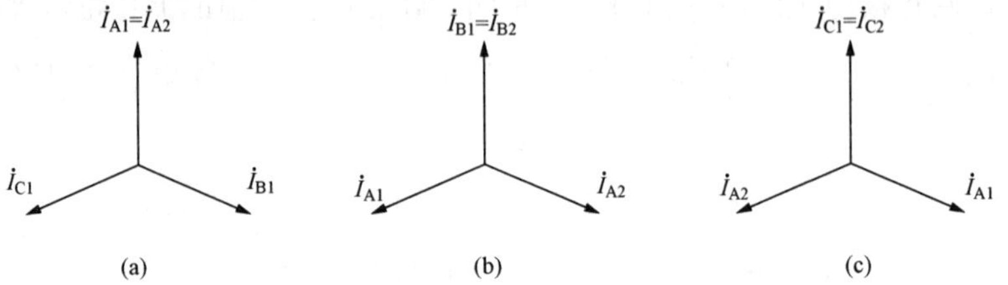

图 6-7　发生单相接地短路时正序电流和负序电流的相位关系

(a) A 相接地短路；(b) B 相接地短路；(c) C 相接地短路

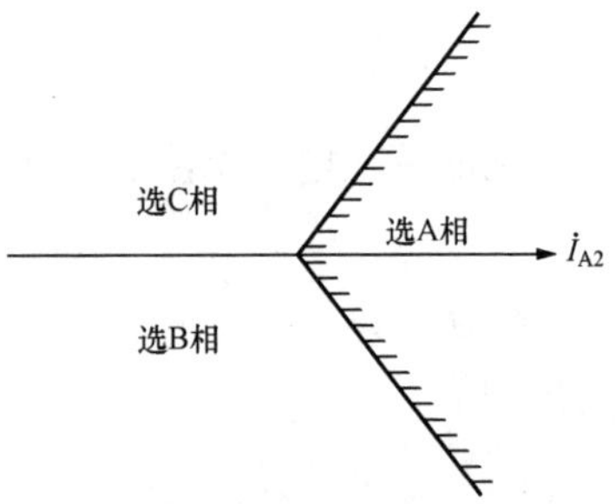

图 6-8　单相接地短路选相动作区

因此，对于单相接地短路，可以将平面划分为三个动作区，如图 6-8 所示，每个动作区为 120°。

选相判据为：

A 相单相接地

$$-60° < \arg\frac{\dot{I}_{A1}}{\dot{I}_{A2}} < 60° \tag{6-4}$$

B 相单相接地

$$-180° < \arg\frac{\dot{I}_{A1}}{\dot{I}_{A2}} < -60° \tag{6-5}$$

C 相单相接地

$$60° < \arg\frac{\dot{I}_{A1}}{\dot{I}_{A2}} < 180° \tag{6-6}$$

(2) 两相短路和两相接地短路。图 6-9 为发生两相短路和两相接地短路时，正序电流 $\dot{I}_{A1}$ 和负序电流 $\dot{I}_{A2}$ 的相位关系。

由图 6-9 的电流相量图可以看出：

1) BC 两相接地和 BC 两相短路时，$\dot{I}_{A2}$ 与 $\dot{I}_{A1}$ 相位相反；

2) CA 两相接地和 CA 两相短路时，$\dot{I}_{A2}$ 滞后 $\dot{I}_{A1}$ 60°；

3) AB 两相接地和 AB 两相短路时，$\dot{I}_{A2}$ 超前 $\dot{I}_{A1}$ 60°。

因此，对于两相短路和两相接地短路，可以将平面划分为三个动作区，如图 6-10 所示，每个动作区为 120°。

选相判据为：

AB 两相和 AB 两相接地故障

$$-120° < \arg\frac{\dot{I}_{A1}}{\dot{I}_{A2}} < 0° \tag{6-7}$$

BC 两相和 BC 两相接地故障

$$120° < \arg\frac{\dot{I}_{A1}}{\dot{I}_{A2}} < 240° \tag{6-8}$$

CA 两相和 CA 两相接地故障

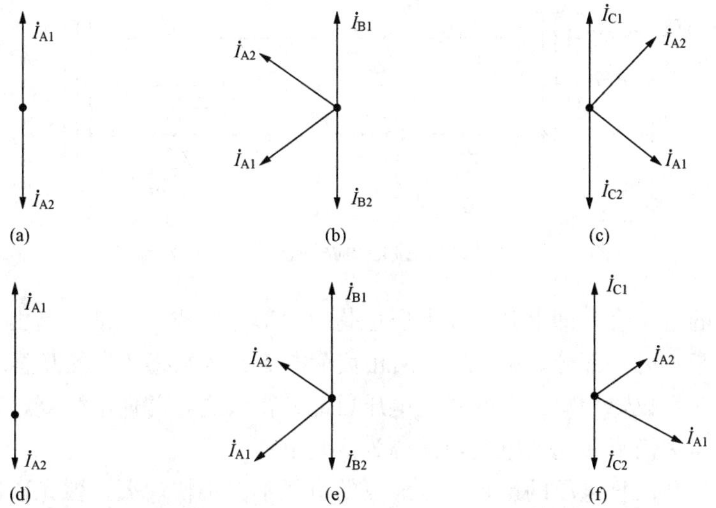

图 6 - 9　各种不对称短路正序电流与负序电流的相位关系

（a）BC 两相短路；（b）CA 两相短路；（c）AB 两相短路；

（d）BC 两相接地短路；（e）CA 两相接地短路；（f）AB 两相接地短路

$$0^\circ < \arg \frac{\dot{I}_{A1}}{\dot{I}_{A2}} < 120^\circ \qquad (6-9)$$

为了能够利用式（6 - 4）～式（6 - 9）准确地选出故障类型，还需要补充如下判据：

1）当零序电流大于某一限值时，判断为接地故障，否则为相间故障。

2）当 $|\dot{I}_{A1}| - |\dot{I}_{A2}|$ 大于某一限值时，判断为两相接地故障，否则，为单相故障。

3）当 $|\dot{I}_{A2}|$ 小于某一限值时，判断为三相短路。

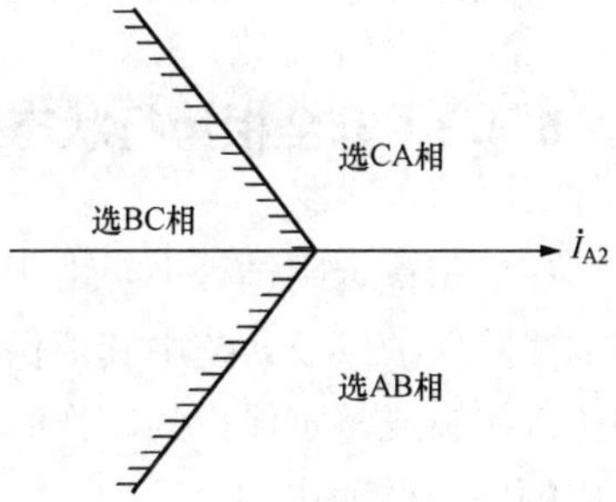

图 6 - 10　两相短路选相动作区

6.4.2　潜供电流和恢复电压对单相自动重合闸的影响

在图 6 - 11 所示的线路上，当 C 相发生瞬时性接地短路时，C 相线路两侧的断路器都跳开，A、B 两相线路仍处在工作状态。由于各相之间存在静电（通过电容）和电磁（通过互感）的联系，因此，虽然短路电流已被切断，但在故障点的弧光通道中，仍有电流流过，主要表现在：

（1）A、B 两相通过相间电容 C_{ac} 和 C_{bc} 向故障点提供电流；

（2）A、B 两相的负荷电流通过互感 M 的电磁耦合，在 C 相中感应电动势 $\dot{E}_M$，此感应电动势通过故障点和该相对地电容 C_0 产生电流。

这两部分电流的总和构成潜供电流。潜供电流的大小与线路的电压和参数有关，一般来说，线路电压越高，负荷电流越大，则潜供电流越大。

由于潜供电流的存在，将维持故障点的电弧一定时间，使之不易熄灭。当故障点电弧熄

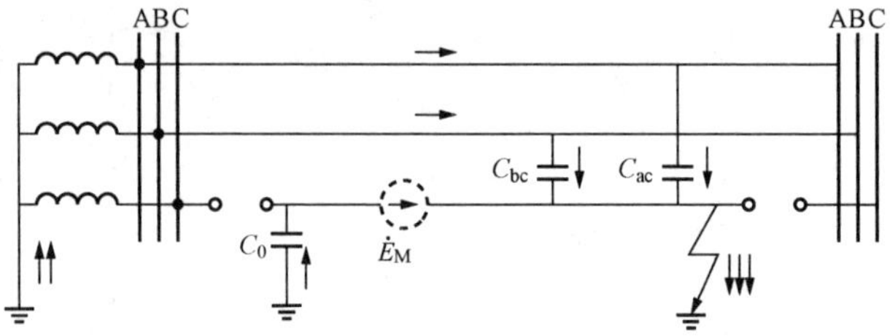

图 6-11 C 相单相接地短路时潜供电流的示意图

灭瞬间，断开相的电压会立即上升。此电压也是由两部分组成：一部分是由 A、B 两相电压通过电容耦合过来；另一部分是由 A、B 两相负荷电流通过互感产生的互感电动势。由于这两部分电压的存在，故障相短路点的对地电压可能升得较高，并使电弧复燃，因而再次出现弧光接地。此电压为恢复弧光的电压，简称为恢复电压。

由于潜供电流和恢复电压的影响，故障点的电弧不能很快熄灭，弧光通道的去游离受到阻碍。自动重合闸只有在故障点电弧熄灭，绝缘强度恢复以后，才有可能重合成功。为了保证单相重合闸有良好的效果，正确选择单相重合闸的动作时限是很重要的。国内外许多电力系统都是通过实测来确定灭弧时间。考虑潜供电流的影响，单相重合闸的动作时限比三相重合闸的动作时延长一些。

6.4.3 非全相运行状态对继电保护的影响

在单相重合闸过程中，由于出现纵向不对称，因此将产生负序分量和零序分量，可能引起本线路保护以及系统中其他保护的误动作。对于可能误动作的保护，应在单相重合闸动作时予以闭锁或整定保护的动作时限大于单相重合闸的周期，以避免由于非全相运行状态可能造成的保护误动作。

6.4.4 对单相重合闸的评价

采用单相重合闸的主要优点是：

(1) 能在绝大多数的故障情况下保证对用户的连续供电，从而提高供电的可靠性。当由单侧电源单回线路向重要负荷供电时，对保证不间断供电更有显著的优越性。

(2) 在双侧电源的联络线上采用单相重合闸，就可以在故障时大大加强两个系统之间的联系，从而提高系统并列运行的动态稳定。对于联系比较薄弱的系统，当三相切除并继之以三相重合闸而很难再恢复同步时，采用单相重合闸就能避免两系统的解列。

采用单相重合闸的缺点是：

(1) 需要有按相操作的断路器。

(2) 需要专门的选相元件与继电保护配合，再考虑一些特殊的要求后，使重合闸的实现变得更加复杂。

(3) 在单相重合闸过程中，由于非全相运行能引起本线路和电网中其他线路的保护误动作，因此，就需要根据实际情况采取措施予以防止。这将使保护的动作逻辑，整定计算和调试工作复杂化。

由于单相重合闸具有以上特点，并在实践中证明了它的优越性。因此，已在220～500kV的线路上获得了广泛应用。对于110kV的电网，一般不推荐这种重合闸方式，只在由单侧电源向重要负荷供电的某些线路及根据系统运行需要装设单相重合闸的某些重要线路上，才考虑使用。

6.5 自动重合闸与保护的配合

在电力系统中，重合闸与继电保护的关系极为密切。如果自动重合闸与继电保护能很好地配合工作，在许多情况下，可以加速切除故障，提高供电的可靠性和系统的稳定性。目前，自动重合闸与继电保护配合的方式有两种，即重合闸前加速保护和重合闸后加速保护。

1. 重合闸前加速保护

重合闸前加速保护一般简称为“前加速”。该方式一般用于具有几段串联的辐射形线路中，重合闸装置仅装在靠近电源的一段线路上。如图6-12所示，图中每一条线路上均装设有过电流保护，其动作时限按阶梯原则整定。因而在靠近电源的AB线路上，保护1的动作时限最长。为了能加速故障的切除，可在QF1处采用重合闸前加速保护方式，即在QF1处不仅装有过电流保护，还有能保护到末段线路的电流速断保护和自动重合闸装置。这样配置后，当任何一条线路上发生故障时，QF1处的电流速断保护都能瞬时动作，将QF1跳闸。然后由重合闸将QF1重合一次。如果故障是瞬时性的，则在重合成功后恢复正常供电。如果故障是永久性的，则在QF1重合后，故障线路的过电流保护再按其动作时限有选择性地跳开断路器。

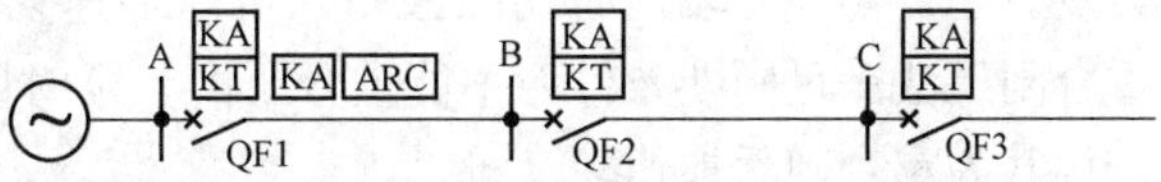

图6-12 重合闸前加速保护配置示意图

例如图6-12中，如果BC线路发生短路，QF1处的电流速断保护（其定值最小，灵敏度最高）动作跳开断路器QF1，经给定的重合闸延时，重合闸动作合上断路器QF1。如果是瞬时性故障，则供电得以恢复。如果是永久性故障，则QF2处的过电流保护动作，经给定的动作延时后，保护发出跳闸令，跳开断路器QF2，故障得以切除。

采用前加速的优点是：

(1) 能够快速切除瞬时性故障，使瞬时性故障来不及发展成永久性故障，从而提高重合闸的成功率。

(2) 能保证发电厂和重要变电站的母线电压一般不低于0.7倍额定电压，从而保证厂用电和重要用户的电能质量。

(3) 使用设备少，只需装设一套重合闸装置，简单、经济。

采用前加速的缺点是：

(1) 装有重合闸线路的断路器动作次数多，工作条件恶劣。

(2) 重合于永久性故障时，再次切除故障的时间可能较长。

(3) 如果重合闸装置或装有重合闸线路的断路器拒绝合闸，将扩大停电范围，在最后一段线路上故障，会造成全部停电。

因此，前加速方式主要用于35kV及以下由发电厂或重要变电站引出的直配线路上，以便快速切除故障，保证母线电压。在这些线路上一般只装设简单的电流保护。

2. 重合闸后加速保护

重合闸后加速保护一般简称为“后加速”，就是当线路第一次故障时保护有选择性动作，然后进行重合。如果重合于永久性故障上，则在断路器合闸后再加速保护动作，瞬时切除故障，而与第一次动作是否带有时限无关。

后加速方式广泛应用于35kV及以上的网络及对重要负荷供电的送电线路上。在这些线路上一般都装有性能比较完善的保护装置，例如，三段式零序电流保护，三段式距离保护等。因此，第一次有选择性切除故障的时间（瞬时动作或具有0.3～0.5s的延时）均为系统所允许。如图6-13中的两条线路上均装设有多段式的保护及自动重合闸。当k点短路时，由于故障点靠近保护2一侧，保护1的Ⅰ段不动作，其距离保护或零序电流保护的Ⅱ段经延时动作跳开断路器QF1。如果保护1处的重合闸采用检无压方式，经重合闸延时后，它将发出合闸命令，断路器QF1重合。如果是瞬时性故障，保护2处的自动重合闸按检同期条件判断是否允许合闸，满足同期条件，QF2重合后，系统恢复正常。如果重合于永久性故障，此时保护1仍然是Ⅰ段不动作、Ⅱ段动作。既然是重合在故障线路上，相信还是原来的故障，没有必要再经Ⅱ段延时切除故障，可以加速切除故障。QF1再次跳开后，保护2的自动重合闸无法满足同期条件而不能重合。由于延时段的保护是在重合闸以后才加速跳闸的，所以称其为重合闸后加速。

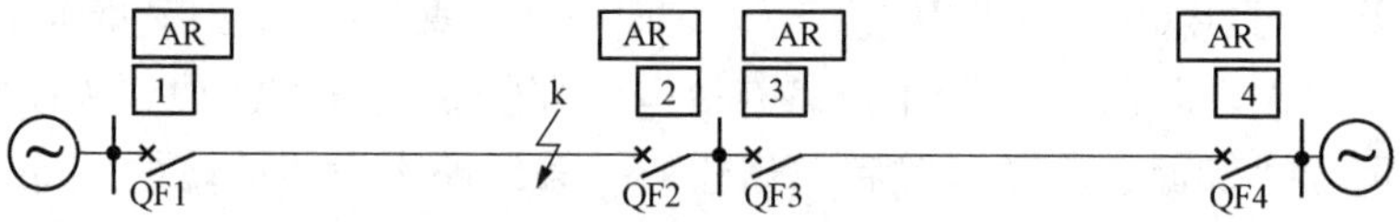

图6-13　重合闸后加速示意图

重合闸后加速主要有加速零序电流保护和加速距离保护两种。加速零序电流保护可以加速零序电流保护的后备段，也可以加速定值单独整定的零序电流加速段。加速距离保护可以加速距离保护Ⅱ段，也可以加速距离保护Ⅲ段，但加速距离保护时要考虑是否要经振荡闭锁控制。

采用后加速的优点是：

（1）第一次跳闸是有选择性的，不会扩大停电范围，特别是在重要的高压电网中，一般不允许保护无选择性地动作后以重合闸来纠正（即前加速）。

（2）使再次断开永久性故障的时间缩短，有利于系统并列运行的稳定性。

采用后加速的缺点是：

（1）每一个断路器上都需要装设一套重合闸，与前加速相比较为复杂。

（2）第一次切除故障可能带有延时。

除了上面所述的重合闸动作后加速保护外，还有手动合闸后加速保护，简称手合后加速。当手动或经过遥控方式进行断路器合闸时，若线路已存在故障（一般是永久性故障），且故障在Ⅰ段范围之外、Ⅱ段范围以内，可采用加速后备段保护瞬时动作于跳闸。

3. 配电网的故障隔离与快速恢复供电

随着我国社会经济发展，用电需求量持续增加，配电网规模不断扩大。根据对供电可靠性的要求不同，配电网存在单辐射、双辐射、单环网、双环网、链式等多种网络结构。配电网特别是城市中压配电网具有传输距离短、多分支辐射形运行方式的特点，继电保护的配置面临诸多问题。

图 6-14 为一单联络开环运行的城市配电网。A、B 两站的出线均被分段器 QS1～QS6 分成四段，通过分段器 QS 可实现相互联络，正常运行时 QS 处于断开状态。

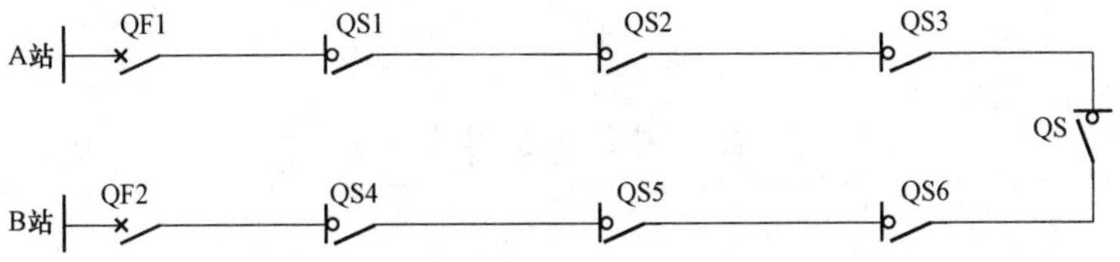

图 6-14　单联络配电网

如果将分段器都更换为断路器且配上电流保护装置和自动重合闸装置，将面临各保护之间无法配合的问题。一是线路比较短，很难从短路电流上区分是哪一条线路上发生了故障；二是若要实现时间上的配合，则变电站出口处的保护动作时间会较长，导致上一级后备保护的动作时间过大而不被允许。

方案之一是只在变电站出口处（QF1、QF2）配置继电保护和重合闸，当线路发生故障后，由 QF1 或 QF2 处的保护快速切除故障。例如当 QS2 与 QS3 之间的线路或支线发生故障，QF1 断路器跳开，由 A 变电站引出的线路全部失电，QS1、QS2、QS3 因失电自动断开。如果是瞬时性故障，经一定延时后，QF1、QS1、QS2、QS3 顺序合闸（电压恢复是进行重合的条件之一），恢复供电。如果是永久性故障，经一定延时后，QF1、QS1 先后合闸，当 QF2 合闸后，由于故障仍然存在，保护仍然会跳开 QF1，QS1、QS2 会再次跳开。由于 QS2 重合不成功，QS2 将会被闭锁。经过一定延时后，QF1、QS1 先后合闸，恢复部分供电。联络开关一侧失压后，经一段时间延时（通常设定为数十秒），合上分段器 QS，QS3 处电压恢复，由于是永久性故障，导致 QF2 处的保护动作跳开断路器 QF2，由 B 变电站引出的线路全部失电，QS4、QS5、QS6、QS、QS3 因失电自动断开，经过一定的延时后，QF2、QS4、QS5、QS6、QS 先后合闸，由于 QS3 重合失败，其已被闭锁而不再重合。QS2、QS3 处于断开状态，实现了故障区段的隔离，其他区段的供电得以恢复。

由以上分析得知，若某一区段发生永久性故障，隔离故障和恢复正常供电可能需要 1min 以上的时间，而且没有发生故障线路上的用户也会受到波及。

方案之二是借助于配电网自动化系统，在各个分段器处安装馈线终端装置 FTU，它集遥测、遥信、遥控、保护和通信等功能于一体，提供配电系统运行情况和各种参数及监测控制所需信息，包括开关状态、电能参数、相间故障类型、故障时的参数，并执行主站下发的命令，对配电设备进行控制，快速实现故障定位、故障隔离和非故障区段快速恢复供电等功能。例如，同样是 QS2 与 QS3 之间的线路或支线发生故障，QF1 断路器跳开，由 A 变电站引出的线路全部失电，但各分段开关不再因失电而自动跳开。故障发生时，QF1 处的保护和 QS1、QS2 处的 FTU 均监测到过电流，而 QS3 处的 FTU 没有监测到过电流。主站根据 FTU 送上的保护信号及开关位置信号可推断出故障位置，制定出断开 QS2、QS3 实现故障隔离及合上 QS 恢复供电的方案，主站将命令下达到 FTU 装置执行。

由此可见，方案二比方案一实现故障隔离和恢复供电要快很多。这种效率是以建设经费的大量投入换来的，需要配置各种自动化终端设备及完善的通信网络。当然最完美的方案还是有选择性地切除故障，使没有发生故障的区段不受影响，但这就需要将各个分段开关更换为具有一定遮断容量的断路器，又会增加电网建设的投资。

随着新能源电力系统的发展，大量的分布式电源/储能/微电网接入配电网，会对继电保护提出新的要求，实现配电网的故障隔离、自愈控制和经济运行，已经成为智能配电网建设的基本目标。

6.6 断路器保护

1. 断路器保护的功能概述

一般在双母线、单母线接线方式中，如果断路器失灵，失灵保护应该跳开失灵断路器所在母线上的所有断路器，其跳闸对象与母线保护跳闸对象完全一致，也就是说双母线接线失灵保护与母差保护跳闸出口相同，可以与母线保护做在一起，先跳母联断路器，再跳母线上所有元件。因此把断路器失灵保护做在微机母线保护装置内是合理的（详见第 9.4 节）。对于图 6 - 15 所示的 3/2 断路器接线，如果边断路器 QF1 失灵，失灵保护需要跳开Ⅰ母线上的各个断路器外，还需要跳开中断路器 QF2 并通过远方跳闸方式跳开 QF7。如果中断路器 QF2 失灵，失灵保护需要跳开两个边断路器 QF1、QF3 并通过远方跳闸方式跳开 QF7、QF8。显然，再把失灵保护做在母线保护内是不合理的，失灵保护应该按断路器设置。

在图 6 - 15 所示的 3/2 断路器接线中，线路 L1 的保护要发跳令时，要跳断路器 QF1、QF2，重合闸自然也要合这两个断路器。而且这两个断路器的重合还有一个顺序问题，所以重合闸也应该按断路器设置，每个断路器上设置一套重合闸装置，各自重合自己的断路器。

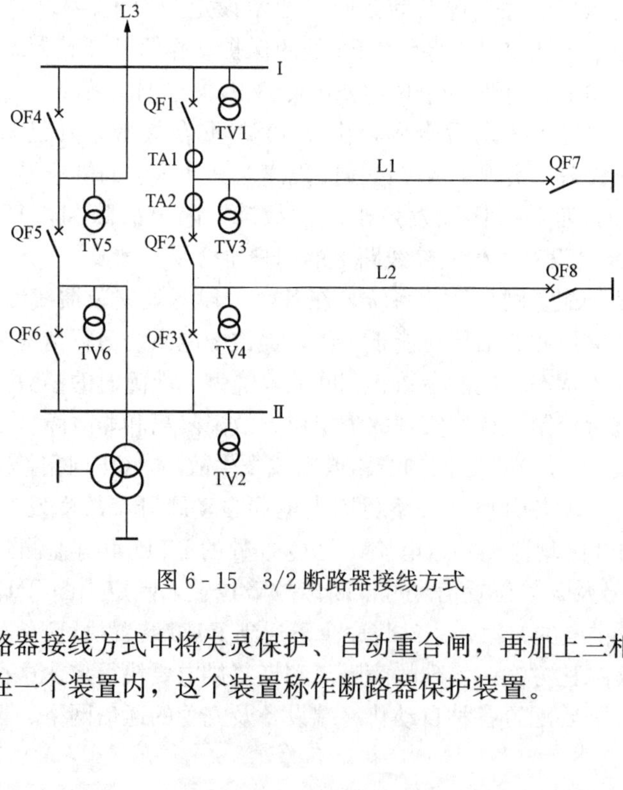

图 6 - 15　3/2 断路器接线方式

因此在 3/2 断路器接线方式中将失灵保护、自动重合闸，再加上三相不一致保护、死区保护、充电保护做在一个装置内，这个装置称作断路器保护装置。

所谓三相不一致是指断路器至少有一相的状态和其他相不同，导致系统处于非全相运行。在高压或超高压等级系统中，一般都将消除三相不一致的异常状态的保护功能放入断路器本体中实现，但是也有放入断路器保护中实现的，称为三相不一致保护。当判定三相不一致时，经延时出口跳本断路器。

在断路器和电流互感器之间发生短路时，保护动作但故障并不能切除，为此专门设置的一种保护被称为死区保护。例如图 6-15 中当故障发生在断路器 QF2 和电流互感器 TA2 之间时，L2 线路保护动作跳开断路器 QF2、QF3 后，故障并未切除。或者当故障发生在断路器 QF1 和电流互感器 TA1 之间时，Ⅰ母线保护动作跳开包括断路器 QF1 的所有Ⅰ母线断路器后故障也未切除。此类故障虽然可通过失灵保护动作跳开有关断路器，但考虑到站内的短路故障电流大，对系统影响也较大，而失灵保护动作一般要经较长的延时，所以可设置动作时间比失灵保护快的死区保护。和失灵保护相比，只是延时不同而已。

当使用断路器对母线等元件进行充电，而合于故障元件时，充电保护能够快速动作切除故障。

2. 3/2 断路器接线方式对自动重合闸顺序的要求

3/2 断路器接线方式下线路故障时要断开两个断路器，在重合时，为减少断路器动作次数，缩短永久性故障的切除时间及故障对系统造成的冲击，一般规定在保护动作跳开两断路器后，一个断路器先重合，如成功则另一个延时（躲重合闸后加速动作时间，一般不得少于 300ms）后再重合。相反，如不成功，要求闭锁另一个断路器重合闸，并瞬时三跳两个断路器。如果先合断路器未合，后合断路器可重合（后备性的）一次。

那么是先合边断路器还是先合中断路器呢？如图 6-15 所示，L1 线路上发生短路，线路保护跳 QF1、QF2 两个断路器后，当中断路器 QF2 先合时，若重合于永久性故障上，则保护再去跳 QF2 断路器，倘若此时 QF2 断路器失灵，QF2 断路器失灵保护再将边断路器 QF3 跳开，同时通过远跳装置将 QF8 断路器跳开，这将影响 L2 连接元件的工作。若边断路器 QF1 先重合，如重合于永久性故障上，保护再去跳 QF1 断路器，若此时 QF1 断路器失灵，QF1 断路器的失灵保护再将Ⅰ母线上所有断路器（如图中 QF4 断路器）都跳开，但 L2 连接元件与其他各连接元件的工作都不受影响。

由以上分析可见，当线路保护动作跳开两个断路器后，应先重合边断路器，即边断路器重合优先；等边断路器重合成功后，中断路器重合闸开始计时；延时到后再重合中断路器。如果边断路器重合不成功，重合于故障线路，则保护再次快速跳开边断路器，中断路器不再重合。

思考与练习

思考

6.1　什么是自动重合闸？电力系统采用自动重合闸的目的是什么？

6.2　简述自动重合闸的分类。

6.3　简述对自动重合闸的基本要求。

6.4　三相一次自动重合闸的构成通常包含哪几部分？说明各部分的作用。

6.5　何谓自动重合闸的开关位置不对应启动?

6.6　简述自动重合闸充放电元件的作用和充、放电的条件。

6.7　在超高压电网中使用三相重合闸为什么要考虑两侧电源的同期问题?说明非同期重合闸方式使用的条件。

6.8　双侧电源输电线路自动重合闸动作时限的整定需要考虑哪些原则?

6.9　简述具有同步检定和无电压检定重合闸的基本原理。为什么在检无压侧还要投入检同期?

6.10　使用单相重合闸有哪些优点?它对继电保护会产生什么影响?

6.11　说明输电线路保护和自动重合闸中选相元件的作用。

6.12　简述电流突变量选相元件的工作原理。

6.13　何谓潜供电流?简述其对单相重合闸的影响及对策。

6.14　输电线路采用单相重合闸时，会出现非全相运行状态，前面所学的哪种保护原理可能会误动需要退出运行?

6.15　何谓重合闸前加速和后加速?比较它们的优缺点。

6.16　何谓断路器保护?说明它的基本功能和适用范围。

练习

6.17　根据自动重合闸的构成原理，当采用单相重合闸方式时，说明以下情形时保护和自动重合闸的动作过程：

(1) 手动合闸于单相接地短路。

(2) 运行线路发生瞬时性单相接地短路，重合 10s 后又发生一次单相接地短路。

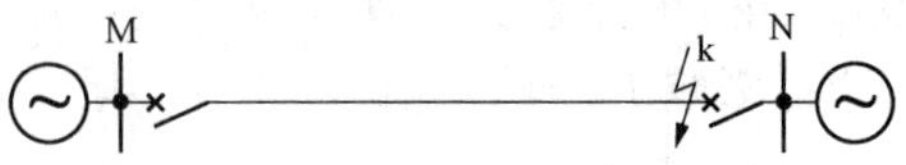

图 6-16　题 6.18 图

6.18　如图 6-16 所示系统，MN 线路两侧装有三段式距离保护和检无压检同期的三相一次自动重合闸装置。其中两侧距离Ⅱ和Ⅲ段均采用重合闸后加速保护方式，M 侧检无压，N 侧检同期。当 N 侧保护的出口处发生瞬时性、永久性短路时，分别按时间顺序说明保护和重合闸的动作过程。

拓展

6.19　图 6-17 所示为晶体管式自动重合闸装置的部分电路图。其中 QF 为断路器的辅助触点，KK 为控制把手的触点（在预跳位置时闭合），K_{AR}为合闸继电器。分析电路工作原理，并说明：

(1) 重合闸的启动、动作时延的整定，充放电是如何实现的。

(2) 结合该原理图说明线路发生故障保护动作后是如何实现重合闸的。

6.20　在微机线路保护中实现综合重合闸的功能，根据对自动重合闸的要求，设计并绘制出综合自动重合闸的程序流程图。

6.21　如果线路发生永久性故障，再次重合会对系统及断路器设备造成冲击与损害。如果能够识别瞬时性故障、永久性故障，就可构成自适应重合闸，发生永久性故障时闭锁重合闸。请查阅文献资料，找出解决问题的途径。

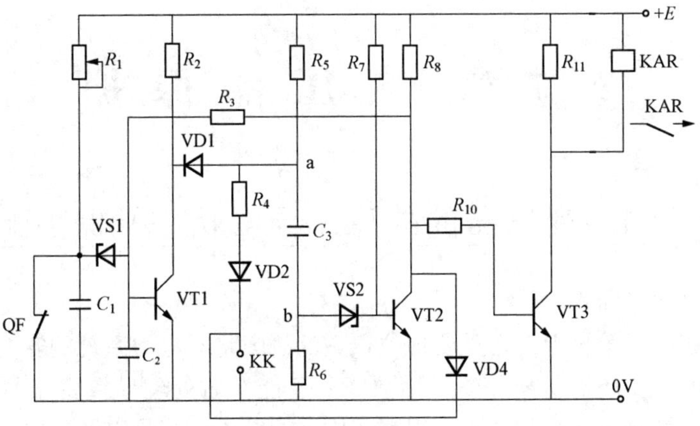
+E
R1
R2
R3
R4
R5
R6
R7
R8
R10
R11
KAR
KAR
VD1
VD2
VD4
VS1
VS2
VT1
VT2
VT3
C1
C2
C3
a
b
QF
KK
0V

图 6-17　题 6.19 图

第 7 章　变压器保护

7.1　变压器的故障、异常状态及保护配置

电力变压器在电力系统中占据重要地位，它的故障将对电力系统的安全稳定运行产生严重影响。大容量电力变压器价格昂贵，因故障而不能及时处理导致变压器严重受损甚至报废，将带来巨大经济损失。因此，必须根据变压器的结构、容量以及在电力系统中的重要程度，装设性能良好、工作可靠的继电保护装置。

变压器故障可分为油箱内部故障和油箱外部故障。变压器油箱内部故障包括绕组相间短路、单相绕组接地短路、单相绕组匝间短路等。变压器油箱外部故障指变压器油箱外部绝缘套管及其引出线发生的各种故障，主要包括相间短路和在中性点直接接地侧的单相接地短路。

变压器不正常工作状态主要包括：外部短路引起的过电流，变压器过负荷，变压器中性点电压升高，电压过高或频率降低引起的过励磁，变压器油箱漏油造成的油面降低和油箱内出现气体，变压器温度及油箱压力升高和冷却系统故障。

对于上述变压器故障和不正常工作状态，采取下列保护方式：

(1) 反应变压器绕组和引出线相间短路、大电流接地系统侧绕组和引出线单相接地短路、绕组匝间短路的差动保护。

(2) 反应变压器油箱内部各种短路故障和油面降低的瓦斯保护。

(3) 反应变压器外部相间短路，并作为差动保护和瓦斯保护后备保护的过电流保护、复合电压闭锁过电流保护、负序过电流保护。

(4) 反应大电流接地系统侧接地短路故障的零序电流保护。

(5) 反应变压器对称过负荷的过负荷保护。

(6) 反应变压器过励磁的过励磁保护。

(7) 反应变压器绕组中性点过电压的间隙保护。

(8) 反应冷却系统故障的冷却器全停保护。

对变压器保护的基本要求有三方面：

(1) 在变压器发生故障时应将它与所有的电源断开。

(2) 在母线或其他与变压器相连的元件发生故障，而故障元件由于某种原因（保护拒动或断路器失灵等）使其本身断路器未能断开的情况下，应将变压器与故障部分分开。

(3) 当变压器过负荷、油面降低、油温过高时，应发出报警信号。

图 7-1 为一台 220kV 变压器保护典型配置实例。变压器除配置瓦斯保护外，变压器主保护包括：①电流差动速断保护；②比率制动特性的电流差动保护；③比率制动特性的零序分量、负序分量或突变量差动保护。变压器后备保护包括：①复合电压闭锁过电流保护；②零序过电流保护；③间隙过电流保护；④零序过电压保护；⑤过负荷保护。

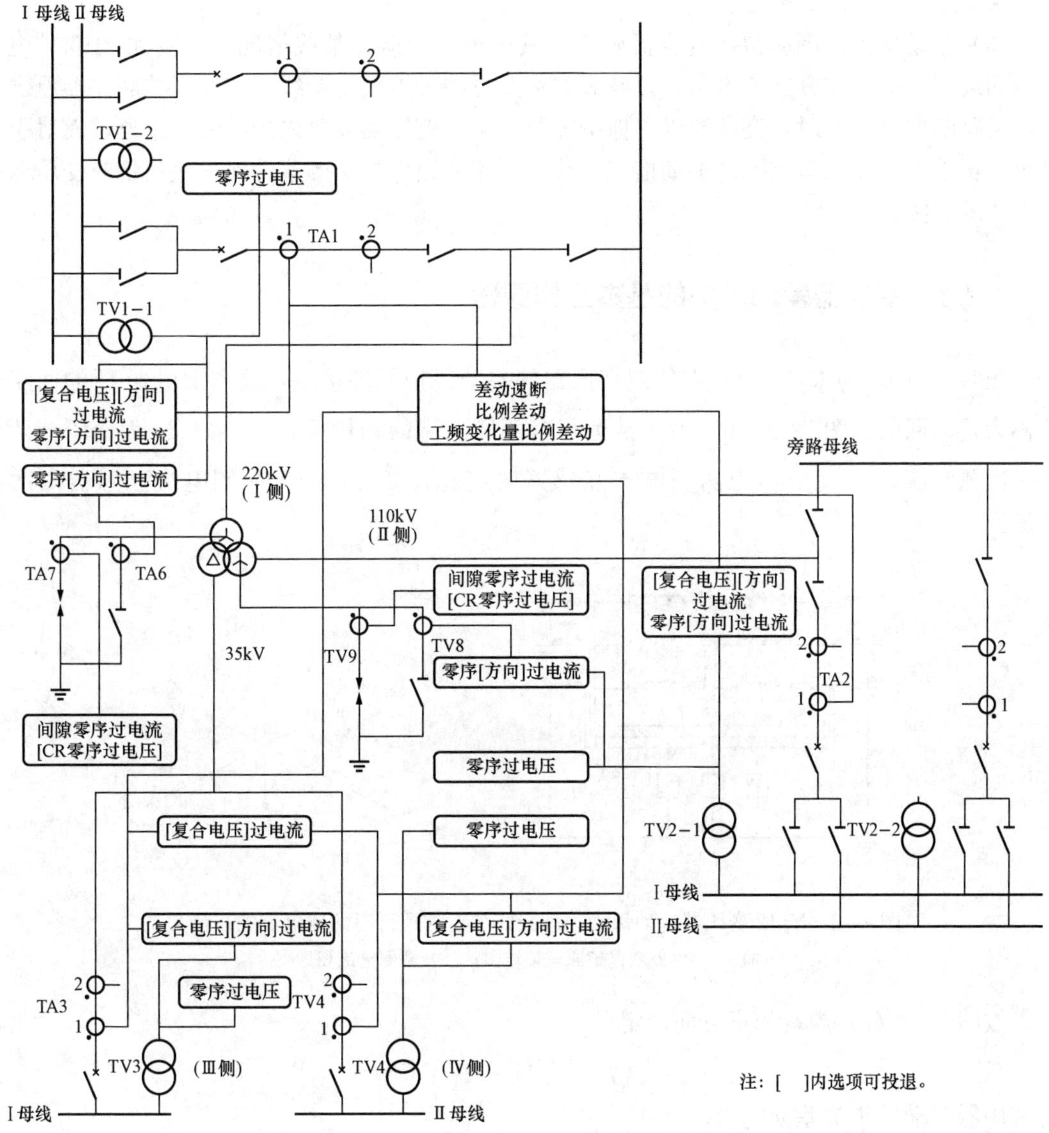

图 7-1　220kV 变压器保护典型配置图

7.2　变压器纵差保护

10MVA 及以上容量单独运行的变压器或 6.3MVA 及以上容量并联运行的变压器，应该装设纵差动保护反应变压器内部、套管及引出线上的各种短路故障，与瓦斯保护共同构成变压器的主保护。

对变压器纵差保护的基本要求：

（1）在正常运行、过励磁、空载合闸及外部短路时，保护应可靠不误动。

（2）在变压器内部发生各种相间短路、匝间短路及中性点接地系统侧发生单相接地短路时，保护应有足够的灵敏度。

（3）差动保护范围应包括变压器套管及其引出线。但在某些情况下，例如 110kV 电压等级的终端变电站和分支变电站，以及具有旁路母线的电气主接线，在变压器断路器退出工作由旁路断路器代替时，变压器纵差保护亦可以利用变压器套管内的电流互感器，而对引出线可不再采取快速切除故障的辅助措施，或者利用旁路保护中的速动保护快速切除变压器引线发生的故障。

7.2.1 变压器差动保护的基本工作原理

图 7 - 2（a）为 Yy12 接线双绕组变压器的差动保护原理接线，接入继电器 K 的回路通常称为差动回路；图 7 - 2（b）为正常运行时两侧电流的相量关系。$\dot{I}_1$、$\dot{I}_2$ 为变压器两侧的一次侧电流，n_{TA1}、n_{TA2} 为两侧电流互感器的变比，$\dot{I}'_1$、$\dot{I}'_2$ 为两侧电流互感器二次侧电流。

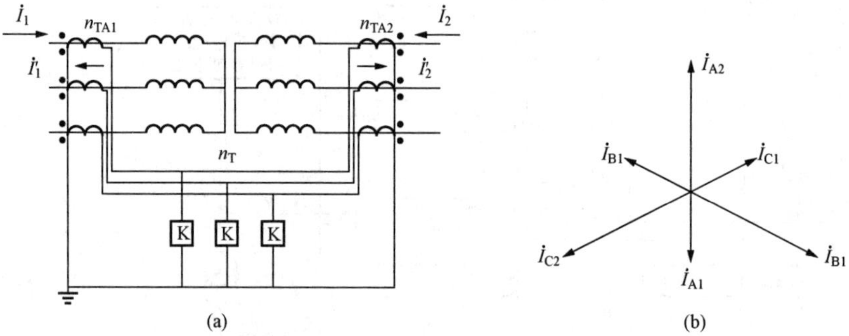

图 7 - 2　Yy12 变压器差动保护原理接线与正常运行时两侧电流的相量关系

（a）变压器差动保护原理接线图；（b）两侧电流相量图

按图 7 - 2（a）规定的正方向，定义

$$I_d = |\dot{I}'_1 + \dot{I}'_2| \tag{7 - 1}$$

为变压器差动保护的差动电流。

设变压器的变比为 n_T，在变压器正常运行或外部故障并不计励磁电流的情况下，变压器两侧的电流关系满足

$$\dot{I}_2 = -n_T \dot{I}_1$$

即

$$n_{TA2} \dot{I}'_2 = -n_T n_{TA1} \dot{I}'_1$$

为了保证正常运行或外部故障时，变压器差动保护不动作，希望 $I_d=0$，则两侧电流互感器的变比与变压器的变比须满足

$$\frac{n_{TA2}}{n_{TA1}} = n_T \tag{7 - 2}$$

对于 Yy12 接线的变压器，只要两侧电流互感器的变比选择满足式（7 - 2），则正常运行及外部故障时，$I_d=0$，保护不动作。

对于常用的Yd11接线变压器，按图7-3（a）规定的正方向，在正常运行时，由于星形侧电流相位比三角形侧的同一相电流相位超前150°，如图7-3（b）所示，即使变压器两侧电流互感器二次侧电流的数值相等，差动保护回路中的电流也不为0。为此采用图7-3（a）所示的变压器差动保护原理接线，即变压器星形侧的电流互感器接成三角形，而三角形侧的电流互感器接成星形，这样就在星形侧形成二次侧电流时，对相位进行了修正，保证与三角形侧的二次侧电流相位相差180°。

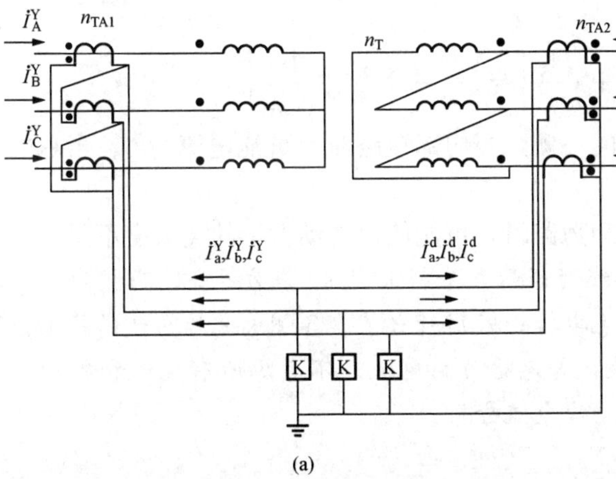

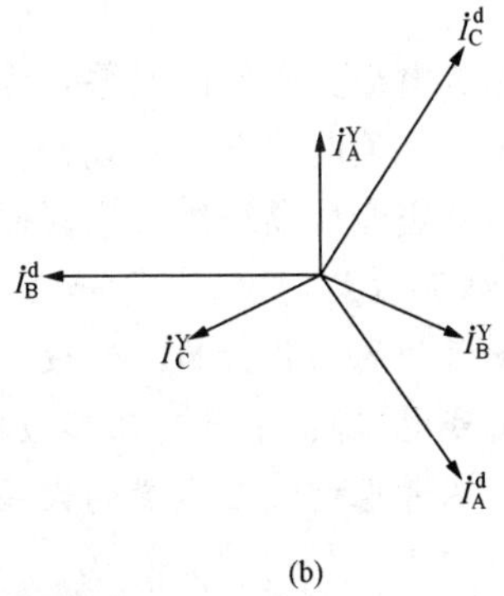

图7-3　Yd11变压器差动保护原理接线与正常运行时两侧电流的相量关系

（a）变压器差动保护原理接线图；（b）两侧电流相量图

在变压器正常运行时，设 $\dot{I}_A^Y$、$\dot{I}_B^Y$、$\dot{I}_C^Y$ 为变压器星形侧的一次侧三相电流，$\dot{I}_a^Y$、$\dot{I}_b^Y$、$\dot{I}_c^Y$ 为二次侧三相电流，按图7-3（a）规定的参考方向，以A相为例，二次侧电流为

$$\dot{I}_a^Y=\frac{\dot{I}_A^Y-\dot{I}_B^Y}{n_{TA1}}=\frac{\sqrt{3}\,\dot{I}_A^Y e^{j30^\circ}}{n_{TA1}}$$

设 $\dot{I}_A^d$、$\dot{I}_B^d$、$\dot{I}_C^d$ 为变压器三角侧的一次侧三相电流，$\dot{I}_a^d$、$\dot{I}_b^d$、$\dot{I}_c^d$ 为二次侧三相电流，按图7-3（a）规定的参考方向，以A相为例，二次侧电流为

$$\dot{I}_a^d=\frac{\dot{I}_A^d}{n_{TA2}}$$

为了保证 $I_d=0$，必须满足 $\dot{I}_a^Y=-\dot{I}_a^d$，即 $\frac{\sqrt{3}\,\dot{I}_A^Y e^{j30^\circ}}{n_{TA1}}=-\frac{\dot{I}_A^d}{n_{TA2}}$，则须满足

$$\frac{n_{TA2}}{n_{TA1}}=\frac{1}{\sqrt{3}}n_T \tag{7-3}$$

满足式（7-3）时，$I_d=|\dot{I}_a^Y+\dot{I}_a^d|=0$，保护不动作。

由以上分析可知，无论Yy12变压器还是Yd11变压器，当变压器正常运行时，通过合理选择电流互感器的变比及采取恰当的电流互感器二次回路接线，能够满足 $I_d=0$，变压器差动保护不动作。

对于图7-3（a）所示的Yd11变压器差动保护，下述结论成立：

（1）变压器差动保护中，无论区内还是区外发生何种故障类型，也无论星形侧的中性点是否接地，差动回路的电流中均无零序电流分量。

（2）当区外发生各种短路时，以 A 相为例，两侧正、负序电流的差动电流分别为

$$\frac{\sqrt{3}I_{A1}^{Y}}{n_{TA1}}-\frac{I_{A1}^{d}}{n_{TA2}} \text{或} \frac{\sqrt{3}I_{A2}^{Y}}{n_{TA1}}-\frac{I_{A2}^{d}}{n_{TA2}}$$

当满足式（7-3）时，它们均为 0，即 $I_d=0$，继电器不动作。

（3）当变压器内部发生各种相间短路时，以 A 相为例，两侧正、负序电流的差动电流分别为

$$\left|\frac{\dot{I}_{A1}^{Y}-\dot{I}_{B1}^{Y}}{n_{TA1}}+\frac{\dot{I}_{A1}^{d}}{n_{TA2}}\right| \text{与} \left|\frac{\dot{I}_{A2}^{Y}-\dot{I}_{B2}^{Y}}{n_{TA1}}+\frac{\dot{I}_{A2}^{d}}{n_{TA2}}\right|$$

两侧电流无必然的联系，无电源的一侧，当内部短路时，可能电流为 0。当总的差动电流大于动作值时，继电器动作。

（4）当变压器绕组发生轻微的匝间短路时，可能使得差动保护的灵敏度不足。

【例 7-1】 图 7-4 所示 Yd11 接线变压器，分析 k1、k2 点发生 BC 两相短路时，变压器差动保护的动作行为。假设：N 侧无电源；采用标幺值（各侧电流标幺值的基准值均为各侧额定线电流）；不计变压器励磁电流，并忽略负荷电流；不考虑所有绕组和各相绕组间的互感；不考虑电流互感器的误差，以一次电流分析。

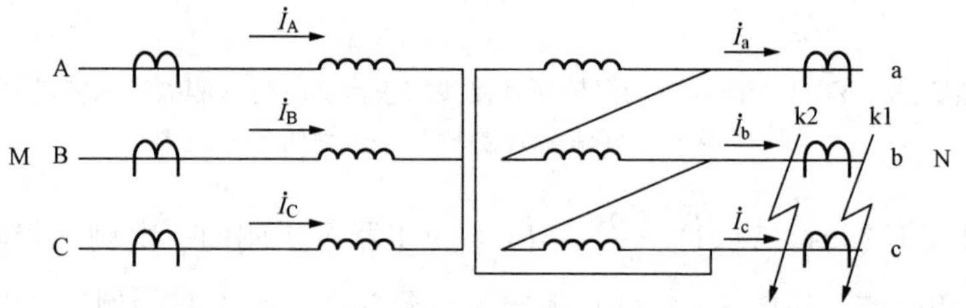

图 7-4 Yd11 变压器内部、外部短路时，变压器差动保护动作行为分析电路图

当 k1 点发生短路时，属于外部短路，此时，有

$$\dot{I}_a=0, \dot{I}_b=-\dot{I}_c=\dot{I}_k$$

$$\dot{I}_A=-\dot{I}_c/\sqrt{3}=\dot{I}_k/\sqrt{3}$$

$$\dot{I}_B=\dot{I}_b/\sqrt{3}=\dot{I}_k/\sqrt{3}$$

$$\dot{I}_C=2\dot{I}_c/\sqrt{3}=-2\dot{I}_k/\sqrt{3}$$

于是，得各相差动电流

$$\begin{cases}I_{d.A}=|(\dot{I}_A-\dot{I}_B)/\sqrt{3}-\dot{I}_a|=0\\I_{d.B}=|(\dot{I}_B-\dot{I}_C)/\sqrt{3}-\dot{I}_b|=0\\I_{d.C}=|(\dot{I}_C-\dot{I}_A)/\sqrt{3}-\dot{I}_c|=0\end{cases}$$

所以变压器差动保护不动作。

当 k2 点发生短路时，属于内部短路，由于 N 侧无电源，所以 d 侧三相电流互感器中均无电流流过。

于是，得各相差动电流

$$\begin{cases}I_{\mathrm{d.A}}=|(\dot{I}_{\mathrm{A}}-\dot{I}_{\mathrm{B}})/\sqrt{3}|=0\\I_{\mathrm{d.B}}=|(\dot{I}_{\mathrm{B}}-\dot{I}_{\mathrm{C}})/\sqrt{3}|=I_{\mathrm{k}}\\I_{\mathrm{d.C}}=|(\dot{I}_{\mathrm{C}}-\dot{I}_{\mathrm{A}})/\sqrt{3}|=I_{\mathrm{k}}\end{cases}$$

所以，B、C相的差动继电器动作，变压器差动保护动作。

实际上，当变压器正常运行或是外部故障时，差动回路中的电流不为零，这一不为零的电流称之为不平衡电流。设法消除或减小不平衡电流对差动保护的影响，以提高保护的灵敏性，这是所有差动保护都需考虑的问题。

图7-5为三绕组变压器差动保护的单相原理接线。和双绕组变压器的原理接线一样，星形侧电流互感器接成三角形，而三角形侧电流互感器接成星形。在正常运行时，三侧电流关系需满足

$$\begin{cases}\dfrac{\dot{I}_3}{n_{\mathrm{TA3}}}+\dfrac{\sqrt{3}\dot{I}_2}{n_{\mathrm{TA2}}}+\dfrac{\sqrt{3}\dot{I}_1}{n_{\mathrm{TA1}}}=0\\\dfrac{n_{\mathrm{TA3}}}{n_{\mathrm{TA1}}}=\dfrac{1}{\sqrt{3}}n_{\mathrm{T13}}\quad(I_2=0)\\\dfrac{n_{\mathrm{TA3}}}{n_{\mathrm{TA2}}}=\dfrac{1}{\sqrt{3}}n_{\mathrm{T23}}\quad(I_1=0)\end{cases}\tag{7-4}$$

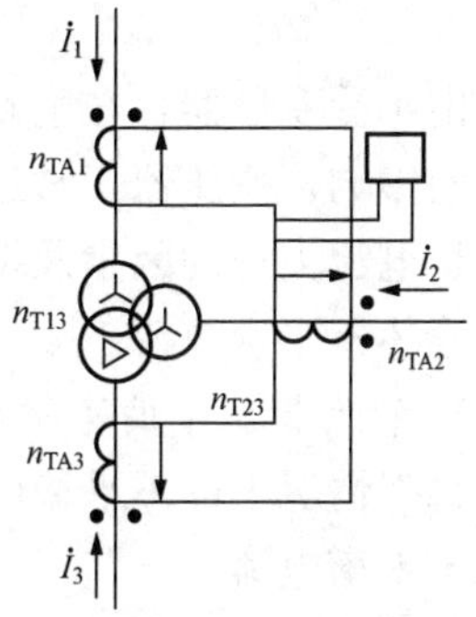

图7-5 三绕组变压器差动保护单相原理接线

7.2.2 微机型变压器差动保护相位校正方法

由于微机保护主要依赖于软件实现保护原理，因此，各侧电流互感器均可以采用星形接线，其相位依靠软件进行校正，下面对Yd11接线的变压器差动保护的相位校正方法进行说明。

(1) 星形侧相位向三角形侧相位校正。根据第7.2.1节对Yd11接线的变压器差动保护原理的分析，星形侧电流的补偿计算式为

$$\begin{cases}i_{\mathrm{A}k}'^{\mathrm{Y}}=(i_{\mathrm{A}k}^{\mathrm{Y}}-i_{\mathrm{B}k}^{\mathrm{Y}})/\sqrt{3}\\i_{\mathrm{B}k}'^{\mathrm{Y}}=(i_{\mathrm{B}k}^{\mathrm{Y}}-i_{\mathrm{C}k}^{\mathrm{Y}})/\sqrt{3}\\i_{\mathrm{C}k}'^{\mathrm{Y}}=(i_{\mathrm{C}k}^{\mathrm{Y}}-i_{\mathrm{A}k}^{\mathrm{Y}})/\sqrt{3}\end{cases}\tag{7-5}$$

式中：k表示采样值的时刻；i'表示补偿后的值。

(2) 三角形侧相位向星形侧相位校正。YNd接线变压器在星形侧发生不对称接地短路时，三角形侧零序电流在绕组中形成环流，引出线中没有零序电流分量，因而也必须将星形侧的零序电流消除，才能保证在变压器星形侧差动保护范围外部发生接地短路时，变压器差动保护不动作。

星形侧的相电流消除零序电流分量，即

$$\begin{cases}i_{\mathrm{A}k}'^{\mathrm{Y}}=i_{\mathrm{A}k}^{\mathrm{Y}}-i_{0k}\\i_{\mathrm{B}k}'^{\mathrm{Y}}=i_{\mathrm{B}k}^{\mathrm{Y}}-i_{0k}\\i_{\mathrm{C}k}'^{\mathrm{Y}}=i_{\mathrm{C}k}^{\mathrm{Y}}-i_{0k}\end{cases}\tag{7-6}$$

而三角形侧电流按式(7-7)进行计算处理才能和星形侧电流平衡。

$$\begin{cases} i'^{d}_{Ak} = (i^{d}_{Ak} - i^{d}_{Ck})/\sqrt{3} \\ i'^{d}_{Bk} = (i^{d}_{Bk} - i^{d}_{Ak})/\sqrt{3} \\ i'^{d}_{Ck} = (i^{d}_{Ck} - i^{d}_{Bk})/\sqrt{3} \end{cases} \tag{7-7}$$

在进行上述补偿后，两侧电流互感器变比的选择为 $n_{TA2}/n_{TA1} = n_T$。

7.2.3 变压器差动保护不平衡电流分析

由于受变压器存在励磁支路、两侧电流幅值及相位不同及两侧电流互感器特性的差异等因素的影响，变压器正常运行及外部故障时，差动回路中会存在不平衡电流。下面分析影响不平衡电流大小的因素及抑制方法，对于 Yd11 接线的变压器，仍按图 7-3 所示的保护原理接线论述不平衡电流。

1. 稳态情况下的不平衡电流

稳态情况下的不平衡电流是指变压器在不超过额定参数的条件下正常运行时，差动回路中的不平衡电流。

(1) 变压器两侧电流不同相位产生的不平衡电流。由于变压器接线组别造成的两侧电流相位不一致，如不采取措施，必然存在不平衡电流。为了消除这种不平衡电流，通常采取电流互感器二次回路恰当接线或者采取计算的方法进行相位校正。

(2) 电流互感器的计算变比与实际变比不一致产生的不平衡电流。按式 (7-2) 及式 (7-3) 所确定的两侧电流互感器变比，称之为计算变比或理论变比。但是，电流互感器的变比不是任意选取的，只能根据产品目录选取标准的变比，即实际变比。当实际变比与计算变比不一致时，必然产生不平衡电流。

【例 7-2】 某 Yd11 变压器容量为 31.5MVA，变比为 115/10.5，选择电流互感器的变比，并计算额定运行条件下的不平衡电流。

解 计算结果见表 7-1。

表 7-1　实际变比与计算变比不一致产生的不平衡电流

计算项目	115kV	10.5kV
一次额定电流 (A)	158	1730
TA 接线	三角形接线	星形接线
TA 计算变比	$\frac{158}{5}\sqrt{3}=\frac{273}{5}=54.73$	$\frac{1730}{5}=346$
TA 实际变比	300/5=60	2000/5=400
二次电流 (A)	$158\sqrt{3}/60=4.55$	1730/400=4.32
不平衡电流 (A)	$I_{unb}=0.23$	

设变压器高压侧一次电流为 $\dot{I}_1$，电流互感器的变比为 n_{TA1}，低压侧一次电流为 $\dot{I}_2$，电流互感器的变比为 n_{TA2}，以下讨论如无特殊说明，均采用这一设定。

对于 Yy12 接线变压器，当实际变比与计算变比不一致时，产生的不平衡电流为

$$I_{unb} = \frac{I_1}{n_{TA1}} - \frac{I_2}{n_{TA2}} = \left(1 - \frac{n_{TA1}}{n_{TA2}} n_T\right)\frac{I_1}{n_{TA1}}$$

令 $\Delta f_{TA}=1-\frac{n_{TA1}n_T}{n_{TA2}}$，则

$$I_{unb}=\Delta f_{TA}\frac{I_1}{n_{TA1}} \tag{7-8}$$

对于 Yd11 接线变压器，当实际变比与计算变比不一致时，产生的不平衡电流为

$$I_{unb}=\frac{\sqrt{3}I_1}{n_{TA1}}-\frac{I_2}{n_{TA2}}=\left(1-\frac{n_{TA1}}{\sqrt{3}n_{TA2}}n_T\right)\frac{\sqrt{3}I_1}{n_{TA1}}$$

令 $\Delta f_{TA}=1-\frac{n_{TA1}n_T}{\sqrt{3}n_{TA2}}$，则

$$I_{unb}=\Delta f_{TA}\frac{\sqrt{3}I_1}{n_{TA1}} \tag{7-9}$$

(3) 带负荷调压产生的不平衡电流。一次侧直接接到主电网（220kV 及以上）或接到地区供电电网（35～110kV）的供电变压器，在实现无功功率分区就地平衡的前提下，随着地区负荷增减变化，配合并联电容器及电抗器等无功补偿设备的投切，调整变压器分接头，以保证对用户的供电电压质量。调整变压器分接头，实际是改变了变压器的变比，必然会产生不平衡电流。

设变压器的调压范围为 $1\pm\Delta U$，则变压器的变比为 $U_{1.N}(1\pm\Delta U)/U_{2.N}$。假定计算变比和实际变比一致，即 $\Delta f_{TA}=0$，则调压后，计算变比和实际变比不一致，对于 Yd11 接线的变压器，产生的不平衡电流为

$$\begin{aligned}I_{unb.\Delta U}&=\frac{\sqrt{3}I_1}{n_{TA1}}-\frac{I_2}{n_{TA2}}\\&=\frac{\sqrt{3}I_1}{n_{TA1}}-\frac{U_{1.N}(1\pm\Delta U)/U_{2.N}I_1}{n_{TA2}}\\&=\pm\Delta U\frac{n_T I_1}{n_{TA2}}\\&=\pm\Delta U\frac{\sqrt{3}I_1}{n_{TA1}}\end{aligned}$$

令 $\Delta f_{\Delta U}=\pm\Delta U$，则

$$I_{unb.\Delta U}=\Delta f_{\Delta U}\frac{\sqrt{3}I_1}{n_{TA1}} \tag{7-10}$$

(4) 由于两侧电流互感器特性不一致产生的不平衡电流。假设实际变比与计算变比一致，对于 Yy12 接线变压器，计及电流互感器的励磁电流，则差动回路中的不平衡电流为

$$\begin{aligned}\dot{I}_{unb}&=\frac{1}{n_{TA1}}(\dot{I}_1-\dot{I}_{e1})-\frac{1}{n_{TA2}}(\dot{I}_2-\dot{I}_{e2})\\&=\frac{1}{n_{TA2}}\dot{I}_{e2}-\frac{1}{n_{TA1}}\dot{I}_{e1}\end{aligned}$$

其中：$\dot{I}_{e1}$、$\dot{I}_{e2}$分别为两侧电流互感器的励磁电流。

如果两侧电流互感器的特性完全相同，则上述不平衡电流为零。

由于两侧电流互感器不同型号，特性不一致，并计及电流互感器的传变误差，由此产生的不平衡电流通常考虑为

$$I_{unb} = K_{er} K_{st} \frac{I_1}{n_{TA1}}$$

对于 Yd11 接线的变压器，计及两侧电流互感器的传变误差及特性差异，由此产生的不平衡电流为

$$I_{unb} = K_{er} K_{st} \frac{\sqrt{3} I_1}{n_{TA1}} \tag{7-11}$$

式中：K_{st}为电流互感器的同型系数，同型时取 0.5，不同型时取 1；K_{er}为稳态运行时电流互感器的误差，在额定运行条件下的误差不超过±3%。

综上所述，在稳态情况下，Yd11 接线的变压器差动保护中的不平衡电流为

$$I_{unb} = (\Delta f_{TA} \pm \Delta U + K_{er} K_{st}) \frac{\sqrt{3} I_1}{n_{TA1}} \tag{7-12}$$

采用微机型变压器差动保护，可以利用其在线测量及实时计算的特点，通过设置平衡系数的方法，最大限度地减小稳态情况下的不平衡电流。

【例 7-3】 计算微机型变压器差动保护各侧的平衡系数，并计算高、低压侧满载运行条件下，经平衡系数补偿后的不平衡电流。已知：三绕组变压器的额定容量为 150/150/75MVA，接线组别为 YNynd11，额定电压为 230/110/38.5kV，差动保护各侧 TA 的二次回路均采用星形接线，高、中、低压各侧 TA 变比为 600/5、1200/5、4000/5。

解 (1) 以高压侧为基准计算中、低压侧平衡系数。设高中压侧电流互感器的变比分别为 n_{TA1}、n_{TA2}、n_{TA3}，变压器高中压侧变比为 n_{THM}、高低压侧变比为 n_{THL}，若满足 $n_{TA2}=n_{TA1} n_{THM}$、$n_{TA3}=\frac{n_{TA1}}{\sqrt{3}} n_{THL}$，则正常运行时，有

$$I_{d \cdot A} = \left| \frac{\dot{I}_{H \cdot A} - \dot{I}_{H \cdot B}}{n_{TA1}} + \frac{\dot{I}_{M \cdot A} - \dot{I}_{M \cdot B}}{n_{TA2}} + \frac{\dot{I}_{L \cdot A}}{n_{TA3}} \right| = 0$$

若中、低压侧电流互感器实际变比为 n'_{TA2}、n'_{TA3}，则通过设置平衡系数保证差动电流为 0，即

$$I_{d \cdot A} = \left| \frac{\dot{I}_{H \cdot A} - \dot{I}_{H \cdot B}}{n_{TA1}} K_{PH} + \frac{\dot{I}_{M \cdot A} - \dot{I}_{M \cdot B}}{n'_{TA2}} K_{PM} + \frac{\dot{I}_{L \cdot A}}{n'_{TA3}} K_{PL} \right| = 0$$

显然，如果以高压侧为基准，即 $K_{PH}=1$，则

$$K_{PM} = \frac{n'_{TA2}}{n_{TA1} n_{THM}} = \frac{1200/5}{600/5 \times 230/110} = 0.9565$$

$$K_{PL} = \frac{n'_{TA3}}{\frac{n_{TA1}}{\sqrt{3}} n_{THL}} = \frac{4000/5}{600/5/\sqrt{3} \times 230/38.5} = 1.9329$$

(2) 当变压器高、低压侧满载运行时，各侧的二次电流。

230kV 侧 $$I_H = \frac{150\ 000}{\sqrt{3} \times 230} \Big/ \frac{600}{5} = 3.14\ (A)$$

110kV 侧 $$I_M = \frac{75\ 000}{\sqrt{3} \times 110} \Big/ \frac{1200}{5} = 1.64\ (A)$$

38.5kV 侧 $$I_L = \frac{75\ 000}{\sqrt{3} \times 38.5} \Big/ \frac{4000}{5} = 1.41\ (A)$$

经平衡系数补偿后的不平衡电流

$$I_{unb}=3.14\times\sqrt{3}-0.9565\times1.64\times\sqrt{3}-1.9329\times1.41\approx0(\mathrm{A})$$

由上面的例子，注意到变压器各侧电流互感器接入差动回路的二次电流与变压器的接线组别有关。为了叙述的方便，在下面的阐述中，都以经过校正后的二次电流进行论述，不再考虑电流互感器的变比及接线方式的问题。

2. 暂态条件下的不平衡电流

对于变压器差动保护而言，在外部短路及空载合闸的暂态条件下，往往会产生较大的不平衡电流。

（1）非周期分量的影响产生的不平衡电流。当变压器外部发生短路时，由于较大的短路电流及其含有的非周期分量影响，使得电流互感器的传变误差增大。考虑非周期分量影响及两侧电流互感器特性的差异，不平衡电流计算式为

$$I_{unb}=K_{er}K_{st}K_{np}I_k \tag{7-13}$$

式中：I_k为外部短路电流的工频分量二次值；K_{np}为非周期分量系数，取值1.5～2。

（2）励磁涌流产生的不平衡电流。电力变压器正常运行时，励磁电流通常为额定电流的3%～8%，对于大型变压器甚至不到1%。变压器在空载合闸或外部故障切除后电压恢复时，励磁电流显著增加，其数值可达额定电流的6～8倍，称为励磁涌流；该电流只在变压器一侧中流过，是不平衡电流。如果变压器差动保护按躲过励磁涌流整定，则保护的灵敏度难以满足要求，因此，必须采取识别涌流的措施。关于励磁涌流的分析详见第7.3节。

综上所述，变压器暂态条件下的不平衡电流的估算式为

$$I_{unb}=(\Delta f_{TA}\pm\Delta U+K_{er}K_{st}K_{np})I_k \tag{7-14}$$

实际上，变压器种类不同，不平衡电流计算也有较大差别，式（7-14）适用于普通双绕组变压器不平衡电流的计算。对于三绕组电力变压器，以低压侧外部短路为例，差动回路中的不平衡电流计算式为

$$I_{unb}=K_{er}K_{st}K_{np}I_k\pm\Delta U_H I_{k.H}\pm\Delta U_M I_{k.M}+\Delta f_{TA1}I_{k.H}+\Delta f_{TA2}I_{k.M} \tag{7-15}$$

式中：ΔU_H、ΔU_M分别为变压器高、中压侧调压引起的不平衡电流；I_k、$I_{k.H}$、$I_{k.M}$分别为低压侧外部短路时，流过低、高、中压侧的短路电流。

7.2.4　变压器纵差保护的应用

变压器纵差保护的构成原理如图7-6所示。变压器纵差保护包括差动电流速断元件、比率制动差动元件、励磁涌流检测元件及过励磁电流检测元件。当差动电流速断动作后，可以立即跳闸。比率制动差动元件经励磁涌流检测元件及过励磁电流检测元件闭锁，防止差动保护在变压器出现励磁涌流及过励磁时误动。当变压器过励磁时，将产生较大的不平衡电流，为防止保护误动，通常采用5次谐波电流与基波电流的比值作为过励磁的判据。励磁涌流的识别将在第7.3节中阐述。

1. 变压器差动电流速断保护

差动速断保护可以快速切除内部严重故障，防止由于电流互感器饱和引起的2次谐波增加可能引起的比率制动纵差保护延时动作。差动电流速断保护的动作判据为

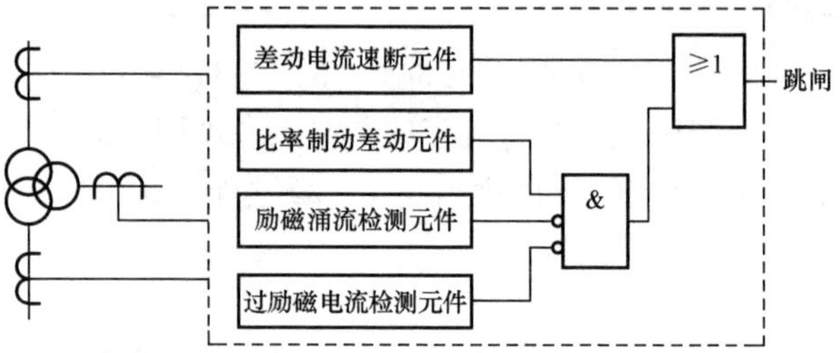

图 7-6 变压器差动保护构成原理图

$$I_d \geqslant I_{set} \tag{7-16}$$

式中：I_d 为差动电流；I_{set}为差动电流速断整定值。

I_{set}应考虑躲过最大的不平衡电流，一般按躲过变压器励磁涌流整定，即

$$I_{set} = KI_N \tag{7-17}$$

式中：I_N 为变压器额定电流；K 为额定电流的倍数，视变压器容量和系统阻抗的大小而定；40～120MVA 的变压器 K 值可取 3.0～6.0，120MVA 及以上的变压器 K 值可取 2.0～5.0，即变压器容量越大，或系统电抗越大，K 的取值越小。

差动速断保护灵敏系数应按正常运行方式下，变压器内部引出线发生两相金属性短路时的差动电流校验，即

$$K_{sen} = \frac{\text{校验点两相金属性短路时的差动电流}}{I_{set}} \tag{7-18}$$

要求 $K_{sen} \geqslant 1.2$。

2. 比率制动特性的差动保护

比率制动特性的纵差保护已经在第 5 章中做过阐述。变压器差动保护的动作特性常见的有二折线和三折线两种，如图 7-7 所示。

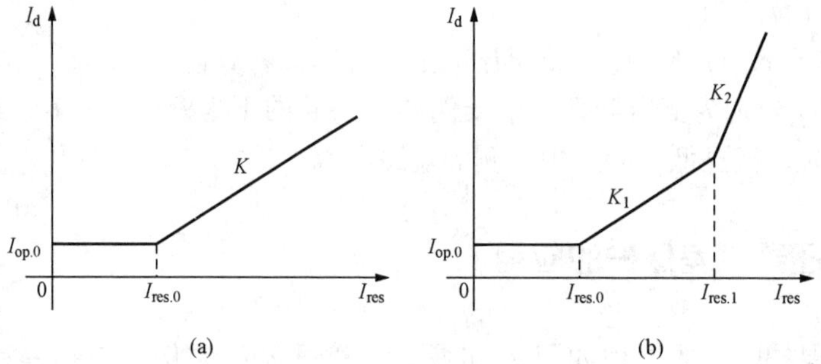

图 7-7 变压器纵差保护动作特性

(a) 二折线；(b) 三折线

当各侧电流的正方向均以指向变压器为正时，对于双绕组变压器，高压侧和低压侧的电流分别为 $\dot{I}_H$ 和 $\dot{I}_L$，则差动电流 I_d 和制动电流 I_{res} 分别为

$$I_d = |\dot{I}_H + \dot{I}_L|$$

$$I_{res} = \left|\frac{\dot{I}_H - \dot{I}_L}{2}\right|$$

对于三绕组变压器，高、中、低压侧电流分别为 $\dot{I}_H$、$\dot{I}_M$和 $\dot{I}_L$，则差动电流 I_d 和制动电流 I_{res}分别为

$$I_d = |\dot{I}_H + \dot{I}_M + \dot{I}_L|$$

$$I_{res} = \max[|\dot{I}_H|, |\dot{I}_M|, |\dot{I}_L|]$$

两折线动作特性的保护动作判据为

$$\begin{cases} I_d \geqslant I_{op.0} & I_{res} \leqslant I_{res.0} \\ I_d > I_{op.0} + K(I_{res} - I_{res.0}) & I_{res} > I_{res.0} \end{cases} \tag{7-19}$$

式中：$I_{op.0}$为最小动作电流；$I_{res.0}$为最小制动电流；K 为折线的斜率。

三折线动作特性的保护动作判据为

$$\begin{cases} I_d \geqslant I_{op.0} & I_{res} \leqslant I_{res.0} \\ I_d > I_{op.0} + K_1(I_{res} - I_{res.0}) & I_{res.0} < I_{res} \leqslant I_{res.1} \\ I_d \geqslant I_{op.0} + K_1(I_{res.1} - I_{res.0}) + K_2(I_{res} - I_{res.1}) & I_{res} > I_{res.1} \end{cases} \tag{7-20}$$

式中：$I_{res.0}$为最小制动电流，第 1 拐点；$I_{res.1}$为第 2 拐点对应的制动电流；K_1 为第 1 折线的斜率；K_2 为第 2 折线的斜率。

下面对二折线动作特性中各参数的整定原则做一说明。

(1) 最小动作电流 $I_{op.0}$。$I_{op.0}$应按躲过变压器额定负载时的不平衡电流整定，即

$$I_{op.0} = K_{rel}(\Delta f_{TA} \pm \Delta U + K_{er}K_{st})I_N \tag{7-21}$$

式中：I_N 为变压器二次额定电流；K_{rel}为可靠系数（一般取 1.3～1.5）；ΔU 为变压器调压百分值，取调压范围中偏离额定值的最大值（百分值），例如，某变压器的 110kV 侧为有载调压侧，调压范围为±4×2.5%，在计算时 ΔU 取 4×2.5%=0.1；K_{st}为电流互感器的同型系数，由于两侧电流互感器不同型，K_{st}取 1；当经过平衡系数补偿后，可以认为 $\Delta f_{TA}=0$；5P 和 10P 电流互感器在额定条件下的误差不超过±1%和±3%。对于 5P 电流互感器，K_{er}可取 0.02，即一侧电流互感器的误差取+1%，另一侧取−1%。对于 10P 电流互感器，K_{er}可取 0.06。

在实际应用中可取 $I_{op.0} = (0.2 \sim 0.5)I_N$，并应实测最大负荷时差回路中的不平衡电流。

(2) 最小制动电流（拐点或第 1 拐点电流）$I_{res.0}$，当制动电流小于 $I_{res.0}$，认为不平衡电流不会超过 $I_{op.0}$，无需考虑制动。最小制动电流通常取 $I_{res.0} = (0.8 \sim 1.2)I_N$。

(3) 斜率 K。在区外发生三相短路时，要保证任何情况下，流过差动回路中的不平衡电流都要小于动作电流。为此应首先计算外部短路时的最大短路电流 $I_{k.max}$（可参见第 5 章图 5-8），按式（7-14）或式（7-15）计算最大的不平衡电流，电流互感器误差按不超过 10%考虑，可取 $K_{er}=0.1$，即

$$I_{unb.max} = (\Delta f_{TA} + \Delta U + K_{er}K_{st}K_{np})I_{k.max} \tag{7-22}$$

或当三绕组变压器低压侧短路时，假设此时短路电流最大，则

$$\begin{aligned} I_{unb.max} =& K_{er}K_{st}K_{np}I_{k.max} + \Delta U_H I_{k.H.max} + \Delta U_M I_{k.M.max} \\ &+ \Delta f_{TA.1} I_{k.H.max} + \Delta f_{TA.2} I_{k.M.max} \end{aligned} \tag{7-23}$$

计算最大不平衡电流时，$K_{er}=0.1$。为保证此时保护不误动，则对应的动作电流应为

$$I_{op.max} = K_{rel}I_{unb.max}$$

式中：K_{rel}为可靠系数，一般取 1.3～1.5。

因此，最大制动系数 $K_{res.max} = I_{op.max}/I_{res.max}$。

据此可确定折线的斜率，即

$$K=\frac{I_{op.max}-I_{op.0}}{I_{res.max}-I_{res.0}} \tag{7-24}$$

其中
$$I_{res.max}=I_{k.max}$$

在微机变压器保护装置的资料介绍中，一般建议的整定值为

$$I_{op.0}=(0.3\sim0.5)I_N$$
$$K=0.3\sim0.7$$
$$I_{res.0}=(0.8\sim1.2)I_N$$

对于三折线的比率制动特性，建议的整定值为

$$I_{op.0}=(0.2\sim0.3)I_N$$
$$I_{res.0}\leqslant I_N$$
$$I_{res.1}\leqslant 3I_N$$
$$K_1=0.15\sim0.3$$
$$K_2=0.5\sim0.7$$

其中，K_1 选择较低的值，主要是为提高内部故障有流出电流时差动保护的灵敏度；K_2 选择较高的值，主要是为防止外部短路时保护误动。

三折线式比率差动保护的特点反映了故障时的实际情况，当外部故障电流 $I_k=(2\sim3)I_N$ 时，电流互感器饱和程度不深，误差较小，允许选取较小的制动系数，有利于提高区内故障时的灵敏度。当外部短路电流较大时，电流互感器流过了很大的穿越性故障电流，互感器饱和程度加深，误差也随之增大，选择较大的制动系数，有利于防止保护误动作。

比率制动差动保护的灵敏系数应按最小运行方式下差动保护区内变压器引出线上两相金属性短路计算。根据计算的最小短路电流 $I_{k.min}$，确定最小差动电流 $I_{d.min}$ 及相应的制动电流 I_{res}，在动作特性曲线上查到对应的动作电流 I_{op}，则灵敏系数为

$$K_{sen}=\frac{I_{d.min}}{I_{op}} \tag{7-25}$$

一般要求 $K_{sen}\geqslant2$。

7.2.5 变压器分侧电流差动保护及零序电流差动保护

1. 自耦变压器分侧电流差动保护

大型变压器通常为单相式变压器，通过外部接线的方式构成三相变压器，这就为装设分侧电流差动保护创造了条件。所谓变压器分侧电流差动保护就是把每一个独立绕组当做一个被保护的元件，在其各侧装设电流互感器，构成差动回路。典型的情况是三绕组自耦变压器，分别在高压侧输出端、中压侧输出端及公共绕组侧分别设置 TA 构成分侧差动保护。以其中一相为例，其原理接线图如图 7-8 所示。

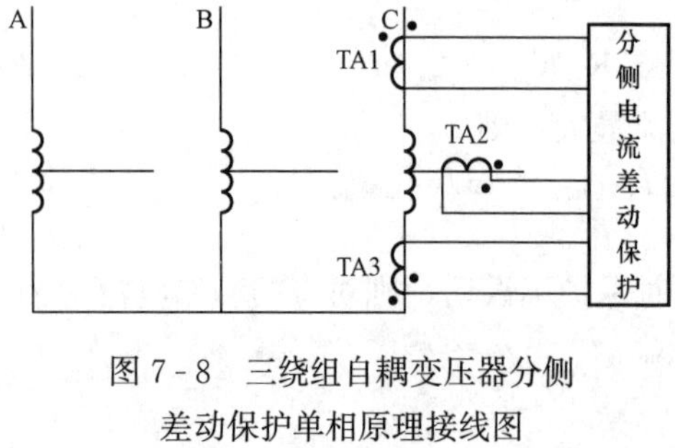

图 7-8　三绕组自耦变压器分侧差动保护单相原理接线图

变压器分侧电流差动保护各端所用的电流是同一物理电路的电流，在正常运行或区外故障中各端电流严格遵守基尔霍夫第一定律。因

此，该保护原理具有不受变压器励磁电流、励磁涌流、调压分接头及过励磁的影响，灵敏度高等优点，但也存在不能反应绕组匝间短路及开焊等故障的缺点。

变压器分侧电流差动保护同样可以采用比率制动特性。

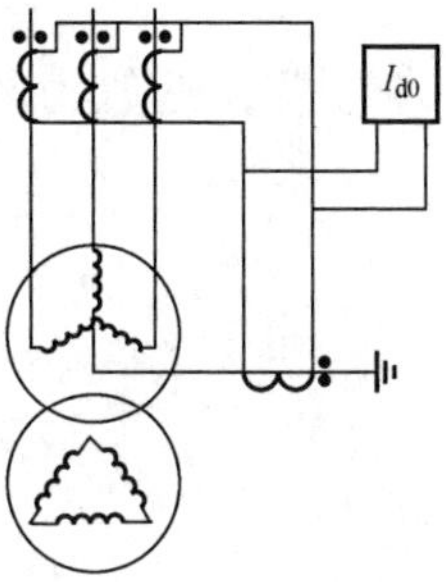

图 7-9　变压器零序电流差动保护原理接线

2. 变压器零序电流差动保护

变压器零序电流差动保护的原理接线如图 7-9 所示。保护的交流回路由变压器中性点侧零序电流互感器和变压器星形侧电流互感器的零序回路组成，此保护对变压器绕组的接地故障反应比较灵敏。显然零序电流差动保护不受变压器励磁电流的影响，也没有电流相移的问题，在变压器高压侧发生接地故障时，能够快速动作。

如图 7-9 所示，零序电流差动保护所用电流互感器各侧的极性，高压侧以母线侧为极性端，中性点侧以中性点为极性端。

变压器零序电流差动保护同样可以采用比率制动特性。

7.3　变压器励磁涌流及其鉴别方法

7.3.1　变压器励磁涌流产生的物理过程及其特征

1. 单相变压器励磁涌流产生的物理过程

首先以单相变压器为例分析变压器励磁涌流产生的物理过程。变压器的磁化曲线如图 7-10 所示，图中 ϕ 为变压器铁心中的磁通，i_e 为励磁电流，Φ_s 为饱和磁通，直线 AB 为过 A 点向实际磁化曲线饱和区域所作的切线。为分析方便，不考虑非周期分量衰减，并将铁心磁化曲线简化为图 7-10 所示的两段折线 OAB。变压器空载合闸于工频无穷大电源，并设电源电压为

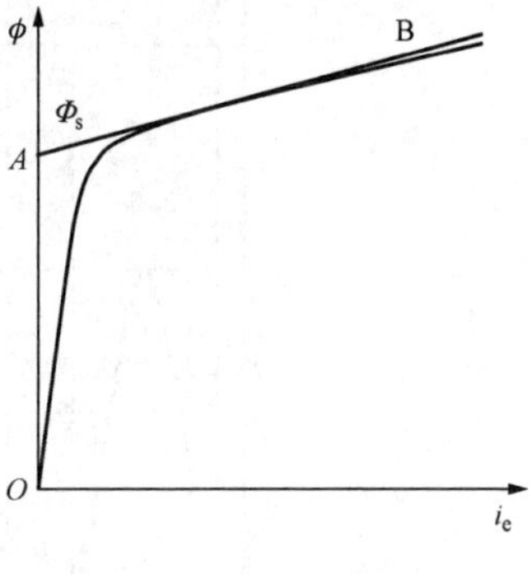

图 7-10　变压器磁化曲线

$$u(t)=U_m\sin(\omega t+\alpha)$$

式中：α 为空载合闸时电源电压的初相角，即合闸角。

忽略变压器漏抗和电阻，并假设变压器一次绕组只有 1 匝，则有

$$\frac{d\phi}{dt}=U_m\sin(\omega t+\alpha)$$

$$\phi=-\frac{U_m}{\omega}\cos(\omega t+\alpha)+C$$

当 $t=0$ 时，变压器的剩磁通为 Φ_r，则

$$C=\frac{U_m}{\omega}\cos\alpha+\Phi_r=\Phi_m\cos\alpha+\Phi_r$$

其中

$$\Phi_m=\frac{U_m}{\omega}$$

于是

$$\phi = -\Phi_m \cos(\omega t + \alpha) + \Phi_m \cos\alpha + \Phi_r \tag{7-26}$$

式中：$\Phi_m \cos(\omega t + \alpha)$ 为稳态磁通量；$\Phi_m \cos\alpha + \Phi_r$ 为暂态磁通量或偏移磁通量。

当变压器铁心不饱和时，即 $|\phi| \leqslant \Phi_s$ 时，电流 $i_e = 0$；

当变压器铁心饱和时，即 $\phi > \Phi_s$ 时，变压器铁心在饱和区域的电感 L 近似为常量，于是

$$i_e = \frac{-\Phi_m \cos(\omega t + \alpha) + \Phi_m \cos\alpha + \Phi_r - \Phi_s}{L}$$

$$i_e = \frac{\Phi_m}{L}\left[-\cos(\omega t + \alpha) + \cos\alpha + \frac{\Phi_r - \Phi_s}{\Phi_m}\right] \tag{7-27}$$

即

$$i_e = \frac{U_m}{\omega L}\left[-\cos(\omega t + \alpha) + \cos\alpha + \frac{B_r - B_s}{B_m}\right] \tag{7-28}$$

式中：B_r、B_s、B_m 分别为剩余磁通、饱和磁通及工作磁通对应的磁感应强度。

通过作图法可以得到励磁涌流的波形，假设 $\alpha = 0°$，$\Phi_r = \Phi_m$，励磁涌流的 i_e-t 曲线如图 7-11 所示。

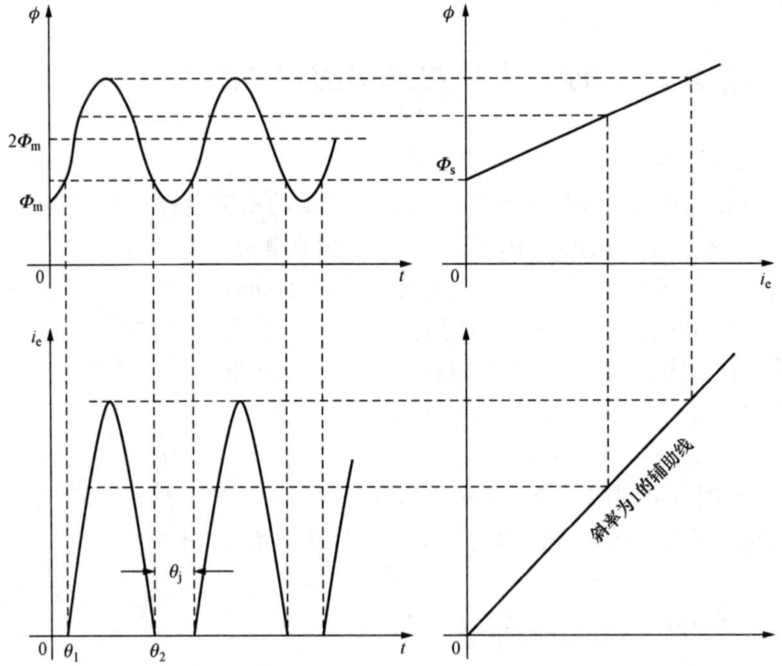

图 7-11　作图法求解励磁涌流

通过以上分析可知，变压器空载合闸时产生励磁涌流是因为突然上电而磁路中的磁通不能突变的原因所致。根据电压与产生它的磁通的关系，当合闸角 $\alpha = 0°$ 时，对应的磁通应为 $-\Phi_m$，不考虑剩磁时，则必然要产生一个 $+\Phi_m$ 的直流磁通与之平衡，以维持初始磁通的不变。如果变压器绕组的电感是线性的，则建立磁场的励磁电流将与磁通具有相同形态的波形。然而实际的电感并不是线性的，变压器正常运行时工作于饱和磁通 Φ_s 附近，当磁通达

到正常工作磁通的2倍时将使得磁路严重饱和，需要很大的励磁电流才能建立这样的磁场，再考虑剩磁的影响，将可能发生更严重的饱和现象，势必需要更大的励磁电流。需要指出的是，当外部发生故障时，变压器的电压降低，而当外部故障切除后，电压恢复也将使变压器产生励磁涌流。当并联或串联运行的一台变压器空载合闸时，原来已经运行的变压器也会成为空载合闸变压器产生的励磁涌流的一条通路，在已运行的变压器中产生的励磁涌流称为和应涌流。

对励磁涌流的波形进行分析，得到以下结论：

（1）由于励磁涌流中含有很大的直流分量，其波形会偏向于时间轴的一侧。在合闸后的最初几个周期内，由于衰减时间常数 L/R 较小，励磁涌流会快速衰减，但随着变压器饱和程度的降低，绕组电感 L 的增大，衰减过程将变得缓慢，根据变压器容量及系统参数的不同，恢复到正常运行时的励磁电流可能需要数秒至数十秒。

（2）励磁涌流的波形具有间断角。励磁电流为零的区间对应的角度范围，称为励磁涌流的间断角，也对应于 $\phi < \Phi_s$ 的部分。

令 $i_e = 0$，根据式（7 - 27），得

$$-\Phi_m\cos(\omega t+\alpha)+\Phi_m\cos\alpha+\Phi_r-\Phi_s=0$$

则

$$\theta_1=\omega t_1=-\alpha+\arccos\frac{\Phi_m\cos\alpha+\Phi_r-\Phi_s}{\Phi_m}$$

因为

$$\cos(\omega t_1+\alpha)=\cos(\omega t_2+\alpha)$$
$$\omega t_1+\alpha=2\pi-(\omega t_2+\alpha)$$

于是

$$\theta_2=\omega t_2=2\pi-(\omega t_1+2\alpha)$$

所以，间断角为

$$\begin{aligned}\theta_j&=2\pi-(\theta_2-\theta_1)=2(\omega t_1+\alpha)=2\arccos\frac{\Phi_m\cos\alpha+\Phi_r-\Phi_s}{\Phi_m}\\&=2\arccos\left(\cos\alpha+\frac{\Phi_r-\Phi_s}{\Phi_m}\right)\\&=2\arccos\left(\cos\alpha+\frac{B_r-B_s}{B_m}\right)\end{aligned}$$

定义，θ_w 为励磁涌流的波宽，$\theta_w=\theta_2-\theta_1$。

当计算负向饱和时的间断角时，只需将 Φ_s 前加一负号。

（3）励磁涌流的波形含有大量的谐波分量，且以2次谐波为主。

在上述假设的条件下，励磁涌流是不衰减的周期函数，例如单相变压器一个周期内的励磁涌流为

$$i_e=\begin{cases}0 & \theta\leqslant\theta_1\ \text{或}\ \theta\geqslant\theta_2\\ \dfrac{U_m}{\omega L}\left[-\cos(\omega t+\alpha)+\cos\alpha+\dfrac{B_r-B_s}{B_m}\right] & \theta_1<\theta<\theta_2\end{cases}$$

将其展开成傅里叶级数

$$i_e = \alpha_0 + \sum_{n=1}^{\infty}(a_n \cos n\omega t + b_n \sin n\omega t)$$

$$a_n = \frac{2}{T}\int_0^T i(t)\cos n\omega t\,dt, b_n = \frac{2}{T}\int_0^T i(t)\cos n\omega t\,dt$$

式中：a_n、b_n 为傅里叶级数的系数。

各次谐波分量的幅值为

$$i_n = \sqrt{a_n^2 + b_n^2}$$

理论分析以及励磁涌流的实际录波表明，单相变压器励磁涌流的 2 次谐波含量与基波的比值一般大于 15%。

影响励磁涌流大小及波形特征的因素包括：

（1）系统电压和系统阻抗大小。电压越高，励磁涌流越大，系统阻抗越大，励磁涌流越小。

（2）合闸初相角 α。对于单相变压器，当合闸角 $\alpha = 90°$、$\Phi_r = 0$ 时，根据电压与磁通的关系，变压器直接过渡到稳态运行，不会产生励磁涌流。即 $\alpha = 0°$ 时，励磁涌流最大，$\alpha = 90°$ 时，励磁涌流最小。

（3）剩磁 Φ_r 的大小和方向。根据式（7-26）可知，当剩磁 Φ_r 与 $\Phi_m \cos\alpha$ 的方向相同时，空载合闸时的励磁涌流大，反之，励磁涌流就小。

除此之外，励磁涌流还和变压器的结构、铁心材质、饱和磁通与工作磁通的大小等因素有关。

2. 三相变压器的励磁涌流及其特点

三相变压器空载合闸时的励磁涌流与变压器的结构和绕组的连接方式有关。大型电力变压器，一般都是由三个单相变压器组成的变压器组，三相磁路独立，故可沿用单相变压器的分析结果。无论变压器何时进行合闸，由于三相电压互差 120°，至少在两相绕组中存在励磁涌流。对于 Yd 接线的三相变压器，当星形侧（电源侧）进行空载合闸时，变压器纵差动保护的励磁涌流实际上是该侧两相涌流的差值，因而三相差动电流都存在励磁涌流。这使得三相变压器励磁涌流的时域特征和频域特征会发生变化。将波形偏于时间轴一侧的励磁涌流称为单向涌流，波形在时间轴两侧都有分布的称为对称涌流。

（1）单向涌流。波形偏于时间轴一侧的励磁涌流称为单向涌流，如前述单相变压器的励磁涌流。而对于三相变压器，两相单向涌流的差也可以形成波形偏于时间轴一侧的单向涌流。以 A、B 相为例，如果 A、B 两相磁通的偏移量方向相反，则 A 相涌流的峰值产生在 A 相磁通正半波峰值处，B 相涌流的峰值产生在 B 相磁通负半波的峰值处，A、B 两相单向涌流的峰值相位相差 60°，且 B 相峰值相位超前 A 相峰值的相位，如图 7-12 所示。

显然，三相变压器磁通偏移量方向相反的两相涌流的差形成偏于时间轴一侧的单向涌流，且间断角小于任意一相的单向涌流的间断角。在变压器励磁特性已知的情况下，A、B 相剩磁绝对值越大（A 相剩磁为正，B 相剩磁为负），单向涌流的间断角越小。

（2）对称涌流。对称涌流是波形在时间轴两侧均有分布的励磁涌流。如果 A、B 两相磁通偏移量相同，则 A、B 两相涌流位于时间轴一侧，两相涌流的差形成对称涌流。A 相磁通与 B 相磁通相角相差 120°，在时间轴同侧的 A 相涌流和 B 相涌流峰值的相位相差 120°，且 A 相超前 B 相 120°，如图 7-13 所示。

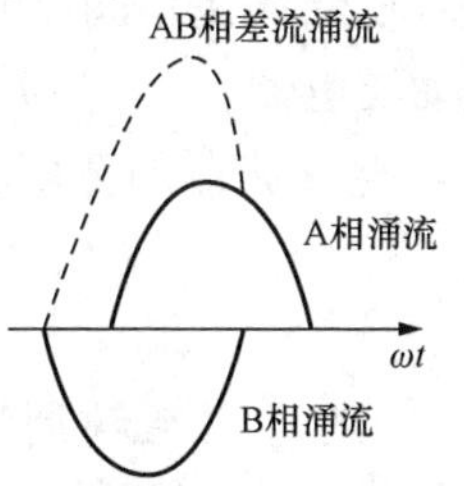

图 7-12　单向涌流

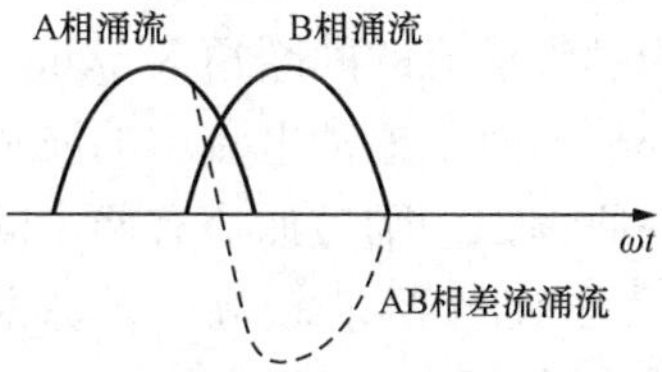

图 7-13　对称涌流

显然，三相变压器两相磁通偏移量方向相同的两相涌流的差形成的对称涌流在时间轴两侧都有分布，且间断角小于任意一相的单向涌流的间断角。在变压器励磁特性已知的情况下，A、B 相剩磁越大，对称涌流的间断角越小。

对于现代大型变压器，最大剩磁 $\Phi_{r.max}=0.7\Phi_m$，饱和磁通 $\Phi_s=1.2\Phi_m$，最小间断角可达到 70°。

7.3.2　变压器励磁涌流的鉴别方法

当变压器产生较大的励磁涌流时，如不采取闭锁比率制动差动保护的措施，势必会造成差动保护的误动。为此，可以利用励磁涌流的特点，进行励磁涌流的鉴别。当鉴别为励磁涌流时，闭锁比率制动差动保护。通常采用的励磁涌流鉴别原理包括 2 次谐波制动原理、间断角原理和波形对称原理。

1. 2 次谐波制动原理

2 次谐波制动原理是目前应用最多的涌流判别原理。其理论基础是，与短路电流相比，变压器励磁涌流中含有较大的 2 次谐波分量。因此，识别励磁涌流的判据为

$$I_2/I_1>K \tag{7-29}$$

式中：I_2 为电流中的 2 次谐波有效值；I_1 为电流中基波有效值；K 为给定的整定值，其值一般取 0.15～0.2。

长期运行经验表明，我国电力系统中变压器励磁涌流波形中 2 次谐波含量最小为 17%～20%。同时，理论研究及实践均发现变压器三相励磁涌流中 2 次谐波并非同时达到此定值，故一般采用或门制动的方式，即三相中有一相 2 次谐波含量超过此定值就闭锁差动保护。

2 次谐波制动原理的差动保护以其原理简单、实现方便而得到广泛应用。但是，随着高电压、大容量变压器结构、材料及制造工艺等方面的改进，特别是现代变压器铁心广泛采用高导磁冷轧晶粒硅钢材料，饱和点低且剩磁较大，使得励磁涌流中某一相或者某两相电流的 2 次谐波含量很小，可能造成 2 次谐波制动的差动保护整定困难，甚至导致保护误动。对于超、特高压大型变压器，由于电压等级高，连接的输电线路长，分布电容效应十分明显，当变压器出现内部严重故障时，由于电感和电容的效应使短路电流中的谐波含量明显增加，导致差动保护延时动作。

2. 间断角原理

间断角原理是基于励磁涌流波形有较大的间断角这一特征来区分励磁涌流和故障电流。

一般采用的判据为：当差动电流的间断角大于 65°时，判为励磁涌流；间断角小于 65°且波宽大于 140°时，则判别为非励磁涌流，并短时开放比率差动继电器。

该判据认为励磁涌流的间断角大于 65°，即使小于 65°，但其波形的宽度也不超过 140°；而在变压器内部故障时，差动电流中的波宽肯定大于 140°。

利用间断角原理识别励磁涌流有两个问题需要考虑：

(1) 对于采样频率要求较高。若采样频率为 600Hz，则每个工频周期的采样点数 $N=12$，则两个采样间隔之间对应的角度为 30°。也就是说，一个采样点数的变化就会带来 30°的误差，显然太大了。

设 θ_A 为变压器励磁涌流的最小间断角，θ_B 为保护整定的闭锁间断角，N 为每个工频周期采样的点数，采样频率为 $f_s=50N$。为了准确地测量间断角的大小，工频每周采样点数 N 应满足

$$\frac{360}{N}\leqslant\frac{\theta_A-\theta_B}{2}$$

例如，设 $\theta_A=83°$，$\theta_B=65°$，按上式可计算出 $N\geqslant40$。采用间断角原理识别励磁涌流的变压器差动保护，通常每工频周期的采样点数不小于 48 点，即 $N=48$，$f_s=2400$Hz。

(2) 由于电流互感器的传变特性导致波形畸变的问题。图 7 - 14 为电流互感器的等效电路，i_1 为电流互感器的一次侧电流，可以看成一个时变的恒流源，i_2'为电流互感器的二次侧电流归算到一次侧的值。当电流互感器不饱和时，若不计励磁电流的影响，则一次侧电流的波形能准确传变到二次侧。但是，在较大的涌流的作用下，电流互感器铁心出现饱和时，励磁电流增大，当 $i_1=0$ 时，电流互感器的二次侧电流 i_2'不会立刻突变为 0，将通过 TA 的二次负荷续流，导致在变压器励磁涌流的间断区内产生较大的二次反向电流，从而使实测的励磁涌流波形失真，如图 7 - 15 所示。

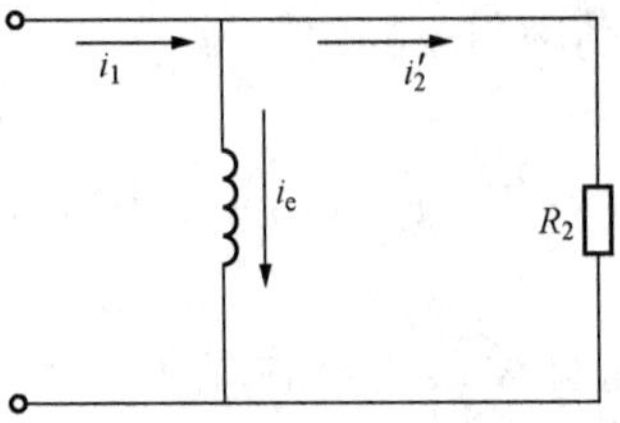

图 7 - 14　电流互感器等效电路

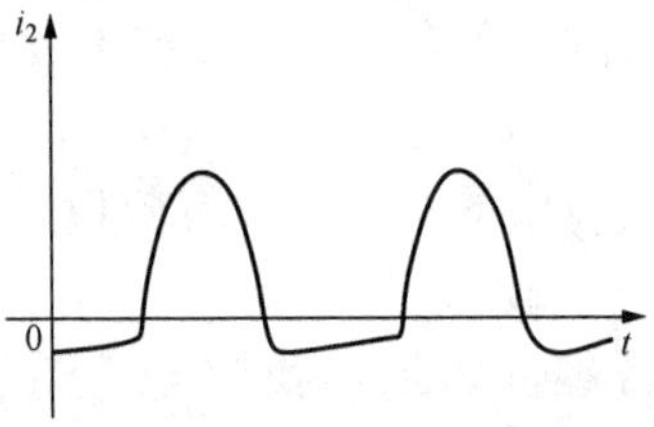

图 7 - 15　传变到 TA 二次侧的励磁涌流

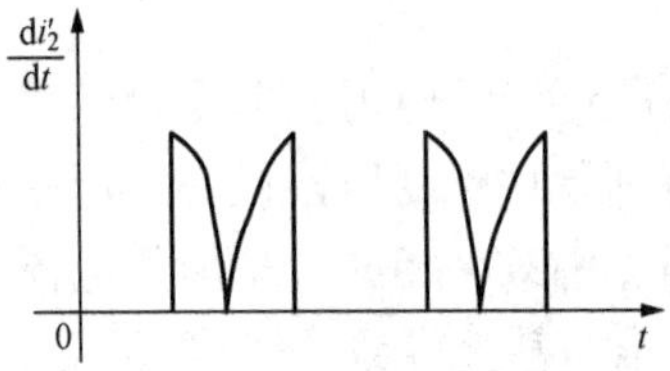

图 7 - 16　TA 二次侧励磁涌流导数

反向电流是按二次回路时间常数衰减的，变化比较缓慢。为了能够测量出间断角，方法之一就是对 i_2'进行导数运算，得到如图 7 - 16 所示的波形。由图可见，励磁涌流波形的间断角得到恢复。

因此，波形间断的识别方法为

$$\left|\frac{di_2'}{dt}\right|\leqslant\varepsilon \tag{7 - 30}$$

式中：ε 为判断波形间断设定的一个阈值。

间断角原理利用了励磁涌流明显的波形特征，空载合闸时能清楚地区分励磁涌流和内部故障，一般采用分相涌流判别方法，在变压器内部故障时能迅速跳闸。

3. 波形对称原理

波形对称原理是利用励磁涌流的波形特征实现励磁涌流识别的另外一种方法，识别为励磁涌流的判据为

$$\left|\frac{i_k + i_{k-N/2}}{i_k - i_{k-N/2}}\right| \geqslant K \tag{7-31}$$

式中：i_k 为当前电流采样值；$i_{k-N/2}$ 为半周前的采样值；K 为整定值。

若故障电流为理想正弦波，则 i_k 与 $i_{k-N/2}$ 总是大小相等、符号相反，即式（7-31）中的分子为0，分母为 $2i_k$，式（7-31）不满足。在励磁涌流的情况下，由于波形间断，则在某个时间段上，i_k 或 $i_{k-N/2}$ 为0，于是式（7-31）的比值为1。

由此可见，K 的取值范围为0～1。

在实际应用过程中，为了消除直流分量的影响，通常对电流先进行微分运算，再进行波形对称判断，当一周期内或一定时间段内，有若干次满足式（7-31），则判断为励磁涌流。

7.4　变压器相间故障的后备保护

为反应变压器外部故障引起的变压器过电流，以及作为反应变压器内部故障的差动保护及瓦斯保护的后备保护，变压器应装设性能完备的后备保护。

7.4.1　变压器相间短路的后备保护的基本原理

1. 过电流保护

过电流保护比较相电流的大小，当电流大于保护的定值时，经给定的延时后动作。其构成原理框图如图7-17所示。

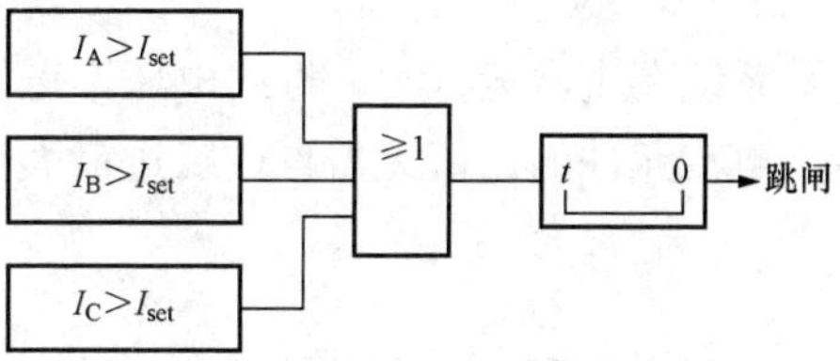

图7-17　变压器过电流保护构成原理框图

过电流保护的动作定值 I_{set} 按躲过最大的负荷电流整定，即

$$I_{set} = \frac{K_{rel}}{K_{re}} I_{L.max} \tag{7-32}$$

式中：K_{rel}为可靠系数，通常取1.2～1.3；K_{re}为返回系数，可取0.85～0.95；$I_{L.max}$为流过变压器的最大负荷电流。

最大负荷 $I_{L.max}$要考虑以下几种可能的情况：

（1）当有 m 台变压器并列运行时，要考虑切除1台容量最大的变压器，则

$$I_{L.max} = \frac{m}{m-1} I_N \tag{7-33}$$

式中：I_N 为变压器额定电流。

（2）对于降压变压器，当低压侧有大量电动机时，要考虑电动机自启动时电流的增大，则

$$I_{L.max} = K_{ss} I_N \tag{7-34}$$

式中：K_{ss}为电动机（群）的自启动系数，其值与负荷性质及其与电源间的电气距离有关，应视保护范围内电动机台数、形式及占总负荷的比例多少而定。

(3) 对分列运行的变压器，当分段母线的断路器装设备自投时，考虑 1 台变压器停运后，其所带负荷在切除一部分不重要负荷后，其余负荷转移到运行的变压器，则

$$I_{L.max}=I_{1.L.max}+K_{ss}K_{rem}I_{2.L.max} \tag{7-35}$$

式中：$I_{1.L.max}$为运行变压器原来所带最大负荷；$I_{2.L.max}$为停运变压器所带的最大负荷；K_{rem}为停运变压器所带负荷中，在切除一部分负荷后的剩余负荷占原有负荷的比例。

(4) 当分段断路器装设过电流保护时，与分段断路器过电流保护配合，则

$$I_{L.max}=I_{1.L.max}+1.1I'_{set} \tag{7-36}$$

式中：I'_{set}为分段断路器过电流保护的定值。

保护的动作延时，应比相邻元件的后备保护的最长动作时限高 Δt。

保护的灵敏系数校验按校验点发生两相短路时的最小短路电流进行校验，要求近后备大于 1.3，远后备大于 1.2。

2. 低电压启动的过电流保护

当采用过电流保护而灵敏系数不满足要求时，可以采用低电压启动的过电流保护。其构成原理框图如图 7 - 18 所示。

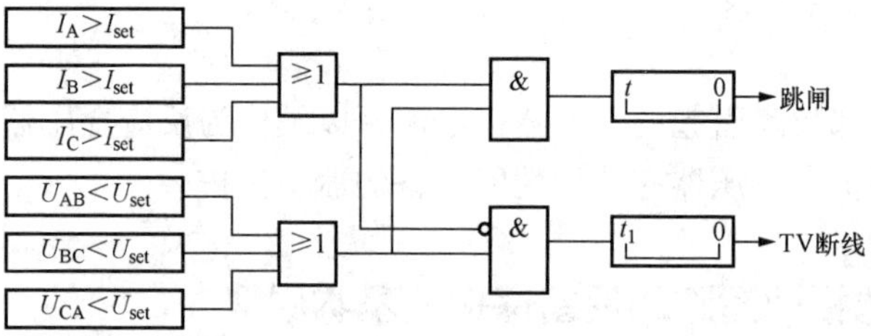

图 7 - 18　低电压启动的过电流保护原理框图

系统在正常运行时，母线电压不可能太低，在用电压元件作为保护动作的一个限定条件后，电流元件的定值无需再按躲过最大负荷电流整定，而是按大于额定电流整定，即

$$I_{set}=\frac{K_{rel}}{K_{re}}I_N \tag{7-37}$$

式中：I_N 为变压器的额定电流。

低电压元件的定值应按躲过正常运行时母线可能出现的最低电压整定，同时要考虑外部故障切除后，电动机自启动过程中，低电压元件可靠返回。

$$U_{set}=\frac{U_{min}}{K_{rel}K_{re}} \tag{7-38}$$

式中：K_{rel}为可靠系数，取 1.1～1.2；K_{re}为返回系数，取 1.05～1.25；U_{min}为系统正常运行时，母线所允许的最低电压，取 $0.9U_N$。

实际上，电压元件的电压可以来自变压器高压侧母线，也可以取自低压侧母线。当电压取自低压母线时，一般 $U_{set}=(0.5\sim0.6)U_N$，当电压取自高压母线时，一般 $U_{set}=0.7U_N$。

电流元件的灵敏系数校验及时间元件的整定同过电流保护。

电压元件的灵敏系数校验按校验点发生短路时母线的最高残压进行校验，也就是计算最大运行方式下校验点发生三相短路时的母线电压，即

$$K_{sen}=\frac{U_{set}}{U_{k.max}} \tag{7-39}$$

一般要求近后备大于1.3，远后备大于1.2。

当电压互感器回路发生断线时，低电压元件可能会动作。当低电压元件动作，而电流元件不动作时，经延时 t_1 发出TV断线信号，通知值班人员进行处理。

3. 复压启动的过电流保护

和低电压启动的过电流保护相比，复压启动的过电流保护增加了一个负序电压元件。其工作原理如图7-19所示。

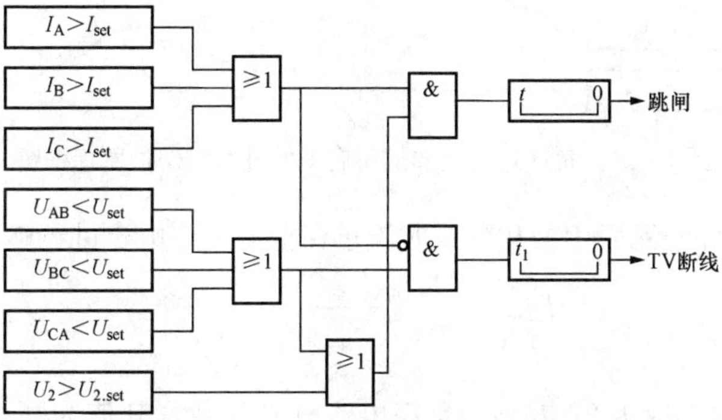

图7-19　复压启动的过电流保护原理框图

电流元件和低电压元件的整定及灵敏系数校验同低电压启动的过电流保护。负序电压元件的定值按照躲过正常运行时的最大负序电压（不平衡电压）整定，根据运行经验，负序电压元件的定值一般取为

$$U_{2.\mathrm{set}} = (0.06 \sim 0.12)U_{\mathrm{N}} \tag{7-40}$$

负序电压元件的灵敏系数按照后备区末端两相金属性短路时，保护安装处的最小负序电压进行校验，即

$$K_{\mathrm{sen}} = \frac{U_{\mathrm{k.min.2}}}{U_{2.\mathrm{set}}} \tag{7-41}$$

式中：$U_{\mathrm{k.min.2}}$为校验点两相短路时，保护测量到的最小负序电压。

一般要求近后备大于2，远后备大于1.5。

当发生两相短路时，由于负序电压元件比较灵敏，因而提高了电压启动元件的灵敏性。当发生三相短路时，利用低电压启动元件开放保护。

4. 负序过电流和低电压启动的过电流保护

对于大容量的变压器，由于其额定电流很大，而在相邻元件的末端两相短路时的短路电流可能较小，利用相电流的过电流保护可能不满足灵敏系数的要求。为此，可采用负序过电流保护，其和低电压启动的过电流保护共同构成一套完整的保护。后者在发生三相短路时发挥作用。保护的工作原理框图如图7-20所示。

相电流元件和低电压元件的整定及灵敏系数校验同低电压启动的过电流保护。负序电流元件按以下原则进行整定：

（1）按远后备保护配置时，应躲过相邻线路发生一相断线时流过保护的负序电流，并与线路零序过电流保护的后备段在灵敏度上配合。

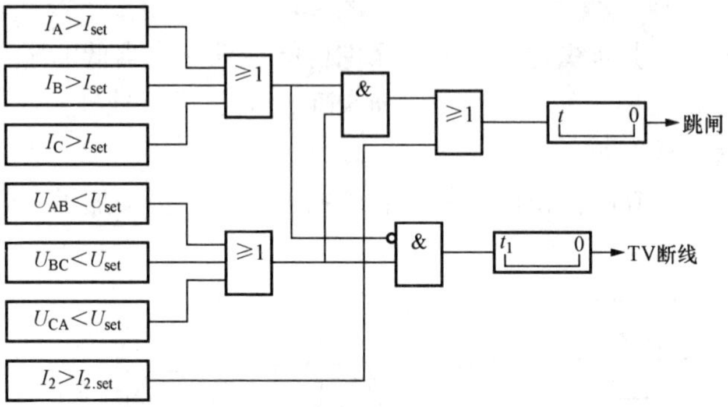

图 7 - 20 负序过电流和低压启动的过电流保护原理框图

按躲过变压器相邻线路发生一相断线时流过保护的负序电流进行整定，即

$$I_{2.set}=\frac{K_{rel}}{K_{b.2}}\frac{I_L}{1+\frac{Z_{2\Sigma}}{Z_{1\Sigma}}+\frac{Z_{2\Sigma}}{Z_{0\Sigma}}} \tag{7-42}$$

式中：K_{rel}为可靠系数，取 1.2；$K_{b.2}$为负序电流分支系数，其值为断相线路的负序电流与保护所在支路的负序电流的比值；$Z_{1\Sigma}$、$Z_{2\Sigma}$、$Z_{0\Sigma}$为由断口处看过去的正、负、零序综合阻抗；I_L 为断相线路断相前的负荷电流。

当相邻线路一相断线时，按与相邻线路零序过电流保护配合整定，即

$$I_{2.set}=\frac{K_{rel}}{K_{b.2}}\frac{I_{1.set.0}}{3}\frac{Z_{0\Sigma}}{Z_{2\Sigma}} \tag{7-43}$$

式中：$I_{1.set.0}$为相邻线路后备段零序电流保护的定值。

(2) 按灵敏度与相邻线路的接地后备保护相配合。

当发生单相接地短路时

$$I_{2.set}=\frac{K_{rel}}{K_{br.2}}\frac{I_{1.set.0}}{3}\frac{C_2}{C_0} \tag{7-44}$$

式中：C_0 为接地故障线路零序电流保护安装侧的零序电流分布系数；C_2 为接地故障线路零序电流保护安装侧的负序电流分布系数。

当发生两相接地短路时

$$I_{2.set}=\frac{K_{rel}}{K_{br.2}}\frac{Z_{0\Sigma}}{Z_{2\Sigma}}\frac{I_{1.set.0}}{3}\frac{C_2}{C_0} \tag{7-45}$$

取以上计算数值较大者作为负序电流元件的定值。在工程上，负序电流元件的定值一般取 $(0.5\sim0.6)I_N$。

按校验点发生短路时流过保护的最小负序电流进行灵敏系数校验，即

$$K_{sen}=\frac{I_{k.2.min}}{I_{2.set}} \tag{7-46}$$

式中：$I_{k.2.min}$为保护范围末端发生不对称短路时流过保护的最小负序电流。

作为近后备保护应大于 2，作为远后备保护应大于 1.5。

5. 低阻抗保护

当电流、电压保护不能满足灵敏度要求或根据保护间配合的要求，变压器的相间故障后备保护可采用阻抗保护。阻抗保护通常用于 330～500kV 大型升压变压器、联络变压器及降

压变压器，作为变压器引线、母线及相邻线路相间故障的后备保护。

(1) 发电厂升压变压器阻抗继电器的动作特性及整定计算。对于大型发电机变压器组，可以在主变压器高压侧配置反应相间短路的阻抗保护，其主要目的是作为高压母线的后备保护，动作特性采用偏移特性。

1) 指向高压母线侧的阻抗定值计算。按与线路的第Ⅰ（或Ⅱ）段距离保护配合计算

$$Z_{L.set} = K_{rel}K_{br.min}Z'_{set} \tag{7-47}$$

式中：$Z_{L.set}$为偏移特性指向母线侧的动作阻抗计算值；K_{rel}为可靠系数，取0.8；$K_{br.min}$为分支系数，取各种运行方式下的最小值；Z'_{set}为与之配合的高压侧引出线路距离保护段定值。

2) 指向变压器的阻抗定值计算。指向变压器的保护范围可以大一些，但不宜伸出高压厂用变压器的低压侧。

按向母线侧偏移α=0.1～0.15计算指向变压器的整定阻抗

$$Z_{T.set} = \frac{Z_{L.set}}{\alpha} \tag{7-48}$$

式中：$Z_{T.set}$为偏移特性指向变压器侧的动作阻抗计算值。

按式（7-48）计算出整定值后，需校核该定值不应伸出高压厂用变压器的低压侧，即

$$Z_{T.set} \leqslant K_{rel}(Z_T + Z'_T) \tag{7-49}$$

式中：K_{rel}为可靠系数，取0.8；Z_T为主变压器归算到高压侧的阻抗；Z'_T为高压厂用变压器归算到主变压器高压侧的阻抗。

所整定的偏移特性阻抗继电器的灵敏角一般按变压器的阻抗角整定。

(2) 联络变压器或降压变压器阻抗继电器的动作特性及整定计算。对于联络变压器，在高、中压侧配置带偏移特性的阻抗继电器，正方向指向变压器，可设置两段。阻抗Ⅰ段按躲过对侧母线（中压或高压）故障整定，阻抗Ⅱ段按对侧母线（中压或高压）故障有足够灵敏度整定，即

$$Z_{set} = K_{sen}Z_T \tag{7-50}$$

式中：K_{sen}为阻抗保护的灵敏系数，取1.3；Z_T为变压器阻抗。

反向阻抗为正方向阻抗的5%～10%，反向阻抗的整定值应小于本侧母线引出线最短线路阻抗保护Ⅰ段的动作值。

对于降压变压器，配置在中压侧的阻抗继电器，其正方向指向中压侧母线，作为中压侧母线及相邻线路故障的后备保护，可考虑与出线的距离保护Ⅰ段或Ⅱ段配合。

灵敏系数按指定的保护区末端相间短路时进行校验，即

$$K_{sen} = \frac{Z_{set}}{Z_m} \tag{7-51}$$

式中：Z_m为校验点短路时，保护的测量阻抗；要求$K_{sen} \geqslant 1.3$。

阻抗保护的动作时间除考虑与相邻元件的保护配合外，在没有采取振荡闭锁措施的情况下，还要躲过最大的振荡周期。

7.4.2　变压器相间故障后备保护的应用

1. 配置原则

(1) 66kV及以下变压器采用过电流保护。

(2) 110～220kV 降压变压器、升压变压器和系统联络变压器，采用过电流保护不能满足灵敏性要求时，采用复压启动过电流保护或负序过电流和低压启动的过电流保护。

(3) 500kV 变压器采用阻抗保护，作为变压器部分绕组和母线故障的后备保护。

2. 配置方式

变压器相间短路后备保护的配置在具体工程应用中涉及的问题包括：电流取自变压器哪一侧的电流互感器，即后备保护装设在哪一侧；电压取自变压器哪一侧的电压互感器；保护动作的出口方式等。变压器相间短路后备保护的配置方式可遵循以下原则：

(1) 对于双绕组降压变压器，相间短路后备保护应装于主电源侧。设两个时限，第 1 时限跳开母联断路器或分段断路器，第 2 时限跳开两侧断路器。

(2) 对于单电源三绕组降压变压器，相间短路后备保护应装于低压侧和电源侧。低压侧带两个时限，第 1 时限跳开分段断路器或母联断路器，第 2 时限跳开低压侧断路器。高压侧带两个时限，第 1 时限（与低、中压侧保护配合）跳开中压侧断路器，第 2 时限跳开各侧断路器。

(3) 高、中压侧都有电源的降压变压器相间短路后备保护应装于三侧。低压侧带两个时限，第 1 时限跳开低压侧断路器，第 2 时限跳开各侧断路器。高、中压侧也带两个时限，第 1 时限（与有关保护配合）跳开本侧断路器，第 2 时限跳开各侧断路器。为满足选择性要求及降低时限，可带方向。

(4) 低压侧有分支，并接至分开运行母线段的降压变压器，除电源侧装保护外，应在每个分支装保护。

(5) 双绕组升压变压器，相间短路的后备保护应装设在低压侧，设 1 个时限，断开各侧断路器。

(6) 中压侧无电源的三绕组升压变压器，相间短路的后备保护应装设在低压侧和中压侧。中压侧只做本侧母线及出线的后备保护，设 1 个时限，跳本侧断路器。低压侧设 2 个时限，第 1 时限跳开高压侧断路器，第 2 时限跳低压侧断路器。

(7) 三侧都有电源的升压变压器，相间短路的后备保护应装在高压侧和低压侧。高压侧保护分带方向和不带方向两部分，带方向部分方向指向高压侧母线，设 1 个时限考虑与有关保护配合，以最短时间跳开本侧断路器。不带方向部分设 1 个时限，以大于带方向动作时限跳开中压侧断路器。低压侧保护设 1 个时限，以大于高压侧保护动作时限，跳开各侧断路器。

(8) 系统联络变压器相间短路的后备保护装在高、中压侧。为满足选择性要求，低压侧保护配置参照 (3)、(7)。

(9) 发电机变压器组中，变压器低压侧不设相间短路后备保护，利用装在发电机中性点侧的相间短路后备保护作为发电机和变压器相间短路的后备保护。

7.5 变压器接地短路的后备保护

电力系统中发生单相接地故障的几率最高，变压器装设反应接地故障的后备保护，作为变压器内部绕组、引线、母线及相邻线路接地故障的后备保护，是变压器后备保护的重要组成部分，同时也是整个电网接地保护中不可分割的一部分。

变压器接地短路后备保护采用零序电流保护、间隙零序电流保护、零序电压保护，需要在灵敏度及动作时限方面考虑与相邻线路的接地保护配合，在某些场合可能需要增设零序方向元件。变压器接地保护的配置及其工作原理与变压器的型式、中性点接地方式及所连系统的中性点接地方式紧密相关。

变压器中性点接地方式的选择应尽量使变电站零序阻抗基本不变，并确保变压器不至于产生危险的过电压。变压器中性点接地方式选择一般遵循如下原则：

(1) 电源端的变电站只有一台变压器时，其变压器的中性点应直接接地运行。

(2) 变电站有两台及以上变压器时，应只将一台变压器中性点直接接地运行，当该变压器停运时，再将另一台中性点不接地变压器改为中性点直接接地运行。若由于某些原因，变电站正常情况下必须有两台变压器中性点直接接地运行，则当其中一台中性点直接接地变压器停运时，应将第三台变压器改为中性点直接接地运行。

(3) 双母线运行的变电站有三台及以上变压器时，应按两台变压器中性点直接接地的方式运行，并将它们分别接于不同的母线上，当其中一台中性点直接接地变压器停运时，应将另一台中性点不接地变压器改为中性点直接接地运行。

(4) 低压侧无电源的变压器的中性点宜不接地运行，有利于提高零序电流保护的灵敏度。

(5) 自耦变压器和绝缘有要求的变压器采用直接接地运行。

7.5.1　中性点直接接地变压器的接地故障后备保护

对中性点直接接地的普通变压器，如图7-21所示，接地保护由两段式零序电流保护构成，每段可以设两个时限，一般来说，以较短的时限跳开分段开关或母联开关，以较长的时限跳开变压器各侧开关。

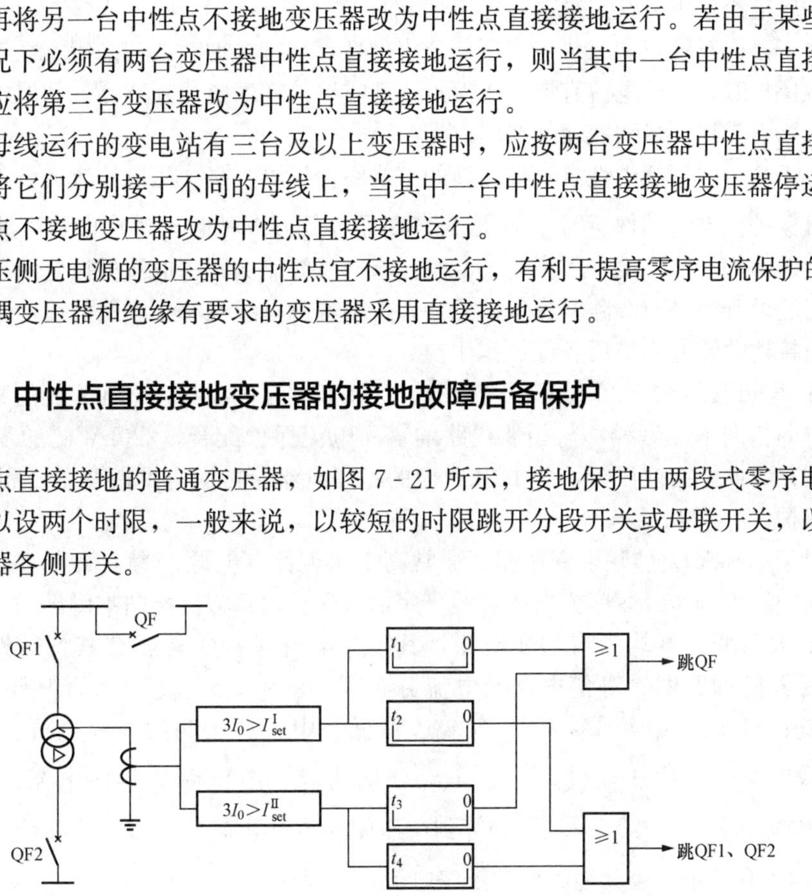

图7-21　变压器零序（方向）电流保护原理框图

(1) Ⅰ段零序过电流继电器的定值 I_{set}^{I} 应与相邻线路零序过电流保护第Ⅰ段或Ⅱ段或快速主保护配合进行整定，即

$$I_{set}^{I} = K_{rel} I'_{set} / K_{b.0.min} \tag{7-52}$$

式中：$K_{b.0.min}$ 为零序电流分支系数；K_{rel} 为可靠系数，取1.1；I'_{set} 为与之相配合的线路保护相关段定值。

t_1 按比与之配合的保护动作时间高 Δt 整定，而 t_2 比 t_1 再高 Δt。

(2) 零序电流保护Ⅱ段的整定值 I_{set}^{II} 按与相邻线路零序电流保护的后备段配合进行整定，即

$$I_{set}^{II} = K_{rel} I'_{set} / K_{b.0.min} \tag{7-53}$$

式中：K_{rel}为可靠系数，取1.1。

t_3 按比与之配合的保护动作时间高 Δt 整定，而 t_4 比 t_3 再高 Δt。

保护的灵敏系数按保护区末端短路时流过保护的最小零序电流进行校验，即

$$K_{sen}=\frac{3I_{k.0.min}}{I_{set}} \tag{7-54}$$

式中：$3I_{k.0.min}$为校验点短路时，流过保护的最小零序电流。

要求 $K_{sen}\geqslant 1.5$。

关于零序电流保护的几点说明：

(1) 对于普通双绕组和三绕组变压器，当中性点直接接地时，若采用不经零序方向控制的零序电流保护时，零序电流宜取自中性点接地支路的零序电流互感器，其保护范围包括了变压器绕组、引出线、母线及相邻线路。

(2) 对于高、中压侧中性点直接接地的三绕组变压器，高中压侧均应装设零序方向闭锁的零序电流保护。方向元件所需 $3\dot{I}_0$ 取自各断路器侧 TA 的自产零序电流。原则上保护方向既可以指向本侧母线，也可以指向主变侧。指向母线侧的零序电流保护范围是从断路器电流互感器安装处开始，与线路零序保护配合，作为本侧母线及相邻线路的后备保护，对变压器内部绕组接地故障起不到后备保护作用。

例如 YNynd 接线的 220kV 降压变压器，110kV 侧无电源时，110kV 侧的零序功率方向保护的正方向指向本侧母线，与相邻线路的零序电流保护配合。220kV 侧的零序电流功率方向保护的正方向指向变压器，与 110kV 侧的零序电流保护配合，做变压器和 110kV 侧线路的后备保护。

(3) 对于 500kV 大型联络变压器，通常高中压侧都有电源，为了简化保护配合，一般情况下，高中压侧均装设零序方向闭锁的零序电流保护，且方向指向本侧母线。

500kV 大型变压器均为自耦变压器，其零序电流保护的构成有其特殊性。图 7-22 为自耦变压器的网路图、等值电路及电流分布图。图中，$x'_{P.0}$、$x_{Q.0}$为 P 侧及 Q 侧系统的零序电抗；$x'_{L.0}$、$x_{M.0}$、$x'_{H.0}$分别为变压器低、中、高压侧的零序电抗，高、低压侧的阻抗参数归算到了中压侧；$\dot{I}_{H.0}$、$\dot{I}_{M.0}$分别为高、中压侧的零序电流，$\dot{I}_{L.0}$为低压绕组中的电流，$\dot{I}'_{H.0}$、$\dot{I}'_{L.0}$分别为归算到中压侧的零序电流值，$3\dot{I}_{n.0}$为中性点支路的零序电流，$\dot{I}_{HM.0}$为高、中压公共绕组中的零序电流。

由图 7-22 (c) 得

$$3\dot{I}_{n.0}=3\dot{I}_{HM.0}=3(\dot{I}_{H.0}-\dot{I}_{M.0}) \tag{7-55}$$

由图 7-22 (b) 得

$$\dot{I}_{M.0}=\dot{I}'_{H.0}\frac{x'_{L.0}}{x'_{L.0}+x_{M.0}+x_{Q.0}}$$

代入式 (7-55)，得

$$3\dot{I}_{n.0}=3\left(\dot{I}_{H.0}-\dot{I}'_{H.0}\frac{x'_{L.0}}{x'_{L.0}+x_{M.0}+x_{Q.0}}\right)$$

即

$$3\dot{I}_{n.0}=3\dot{I}_{H.0}\left(1-\frac{n_{T.HM}x'_{L.0}}{x'_{L.0}+x_{M.0}+x_{Q.0}}\right) \tag{7-56}$$

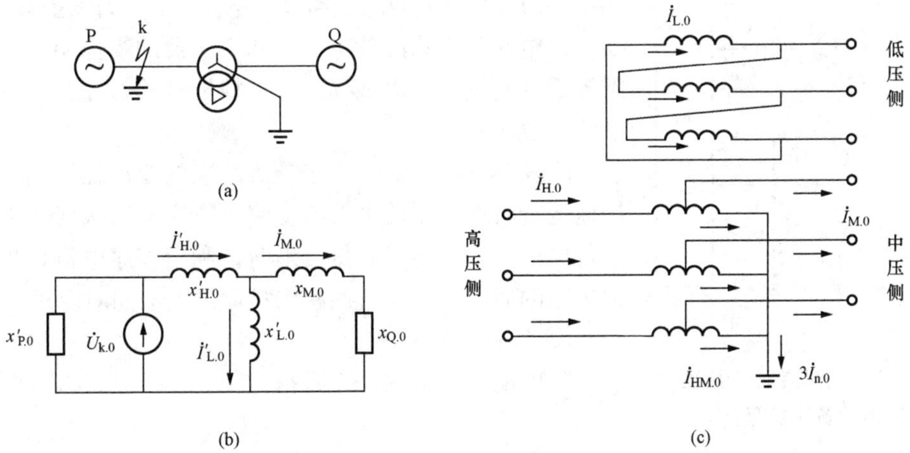

图 7 - 22　自耦变压器

(a) 网路图；(b) 等值电路；(c) 电流分布图

式中：$n'_{TV.HM}$为变压器高、中压侧的变比。

由式（7 - 56）可知，自耦变压器中性点支路的零序电流与 N 侧系统的零序阻抗有关，其值随 N 侧系统的运行方式的变化可能有较大变化。所以自耦变压器的零序电流保护的零序电流不能取自中性点的零序电流互感器。

由于在高压或中压电网发生接地故障时，零序电流可以在自耦变压器的高、中压侧间流动，因此为了满足选择性的要求，需分别在高、中压侧装设零序电流保护，且保护用零序电流均取自本侧电流互感器的自产 $3\dot{I}_0$，并且需要经方向元件控制，其方向应指向本侧母线。另外，也要装设取自中性点零序电流互感器的无方向零序电流保护，在高压侧或中压侧开路时，作为变压器内部故障的后备保护。

为了更灵敏地反应自耦变压器内部接地短路，可装设分侧电流差动保护，参照第 7.2.5 节。

7.5.2　中性点可接地或不接地运行的变压器接地后备保护

中性点全绝缘的变压器，其中性点的绝缘水平和变压器绕组首端相同，当系统发生单相接地故障同时又失去中性点接地情况下，中性点电压的升高对全绝缘变压器不致造成伤害，但对其他电气设备的绝缘将构成威胁。当全绝缘变压器中性点直接接地运行时，应装设反应接地短路的两段式零序电流保护。当中性点不接地运行时，应装设零序电压保护。

采用分级绝缘的变压器，绕组中性点的绝缘水平比绕组首端低，变压器的中性点可接地运行，也可不接地运行。当中性点不接地运行时，需在中性点经保护间隙接地，当中性点电压高于其允许的安全电压时，经放电间隙放电，起到过电压保护作用。因此，中性点可接地或不接地的分级绝缘变压器，通常装设两段式零序电流保护、间隙零序电流保护和零序电压保护，如图 7 - 23 所示。

1. 间隙零序电流保护

间隙零序电流保护的动作判据为

$$3I_{0.j} \geqslant I_{set.j} \tag{7 - 57}$$

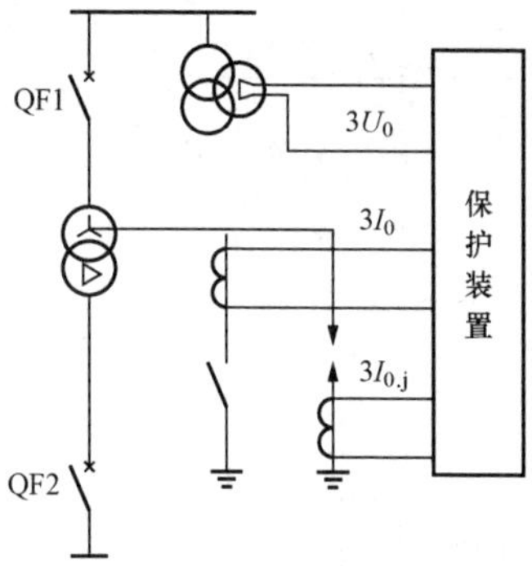

图 7 - 23　分级绝缘变压器接地后备保护配置

式中：$3I_{0.j}$为放电间隙支路零序电流；$I_{set.j}$为保护整定值。

放电间隙支路的放电电流和变压器的零序阻抗、电弧电阻等因素有关，难以准确计算。根据经验，保护的一次动作电流可取 100A。

间隙零序电流保护用于分级绝缘的变压器，当中性点不接地运行时，利用放电间隙支路的零序电流构成接地短路的后备保护。当中性点直接接地时，利用零序电流保护构成接地短路的后备保护。这两种保护原理不会同时应用。

2. 零序电压保护

零序电压保护的动作判据为

$$3U_0 \geqslant U_{set} \tag{7-58}$$

式中：U_{set}为保护的整定值。

零序电压保护用于中性点不接地运行的分级绝缘变压器和全绝缘变压器，作为变压器接地故障的后备保护。

对于全绝缘变压器或分级绝缘变压器中性点有放电间隙保护时，零序电压保护的定值按以下原则整定：

(1) 在系统不失去接地中性点的情况下，其定值应躲过系统发生接地短路时，保护安装处可能出现的最大零序电压。

(2) 在系统失去全部中性点接地的情况下，其定值应保证在发生单相接地短路时可靠动作。

零序电压保护的 $3U_0$ 取自母线（线路）电压互感器的开口三角。当中性点直接接地电网发生单相接地短路时，$3U_0$ 最大为 100V；当电网失去接地中性点后，若发生单相接地短路时，$3U_0$ 最大为 300V，但由于电压互感器的饱和特性，实际要小于 300V。

零序电压保护的定值一般取 U_{set}＝180V。

间隙零序电流保护和零序电压保护，它们动作后，一般经过不超过 0.3s 的短延时跳开变压器各侧断路器。经短延时的目的是躲过暂态过电压的影响，防止保护可能因暂态过电压造成的误动作。暂态过电压的持续时间一般不超过 0.2s。

7.5.3　变电站中变压器接地后备保护的应用

图 7 - 24 为一发电厂有多台变压器运行的升压变电站，假设正常运行方式下 T1、T3 变压器中性点接地运行，且分别接在不同的母线上，T2 变压器不接地运行。

在应用零序电流保护、零序电压保护及间隙零序电流保护构成变压器接地故障的后备保护时，其保护构成方案设计应考虑：避免出现全站停电的重大事故，避免因中性点电压升高而损坏变压器。

表 7 - 2 列出了图 7 - 24 中各故障点发生接地短路时的故障特征。表 7 - 3 列出了图 7 - 24 中各故障点发生接地短路时理想的跳闸顺序及在故障切除后保留运行的变压器。

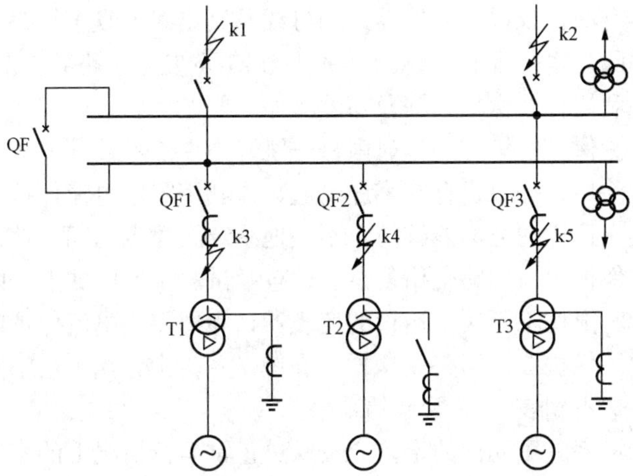

图 7-24　有多台变压器运行的升压变电站系统图

表 7-2　　图 7-24 中各故障点发生接地短路时的故障特征

故障位置	变压器 T1 的故障特征	变压器 T2 的故障特征	变压器 T3 的故障特征
k1	有 $3U_0$、$3I_0$，无 $3I_{0.j}$	有 $3U_0$，无 $3I_0$，$3I_{0.j}$不定	有 $3U_0$、$3I_0$，无 $3I_{0.j}$
k2	有 $3U_0$、$3I_0$，无 $3I_{0.j}$	有 $3U_0$，无 $3I_0$，$3I_{0.j}$不定	有 $3U_0$、$3I_0$，无 $3I_{0.j}$
k3	有 $3U_0$；有 $3I_0$，但变压器高压侧的零序电流和中性点的零序电流不相等；无 $3I_{0.j}$	有 $3U_0$，无 $3I_0$，$3I_{0.j}$不定	有 $3U_0$、$3I_0$，无 $3I_{0.j}$
k4	有 $3U_0$、$3I_0$，无 $3I_{0.j}$	有 $3U_0$；中性点支路无零序电流，高压侧有零序电流；$3I_{0.j}$不定	有 $3U_0$、$3I_0$，无 $3I_{0.j}$
k5	有 $3U_0$、$3I_0$，无 $3I_{0.j}$	有 $3U_0$，无 $3I_0$，$3I_{0.j}$不定	有 $3U_0$；有 $3I_0$，但变压器高压侧的零序电流和中性点的零序电流不相等；无 $3I_{0.j}$

表 7-3　　图 7-24 中各故障点发生接地短路时断路器动作顺序及继续运行的变压器

故障位置	第 1 时限	第 2 时限	第 3 时限	继续运行变压器
k1	QF	QF2	QF1	T3
k2	QF	QF3		T1、T2
k3	QF	QF1		T2、T3
k4	QF	QF2		T1、T3
k5	QF	QF3		T1、T2

由表 7-2 及表 7-3 的分析可知，对于发生接地短路时，利用零序电流保护第 1 时限跳开母联断路器或分段断路器，缩小故障的范围，总是可以实现的。图7-24中，当 k2、k5 点短路时，当母联断路器 QF 跳开后，对于 T1、T2 两台变压器而言，故障已经切除，可以继续运行；同样，当 k1、k3、k4 点发生短路时，T3 可以继续运行。但是，QF 跳开后对有些变压器而言，故障并没有切除，如 k1 点短路，QF 跳开后，对 T1 变压器而言故障仍然存在。

若1条母线上连有两台及以上变压器，当母线及其出线上发生短路时，和该母线相连的所有变压器必然被切除，也是没有争议的。例如当k1点发生短路时，变压器T1和T2必然被切除，只不过存在利用什么保护切除及切除顺序的问题。

可以利用零序电流保护的第2动作时限首先跳开中性点不接地变压器的开关，当中性点不接地运行变压器切除后，如果仍存在零序电流，再利用零序电流保护的第3时限跳开中性点直接接地的变压器。这样的方案能够防止不接地系统故障点的间歇性弧光过电压危及电气设备的安全，但存在保护出口回路交错复杂、检查及试验不便的缺点。因此，可以采用利用零序电压保护以第2时限切除不接地运行的变压器，利用零序电流保护以第3时限切除接地运行的变压器，简化了保护二次回路。这样，在图7-24中，当k3点短路时，T1与T2两台变压器都被切除，达不到表7-3希望的结果。

需要指出的是，零序电压元件的定值应按躲过正常运行情况下的零序电压不平衡输出整定，一般取$U'_{set}=5V$（二次值）。

当变压器内部发生接地短路时，若要做到有选择性地切除变压器，关键是能够判断出故障点的位置，可以利用变压器高压侧零序电流与中性点零序电流的关系或者零序功率方向等特征进行判断。

以上都是基于后备保护确实发挥作用时的分析，在实际中，这样的机会并不多。

图7-25是变压器接地保护的一种配置方案，保护的动作时限满足$t_1<t_2<t_3$，$t=0.3s$。

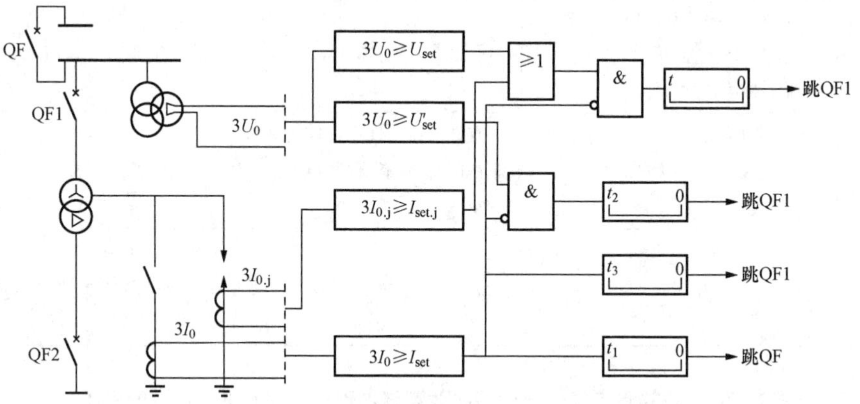

图7-25 变压器接地保护配置方案

7.6 变压器过负荷、过励磁保护

1. 变压器过负荷保护

过负荷保护的动作判据为

$$I \geqslant I_{set} \tag{7-59}$$

式中：I为测量的相电流；I_{set}为过负荷保护的定值。

在变压器三相负荷对称情况下，可以仅测量某一相的电流。至于测量变压器哪一侧的相电流，遵循以下原则：

（1）双绕组降压变压器，测量高压侧电流。

（2）单侧电源的三绕组降压变压器，当三侧容量相同时，过负荷保护测量高压侧电流；当三侧容量不相同时，分别测量电源侧和容量较小侧的电流。

（3）两侧都有电源的三绕组变压器，需测量各侧的电流。

（4）自耦变压器的过负荷保护与各侧的容量比和负荷分布有关，而负荷分布取决于运行方式及负荷的功率因数。所以，自耦变压器的过负荷保护除了按三绕组变压器的要求进行相电流测量外，还要测量公共绕组的电流。

过负荷保护的定值整定为

$$I_{set} = \frac{K_{rel}}{K_{re}} I_N \tag{7-60}$$

其中：K_{rel}为可靠系数，取1.05；K_{re}为返回系数，取0.85；I_N为测量侧的额定电流。

当保护动作后，延时发信号。

2. 变压器过励磁保护

根据变压器原理，变压器的感应电压为

$$U = 4.44fNBS \times 10^{-4} \tag{7-61}$$

式中：f为系统频率，Hz；N为变压器绕组匝数；B为铁心的磁通密度，T；S为铁心截面积，cm^2。

对于给定的变压器，N、S均为常数，令

$$K = \frac{1}{4.44NS \times 10^{-4}}$$

则，变压器的磁通密度为

$$B = K\frac{U}{f} \tag{7-62}$$

当U和f均用标幺值表示时，定义

$$n = \frac{U^*}{f^*} \tag{7-63}$$

为变压器的过励磁倍数。

由以上分析可知，变压器电压升高和频率降低均可导致铁心工作磁通密度增大。当超过饱和磁通密度时，由于铁心饱和，励磁阻抗下降，励磁电流增加很快，称变压器过励磁。当磁通密度达到额定磁通密度的1.3～1.4倍时，励磁电流与额定电流相当。当过励磁时，励磁电流的波形并非正弦波，含有大量的谐波分量，铁心损耗增加，温度上升，同时漏磁场增强，会使靠近铁心的绕组导线、油箱壁以及其他金属构件产生高温，严重时甚至会造成局部变形并破坏周围绝缘介质。特别是高电压、大容量变压器，为节省材料和减轻质量，其额定的磁通密度和饱和磁通密度相差无几，更容易发生过励磁现象。为防止变压器过励磁损伤变压器，高电压、大容量的变压器都装设过励磁保护。

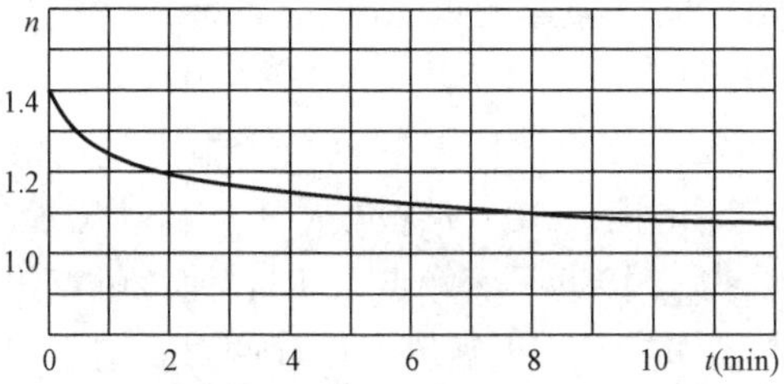

图7-26 变压器过励磁特性曲线

变压器过励磁保护反应过励磁倍数并根据过励磁持续时间动作于信号或跳闸。某变压器过励磁曲线（不同国家有不同的标准）如图7-26所示。

过励磁保护可以采用定时限和反时限保护。定时限保护通常设置两段，其定值分别为下限定值和上限定值。当过励磁倍数大于下限定值时，且延时时间到后，发出过励磁信号；当过励磁倍数大于上限定值，且延时到后，发出跳闸命令。

变压器正常运行时，最高电压为额定电压的 1.05 倍，系统频率最低为 49.5Hz，因此，正常运行时变压器可能的过励磁倍数为 1.06。通常变压器过励磁保护定值的下限值取为 1.05～1.2，延时 4s 发信号。

过励磁保护定值的上限值可取 1.25～1.4。当过励磁倍数大于定值时，启动反时限过励磁保护。反时限过励磁保护有多种构成形式，例如查表法就是其中一种。根据变压器过励磁特性曲线，可以在保护装置中预存过励磁倍数与动作时间的对应表，通过查表法确定保护动作于跳闸的时延。反时限过励磁保护动作于跳开变压器各侧断路器。

7.7 变压器瓦斯保护

瓦斯保护是反应变压器内部故障的主保护。对于变压器绕组匝间短路、铁心故障及绝缘劣化和油面下降等故障均能灵敏动作。当油浸式变压器的内部发生故障时，由于电弧将使绝缘材料分解并产生大量的气体，从油箱向油枕流动，其强烈程度随故障的严重程度不同而不同，反应这种气流与油流而动作的保护称为瓦斯保护，也叫气体保护。瓦斯保护根据故障的严重程度动作于信号或跳闸，动作于信号的瓦斯保护，习惯上称之为轻瓦斯保护，动作于跳闸的瓦斯保护，则称之为重瓦斯保护。

瓦斯保护的核心部件是瓦斯继电器（气体继电器），安装在油箱与储油柜的连接管道中，如图 7-27 所示。气体继电器有浮筒式、挡板式、开口杯式等不同型号。图 7-28 为 JQ1-80 气体继电器的结构图。

JQ1-80 是开口杯挡板式复合型气体继电器，其工作原理如下：

（1）在变压器正常运行时，继电器内及开口杯 5 中充满油。开口杯 5 与重锤 6 同时固定在轴的两侧，彼此保持平衡，开口杯 5 处于重锤 6 的上方。并且，在弹簧 9 的作用下，使挡板 10 处于正常位置。

（2）当油箱内部发生轻微故障时，产生的气体聚集在继电器的顶部，迫使油面下降。开口杯在顶部气体及杯内油的重力作用下，随油面的下降而下降。当开口杯上的永磁铁 4 接近于干簧触点 15 时，该触点闭合发出“轻瓦斯”动作信号。另外，当发生变压器漏油故障时，随着油面的下降，也会导致触点 15 闭合，发出“轻瓦斯”动作信号。

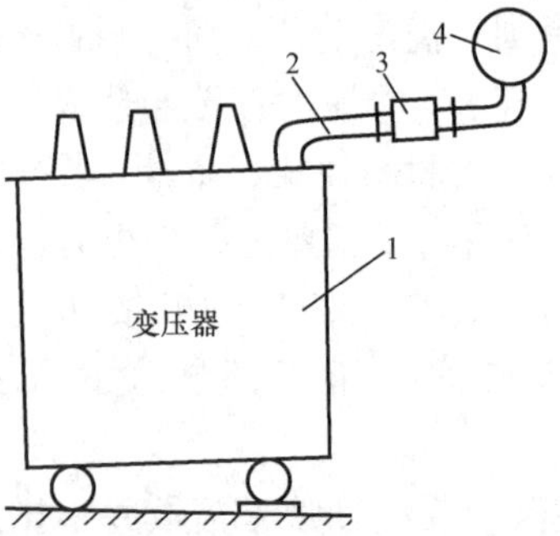

图 7-27　气体继电器安装位置图
1—油箱；2—连接管；
3—气体继电器；4—油枕

（3）当油箱内部发生严重故障时，就会产生大量的气体，该气体伴随油流冲击挡板 10，挡板被冲击而移动位置，固定在挡板上的永磁铁 11 接近干簧触点 13 时，使该触点闭合，发出“重瓦斯”动作信号。干簧触点设计两对，它们串接使用，起到防止震动而导致误动作的作用。

轻瓦斯保护的动作值采用气体容积大小表示。一般轻瓦斯保护气体容积的整定范围为 250～300cm³，对于 10MVA 以上变压器，多采用 250cm³，气体容积的大小通过改变重锤的值调整。

重瓦斯保护的动作值采用油流速度大小表示，一般的整定范围为 0.5～1.5m/s，它指的是连接管中油流的速度。通过调节挡板弹簧来调节油流速度的整定值。

对于容量为 800kVA 及以上的油浸式变压器和 400kVA 及以上的车间内油浸式变压器，均应装设瓦斯保护。

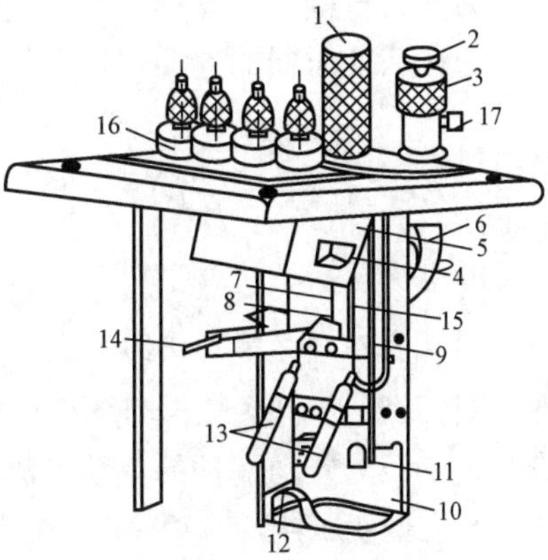

图 7-28 JQ1-80 气体继电器结构图

1—罩；2—顶针；3—气塞；4、11—永久磁铁；5—开口杯；6—重锤；7—指针；8—开口销；9—弹簧；10—挡板；12—螺杆；13—触点（重瓦斯）；14—调节杆；15—触点（轻瓦斯）；16—套管；17—排气口

瓦斯保护和差动保护都是变压器的主保护。差动保护不能代替瓦斯保护，这是因为当发生铁心过热烧伤、油面降低等故障时，差动保护不能反应；当发生绕组线匝较少的匝间短路时，短路环中的电流很大，但反应在差动回路中的电流并不大，差动保护可能由于灵敏度不足而不能动作。同样，瓦斯保护也不能代替差动保护，因为瓦斯保护对于油箱外部套管及引出线等部位的故障无能为力。

思考与练习

思考

7.1 变压器可能发生的故障有哪些？针对这些故障应配置哪些保护？

7.2 变压器有哪些不正常运行状态？针对这些不正常运行状态应配置哪些保护？

7.3 差动电流与不平衡电流在概念上有何区别？

7.4 变压器差动保护中如何选择电流互感器的变比？

7.5 变压器差动保护在稳态情况下产生不平衡电流的原因是什么？可采取哪些措施减小其影响？

7.6 在外部短路时，如何估算双绕组变压器差动保护的最大不平衡电流？

7.7 何谓变压器差动电流速断保护？说明其作用。

7.8 何谓变压器比率制动特性的最大制动比、最小工作电流、拐点电流？

7.9 变压器空载合闸时为什么会产生励磁涌流？

7.10 三相变压器空载合闸时的三相中的励磁涌流是否三相对称？为什么？

7.11 采用比率制动特性的变压器电流差动保护为什么需要识别励磁涌流？识别励磁涌流的方法有哪些？

7.12 说明变压器过励磁和励磁涌流的异同点。

7.13 何谓复压启动的过电流保护？

7.14 说明变压器接地短路的后备保护的原理及配置方案。

7.15　为什么自耦变压器的零序电流保护不能接在中性线的电流互感器上？

7.16　为什么变压器的差动保护不能替代瓦斯保护？

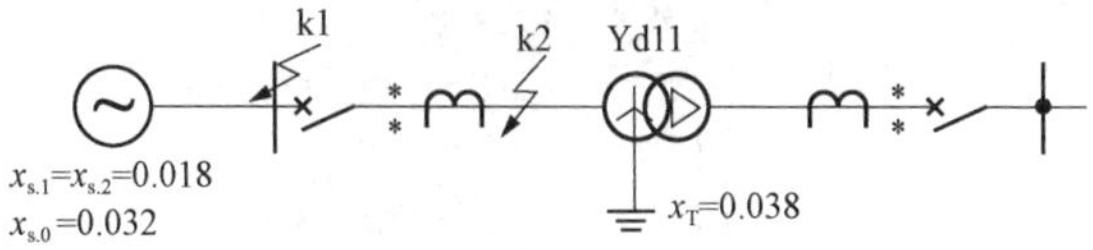

图 7-29　题 7.18 图

练习

7.17　画出 Dy1 接线的变压器差动保护的原理接线。若两侧 TA 都采用星形接线，说明进行相位校正计算方法。

7.18　图 7-29 所示系统，归算后的标幺值参数已标于图中。计算 k1、k2 点发生单相接地短路时，变压器差动保护的差动电流。

7.19　某大型变压器，取 $\Phi_s=1.2\Phi_m$，$\Phi_{rmax}=0.7\Phi_m$，当某相电压的合闸角分别为 $\alpha=0°$ 及 30°时，计算该相励磁涌流的间断角。

7.20　如图 7-30 所示系统，变压器差动保护采用两折线比率制动差动保护。在基准容量 $S_B=1000$MVA，平均电压为基准电压的条件下，系统参数为：

220kV 系统　$x_1=x_2=0.125$，$x_0=0.05$；

110kV 系统　$x_1=x_2=0.25$，$x_0=\infty$。

变压器的接线方式为 YNyn0d11，$S_N=200$MVA，各侧容量比为 100/100/100，短路电压 $U_{12}\%=15$，$U_{13}\%=5$，$U_{23}\%=10$。试分析并计算：

（1）选择电流互感器的变比；

（2）计算平衡系数；

（3）进行定值整定、校验灵敏系数。

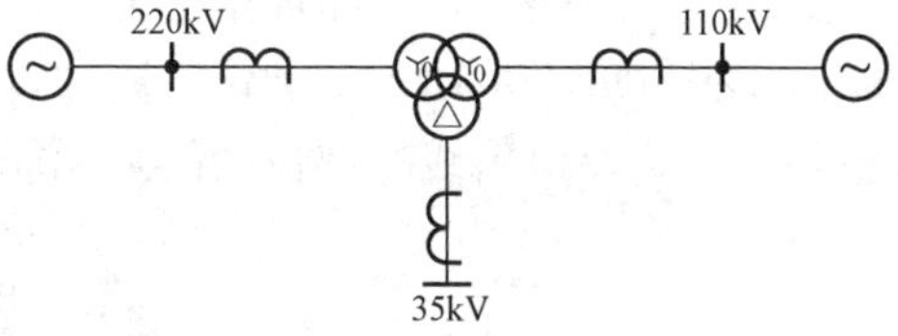

图 7-30　题 7.20 图

7.21　图 7-31 所示 YNd11 接线变压器，当高压侧绕组发生单相接地短路时，分别分析纵差保护及零序电流差动保护的动作行为，并进行灵敏度方面的比较。

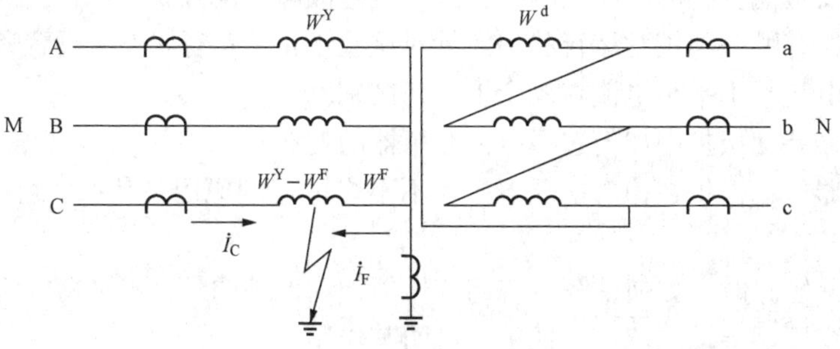

图 7-31　题 7.21 图

拓展

7.22　如图 7-32 所示为变压器差动保护 2 次谐波制动比的测试电路。为了能够正确测量 2 次谐波制动比，要求变压器比率制动差动保护动作特性的斜率需整定为 0。表计 PA1 为交流电流表，表计 PA2 为直流电流表。电流只加在某一侧的 A 相电流端子上，其他各相均无电流输入。测试方法：断开 S1，合上 S2，调节滑线电阻 R_2，电流从小到大缓慢增大至差动保护动作，读取 PA1 的数值为 1.5A 。此后，合上 S1，调节滑线电阻 R_1，电流从小到大缓慢增加，使保护返回，读取 PA2 数值为 1.8A。试完成：

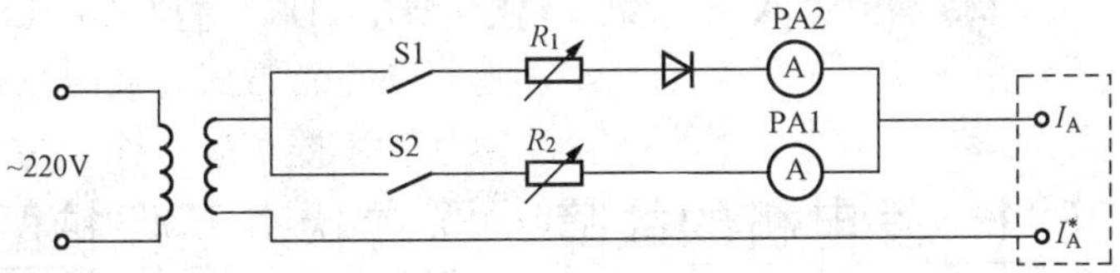

图 7-32　题 7.22 图

（1）该保护的最小动作电流定值；

（2）该差动保护的二次谐波制动比的定值。

7.23　图 7-33 所示为 BCH-2 型差动继电器应用于变压器差动保护的原理接线。平衡线圈 $W_{bc.1}$ 或 $W_{bc.2}$ 接于差动回路的一个臂中，用于平衡正常运行时的不平衡电流；差动线圈接于差动回路中，当差动电流大于动作值时，继电器动作；W'_c 及 W''_c 构成短路绕组。试分析：

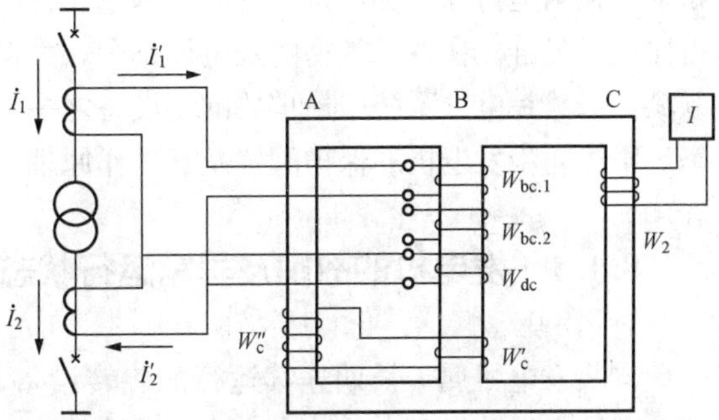

图 7-33　题 7.23 图

（1）平衡线圈及差动线圈的接线原则；

（2）短路绕组的作用；

（3）W''_c/W'_c 比值不同对继电器的影响。

7.24　如图 7-34 所示为 BCH-1 型差动继电器应用于变压器差动保护的原理接线。平衡线圈 $W_{bc.1}$ 或 $W_{bc.2}$ 接于差动回路的一个臂中，用于平衡正常运行时的不平衡电流；差动线圈接于差动回路中，当差动电流大于动作值时，继电器动作；W_{res} 为制动线圈，两个制动线圈产生的磁通在两个二次绕组 W_2 上感应的电动势大小相等，方向相反。试分析：

（1）制动绕组的作用及接入方式考虑的原则；

（2）定性画出该继电器的动作特性曲线。

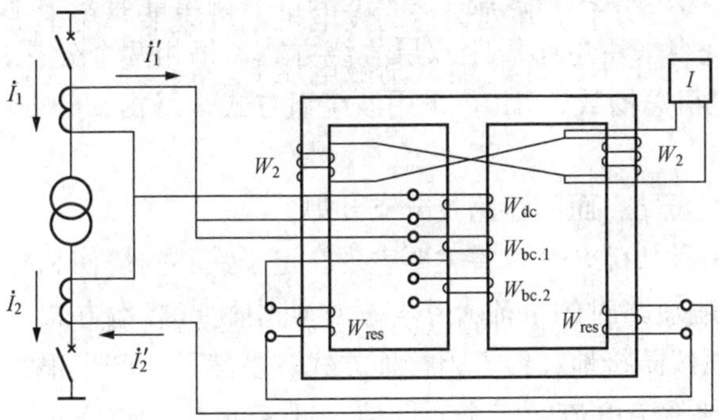

图 7-34　题 7.24 图

7.25　对于容量较小的配电变压器，当低压侧没有安装电流互感器而无法使用电流差动保护时，探讨其保护配置及相关的整定计算问题。

第8章　发电机保护

8.1　发电机的故障、异常状态及保护配置

在电力系统中，发电机的安全运行对保证电力系统的正常运行与合格的电能质量起着决定性的作用。截至2022年底，我国发电装机容量近2.56×10^9kW。近年来，在新发展理念的引领下，我国坚持绿色和可持续发展，水电、核电、风电、光伏发电为代表的清洁能源装机容量占比逐年提升。在各种类型的发电设备中，大型同步发电机组广泛应用于火电、水电、核电等领域，仍然是电力系统中最重要的主设备之一。本章主要分析同步发电机的故障及异常运行状态，阐述同步发电机的保护配置及其工作原理。

8.1.1　发电机的故障及异常运行状态

同步发电机属于长期连续运行的旋转设备，它在运行中既要承受机械振动，又要承受电流、电压产生的电磁力的冲击。冷却系统的故障或异常会导致发电机温度升高，加之工艺、材料的缺陷及维护不当等因素的影响，常常导致定子绕组和转子绕组绝缘损坏，从而引起各种短路故障。

1. 定子绕组的故障

大容量同步发电机的定子绕组通常采用双层叠绕组或波绕组方式，每相绕组可能有多个分支。例如某型号的600MW汽轮发电机定子绕组采用单匝短距双层叠绕方式，每相两个分支，三相接成双星形；某型号的700MW水轮发电机总槽数为540，采用波绕组方式，每相5分支，每分支36匝线圈。

定子绕组的故障包括单相接地短路、相间短路、匝间短路及分支开焊。

定子绕组的单相接地是发电机最常见的一种故障，其危害主要表现在定子铁心的烧伤和接地故障扩大为相间或匝间短路。定子绕组接地短路时的电流大小与发电机中性点接地方式有关。发电机的中性点一般采用不接地、经消弧线圈接地和经高阻接地方式。虽然不会产生很大的接地短路电流，但仍可能超过定子绕组接地故障电流的安全允许值（见8.4节），烧伤定子铁心。定子铁心损伤程度取决于故障点电流和故障持续时间，对于没伤及铁心的定子绕组绝缘损坏，修复工作较简单，停机时间较短。一旦接地短路烧伤铁心，因修复会造成较长的停机时间，从而造成很大的直接和间接经济损失。

定子槽内上下层线棒间绝缘磨损会引发相间和匝间短路，匝间短路包括同相同分支的匝间短路和同相不同分支间的匝间短路。定子绕组匝间短路会产生很大的环流，引起故障处温度升高，使绝缘老化，甚至绝缘击穿造成单相接地或相间短路，扩大发电机损坏范围。相间短路会产生很大的短路电流，巨大的电磁转矩将会对发电机产生极大的冲击，因过热严重烧损定子铁心及线棒，甚至造成发电机的报废。

运行中的发电机由于电磁振动或工艺不良等原因，导致股线疲劳断裂，形成分支开焊故障，如果断裂的绕组为定子空心绕组，还会引发漏水故障。

2. 转子绕组的故障

发电机转子绕组常见的故障形式有转子绕组匝间短路、转子绕组一点接地及两点接地。

转子绕组故障产生的原因也是多方面的，如发电机转子在运输或保存过程中，由于转子内部受潮、铁心锈蚀；启动或停机时，由于转子绕组的活动，部分匝间绝缘垫片发生位移，引起氢气通风孔局部堵塞，使转子绕组局部过热和绝缘损坏；运行中转子滑环上的电流引线的导电螺栓未拧紧，造成螺栓绝缘损坏；电刷粉末沉积在滑环下面的绝缘突出部分，使励磁回路绝缘电阻严重下降等。

绕组匝间短路多发生在沿槽高方向的上层线匝，对于气体冷却的转子，这种匝间短路不会直接引起严重后果。但对于水内冷的转子，由于匝数少、电流密度大，不容许带着匝间短路长期运行。

转子绕组一点接地故障，对发电机不会造成实质性危害，但若再相继发生第二点接地故障时，故障点流过相当大的故障电流会烧伤转子本体；部分绕组被短接，励磁绕组中电流增加，可能因过热而烧伤；部分绕组被短接，气隙磁通失去平衡，从而引起发电机振动；汽轮发电机励磁回路两点接地，还会使轴系和汽轮机磁化。因此，励磁回路两点接地故障的后果是严重的，将严重损伤发电机，处理起来很麻烦，应尽量避免发生。

对于采用凸极结构的多极水轮发电机组，因转子绕组两点接地引起的振动更加严重，会破坏各轴承与轴瓦之间的间隙，排除此类故障需要相当长的停机时间，故水轮发电机组不允许转子绕组两点接地现象出现，当发生转子绕组一点接地故障后，应立即安排负荷转移并停机。

3. 励磁系统故障

励磁系统的故障表现为低励和失磁两种故障形式。低励是指发电机的励磁电流低于静稳极限对应的励磁电流，失磁则表示发电机完全失去励磁电流。

大型发电机组的励磁系统的构成环节比较多，转子绕组故障、励磁回路开路、励磁机故障、半导体励磁系统故障、自动调节励磁装置故障、灭磁开关误跳闸、运行人员误操作等都会造成发电机的低励或失磁。发电机低励或失磁后，将过渡到异步运行状态，对发电机及电力系统安全稳定运行产生影响（见第8.6节）。

4. 发电机的异常运行状态

当发电机的运行参数超出其长期运行所允许的限值时，将处于异常运行状态，它通常由系统运行方式的异常改变或外部故障等原因所致，主要有以下表现形式：

(1) 由于外部短路以及系统振荡引起的定子绕组过电流。

(2) 由外部不对称短路或不对称负荷（如单相负荷，非全相运行等）而引起的发电机负序过电流。负序电流在发电机气隙中产生负序旋转磁场，其旋转方向正好与转子的旋转方向相反，会在转子铁心的表面、槽楔、转子绕组以及转子其他金属部件中感应产生100Hz的电流，而集肤效应会使转子端部、护环内表面、槽楔和小齿接触面等部位因过热而灼伤，严重时会使护环受热松脱，给发电机造成灾难性破坏。另外，负序气隙旋转磁场与转子电流之间，正序气隙旋转磁场与定子负序电流之间所产生的频率为100Hz交变电磁力矩，将同时作用于转子大轴和定子机座上，产生频率为100Hz的振动。发电机承受负序电流的能力一般取决于转子的容许温度。

(3) 由于电力系统扰动导致发电机失步运行。发电机—变压器组的电抗较大，系统规模的增大使得系统等效阻抗减小，因此振荡中心有可能落在发电机机端或变压器范围内。由于机端电压周期性下降，导致厂用辅机工作异常，甚至发生致使全厂停机、停炉的重大事故。振荡过程中会周期性地产生很大电流（发电机电动势与系统电动势相差 180°时，相当于振荡中心处发生三相短路，见 4.7.3 节），若振荡电流在较长时间内反复出现，会使定子绕组遭受热损伤或端部遭受机械损伤。振荡过程中会产生对发电机组轴系的周期性扭力，可能造成大轴的严重机械损伤。振荡过程中周期性的转差变化会在转子绕组中感应电流，引起转子发热。大型机组与系统失步，可能发生电力系统解列甚至崩溃的事故。

发电机的异常运行状态还包括：三相对称过负荷；转子绕组过负荷；定子绕组过电压；发电机误上电；断路器断口闪络；发电机逆功率和发电机频率异常运行等。

8.1.2 发电机的保护配置

发电机是十分贵重的电气设备，应该针对各种不同的故障和不正常工作状态，配置性能完善的继电保护。

1. 反应定子绕组及其引出线相间短路的保护

(1) 对 1MW 以上的发电机，应装设电流纵联差动保护（简称纵差保护）。

(2) 当发电机定子绕组采用多分支结构时，也可采用不完全纵差保护。

2. 反应发电机定子绕组匝间短路的保护

(1) 对定子绕组为星形接线、每相有并联分支且中性点侧有分支引出端子的发电机，应装设单元件横差保护或裂相横差保护、不完全纵差保护。

(2) 当定子绕组为星形接线、中性点只有三个引出端子时，可装设纵向基波零序电压保护、负序功率方向保护。

3. 发电机定子绕组单相接地保护

(1) 对直接连于母线的发电机，当定子绕组单相接地的故障电流大于规定的允许值时，应装设有选择性的（零序电流）接地保护。

(2) 对于发电机—变压器组，100MW 以下的发电机应装设保护区不小于 90%的定子接地保护，100MW 及以上的发电机应装设 100%的定子接地保护。100%的定子接地保护可以利用基波零序电压和三次谐波电压（双频式）构成，也可以采用外接电源的信号注入式保护原理。

4. 发电机转子一点接地保护

对于发电机励磁回路的一点接地故障，1MW 及以下的小型发电机可装设定期检测装置；对于 1MW 以上的发电机，应装设专用的励磁回路一点接地保护。

5. 发电机失磁保护

对于发电机励磁消失的故障，当不允许发电机失磁运行时，应在自动灭磁开关断开时连锁断开发电机的断路器；对于采用半导体励磁，以及 100MW 及以上采用电机励磁的发电机，应装设反应发电机失磁时电气参数变化的专用失磁保护。

6. 发电机转子表层（负序）过负荷保护

(1) 转子表层承受负序电流能力的常数 A 大于 10 的发电机，应装设定时限负序过负荷保护。

（2）转子表层承受负序电流能力的常数 A 小于 10 的发电机，应装设由定时限和反时限两部分组成的转子表层过负荷保护。

7. 发电机失步保护

300MW 及以上发电机应装设失步保护，当系统发生非稳定振荡时保护系统或发电机安全。

8. 发电机相间短路后备保护

（1）装设负序过电流保护和过电流保护，作为发电机、变压器、高压母线和相邻线路故障的后备保护。为了满足保护灵敏度的要求，可以采用低电压启动的过电流保护、复合电压启动的过电流保护（见 7.4 节）。

（2）对于自并励发电机，在短路故障后，由于机端电压降低，励磁电流减小，短路电流衰减变小，短路电流在过电流保护动作出口前可能已小于定值，发电机宜采用带电流记忆的复合电压启动的过电流保护。

9. 发电机的其他保护

①定子绕组过电压保护；②发电机定子绕组过负荷保护；③发电机励磁绕组过负荷保护；④发电机过励磁保护；⑤发电机逆功率保护；⑥发电机频率异常保护；⑦发电机轴电流保护；⑧发电机误上电保护；⑨发电机启停机保护；⑩断路器端口闪络保护等。

8.1.3　发电机—变压器组的保护配置

对于大容量发电机组，发电机—变压器组的接线方式在电力系统中获得广泛应用。由于发电机和变压器成组连接，相当于一个元件工作，因此配备的保护也被称为发电机—变压器组保护，其保护的对象包括发电机、主变压器（主变）、厂用变压器（厂变）、励磁系统设备及高压侧 3/2 断路器接线的短引线。图 8-1 为 600MW、500kV 汽轮发电机—变压器组单元保护配置实例。图中配置的保护如下：

（1）汽轮发电机—变压器组单元主保护配置为：发电机纵差保护、发电机匝间保护（横差保护或负序功率方向闭锁的纵向基波零序电压保护）、基波零序电压定子一点接地保护、三次谐波电压定子一点接地保护、转子一点接地保护、转子两点接地保护、主变纵差保护、发变组纵差保护、高厂变纵差保护、励磁机（变）纵差保护。

（2）汽轮发电机—变压器组单元的发电机后备保护和异常运行保护配置为：定（反）时限定子绕组过电流保护、过负荷保护、定（反）时限转子表层过电流保护、失磁保护、失步保护、过电压保护、定（反）时限过励磁保护、逆功率保护、程序跳闸逆功率保护、频率异常保护、启停机保护、误上电保护。

（3）汽轮发电机—变压器组单元的变压器后备保护配置为：复合电压启动的过电流保护、零序电流保护、间隙零序电流（电压）保护、过负荷保护、过负荷启动风冷、过电流闭锁有载调压。

（4）汽轮发电机—变压器组单元的高厂变后备保护配置为：复压启动的过电流保护、分支低电压启动的过电流保护、分支零序过电流保护、过负荷保护、过负荷启动风冷、过电流闭锁有载调压。

（5）汽轮发电机—变压器组单元的励磁机（变）后备保护配置为：励磁机（变）过电流保护、定（反）时限励磁绕组过负荷保护、过负荷保护。

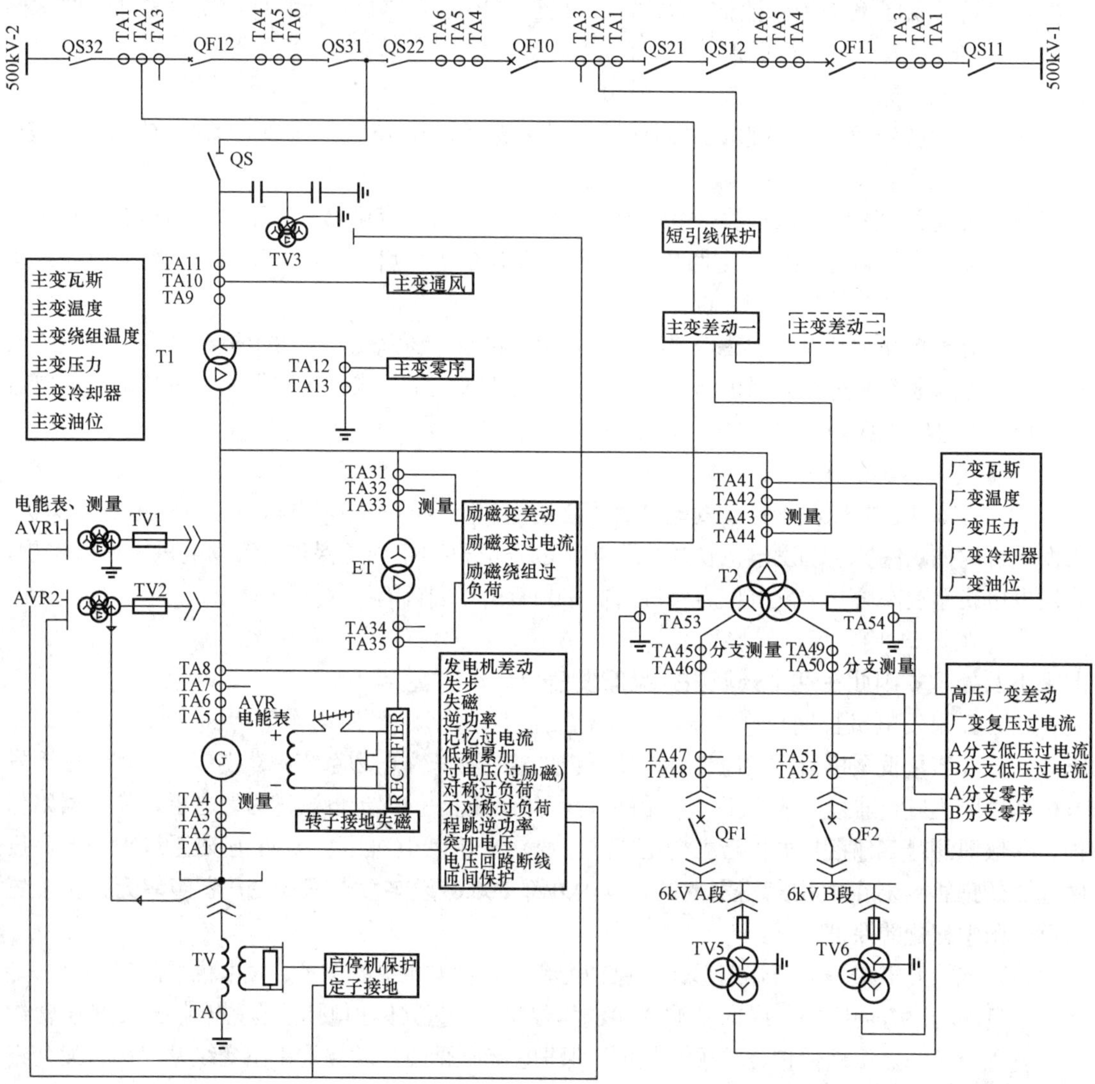

图 8-1　600MW、500kV 汽轮发电机—变压器组保护配置图

(6) 汽轮发电机—变压器组单元的其他保护：短引线差动保护、分支电缆差动保护、启动失灵保护、断路器断口闪络保护、非全相运行保护和发电机、主变及厂变全部非电量保护。

图 8-2 为 700MW、500kV 水轮发电机—变压器组单元保护配置实例，高压侧为 3/2 断路器。图中配置的保护如下：

(1) 水轮发电机—变压器组单元的主保护配置为：发电机纵差保护、发电机匝间保护（横差保护或发电机裂相横差保护、负序功率方向闭锁的纵向基波零序电压保护）、主变纵差保护、发变组纵差保护。

(2) 水轮发电机—变压器组单元的发电机后备保护和异常运行保护配置为：相间阻抗保护、基波零序电压定子接地保护、3 次谐波电压定子接地保护、转子一点接地保护、定（反）时限定子绕组过负荷保护、定（反）时限转子表层过负荷保护、失磁保护、失步保护、过电压保护、定（反）时限过励磁保护、启停机保护、误上电保护。

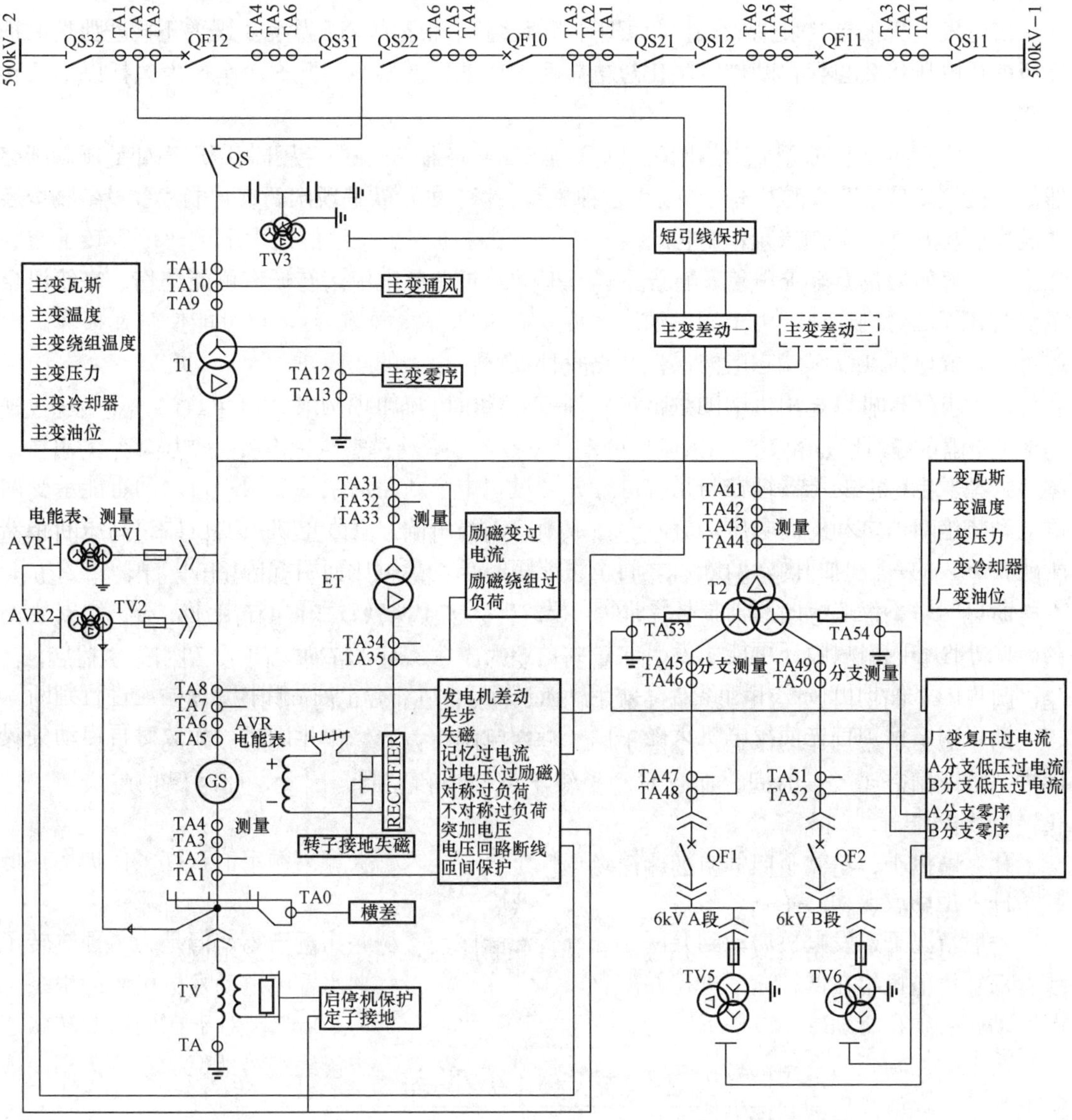

图8-2 700MW、500kV水轮发电机—变压器组保护配置图

(3) 水轮发电机—变压器组单元的变压器后备保护配置为：相间阻抗保护（复合电压启动的过电流保护)、零序电流保护、间隙零序电流（电压）保护、过负荷保护。

(4) 水轮发电机—变压器组单元的高厂变后备保护配置为：复压启动的过电流保护、两分支低压启动的过电流保护、两分支零序过电流保护、过负荷保护、过负荷启动风冷。

(5) 水轮发电机—变压器组单元的励磁机（变）后备保护配置为：励磁机（变）过电流保护、定（反）时限励磁绕组过负荷保护。

(6) 水轮发电机—变压器组单元的其他保护：启动失灵保护、断路器断口闪络保护、非全相运行保护及非电气量保护。

上述所列保护原理有的已在前面章节中进行过阐述，关于发电机保护的更多原理参见后面的相关内容。

发电机—变压器组保护除了保护原理种类繁多外，根据故障和异常工况的不同，保护的动作行为及控制对象也不尽相同。以汽轮发电机—变压器组为例，保护动作行为包括以下几种方式：

(1) 停机，指停汽轮机、停锅炉、断开高压侧断路器、灭磁、断开高压厂用变低压侧断路器、使机炉及其辅机停止工作。当发生各种短路故障，如不快速跳闸，有可能危及设备安全及造成严重损失时，保护应动作于停机。

(2) 解列灭磁，指断开高压侧断路器、灭磁、断开高压厂用变低压侧断路器、汽轮机甩负荷。

(3) 解列，指断开高压侧断路器、汽轮机甩负荷。

(4) 程序跳闸，指当机组出现异常情况需要停机时，保护先动作于跳主汽门，然后经过逆功率继电器的延时触点和主汽门跳闸后的动断触点串联，动作于跳发电机—变压器组的出口断路器，实现发电机组与系统解列并灭磁。

“程序跳闸”可有效防止汽轮机超速。能选用“程序跳闸”出口的保护，都是不会产生即时危害的异常运行状态。但汽轮机主汽门一旦关闭，就失去了快速恢复运行的可能性。因为汽轮机热态启动前应连续盘车4h以上才能重新冲转，这就失去了快速恢复运行的可能性。另外，盘车时段内还将消耗大量燃料和厂用电，增加了重新启动的成本。而“解列”不同，机组甩负荷后，汽轮机调节系统可在几秒钟内使机组保持额定转速，也就能在很短的时间内恢复机组运行。

对于短路引起动作的保护，不能采用“程序跳闸”方式。由于“程序跳闸”从保护动作到断路器跳闸需要较长时间，而且时间长短不可预知和控制，因此，此时保护应采用“停机”方式出口。

(5) 减出力，指减少原动机的输出功率。

(6) 减励磁，指减小励磁电流。

(7) 母线解列，指对双母线系统，断开母联断路器，缩小故障波及范围。

(8) 发出警示信号。

8.2 发电机纵联差动保护

纵联差动保护的工作原理在输电线路电流差动保护和变压器差动保护中都进行过比较详尽的论述。图8-3是发电机纵差保护的构成示意图。

按图8-3规定的正方向，流入差动继电器的电流为

$$I_d = |\dot{I}_T + \dot{I}_S| / n_{TA} \tag{8-1}$$

式中：I_d 为差动电流；$\dot{I}_T$ 为发电机机端相电流；$\dot{I}_S$ 为发电机中性点侧相电流；n_{TA} 电流互感器的变比。

当正常运行或外部故障时，计及电流互感器传变误差的影响，差动电流 $I_d \neq 0$，即存在不平衡电流，发电机纵差保护的不平衡电流计算式为

$$I_{unb} = K_{np} K_{st} K_{er} I / n_{TA} \tag{8-2}$$

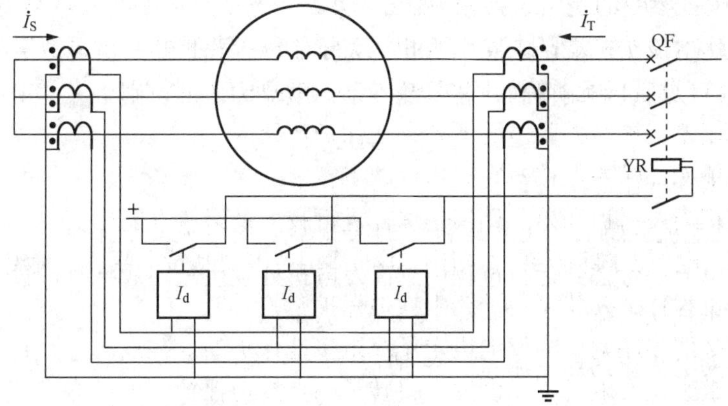

图 8 - 3　发电机纵差保护构成示意图

式中：K_{np}为非周期分量系数，正常运行时取 1，故障时取 1.5～2；K_{st}为两侧电流互感器同型系数，同型时取 0.5，不同型时取 1；K_{er}为电流互感器的传变误差，正常运行时取 0.06（10P 级 TA）或 0.02（5P 级 TA），短路时取 0.1。

对引入机端和中性点侧全相电流（定子绕组具有多分支时，引入所有分支的总电流）的完全电流纵联差动保护，两侧电流互感器一般都是同型号同变比，和变压器差动保护相比不平衡电流要小很多。

为了提高发电机内部短路时保护的灵敏性，通常采用具有制动特性的纵差保护，既能在外部短路时有可靠的制动作用，又能在内部短路时有较高的灵敏度。

8.2.1　比率制动特性的纵联差动保护

按图 8 - 3 规定的正方向，制动电流 I_{res}可有不同的选取方式。

$$I_{res} = 0.5 \mid \dot{I}_T - \dot{I}_S \mid / n_{TA} \tag{8-3}$$

或

$$I_{res} = \max(\mid \dot{I}_T \mid, \mid \dot{I}_S \mid) / n_{TA} \tag{8-4}$$

或

$$I_{res} = \mid \dot{I}_T \mid / n_{TA} \tag{8-5}$$

式（8 - 3）～式（8 - 5）在发电机外部短路时，并没有本质的区别，理论上是相等的，当发电机内部短路时，保护的灵敏性存在一定的差异。

比率制动特性的纵差保护的动作特性如图 8 - 4 所示。

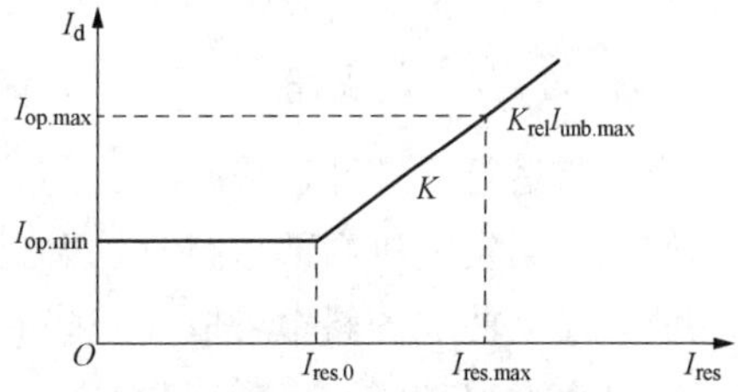

图 8 - 4　发电机比率制动纵差保护的动作特性

保护的动作判据为

$$\begin{cases} I_d \geqslant I_{op.min} & I_{res} \leqslant I_{res.0} \\ I_d \geqslant I_{op.min} + K(I_{res} - I_{res.0}) & I_{res} > I_{res.0} \end{cases} \tag{8-6}$$

式（8-6）中各参数的整定原则如下：

（1）最小动作电流 $I_{op.min}$ 应按照躲过正常运行时的不平衡电流整定。实际上，正常情况下的不平衡电流可以通过实测得到，若实测不平衡电流为 I'_{unb}，则 $I_{op.min}$ 可整定为

$$I_{op.min} = K_{rel} I'_{unb} \tag{8-7}$$

式中：可靠系数 $K_{rel} = 1.5 \sim 2$。

采用5P级的电流互感器，正常运行时的实测不平衡电流一般不会超过 $0.1 I_N / n_{TA}$，I_N 为发电机的额定电流。考虑到运行过程中远离发电机处发生短路故障时，暂态不平衡电流可能较大，通常最小动作电流 $I_{op.min}$ 取 $(0.2 \sim 0.4) I_N / n_{TA}$。

（2）最小制动电流或拐点电流 $I_{res.0}$ 一般取

$$I_{res.0} = (0.8 \sim 1) I_N / n_{TA} \tag{8-8}$$

当制动电流较小时，制动电流不起作用。制动特性的折线（延长线）不再经过原点。

（3）折线的斜率 K 可根据图8-4计算，即

$$K = \frac{I_{op.max} - I_{op.min}}{I_{res.max} - I_{res.0}} \tag{8-9}$$

最大动作电流 $I_{op.max}$ 一次值按躲过发电机出口区外短路时的最大不平衡电流进行计算，即

$$I_{op.max} = K_{rel} I_{unb.max} = K_{rel} K_{er} K_{np} K_{st} I_{k.max} \tag{8-10}$$

例如：设发电机的次暂态电抗 $x''_d = 0.2$，发电机出口区外三相短路时的电流 $I_{k.max} = 5I_N$。取 $K_{rel} = 1.5$，$K_{er} = 0.1$，$K_{np} = 2$，$K_{st} = 0.5$，计算得 $I_{op.max} = 0.75 I_N$。取 $I_{res.0} = 0.8 I_N$，$I_{op.min} = 0.3 I_N$，$I_{res.max} = I_{k.max} = 5 I_N$，计算得 $K = 0.107$。

对于发电机纵差保护而言，不利于保护动作的情况出现在发电机并网前内部发生短路时，若制动电流采用式（8-3），此时 $I_d = 2 I_{res}$，即只要制动系数小于2，保护就能动作。为了更可靠地防止外部短路时保护误动，可适当提高斜线的斜率，一般取 $K = 0.3 \sim 0.5$。

8.2.2 标积制动特性的纵联差动保护

采用图8-3规定的正方向，制动电流 I_{res} 按下式选取就构成标积制动式纵联差动保护

$$I_{res} = \begin{cases} \sqrt{I_T I_S \cos(180° - \varphi)} / n_{TA} & \cos(180° - \varphi) \geq 0 \\ 0 & \cos(180° - \varphi) < 0 \end{cases} \tag{8-11}$$

式中：φ 为 $\dot{I}_T$ 与 $\dot{I}_S$ 的夹角。

当正常运行或外部短路时，$\dot{I}_T$ 与 $\dot{I}_S$ 的夹角 $\varphi = 180°$，$I_{res} = I_T / n_{TA}$ 或 I_S / n_{TA}，具有很强的制动作用；当发电机内部短路时，无制动作用或制动电流很小。因此，最小制动电流可取小一些值，制动曲线的斜率可取大一些的值。当采用过原点的制动特性时，标积制动特性的发电机纵联差动保护的动作判据为

$$\begin{cases} I_d \geq I_{op.min} \\ I_d \geq K I_{res} \end{cases} \tag{8-12}$$

例如，$I_{op.min} = 0.3 I_N / n_{TA}$，$K = 0.45$，则 $I_{res.0} = 0.67 I_N / n_{TA}$。

8.2.3 发电机不完全纵差保护

大型发电机组的每相通常具有两个以上的分支，特别是大型水轮发电机组的定子绕组往往有更多的分支数，这就为构成不完全纵差保护提供了可能性。不完全纵差保护引入发电机中性点侧单个分支或其组合的电流量，而机端为相电流。发电机不完全纵差保护构成原理如图 8-5 所示。

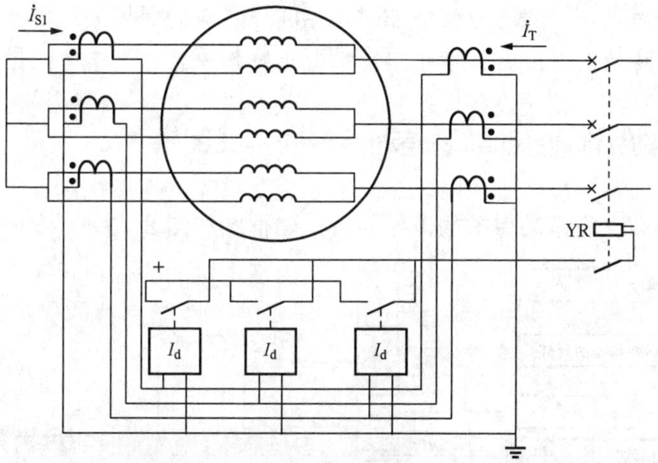

图 8-5 发电机不完全纵差保护原理接线图

从原理上来看，当发生相间短路、同相同分支匝间短路、同相不同分支匝间短路及分支开焊故障时，中性点侧电流和机端侧电流原来固有的平衡关系被打破，保护动作，从而对这些故障起到了保护作用。若要采用不完全纵差保护，必要条件是发电机制造厂商在制造发电机时，必须将 TA 的布置方式考虑在内。通常两侧电流互感器不同型，且其变比也不相等，加之各分支之间的参数存在一些微小差异，在区外发生短路时，就会引起额外的不平衡电流。

设机端引入相电流，定子绕组每相总的并联支路数为 b，中性点侧引入电流互感器的并联支路数为 b_1，机端电流互感器的变比为 n_{TA}，中性点侧电流互感器的变比为 n_{TA1}，则正常运行时中性点侧电流互感器的二次电流 $\dot{I}'_{S1}$ 为

$$\dot{I}'_{S1}=\frac{b_1}{bn_{TA1}}\dot{I}_T \tag{8-13}$$

发电机机端的二次电流为 $\dot{I}'_T=\dot{I}_T/n_{TA}$，因此在构成差动保护时，需考虑一平衡系数，即

$$K_p=\frac{\dot{I}'_T}{\dot{I}'_{S1}}=\frac{bn_{TA1}}{b_1n_{TA}} \tag{8-14}$$

则差动电流为

$$I_d=\left|\frac{\dot{I}_T}{n_{TA}}+\frac{\dot{I}_{S1}}{n_{TA1}}K_p\right| \tag{8-15}$$

制动电流为

$$I_{res}=0.5\left|\frac{\dot{I}_{T}}{n_{TA}}-\frac{\dot{I}_{S1}}{n_{TA1}}K_{p}\right| \tag{8-16}$$

或可选取其他形式的制动电流。

采用比率制动特性时，相对于完全纵差保护，不完全纵差保护的动作门槛及制动曲线的斜率可取大一些。

由于在发电机中性点侧不再引入全电流，对于具有多个分支的发电机组，引入哪些分支的电流就成为不完全纵差保护的设计任务之一。不同的组合，得到的故障电流也不同，差动保护的灵敏度也有差别，引入的分支增加时，相间短路时的保护灵敏度会提高，匝间短路时的保护灵敏度会下降，引入的分支减小时，情况正好相反。

8.2.4 发电机比率制动纵联差动保护的构成逻辑

发电机比率制动纵联差动保护的工作原理逻辑框图如图 8-6 所示。

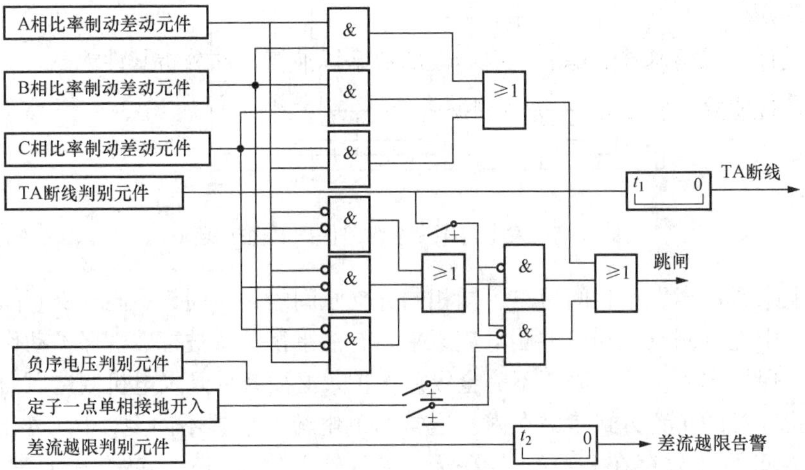

图 8-6 比率制动纵联差动保护工作原理逻辑框图

当发电机内部发生相间短路时，两相或三相差动元件同时动作，保护动作跳闸。当只有一相差动元件动作时，可考虑经 TA 断线判别元件闭锁差动保护。TA 断线后是否闭锁发电机差动保护存在争议。一种观点认为 TA 断线不属于发电机故障，不应该将发电机切除；另一种观点则认为 TA 断线虽不属于发电机故障，但由于在 TA 断线处会产生高电压和电弧，有可能引起火灾、二次设备损坏和人身伤害事故，会使事故进一步扩大，所以应该将发电机切除。

无论是否经 TA 断线闭锁纵差保护，当发生 TA 断线后，都应该进行报警。一般在断线条件满足时延时 5s 发交流异常信号。

当定子绕组一点接地而又发生区外不同相的另一点接地故障时，有一相差动元件动作，其他两相差动元件不动作，通过控制字（或连接片）可选择是否经负序电压判别元件和定子绕组一点接地保护动作开放差动保护。

由于交流回路或微机保护的采样回路异常，可能出现差动电流偏大，称之为差流越限。当差动电流大于一定数值时，经过一定延时判断为差流越限，发出告警信号。

8.3　发电机匝间短路保护

8.3.1　发电机横差保护构成原理

发电机横差保护包括裂相横差保护和单元件横差保护（或零序电流横差保护）。裂相横差保护的构成原理如图 8-7 所示。为了清晰起见，在图中未画出 B 相的两组 TA 及其差动回路。

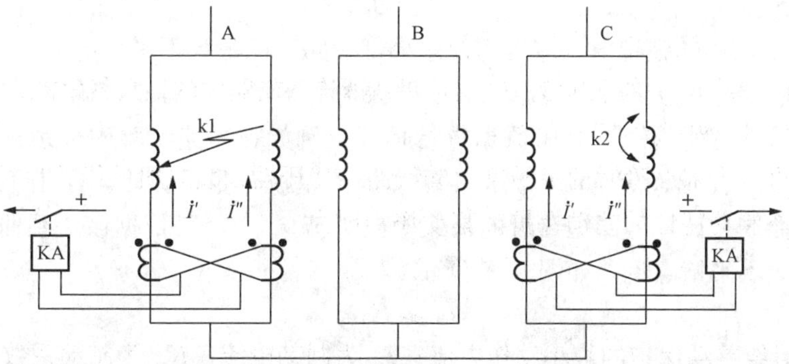

图 8-7　裂相横差保护原理图

假定图 8-7 所示的发电机每相具有两个分支，且正常运行及外部故障时，同相的两个分支电流相等。当 k1 点发生同相不同分支匝间短路时，只要被短接两点之间不是等电位，则图中所示的两个电流 $\dot{I}'$和 $\dot{I}''$不相等，于是差动回路中将有电流流入，差动保护动作。当发生 k2 点的同相同分支匝间短路时，同理，由于两个电流 $\dot{I}'$和 $\dot{I}''$不相等，差动保护动作。

横差保护原理简单，能够反应发电机定子绕组内部的相间短路、匝间短路及分支开焊故障，但对机端外部引线短路无保护作用。若要在发电机保护中使用横差保护，必要的条件是发电机中性点有相应的接线端子引出。

当发电机发生匝间短路时，短路点电流可能很大，但从保护安装处却不一定能够得到足够的反应。因此，设法提高横差保护的灵敏度，同时确保发电机正常运行及外部故障时保护可靠不误动，就成为横差保护应用中的关键问题。

裂相横差保护可采用比率制动原理，按图 8-7 规定的正方向，差动电流选取为

$$I_{\mathrm{d}} = |\dot{I}' - \dot{I}''| \tag{8-17}$$

制动电流选取为

$$I_{\mathrm{res}} = 0.5\,|\dot{I}' + \dot{I}''| \tag{8-18}$$

可采用图 8-4 所示的比率制动特性。最小动作电流 $I_{\mathrm{op.min}}$按躲过负荷工况下最大不平衡电流确定，考虑两组互感器的比值误差及定子与转子之间气隙磁场不均匀造成的不平衡电流，一般情况下，动作特性中的各参数取值为 $I_{\mathrm{op.min}} = (0.3 \sim 0.5)I_{\mathrm{N}}/n_{\mathrm{TA}}, I_{\mathrm{res.0}} = (0.3 \sim 0.6)I_{\mathrm{N}}/n_{\mathrm{TA}}, K = 0.5$。

单元件横差保护原理如图 8 - 8 所示。发电机的定子绕组形成两组星形接线，有两个中性点，在这两个中性点之间的连线上装有一只电流互感器 TA，通过测量此 TA 二次电流的大小，确定保护是否动作。当发生图 8 - 8 中所示的同相不同分支（k1）或同相同分支（k2）短路时，中性点连线上会有电流流过。单元件横差保护利用该电流识别此类故障。

单元件横差保护是发电机定子绕组内部各种故障的简单、高灵敏的主保护。由于它只需在两个中性点连线上装一个电流互感器，不存在因两组电流互感器特性差异而产生额外的不平衡电流，因此动作值可以整定较低，灵敏度高。另外，该保护原理也不存在 TA 断线闭锁保护的问题。因此，在条件允许时应尽量优先采用此保护。单元件横差保护的判据为

$$I > I_{set} \tag{8-19}$$

式中：I_{set}为保护动作的整定值，应考虑躲过外部短路时的最大不平衡电流。

发电机正常运行和外部短路时单元件横差保护的不平衡电流难以确定，在实际工作中，可以利用发电机投运前的短路试验数据进行估算。例如在短路实验中分别选取短路电流为 0.25、0.5、0.75、1 倍额定电流，测得不平衡电流基波分量的大小，绘出不平衡电流与短路电流的关系曲线。计算外部短路时的最大短路电流 $I_{k.max}$，可依据该关系曲线，经过外推的方法得到最大不平衡电流，如图 8 - 9 所示。

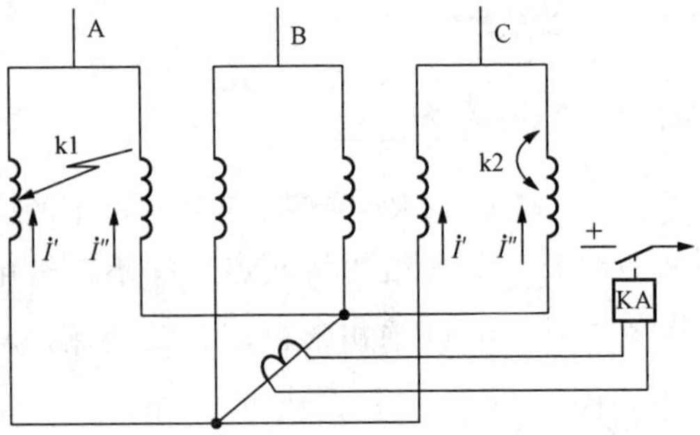

图 8 - 8 单元件横差保护原理图

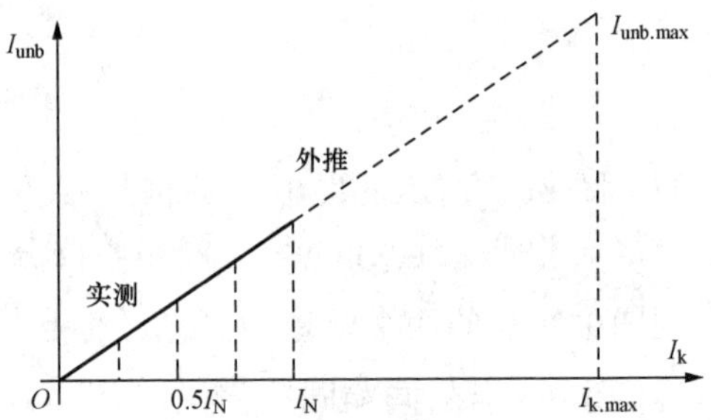

图 8 - 9 单元件横差保护最大不平衡电流估算

于是，单元件横差保护的动作值整定为

$$I_{set} = K_{rel}K_{np}I_{unb.max} \tag{8-20}$$

式中：K_{rel}为可靠系数，取 1.3～1.5；K_{np}为非周期分量系数，取 1.5～2。

在发电机外部发生短路时，不平衡电流中有较大的 3 次谐波分量，为了提高保护的灵敏性，则要求保护装置对 3 次谐波的滤过比（3 次谐波电流动作值与基波动作电流的比值）应不小于 80。此时，式（8 - 20）中的最大不平衡电流可只计及基波分量。

单元件横差保护逻辑框图如图 8 - 10 所示。

当发生发电机转子偏心、励磁回路两点接地时，发电机励磁磁动势的畸变引起气隙磁通发生畸变，处于不同定子槽的绕组会感应不同的电动势，有可能造成横差保护动作。但当上述情况发生时，发电机已有切除的必要，可以不必采取相应的闭锁措施。

然而，当发生励磁回路一点接地故障后，由于可能出现的瞬时两点接地会造成励磁磁动势在空间分布发生变化，产生短时的不平衡电流。为了防止该情况下横差保护误动作，保护设有励磁回路一点接地保护动作的开入量，在励磁回路一点接地时，若横差保护满足动作条

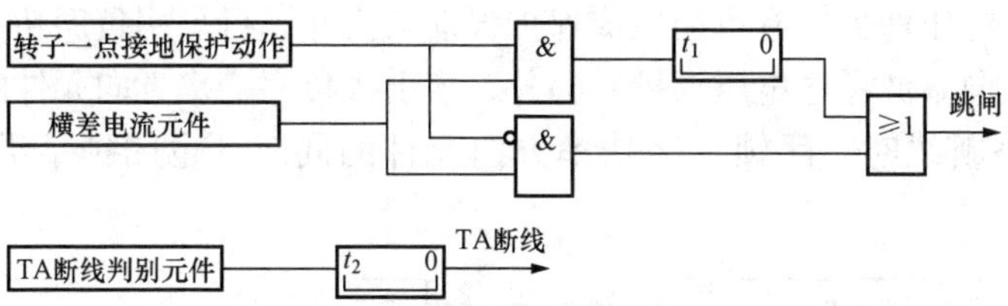

图 8-10 单元件横差保护逻辑框图

件，需经 0.5～1s 时间延时出口跳闸。

保护装置具有交流回路异常监视功能，当检测到交流回路异常时，发出告警信号，及时通知运行人员进行处理。

8.3.2 发电机纵向基波零序电压保护

由于发电机中性点侧定子绕组引出端子的问题，当不具备采用裂相横差保护或单元件横差保护条件时，为了反应发电机定子绕组的匝间短路及分支开焊故障，还可采用纵向基波零序电压保护。其保护原理如图 8-11所示。

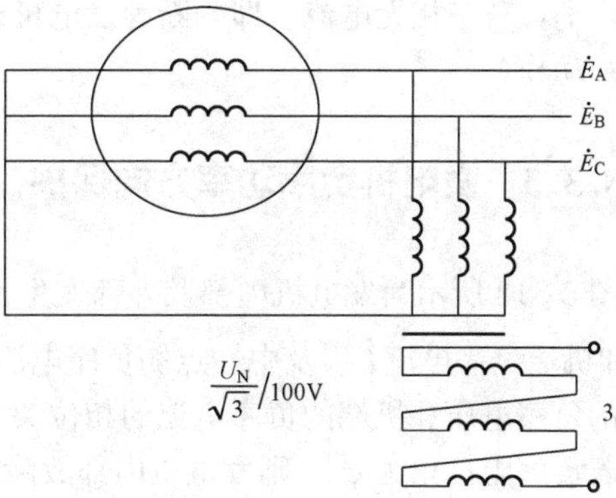

图 8-11 发电机纵向基波零序电压保护原理图

由图 8-11 可见，该保护采用了专用的电压互感器，其一次绕组的中性线和发电机的中性点相连，其二次绕组测量到的零序电压 $3\dot{U}_0$ 为发电机三相绕组相电动势之和，即机端对中性点的基波零序电压，称其为发电机纵向基波零序电压，即

$$3\dot{U}_0 = \dot{E}_A + \dot{E}_B + \dot{E}_C$$

当发电机正常运行或外部短路时，假设三相电动势仍然对称，则 $3\dot{U}_0=0$，而当发电机内部发生相间短路、匝间短路或分支开焊故障时，三相绕组电动势的对称关系被破坏，则测量到的零序电压 $3\dot{U}_0\neq0$。

由此可知，该保护的动作判据为

$$|3\dot{U}_0| \geqslant U_{set} \tag{8-21}$$

式中：U_{set}为保护动作的整定值，应按照躲过正常运行时的最大不平衡电压整定。

当发电机正常运行时，不平衡电压中的基波分量较小，但可能存在较大的 3 次谐波分量，因此，要求保护对 3 次谐波电动势有较大的滤过比，通常不小于 80。通过实测的方法，得到正常运行时不平衡电压的基波分量 $3\dot{U}_{0unb.1}$，引入可靠系数 $K_{rel}=1.3\sim1.5$，确定保护的定值，即

$$U_{set} = K_{rel} \times 3U_{0unb.1} \tag{8-22}$$

一般取 1～2V。

发电机纵向基波零序电压保护逻辑框图如图 8-12 所示。当发电机外部发生不对称短路

时，纵向基波零序电压增大，有可能造成保护误动。为此，可采用负序功率方向元件，当内部故障时，开放纵向基波零序电压保护。另外，当引入负序功率方向元件的电流互感器和电压互感器二次回路断线时，闭锁负序功率方向元件的同时，也闭锁了纵向基波零序电压保护。

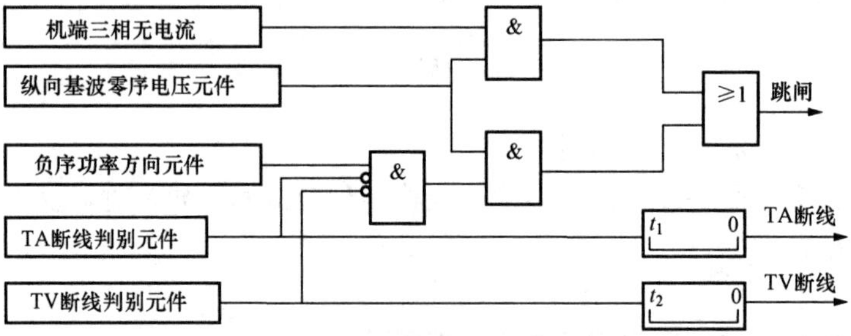

图 8-12　发电机纵向基波零序电压保护逻辑框图

当发电机并网运行前，负序功率方向元件不会起到保护作用。此时，增加机端三相电流判断识别，若三相无电流，即判断为发电机未并网，若纵向基波零序电压满足动作条件，允许保护动作。

8.3.3　发电机负序功率方向保护

图 8-13 所示为发电机内部及外部发生不对称短路时的负序网络，同时绘出了负序电压 $\dot{U}_2$ 和机端负序电流 $\dot{I}_{T.2}$ 及中性点侧负序电流 $\dot{I}_{S.2}$ 的相位关系。由图 8-13 的分析可知，利用机端的负序电压和机端的负序电流的相位关系可以判断故障发生的区域。

若负序阻抗角为 φ_2，则发电机内部故障时，有

$$\arg(\dot{U}_2/\dot{I}_{T.2}) = -(180^\circ - \varphi_2)$$

在发电机外部短路时，有

$$\arg(\dot{U}_2/\dot{I}_{T.2}) = \varphi_2$$

反应发电机内部不对称短路的负序功率方向元件的动作判据为

$$\varphi_{sen} - 90^\circ \leqslant \arg(\dot{U}_2/\dot{I}_2) \leqslant \varphi_{sen} + 90^\circ \tag{8-23}$$

式中：$\dot{U}_2$为机端量测的负序电压；$\dot{I}_2$为机端量测的负序电流；φ_{sen}为负序功率方向元件的灵敏角，一般为-100°或-105°。

发电机负序功率方向保护可以用于由于中性点只引出三个端子而无法装设单元件横差保护，以及没有专用 TV 不能装设纵向零序电压保护的场合。

在实际应用中，为消除由负荷电流造成的负序电压及负序电流的不平衡序分量，进一步提高保护动作的灵敏性，通常采用故障分量构成负序功率方向保护，式（8-23）改写为

$$\varphi_{sen} - 90^\circ \leqslant \arg(\Delta\dot{U}_2/\Delta\dot{I}_2) \leqslant \varphi_{sen} + 90^\circ \tag{8-24}$$

同时需满足

$$\Delta U_2 \geqslant 0.01U_N/n_{TV} \tag{8-25}$$

及

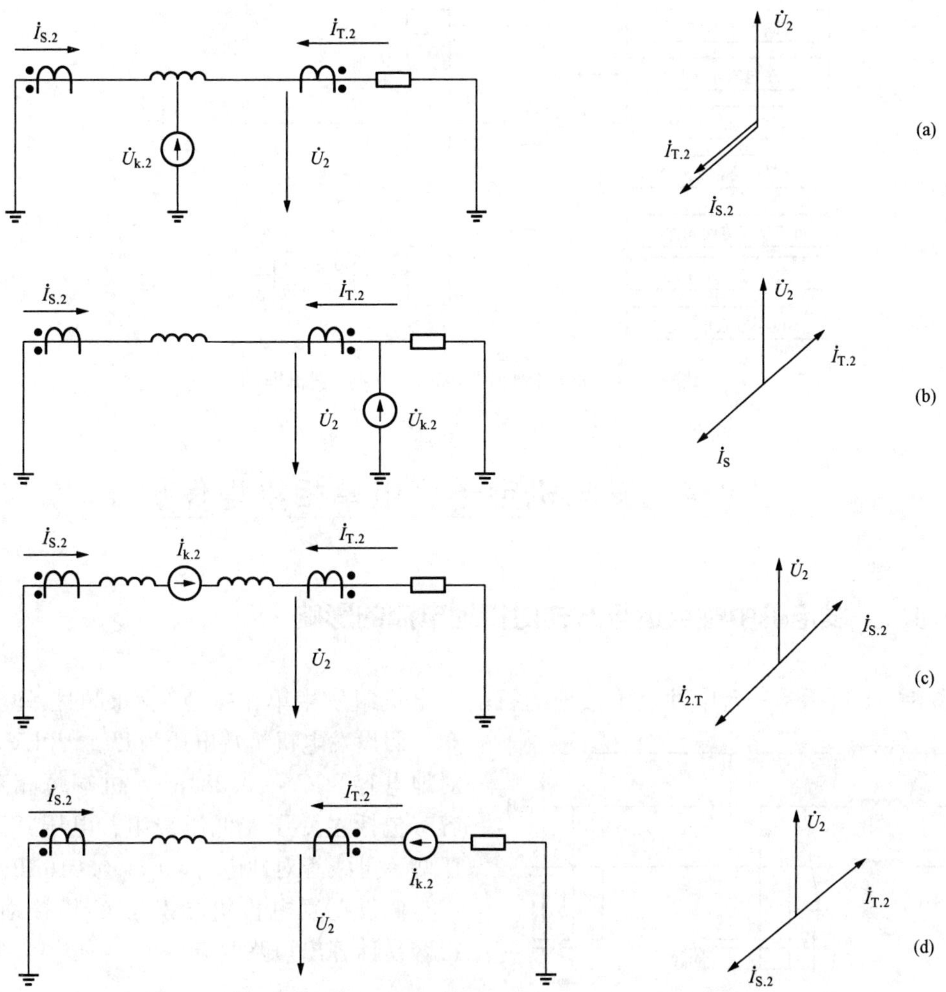

图 8-13　发电机不对称故障时负序网络和负序电压与负序电流相量图

(a) 发电机内部发生不对称相间短路；(b) 发电机外部发生不对称相间短路；
(c) 发电机内部发生纵向故障；(d) 发电机外部发生纵向故障

$$\Delta I_2 \geqslant 0.03 I_N / n_{TA} \qquad (8-26)$$

以防止 TA 断线及 TV 断线可能造成的保护误动。

鉴于故障分量的时效性，在故障分量启动 30ms 后，为了计算的准确性，动作判据改为稳态量的负序功率方向判据，即式（8-23），同时满足

$$U_2 \geqslant 0.06 U_N / n_{TV} \qquad (8-27)$$

及

$$I_2 \geqslant 0.04 I_N / n_{TA} \qquad (8-28)$$

为防止区外故障切除可能引起的保护误动，经 100ms 延时跳闸。

发电机并网前，负序功率方向保护将失去作用，为此可增设只反应负序电压 ΔU_2 的保护。

发电机负序功率方向保护的逻辑框图如图 8-14 所示。

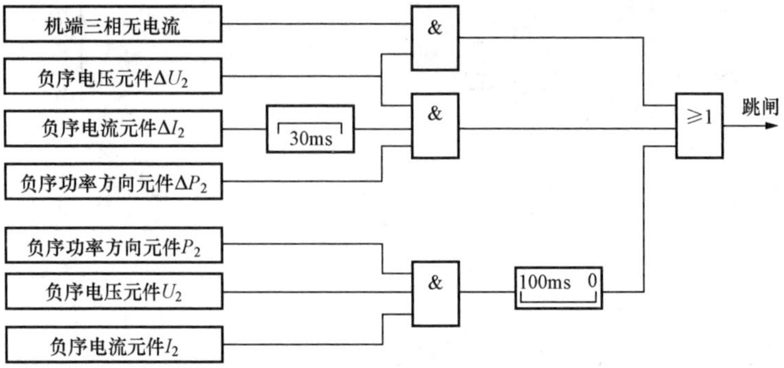

图 8-14　发电机负序功率方向保护逻辑框图

8.4　发电机定子绕组单相接地保护

8.4.1　发电机中性点运行方式对接地电流的影响

图 8-15 所示是一台中性点不接地运行的发电机组发生单相接地短路时的接地电流分布。假设发电机机端电压为 $U_N=20kV$，每相对地电容为 $C_g=0.284\mu F$，机端每相对地电容（包括主变压器低压绕组、电压互感器高压侧、母线等对地电容）$C_t=0.016\mu F$。

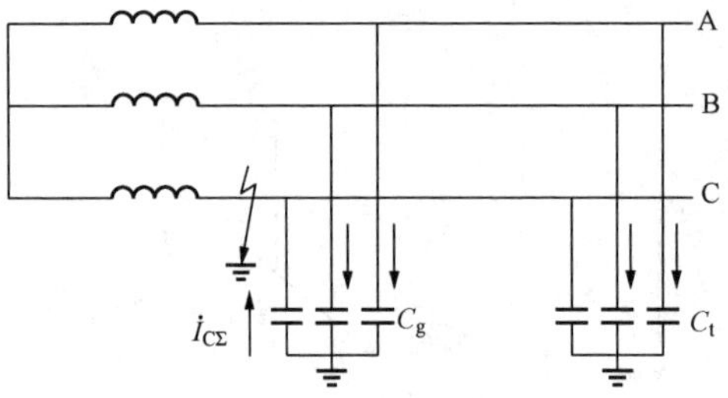

图 8-15　中性点不接地的发电机单相接地短路的接地电流分布图

假设在发电机机端发生 C 相接地短路，很容易计算出短路电流

$$I_{C\Sigma}=3\frac{U_N}{\sqrt{3}}\omega(C_g+C_t)=3.26(A)$$

根据 GB 14285—2006《电力系统继电保护与安全自动装置技术规程》的规定，对于不同电压和不同容量的发电机，允许的接地短路电流为：

电压为 6.3kV，发电机容量不大于 50MW，允许接地短路电流为 4A；

电压为 10.5kV，发电机容量为 50～100MW，允许接地短路电流为 3A；

电压为 13.8～15.75kV，发电机容量为 125～200MW，允许接地短路电流为 2A；

电压为 18～20kV，发电机容量为 300MW，允许接地短路电流为 1A。

只有在接地电流不大于规定值时，发电机定子铁心不会被烧伤，只存在绝缘恢复的问题。

尽管定子绕组单相接地电流可能仅数安，但故障处电弧时断时续，产生间歇性弧光过电压，由此而引发多点绝缘损坏，轻微的单相接地故障有可能发展为灾难性的相间或匝间短路。

发电机中性点运行方式除不接地外，还采用经消弧线圈接地或经高阻接地。

若发电机中性点经消弧线圈接地，在发电机单相接地时，消弧线圈产生的感性电流抵消发电机组的容性接地短路电流，将发电机故障点的电流限制在发电机允许的范围内，消除间歇电弧引起的过电压，因而允许发电机组带故障继续运行一段时间，待负荷转移后再进行停机处理。

大型发电机中性点经常采用的另一种接地方式是高电阻接地，即中性点经配电变压器接地，在变压器的二次侧接入一小电阻，如图 8 - 16 所示。

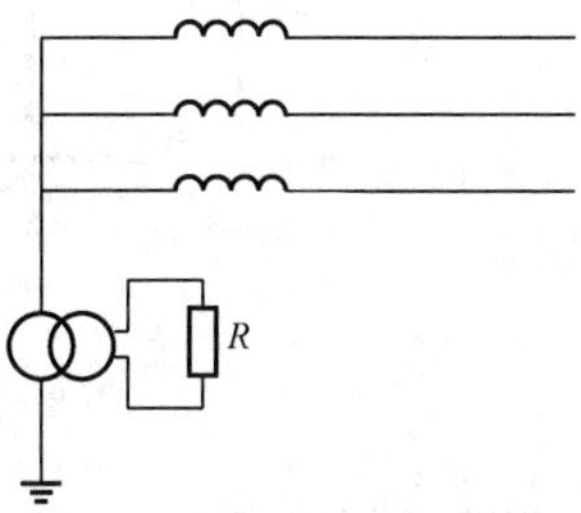

图 8 - 16　发电机经高电阻接地

例如某台发电机接地配电变压器的变比为 20000/230，二次侧接入电阻 $R=0.42\Omega$，则折算到配电变压器一次侧的电阻值为

$$R' = 0.42 \times \left(\frac{20000}{230}\right)^2 = 3176(\Omega)$$

当机端发生金属性接地短路时，利用图 8 - 15 给定的参数，经接地变压器支路流入故障点的电流为

$$I_R = \frac{20000/\sqrt{3}}{3176} = 3.64(\mathrm{A})$$

总的接地电流为

$$I_\Sigma = \sqrt{3.26^2 + 3.64^2} = 4.89(\mathrm{A})$$

因此，若发电机中性点经高电阻接地，当发生单相接地短路时，短路电流会增大。上述分析计算没有考虑变压器自身的电抗。

发电机中性点到底采用何种运行方式涉及诸多方面问题。发电机中性点经消弧线圈接地的优点在于限制单相接地电流，但也存在中性点偏移及潜在过电压的危险。在选择补偿度时，需考虑传递过电压（在升压变压器高压侧发生接地故障时，故障点零序电压经耦合电容传递到发电机侧的电压）、谐振过电压及暂态过电压问题。理论上，发电机中性点经消弧线圈接地应采用欠补偿方式。发电机中性点经配电变压器接地的运行方式则在防止各种过电压方面具有优势。

8.4.2　发电机定子绕组单相接地时基波零序分量的特点

如图 8 - 17 所示，假设单相接地故障发生在定子绕组距中性点 α 处，α 表示故障点到中性点的定子绕组匝数占总绕组匝数的百分比。为了简化分析，假设发电机的分布电容都集中在故障点处。

当定子绕组发生 A 相金属性接地短路时，由上述假设得到和故障点位置对应的各相对地电压分别为

$$\dot{U}_{kA} = 0$$

$$\dot{U}_{kB} = \alpha\dot{E}_B - \alpha\dot{E}_A$$

$$\dot{U}_{kC} = \alpha\dot{E}_C - \alpha\dot{E}_A$$

于是，故障点的零序电压为

$$\dot{U}_{k0(\alpha)} = \frac{1}{3}(\dot{U}_{kA} + \dot{U}_{kB} + \dot{U}_{kC}) = -\alpha\dot{E}_A \tag{8-29}$$

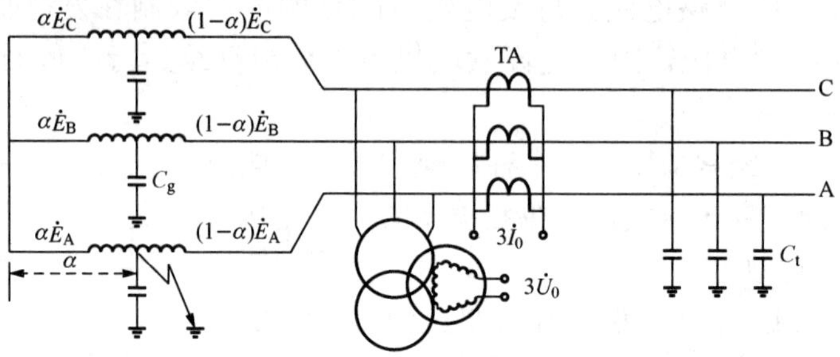

图 8-17 发电机定子绕组单相接地短路的网络接线图

忽略各相电流在发电机绕组上的压降，则机端的各相对地电压为

$$\dot{U}_A = (1-\alpha)\dot{E}_A$$
$$\dot{U}_B = \dot{E}_B - \alpha\dot{E}_A$$
$$\dot{U}_C = \dot{E}_C - \alpha\dot{E}_A$$

于是，机端测量到的零序电压为

$$\dot{U}_0 = \frac{1}{3}(\dot{U}_A + \dot{U}_B + \dot{U}_C) = -\alpha\dot{E}_A \tag{8-30}$$

所以，机端的零序电压和故障处的零序电压相等。

进一步分析各相的电容电流。发电机各相对地电容电流为

$$\dot{I}_{Ag} = 0$$
$$\dot{I}_{Bg} = \dot{U}_{kB}\mathrm{j}\omega C_g = (\alpha\dot{E}_B - \alpha\dot{E}_A)\mathrm{j}\omega C_g$$
$$\dot{I}_{Cg} = \dot{U}_{kC}\mathrm{j}\omega C_g = (\alpha\dot{E}_C - \alpha\dot{E}_A)\mathrm{j}\omega C_g$$

于是，发电机对地电容产生的零序电流为

$$\dot{I}_{g.0} = \frac{1}{3}(\dot{I}_{Ag} + \dot{I}_{Bg} + \dot{I}_{Cg}) = -\alpha\dot{E}_A\mathrm{j}\omega C_g \tag{8-31}$$

外部等值电容产生的零序电流为

$$\dot{I}_{At} = (1-\alpha)\dot{E}_A\mathrm{j}\omega C_t$$
$$\dot{I}_{Bt} = (\dot{E}_B - \alpha E_A)\mathrm{j}\omega C_t$$
$$\dot{I}_{Ct} = (\dot{E}_C - \alpha E_A)\mathrm{j}\omega C_t$$

于是，发电机外部等值电容产生的零序电流为

$$\dot{I}_{t.0} = \frac{1}{3}(\dot{I}_{At} + \dot{I}_{Bt} + \dot{I}_{Ct}) = -\alpha\dot{E}_A\mathrm{j}\omega C_t \tag{8-32}$$

总的接地短路电流为

$$\dot{I}_{0\Sigma} = \dot{I}_{g.0} + \dot{I}_{t.0} = -\alpha\dot{E}_A\mathrm{j}\omega(C_g + C_t) \tag{8-33}$$

通过以上分析，得到定子绕组单相接地短路时的零序等效网络，如图 8-18 所示。

结论：

(1) 发电机定子绕组故障位置处的零序电压无法测量到，通过分析，可以用机端测量到的零序电压替代；忽略各相电流在发电机绕组上的压降，机端的零序电压和故障处的零序电压相等。

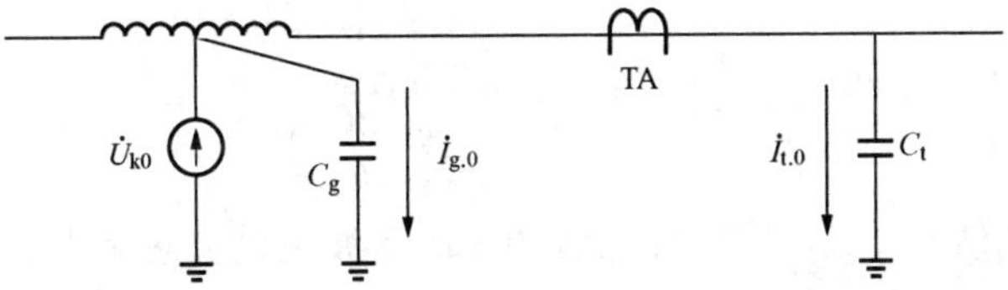

图 8-18　发电机定子绕组单相接地短路时的零序等效网络图

(2) 当发电机定子绕组发生接地短路时，通过安装在机端的电流互感器进行零序电流测量，由图 8-18 可知，测量到的是发电机外部等值电容产生的零序电流；而当发电机外部发生接地短路时，测量到的是发电机对地电容产生的零序电流。

(3) 无论零序电压还是零序电流，其大小和故障点位置有关，故障点距离发电机中性点越近，数值越小，反之越大。当故障点位于发电机外部时，零序电压和零序电流可以近似认为和故障点位置无关。

8.4.3　发电机定子绕组 3 次谐波电动势及其特点分析

由于发电机气隙磁场为非正弦波，在三相定子绕组中将感应生成 3、5、7 次等谐波电动势，这些高次谐波将使发电机三相电压波形发生畸变。发电机制造厂家在三相定子绕组的空间分布设计中，采用短距系数和分布系数优先减小 5 次和 7 次谐波，发电机三相定子绕组相电动势中仍存在百分之几的 3 次谐波电动势。

图 8-19 为发电机定子绕组 3 次谐波单相等效电路。将发电机对地等效电容分为两部分，分别集中在中性点和机端，发电机外部等效电容集中在机端，中性点对地阻抗为 Z_S，根据中性点接地方式不同，其值为∞或 $3\omega L$（其中 ω 为基波频率）或 R。

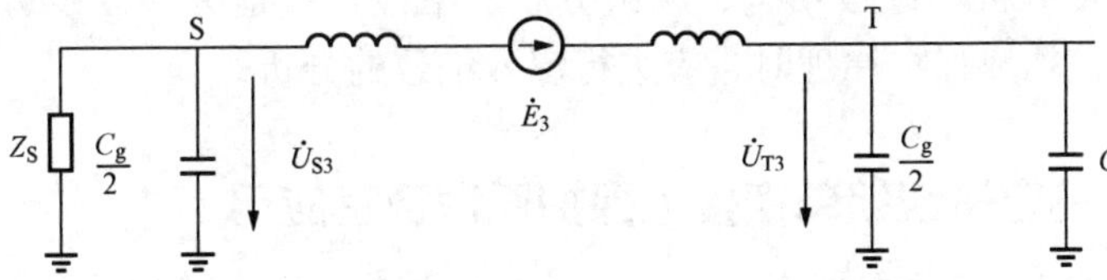

图 8-19　发电机定子绕组 3 次谐波单相等效电路

由图 8-19 可知，当发电机正常运行时，中性点及机端的 3 次谐波电动势分别为

$$\dot{U}_{S3}=-\dot{E}_3\frac{Z_N\left(1+\frac{2C_t}{C_g}\right)}{Z_N\left(1+\frac{2C_t}{C_g}\right)+\left(Z_N-\mathrm{j}\frac{2}{3\omega C_g}\right)}$$

及

$$\dot{U}_{T3}=\dot{E}_3\frac{Z_N-\mathrm{j}\frac{2}{3\omega C_g}}{Z_N\left(1+\frac{2C_t}{C_g}\right)+\left(Z_N-\mathrm{j}\frac{2}{3\omega C_g}\right)}$$

两者的比值为

$$\left|\frac{\dot{U}_{T3}}{\dot{U}_{S3}}\right|=\left|\frac{Z_N-j\dfrac{2}{3\omega C_g}}{Z_N\left(1+\dfrac{2C_t}{C_g}\right)}\right| \tag{8-34}$$

式（8-34）的比值小于1，即中性点侧的3次谐波电动势总是大于机端的3次谐波电动势。当中性点不接地时，有

$$\left|\frac{\dot{U}_{T3}}{\dot{U}_{S3}}\right|=\frac{C_g}{C_g+2C_t} \tag{8-35}$$

图8-20为发电机定子绕组单相金属性接地时的3次谐波单相等效电路，无论中性点采用何种接地方式，机端3次谐波电动势与中性点3次谐波电动势之比为

$$\left|\frac{\dot{U}_{T3}}{\dot{U}_{S3}}\right|=\frac{1-\alpha}{\alpha} \tag{8-36}$$

当$\alpha<50\%$时，式（8-36）的比值大于1，即机端3次谐波电动势大于中性点3次谐波电动势。

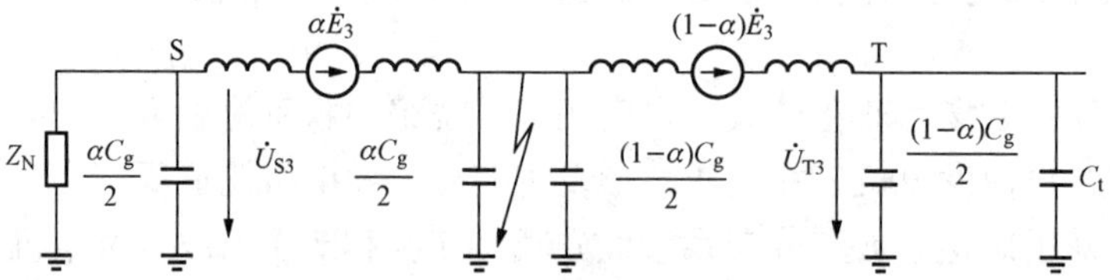

图8-20　发电机定子绕组单相金属性接地时的3次谐波单相等效电路

无论汽轮发电机还是水轮发电机，不管正常运行还是故障情况下，理论分析和实测数据都表明相电动势中总含有一定的3次谐波分量。但是，机端3次谐波电动势和中性点3次谐波电动势的比值与发电机的磁极结构、绕组分布、中性点接地方式以及运行工况等因素有关。在利用这一特点构成保护原理时，应进行深入细致的分析。

8.4.4　发电机定子绕组单相接地保护原理及其应用

根据前面的分析，当发电机定子绕组发生单相接地短路时，将产生零序电压和零序电流分量，并且机端和中性点侧的3次谐波电动势比值可能发生显著变化，因此可以利用这些特征构成发电机定子绕组单相接地保护。

单纯利用基波零序电压或零序电流构成保护时，当故障位置靠近中性点时，故障量较小，不足以使保护动作，必然存在保护“死区”。如果发电机定子绕组接地故障位于中性点附近的保护动作“死区”范围内，当再发生另一点接地故障时，实际上已是相间短路或匝间短路，将造成发电机组严重损伤。因此，对于大型发电机组都要求配置100%的定子接地保护，利用基波零序分量结合机端和中性点侧的3次谐波电动势比值变化构成的保护，可以满足这一要求。

1. 基波零序电压保护

当发电机定子绕组单相接地时，测量机端或中性点处的零序电压基波分量，通过比较零序电压的大小，构成基波零序电压保护，其动作判据为

$$3U_0 \geqslant U_{set} \tag{8-37}$$

式中：U_{set}为保护的整定值，应按躲过正常运行时中性点单相电压互感器或机端三相电压互感器开口三角绕组的最大不平衡电压整定。

在实际工作中，通过实测的方法，可以得到最大不平衡电压 $U_{unb.max}$，引入可靠系数 K_{rel}=1.2～1.3，于是

$$U_{set} = K_{rel}U_{unb.max} \tag{8-38}$$

实测的不平衡电压可能有较大的值，其中含有很大的 3 次谐波分量，应提取其中的基波分量作为计算值。U_{set}一般取 5～10V，理论上，发电机基波零序电压定子接地保护能够保护从机端算起 90%～95%的定子绕组部分。

当发电机机端引线上发生单相接地时，基波零序电压保护同样会动作。

大型发电机组，通常采用单元接线方式，定子绕组发生单相接地时，接地电流小于安全电流，或者经消弧线圈补偿后小于安全电流，则保护动作后不必立即跳闸，可动作于信号或延时跳闸。

2.3 次谐波电压定子接地保护

针对基波零序电压保护和基波零序电流保护在靠近中性点附近存在的保护“死区”，利用发电机机端和中性点两侧的 3 次谐波电动势特点，可以较好地解决这一问题。

3 次谐波电压定子接地保护的动作判据为

$$\left|\frac{3\dot{U}_{T3}}{3\dot{U}_{S3}}\right| \geqslant K_{set} \tag{8-39}$$

式中：$3\dot{U}_{T3}$为取自机端电压互感器开口三角侧，从中提取的 3 次谐波分量；$3\dot{U}_{S3}$为取自中性点消弧线圈二次侧或配电变压二次负载电阻侧，从中提取 3 次谐波分量；K_{set}为保护动作整定值。

由于保护用的两个电压来自不同地点，所以应考虑电压变换比例的一致性，若不一致时，应进行补偿计算。

K_{set}可以通过实测的方法确定，即在正常运行时测量 $3\dot{U}_{T3}/3\dot{U}_{S3}$ 的比值 K_0，引入可靠系数 K_{rel}=1.05～1.15，于是

$$K_{set} = K_{rel}K_0 \tag{8-40}$$

需要指出的是，发电机并网前后，机端等值电容会有较大的变化，因此 3 次谐波电压比值也随之变化。应根据机组的实际情况，对定值进行合理的整定或根据运行情况自动调整定值。

式（8-39）所确定的保护具有比率制动的性质，动作量为 $|3\dot{U}_{T3}|$，制动量为 $|3\dot{U}_{S3}|$。为了提高保护的灵敏性，可采用自适应 3 次谐波电压单相接地保护，其动作判据为

$$|3\dot{U}_{S3} - \dot{K}_p \times 3\dot{U}_{T3}| \geqslant K_{set}|3\dot{U}_{S3}| \tag{8-41}$$

式中：$\dot{K}_p = 3\dot{U}_{S3}^{t-1}/3\dot{U}_{T3}^{t-1}$ 为自适应系数，$t-1$ 表示前一计算时刻的计算结果，发电机正常运行时由装置自动调整，使其具有最小的不平衡动作量，从而在发生接地故障时获得最大的相对变化量；K_{set}理论上可以取很小的值，一般为 0.2～0.3。

图 8-21 所示是基波零序电压及 3 次谐波电压构成的发电机定子接地保护逻辑框图。

若基波零序电压取自机端电压互感器，当电压互感器发生断线时，基波零序电压保护要误动，需采取闭锁措施。

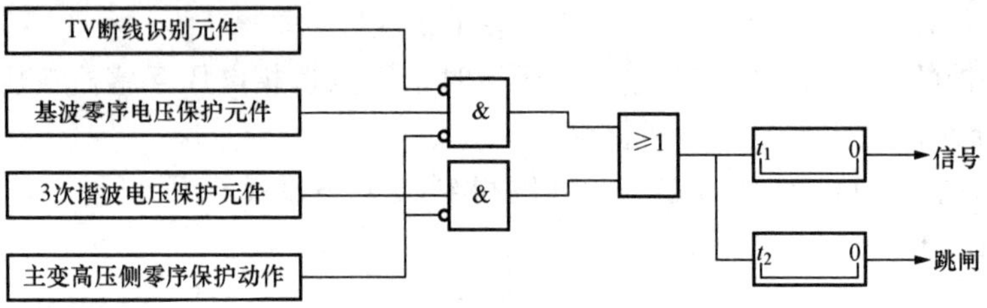

图 8-21　发电机定子接地保护逻辑框图

当高压系统发生单相接地故障时，通过主变高低压线圈的耦合电容传递到发电机侧的零序电压可能会使定子接地保护误动，可选用高压侧零序电压作为闭锁条件。

定子接地保护动作后是动作于信号还是跳闸，应根据发电机运行的实际状况决定。

8.4.5　外接交流电源式定子接地保护

除了利用发电机定子绕组接地故障的特点构成保护外，对于大型发电机，还配置外加交流电源的发电机定子单相接地保护。它与基于基波零序电压和3次谐波电压的双频式定子接地保护构成两套不同原理的保护，可提高发电机定子单相接地保护的可靠性。

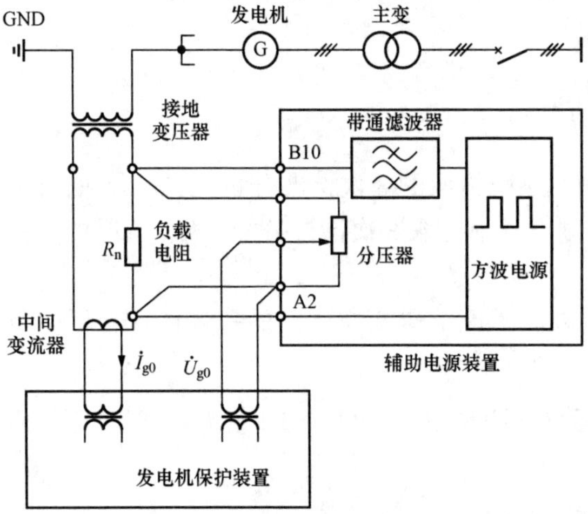

图 8-22　外接 20Hz 交流信号的发电机定子接地保护原理图

图 8-22 为外接 20Hz 交流信号的发电机定子接地保护原理图。整套保护由辅助电源装置和保护装置两部分构成。辅助电源装置由方波电源、带通滤波器和分压器三部分构成。方波电源为 20Hz 的方波信号发生器，带通滤波器将 20Hz 的方波信号转换为 20Hz 的正弦信号。低频电源输出的低频电压加在发电机中性点接地变压器负载电阻 R_n 两端，通过接地变压器将低频信号注入发电机定子绕组。

发电机定子绕组单相接地等效电路如图 8-23 所示，其中 C_Σ 为发电机定子绕组及机端总的对地等值电容。当发电机正常运行时，外接 20Hz 的交流信号产生的对地电容电流很小，电容电流 $\dot{I}_t$ 中的 20Hz 分量忽略不计。

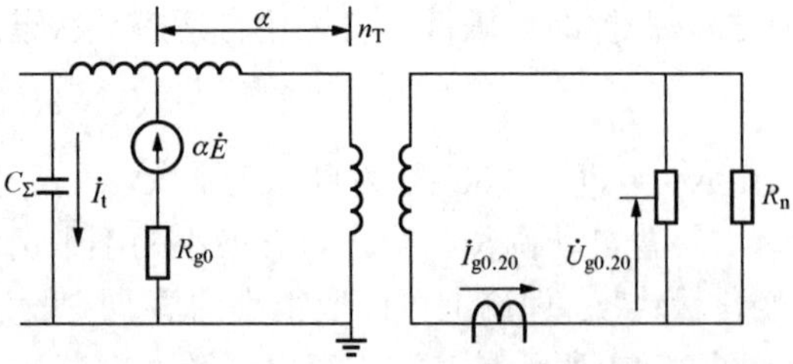

图 8-23　定子接地时的等效零序回路

设保护测量的 20Hz 电流分量为 $\dot{I}_{g0.20}$，电压分量为 $\dot{U}_{g0.20}$，分压比为 K_U（分压电阻上的电压与引入保护装置的电压之比），接地变压器的变比为 n_T，则定子绕组发生单相接地短路时，测量的接地电阻值为

$$R_{g0}=n_T^2\Big/\mathrm{Re}\left(\frac{\dot{I}_{g0.20}}{K_U\dot{U}_{g0.20}}\right) \tag{8-42}$$

测量电阻 R_{g0} 的大小实际反应了发电机定子绕组的绝缘水平，当发电机正常运行时，由于其绝缘水平在正常范围内，R_{g0} 通常在 5kΩ 以上（发电机静止状态下的绝缘电阻应不低于 1MΩ）。

测量接地电阻阻值的发电机定子接地保护可以设置为高、低定值两段式，其整定范围为 1～5kΩ，高定值段动作后发出告警信号，低定值段动作后延时跳闸。

外接电源的发电机定子接地保护具有以下特点：

（1）反应定子绕组绝缘水平的均匀下降，起到监督绝缘老化的作用。

（2）保护范围为 100%定子绕组，无保护死区。

（3）不受运行工况的影响，在机组停机状态及启停机过程中均能实现定子接地保护。

（4）灵敏度高，受定子绕组对地电容影响小。

8.5 发电机转子接地保护

对于水轮发电机，都装设一点接地保护，动作于信号，不装设两点接地保护。中小型汽轮发电机，只装设可供定期检测用的绝缘检查电压表和正常不投入运行的两点接地保护，不装设一点接地保护；当用绝缘检查电压表检出一点接地故障后，再把两点接地保护装置投入。两点接地保护动作后，经延时停机。

近年来，大型汽轮发电机装设一点接地保护已属定论，国内外均无异议。但在一点接地保护动作于信号还是动作于跳闸的问题上，存在着不同的看法。主张动作于信号者，鉴于励磁回路一点接地故障无直接严重后果，相应保护应动作于信号，避免毫无必要地使大机组突然跳闸，应当主动转移负荷，尽快安排停机。为了防止这一过程中再发生两点接地的可能性，则考虑装设两点接地保护。而主张动作于停机者，鉴于目前尚缺少选择性好、灵敏度高、经常投运且运行经验成熟的励磁回路两点接地保护装置，同时有利于避免发生汽轮机磁化的严重事故，认为不必再装设两点接地保护。

1. 切换采样式转子一点接地保护

微机保护中多采用切换采样式转子一点接地保护，该原理也称为“乒乓式”变电桥原理，如图 8-24 所示。在励磁绕组的＋、－两极接入由电阻 R_a、R_b 构成的两臂，经电阻 R 接地。若发生转子绕组经 R_g 接地后，通过测量电阻 R_b、R 两端的电压 U_1、U_2、U_3，可以计算出接地电阻 R_g 的大小。

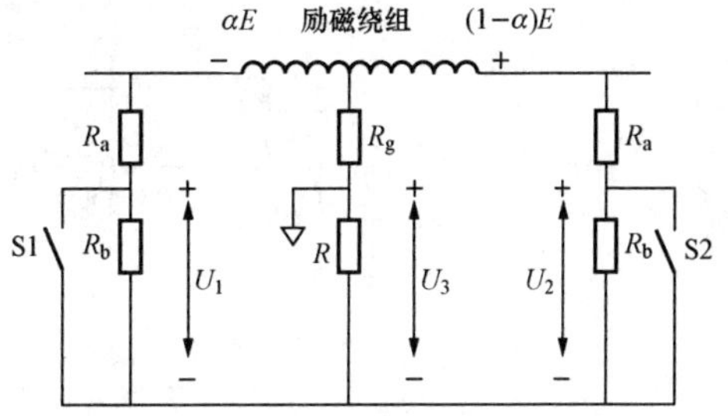

图 8-24　切换采样式转子接地保护原理图

当 S1 闭合、S2 打开时，测量到的三个电压 U_1、U_2、U_3 分别记为 $U_{11}=0$，U_{21}，U_{31}；
当 S1 打开、S2 闭合时，测量到的三个电压 U_1、U_2、U_3 分别记为 U_{12}，$U_{22}=0$，U_{32}；
当 S1 打开、S2 打开时，测量到的三个电压 U_1、U_2、U_3 分别记为 U_{13}，U_{23}，U_{33}。

通过列写回路方程，不难得出

$$R_g = \frac{RR_bE_1}{(2R_a+R_b)\left(\frac{E_1}{E_2}U_{32}-U_{31}\right)} - \frac{R_a(R_a+R_b)}{2R_a+R_b} - R \tag{8-43}$$

$$\alpha = \frac{R_a}{2R_a+R_b} - \frac{R_bE_1U_{32}}{(2R_a+R_b)(E_2U_{31}-E_1U_{32})} \tag{8-44}$$

式中：E_1 为 S1 闭合、S2 打开时的励磁绕组电动势；E_2 为 S1 打开、S2 闭合时的励磁绕组电动势。

保护的动作判据为

$$R_g < R_{set} \tag{8-45}$$

式中：R_{set}为整定的接地电阻定值。

在开关切换过程中，励磁绕组电压可能发生变化，因此需实时测量励磁绕组电压。

发电机转子绕组发生一点接地后，若另外一点又发生接地，即出现两点接地故障，保护计算出的 R_g 会减小，同时测量的接地位置会产生变化，二者可以作为转子两点接地保护的判据。

汽轮发电机通用技术条件规定：对于空冷及氢冷的汽轮发电机，励磁绕组的冷态绝缘电阻不小于 1MΩ；直接水冷却的励磁绕组，其冷态绝缘电阻不小于 2kΩ。水轮发电机通用技术条件规定：绕组的绝缘电阻在任何情况下都不应低于 0.5MΩ。

在实际应用中，转子接地保护可设置两段，不灵敏段可依据汽轮发电机和水轮发电机所采用的冷却方式不同进行设置。通常对于水轮发电机、空冷及氢冷汽轮发电机，一般可整定为 10～30kΩ；对直接水冷的励磁绕组，一般可整定为 5～15kΩ，一般动作于信号。至于转子接地保护灵敏段定值，通常对于水轮发电机、空冷及氢冷汽轮发电机，一般可整定为 5～10kΩ；对直接水冷的励磁绕组，一般可整定为 0.5～2.5kΩ 或更低，延时 5～10s 发信号或动作于跳闸。

2. 注入方波信号的转子一点接地保护

注入方波信号的转子一点接地保护原理如图 8-25 所示。注入电源从转子的正负两端或其中一端与大轴之间注入，方波信号发生器产生的信号频率范围为 1～3Hz，注入电源的频率可根据绕组对地电容的大小进行调整，通过串接电阻注入转子回路，对电容 C_E 充电。在电容完全充电以后，回路中就只流过由接地电阻 R_E 决定的接地电流。已知注入转子回路的方波电压和回路耦合电阻 R_S 后，保护装置就可以计算出接地电阻的阻值。

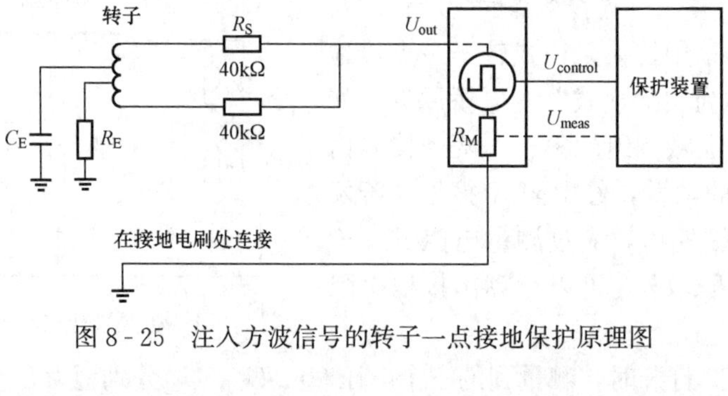

图 8-25　注入方波信号的转子一点接地保护原理图

该保护通常设置两段，保护的告警段定值一般整定为 10～30kΩ，而跳闸段定值整定到 0.5～10kΩ。

注入方波信号的转子一点接地保护具有以下特点：

(1) 转子接地电阻的计算与接地位置无关，保护没有死区。

(2) 转子接地电阻的计算与转子电压的大小无关。

(3) 不受转子绕组对地电容的影响。

(4) 在未加转子电压的情况下，也能监视转子的绝缘情况。

(5) 对于双端注入方式，可准确测量转子一点接地位置。

8.6 发电机失磁保护

8.6.1 发电机失磁后的基本物理过程

图 8-26 为一单机无穷大系统，其中，$\dot{E}_q$ 为发电机空载电动势；$\dot{U}_g$ 为发电机机端电压；$\dot{U}_s$ 为系统电压；$\dot{I}$ 为发电机输出电流；发电机向系统发送的有功功率和无功功率分别为 P、Q，Q 大于 0 时发电机发出无功功率，Q 小于 0 时从系统吸收无功功率。

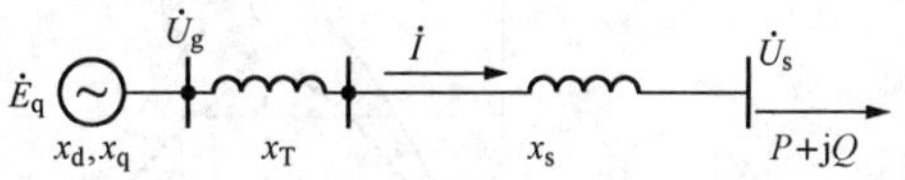

图 8-26 单机无穷大系统等效电路

发电机稳态运行时的电压、电流相量关系为

$$\dot{E}_q=\dot{U}_g+j\dot{I}_d x_d+j\dot{I}_q x_q$$

即

$$\dot{E}_q=\dot{U}_s+j\dot{I}(x_T+x_s)+j\dot{I}_d x_d+j\dot{I}_q x_q \tag{8-46}$$

对于隐极发电机，则有

$$\dot{E}_q=\dot{U}_s+j\dot{I}(x_T+x_s)+j\dot{I}x_d=\dot{U}_s+j\dot{I}x_\Sigma \tag{8-47}$$

其中

$$x_\Sigma=x_d+x_T+x_s$$

对于凸极发电机，则有

$$\dot{E}_q=\dot{U}_s+j\dot{I}(x_T+x_s)+j\dot{I}_d x_d+j\dot{I}_q x_q$$

即

$$\dot{E}_q=\dot{U}_s+j\dot{I}_d x_{d\Sigma}+j\dot{I}_q x_{q\Sigma} \tag{8-48}$$

其中

$$x_{d\Sigma}=x_d+x_T+x_s,\quad x_{q\Sigma}=x_q+x_T+x_s$$

图 8-27 为发电机正常运行时的相量图。图中的 δ 为发电机电动势 $\dot{E}_q$ 与无穷大系统电压 $\dot{U}_s$ 的夹角，通常称其为功角；φ 为 $\dot{U}_s$ 超前 $\dot{I}$ 的角度。

发电机正常运行时向系统输送的有功功率、无功功率与功角 δ 的关系：

对于隐极发电机，为

$$P=\frac{E_q U_s}{x_{d\Sigma}}\sin\delta \tag{8-49}$$

$$Q=\frac{E_q U_s}{x_{d\Sigma}}\cos\delta-\frac{U_s^2}{x_{d\Sigma}} \tag{8-50}$$

对于凸极发电机，为

$$P=\frac{E_q U_s}{x_{d\Sigma}}\sin\delta+\frac{U_s^2}{2}\left(\frac{1}{x_{q\Sigma}}-\frac{1}{x_{d\Sigma}}\right)\sin 2\delta \tag{8-51}$$

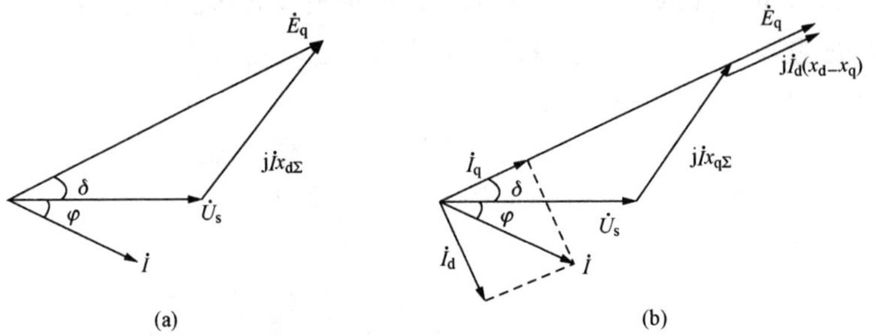

图 8-27 发电机正常运行时的相量图

(a) 隐极发电机；(b) 凸极发电机

$$Q=\frac{E_qU_s}{x_{d\Sigma}}\cos\delta-U_s^2\left(\frac{1}{x_{q\Sigma}}-\frac{1}{x_{d\Sigma}}\right)\sin^2\delta-\frac{U_s^2}{x_{d\Sigma}} \tag{8-52}$$

发电机有功功率和功角 δ 的关系曲线如图 8-28 所示。

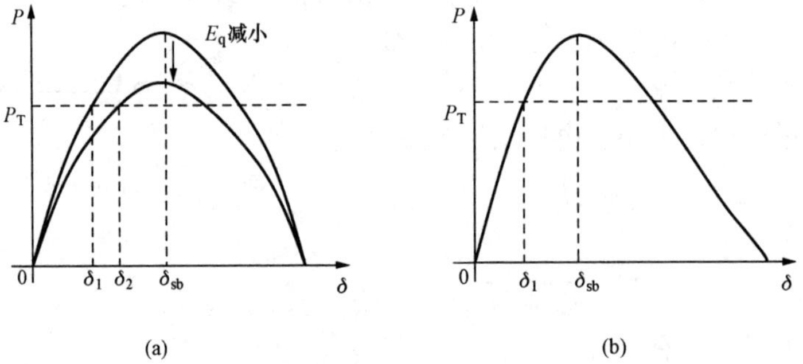

图 8-28 发电机有功功率和功角关系曲线

(a) 隐极发电机；(b) 凸极发电机

描述发电机转速变化规律的转子运动方程为

$$T_J\frac{d^2\delta}{dt^2}=P_T-(P+P_{ac}) \tag{8-53}$$

式中：T_J 为发电机惯性时间常数；P_T 为原动机的机械功率；P 为发电机同步电磁功率；P_{ac}为发电机异步电磁功率。

发电机失磁后物理过程可以分三个阶段：等有功阶段、临界失步点及异步运行阶段。下面以隐极发电机为例，对各阶段的电气量变化过程及特征进行说明。

(1) 等有功阶段（$\delta<90°$）。发电机同步运行时，机械功率 P_T 与同步电磁功率 P 平衡，异步电磁功率 $P_{ac}=0$。发电机失磁后，随着励磁电流 i_f 的减小，发电机电动势 E_q 逐步减小，发电机输出电磁功率减小，但原动机的机械功率还来不及减小，于是发电机开始加速，功角增大，发电机输出电磁功率又有回升的趋势，使得原动机的机械功率和同步电磁功率基本能够维持平衡，功角由初始运行时的 δ_1 向 δ_2 过渡，如图 8-28（a）所示。随着 δ 增大，发电机发出的无功功率逐步减小，当 δ 增大到一定程度时，发电机发出无功功率为负值，即开始从系统吸收无功功率。

(2) 临界失步点（$\delta=90°$）。对隐极发电机，当 $\delta=90°$时，发电机处于失去稳定的临界状态，故称为临界失步点。式（8-50）对时间求导数，得

$$\frac{\mathrm{d}Q}{\mathrm{d}t}=\frac{\mathrm{d}E_{\mathrm{q}}}{\mathrm{d}t}\frac{U_{\mathrm{s}}}{x_{\mathrm{d}\Sigma}}\cos\delta-P\frac{\mathrm{d}\delta}{\mathrm{d}t} \tag{8-54}$$

当发电机因失磁而使 δ 角不断增大时，$\mathrm{d}\delta/\mathrm{d}t$ 为正，而 $\mathrm{d}E_{\mathrm{q}}/\mathrm{d}t$ 为负，式（8-54）右边两项为两个负值之和，发电机发出的无功功率很快减小。当 δ 逐渐趋近 90°时，$\cos\delta$ 不断变小而趋于零，所以无功功率的减小速率是逐渐变慢的。

当 $\delta=90°$时，有

$$Q=-\frac{U_{\mathrm{s}}^{2}}{x_{\mathrm{d}\Sigma}}=\text{常数} \tag{8-55}$$

所以，临界失步点也称为等无功点。这是隐极发电机失磁后达到静稳极限的一个特征。

（3）异步运行阶段。当 $\delta>90°$时，发电机静态稳定已经破坏，随着 δ 的增大，发电机发出的同步电磁功率 P 反而减小，原动机功率 P_{T} 大于同步电磁功率 P，发电机加速，δ 继续增大。在 δ 较大时，由于发电机转子相对速度较大，发电机调速器必然动作，关小汽门或水门，减小原动机输出的机械功率，使转速减小。由于发电机转子转速高于定子电流同步旋转磁场转速，发电机定、转子旋转磁场存在相对运动，在转子回路中（包括转子本体、阻尼绕组和励磁绕组）感应出滑差频率的交变电流，此电流产生的单相脉振磁场与定子旋转磁场相互作用产生异步制动转矩，发电机输出异步电磁功率 P_{ac}。当 $P_{\mathrm{T}}=P+P_{\mathrm{ac}}$时，发电机运行在稳定的异步状态。

如果发电机失去励磁电流，达到稳定的异步状态时，同步电磁功率 $P=0$，以异步发电机方式运行，$P_{\mathrm{T}}=P_{\mathrm{ac}}$。图 8-29 为发电机失磁后功角变化过程。

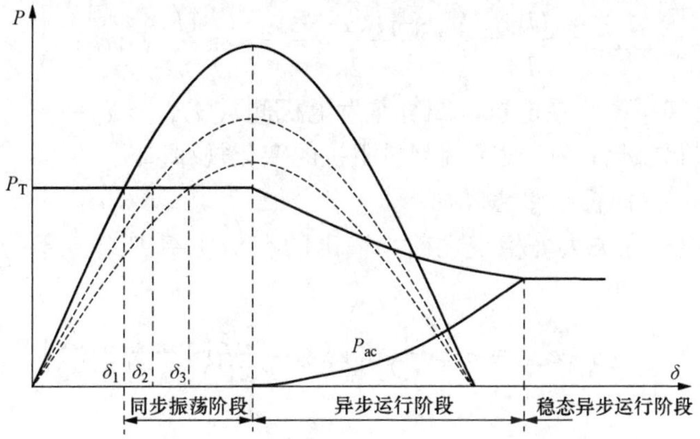

图 8-29 发电机失磁后的功角变化

基于以上分析，发电机低励或失磁运行无论对系统还是对发电机自身都会产生影响。其危害主要表现在以下几方面：

（1）低励或失磁的发电机，从电力系统中吸收无功功率，引起电力系统电压下降，如果电力系统中无功功率储备不足，将使电力系统中邻近失磁发电机的某些点的电压低于允许值，破坏了负荷与各电源间的稳定运行，甚至使电力系统因电压崩溃而瓦解。

（2）当一台发电机发生低励或失磁后，由于电压下降，电力系统中的其他发电机在自动调整励磁装置的作用下，将增加其无功功率输出，从而使某些发电机、变压器或线路过电流，其后备保护可能因过电流而动作，使故障范围扩大。

（3）一台发电机失磁后，由于有功功率的摆动，以及电力系统电压的下降，可能导致相邻正常发电机与电力系统之间或系统之间发生振荡，造成严重后果。

（4）失磁后，由于出现转差，在发电机转子中出现差频电流。差频电流在转子中产生额外损耗，如果超出允许值将造成转子过热。特别是高利用率的直接冷却方式大型机组，其热容量裕度相对较低，转子更容易过热，而流过转子表层的差频电流，还可能使转子本体与槽楔、护环的接触面上发生严重的局部过热甚至灼伤。

（5）低励或失磁的发电机进入异步运行之后，发电机的等效电抗降低，由 x_d 变为 x'_d 或 x''_d，从电力系统中吸收的无功功率增加，定子电流增大。低励或失磁前发电机发出的有功功率越大，转差就越大，等效电抗就越小，所吸收的无功功率就越大。在重负荷下失磁，由于过电流，将使发电机定子绕组过热。

（6）对于直接冷却方式大型汽轮发电机，其平均异步转矩的最大值较小，惯性常数也相对降低，转子在纵轴和横轴方面，也呈现较明显的不对称。在重负荷下失磁后，这种发电机的转矩、有功功率要发生剧烈的周期性摆动，将有很大甚至超过额定值的电磁转矩周期性地作用到发电机的轴系上，并通过定子传递到机座上。转差的周期性变化致使发电机周期性地出现超速。这些情况，都直接威胁着机组的安全。

（7）低励或失磁运行时，定子端部漏磁增强，将使端部的部件和铁心过热。

8.6.2 发电机失磁后的机端测量阻抗

根据图 8-26 规定的参考方向，利用机端电压和机端电流进行阻抗测量，得

$$Z_g=\frac{\dot{U}_g}{\dot{I}}=\frac{\dot{U}_s+j\dot{I}(x_T+x_s)}{\dot{I}}=\frac{\dot{U}_s}{\dot{I}}+jx_{con} \tag{8-56}$$

式中：x_{con}为发电机和系统联系电抗（归算至发电机侧），$x_{con}=x_T+x_s$ 。

下面分析发电机失磁后各阶段机端测量阻抗的变化规律。

1. 失步前 $\delta<90°$时的机端测量阻抗

失磁运行的发电机在失去静稳定之前，输出的有功功率 P 基本不变，认为是常数。由式（8-56）得到

$$Z_g=\frac{U_s^2}{\dot{I}\hat{U}_s}+jx_{con}=\frac{U_s^2}{P-jQ}+jx_{con}=\frac{U_s^2}{2P}\left(1+\frac{P+jQ}{P-jQ}\right)+jx_{con}$$

即

$$Z_g=\left(\frac{U_s^2}{2P}+jx_{con}\right)+\frac{U_s^2}{2P}e^{j2\varphi} \tag{8-57}$$

其中

$$\varphi=\arctan\frac{Q}{P}$$

式（8-57）中只有 Q 为变量，其余为常数。当 Q 变化时，即 φ 变化时，机端测量阻抗的变化轨迹是一个圆，称之为等有功圆，圆心坐标 $\left(\frac{U_s^2}{2P},x_{con}\right)$，圆的半径为$\frac{U_s^2}{2P}$，如图8-30（a）所示。不难看出，等有功圆的大小和发电机失磁前所带负荷大小有关，负荷越大则圆越小，如图 8-30（b）所示。

2. 临界失步点 $\delta=90°$ 时的机端测量阻抗

对于隐极发电机，当发电机处于临界失步状态时，$\delta=90°$，$Q=-\dfrac{U_s^2}{x_{d\Sigma}}$。根据式（8-56）得到机端测量阻抗为

$$Z_g=\frac{U_s^2}{\dot{I}\hat{U}_s}+jx_{con}=\frac{U_s^2}{P-jQ}+jx_{con}$$
$$=\frac{U_s^2}{-j2Q}\left(1-\frac{P+jQ}{P-jQ}\right)+jx_{con}$$
$$=j\frac{U_s^2}{2Q}(1-e^{j2\varphi})+jx_{con}$$

代入 $Q=-\dfrac{U_s^2}{x_{d\Sigma}}$，并整理得

$$Z_g=-j\frac{x_d-x_{con}}{2}+j\frac{x_d+x_{con}}{2}e^{j2\varphi} \tag{8-58}$$

当 φ 变化时，机端测量阻抗的变化轨迹仍然是一个圆，称之为静稳极限阻抗圆，圆心坐标 $\left(0,-j\dfrac{x_d-x_{con}}{2}\right)$，圆的半径为 $\dfrac{x_d+x_{con}}{2}$，如图 8-31 所示。

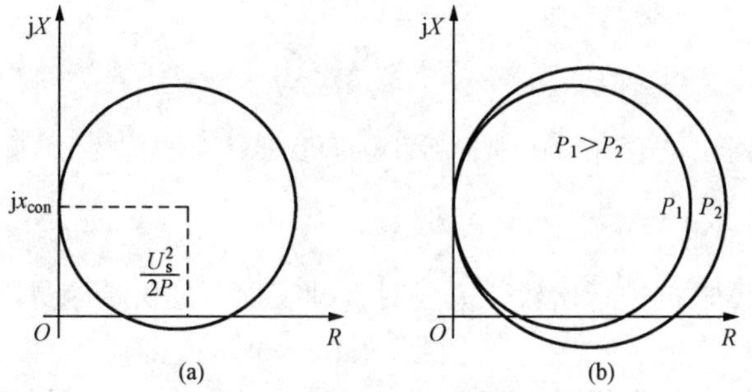

图 8-30 发电机失磁后的等有功圆

（a）等有功圆；（b）不同功率下的等有功圆

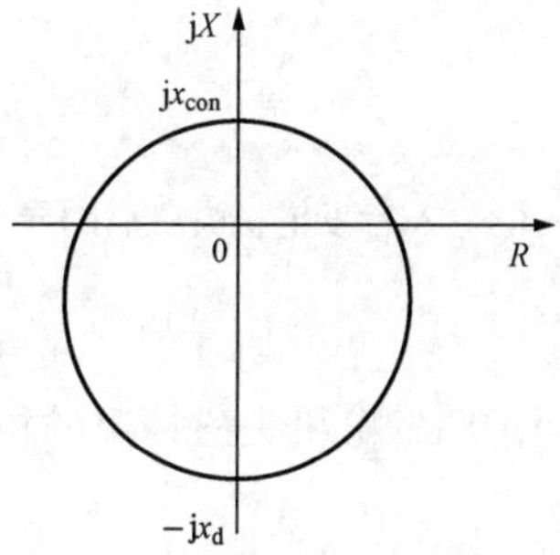

图 8-31 静稳极限阻抗圆

3. 发电机失步后的机端测量阻抗

当发电机失磁后，励磁电流按指数规律衰减到零，发电机进入异步运行状态，其等效电路与异步电机的等效电路相同，如图 8-32 所示。图中，x_{ad} 为定子、转子互感电抗；x_1 为定子漏抗；x_2 为转子漏抗；s 为异步运行时的滑差，$s=(f_s-f_g)/f_s$，其中 f_s 为系统频率，f_g 为发电机转子频率；R_2 为反应发电机功率大小的等效电阻。

按图 8-32 规定的正方向，发电机机端测量阻抗为

$$Z_g=-\left[jx_1+\frac{jx_{ad}\left(\dfrac{R_2}{s}+jx_2\right)}{\dfrac{R_2}{s}+j(x_{ad}+x_2)}\right] \tag{8-59}$$

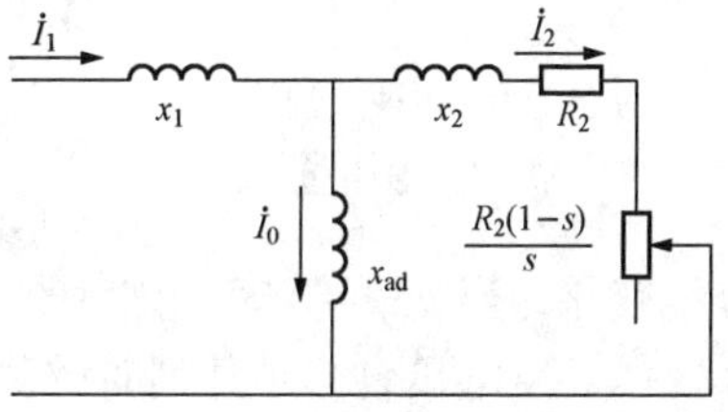

图 8-32 发电机异步运行等效电路

机端的测量阻抗为滑差 s 的函数，当 $s=0$，有

$$Z_g=-j(x_1+x_{ad})=-jx_d$$

当 s 增大时，机端测量阻抗 Z_g 减小，极限情况下，

当 $s\to -\infty$ 时，有

$$Z_g = -j\left(x_1 + \frac{x_{ad}x_2}{x_{ad}+x_2}\right) = -jx'_d$$

当发电机失磁进入异步运行阶段后，机端测量阻抗的计算比较复杂，作为一种工程上的近似，以 $-jx_d$ 和 $-j0.5x'_d$ 为直径做一个圆，称之为异步边界阻抗圆，如图 8-33 所示。近似认为，发电机失步后，机端测量阻抗进入该圆内。

通过以上分析，当发电机失磁后，随着无功功率减小，机端测量阻抗从稳定运行点 a 开始沿等有功圆逐步向第Ⅳ象限变化，当 $\delta=90°$ 时，等有功圆和静稳极限阻抗圆交于 b 点，随后发电机失步，逐步过渡到稳定异步运行，如 c 点，如图 8-34 所示。

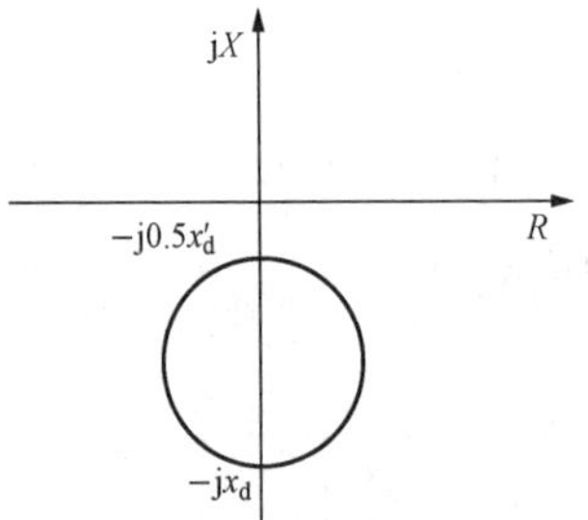

图 8-33 发电机失磁后的异步阻抗圆

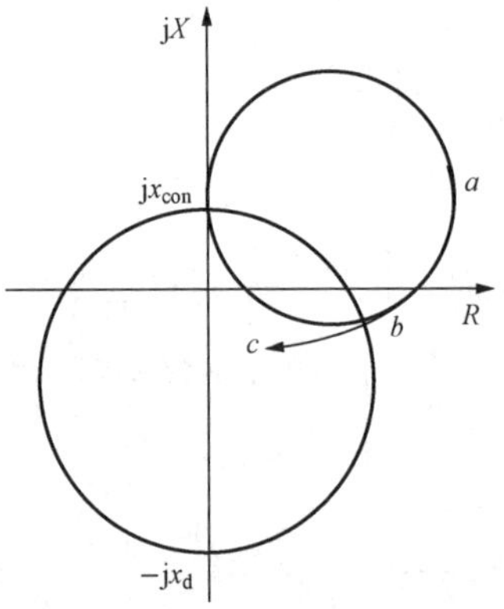

图 8-34 失磁后发电机机端测量阻抗的变化轨迹

4. 其他运行工况条件下的机端测量阻抗

为了和发电机失磁情况的机端测量阻抗进行比较，需要对下列工况下的机端测量阻抗进行分析。

(1) 发电机正常运行时的测量阻抗。发电机送出有功功率和感性无功功率时，机端测量阻抗位于第一象限，如图 8-35 中的 1 点；当送出有功功率和从系统吸收感性无功功率时，测量阻抗位于第四象限，如图 8-35 中的 2 点。

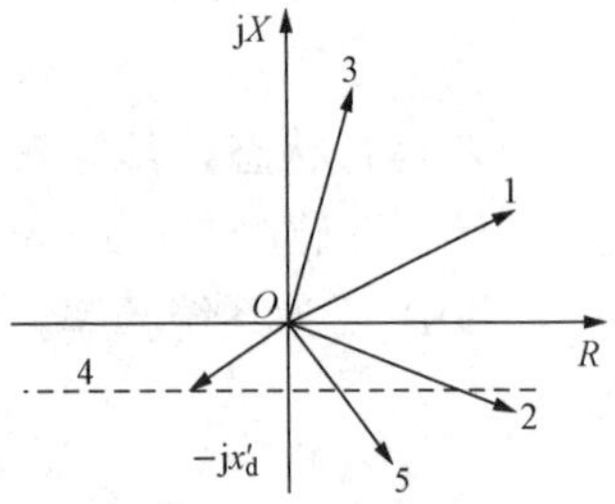

图 8-35 各种工况下的机端测量阻抗

(2) 发电机外部故障时的测量阻抗。发电机外部故障包括发电机机端附近和高压侧发生各种类型的相间短路（包括经过渡电阻短路），测量阻抗和故障的具体位置、故障类型及阻抗继电器的接线方式有关，通常位于第一象限，如图 8-35 中的 3 点。原则上要求阻抗继电器能够正确测量故障点到机端的阻抗。

(3) 系统振荡时的测量阻抗。系统振荡时的机端测量阻抗和振荡中心的位置有关，图 8-26 所示系统，当发生振荡时，机端测量阻抗随功角 δ 变化沿 $j(x'_d+x_T+x_s)/2$ 的垂直平分线变化，当 $x_{con}=0$ 时，该垂直平分线经过 $-j0.5x'_d$ 处，如图 8-35 中的直线 4。

(4) 发电机自同步并列时的测量阻抗。发电机达到额定转速后，在未加励磁的情况下并入系统，和发电机完全失磁一样，但持续时间较短，随后会加上励磁电流。其机端测量阻抗过渡到正常运行时的值。

（5）长线充电。发电机对长线充电进行零起升压实验时，机端测量阻抗呈容性。线路越长，阻抗的绝对值越小，如图 8 - 35 中的 5 点。

8.6.3 发电机失磁保护的构成

发电机的励磁系统发生故障出现低励失磁时，机端测量阻抗、励磁电压、发电机的无功功率等都会与正常运行时有所不同。失磁保护就是根据这些特征构成。

1. 基于机端测量阻抗的发电机失磁保护判据

利用发电机失磁后机端测量阻抗的变化规律，可以构成反应发电机失磁的保护。其核心元件是阻抗继电器，阻抗继电器的动作特性可以采用静稳极限阻抗圆、异步阻抗圆，或者诸如透镜、苹果和椭圆形的特性。具体采用何种特性，应根据发电机结构、运行工况及其在电网中所处位置而定。

发电机失磁后到失步前，电流缓慢增加，电压有所下降，对机组和系统并不造成危害，在发电机失步之后，对机组和系统的危害才显现出来。利用静稳极限阻抗圆可以在发电机失步初期判断出发电机失磁故障，对于不允许异步运行的水轮发电机可利用静稳极限阻抗圆作为失磁保护的动作判据。对于大型汽轮发电机，当满足一定条件时，可以允许发电机短时异步运行，因此可以把异步边界阻抗圆作为失磁保护的一种判据。允许汽轮发电机短时异步运行的条件：当系统有足够的无功功率储备，不致造成系统电压下降；允许降低发电机的有功功率输出，在较小的转差率下，不致造成危害发电机转子的发热与振动。

失磁保护采用静稳阻抗圆时的动作特性如图 8 - 36 所示。

当发电机进相运行时，为防止按静稳边界阻抗圆整定的失磁保护误动，采取与 R 轴夹角为 10°～15°的扇形功率方向元件与静稳边界阻抗圆构成逻辑“与”的动作关系。

为了防止在其他非失磁情况下的测量阻抗进入动作特性圆内造成失磁保护误动，设有 TV 断线、外部短路故障、强减励磁、自同期及长线充电等闭锁措施；为了防止系统振荡时造成保护误动，需增加延时元件躲过系统振荡的影响。

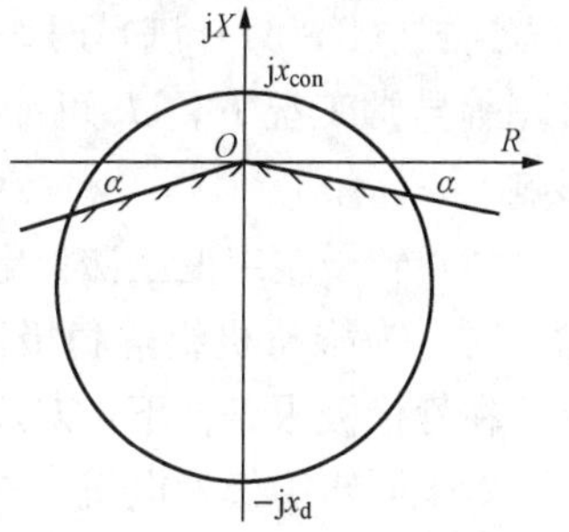

图 8 - 36 静稳阻抗圆动作特性

异步阻抗圆动作特性如图 8 - 33 所示。

2. 基于高压侧低电压的发电机失磁保护判据

由于发电机低励失磁故障，无功储备不足，引起系统侧高压母线三相相间电压同时下降到低于最低电压允许值，可能造成系统电压崩溃，引起系统瓦解，造成大面积停电的重大事故。为此，可以检测系统侧电压构成发电机低励失磁保护动作判据

$$U \leqslant U_{set} \tag{8-60}$$

式中：U 为高压侧相间电压；U_{set} 为动作电压的整定计算值，$U_{set}=K_{rel}\dfrac{U_{H.min}}{n_{TV}}=(0.85\sim0.9)\dfrac{U_{H.min}}{n_{TV}}$，其中 $U_{H.min}$ 为高压母线最低正常工作电压。

当系统无功储备充足时，一台发电机失磁时，系统高压侧母线电压降低很少，此种情况下不能采用该保护作为失磁保护的判据；另外也需考虑系统振荡过程中短时的电压降低及外

部短路电压降低可能造成的保护误动。

3. 失磁保护的辅助判据

低励、失磁故障是转子回路的故障，早期的失磁保护直接以励磁电压的严重下降作为动作判据。随着电力系统的发展，发电机出现进相运行属正常方式，此时励磁电压很低，但属于正常工况，这就使以励磁电压下降为判据的失磁保护不能正确工作。为此，提出了以静稳极限为动作边界的定子判据，这样失磁保护就改用定子电压、电流为输入信号，按异步阻抗圆、静稳阻抗圆以及利用定子侧信息的其他判据，但是这些判据在非低励、失磁故障的某些异常工况下存在误动作的可能性。为了克服这些误动行为，可以采用励磁电压作为辅助判据。从直观经验看来，只有低励、失磁故障才既满足定子侧的判据，又满足转子侧的判据，其他非低励、失磁故障的某些异常工况（如短路、振荡、电压回路断线等）只能满足定子判据而不能满足转子判据。

（1）等励磁电压失磁保护判据。测量转子绕组的励磁电压U_e，当励磁电压低于整定值时判断为发电机失磁，其动作判据为

$$U_e \leqslant U_{e.set} \tag{8-61}$$

式中：$U_{e.set}$为励磁电压整定值。

$U_{e.set}$按以下原则整定：

1）按其允许的最低励磁电压整定，可取$U_{e.set}=(0.6\sim0.8)U_{e.0}$。其中$U_{e.0}$为额定空载电动势时的励磁电压。

2）另外，也可根据给定有功功率大小，计算静稳边界所对应的励磁电压作为整定值。

当式（8-61）满足时，可判断为发电机组发生低励失磁故障。但是，在振荡及外部故障等异常工况下，U_e可能会短时降低，为此保护需经一定的延时躲过这些异常工况的影响。

（2）转子绕组变励磁低电压失磁保护判据。与系统并列运行的发电机，对应某一功率P输出时，为维持机组静稳极限所必需的励磁电压为允许的最低励磁电压$U_{e.min}$。当P变化时，在静稳极限条件下，对应的励磁电压不同。

对于同步隐极发电机，有

$$P=\frac{E_qU_s}{x_d+x_{con}}\sin\delta$$

当励磁电压U_e以空载励磁电压$U_{e.0}$为基准，定子电动势以额定参数为基准时，则有

$$\frac{E_q}{E_0}=\frac{U_e}{U_{e.0}}$$

所以，在达到静稳极限时（$\delta=90°$），有

$$U_e^*=E_q^*=\frac{Px_{d\Sigma}}{U_s}=Px_{d\Sigma} \tag{8-62}$$

式中：$x_{d\Sigma}$为归算至发电机额定容量的电抗标幺值，$x_{d\Sigma}=x_d+x_{con}$；P为以发电机额定容量为基准的功率标幺值，令$U_s=1$。

式（8-62）表明，发电机输出一定功率时，为维持静态稳定运行，至少应有

$$U_e^*=E_q^*$$

当采用有名值时，则有

$$U_e(V)=\frac{P(MW)}{S_{g.n}(MVA)}U_{e.0}(V)x_{d\Sigma}(标幺值) \tag{8-63}$$

所以隐极发电机的静稳极限转子绕组变励磁电压失磁保护的动作判据为

$$U_e\leqslant kP \tag{8-64}$$

其中

$$k=\frac{U_{e.0}(V)}{S_{g.n}(MVA)}x_{d\Sigma}(标幺值)$$

发电机失磁保护的逻辑框图如图 8 - 37 所示，对其简要说明如下：

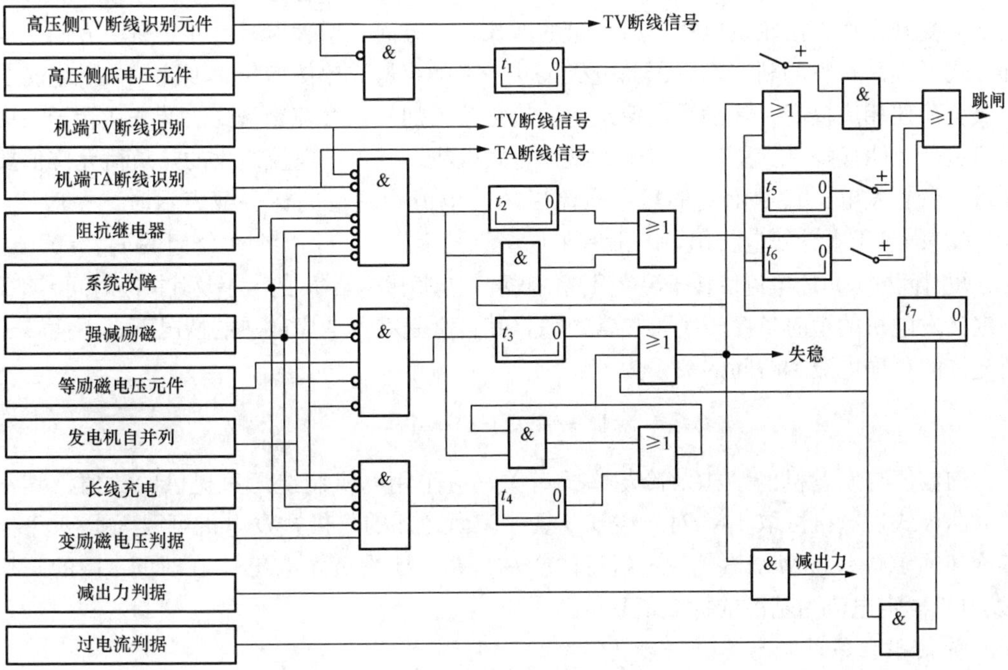

图 8 - 37　发电机失磁保护逻辑框图

(1) 过电流判据用于判别系统故障或振荡，检测 A 相电流大小。其定值按躲过最大负荷电流整定，可取（1.2～1.5）$I_{L.max}$。当检测到发电机失磁（失磁检测阻抗继电器动作）且满足过电流条件后，经延时 t_7 出口跳闸。t_7 应躲过最大的振荡周期。

(2) 当等励磁电压元件动作后，如果持续时间大于 t_3 设定的值，或者变励磁电压判据动作且阻抗继电器动作，当持续时间大于 t_4 后，则判断机组已失磁，发出失稳信号；若高压侧母线电压元件动作，则出口跳闸，否则给出减出力信号。

t_3 和 t_4 应考虑在振荡及外部故障等异常工况下，励磁电压可能会短时降低，其值取 0.1～0.3s。

(3) 对于汽轮机，因为允许异步运行一段时间，且可通过减出力、切换励磁系统等方法予以减少失磁的影响，可经延时 t_5 出口跳闸；当发电机运行状态不佳时，可经短延时 t_6 跳闸，具体取值视发电机状态而定，最长时间一般不超过 30min。

8.7 发电机异常工况保护

8.7.1 发电机转子表层过负荷保护

1. 发电机承受负序电流的能力

发电机都有长期承受负序电流的限值 $I_{2\infty}$，当负序电流不超过该限值时，长期运行的发电机不会受到损伤。汽轮发电机单机容量的增长，一方面靠增大电机尺寸，另一方面是改进冷却方式，提高材料的利用率，因而电机尺寸并不随容量成比例增长。因此，大机组转子表面的热负荷便相应提高，除励磁电流产生的热负荷增加外，气隙磁密高次谐波在转子表面产生的热负荷也明显提高。所以，对于大型汽轮发电机，其负序电流产生的热负荷允许值要相应降低。汽轮发电机长期承受的负序电流以额定电流为基值的标幺值表示时，一般 $I_{2\infty}=0.06\sim0.1$；对于水轮发电机组，一般有阻尼绕组的 $I_{2\infty}=0.1$，无阻尼绕组的 $I_{2\infty}=0.05$。

在短时间内，负序电流使转子温度升高的程度，与负序电流 I_2 的大小及其持续时间 t 有关。

定义发电机的短时负序转子发热常数 A，其含义是在不考虑散热的情况下，不使转子过热所允许的负序电流和时间的关系为

$$\int_0^t i_2^2 \mathrm{d}t = I_2^2 t = A \tag{8-65}$$

A 的数值与发电机的结构及冷却方式有关，应采用电机制造厂家提供的数值。其参考值，对凸极式发电机可取 40，对于空气或氢气表面冷却的隐极式发电机可取 30，对于导线直接冷却的 100～300MW 汽轮发电机可取 6～15 等。I_2^2 为负序电流 i_2^2 在时间 t 内的平均值（以发电机额定电流为基准的标幺值）。

2. 定时限负序过电流保护

发电机定时限过电流保护通常设置两段，即发信号段和跳闸段。其动作判据为

$$I_2 \geqslant I_{2.\mathrm{set}}^{\mathrm{I}} \text{ 或 } I_2 \geqslant I_{2.\mathrm{set}}^{\mathrm{II}} \tag{8-66}$$

式中：$I_{2.\mathrm{set}}^{\mathrm{I}}$、$I_{2.\mathrm{set}}^{\mathrm{II}}$分别为发信号段及跳闸段的定值。

发信号段定值 $I_{2.\mathrm{set}}^{\mathrm{I}}$的整定原则：按照发电机长期允许的负序电流 $I_{2\infty}$下能可靠返回的条件整定，即

$$I_{2.\mathrm{set}}^{\mathrm{I}} = \frac{K_{\mathrm{rel}} I_{2\infty}}{K_{\mathrm{re}}} \tag{8-67}$$

式中：K_{rel}为可靠系数，取 1.2；K_{re}为返回系数，取 0.85～0.95；

定时限发信号段的延时通常按躲过后备保护的最大延时整定，一般取 5～10s。

跳闸段定值 $I_{2.\mathrm{set}}^{\mathrm{II}}$按下面原则整定：

（1）按转子发热条件整定，即

$$I_{2.\mathrm{set}}^{\mathrm{II}} = \sqrt{A/T} I_{\mathrm{N}} \tag{8-68}$$

式中：T 为保护动作的延时定值，通常取 $T=120\mathrm{s}$；I_{N} 为发电机额定电流。

（2）还需与相邻元件的负序电流后备保护在灵敏度上相配合。通常考虑在变压器高压侧发生短路时，当变压器装有独立的负序电流保护时，保证发电机负序过电流保护的定值较变

压器负序电流保护的灵敏系数低，即

$$I_{2.\mathrm{set}}^{\mathrm{II}} = K_{\mathrm{rel}} I'_{2.\mathrm{set}} \tag{8-69}$$

式中：K_{rel}为可靠系数，取 1.1；$I'_{2.\mathrm{set}}$为相邻元件负序电流保护的定值。

按此原则整定时，保护的动作延时应遵循逐级配合的原则，一般取 3～5s。

定时限过电流保护存在不能充分发挥发电机潜力或者利用过度的问题。例如，某 600MW 发电机组 $A=4$，按上述整定原则确定的定值为$I_{2.\mathrm{set}}^{\mathrm{I}}=0.1I_{\mathrm{N}}$，$T=10\mathrm{s}$；$I_{2.\mathrm{set}}^{\mathrm{II}}=0.5I_{\mathrm{N}}$，$T=4\mathrm{s}$。保护动作的时限特性与发电机允许的负序电流曲线如图8－38 所示。

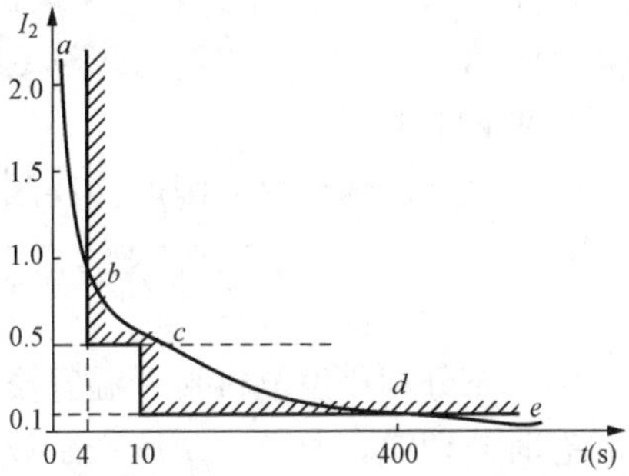

图 8－38　保护动作的时限特性与发电机允许的负序电流曲线

由图 8－38 不难得出：

(1) 在 *ab* 段内，保护装置的动作时间大于发电机允许时间，不安全。

(2) 在 *bc* 段内，保护装置的动作时间小于发电机的允许时间，可以保证发电机的安全，但没有充分利用发电机承受负序电流的能力。

(3) 在 *cd* 段内，保护发出信号，然后由值班人员处理。但在靠近 *c* 点的区域内，实际上来不及处理，因此在这个区域内，只靠发信号是不够安全的。

(4) 如果发电机长期允许的负序电流标幺值$I_{2\infty}=0.05$，而动作值为 0.1 时，则对于介于 0.05～0.1 之间的负序电流，定时限的负序电流保护不能反应。

此外，上述两段定时限负序电流保护，不能反应负序电流变化时发电机转子的热积累过程，一般只用于 *A* 值很大的空冷式机组，特别是水轮发电机组。为防止发电机转子遭受负序电流的损害，对于大型汽轮发电机，国内外都要求装设与发电机承受负序电流能力相匹配的反时限负序电流保护。

3. 反时限负序过电流保护

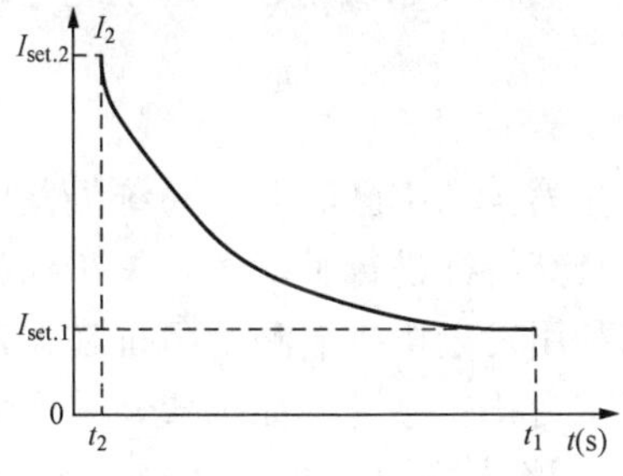

图 8－39　反时限负序过电流保护特性

反时限负序过电流保护反应负序电流增大，其动作时间与负序电流成反比，通常采用图 8－39 所示的配合方式。

实际上，反时限电流保护无须在 $t=0\sim\infty$整个时间段上都实现反时限。考虑到发电机机端两相短路时，另有专门的相间短路保护动作于切除故障，以及当 $I_2>I_{2\infty}$而且接近 $I_{2\infty}$时，又有信号段动作于声光信号，所以不必使保护的反时限特性动作范围达到那样宽，可以把动作电流 I_2 与相应的动作时间 t 的范围适当缩小。

在图 8－39 中，当 $I_2 \geqslant I_{\mathrm{set.1}}$时，且累计时间达到 t_1（一般取 600～1000s）时，保护动作跳闸。$I_{\mathrm{set.1}}$通常由保护所能提供的最大延时决定，一般最大延时为 1000s，可得

$$I_{\mathrm{set.1}} = \sqrt{\frac{A}{1000} + I_{2\infty}^2}\, I_{\mathrm{N}} \tag{8-70}$$

在图 8－39 中，当 $I_2 \geqslant I_{\mathrm{set.2}}$时，且累计时间达到 t_2 时，保护动作跳闸。$I_{\mathrm{set.2}}$按变压器高压侧两相短路时的负序电流整定，即

$$I_{set.2} = \frac{I_N}{K_{sat}x''_d + x_2 + 2x_T} \tag{8-71}$$

式中：x''_d 为发电机次暂态电抗的标幺值；x_2 为发电机负序电抗标幺值；K_{sat} 为饱和系数，取 0.8；x_T 为主变压器电抗的标幺值。

动作时限 t_2 根据 $I_{set.2}$ 和厂家提供的发电机承受负序电流特性曲线确定。例如某台发电机，已知 $A=4$，$I_{set.2}=2$，据此整定的保护动作时限为 $t_2=1s$。当 $I_2>2$ 时，保护具有 $t_2=1s$ 的定时限特性。

负序过电流保护反时限的动作判据为

$$\begin{cases} I_2 > I_{set.1} \\ (I_2-\alpha)^2 t > A \end{cases} \tag{8-72}$$

为了充分利用发电机转子温升裕度及发热过程中散热的影响，避免发电机还没有到达危险状态时被切除，引入一个修正系数 α。它是与发电机转子温升裕度，散热等因素有关的常数，通常情况下，可令 $\alpha=I_{2\infty}$。

该保护在灵敏度和动作时限方面不必与相邻元件或线路的相间短路保护配合，保护动作于解列或程序跳闸。

8.7.2 发电机失步保护

对于中小容量的发电机，一般不装设失步保护，当机组发生振荡失步时，由值班人员处理。对于 300MW 及以上的大型发电机，宜装设专门的失步保护，当振荡中心位于发电机—变压器组内部时，失步保护可无延时跳闸或在规定的滑差周期内跳闸。

对失步保护的基本要求：

(1) 有鉴别短路与振荡、失步振荡与同步摇摆的能力。

(2) 发电机组失步保护动作后的行为应由系统安全稳定运行的要求决定，一般不应立即作用于跳闸。

(3) 当保护跳闸时，尽量避免两侧电动势摆开 180°时跳开断路器。

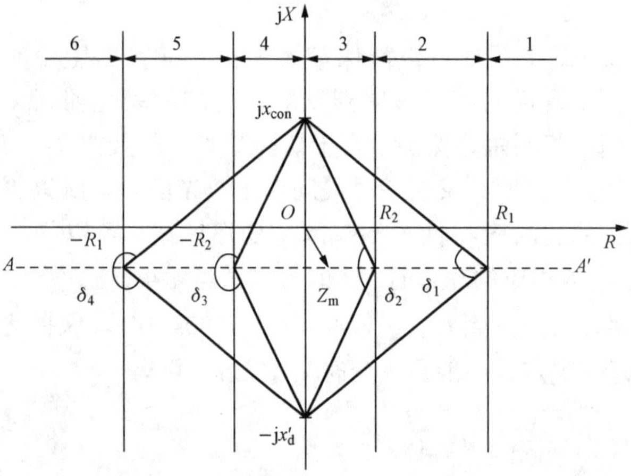

图 8-40 发电机失步保护动作特性

在第 4 章中已对电力系统振荡的概念及其特征进行了阐述，失步保护可以利用发电机机端测量阻抗在振荡过程中变化轨迹的特征构成，采取多直线遮挡器特性，如图 8-40 所示。与纵轴对称且平行的四条直线 R_1、R_2、O（纵轴）、$-R_1$、$-R_2$ 将整个复平面分成了六个区域。忽略系统中各元件的电阻分量，并假设系统电压与发电机电动势幅值相等，则发生振荡时，机端测量阻抗的变化轨迹为直线 AA'。该特性能够判别失步的依据是：

(1) 系统正常运行时，测量阻抗位于1区，且基本稳定，不进入其他区内。

(2) 发电机加速失步时，测量阻抗从1区依次穿过2、3、4、5、6区，在每个区内停留一段时间。

(3) 发电机减速失步时，测量阻抗从6区依次穿过5、4、3、2、1区，在每个区内停留一段时间。

(4) 短路故障时，测量阻抗可从任意区域内，很快就进入某一区域内，且基本不变。

(5) 同步振荡时，测量阻抗穿过部分区域后又逆向返回，而不是同向依次穿过所有区域。

若机端测量电抗小于变压器电抗 x_T，说明振荡中心落在发电机—变压器组内部。当装置检测出发电机失步时，发出失步信号。测量阻抗依次穿过所有区域记录一次滑极，当装置检测出失步振荡中心落在发电机—变压器组内部且达到整定的滑极次数后可发出跳闸令。

8.7.3 发电机其他保护简介

1. 对称过负荷保护

大型发电机的材料利用率高，热容量与铜损耗之比较小，热时间常数也较小，相对过负荷能力就较低，较易因过负荷而温升过高，影响机组正常寿命，应装设过负荷保护。

定子绕组过负荷保护对于非直接冷却方式的中小型发电机，采用单相式定时限过负荷保护，经延时动作于信号，动作电流按发电机长期允许的负荷电流下能可靠返回的条件整定。对于直接冷却方式的大中型发电机，定子绕组过负荷保护可设置为定时限和反时限保护。

2. 转子绕组过负荷保护

对于100MW及以上的采用半导体励磁系统的发电机，装设转子绕组过负荷保护；对于300MW以下的发电机，只装定时限过负荷保护，经延时作用于信号和降低励磁电流。对于300MW及以上的发电机，转子绕组过负荷保护可配置定时限和反时限保护。

对于采用三相中频励磁机的发电机，转子绕组过负荷保护的电流输入信号宜取自中频励磁机的中性点侧三相电流互感器的交流电流，由这组互感器的三相电流间接反映转子电流的大小，同时还是中频励磁机纵差保护的后备保护，并兼作中频励磁机纵差保护范围以外的交流部分的主保护。

3. 过电压保护

水轮发电机在突然甩负荷时，考虑水轮机的引水钢管和蜗壳的水压上升，特别是由导叶的急速关闭引发水锤效应，造成严重的破坏性事故，所以水轮发电机的调速系统不能单纯为限制转速上升而动作过快，应该在水压上升和转速上升两个矛盾的要求下，选取适当的调节速度，使水压和转速均在安全界限以内。转速上升必然导致定子绕组过电压，所以水轮发电机都装设过电压保护，其动作电压应根据定子绕组的绝缘状况决定，一般情况下整定为 $U_{set}=1.5U_N$，$t=0.5s$，解列灭磁。对于晶闸管整流励磁的水轮发电机，其过电压保护整定为 $U_{set}=1.3U_N$，$t=0.3s$。

小型汽轮发电机一般不装过电压保护。但是200MW及以上汽轮发电机，由于它们的转动惯量相对较小，在甩负荷时，即使调速系统和调压系统完全正常，转速仍将上升，过电压可达（1.3～1.5）U_N，持续几秒钟。对比发电机的工频耐压试验水平 $1.3U_N$、60s，可见大型汽轮发电机的甩负荷过电压，对定子绕组主绝缘仍有威胁。因此，规程规定200MW及以上汽轮发电机宜装设过电压保护，其定值一般取为 $U_{set}=1.3U_N$，$t=0.5s$，动作于解列灭磁。汽轮发电机如已装过励磁保护，可不再装设过电压保护，因为大多数情况下过励磁保护反应的过电压倍数与保护动作时限比过电压保护要求更严格。

4. 误上电保护

发电机在盘车状态下（未加励磁，低速旋转），主断路器误合闸，系统三相工频电压突然加在机端，使同步发电机处于异步启动工况，此时发电机呈现次暂态电抗 X''_d。在异步启动过程中，基本均保持 X''_d 为小电抗，由系统向发电机定子绕组倒送大电流；由于转子与气隙同步速旋转磁场有较大滑差，转子本体长时间流过差频电流，转子有可能烧伤；突然误合闸引起转子的急剧加速，由于润滑油压太低（尚未准备并网运行），也可能使轴瓦损坏。由此可见，发电机在盘车状态下的误合闸是一种破坏性很大的故障。

误上电保护可以采用机端测量阻抗原理或低频过电流原理构成。

5. 断路器断口闪络保护

大型发电机—变压器组在与系统进行并列过程中，断路器主触点两断口之间可能承受两侧电动势绝对值之和的高电压，有时会造成断口闪络事故。在发电机—变压器组高压断路器刚跳开不久的一段时间内，两断口之间也可能短时承受高电压而引起闪络。

断口闪络不仅造成断路器损坏，还将对发电机产生冲击转矩和负序电流，对机组安全不利。此外这种闪络故障还可能引发事故扩大，影响系统的稳定运行。

断口闪络保护可按三相断路器都处于断开状态，有任一相或两相中流过电流进行判断。

断口闪络保护首先使发电机灭磁，以降低断口电压，使之停止闪络，无效时再启动失灵保护。

6. 启动和停机保护

在发电机不与系统并网的启动或停机过程中，频率大幅度偏离额定值，许多保护将在低频条件下拒动或误动。

一般情况下，发电机启动到并网之间，不加励磁，三相电压近于零。但是为了预热转子或者双轴发电机组在低转速下进行并列时，需要加上励磁；抽水蓄能电动发电机组的水泵工况启动，必须在有励磁的条件下进行，而且启动过程可能长达 10min。对于在低速旋转状态下或多或少加励磁的大型机组，要求装设在低频下能工作的定子绕组接地保护及反应相间短路的保护，这就是启动和停机保护。

要求启动和停机保护所采用的算法与频率无关，采用基波零序电压式定子接地保护反应定子接地故障，其零序电压取自发电机中性点侧零序 TV；采用差动电流保护反应短路故障。该保护仅在发电机启动并网前或停机过程中投入，保护由断路器辅助位置触点和低频继电器的输出触点控制。

7. 逆功率保护

发电机是向系统送出有功功率的，如果出现系统向发电机倒送有功功率，即发电机变成电动机运行，这就是逆功率的异常工况。

逆功率保护主要由逆功率继电器组成。发电机—变压器组保护装置中一般有两只逆功率继电器。其一用于程序跳闸方式，即当过负荷保护、过励磁保护、低励失磁保护等动作后，保护先关主汽门，等到出现逆功率状态时就确信主汽门已经关闭，这时逆功率继电器动作，允许主断路器跳闸。这种程序跳闸就可避免因主汽门未关而断路器先断开引起灾难性的“飞车”事故。另一只逆功率继电器是用来构成逆功率保护的。作为汽轮发电机，当转入逆功率异常运行状态时，汽轮机主汽门已关闭，汽机尾部叶片由于与残留蒸汽产生摩擦而形成鼓损耗，由过热而损坏。燃气轮机的大压缩机负荷很大，逆功率数值可达发电机额定容量50%，逆功率工况可能损坏机组的齿轮。灯泡式和斜流式等低水头水轮机在逆功率工况下，低水流量的微观水击作用会产生汽蚀现象，终致叶轮损伤。这些发电机组均在逆功率运行状态下对原动机有害，宜装设逆功率保护。

8. 频率异常保护

当频率低于额定值时，发电机的输出功率应降低，功率降低一般与频率降低成一定比例，低频运行时发电机也有过负荷而导致热损伤的问题，但是应该明确，限制汽轮发电机组低频运行的决定性因素是汽轮机而不是发电机。

由于汽轮叶片存在自然振荡频率，如果发电机运行频率接近或等于叶片的自然振频率，将导致共振，使材料疲劳，达到材料不允许的程度时，叶片就有可能断裂，造成严重事故。材料的疲劳是一个不可逆的积累过程。另外，极低频的工况还将威胁到厂用电的安全。

频率异常保护由频率测量元件和时间累积计数器组成。频率异常保护分低频保护、过频保护、频率累积和连续低频保护，可根据用户需要设置低频、过频的段数以及出口方式。另外，为防止发电机启停过程中频率异常保护误发信号，频率异常保护设有电流元件闭锁。

大机组频率异常运行允许时间建议值见表8-1。

表8-1　　大机组频率异常运行允许时间建议值

频率（Hz）	允许运行时间	
	累计（min）	每次（s）
51.5	>30	>30
51.0	>180	>180
48.5～50.5		
48.0	>300	>300
47.5	>60	>60
47.0	>10	>10

思考与练习

思考

8.1　说明发电机定子绕组可能发生的故障及危害。

8.2　说明发电机转子绕组两点接地的危害。

8.3　说明负序电流对发电机的危害。

8.4　针对发电机的故障及异常运行状态，说明发电机的保护配置。

8.5　比较发电机差动保护与变压器差动保护的异同。

8.6　何谓发电机完全纵差保护和不完全纵差保护？说明不完全纵差保护应用的条件。

8.7 画出不完全纵差保护的原理接线图，并说明它能反应哪些故障类型。

8.8 为什么说："按机端区内发生两相短路校验纵差保护的灵敏系数"没有意义？

8.9 能够反应发电机定子绕组匝间短路的保护原理有哪些？

8.10 说明横差保护在哪些情况下会存在保护"死区"。

8.11 何谓单元件横差保护？它有何优缺点？

8.12 对裂相横差保护和单元件横差保护进行技术及经济性能比较。

8.13 说明发电机纵向基波零序电压保护的适用范围及其基本原理，画出其原理接线图。

8.14 发电机为什么要装设定子绕组接地保护？

8.15 说明基波零序电压的发电机定子绕组接地保护的优缺点。

8.16 为什么水轮发电机不装设发电机转子两点接地保护？

8.17 说明发电机转子两点接地故障的危害。

8.18 试述发电机失磁后的电气量特征。

8.19 说明发电机失磁后机端测量阻抗的变化规律。

8.20 发电机失磁对系统和发电机有何影响？

8.21 发电机失磁后机端测量阻抗从第Ⅰ象限过渡到异步阻抗圆内的时间长短和哪些因素有关？

8.22 简述大容量发电机采用负序反时限过电流保护的优点。

8.23 请思考发电机失步保护 R_1、R_2 的整定原则，并给出整定计算式。

练习

8.24 某发电机的参数：$S_{GN}=1111\text{MVA}$，$U_{GN}=27\text{kV}$，$\cos\varphi=0.9$，$x''_d=0.182$，发电机中性点侧和机端的电流互感器的型号相同，变比为 28000/1。采用比率制动特性的电流差动保护，计算其定值。

8.25 某型号的 700MW 水轮发电机总槽数为 540，采用波绕组方式，每相 5 分支，每分支 36 匝线圈。电流互感器的装配情况如图 8-41 所示。试完成：

(1) 画出完全电流差动保护、不完全电流差动保护、裂相横差保护、单元件横差保护的原理接线。

(2) 以 A 相为例，假设机端和中性点侧电流互感器变比相同（n_{TA}），写出完全电流差动保护、两个不完全电流差动保护及裂相横差保护差电流的计算式。

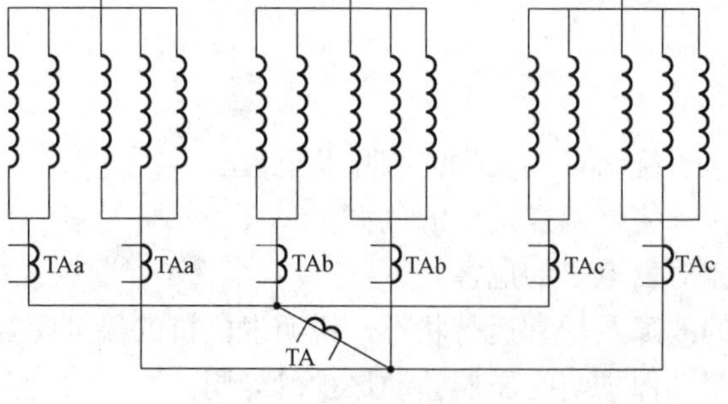

图 8-41 题 8.25 图

8.26 发电机定子A相绕组发生匝间短路，被短接的匝数占该相绕组总匝数的比例为α，计算纵向基波零序电压$3\dot{U}_0$的输出值。

8.27 当距中性点15%处发生A相定子绕组接地短路时，计算基波零序电压$3\dot{U}_0$及发电机机端三次谐波电压与中性点侧三次谐波电压的比值。

8.28 中性点不接地运行的发电机机端发生经过渡电阻R_g的三相短路，当R_g从$0\sim\infty$变化时，请分析机端相电压的变化轨迹。

8.29 QFS—300—2型汽轮发电机，$U_{GN}=18kV$，$S_{GN}=353MVA$，$x_d=2.2$，$x'_d=0.225$，$x''_d=0.168$，$U_{f.0}=135V$，$U_{f.N}=485V$，$I_{fd.N}=1850A$，$n_{TV}=\frac{18000}{\sqrt{3}}\Big/\frac{100}{\sqrt{3}}$，$n_{TA}=15000/5$，主变压器容量$S_{TN}=360MVA$，$U_k\%=14.9$，变比236/18，系统阻抗$x_s=0.0122$（归算到100MVA），求发电机发出150MW有功功率时的励磁动作电压。若失磁保护采用等励磁电压判据，并按静稳边界对应的励磁电压整定，计算整定值。

拓展

8.30 设计一保留基波、滤除三次谐波的数字滤波器，并分析其性能。

8.31 请证明式（8-23）的等效判据为$\mathrm{Re}\{\dot{U}_2 e^{-j\varphi_{sen}}/\dot{I}_2\}\geqslant 0$。

第 9 章　母　线　保　护

9.1　母线保护的配置原则及对母线保护的要求

母线是电力系统的重要设备，在整个输配电系统中起着非常重要的作用。母线连接的设备很多，电气接线复杂，相关设备操作频繁，设备外绝缘击穿、机械损坏、外力异物、人员误操作等均可能造成母线故障。

母线故障是电力系统最严重故障之一。由于母线故障，连接在该母线上的所有设备必然被切除，势必造成较大面积的停电。枢纽变电站的母线故障若不能及时切除，还有可能引发电力系统稳定破坏的事故。由于母线位于变电站内部，定期的检查与维护降低了母线故障的概率，即便如此，母线故障并不能完全避免，需要配置性能完善的保护，以便在母线故障时，及时切除故障，保证电力系统的安全稳定运行。

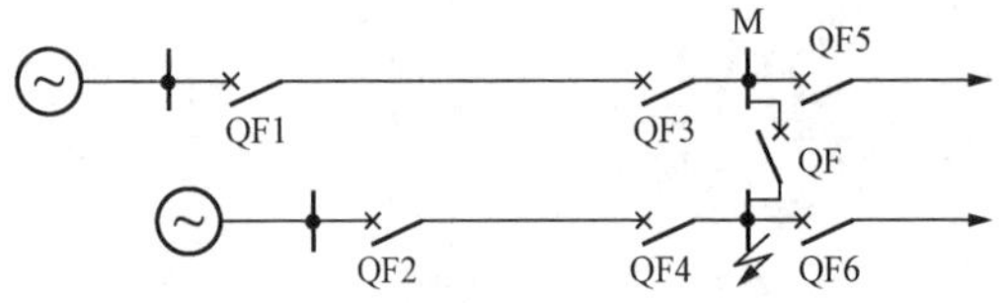

图 9-1　简单电力系统

对于非重要且对系统影响较小的母线，当母线发生故障时，可以依靠与母线相连设备的后备保护切除。图 9-1 所示为简单电力系统，当变电站 M 母线发生故障时，若分段断路器 QF 处于合闸位置，当没有装设专用母线保护时，则由 QF1、QF2 所在处的线路保护Ⅱ段动作（通常情况下 QF3、QF4 处的线路保护不动作）切除故障。

该母线故障的处理存在两方面的不足：

（1）虽然 QF5、QF6 的线路保护不动作，但由于失去了所有电源，从而造成了全站停电，扩大了停电范围。

（2）故障的切除具有 0.5s 甚至更长的延时，切除故障慢。这对于高压电网而言，有可能破坏系统稳定，造成重大事故。

针对以上问题，当装设专用的母线保护时，在母线外部发生短路时，保护不动作，在母线内部发生短路时，快速动作跳开和故障母线相连的所有支路的断路器，从而切除故障母线。例如，当图 9-1 所示母线发生短路时，母线保护动作跳开 QF、QF4、QF6，切除了故障母线。设置专用的母线保护，一方面减小了停电范围，另一方面故障得到快速切除。

对于 220～500kV 母线，应装设快速有选择地切除故障的母线保护。对于发电厂和变电站的 35～110kV 母线，在下列情况下应装设专用的母线保护：

（1）110kV 双母线。

（2）110kV 单母线、重要发电厂或 110kV 以上重要变电站的 35～66kV 母线，需要快速切除母线上的故障时。

（3）35～66kV 电网中，主要变电站的 35～66kV 双母线或分段单母线需快速而有选择性地切除一段或一组母线上的故障，以保证系统安全稳定运行和可靠供电时。

专用母线保护应满足以下要求：

（1）保护应能正确反应母线保护区内的各种类型故障，并动作于跳闸。

（2）对各种类型区外故障，母线保护不应由于短路电流中的非周期分量引起电流互感器的暂态饱和而误动作。

（3）对构成环路的各类母线（如3/2断路器接线、双母线分段接线等），保护不应因母线故障有电流流出而拒动。

（4）应能在双母线分组或分段运行的母线故障时，有选择性地切除故障母线。

（5）应能自动适应双母线连接元件运行位置的切换。切换过程中保护不应误动作；切换过程中，母线发生故障，保护应能正确动作切除故障；切换过程中，区外发生故障，保护不应误动作。

（6）当给母线充电，合闸于有故障的母线时，母线保护应能正确动作切除故障母线。

9.2 母线保护工作原理

母线保护包括电流差动保护、相位比较式差动保护以及双母线同时运行的母联相位差动保护。随着母线保护的微机化，母线保护大多采用电流差动保护。

1. 母线电流差动保护的工作原理

图9-2所示为具有三条进出线的单母线系统，$\dot{I}_1$、$\dot{I}_2$、$\dot{I}_3$为各线路的电流，参考方向规定为流向母线为正。当系统正常运行或母线外部（例如k1点）发生短路时，根据基尔霍夫电流定律，得

$$\sum\dot{I}=\dot{I}_1+\dot{I}_2+\dot{I}_3=0$$

当母线（k2点）发生短路时，有

$$\sum\dot{I}=\dot{I}_1+\dot{I}_2+\dot{I}_3=\dot{I}_k$$

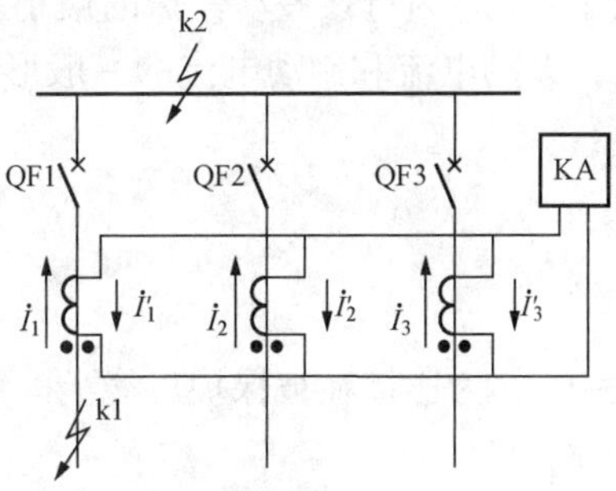

图9-2 母线保护工作原理示意图

若各回线路的电流互感器变比相同，则对于各支路的二次电流$\dot{I}'_1$、$\dot{I}'_2$、$\dot{I}'_3$，上面关系依然成立，即当系统正常运行或母线外部短路时，满足

$$\dot{I}'_1+\dot{I}'_2+\dot{I}'_3=(\dot{I}_1+\dot{I}_2+\dot{I}_3)/n_{TA}=0 \tag{9-1}$$

当母线故障时，满足

$$\sum\dot{I}'=\dot{I}'_1+\dot{I}'_2+\dot{I}'_3=(\dot{I}_1+\dot{I}_2+\dot{I}_3)/n_{TA}=\dot{I}_k/n_{TA} \tag{9-2}$$

定义$I_d=\left|\sum\limits_{n=1}^{M}\dot{I}_n\right|$为母线保护的差动电流，$n$为母线所连支路序号，$M$为母线所连支路数。根据上述分析，当差动电流大于事先整定的定值时，母线保护动作，切除故障母线。按此原理构成的母线保护称为母线电流差动保护。母线电流差动保护的动作判据为

$$I_d=\left|\sum_{n=1}^{M}\dot{I}_n\right|\geqslant I_{set} \tag{9-3}$$

式中：I_{set}为母线电流差动保护的定值。

母线电流差动保护的定值 I_{set} 按以下原则整定：

(1) 躲过外部短路时的最大不平衡电流，则

$$I_{set} = K_{rel} I_{unb.max} \tag{9-4}$$

式中：K_{rel} 为可靠系数，一般取 1.5；$I_{unb.max}$ 为外部短路时最大不平衡差动电流。

考虑电流互感器的同型系数 K_{st}（同型取 0.5，不同型取 1），误差 K_{er}（取 0.1），非周期分量系数 K_{np}（取 1.5～2），外部短路时的最大不平衡电流为

$$I_{unb.max} = K_{er} K_{st} K_{np} I_{k.max} \tag{9-5}$$

式中：$I_{k.max}$ 为外部短路时的最大短路电流。

(2) 躲过母线所连支路中最大负荷电流，以防止电流互感器二次回路断线导致母线保护误动，则

$$I_{set} = K_{rel} I_{L.max} \tag{9-6}$$

式中：K_{rel} 为可靠系数，一般取 1.3；$I_{L.max}$ 为母线所连各支路中的最大负荷电流。

2. 具有比率制动特性的母线电流差动保护

为了提高母线内部故障时的灵敏度，和线路、变压器及发电机的纵差保护一样，通常母线保护采用比率制动特性的差动保护。其动作判据为

$$\begin{cases} I_d > I_{op.0} \\ I_d \geqslant K_{res} I_{res} \end{cases} \tag{9-7}$$

式中：$I_{op.0}$ 为母线差动保护的最小动作电流；I_{res} 为制动电流；K_{res} 为制动系数。

差动电流和制动电流的一般形式为

$$I_d = \left| \sum_{n=1}^{M} \dot{I}_n \right| \tag{9-8}$$

$$I_{res} = \sum_{n=1}^{M} |\dot{I}_n| \tag{9-9}$$

式中：n 为连接在被保护母线上的第 n 条支路；M 为该母线所连的总的支路数。

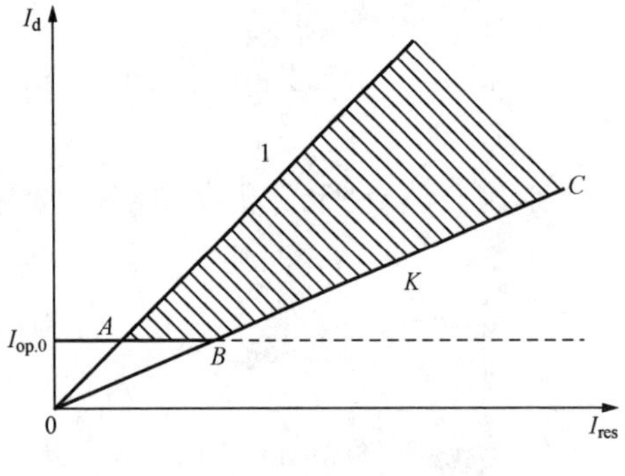

图 9-3 比率制动差动保护动作特性

式 (9-7) 所描述的母线比率制动差动保护的动作特性如图 9-3 所示。图中阴影部分为动作区。根据式 (9-7) 给出的母线电流差动保护动作方程，其动作区域应为图 9-3 中折线 ABC 以上的区域。实际上，当母线发生短路时，只有当所有支路的电流同相位时，有

$$I_d = I_{res}$$

否则，必然有

$$I_d < I_{res}$$

所以，保护的动作区不会进入阴影区域上面的直线以上部分。

最小动作电流 $I_{op.0}$ 需躲过正常运行时的不平衡电流，考虑电流互感器的误差（采用 10P 级的电流互感器时可取 6%）、保护装置的测量误差等因素，一般取 $I_{op.0} = (0.4 \sim 0.5) I_N$，其中 I_N 为额定电流（当换算到二次值时，取电流互感器的二次额定值 5A 或 1A）。

如果考虑躲过电流互感器二次回路断线时的最大负荷电流，根据式 (9-6)，则最小动

作电流 $I_{op.0} > I_N$ 。当保护装置有电流互感器二次断线闭锁元件时，整定最小动作电流 $I_{op.0}$ 时就不再考虑这一因素，有利于提高保护的灵敏度。

根据式（5 - 13），比率制动系数 K_{res} 按躲过外部短路时的最大不平衡电流整定时，取

$$K_{res} = 0.1K_{rel}K_{st}K_{np} \tag{9 - 10}$$

一般取 0.4～0.6。

当母线内部故障时，制动电流为 I_{res} ，其对应的动作区大小为 $(1-K_{res})I_{res}$ 、制动区大小为 $K_{res}I_{res}$ ，以它们的比值作为母线差动保护的灵敏系数 K_{sen} ，则有

$$K_{res} < \frac{1}{1+K_{sen}} \tag{9 - 11}$$

当母线内部发生各类故障时，灵敏系数不应小于 1.5～2，比率制动系数 K_{res} 应不大于 0.5 ～ 0.67 。

所以，K_{res} 的取值一般为 0.5～0.6。

3. 母线复式比率制动差动保护

对于环形母线及 3/2 断路器接线的母线，当母线发生故障时，有可能发生电流流出母线的情况，如图 9 - 4 所示。

当母线故障有电流流出时，由于差动电流的减小，将导致比率制动差动保护灵敏度降低。为此，可以采用复式比率制动差动保护，其动作判据为

$$\begin{cases} I_d \geqslant I_{op.0} \\ I_d \geqslant K'_{res}(I_{res} - I_d) \end{cases} \tag{9 - 12}$$

式中：K'_{res}为复式比率制动系数。

式（9 - 12）可以写成

$$\begin{cases} I_d \geqslant I_{op.0} \\ I_d \geqslant \dfrac{K'_{res}}{1+K'_{res}} I_{res} \end{cases} \tag{9 - 13}$$

可见，复式比率制动差动保护和一般比率制动差动保护没有本质上的差别。

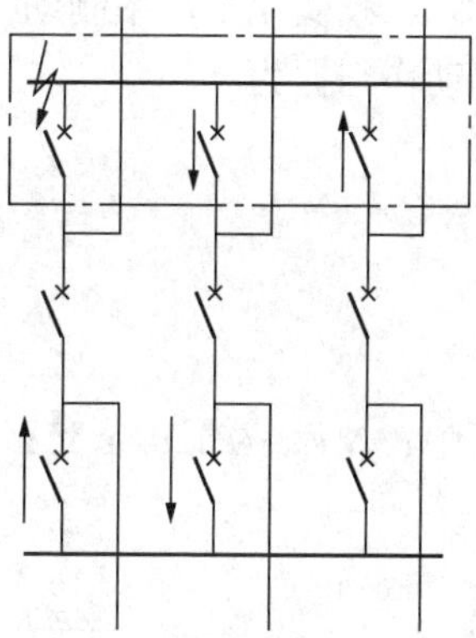

图 9 - 4　母线故障有电流流出情况

当母线内部故障时，设母线故障的总电流为 I_Σ，流出母线的电流占总电流的比例为 α ，则

$$I_d = I_\Sigma - 2\alpha I_\Sigma$$
$$I_{res} = I_\Sigma$$

代入式（9 - 13），得

$$K'_{res} < \frac{1-\alpha}{2\alpha} \tag{9 - 14}$$

或

$$\alpha < \frac{1}{1+2K'_{res}} \tag{9 - 15}$$

只要流出电流的比例 α 不超出式（9 - 15）的限值，复式比率制动差动保护就能动作。

当区外发生故障时，故障支路的电流最大。设该支路电流互感器的误差为 δ（仅考虑负误差），其他支路电流互感器的误差忽略不计，则

$$I_d = \delta I_\Sigma$$
$$I_{res} = 2I_\Sigma - \delta I_\Sigma$$

为了保证继电器不动作，需满足

$$I_d < K'_{res}(I_{res} - I_d)$$

即

$$K'_{res} > \frac{\delta}{2(1-\delta)} \tag{9-16}$$

或

$$\delta < \frac{2K'_{res}}{1+2K'_{res}} \tag{9-17}$$

例如，当 $K'_{res}=1.5$ 时，允许的流出电流可达 25%，允许的 TA 误差可达 75%。由此可见，即使在较大流出电流的情况下，复式比率制动差动保护也具有足够的灵敏度。在外部故障时，即使 TA 饱和引起较大的误差，复式比率制动差动保护也具有可靠的选择性。另外，复式比率制动特性的制动系数的取值范围较一般比率制动特性的范围宽。

4. 工频变化量比率制动差动保护

工频变化量比率制动差动保护具有抗过渡电阻能力强，受系统运行方式影响小的特点。其动作判据为

$$\begin{cases} \left|\sum_{n=1}^{M} \Delta \dot{I}_n\right| \geqslant \Delta I_{op.0} \\ \left|\sum_{n=1}^{M} \Delta \dot{I}_n\right| > K_{res}\sum_{n=1}^{M} \left|\Delta \dot{I}_n\right| \end{cases} \tag{9-18}$$

式中：$\Delta \dot{I}_n$ 为第 n 条支路电流突变量；$\Delta I_{op.0}$ 为差动保护的最小动作电流；K_{res} 为制动系数。

9.3 母线保护的应用

母线的种类包括单母线、单母线分段、双母线、双母线分段、3/2 接线的母线等。单母线的母线保护构成比较简单，为了防止差动保护误动作可增加低电压闭锁元件。3/2 断路器接线的母线可以看成两组单母线，母线保护由两套单母线保护构成。单母线分段及双母线在形式上相同，单母线各分段上所有支路的连接关系是固定的，没有倒闸操作的问题；双母线上的支路存在倒闸操作及母线充电的过程；无论是单母线分段还是双母线，都要注意消除分段（母联）断路器附近短路时的保护“死区”。本节将以双母线为例，介绍母线保护的配置及应用。

1. 双母线差动保护构成原理

如图 9-5 所示，对于同时运行的双母线，所有支路按照一定的运行方式分别连接到某一母线上，支路 1、2 接于Ⅰ母线。支路 3、4 接于Ⅱ母线。当某一母线发生短路时，只切除故障母线，没有发生故障的母线继续运行，提高了供电可靠性。

假定各支路都是有源支路，当支路 1 发生故障时，差动回路中的电流分布如图 9-5（a）所示，三个差动继电器 KD、KD1 及 KD2 中都没有电流流过，母线保护不动作。当Ⅰ母线

发生短路时，差动回路中的电流分布如图9-5（b）所示，差动继电器KD、KD1有电流流过，KD2中没有电流流过，母线保护动作跳开QF、QF1、QF2。不难分析，当Ⅱ母线发生故障时，差动继电器KD、KD2有电流流过，KD1中没有电流流过，母线保护动作跳开QF、QF3、QF4。

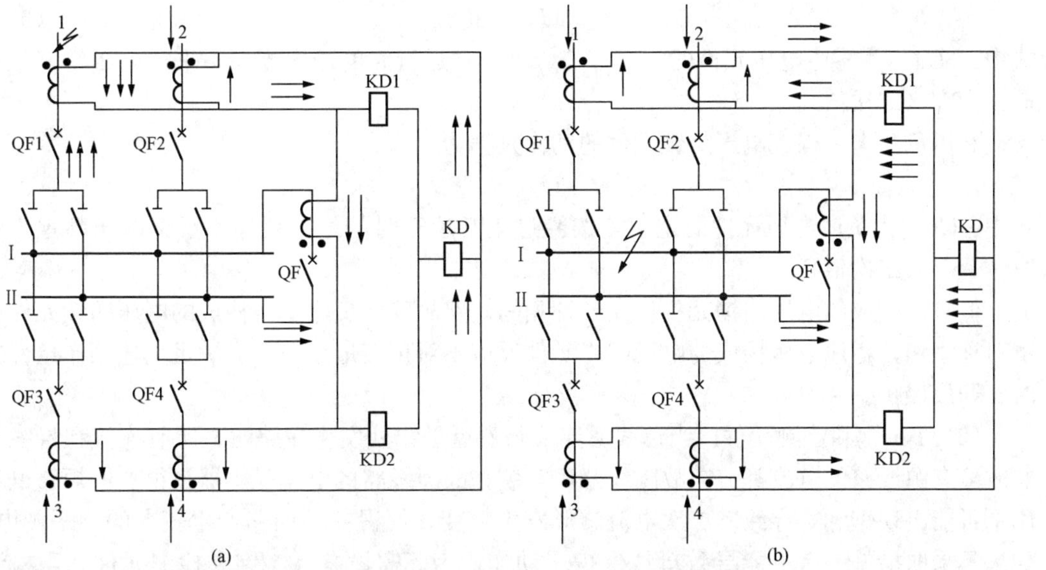

图9-5　元件固定连接的双母线及差动保护构成示原理图

（a）母线外部短路；（b）母线内部短路

通过以上分析可知，双母线差动保护中有一个大差元件KD和两个小差元件（KD1、KD2）。

大差元件中接入了除母联电流外的所有支路电流，当正常运行及外部短路时，KD元件不动作；而当Ⅰ母线或Ⅱ母线短路时，KD元件动作。因此，大差元件只能作为母线故障的判别元件，而不能作为故障母线的选择元件。

小差元件除接入各自母线所连支路的电流外，还要接入母联电流。在计算两个小差元件的差动电流和制动电流时，若两个小差元件共用一个母联电流，则应注意母联电流的极性。

无论大差元件还是小差元件，均可以采用比率制动、复式比率制动或工频变化量比率制动特性的差动保护。

双母线的母线差动保护构成原理如图9-6所示。关于双母线的母线差动保护构成原理的说明：

（1）复合电压闭锁元件。在母线发生故障时，利用母线相电压的降低或产生负序及零序电压的特点构成电压闭锁元件。利用母线相电压降低构成电压闭锁元件的动作判据为

$$U_{ph} \leqslant U_{set} \qquad (9-19)$$

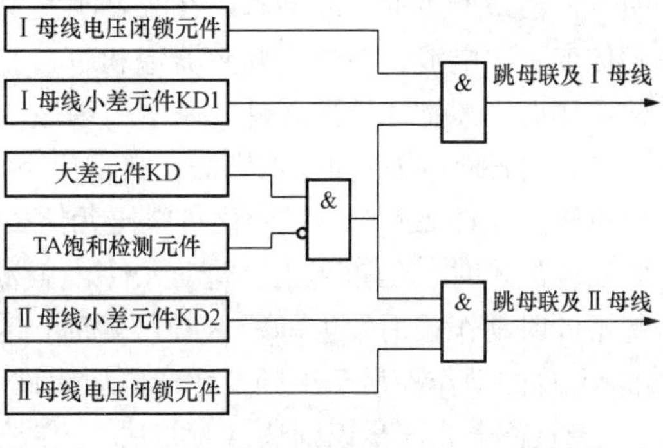

图9-6　双母线的母线差动保护构成原理框图

式中：U_{ph}为A、B、C三相的相电压；U_{set}为低电压元件的动作定值。

U_{set}应躲过正常运行时可能的最低电压，在外部故障切除后能可靠返回，并保证对母线故障有足够的灵敏度进行整定，一般可整定为（0.6～0.7）U_N。

利用零序电压构成电压闭锁元件的动作判据为

$$3U_0 \geqslant 3U_{0.set} \tag{9-20}$$

式中：$3U_{0.set}$为零序电压元件的定值，按躲过正常运行时的最大零序不平衡电压整定，一般取4～8V（二次值）。

利用负序电压构成电压闭锁元件的动作判据为

$$U_2 \geqslant U_{2.set} \tag{9-21}$$

式中：$U_{2.set}$为负序电压元件的定值，按躲过正常运行时的最大负序不平衡电压整定，一般取2～6V（二次值）。

低电压构成的电压闭锁元件反应各种相间短路故障，负序电压构成的电压闭锁元件反应不对称短路，零序电压构成的电压闭锁元件反应不对称接地故障。当满足上述动作条件之一时，开放保护。

（2）TA饱和检测元件。当母线所连线路靠近母线处发生短路时，所有连接在母线上的非故障有源线路的电流都流向故障线路，安装在故障线路的电流互感器在很大的短路电流作用下可能出现饱和，导致其二次电流波形发生畸变，使得差动回路产生较大的不平衡电流。如果不采取措施，有可能导致母线保护误动作，为此需设置TA饱和检测元件，当检测到TA饱和时，闭锁母线差动保护。

图9-7为TA饱和的实际录波图。图中虚线为电流互感器一次电流的波形，实线为电流互感器的二次电流波形。

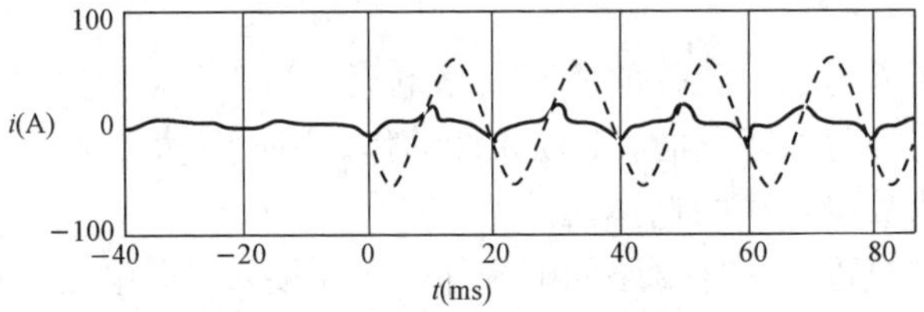

图9-7　TA饱和情况下的实录波形图

TA饱和检测元件根据TA饱和时的波形特征进行检测和判别。对实际的波形分析表明：即使最严重的TA饱和，在故障刚发生的2～3ms内，电流互感器也不会饱和，仍能正确传变一次电流；在电流互感器饱和后，二次电流的畸变会产生大量的谐波分量。下面对一些常用的TA饱和检测元件的基本原理做一简要介绍。

1）自适应阻抗加权识别法。自适应阻抗加权识别法利用工频变化量差动元件、工频变化量阻抗元件ΔZ与工频变化量电压元件ΔU动作的相对时序关系识别TA饱和。当母线区内发生故障时，工频变化量差动元件、工频变化量阻抗元件ΔZ和工频变化量电压元件ΔU基本同时动作；而发生母线区外故障时，若故障线路TA饱和，则工频变化量差动元件和ΔZ元件的动作滞后于工频变化量电压元件ΔU。

2）首半波同步识别法（时差法）。在故障后的初始阶段，TA尚未饱和时，差动回路电流很小，而随着时间的推移，TA饱和后，出现较大的差动电流，利用故障后的首个半波电流，进行TA饱和识别，称为首半波同步识别法。为此，可以采用基于瞬时值的比率制动特性，并设置一时间 t_n。

当故障后，且 $t<t_n$ 时，比率制动元件动作，则判断为母线区内故障；若 $t<t_n$ 时，比率制动元件不动作，而在 $t>t_n$ 后，比率制动元件动作，则判断为母线区外故障TA饱和。

t_n 值的选取决定TA饱和深度，一般取2～3ms可满足区内故障快速动作，区外故障TA饱和的可靠识别。

3）谐波制动原理识别法。谐波制动原理识别法利用TA饱和时差动电流波形畸变和每周波存在线性传变区的特点，需要和首半波同步识别法共同使用。当 $t<t_n$ 时，比率差动元件不动作，即判断为外部故障后，利用谐波制动原理进行以后的TA饱和识别，通常采用2次谐波及3次谐波制动原理。

2. 母线倒闸操作的自适应措施

由于双母线存在倒闸操作的过程，即合上需切换支路与另一母线间的隔离开关，该支路同时跨接在两条母线上，然后在较短的时间内打开原来接入母线的隔离开关，实现了从一条母线到另一条母线切换的倒闸操作。

图9-8为支路4从Ⅱ母线切换至Ⅰ母线后，外部发生短路时的二次电流分布示意图。由图的二次电流分布得知，虽然KD1、KD2所代表的两个小差元件有电流流过，但是KD所代表的大差元件没有电流流过，保护也不会动作。

当Ⅰ母线发生短路时，差动回路的二次电流分布如图9-9所示。由图中二次电流分布得知，KD、KD1、KD2差动元件都有电流流过，无论先切除Ⅰ母线还是Ⅱ母线，都不能实现故障隔离，必然造成两条母线都被切除。

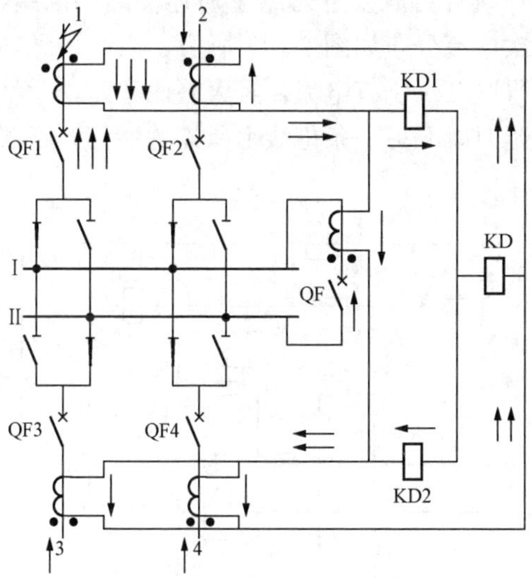

图9-8　倒闸操作后外部故障时的二次电流分布

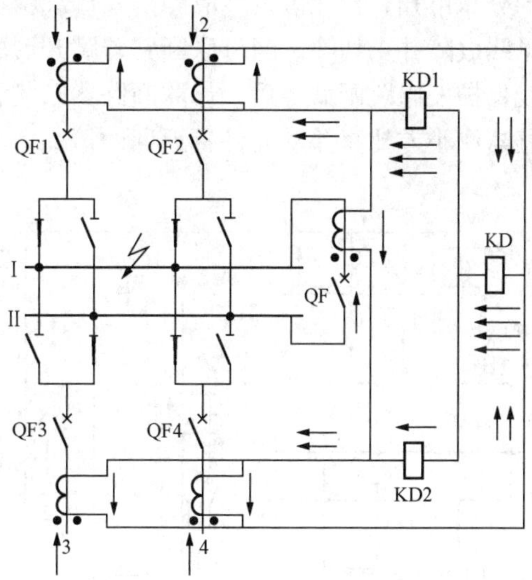

图9-9　倒闸操作后Ⅰ母线故障时的二次电流分布

为了保证母线保护正确实现故障母线的选择，毫无疑问，要求小差元件纳入计算的支路电流必须与实际的运行方式一致。借助隔离开关辅助触点、支路有无电流及倒闸操作连接片是否投入等进行母线运行方式的自动识别。若倒闸过程中一条支路跨接两条母线，此时发生母线故障，保护动作将两条母线同时切除。

3. 与母联有关的保护简介

（1）母联充电保护。当任一组母线检修后在投入之前，利用母联断路器对该母线进行充电试验时可投入母联充电保护，当被试验母线存在故障时，利用充电保护切除故障。

开放母联充电保护有两个条件：

1）一段母线有压而另一段母线无压；

2）母联电流从无到有。

当任何一个条件满足，开放母联充电保护。充电保护开放 300ms 后退出。在充电保护开放期间，当母联任一相电流大于充电保护电流定值，则将母联断路器切除，母线充电保护不经低电压闭锁。

充电保护开放期间是否闭锁差动保护可通过设置保护控制字的方式人为设置。

（2）母联过电流保护。当利用母联断路器临时替代线路断路器代路运行时投入母联过电流保护。母联过电流保护可以设置两段，当母联任一相电流大于母联相应段电流定值，或母联零序电流大于相应零序电流定值时，瞬时或延时跳开母联断路器。母联电流保护不经复合电压闭锁。

（3）母联失灵保护。在双母线运行方式下，当保护向母联断路器发跳令后，经整定延时母联电流仍然大于母联失灵电流定值时，母联失灵保护经两母线电压闭锁后切除两母线上所有连接元件。通常情况下，只有母差保护和母联充电保护才能启动母联失灵保护。

（4）母联死区保护。对于双母线，在母联单元上只安装一组 TA 情况下，母联 TA 与母联断路器之间故障称为死区故障。图 9-10 为死区故障时的二次电流分布示意图。由二次电流的分布可知，当死区发生故障时，母线保护动作跳开母联及Ⅱ母线上所连支路的断路器，但母线故障并未切除。当母联断路器跳开后的二次电流分布如图 9-11 所示。由此可见，当母线保护发出跳闸命令后，母联断路器已跳开而母联 TA 仍有电流，且大差比率差动元件及断路器侧小差比率差动元件不返回的情况下，经延时跳开另一条母线上所连的所有断路器。

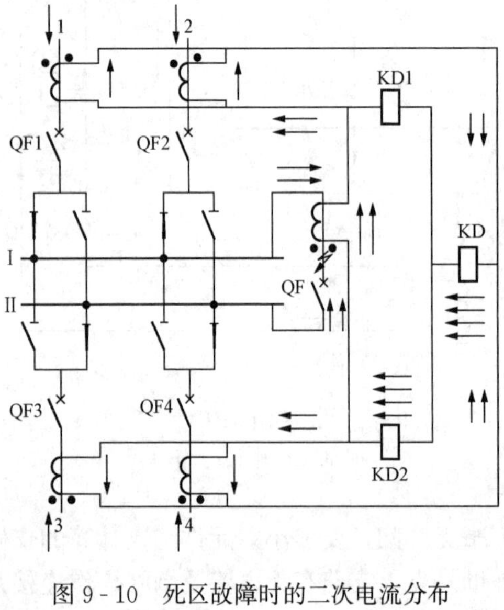

图 9-10　死区故障时的二次电流分布

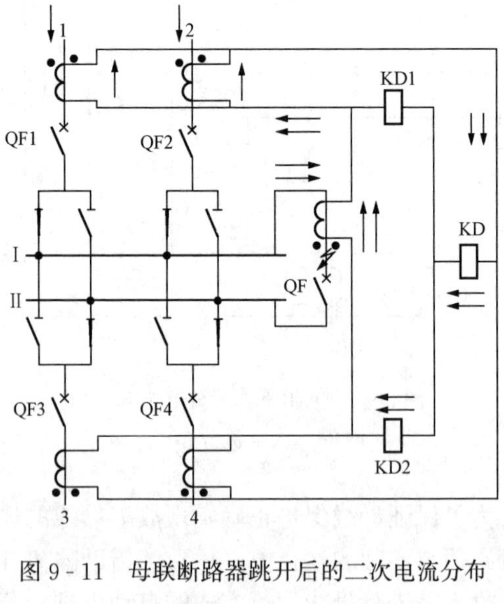

图 9-11　母联断路器跳开后的二次电流分布

（5）母联非全相保护。当母联断路器某相断开，母联非全相运行时，可由母联非全相保护延时跳开三相。经母联跳闸位置触点 KCT 和合闸位置触点 KCC 识别母联断路器位置，并满足母联零序电流大于母联非全相零序电流定值，或母联负序电流大于母联非全相负序电流定值时，经整定延时跳母联断路器。

9.4　断路器失灵保护

110kV 及以上的发电厂和变电站中，当输电线路、变压器或母线发生故障，保护动作切除故障时，可能发生因断路器跳闸线圈故障，操动机构失灵，压缩空气或绝缘油的压强下降等原因导致的断路器拒动，即所谓的断路器发生失灵故障，为此装设的保护称为断路器失灵保护。

如图 9-12 所示，当 k 点发生短路时，应由 QF1、QF2 处的线路保护动作，将这两个断路器跳开。假如断路器 QF2 失灵，当没用专用的断路器失灵保护时，只有利用 QF3、QF4 及 QF5 所在线路远端的后备保护动作，跳开相应的断路器，实现故障隔离。但在高压电网中，由于后备保护较长的动作延时，容易引发电力系统失稳、大范围停电的严重事故。若装设断路器失灵保护，当 k 点发生短路时，若断路器 QF2 失灵，可将相邻的断路器跳开，如图中跳开 QF、QF3，以达到切除故障的目的。

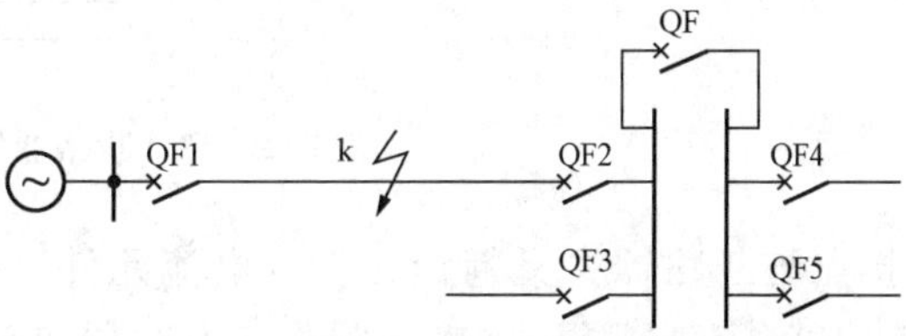

图 9-12　断路器失灵后的故障隔离方法分析

由此可见，当故障元件的继电保护动作发出跳闸命令而断路器拒动时，由故障元件的保护启动，失灵保护监测断路器位置状态并判断断路器是否失灵；当判断断路器失灵时，能够以较短的时限切除同一厂站内其他有关的断路器，使停电限制在最小范围内，从而保证整个电网的稳定运行，避免造成发电机、变压器等故障元件的严重烧损和电网的崩溃瓦解事故。断路器拒动是电网故障情况下又叠加断路器操作失灵的双重故障，允许适当降低对保护的要求，但以最终能切除故障为原则。在高压和超高压电网中，断路器失灵保护作为一种近后备保护方式得到了普遍采用。

在 220～500kV 电网中，以及 110kV 电网的重要变电站，可按下列规定装设断路器失灵保护：

（1）相邻元件的远后备保护灵敏度不足时应装设断路器失灵保护。对于 220～500kV 的分相操作的断路器，允许只按单相接地短路校验灵敏度。

（2）采用相邻元件的后备保护切除故障将扩大停电范围，并有可能引起严重后果时，应装设断路器失灵保护。

图 9-13 所示为双母线接线断路器失灵保护逻辑框图，它由失灵启动元件、延时元件、运行方式识别元件和复合电压闭锁元件构成。失灵启动元件动作后以 t_1 时延重跳失灵断路器，以 t_2 时延跳母联断路器，经复合电压闭锁元件和运行方式识别元件判断后以 t_3 时延跳开失灵断路器所在母线上的其他断路器。

断路器失灵启动元件包括分相及三相启动回路。分相启动失灵回路采用线路单相跳闸出

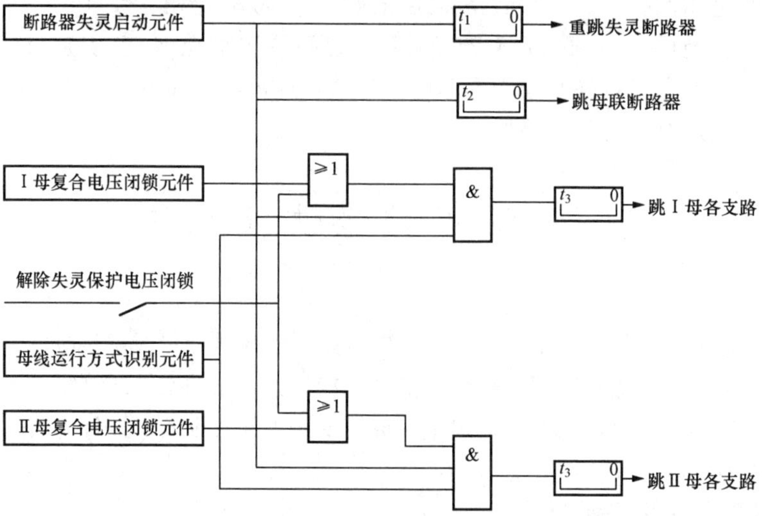

图 9-13 断路器失灵保护逻辑框图

口接点与断路器失灵判别元件（电流元件）按逻辑“与”构成，电流元件由相电流和零（负）序电流按逻辑“与”构成；三相失灵启动回路由保护三相跳闸出口接点与断路器失灵判别元件（电流元件）按逻辑“与”构成，电流元件由相电流、零（负）序电流按“或”逻辑构成。手动跳闸时，不可启动断路器失灵保护。

相电流判别元件的整定值，应保证在线路末端金属性短路或变压器低压侧故障时有足够灵敏度（灵敏系数大于 1.3），并尽可能躲过正常运行时的负荷电流。负序电流和零序电流判别元件的定值应躲过最大不平衡输出，一般应不大于 300A。

负序电压、零序电压、低电压闭锁元件的整定值，应综合保证与母线相连的任一线路末端和任一变压器低压侧发生短路故障时有足够灵敏度进行整定。其中，负序电压、零序电压元件应可靠躲过正常情况下的不平衡电压，低电压元件应在母线最低运行电压下不动作，而在切除故障后能可靠返回。

对于发生在变压器另一侧的故障，当灵敏度不能满足要求时，可由变压器保护的另一对跳闸接点解除失灵保护电压闭锁。

断路器失灵保护的动作时限在保证选择性的前提下尽量缩短，即必须保证让故障线路或设备的保护装置先可靠动作跳闸，应大于断路器动作时间和保护返回时间之和，再考虑一定的时间裕度。t_1 的时延一般应不大于 20ms，t_2 的时延可整定为 0.15s，t_3 的时延可整定为 0.3s，根据实际情况，也可以经相同的时限同时动作于母联（分段）断路器和各分支断路器，缩短故障的切除时间。

思考与练习

思考

9.1 当没有专用母线保护时，哪些保护可以作为母线故障的保护？

9.2　比率制动的母线电流差动保护的制动电流如何选取？为什么不能用某一条线路的电流作为制动电流？

9.3　双母线电流差动保护包括哪些元件？说明各元件的作用。

9.4　如图 9-14 所示的双母线接线，分别写出比率制动的双母线电流差动保护各差动元件的差动电流、制动电流计算式及动作方程。设所有电流互感器的变比均为 n_{TA}。

9.5　图 9-14 中，当Ⅰ母线发生故障时，说明各差动元件的动作情况及母线保护的动作行为。

9.6　图 9-14 中，若 3 号线路从Ⅱ母倒至Ⅰ母线，为了保证有选择性地切除故障母线，母线保护应如何适应倒闸操作？

9.7　在母线电流差动保护中采用电压闭锁元件的作用是什么？满足什么条件闭锁母线电流差动保护？

9.8　何谓电流互感器饱和？它对母线电流差动保护有什么影响？

9.9　母联失灵保护和母联死区保护有何异同？

9.10　断路器失灵保护的作用是什么？

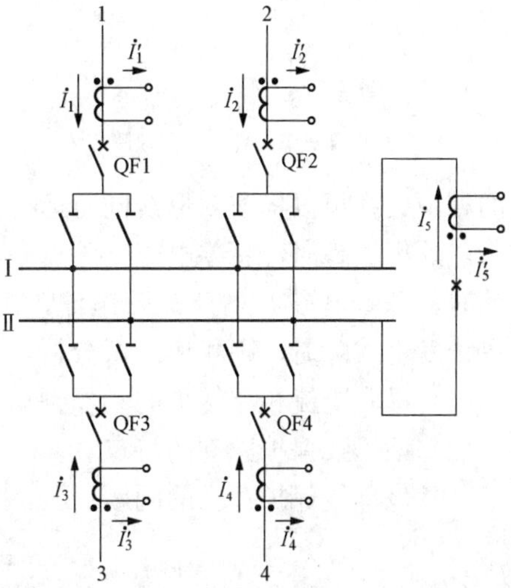

图 9-14　题 9.4 图

9.11　如图 9-14 所示，当线路 4 上发生短路而 QF4 失灵，按时间顺序说明断路器失灵保护动作的全过程。

9.12　采用单母线或双母线的变电站，断路器失灵保护的功能通常“寄生”在母线保护装置中，而采用 3/2 接线的变电站，断路器失灵保护需要按断路器配置，请说明其中的原因。

拓展

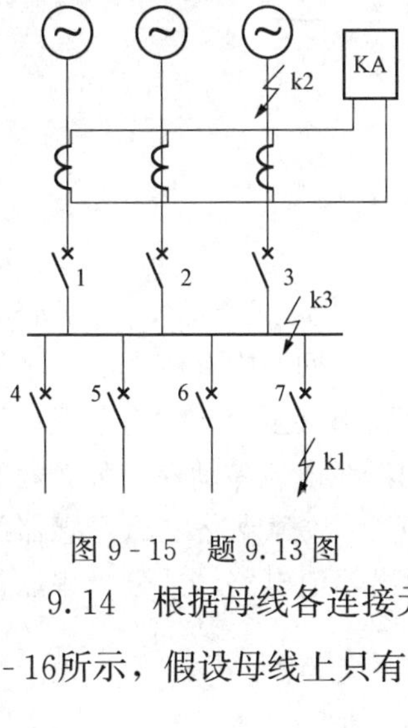

图 9-15　题 9.13 图

9.13　如果把一条母线上连接的所有支路的电流都引入差动回路，就构成了母线完全电流差动保护。对于重要的 35kV 及以下电压等级的母线，如果由有源支路设备的后备保护切除故障会产生大范围停电、造成严重经济损失等后果时，可配置专用的母线保护。由于中低压母线出线较多，考虑到经济性，可以只引入有源支路的电流，构成母线不完全差动保护，如图 9-15 所示。请分析：

（1）正常运行时，k1、k2、k3 点短路时的差动电流。

（2）不完全电流差动保护的动作判据。

（3）保证快速切除母线故障而又不失去选择性的技术措施。

9.14　根据母线各连接元件之间的电流相位关系可以构成电流比相式母线保护。如图 9-16所示，假设母线上只有两个连接元件，当母线正常运行及外部故障时，$\dot{I}_1$ 和 $\dot{I}_2$ 相位相差 180°（规定电流流向母线为正），而当母线发生故障时，理想情况下，认为 $\dot{I}_1$ 和 $\dot{I}_2$ 相位相同。请分析：

（1）该保护的动作判据。

（2）上述判据在微机保护中的实现方法（算法）。

（3）该保护原理的特点。

（4）该保护原理存在的主要问题。

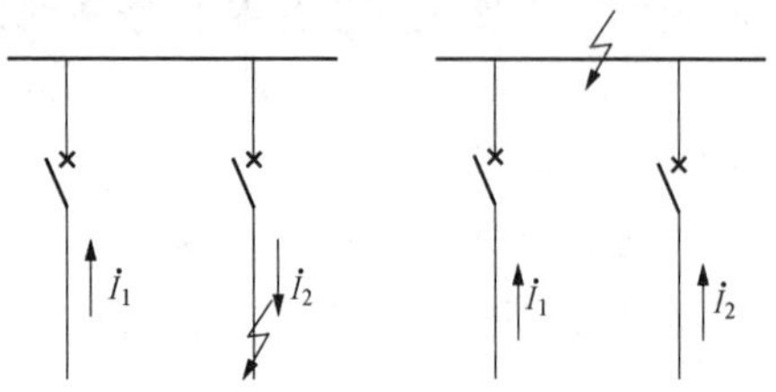

(a)　　(b)

图 9-16　题 9.14 图

（a）外部故障；（b）母线故障

9.15　根据母线差动电流及差动电流和母联电流的相位关系可以构成双母线同时运行的母联相位差动保护。如图 9-17 所示，当母线正常运行或外部故障时，总差电流（除母联电流外的所有支路的二次电流和）$I_d = 0$，而当母线故障时，总差电流 I_d 等于故障电流，当Ⅰ母线故障时，母联电流从Ⅱ母线流向Ⅰ母线，当Ⅱ母线发生故障时，则相反。试分析：

（1）母联电流相差保护的动作判据。

（2）该母线保护原理的特点。

（3）该母线保护存在的问题。

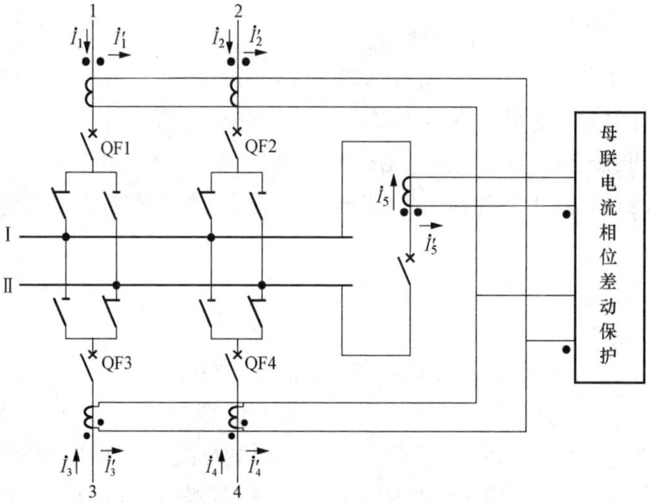

图 9-17　题 9.15 图

9.16　低阻抗母线差动保护的原理接线如图 9-18（a）所示。当母线外部发生短路时，故障支路的电流互感器可能因流过较大的故障电流而饱和，造成差动回路中有较大的不平衡电流。为了减小不平衡电流的影响，在差动回路中串入高达数百欧姆甚至上千欧姆电阻，构成了高阻抗式母线差动保护，如图 9-18（b）所示。以两支路的母线电流差动保护为例，假定非故障支路电流互感器的励磁阻抗为 jX_1，二次等效电阻为 R_1，故障支路电流互感器的励磁阻抗为 jX_2，二次等效电阻为 R_2，差动回路电阻为 R，画出等值电路，并分析串联 R 对减小差动回路不平衡电流的作用。

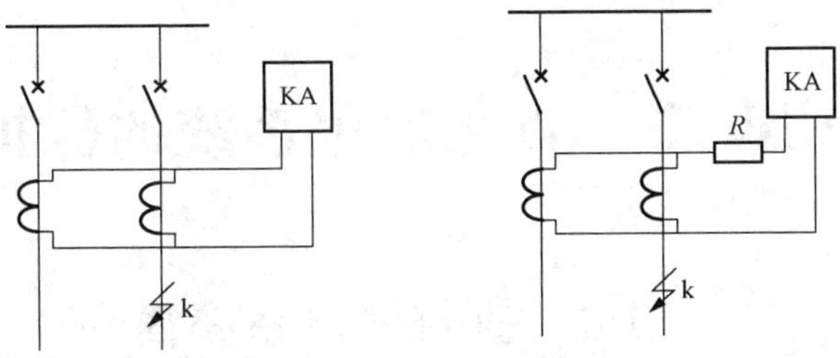

(a)　　　　　　(b)

图 9-18　题 9.16 图

（a）低阻抗母线电流差动保护；（b）高阻抗母线电流差动保护

9.17　图 9-19 是一种整流型的中阻抗母线差动保护的原理接线图，差动回路中包括串入电阻 R 在内，总电阻约 200Ω 。继电器的动作条件为 $U_d > U_{res}$ ，请叙述该保护的工作原理。

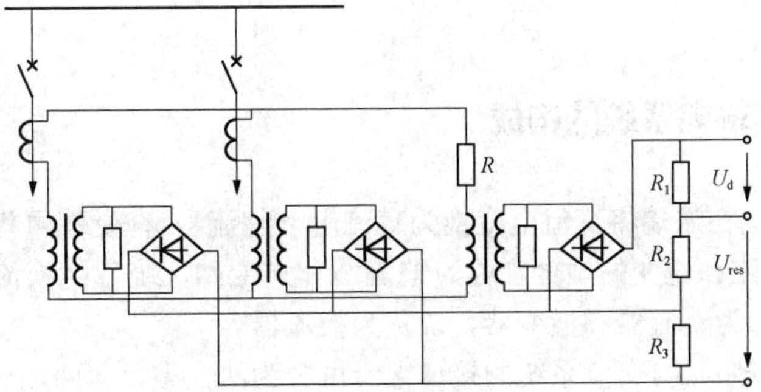

图 9-19　题 9.17 图

第10章　直流输电系统的保护

10.1　直流输电系统简介

直流输电技术起源于20世纪50年代，高压直流输电（High Voltage Direct Current，HVDC）在大容量、远距离电能输送方面具有一定的技术和经济优势。我国幅员辽阔，一次能源与电力负荷分布极不平衡，高压直流输电作为解决大容量、长距离输电和异步联网的重要手段，在我国能源优化配置和大区联网中发挥着重要作用。自1987年舟山直流工程投入运行以来，我国又相继建成和投运了多个±500、±660、±800、±1100kV高压及特高压直流输电系统。

10.1.1　直流输电系统的构成

HVDC系统中，在送端将交流电变换为直流电（整流），在受端再将直流电变换为交流电（逆变）。实现整流和逆变的站分别称为整流站和逆变站，统称为换流站；实现整流和逆变功能的装置分别称为整流器和逆变器，统称为换流器。

直流输电系统按照其与交流系统的接口数量可分为两大类，即两端（或端对端）直流输电系统和多端直流输电系统。两端直流输电系统只有一个整流站和一个逆变站，它与交流系统只有两个连接端口，结构简单。多端直流输电系统与交流系统有三个及以上的连接端口，有多个换流站，以实现多个电源系统向多个受端的输电。

直流输电系统按照换流技术的不同，可分为常规直流输电系统、柔性直流输电系统和混合直流输电系统三类，这三类直流输电系统既可以构成两端直流输电系统，也可以构成多端直流输电系统。

1. 常规直流输电系统

如图10-1所示，常规直流输电系统主要由换流变压器、电网换相换流器（Line Commutated Converter，LCC）、平波电抗器、交（直）流滤波器（含无功补偿装置）、直流输电线路、接地极等组成。

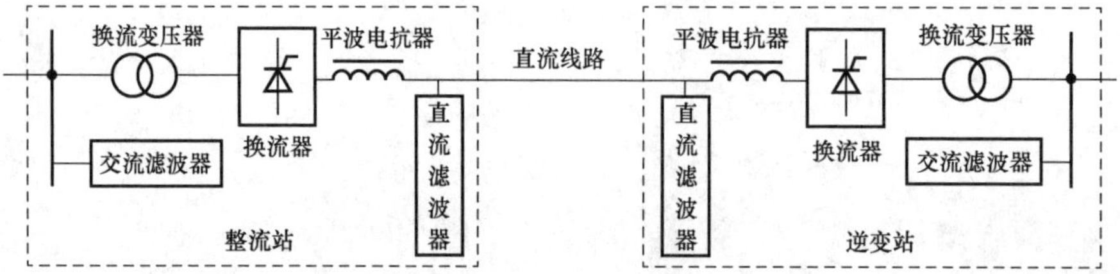

图10-1　常规直流输电系统的构成图

(1) 换流变压器。换流变压器接在换流器与交流系统之间，为换流桥提供中性点不接地的三相换相电压。由于变压器阀侧不接地，直流系统能通过接地极建立自己的参考电位。

(2) 电网换相换流器。换流器是由单个或多个换流桥组成的进行交、直流转换的设备。常规直流输电系统采用 LCC，其换相功能的实现依赖于交流电网提供的换相电压。LCC 采用的基本换流元件是半控型开关器件，其典型代表是晶闸管。图 10-2 为三相桥式电流源换流器的原理接线，图中换流变压器二次侧三相空载电动势分别为 e_a、e_b、e_c，内电抗为 X_T，换流桥为单桥，由 6 个换流阀组成，阀编号反映了换流器正常工作时阀的导通顺序。通过控制换流阀的触发角，可以控制直流电压及电流。单桥换流器的直流电压是 6 脉动的，双桥的直流电压是 12 脉动的。

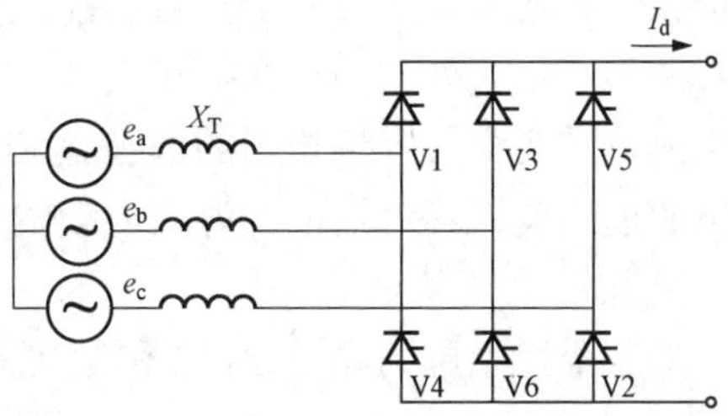

图 10-2　三相桥式电流源换流器的原理接线

(3) 平波电抗器。平波电抗器串接在每个极换流器的直流输出端与直流线路之间，是高压直流换流站的重要设备之一。平波电抗器能够平滑直流电流的纹波，防止在轻负荷时电流断续，也可以在受扰时抑制直流电流的上升速度。

(4) 交（直）流滤波器。LCC 在换流过程中会产生谐波，脉动数为 p 的换流器，在直流侧会产生 kp 次谐波，而在交流侧产生 $kp\pm1$ 次谐波（k 为正整数）另外，对于交流系统而言，LCC 总是一种无功负荷，在换流过程中会消耗大量无功功率。因此，需要在交流侧安装交流滤波器和无功补偿设备，在直流侧安装直流滤波器。

(5) 直流输电线路。直流输电线路可以是架空线，也可以是电缆。除了导体数和间距的要求有差异外，直流输电线路与交流输电线路十分相似。导体数与系统类型、接线方式有关，常规直流输电系统有单极（正极或负极）、双极（正、负两极）和背靠背（无直流输电线路）直流输电系统三种类型。

单极系统的接线方式有单极大地回线方式、单极金属回线方式和单极双导线并联大地回线方式三种。双极系统的接线方式有双极两端中性点接地方式、双极一端中性点接地方式和双极金属中性线方式三种。双极两端中性点接地方式具有两根不同极性的导线，正常运行时，大地仅流过很小的不平衡电流，这是目前采用最为广泛的一种方式。

背靠背直流系统是输电线路长度为零的两端直流输电系统，其整流站和逆变站的设备通常安装在一个站内，称为背靠背换流站。在背靠背换流站内，整流器和逆变器的直流侧通过平波电抗器相连，而其交流侧则分别与各自的被联电网相连，实现两个交流电网的非同步联网。背靠背直流输电系统的主要特点是直流侧可选择低电压大电流运行，可以省去直流滤波器，减小平波电抗器的电感值。

某±500kV 直流输电工程的直流线路采用 ACSR720/50 钢芯铝绞线，直径 36.2mm，单位长度直流电阻为 $r=0.03984\Omega/km$，采用四分裂导线，分裂间距 500mm，输电线间距为 17.565m，每极直流导线单位长度的直流电阻为 $0.00986\Omega/km$。在直流线路故障的暂态过程中，对于高频信号而言，高压长距离直流输电线路可以看作是具有分布参数的均匀传输线。

(6) 接地极。大多数直流输电线路的设计采用大地作为中性导线。与大地相连接的导体需要有较大的表面积，以使电流密度和表面电压梯度最小，这个导体被称为接地极。接地极有的埋入地下，有的埋设在海底。它的作用是连接大地（海水）回路，同时固定换流站直流侧的对地电位。

LCC-HVDC 作为传统直流输电技术，其换流器造价低、输送容量大、损耗小、占用输电走廊窄、技术发展成熟，是目前高压直流输电技术中应用较广泛的一种。但 LCC-HVDC 也有一些不足之处，如存在换相失败的风险；不能向小容量或无源系统供电；谐波和无功问题突出，需要配备容量相当的滤波器和无功补偿装置等。其应用多适于 220kV 及以上电压等级的远距离大容量输电、海底电缆输电及异步电网的互联。

2. 柔性直流输电系统

随着全控型电力电子器件和脉宽调制技术的发展，基于器件换相的电压源换流器（Voltage Source Converter，VSC）开始应用于直流工程中，在我国一般称为柔性直流输电，国外有称轻型直流输电。

图 10-3 为柔性直流输电系统的构成图，它包括换流变压器、换流电抗器（可由相电抗器、换流变压器漏抗或它们的组合来提供）、交流滤波器、电压源换流器、直流电容（可能包含在换流阀子模块中）、直流线路（电缆）等设备。

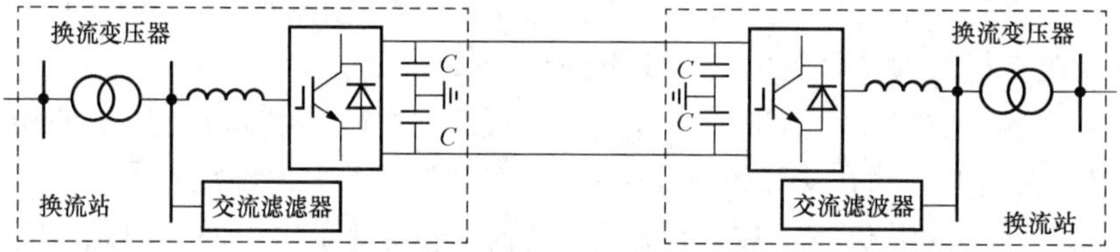

图 10-3　柔性直流输电系统构成图

(1) 换流变压器。与常规的单相或三相变压器类似，换流变压器的作用是在阀侧形成与换流阀直流侧匹配的电压，并提供部分换相电抗。变压器的网侧绕组一般接成星形接地、阀侧绕组接成星形不接地或三角形，以隔断零序分量在换流器与交流系统之间的传递。

(2) 换流电抗器。换流电抗器决定换流器的功率输送能力，同时也影响有功功率与无功功率的控制。根据换流器拓扑结构的不同，换相电抗器可能安装在换流器交流出口处，也可能串联在换流器的桥臂上。

(3) 电压源换流器。VSC 采用的基本换流元件是全控型电力电子器件，其典型代表是绝缘栅双极晶体管（Insulate-Gate Bipolar Transistor，IGBT）。与 LCC 类似，VSC 也包含三相六桥臂，连接在同一交流端口的上、下两个桥臂组成一个相单元。由于直流侧电压较高，因此 VSC 的每个桥臂一般由若干个 IGBT 串联而成（或者是由多个具有一定功能的子模块级联而成）。每个 IGBT 反向并联一个二极管，当 IGBT 承受反压时，反向并联的二极管可立即导通以保护 IGBT，同时这种结构可为电流的双向流动提供通道。

根据实际工程的需要，在 VSC-HVDC 中可以采用的换流器拓扑结构有很多种，目前主要采用的为三相两电平、三相三电平和模块化多电平拓扑结构。其中，采用模块化多电平拓扑结构的换流器又称为模块化多电平换流器（Modular Multilevel Converter，MMC）。

图 10-4 为三相两电平和三相三电平换流器的拓扑结构。虽然两电平、三电平拓扑结构具有控制简单等优点，但也存在开关损耗大、不能控制直流侧故障时的故障电流等缺点。相对于常规直流输电，虽然谐波含量已经大幅降低，但仍然需要交流滤波器。

图 10-5 (a) 为 MMC 的拓扑结构，MMC 可通过改变投入桥臂内的串联子模块

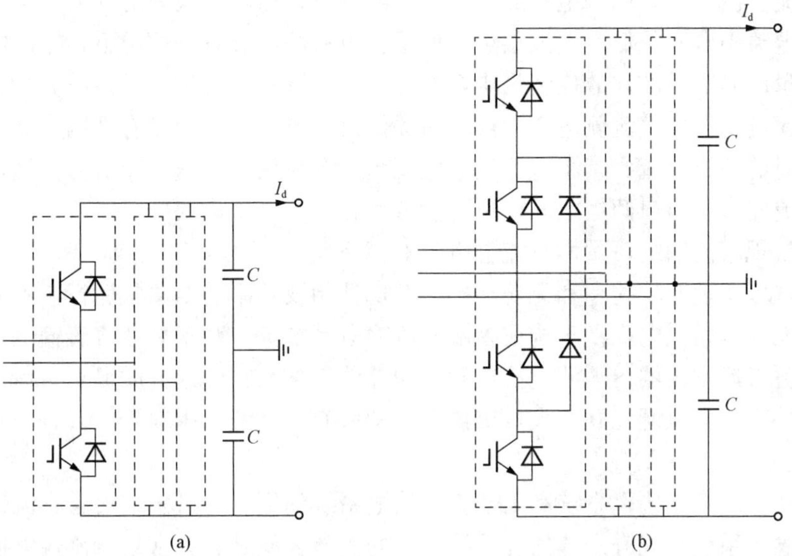

图 10-4 VSC 换流器拓扑结构

（a）两电平换流器；（b）三电平换流器

（SM）个数改变桥臂的输出电压。子模块又可分为半桥型、全桥型以及钳位双子模块型，如图 10-5（b）～（d）所示。

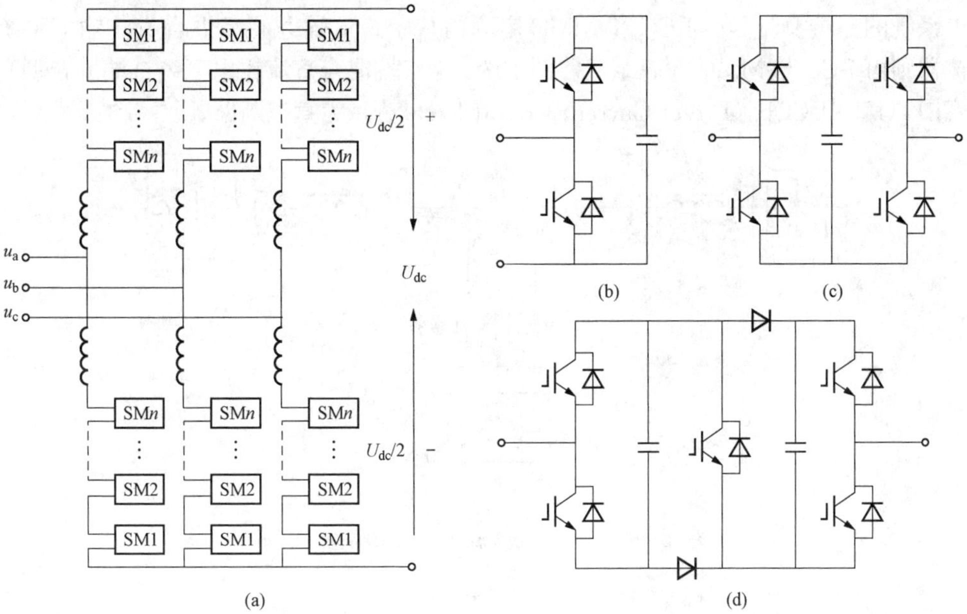

图 10-5 模块化多电平换流器的拓扑结构及其子模块类型

（a）MMC 的拓扑结构；（b）半桥型；（c）全桥型；（d）钳位双子模块型

模块化多电平柔性直流输电系统以较低的开关频率得到较好的输出电压波形，使交流侧输出波形更接近于标准正弦波，减少了谐波分量，可以省去交流滤波器，开关损耗及系统总损耗也大大降低。

（4）交流滤波器。采用两电平或三电平换流器时，虽然在较高的开关频率下，其输出的交流电压和电流中含有的低次谐波很少，但是在没有滤波装置的情况下，输出的交流电压中还含有一定量的高次谐波，故应装设小容量滤波器，滤去交流侧电压谐波分量。

（5）直流电容器。直流侧电容为换流站提供直流电压支撑，兼有抑制直流电压波动、缓冲桥臂开断时的冲击电流、减小直流侧的电压谐波等作用。根据换流器拓扑结构的不同，可能跨接在换流器直流出口两极之间，也可能分散在换流阀子模块中。

相比于常规直流输电，柔性直流输电具有以下优点：无换相失败问题，无需无功补偿，谐波水平低，可实现有功功率和无功功率的解耦控制及功率的四象限运行，不需要借助外部电源，能向无源网络供电，易于构成多端直流输电系统等。基于柔性直流输电自身优势，其系统无需配备直流滤波器、平波电抗器和无功补偿设备。在向远方的孤立负荷点供电、可再生能源发电并网、弱电网互联、大城市供电等领域有良好的应用前景。

3. 混合直流输电系统

为了弥补常规直流输电系统和柔性直流输电系统的不足，可采用混合直流输电技术，形成混合直流输电系统，充分发挥两种系统各自的优势，使其具有常规直流输电低成本、低损耗的优点，同时还具备柔性直流输电灵活、易扩展等特点。按 LCC 与 MMC 接线方式的不同，系统级层面的混合直流输电可分为 4 种类型，即端混合型直流输电、极混合型直流输电、换流器串联型混合直流输电、换流器并联型混合直流输电。端混合型直流输电系统一端或多端采用 LCC 拓扑（一般在送端），其余端采用 MMC 拓扑；极混合型直流输电系统一般为双极系统中的一极采用 LCC - HVDC，另一极采用 MMC - HVDC；换流器串联型混合直流输电系统的一端换流器由 LCC 和 MMC 串联组成；换流器并联型混合直流输电系统的一端换流器则由 LCC 与 MMC 并联组成。图 10 - 6 为三端混合直流输电系统（端混合型）的构成示意图，其中 DCCB（Direct Current Circuit Breaker）为直流断路器。

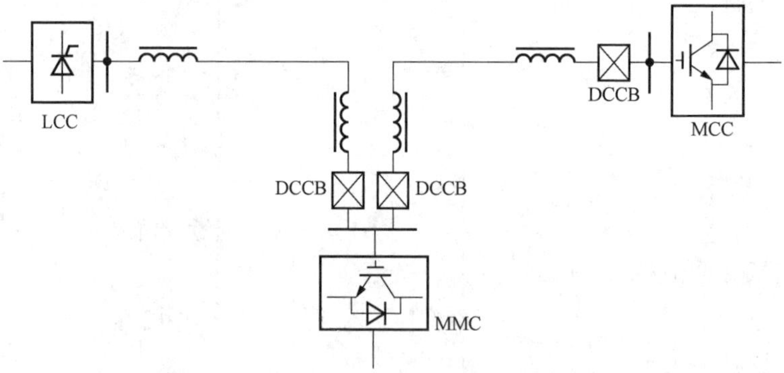

图 10 - 6　三端混合直流输电系统结构示意图

10.1.2　直流电流与电压的测量

本章主要针对两端常规直流输电系统，介绍其控制保护系统的构成、保护配置及保护的基本原理。

1. 直流电流互感器

直流电流互感器将高压直流输电系统的一次电流按比例变换为二次电流（电压），供直流控制保护系统使用，是高压直流输电的重要设备，应满足绝缘、精度、动态范围及响应速度等技术要求。换流站使用的直流电流互感器通常有三种类型：分流器型、磁调制型和磁光效应型。

（1）分流器型直流电流互感器。图10-7为一种基于分流器的光电型直流电流互感器的工作原理图。分流器是一个由锰镍铜合金制成的四端电阻（多根片状或棒状电阻体并联），包括两个电流端子和两个电压端子。被测电流经电流端子接入分流器，通过测量分流器电压端子的电压可以间接测量一次电流。分流器的精度直接影响测量的精度，它由电阻器件的特性决定，电阻应满足温度系数小、结构强度高等技术要求。

高压侧装置完成直流信号的采集，将采集的直流信号经光纤回路传送给低压侧装置，经检验处理后发送到相应的保护、控制装置。

这种类型的互感器可以做到在0～150%的额定电流范围内测量误差小于0.5%，具有测量直流电流精度高、测量范围大、频带宽等优点，可用于直流极和直流线路保护的直流电流测量。

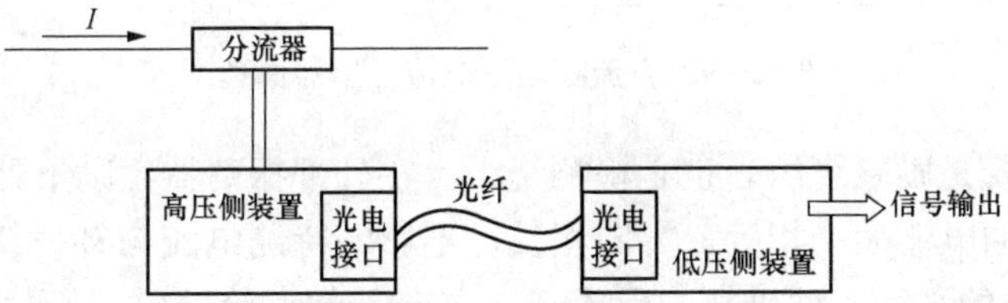

图10-7 光电型直流电流互感器原理图

（2）磁调制型直流电流互感器。如图10-8所示，NP为直流电流的绕组（通常为1匝）；NS为激励绕组，可通入正弦激励信号；NM为检测绕组。

当直流电流$I_{DC}=0$时，在正弦激励作用下，检测绕组输出正弦电压信号。若有一次直流电流输入时，在直流磁场的作用下，检测绕组输出电压将发生畸变，通过检测该电压中的畸变信息可测得直流电流的大小。正弦电压信号的大小应该使铁心处在磁饱点附近，即使一次直流电流很小时，感应电压也会发生畸变，使得直流电流互感器有一定的检测范围。

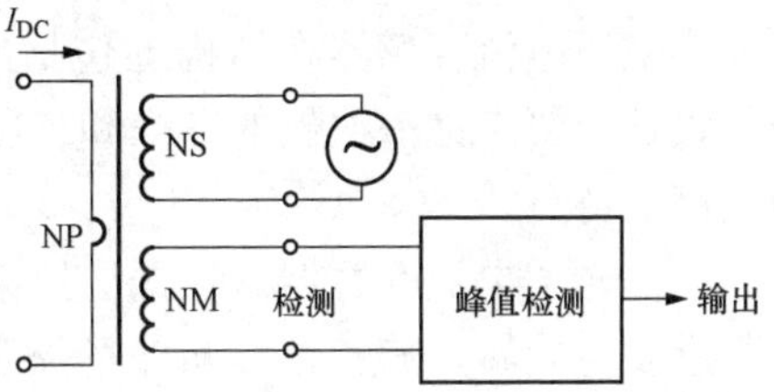

图10-8 磁调制型直流电流互感器原理图

根据检测方法的不同，磁调制型直流电流互感器有不同类型，图10-8所示为通过检测绕组感应电压波形的正负峰值差来测量直流电流。当$I_{DC}=0$时，检测绕组感应电压波形的正、负半波完全对称，正、负峰值大小相等，正、负峰值的差值为零。当$I_{DC}>0$时，在直流偏磁的作用下，铁心单向磁饱和，检测绕组感应电压的波形发生畸变，正负峰值存在峰值差，直流电流越大，峰值差越大，根据感应电压波形的正、负半波峰值差，即可计算出被测直流电流的大小。当$I_{DC}<0$时，出现负峰值饱和，同样可以通过峰值差计算出直流电流大小。

由于铁心中的磁通不为零，铁心中存在涡流和磁滞损耗，影响测量精度。图 10 - 9 为一种直流零磁通电流互感器的工作原理图。一次绕组 NP 和补偿绕组 N4，围绕 T1、T2、T3 铁心；N1、N2、N3 为辅助绕组，分别绕在铁心 T1、T2、T3 上。T1、T2 具有相同的磁特性和几何尺寸。

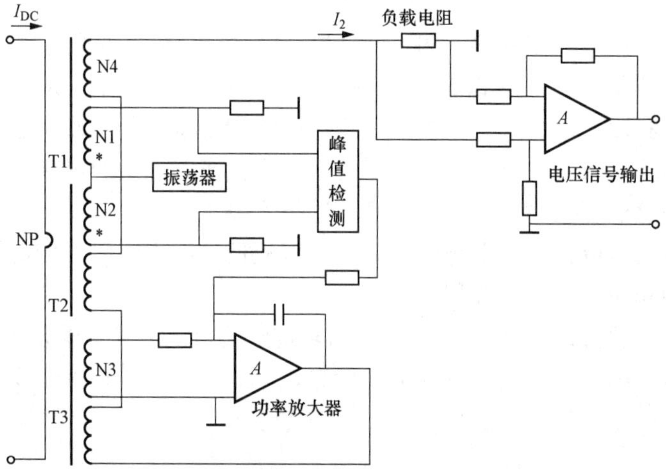

图 10 - 9　直流零磁通电流互感器原理图

绕组 N1、N2 既是励磁绕组，也是检测绕组，在外部振荡器激励下处于饱和状态，因为流入这两个绕组中的电流大小相等，方向相反，不影响待测电流与补偿绕组 N4 的平衡。当 $I_{DC} \neq 0$ 时，铁心中的平衡条件破坏，形成某一方向上的直流偏磁，峰值检测器输出校正电压，使功放输出二次侧补偿电流 I_2，从而使铁心中安匝数完全平衡。I_{DC} 越大，功率放大器输出的补偿电流越大。当一次侧电流中混有交流成分的电流时，在 N3 绕组中会产生感应电压，使得功率放大器输出电流，从而做到任何时候一次绕组和二次绕组（补偿绕组）的磁动势平衡。通过测量负载电阻上电压的大小，就能够得出一次侧电流的大小。

零磁通电流互感器在结构上包括围绕载流导体的铁心、绕组和位于控制室内的电子模块，设计中要考虑一次侧的绝缘和二次侧电子设备的可靠性。该类产品具有技术复杂、测量精度高的特点。

(3) 光学电流互感器。根据法拉第磁光效应原理，在介质中传播的偏振光，在磁场的作用下会发生旋转，旋转角 φ 与磁场强度 H、维尔德常数 V 成正比，即

$$\varphi = \int VH\,\mathrm{d}L \tag{10-1}$$

式中：L 为光在磁场中的路径。

早期采用磁光玻璃作为传感介质，虽然有实际运行经历，但因可靠性低而被摒弃。图 10 - 10 为一种实用化的纯光学电流互感器的工作原理示意图。纯光学电流互感器由 LED 光源、偏振器、调制器、保偏光纤延迟线、1/4 波片、传感光纤和光电探测器等器件组成。

光源发出的波长为 λ 的光经耦合器传输到多模光纤，由起偏器变为线偏振光，经 45°光纤熔点变为两束正交的线偏振光，经保偏光纤传输到 $\lambda/4$ 波片，变为左旋、右旋圆偏振光进入传感光纤。在被测导体电流磁场的作用下，对左旋圆偏振光和右旋圆偏振光加速和减速，

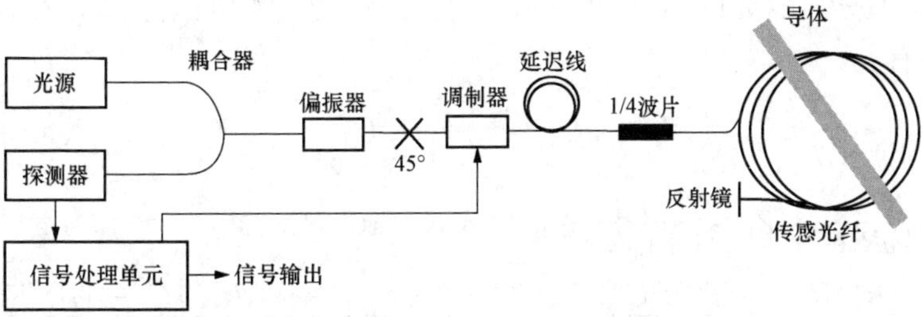

图 10-10 纯光学电流互感器原理图

从而使两束正交的圆偏振光之间产生相位差。经传感光纤末端反射镜反射后，两束偏振光沿原路返回，但偏振方向发生了互换，相位差加倍。两束正交圆偏振光经 $\lambda/4$ 波片再次变为线偏振光，经起偏器检偏并发生干涉，送至光探测器检测。

通过检测干涉光强实现电流的检测，探测器检测的光强可表示为

$$P(t) = 0.5KOP_0(1+\cos\varphi) \tag{10-2}$$

式中：K 为光探测器的光电转换系数；O 为与光回路传输损耗相关的系数；P_0 为光源的光强；由于每束偏振光两次经过传感光纤，因此引发的总相移 φ 为

$$\varphi = 4VNI \tag{10-3}$$

式中：N 为光纤圈数；I 为被测电流。

两束圆偏振光之间的相位差仅由被测电流产生的 Faraday 相移决定。由于发射光和反射光经过完全相同的路径，温度、振动、光纤特性不影响光程差，测量两束光的相位差就可以准确测量导体中的电流。

实际上，采用干涉强度直接检测的灵敏度非常低，这是因为法拉第相移 φ 很小，使得余弦函数趋近于 1，其变化率趋近于 0。因此，在光路系统中增加相位调制器，引入额外的相移（理想情况下为 $\pi/2$），从而使系统工作在零点附近，使得检测结果与法拉第相移成良好的线性关系。

光学电流互感器具有体积小、质量轻、测量范围大、精度高等特点，在我国特高压直流输电工程中获得实际应用。

2. 直流电压互感器

直流输电工程中多使用直流阻容式电压互感器测量直流侧电压。直流阻容式电压互感器包括阻容分压器、电阻盒、远端模块、光纤绝缘子及合并单元等，其基本结构如图 10-11 所示。

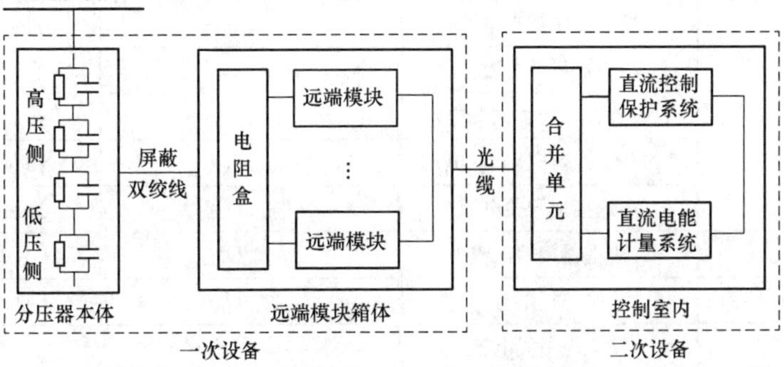

图 10-11 直流阻容式电压互感器基本结构

其中，阻容型分压器如图 10 - 12 所示，直流系统的一次电压为 U_1，经分压后的输出电压为 U_2，显然有

$$U_2=\frac{Z_2}{Z_1+Z_2}U_1 \tag{10 - 4}$$

式中，$Z_1=\frac{R_1}{1+j\omega R_1C_1}$，$Z_2=\frac{R_2}{1+j\omega R_2C_2}$，代入式（10 - 4），得

$$\frac{U_2}{U_1}=\frac{(R_1+R_2)R_2+\omega^2R_1^2R_2^2C_1(C_1+C_2)+j\omega(R_1+R_2)R_1R_2C_1-j\omega R_1R_2^2(C_1+C_2)}{(R_1+R_2)^2+\omega^2R_1^2R_2^2(C_1+C_2)^2} \tag{10 - 5}$$

若满足 $R_1C_1=R_2C_2$，则

$$\frac{U_2}{U_1}=\frac{(R_1+R_2)R_2+\omega^2R_1^2R_2^2C_1(C_1+C_2)}{(R_1+R_2)^2+\omega^2R_1^2R_2^2(C_1+C_2)^2} \tag{10 - 6}$$

结果为实数。

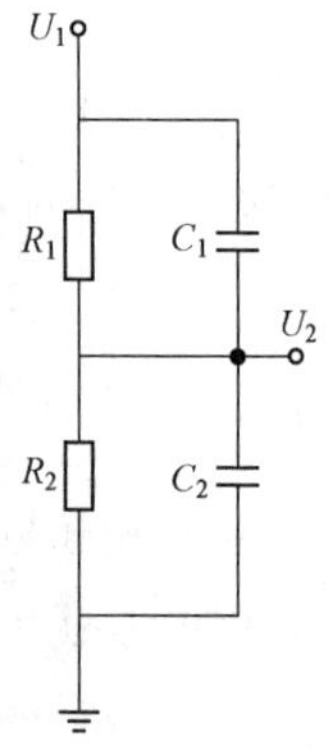

图 10 - 12 阻容分压器原理图

如果仅依靠电阻分压，在恒定直流电压作用下，直流电压分压器的输出是按比例输出的。但在雷电冲击电压或故障条件下的暂态过程中，由于电阻分压器对高压线及地均存在杂散电容，且不同高度杂散电容存在差异，电压分布将会变得不均匀。补偿电容 C_1、C_2 的作用使得输出电压按式（10 - 6）成比例分配，波形不会发生畸变。

对于特高压直流输电系统，分压器由多级阻容串并联电路组成。某型号的±1100kV 阻容分压器的一次分压额定值为±100V，额定工作电流为 2mA，总的等效电阻为 550MΩ。阻容分压器的输出电压经同轴电缆接入远端测量模块。

阻容型分压器原理简单，具有良好的频率响应特性，能够满足高压直流输电系统监测、控制和保护的技术要求。

图 10 - 13 为常规直流输电系统换流站保护相关测点配置图，其中 NBS 为中性母线断路器，NBGS 为站接地断路器，MRS 为大地回线转换开关，MRTB 为金属回线转换开关，BPS 为旁路开关。各测点的符号及其描述见表 10 - 1。

表 10 - 1　　换流站测点符号及其描述

测点符号	电气量名称	测点符号	电气量名称
I_{dL1}、I_{dL2}	直流线路电流	I_M	金属回线电流
I_{dH1}、I_{dH2}	换流器高压端电流	I_{C1}、I_{C2}	冲击电容器电流
I_{dN1}、I_{dN2}	换流器中性端电流	I_{FH1}、I_{FH2}	直流滤波器首端电流
I_{dE1}、I_{dE2}	中性母线电流	I_{FL1}、I_{FL2}	直流滤波器末端电流
I_{vY1}、I_{vY2}	YNy 换流变压器阀侧电流	I_{gY1}、I_{gY2}	YNy 换流变压器网侧电流
I_{vD1}、I_{vD2}	YNd 换流变压器阀侧电流	I_{gD1}、I_{gD2}	YNd 换流变压器网侧电流
I_{dG}	高速接地开关电流	U_{ac1}、U_{ac2}	换流变压器网侧电压
I_{AG}	避雷器接地电流	U_{dL1}、U_{dL2}	直流线路电压
I_E	接地极电流	U_{dN1}、U_{dN2}	直流中性母线电压
I_{e1}、I_{e2}	接地极引线电流		

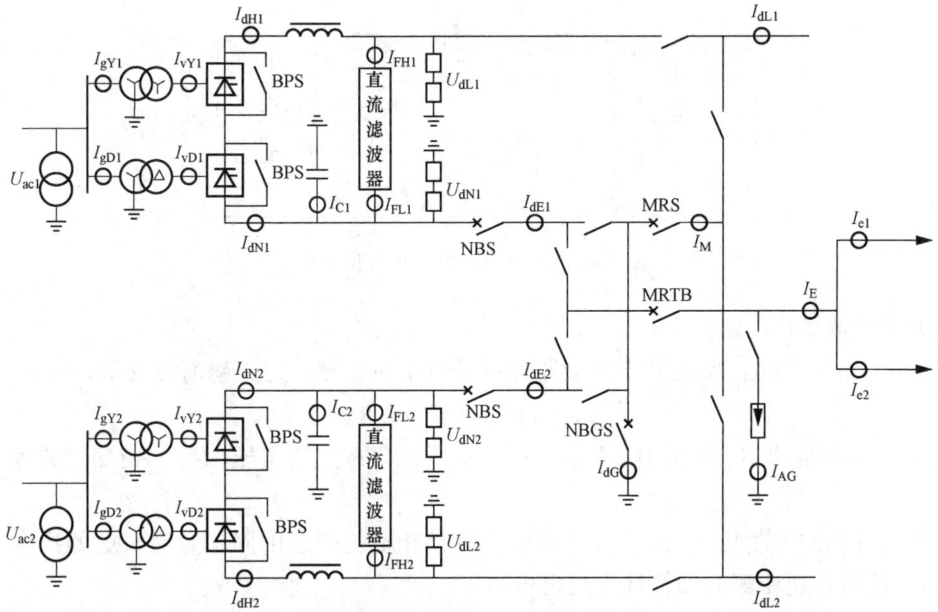

图 10 - 13　换流站测点配置图

由于空间的限制等原因，换流变 Y/D 绕组阀侧电流互感器一般接在三角环内，相关保护使用该电流时，需要注意绕组电流与相电流之间的变换。

规定电流的正方向：接地极引线电流（I_{e1}、I_{e2}）为流入接地点的方向；双极中性母线接地电流（I_{dG}）为流入换流站接地网的方向；中性母线避雷器电流（I_{AG}）为流入换流站接地网的方向；其他电流的正方向为正常运行时的流向。

10.2　直流输电控制保护系统概述

直流输电控制保护系统是直流输电工程的重要组成部分，它负责控制交、直流功率转换及功率输送的全过程，承担保护换流站所有电气设备以及直流输电线路免受电气故障损害的任务，并实现全站设备的监控。

10.2.1　直流输电控制保护系统的主要功能

1. 直流输电的运行控制

HVDC 控制的基本原理是通过改变换流器的直流电压，在直流线路中建立起所需要的直流电流，实现传输功率的控制。图 10 - 14 为直流输电的等效电路，包含了两侧换流变压器的有载调压分接头。图中，U_{ar}、U_{ai} 分别为整流侧、逆变侧换流变的网侧交流电压。

对于整流侧，触发延迟角 α 满足 $0 < \alpha < \pi/2$，其外特性方程为

$$U_{dr} = U_{dor}\cos\alpha - I_d R_{cr} \tag{10-7}$$

式中：U_{dr} 为整流侧出口直流电压；U_{dor} 为整流侧理想空载直流电压；I_d 为线路直流电流；R_{cr}

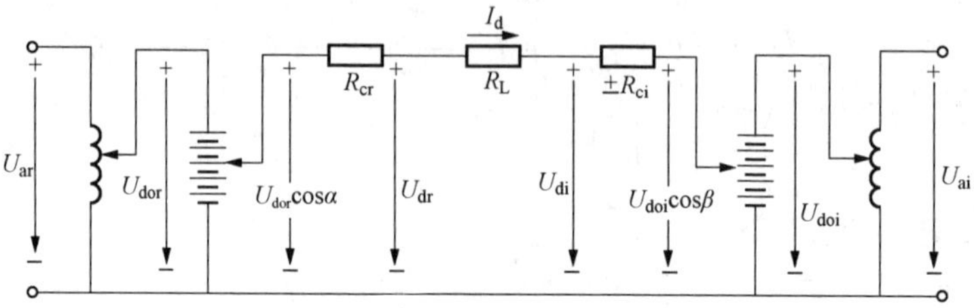

图 10-14 直流输电系统等值电路

为整流侧的等值换相电阻。

当 $\pi/2<\alpha<\pi$ 时，换流器作逆变器运行。对于逆变侧，定义超前触发角 $\beta=\pi-\alpha$，则

$$U_{di}=U_{doi}\cos\beta+I_dR_{ci} \tag{10-8}$$

式中：U_{di} 为逆变侧出口直流电压；U_{doi} 为逆变侧理想空载直流电压；R_{ci} 为逆变侧的等值换相电阻。

定义逆变侧的关断角 $\gamma=\beta-\mu$，其中 μ 为换相电抗引起的附加延时对应的角度（称为换相角）。此时，逆变侧的外特性方程也可写作

$$U_{di}=U_{doi}\cos\gamma-I_dR_{ci} \tag{10-9}$$

线路中的电流为

$$I_d=\frac{U_{dor}\cos\alpha-U_{doi}\cos(\beta\text{或}\gamma)}{R_{cr}+R_L\pm R_{ci}} \tag{10-10}$$

式中，$-R_{ci}$ 与 $\cos\gamma$ 对应。

整流侧送出的功率 P_{dr} 为

$$P_{dr}=U_{dr}I_d \tag{10-11}$$

逆变侧接受的功率 P_{di} 为

$$P_{di}=U_{di}I_d \tag{10-12}$$

由此可见，通过改变 α、β 及换流变压器的分接头可以调节直流电流和功率。其中，触发脉冲相位控制的调节范围宽、调节速度快、调节平稳性好，是主要控制手段；而换流变压器的分接头调节是辅助控制手段。为保证直流输电的正常运行，基本控制策略包括启停控制、定触发角控制、定电流控制、换流变分接头控制、定关断角控制、定电压控制和潮流反转控制等。对于稳态下的整流站和逆变站，不同厂家产品的基本控制模式不同。例如，有的厂家在整流站采用定电流控制，在逆变站采用定关断角控制；有的厂家在整流站采用定电流控制，在逆变站采用定电压控制。

除了遵循控制策略外，实际的控制操作也必须按一定的顺序进行。例如，启动过程中先合两侧交流断路器，使换流变压器和换流器带电；再合两侧直流线路开关，使直流线路与换流器相连；以 $\alpha=180°$ 的角度解锁逆变器，建立直流电压；以 $\alpha=150°$ 的角度解锁整流器，同时减小两侧 α，建立直流电流。正常停运时，需要逐渐减小电流，使 $\alpha=120°\sim150°$，延时 20～40ms 后，闭锁整流器；直流电流为零后，闭锁逆变器，投入旁通对（Bypass Pair，BPP），直流回路被短接；断开两侧直流线路开关；断开两侧交流断路器。

2. 直流输电的保护控制

直流输电系统主回路接线和运行方式灵活多样，换流站交、直流设备繁多，为了保护系

统内电气设备免受损坏，直流输电系统需要配置完善的保护系统。直流输电系统与交流输电系统不同，其保护系统与控制系统关系密切，主要体现在两方面：一是直流系统保护的动作策略主要由控制系统实施；二是直流系统保护需要的部分直流系统状态量从直流控制系统获得，直流系统保护定值的优化与控制系统密切相关。从现有工程来看，直流输电工程的保护系统与控制系统基本为成套设计，以提高直流输电系统的稳定性。

（1）保护分区。直流输电系统的主设备包括换流阀、换流变压器、交流滤波器、直流滤波器、交流场设备、直流场设备、直流输电线路等。为了对换流站重要一次设备形成区域性保护，实现保护功能清晰化和区域化，换流站保护应按区域配置。保护区域的划分由测量设备的安装位置确定，在区域划分时应确保每一个保护区域与相邻保护的保护区域重叠，且不存在保护死区。以每极单 12 脉动换流器接线方式为例，按被保护对象的不同，常规直流换流站可以分为 10 个保护区，如图 10 - 15 所示，包括交流母线区①、交流滤波器区②、交流线路区③、换流变压器区④、换流器区⑤、极母线区⑥、中性母线区⑦、直流线路区⑧、直流滤波器区⑨、接地极区⑩。

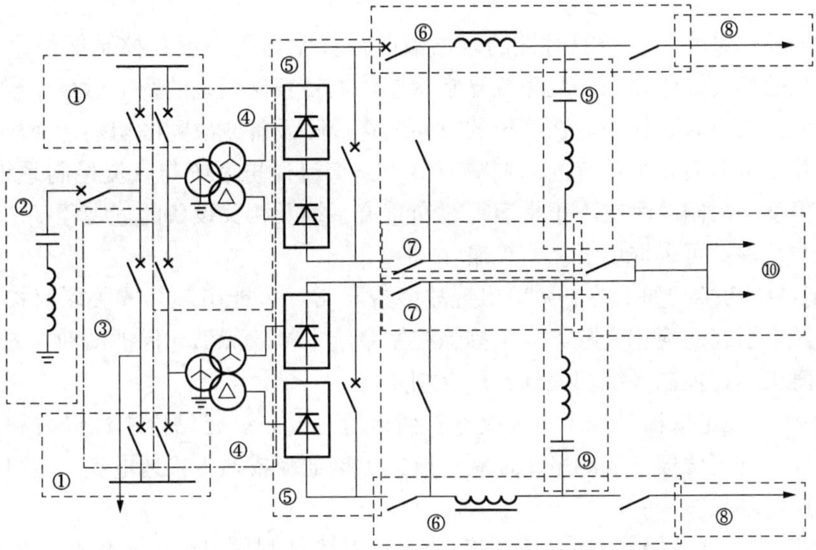

图 10 - 15　直流输电系统保护分区（每极单 12 脉动换流器接线方式）

（2）保护应反应的故障。交流系统的输电线路、变压器、母线的故障及其保护已经在前面章节中介绍过，这里不再赘述。

对于交流滤波器及其母线，可能发生的故障及异常运行状态有交流滤波器母线过电压、滤波器的电容器故障、滤波器接地故障、滤波器元件的过载、滤波器失谐。

换流变压器的故障除了各种接地故障或相间短路外，还包括直流电流导致的铁心饱和、换流变进线过电压等异常运行状态。

换流器（含整流和逆变）故障，包括交流连线的接地或相间短路故障、换流器桥短路、桥臂短路、接地故障、过应力（如过电压、触发角过大、过负荷）、丢失触发脉冲或误触发、换相失败等。

直流部分可能发生的故障及异常运行状态包括：

1）换流阀故障，包括晶闸管元件、阀均压阻尼回路、触发元件、阀基电子回路的故障。

2）极母线及其相关设备的接地故障及直流过电压，平波电抗器的非电量保护动作。

3）中性母线开路，接地故障，中性母线上的开关故障。

4）直流滤波器的电容器故障、电阻器过载、电抗器过载、内部接地短路及滤波器内部元件参数变化引起的失谐等。

5）双极的中性母线与接地极引线的连接区域的接地故障，运行方式转换开关故障。

6）接地极引线开路、接地故障以及过载。

7）直流输电线的金属性接地、高阻接地故障、开路，以及与其他直流线路或交流线路碰接的故障。

8）金属返回线开路、接地故障。

9）直流控制系统故障时以及交流系统故障对直流系统产生的扰动，如产生谐波等。

10）其他危害系统的故障，例如，直流系统谐振，逆变站甩掉全部负荷引起的直流系统过电压。

（3）保护动作策略。对于瞬时性的轻微故障或异常运行情况，控制保护系统可通过极控、阀控系统的相关操作，消除故障或异常状态，恢复直流系统的稳定运行。当设备发生严重故障或永久性故障时，保护应在最短的时间内将故障设备或故障区切除，使故障设备迅速退出运行，并尽可能对相关系统的影响减至最小。直流保护系统与直流控制系统协调配合，可以在最大程度上限制故障或不正常运行对交直流系统及相关设备的危害程度。根据不同的故障及其特性，保护可采取以下动作策略：

1）控制系统切换。如果控制系统出现故障或异常，可能引起某些关联保护误动，如控制系统触发异常引起的换相失败，为了排除控制系统本体故障引起保护误动，先进行控制系统切换，由值班运行控制系统切换到备用控制系统。

2）极平衡。无论双极是处于平衡或不平衡运行工况，一旦站内中性母线和接地极系统发生故障，首先进行两极电流的平衡控制，以减小接地极或站内接地电流，也可通过极平衡控制消除过负荷现象。

3）功率回降。通过极控系统，使本极功率或电流降到预设值，达到减小设备所承受的过应力。

4）移相。快速增大触发角，使直流电压降低，整流侧进入逆变状态，电压极性改变，从而有利于熄灭直流电流；在整流侧慢速停运过程中，逆变侧应延时移相，否则直流电流反而增大。

5）再启动。整流侧移相但不闭锁触发脉冲，经过一段去游离时间后撤销移相指令，快速恢复触发角至正常值，以重新建立直流电压和电流，用于直流线路故障后的全压或降压再启动。

6）增大关断角。逆变侧进行故障预测，提前触发换流器使关断角增大，以减小换相失败出现的概率。

7）投旁通对。同时触发 6 脉动换流器同相的两个换流阀，使其同时导通。由于形成直流侧短路，直流电压快速降低到零，可用于防止换流阀导通或关断时电流的断续和过电压；投旁通对还可快速隔离交、直流系统，减小因故障使换流变压器发生直流偏磁的时间，并有利于交流侧断路器快速跳闸。

8）阀闭锁。停止向换流器发送触发脉冲，在直流电流自然过零之后，换流器将停止导通而停运。

9）交流断路器跳闸。跳开换流变压器网侧开关，隔离交、直流系统。通常情况下，保护动作均需跳开换流变压器网侧断路器。但如果对端换流站保护动作使直流系统停运时，本端保护可视情况不自动执行交流断路器跳闸，以便故障清除后快速恢复。

10）启动断路器失灵。如果交流断路器失灵，通过远方跳闸方式实现故障隔离。

11）极隔离。将直流场设备与直流线路、接地极引线断开，使故障极退出运行。

12）换流器单元隔离。当某个换流器单元发生内部故障时，将该单元闭锁、隔离，不影响健全设备的正常运行。

概括起来，直流输电控制保护系统的功能包括：直流输电系统的启停控制；直流输送功率大小和方向的控制；抑制换流器不正常运行及对交流系统的干扰；发生故障时，保护换流站设备；对换流站、直流线路的各种运行参数进行监视；对换流站所有设备进行监控；具有与远方控制中心的通信接口，用于与调控中心交换换流站的监控数据并执行远方调度命令等。

10.2.2 直流输电控制保护系统的构成

直流输电控制与保护系统的发展经历了模拟型、集成电路型和微机型三个阶段。国外直流输电控制保护系统主要以ABB公司和西门子公司的产品为主，在我国直流输电工程中获得应用的有ABB公司的MACH2和DCC-800系统、西门子公司的WIN-TDC系统等。我国的直流输电控制保护系统经历了从技术引进到自主研发的过程，如南瑞继保公司的PCS9550和许继公司的HCM3000直流输电控制保护系统在我国多个直流输电工程中获得应用。

1. 直流输电控制系统的分层

直流输电控制系统按照分层结构，可分为AC/DC系统层、区域层、高压直流双极控制层、高压直流极控制层和换流器控制层，如图10-16所示。

(1) AC/DC系统层和区域层控制为直流输电控制系统中高级别的控制层次，主要实现直流调度控制及多条直流线路之间的协调控制。

(2) 高压直流双极控制级为双极直流输电系统中同时控制两个极的控制层次，主要功能包括：设定双极的功率定值、两极的电流平衡控制、极间功率转移控制、换流站无功功率和交流母线电压控制等。

(3) 高压直流极控制级为控制直流输电一个极的控制层次，主要功能包括：经计算向换流器控制级提供电流整定值，控制直流输电系统的电流，主控制站的电流整定值由功率控制单元给定或人工设置，并通过通信设备传送到从控制站；直流输电功率控制；极启动和停运控制；故障处理控制，包括移相停运和自动再启动控制、低压限流控制等；各换流站同一极之间的远动和通信，包括电流整定值和其他连续控制信息的传输、交直流设备运行状态信息和测量值的传输等。

(4) 换流器控制级是控制直流输电一个换流单元的控制层次，主要功能包括：换流器触

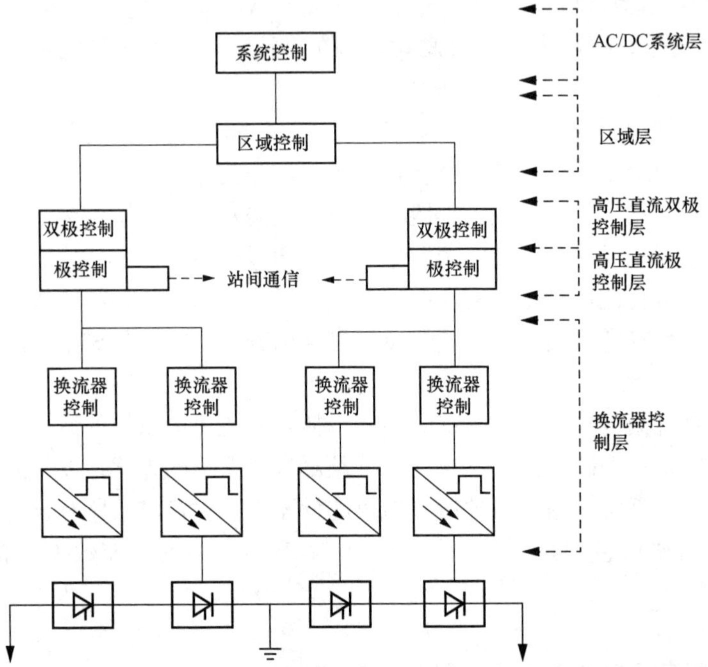

图 10 - 16　直流输电控制保护系统分层

发控制；定电流控制；定关断角控制；直流电压控制；触发角、直流电压、直流电流最大值和最小值限制控制；换流单元闭锁和解锁顺序控制等。

2. 直流输电控制保护系统的设备及构成

直流输电控制保护系统的设备按功能可划分为：运行人员控制系统、交直流系统站控设备、直流系统极控设备、直流系统保护设备、直流线路故障定位装置、换流站暂态故障录波装置等。

(1) 运行人员控制系统。运行人员控制系统由服务器、操作员工作站、工程师工作站、站长工作站、培训工作站、远动工作站以及网络设备等组成。其功能包括：交、直流系统的运行参数及设备状态的监视；数据处理、运算和存储；数据通信接口；直流输电系统运行控制及调节；人机交互功能等。运行人员控制系统与站控/极控系统的通信采用网络方式，与保护装置以及其他装置的通信可采用点对点、多路点对点等串行方式；与上级调度系统的通信采用网络通信或点对点串行传输方式。

(2) 交直流系统站控设备。站控设备包括各种测控装置及分布式 I/O 终端装置，主要功能包括：完成交、直流场开关、隔离开关的操作，直流系统的顺序控制、换流变的控制，辅助系统的控制等操作；无功补偿及滤波器组的投切控制；手动和自动同期检测；对换流站内所有设备的运行状态与操作进行监视；通过数据采集单元采集有关信息，检测出事件、故障、状态、变位信号及模拟量正常、越限信息；对全站谐波的自动监视和分析等。

(3) 直流系统极控设备。极控系统是换流站控制系统的核心，其稳定可靠运行对直流输电系统至关重要。图 10 - 17 为单极直流极控设备的一种构成方案，将直流控制系统分为双极/极控制层和换流器控制层，不配置单独的双极控制层，将双极层的控制功能下放到极层。

这种方案硬件结构简化、元件数量少，能够减少双极误动停运的概率。控制系统采用双重化冗余配置且具备合理可靠的系统切换功能。

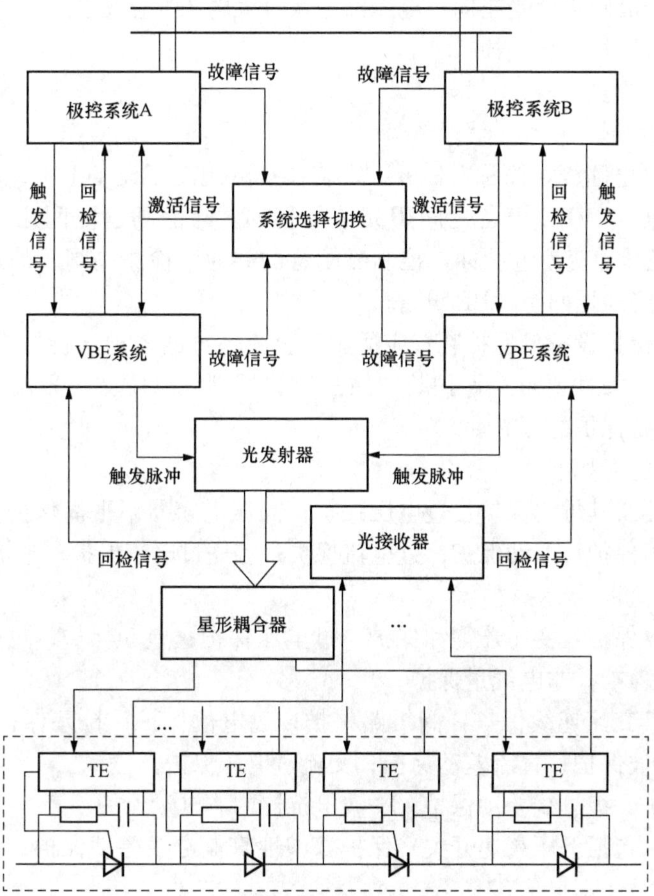

图 10-17　直流输电极控系统的分层结构

极控系统是一个分布式的计算机系统，由若干功能板卡构成，主要包括：

1）若干处理器板卡，例如：通信、信号组合、事件顺序记录板卡，顺序控制、分接头控制、开关控制板卡，功率跳变、功率控制、暂态稳定控制、电流参考值、闭锁、解锁和监视板卡，交流测量和 γ 测量板卡，电流控制、电压控制、熄弧角控制、触发设置和直流测量等换流器和极相关闭环控制板卡（如输入输出板卡及触发脉冲板卡）。

2）若干输入、输出板卡，例如：模拟量输入，开关量输入/输出板卡，光纤模拟量输入板卡等。

3）若干通信板卡，例如：CPU 之间的信息交换板卡，现场总线接口板卡，LAN 网通信板卡。

换流站极控和换流阀通过阀基电子设备（Valve Base Electronics ，VBE）系统建立联系。极控系统向换流阀发送控制信号以及换流阀向极控系统反馈运行状态都需要通过 VBE 系统进行。VBE 系统包括晶闸管控制单元（Thyristor Controlling，TC）和监测单元（Thyristor Monitoring ，TM)，其主要功能为：

1）接收极控触发信号，同步触发同一阀内各晶闸管。

2）监视阀及晶闸管电子设备（Thyristor Electronics，TE）的运行。

3）关断时保护晶闸管免受正向过电压冲击及过大电压变化率。

4）与阀电子板进行信息交换。

5）阀避雷器监测。

6）阀漏水监测。

TE 是一块印刷电路板，简称 TE 板，安装在换流阀高压设备上，每块 TE 板和一只晶闸管相对应，TE 板与 VBE 设备之间用光信号传递，与晶闸管之间用电信号传递。它将 VBE 设备送来的光脉冲变为电脉冲，控制晶闸管的导通；检测晶闸管的运行状况，产生一系列回报信号，经光缆返回至 VBE 设备。

（4）直流系统保护设备。保护装置应适用于直流系统的各种运行方式，并满足可靠性、选择性、快速性及灵敏性要求。保护装置按三重化原则冗余配置，采用“三取二”跳闸逻辑，以保证直流系统保护的可靠性。

直流系统保护配置如下：

1）交流滤波器及其母线保护：过电压保护；高压电容器不平衡保护；低压电容器不平衡保护/低压电容器保护；差动保护；过电流保护；零序过电流保护；电抗器/电阻器过负荷保护；滤波器失谐监视。

2）换流变压器保护：变压器饱和保护；过电压保护；差动保护；过励磁保护；过电流保护；零序过电流保护；非电气量保护。

3）换流器及其交流连线保护：阀短路保护；过电流保护；桥差保护；换相失败保护；阀组差动保护；谐波保护；直流差动保护；交流过电压保护。

4）极母线保护：极母线差动保护；平波电抗器的非电量保护。

5）中性母线（包括低压高速开关）保护：中性直流母线差动保护；中性母线高速开关保护。

6）直流滤波器保护：差动保护；高压电容器不平衡保护；过电流保护；电容/电感/电阻过负荷保护；失谐监视。

7）双极的中性母线与接地极引线的连接区域（包括运行方式转换开关）保护：双极中性直流母线差动保护；金属回线导引线保护；金属回线转换开关保护；大地回线转换开关保护；高速接地开关保护。

8）接地极引线保护：接地极引线横差保护；接地极引线过电流保护；接地极引线开路保护；接地极引线监测；站地过电流保护。

9）直流线路保护：行波保护；电压突变 du/dt 保护；直流线路低电压保护；直流线路纵差保护；金属回线纵差保护；金属回线横差保护；再启动保护。

10）其他保护：极差动保护；潮流反转保护；开路试验保护；直流低电压保护；交直流碰线/远方站故障检测；交流低电压保护；直流过电压保护；次同步谐振保护。

（5）直流线路故障定位装置。装置独立于其他设备，能够检测出两极直流线路上任一点发生的接地故障和线间短路故障，并对故障进行定位，故障定位精度不超过±0.5km 或一个塔距。

（6）换流站暂态故障录波装置。暂态故障录波装置包括交流和直流暂态故障录波装置，能够记录交流场及交流滤波器场的电流、电压、开关状态及相关的保护动作、故障信息及直流开关场的电流、电压、开关状态及相关的直流控制保护系统的信号。

图10-18所示为一换流站二次系统设备分层及典型配置示意图。直流控制保护系统被划分为三层，即运行人员控制及远动通信设备层、直流控制保护设备层、分布式I/O设备与接口装置层。

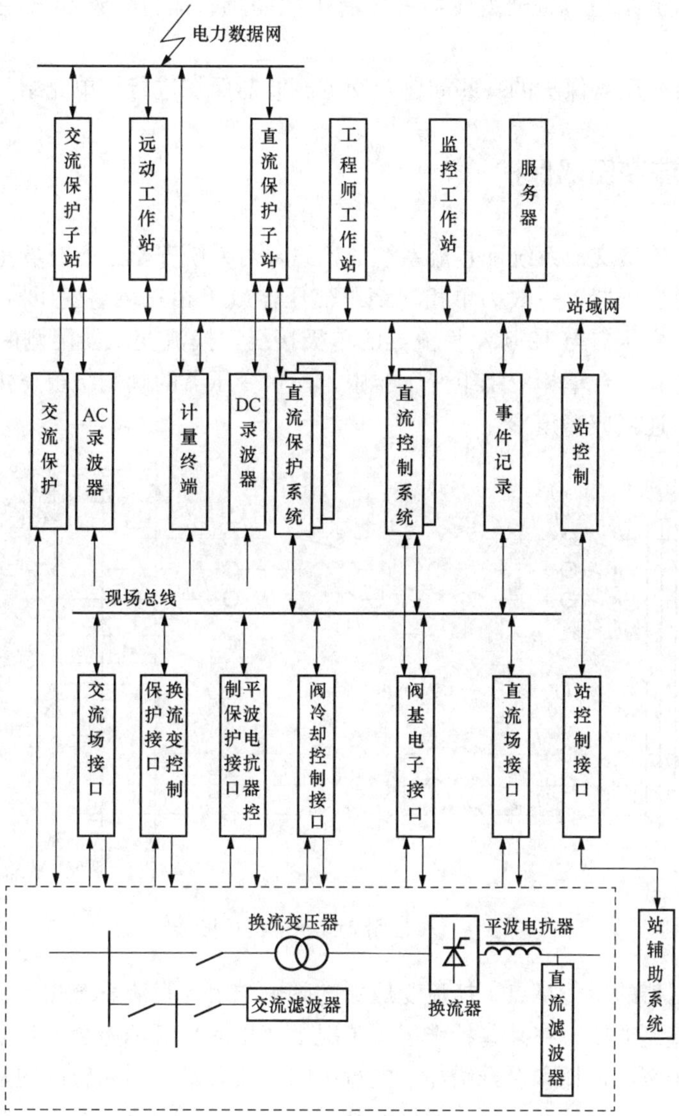

图10-18 换流站二次系统设备分层及典型配置示意图

10.3 交流侧的保护

交流侧保护包括交流线路保护、交流母线保护、换流变压器保护、交流滤波器组保护等。交流线路保护、母线保护和变压器保护的基本原理已经在前面章节中介绍。针对交流线路发生的各种相间短路和接地短路，要求保护快速切除故障，可配置电流纵差保护作为主保护，后备保护可配置三段式距离保护、零序电流保护、过电压保护。母线保护普遍采用电流差动保护，和交流变电站的母线保护并没有什么差别，母线除了接入交流线路和换流变压器外，还接入了交流滤波器组。换流变压器的结构及参数不同于普通变压器，但故障、异常运行状态和采用的保护原理与普通变压器并没有太大差别，运行条件和某些故障特征会有所不同。

下面将对换流变压器保护的一些问题及交流滤波器保护进行简单介绍。

10.3.1 换流变压器保护

换流变压器是连接交流系统和直流系统的枢纽，对系统安全运行有着重要影响。换流变压器通常采用单相变压器，一般为单相双绕组变压器或单相三绕组变压器。图 10 - 19 画出了单相双绕组换流变压器与 12 脉动换流器的单极接线，换流变压器网侧的三相绕组连接成星形，中性点接地；六台单相双绕组变压器中，三台变压器的阀侧绕组连接成星形，另三台变压器的阀侧绕组连接成三角形。

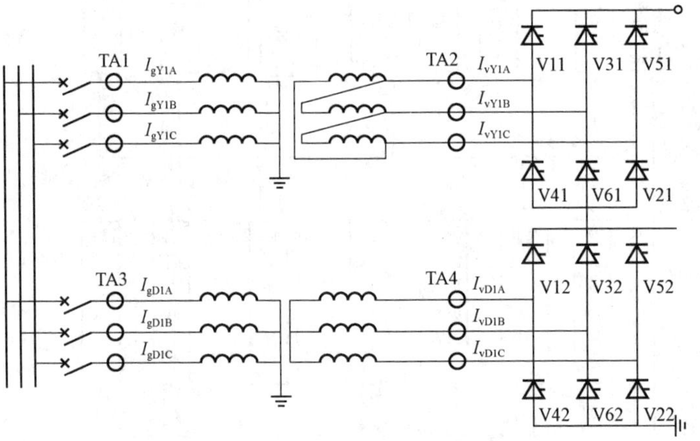

图 10 - 19 12 脉动换流器的单极接线

(1) 换流变压器的运行特点。换流变压器的阀侧绕组与直流系统相连，不仅承受交流电压，还需要承受直流电压；在某些特殊运行工况下产生的直流偏磁会导致变压器铁心周期性饱和，发出低频噪声，损耗和温升增加；电流中的谐波分量会引起较高的附加损耗；为了补偿换流变压器交流侧电压的变化，一般控制晶闸管的触发角运行在适当的范围内，或为了满足直流降压运行的要求，有载调压范围大，动作更频繁；换流器的换相过程相当于交流侧两相短路，换流变压器的短路阻抗较普通变压器的大，以限制换相电流对换流阀的冲击。

基于以上因素的考虑，换流变压器在结构和绝缘设计方面有其特殊性。

(2) 换流变压器的故障、异常运行状态及保护配置。换流变压器的故障、异常运行状态和普通变压器类似，因而保护的配置也大致相同（参见第 7 章）。反应电气量的保护包括电流差动保护、分侧绕组电流差动保护、（网侧绕组）零序电流差动保护、过电流保护、过电压保护、过励磁保护等。换流变压器的本体保护主要依靠瓦斯、绕组温度、油温、压力等继电器，由变压器制造厂家配置，通过变压器非电气量保护接口与直流控制保护系统相连。

对于图 10-19 接线的换流变压器，当电流互感器 TA1 与 TA2 之间（或 TA3 与 TA4 之间）发生各种短路故障时，属于变压器区内故障。在整流侧，由于换流变发生区内故障，造成交流到直流转换的终止，但不会产生功率倒向，直流系统不会提供短路电流；在逆变侧，发生轻微的故障时，换相可以正常进行，但由于直流系统的定电流控制特性，直流侧不会提供额外的短路电流，而严重故障造成换相无法进行时，交流电压降低，直流侧也不提供短路电流。

当直流系统发生故障时，对于整流侧的换流变压器，流过的电流会增大，但在直流控制保护系统的作用下，会很快减小；而对于逆变侧的换流变压器，直流系统的故障使得直流电流无法传递至交流侧，反而会使流过变压器的电流减小。对于换流变压器而言，最严重的区外故障当属整流侧的阀短路故障，相当于换流变压器出口的两相或三相短路故障，由于直流保护的快速作用，实际只会出现半个周期的两相短路；对于逆变侧，由于触发角很大，阀短路时流过换流变压器的电流较整流侧小很多。

当阀侧发生单相接地短路时，实际上发生了阀短路。如果短路点位于换流变压器两侧电流互感器之间，相当于区内短路，但由于变压器差动保护二次谐波的制动作用，可能造成差动保护被闭锁。无论接地故障是在电流互感器 TA2 一侧还是 TA4 一侧，直流保护都应快速动作切除故障。如果换流变压器的阀侧存在单相接地短路，当阀未解锁前，并不产生接地电流，阀一旦解锁，就会造成阀的短路，因此要有监测这种接地故障的保护。

换流变压器在正常情况下就流过较大的谐波电流，变压器差动保护应克服这些谐波电流对励磁涌流的识别产生的影响。交流绕组的零序差动保护、绕组差动保护不受励磁涌流和谐波电流的影响，提高了变压器内部故障时保护的灵敏性和速动性。过电流保护作为换流变压器的后备保护，由于只需与直流系统的最大过负荷能力配合，灵敏系数容易满足要求，无须采用复合电压闭锁。零序过电流保护主要作为换流变压器接地故障后备保护。零序过电压保护用于阀解锁前检测是否有接地故障，阀解锁后该保护要退出运行，因为阀解锁后会测得零序电压，但该零序电压不是接地故障产生的。饱和保护用于反应变压器中性点流过直流电流导致的换流变压器铁心饱和，可通过检测零序电流中的 3 次谐波进行判断。

10.3.2 交流滤波器保护

换流器在进行换流时除产生特征谐波外，由于三相参数（各相母线电压、换相电抗、换流变压器变比）不完全对称、触发时间和触发脉冲宽度存在误差，还会存在特征谐波次数以外的非特征谐波。交流电网中原有的谐波被称为背景谐波，如果不采取措施也会在直流侧产生谐波，如 3 次谐波会在直流侧产生 2 次和 4 次谐波电流。

为了滤除谐波和进行无功补偿，以避免对交流输电系统和换流器带来不良影响，在直流输电系统运行过程中必须投入一定数量的交流滤波器。无源交流滤波器由电容、电抗和电阻串并联组成，根据滤波器滤除谐波分量的不同，交流滤波器有多种结构（含并联电容器组）。图 10-20 所示为两种交流滤波器的原理接线。图 10-20（a）为单调谐滤波器，例如当 $C=5.198\mu F$，$L=13.77mH$，$R=515\Omega$ 时，调谐次数为 11.9；图 10-20（b）为双调谐滤波器，

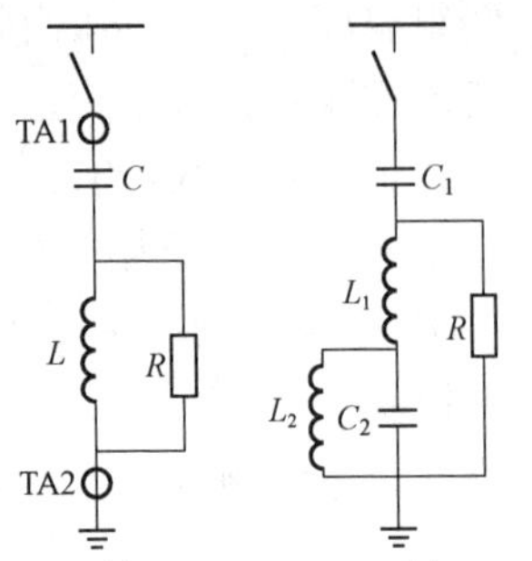

图 10-20　交流滤波器接线图
(a) 单调谐滤波器；(b) 双调谐滤波器

例如当 $C_1=0.768\mu F$，$L_1=92.66mH$，$C_2=29.053\mu F$，$L_2=2.45mH$，$R=2460\Omega$ 时，调谐次数为 11/12.94。对于单调谐滤波器或双调谐滤波器，不同调谐频率的滤波器的结构基本相同，仅电抗器、电容器和电阻器参数不同。

通常单台电容器的额定电压、容量不能满足滤波器组对高压电容器容量的需求，在实际滤波器中，通常将多台电容器以一定的串并联方式连接成电容器组。如图 10-21 所示，电容器组由 4 个桥臂构成电桥结构，每个桥臂又由若干台电容器串联组成。

根据无功补偿及滤除谐波的控制策略，通常将滤波器划分为若干大组，每大组中又包含若干不同型式的滤波器。

交流滤波器（并联电容器）的保护包括滤波器大组母线差动保护、滤波器大组母线过电压保护、滤波器差动保护、电容器不平衡保护、电阻过负荷保护、电抗器过负荷保护、过电流保护、断路器失灵保护及滤波器失谐报警等。

(1) 差动保护。如图 10-20 (a) 所示，通过 TA1 和 TA2 的电流构成差动电流（当正方向都指向滤波器时，差动电流为两侧电流的相量和）。正常运行时，差动电流为零；当内部发生接地短路时，差动电流等于故障电流。由此可见，差动保护用于反应滤波器内部的接地短路故障。

交流滤波器内部发生接地故障后，电流不会发生太大的变化，特别是经过渡电阻接地时，差动电流很小，这就对差动保护的灵敏性提出了要求。为此，可以采用突变量电流差动保护。当采用比率制动特性时，以接地端的电流作为制动量，有利于提高发生内部故障时的灵敏性。

(2) 电容器不平衡保护。如图 10-21 所示，正常情况下，电容器组的四个桥臂平衡，中间桥接线上无电流流通；当某只电容器发生击穿或者熔断器熔断后，中间桥接线上会流过电流，因此通过检测中间桥电流判别电容器是否发生故障。

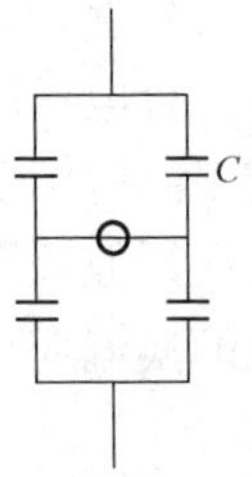

图 10-21　电容器组的原理接线

由于四个桥臂的电容参数的差异，正常运行时中间桥会存在不平衡电流，而且随着母线电压及环境温度的变化，不平衡电流的大小也会改变。电容器不平衡保护要设法减小不平衡电流的影响，确保保护动作的灵敏性。

(3) 电阻/电抗过负荷保护。当电阻或电抗长时间处于过负荷状态时，由于热量的积累将会致使这些元件损坏，为此需要配置过负荷保护。

交流滤波器在正常情况下流过的谐波电流约占基波电流的 30%。当电抗器流过高频电流时，由于集肤效应，电抗器的电阻大小随着频率增高而增大，频率越高的电流引起的电抗器发热越严重。电抗器的发热功率为

$$P=\sum I_i^2 R_i \tag{10-13}$$

式中：i 为谐波次数；R_i 为谐波次数为 i 时的电阻值；I_i 为 i 次谐波电流。

不同频率的电流在电抗器上的发热效应是独立的，与其他频率的分量不相关，可以将各个频率分量的谐波电流发热贡献等效到基波电流，即

$$I_{eq}^2 = \frac{P}{R_1} = \frac{\sum_i I_i^2 R_i}{R_1} = \sum_i r_i I_i^2 \tag{10-14}$$

式中：I_{eq} 为基波等效电流；R_1 为基波电流下的电阻值；r_i 为 i 次谐波频率下电抗器集肤效应系数，$r_i = R_i/R_1$ 。

计算得到等效的基波电流之后，就可以实现电抗器的过负荷保护。如果电抗器生产厂家能够提供反时限发热特性，还可以在保护装置中实现反时限过负荷保护。

（4）过电流保护。过电流保护的作用是防止滤波器组或并联电容器组因过电流而损坏。测量滤波器高压端电流，其定值应躲过交流滤波器正常运行时最大电流的均方根值。

（5）零序电流保护。用于反应交流滤波器接地故障和开路故障，通过测量滤波器低压端的三相电流，经滤波和滤序得到基波零序电流。

（6）失谐监视。受温度及寿命期内老化影响，交流滤波器中电容、电抗或者电阻值发生变化时可能导致该相失谐，谐波不能通过滤波器，由于不对称给正常的滤波器带来过应力，所以需要配置失谐检测功能来检测滤波器元件早期的细小变化。

通过测量滤波器低压端的三相电流，相加得到总的零序电流，再减去工频分量，得到总的谐波电流，达到定值时给出失谐报警信号。

10.4　换流器区的保护

换流阀是直流输电工程的核心设备，阀本体主要由串联的晶闸管级、控制回路和冷却水回路组成。由于晶闸管的老化、阀本体安装工艺存在缺陷及阀塔内水管漏水等原因，可能造成换流阀故障。为防止阀短路致使换流阀遭受过应力，通常配置换流阀短路保护作为换流器的主保护。另外，还需要配置换相失败保护、换流器过电流保护、换流器过电压保护、换流器直流差动保护及换流阀触发异常保护等。

10.4.1　换流器正常运行时的电气量特征

如图 10-22 所示 12 脉动换流器，根据换流变压器阀侧绕组连接形式，将 12 脉动换流器内部分为 Y 桥和 D 桥。

令

$$I_{vY} = \max(|i_{vYj}|) \qquad j = a,b,c \tag{10-15}$$

$$I_{vD} = \max(|i_{vDj}|) \qquad j = a,b,c \tag{10-16}$$

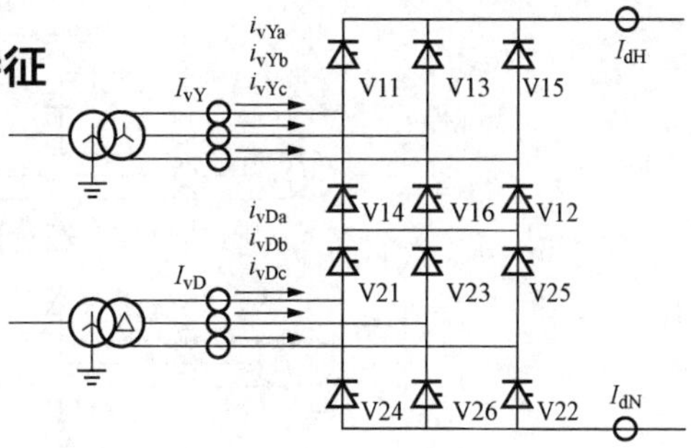

图 10-22　12 脉动换流器正常运行时的各电流之间的关系

即，Y 桥交流侧电流 I_{vY} 和 D 桥交流侧电流 I_{vD} 是各自三相交流电流瞬时值的最大绝对值。

由于换流变压器阀侧绕组不接地，Y/Y 换流变和 Y/D 换流变阀侧的三相电流满足

$$\sum_{j=a,b,c} i_{vYj} = 0 \tag{10-17}$$

$$\sum_{j=a,b,c} i_{vDj} = 0 \tag{10-18}$$

当换流器正常运行时，根据基尔霍夫电流定律，换流器直流侧高压端电流 I_{dH} 和中性端出口处的电流 I_{dN} 满足

$$I_{dH} = I_{dN} \tag{10-19}$$

由换流阀的单向导通特性和换流器换相原理得

$$I_{dH} = \sum_{i_{vYj}>0} i_{vYj} \qquad j = a,b,c \tag{10-20}$$

$$I_{dN} = -\sum_{i_{vDj}<0} i_{vDj} \qquad j = a,b,c \tag{10-21}$$

以 Y 桥为例，当只有 V11 导通时，$I_{dH} = i_{vYa} = I_{vY}$；当 V11、V13 同时导通时，$I_{dH} = i_{vYa} + i_{vYb} = -i_{vYc} = I_{vY}$。所以，换流器正常运行时，有

$$I_{vY} = I_{vD} = I_{dH} = I_{dN} \tag{10-22}$$

10.4.2 换流器故障时的电气量特征

现有的 HVDC 工程每极多采用 12 脉动换流器，其中 UHVDC 工程每极采用两个 12 脉动换流器串联。双 12 脉动换流器的故障特征与单 12 脉动换流器相似，UHVDC 的换流器保护以一个 12 脉动换流器为单元进行配置，两个 12 脉动换流器保护分区独立。对于每极单 12 脉动换流器，在双极两端中性点接地方式和单极金属回线方式下，换流器短路的故障特征均与单极大地回线方式下类似。

如图 10 - 23 所示，换流器区以换流变压器阀侧电流互感器和直流母线区的电流互感器为界，在图中给出了单极 12 脉动换流器可能发生的故障，包括换流器阀短路故障（k1、k2）、换流器直流侧短路故障（k3～k8）以及换流器交流侧故障（k9～k12）三类。

换流器的异常运行状态包括：区内外故障或不正常运行状态引起的换流器换相失败、过电压和过电流；控制系统故障或异常导致的换流阀触发异常。

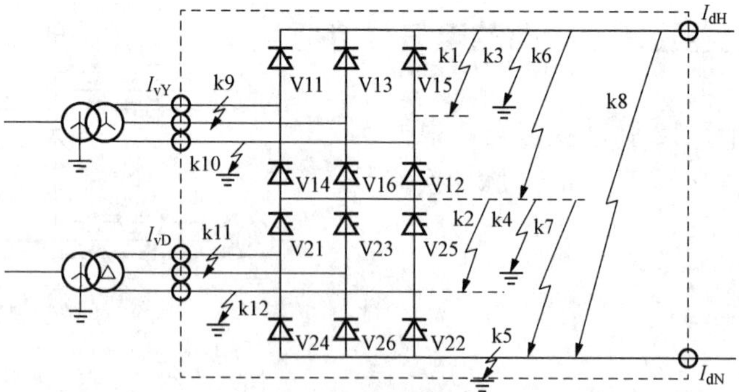

图 10 - 23　12 脉动换流器及故障类型

1. 换相失败

两个换流阀在进行换相时，预计关断的换流阀在承受反压期间未能关断，或关断后尚未恢复阻断能力时再次承受正向压降而导通，预计导通的换流阀将向预计关断的换流阀倒换

相，预计导通的换流阀重新关断而预计关断的换流阀重新导通，这种现象称为换相失败。换流阀都有一个最小关断角 γ_{min} ，其反映了晶闸管中载流子复合和建立 PN 结阻挡层所必需的时间，当 $\gamma < \gamma_{min}$ 时，将发生换相失败。

诱发换相失败的因素有交流系统故障、换流阀短路、换流阀误开通和不开通等，其中以交流系统故障引起的换相失败最常见。直流输电系统大部分换相失败处于逆变侧，这是由于逆变器的关断角一般较小，很容易受到各种故障和扰动的影响，而只有在触发电路存在故障导致换流阀误开通和不开通的情况下，整流侧才会发生换相失败。因此，通常情况下换相失败特指逆变器的换相失败。

根据换相失败发生的次数以及各次换相失败之间的顺序关系，换相失败可分为一次换相失败、连续换相失败和不连续换相失败等。一次换相失败在整个故障期间只发生一次，且没有后续的换相失败发生，大多由瞬时性扰动引发。以图 10-22 为例，假设 V11 向 V13 换相失败，故障后，逆变器直流侧输出电压逐渐减小，直流电流上升。当 V12 向 V14 换相结束后，V11 与 V14 形成旁通对，Y 桥处于短路状态，逆变器输出电压仅为额定值的一半，Y 桥换流变压器不再有电流流过。换相结束后逆变器电压升高，直流电流降低，系统逐渐恢复正常运行。一次换相失败的故障特征包括：①逆变器直流侧输出电压短时下降，直流电流上升；②故障桥交流侧短时开路，电流减小；③故障期间流过故障桥换流变压器的电流正负半周不对称，可能引起直流偏磁。

一次换相失败在某些情况下会进一步扩大，引发两次连续、两次不连续甚至多次的换相失败。例如，逆变侧交流电压下降导致 V11 向 V13 换相失败，若下一对换流阀（V12/V14）换相时由于交流电压下降因素未能消除可能也发生换相失败，这种故障称为两次连续换相失败。又如，一次瞬时性的扰动导致 V11 向 V13 换相失败，此后扰动消失，V12 向 V14 换相成功，但一次换相失败引起的直流电流增大又造成了 V14 向 V16 的换相失败，这种故障称为两次不连续的换相失败。此外，故障桥的换相失败还有可能引发非故障桥换流阀之间的换相失败。

在一次故障中，逆变器发生换相失败的具体类型及其造成的后果与故障的种类、程度、持续时间，直流系统参数、运行状态等因素有密切关系。

2. 换流器阀短路故障

对于整流器，Y 桥阀短路故障（k1）和 D 桥阀短路故障（k2）的故障特征类似，且不同换流阀短路时，具体故障过程有所区别，但基本规律一致。以 Y 桥 V11 和 V16 正在导通时发生 V11 短路为例，故障发生后，Y 桥共阳极阀组按照正常顺序依次换相，而共阴极阀组中故障阀 V11 始终处于导通状态，非故障阀轮流导通。因此，Y 桥交流侧会交替地发生两相短路和三相短路故障，进而导致 I_{vY} 增大；Y 桥间歇性地短接将导致交流侧电压下降，由换流器的开关特性可知，其直流侧输出电压也相应减小。由于阀短路故障属于区内非接地故障，根据式（10-20）和式（10-21）可知，I_{dH} 和 I_{dN} 减小。根据基尔霍夫电流定律可知，虽然 Y 桥阀短路故障发生在 D 桥之外，但 I_{vD} 也将减小。

整流侧阀短路的故障特征可概括为：交流侧两相短路与三相短路交替发生，整个高压桥间歇性的短接导致直流侧的输出电压、电流急剧下降；通过故障阀的电流反向，并剧烈增大；交流侧电流激增，使换流阀和换流变压器承受数倍于正常运行时的电流；流过换流变三相绕组的电流正负半周严重不对称，即交流电流中含有直流分量，会引起交流互感器偏磁，造成二次波形严重失真，还会引起换流变压器的直流偏磁，造成换流变压器过热以及噪声的增大。

逆变器的阀在阻断状态，大部分时间承受正向电压，若电压过高或电压上升率太快，容易因阀绝缘损坏而发生短路。以 k1 故障为例，当逆变器的阀 V11 关断，加上正向电压后发生短路，相当于阀 V11 重新开通，与阀 V13 发生倒换相，而在阀 V14 导通时，V11 与 V14 形成直流侧短路，与换相失败过程相同。由于 V11 短路后一直导通，换相失败将周期性发生，导致直流侧电压显著下降，直流电流升高，直流电压中将出现工频分量。当逆变侧 V13 导通时，构成 a 相和 b 相短路；当阀 V15 导通时，构成 a 相和 c 相短路；当阀 V13 和阀 V15 均导通时，构成三相短路。

逆变器阀短路的故障特征为：在非换相期间，故障形成交流侧两相短路；在换相期间，故障形成交流侧三相短路；逆变侧发生换相失败，直流电压降低，直流电流升高；整流器在控制系统的作用下，逆变器侧的直流电流减小（整流器端的电流亦是如此），交流电流将大于直流电流。

3. 直流侧短路故障

(1) 换流器阀组短路故障。换流器阀组直流端子之间发生短路故障，如高压端对换流器中点短路（k6）、换流器中点对中性端短路（k7）以及高压端对中性端短路（k8），它们归属于换流器直流侧出口短路。

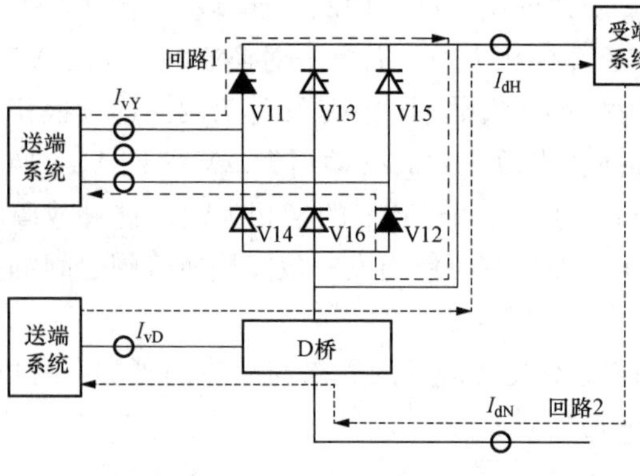

图 10-24 整流侧 k6 故障电流回路

当整流器发生 k6 型故障时，将形成如图 10-24 所示的 2 个电流回路。回路 1 为短路阀组到送端系统形成的回路，短路阀组直流侧电压为零，交流侧交替发生两相短路和三相短路，流过 Y 桥导通阀和换流变压器的电流（I_{vY}）增大。回路 2 为短路阀组经受端系统、中性母线、正常阀组形成的回路，由于 Y 桥被短接，整流侧直流电压将发生跌落，回路电流 I_{vD}、I_{dH} 和 I_{dN} 均减小。控制系统开始起作用后，整流侧转为定 α_{min} 控制，逆变侧低压限流控制投入。最终，在控制系统的作用下，回路 2 进入稳态过程，稳态运行点由逆变侧低压限流曲线决定。

当逆变器发生 k6 型故障时，将形成如图 10-25 所示的 2 个电流回路。回路 1 为短路阀组经受端系统、正常阀组及送端系统形成的回路，阀组短路后，Y 桥失去直流电源，流过 Y 桥导通阀和换流变压器的电流（I_{vY}）将迅速减小至零。回路 2 为送端系统经短路支路、正常阀组形成的回路，由于 Y 桥被短接，逆变侧直流电压发生跌落，而故障初期整流侧直流电压不会立即变化，根据式（10-10）可知，回路电流 I_{vD}、I_{dH} 和 I_{dN} 均增大。控制系统开始起作用后，逆变侧保持在定关断角控制下，整流侧低压限流控制投入。最终，在控制系统的作用下，回路 2 进入稳态过程，稳态运行点由整流侧低压限流曲线决定。

无论是整流器还是逆变器，k7 故障与 k6 故障有着相似的结论，不再赘述。

当整流侧发生极短路（k8）时，极直流侧电压为零，流过桥导通阀和换流变的电流（I_{vY} 和 I_{vD}）增大。由于整流侧完全被短路，整流侧直流电压将跌落至零，回路电流 I_{dH} 和 I_{dN} 均减小。

当逆变侧发生极短路（k8）时，相当于逆变电路失去了整流侧的电源，流过导通阀和换流变的电流（I_{vY} 和 I_{vD}）将迅速减小至零；逆变侧直流电压将跌落至零，回路电流 I_{dH} 和 I_{dN} 均增大。

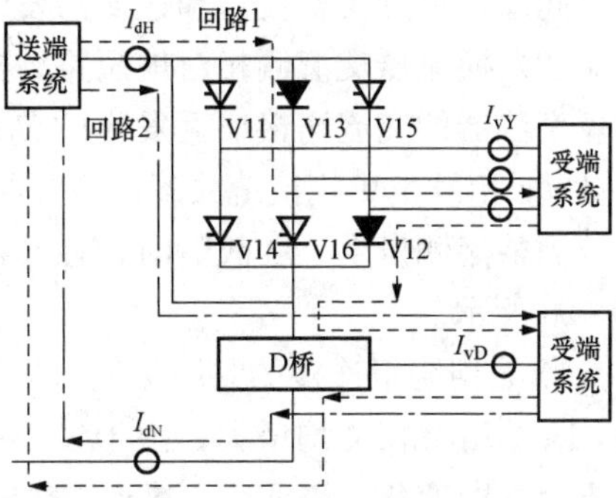

图 10 - 25　逆变侧 k6 故障电流回路

（2）换流器直流侧对地短路。换流器直流侧对地短路，是指换流器直流端子与大地之间发生的接地故障，包括换流器高压端对地短路（k3）、换流器中点对地短路（k4）、中性端对地短路（k5）。

当整流器高压端对地短路（k3）时，高压端通过站内接地网与接地极相连（站内接地开关闭合时除外），类似整流器的极短路（k8），极直流侧电压为零，I_{vY}、I_{vD} 增大，I_{dH} 减小，不同的是短路电流将由接地极（接地开关）经中性母线流回，I_{dN} 将增大。和 k8 故障相比，k3 故障时的故障回路电阻有所增加，流过整流器以及换流变压器的故障电流要略小，但仍会对设备安全构成严重威胁。

当整流器中点对地短路（k4）时，与 k7 故障相比，故障路径不同，故障电气量的幅值有细微差别，I_{vY}、I_{vD} 和 I_{dH} 的变化趋势相同，I_{dN} 的变化趋势相反。

由于中性端本身就处于一个接近于零的电位点，故发生整流器 k5 故障时对换流器的运行影响不大。只是中性端与故障接地点并联，短路电流会在故障接地点和接地极分流。由于直流侧中性端直流电流 I_{dN} 的测点在接地极支路上，故测量到的电流 I_{dN} 减小。而系统的换相电压基本不变，各阀正常运行，故 $I_{vY} = I_{vD} = I_{dH}$ 保持不变。

对于逆变器直流侧的接地短路分析，会得出相同的结论。

4. 换流阀交流侧故障

（1）换流器交流侧相间短路。换流器交流侧相间短路（k9、k11），是指换流器与换流变压器的交流连接线上发生的两相短路故障。

整流器发生 k9 故障时，Y 桥交流侧形成两相短路，桥交流侧电流 I_{vY} 增加；整流器失去两相换相电压，直流侧输出电压、电流 I_{dH} 减小。由于 k9 属于非接地故障，故 $I_{dH} = I_{dN}$，I_{dN} 也减小；由于 k9 故障发生在 D 桥之外，I_{vD} 与 I_{dN}（等于 I_{dH}）的变化趋势一致，I_{vD} 也将减小。随着换相过程的进行，当两个故障相分别连接的共阳极阀和共阴极阀均导通时，Y 桥被短接，此时桥输出的电压和电流都将减小；当 Y 桥不再被短接时，桥直流侧电压和电流都有所回升。因此，Y 桥周期性地被短接，整流器直流侧电压和电流也周期性地上升及下降，直流系统无法在控制器的作用下达到新的稳态运行点。

逆变器发生 k9 故障时，Y 桥交流侧形成两相短路，直流电压减小，直流电流 I_{dH}（等于 I_{dN}）增加，这将引起 Y 桥发生换相失败。不同于换相失败时 Y 桥交流侧电流 I_{vY} 减小，由于交流侧相间短路，交流侧电流 I_{vY} 将增加。受 Y 桥影响，D 桥换相电压也下降，只是下降的幅度没有 Y 桥大，再加上 Y 桥发生换相失败造成直流电流增加的影响，使其换相角增大，D 桥也易发生换相失败。

同理，可分析整流器和逆变器发生 k11 故障时的 D 桥电流和电压的特征。

(2) 换流器交流侧相对地短路。换流器交流侧相对地短路（k10、k12），是指换流器与换流变压器的交流连接线上发生的单相接地短路故障。由于换流器交流侧三相对称，故 a、b 相与 c 相发生单相接地故障的特征类似，下面仅以 a 相接地短路为例进行分析。

当整流侧发生 k10 故障时，在非换相过程中，Y 桥的阀导通状态可分为三种情况，如图 10 - 26 所示。

1) a 相绕组连接的共阴极阀（V11）导通。如图 10 - 26（a）所示，相当于极母线被短接，I_{vY}、I_{vD} 和 I_{dN} 均增大；由于失去了整流侧的电源，输出电压下降，而故障初期逆变侧电压不会立即变化，进而 I_{dH} 减小。故障支路电流为

$$I_k = I_{dN} - I_{dH} \tag{10-23}$$

2) a 相绕组连接的共阳极阀（V14）导通。如图 10 - 26（b）所示，相当于 D 桥电源经过接地点和接地极形成两相接地或者三相接地短路，故 I_{vD} 与 I_{dN} 均增大；由于失去了低压桥电源，直流侧输出电压减小，进而 I_{vY} 与 I_{dH} 均减小。故障支路电流按（10 - 23）计算。

3) a 相绕组连接的共阴极阀（V11）和共阳极阀（V14）均不导通。如图 10 - 26（c）所示，相当于 Y 桥交流侧 a 相直接接地，b 相与 c 相经负载阻抗接地，由于

$$I_{dH} = \sum_{i_{vYj}>0} i_{vYj} \qquad j = b,c$$

$$I_{dN} = I_{dH} + I_{vYa} = I_{dH} + I_k$$

所以，故障支路电流也满足式（10 - 23）。

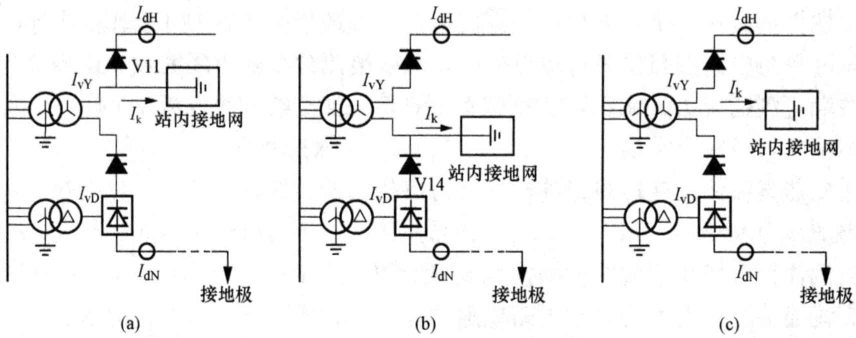

图 10 - 26　整流器 k10 故障等效电路

(a) V11 导通；(b) V14 导通；(c) V11 和 V14 均不导通

上述三种状态之间的转换顺序为 1)、3)、2)、2)、3)、1)。Y 桥单相接地短路后的故障发展过程视直流系统的参数和运行状态而异，将在 D 桥换流阀、D 桥换流变压器、Y 桥共阳极阀组、Y 桥换流变压器、站内接地网以及接地极中产生过电流，威胁设备安全；整流器直流侧电流和电压减小，Y 桥共阴极阀组、输电线路以及逆变侧相关设备不存在过电压和过电流危险；与整流器阀短路故障相似，Y 桥交流侧单相接地后故障电路的周期性变化，将在直流线路中诱发工频分量；单相接地导致交流系统不对称，产生基频负序电压，在换流器的作用下，将在直流系统中产生倍频分量。

整流器 k12 故障的故障回路、故障特征与 k10 故障类似，这里不再赘述。

图 10 - 27 为逆变器侧换流站发生（k10）单相接地故障时的等效电路，Y 桥共阴极阀组

与D桥近似于被短路，两者形成的电流通道被迫向故障通道换相。换相结束后，Y桥共阴极阀组及D桥处于开路状态，Y桥共阳极阀组经过换流变压器、故障点接地通道以及站内接地网与送端系统形成回路。在故障初期，逆变器直流侧的输出电压将显著降低，直流电流迅速升高，高压桥共阳极阀组之间将出现换相失败。故障后期，由于控制系统的作用，直流电流逐渐减小，换相失败现象消失；由于故障一直存在，共阳极阀组三个阀周期性地导通，导致逆变器直流侧出口电压周期性地变化，将在直流系统中产生基频分量。此外，单相接地导致交流系统的不对称，还将在直流系统中产生倍频分量。

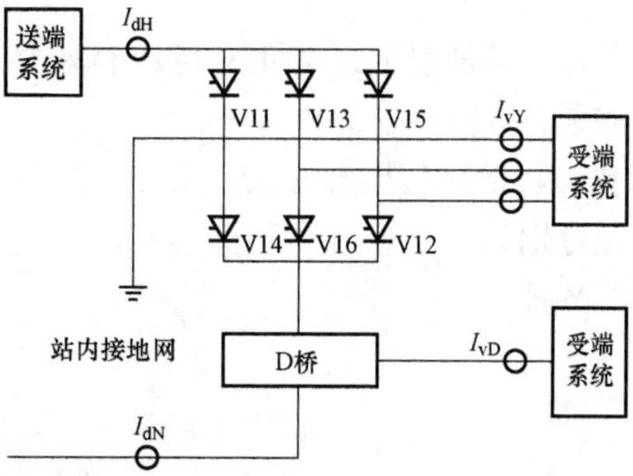

图 10-27 逆变器 k10 故障等效电路

对于逆变器D桥交流侧（k12）单相接地故障，故障回路通过站内接地网、接地极及其引线（站内接地开关闭合时不通过此部分），到达直流中性端，形成相应的阀短路。因此，其与低压桥共阴极换流阀短路具有相似的故障机理和故障发展规律。

10.4.3 换流器区保护原理简介

1. 阀短路保护

根据阀短路、换流器交流侧相间短路或整流侧阀厅直流端出线间短路时，换流器交流侧电流大于直流侧电流的故障特征构成阀短路保护。

Y桥阀短路保护的动作判据为

$$I_{vY}-\min(I_{dH},I_{dN})>I_{set} \tag{10-24}$$

或

$$I_{vY}-\max(I_{dH},I_{dN})>\max[I_{op.0},K\max(I_{dH},I_{dN})] \tag{10-25}$$

D桥阀短路保护的动作判据为

$$I_{vD}-\min(I_{dH},I_{dN})>I_{set} \tag{10-26}$$

或

$$I_{vD}-\max(I_{dH},I_{dN})>I_{op.0}+K\max(I_{dH},I_{dN}) \tag{10-27}$$

采用制动特性时，$I_{op.0}$ 为最小动作电流，躲过系统短时过负荷情况下由测量误差引起的不平衡电流，通过仿真试验确定，一般取 0.5 倍额定电流。K 为比率制动系数，躲过区外最严重故障时的最大不平衡电流，通过仿真试验确定，推荐取 0.2。保护动作不带延时，尽快动作，避免第三只阀导通。

不采用制动特性时，保护可整定为两段：①Ⅰ段为快速段，I_{set} 需躲过区外故障时，测量回路的最大不平衡电流，通过仿真试验确定，推荐取值不小于 1.5 倍额定电流；保护动作不带延时；②Ⅱ段保护为延时段，仅在逆变侧投入，I_{set} 躲过系统短时过负荷情况下由测量误差引起的不平衡电流，通过仿真试验确定，一般取 0.5 倍额定电流。保护延时由阀组性能决定，推荐取 30ms。

2. 桥差保护

在正常情况下，流过Y桥和D桥交流连线上的电流 I_{vY} 和 I_{vD} 是相等的。当换流器区发生阀短路故障、部分直流出口（k3、k4、k6、k7）故障、交流侧短路等故障时，将导致Y桥和D桥对称特性失效，I_{vY} 和 I_{vD} 将会产生差值。据此原理构成桥差保护，Y、D桥的动作判据分别为：

Y桥

$$\max(I_{vY},I_{vD})-I_{vY}>I_{set} \tag{10-28}$$

D桥

$$\max(I_{vY},I_{vD})-I_{vD}>I_{set} \tag{10-29}$$

每个时刻取 I_{vY} 和 I_{vD} 中的较大者，分别与 I_{vY} 和 I_{vD} 进行相减，两个差值中只要有一个大于定值，桥差保护动作。其中 I_{set} 为保护整定值。

当逆变侧交流系统故障，导致逆变器Y桥、D桥发生换相失败的时刻和持续时间不同步时，桥差保护会有误动的风险。若发生交流系统故障引起桥差保护误动，导致闭锁直流系统，这无疑会扩大故障，造成严重的后果。为此，桥差保护通常在逆变侧设置两段定值，通过定值和延时躲过交流系统故障。其中，Ⅱ段定值的整定主要考虑躲开互感器的传变误差；Ⅰ段定值的整定主要考虑保护动作的选择性，其需要大于Ⅱ段的动作定值，且有一定的裕度。表10-2所列为实际直流工程中一种典型的逆变侧换流站桥差保护配置。

表10-2　某逆变侧换流站桥差保护配置

保护区段	动作定值	动作延时	保护出口
Ⅰ段	$I_{set}^{I}=0.4$（标幺值）	200ms	降电流
Ⅱ段	$I_{set}^{II}=0.1$（标幺值）	120ms	控制系统切换
		$U_{ac}>0.8$（标幺值），200ms	ESOF
		$U_{ac}<0.8$（标幺值），1s	ESOF

整流侧交流系统故障时，不会出现整流侧的换相失败现象，Y桥和D桥交流连接线电流理论上应该是相等的，电流判据得不到满足，整流侧桥差保护不会动作，也就是说保护Ⅱ段的低压部分不起作用。当整流侧发生其他故障时，保护Ⅱ段总是先于保护Ⅰ段检测到故障，整流侧桥差保护的Ⅰ段也不起作用。因此，在整流侧保护Ⅰ段和保护Ⅱ段的低电压部分可以不予配置，统一按200ms延时出口即可。

3. 阀组差动保护

阀组差动保护用于检测逆变侧换流器的阀短路故障、换相失败以及换流器直流侧出口短路故障等，其动作判据为

$$\min(I_{dH},I_{dN})-\max(I_{vY},I_{vD})>I_{set} \tag{10-30}$$

式中：I_{set} 为整定值，主要考虑躲开互感器的传变误差并留有一定的裕度。

在正常运行时，换流器直流侧出口电流与交流连接线电流相等，保护不动作。

对于整流侧任意地点的短路，交流侧电流最大值均大于直流侧电流最小值，保护不会动作。

逆变侧一次换相失败，通过控制系统的调节可以恢复正常运行；对于连续换相失败，该保护应该动作以防止故障进一步恶化。由前面分析可知，换相失败或逆变侧桥内部短路时，

直流电流 I_{dH}（I_{dN}）将增加。若6脉动组换相失败或其内部短路，虽然另一组桥的交流侧电流等于直流电流，但采用 $\min(I_{dH},I_{dN})$ 与 $\max(I_{vY},I_{vD})$ 比较，保护能够动作。

对于逆变器直流出口短路，直流电流增加，逆变器不能正常换相，$\max(I_{vY},I_{vD})=0$，保护可靠动作。

换流变阀侧短路，交流电流增大，直流电流下降或者为零，保护不动作。

4. 换流器过电流保护

换流器过电流保护用于防止换流器因过电流损坏。换流器过电流保护包括交流过电流保护和直流过电流保护，其保护判据分别为

$$\max(I_{vY},I_{vD})>I_{set} \tag{10-31}$$

和

$$I_{dH}>I_{set}\text{或 } I_{dN}>I_{set} \tag{10-32}$$

式中：I_{set} 为系统过电流保护定值。

过电流保护段数不少于过负荷段数，其动作定值不低于过负荷配合段电流值，延时定值与相应的过负荷能力配合。

5. 换流器直流差动保护

在正常运行时，直流侧高压端电流 I_{dH} 与中性母线电流 I_{dN} 几近相等，其差值为不平衡电流；在换流器区内发生接地短路时，两者电流之差为流入接地网的电流。据此可以构成反应换流器区接地短路的换流器直流差动保护，采用比率制动特性，保护的动作判据为

$$|I_{dH}-I_{dN}|>\max(I_{op.0},KI_{res}) \tag{10-33}$$

式中：$I_{op.0}$ 为最小动作电流，其整定应考虑躲过正常运行时因互感器传变误差、换流器中杂散电流等因素产生的最大不平衡电流；K 为比率制动特性的斜率；I_{res} 为制动电流，$I_{res}=(I_{dH}+I_{dN})/2$。

实际工程中的换流器直流差动保护可以设置若干段，如当满足 $I_d>0.03I_{d.n}$（$I_{d.n}$ 为直流系统额定电流）时，延时4s报警；当满足 $I_d>0.07I_{d.n}+0.2I_{res}$ 时，延时200ms跳闸；当满足 $I_d>0.4I_{d.n}+0.2I_{res}$ 时，延时5ms跳闸。

6. 换相失败保护

换相失败保护用于逆变侧换流站，在整流运行时退出该保护。根据换相失败时，交流侧电流减小，直流侧电流增大的故障特征构成保护动作判据。对于Y桥，有

$$\max(I_{dH},I_{dN})-I_{vY}>\max[I_{op.0},K\max(I_{dH},I_{dN})] \tag{10-34}$$

对于D桥，有

$$\max(I_{dH},I_{dN})-I_{vD}>\max[I_{op.0},K\max(I_{dH},I_{dN})] \tag{10-35}$$

且同时满足

$$I_{vY}<K_{rel}\max(I_{dH},I_{dN}) \tag{10-36}$$

或

$$I_{vD}<K_{rel}\max(I_{dH},I_{dN}) \tag{10-37}$$

如果不采取制动特性，$I_{op.0}$ 按躲过外部故障时的最大不平衡电流整定，可按照6.5倍额定电流时的测量误差（由测量系统厂家提供数据）并考虑一定裕度进行估算。

采用比率制动特性时，$I_{op.0}$ 按躲过正常运行时的不平衡电流整定，一般取0.1倍左右的额定电流；K 为比率制动系数，按躲过直流系统短时过负荷工况下两测量回路产生的最大不

平衡电流进行整定，一般取0.1。

式（10-36）、式（10-37）能够将换相失败故障和其他换流器的短路故障区别开，K_{rel}为可靠系数，取0.65。

在检测到交流电压低时，闭锁换相失败保护，等待交流侧故障清除后再开放保护。

7. 换流器过电压保护

常见的换流器过电压保护有直流过电压保护、交流过电压保护、换流阀电压过应力保护3种。在直流输电工程中，可同时配置上述3种保护，或配置交流过电压保护和换流阀电压过应力保护中的一种及直流过电压保护。

（1）直流过电压保护。用于检测因直流线路意外断线、逆变器非正常闭锁或控制系统故障等情况引起的过电压。保护的动作判据为

$$|U_{dL}| > U_{set} \text{ 或 } |U_{dL} - U_{dN}| > U_{set} \tag{10-38}$$

式中：U_{set}为保护动作定值。

过电压保护一般整定为Ⅰ段和Ⅱ段保护，保护动作定值U_{set}可由下式计算

$$U_{set} = K_{rel}K_{ov}(1-K_{ar})U_N \tag{10-39}$$

式中：K_{rel}为可靠系数，取1.05～1.1；K_{ov}为过电压倍数，Ⅰ段取连续过电压倍数，Ⅱ段取暂时过电压倍数；K_{ar}为测量设备百分比误差；U_N为设备的额定电压。

时间定值与系统参数设计提供的设备过电压耐受能力配合。

考虑开路试验时直流电压可能较高，保护定值整定需要考虑开路试验的过电压情况。

（2）交流过电压保护。该保护的作用是防止由于交流系统异常引起交流电压过高。保护采集换流变网侧三相交流电压，提取50Hz分量为特征量，保护的动作判据为

$$U_{ac.50Hz} > U_{set} \tag{10-40}$$

式中：U_{set}为保护动作定值，根据相关换流设备的耐受电压水平进行整定。

（3）电压应力保护。电压应力保护的作用是防止交流电压异常或分接头的错误调节等故障导致换流阀电压应力超标，避免对换流阀等设备造成危害。

对于整流侧而言，电压应力通过换流变阀侧理想空载直流电压U_{di0}来衡量，U_{di0}的计算式为

$$U_{di0} = \frac{U_{di0.N}U_{ac}}{U_{ac.N}[1+(T_{cp.N}-T_{cp})S_{tep}]} \tag{10-41}$$

式中：$U_{di0.N}$为理想空载直流电压额定值；U_{ac}为交流侧电压有效值；$U_{ac.N}$为交流电压额定值；T_{cp}为分接头挡位；$T_{cp.N}$为分接头额定挡位；S_{tep}为分接头步长。

由式（10-41）可知，U_{di0}与换流变压器网侧交流电压U_{ac}及换流变压器分接头挡位有关。变压器分接头控制的目的是维持U_{di0}或触发角α在指定的范围内。一般情况下触发角通常维持在15°±2.5°范围内，当触发角调节至12.5°以下或17.5°以上，仍未达到控制目标时，则控制换流变分接头降低或提升一挡，从而改变换流变阀侧电压，使得触发角重新恢复到15°±2.5°范围内。为了避免设备承受过高的稳态电压，当U_{di0}超过上限时，应发出禁止升换流变分接头指令。

电压应力保护通过换流变压器分接头开关控制限制阀上设备的电压，保护阀避雷器，防止换流变压器过励磁。保护根据换流器母线电压、分接头位置计算出理想空载电压U_{di0}，并在计算时考虑频率以补偿U_{di0}，避免低频时过励磁。U_{di0}超过整定值时保护启动。U_{di0}较高时

闭锁分接头开关升电压的命令，而发出降电压的命令；U_{di0} 过高时转换到冗余极控制，闭锁换流器。

8. 换流变压器阀侧中性点偏移保护

检测换流变压器阀侧三相电压，计算出零序电压，如果零序电压大于给定的定值，判断阀解锁前存在接地故障。该保护动作后，禁止解锁换流器，延时跳开交流侧断路器。该保护在换流器解锁后退出运行。

9. 直流谐波保护

直流谐波保护有 50Hz 保护和 100Hz 保护两种。50Hz 保护用于反应换相失败、换流器阀短路故障及由于触发回路故障造成的阀不正常触发等；100Hz 保护主要反应换流器交流侧故障。

保护原理通过检测直流线路中电流（I_{dH}、I_{dN} 或 I_{dL}）的谐波含量来实现，以 I_{dL} 为例，其动作判据为

$$I_{dL.50Hz} > I_{op.0.50Hz} + K_{50Hz} I_{dL} \tag{10-42}$$

$$I_{dL.100Hz} > I_{op.0.100Hz} + K_{100Hz} I_{dL} \tag{10-43}$$

式中：$I_{dL.50Hz}$、$I_{dL.100Hz}$ 分别为 I_{dL} 经相应的带通滤波器提取的 50Hz 和 100Hz 分量，取它们 1 个周期内有效值；$I_{op.0.50Hz}$、$I_{op.0.100Hz}$ 分别为这两种保护的启动值；K_{50Hz}、K_{100Hz} 分别为两种保护的浮动系数，直流线路电流越大，50Hz 和 100Hz 的谐波越大。

为了提高保护的安全性，上述判据中采用了浮动门槛。

$I_{op.0.50Hz}$ 按躲过直流电流中的最大连续 50Hz 电流或躲过交流系统暂态过程引起的 50Hz 分量进行整定。$I_{op.0.100Hz}$ 按躲过交流侧存在 0.1 倍额定电流的负序电流时在直流电流中产生的 100Hz 电流进行整定。K_{50Hz}、K_{100Hz} 一般取 0.03～0.05。

10. 换流器本体保护

（1）大触发角监视。该保护的作用是在大触发角运行时，防止主回路设备可能出现的过应力。大触发角监视功能根据阀阻尼回路、阀避雷器、阀电抗器的理论模型计算它们的应力值，包括阻尼回路损耗、阀避雷器电压、阀电抗器的温度等。当超过规定的限值时，发出大触发角监视报警信号。大角度运行且 U_{di0} 过高时，调节分接头开关来降低 U_{di0}，直到应力低于限值为止。如果分接头无挡位可调节或拒动，换流阀应力继续增加，则延时跳闸。

（2）晶闸管监视。该保护主要用来检测换流阀中阀片级的损坏数目，以保护健全阀片级的安全。对换流阀晶闸管的监视是通过电压监测（Thyristor Voltage Monitoring，TVM）单元实现的，每个晶闸管级都安装有 1 块 TVM 板，对晶闸管两端电压进行监测并产生相应的回报信号，该信号传回至阀基电子设备，并送至直流保护系统。通过 TVM 的回报信号能够检出光触发通道故障、晶闸管损坏或 TVM 板损坏。

当损坏的晶闸管数目较少时，可发出报警信号；当损坏的晶闸管达到一定数量时，闭锁换流器。

11. 换流阀触发异常保护

换流阀的触发异常包括阀误触发、丢失触发脉冲。换流器的触发系统按要求的导通间隔，向每个阀发送触发脉冲，换流阀触发异常保护通过比较触发脉冲与返回的触发信息，检测出阀在触发脉冲间隔之外触发（误触发）或在间隔之内不触发（丢失脉冲）。

检测到故障时，先切换到冗余控制系统，如果故障仍然存在，则闭锁换流器。

12. 最后断路器保护

如果高压直流输电逆变侧的换流站突然切除全部交流线路，若交流母线上无功补偿设备无法立即切除，可能会在站内交、直流设备上产生很高的过电压，威胁设备安全。因此，通常在逆变站设置最后断路器保护，以降低系统的过电压幅值和持续时间。

当最后一个交流断路器断开前，最后断路器保护动作，执行直流紧急停运（Emergency Switch Off，ESOF）程序。

13. 旁通对过负荷保护

当直流输电系统发生故障时，可以在合适的时候投入旁通对，快速释放直流线路的能量。

作为旁通对的换流阀，由正常运行时的间断导通变为连续导通，长时间运行可能会导致其过热损坏，为此配置旁通对过负荷保护。保护的动作判据为

$$I_{dH} > I_{set} \text{或} \ I_{dN} > I_{set} \tag{10-44}$$

式中：I_{set} 为整定值，可按换流阀的过负荷能力进行整定。

综上所述，换流器区保护根据保护的构成原理及其作用可分为差动保护、谐波保护、触发保护、电流保护、电压保护、换流阀本体保护以及其他一些保护，且一种保护类型一般可以保护多种故障，针对一种故障可以由多种保护类型来完成。在同一直流系统中一般没有必要配置上述所有保护类型，只需根据实际情况选取其中的一部分进行协调配合即可，但必须保证能够保护换流器区的所有故障类型，且每一故障都应有后备保护。

不同保护原理反应的故障及异常运行状态不尽相同，根据故障的性质，不同的保护采取不同的控制策略。对于严重的阀组短路故障，保护动作后需要执行单极或双极的紧急停运（ESOF）。图 10 - 28 为整流站和逆变站双极紧急停运的时序；图 10 - 29 为整流站和逆变站单极紧急停运的时序。

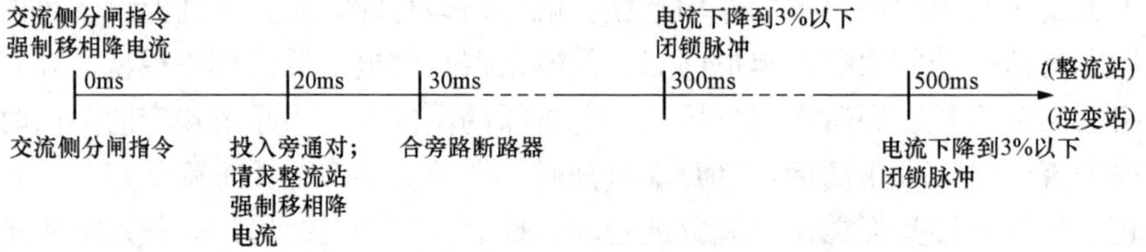

图 10 - 28　整流站和逆变站的双极紧急停运的时序

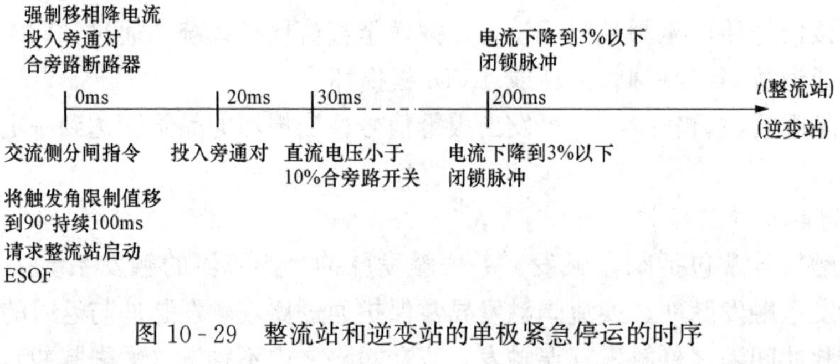

图 10 - 29　整流站和逆变站的单极紧急停运的时序

10.5 极区、双极区和直流滤波器的保护

10.5.1 极区保护

极区保护的保护范围覆盖极母线、中性母线、直流线路等区域。极区保护配置反应极短路和接地短路故障的极母线差动保护、中性母线差动保护、极差动保护和极过电流保护等，反应接地极引线开路故障的接地极引线开路保护，反应控制系统故障造成功率反向的功率反转保护，反应直流线路接地、极间故障的直流线路保护；此外，还配置中性母线开关保护。

直流输电线路保护将在 10.6 节中论述。

1. 极母线差动保护

极母线是连接换流器与直流线路的设备。极母线差动保护的保护范围覆盖从阀厅穿墙套管上的直流电流互感器至直流线路出口的直流电流互感器之间的区域。

采用比率制动特性构成电流差动保护，按 10.1.2 节规定的电流正方向，以极 1 直流母线为例，保护的动作判据为

$$|I_{dH1}-I_{dL1}|>\max(I_{op.0},KI_{res}) \tag{10-45}$$

式中：I_{res} 为制动电流，$I_{res}=\max(I_{dH1},I_{dL1})$；$K$ 为比率制动系数，其选择需要考虑躲开换流器区、直流线路区最严重故障时流过直流滤波器的电流以及两互感器对穿越电流的最大测量误差，一般取 0.2 左右；$I_{op.0}$ 为最小动作电流，主要考虑互感器传变误差、滤波器内部接地故障等因素所造成的 I_{dH1} 与 I_{dL1} 的不平衡量，一般取 0.3～0.4 倍额定电流。

整流侧极母线故障后，将有很大的故障电流流过极母线以及换流器。逆变侧极母线故障后，逆变器相当于开路，整流器会有较大的电流流过。因此，保护的动作延时一般选择得比较小，以保护直流系统的设备安全。

极母线的故障类型主要包括对地短路和对中性直流母线短路等。以整流器为例，图 10-30

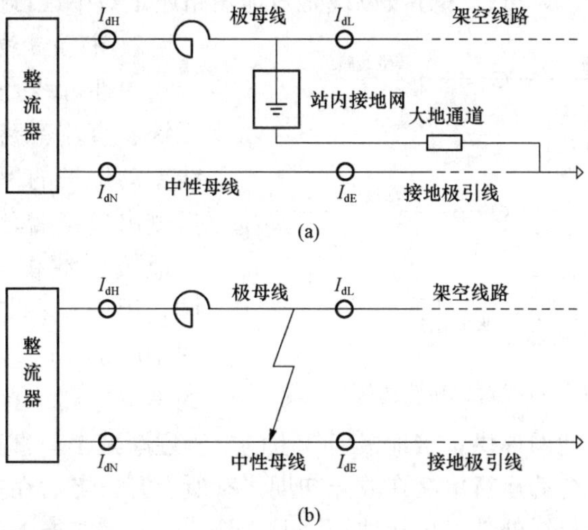

图 10-30 极母线故障时的等效电路

(a) 极母线对地短路；(b) 极母线对中性直流母线短路

所示为这两种故障的近似等效电路。两种故障的故障回路差别很小，两者具有相似的故障机理与故障规律。结合 10.4.2 节中换流器直流侧对地短路的分析，整流侧极母线对地短路的故障回路中包含平波电抗器，除此以外其与整流器直流侧出口高压端对地短路的故障回路基本相同。由于平波电抗器的作用，两种故障的发展速度将有所差异且程度会略有不同。

正常运行时，$I_{dH}=I_{dL}=I_{dN}=I_{dE}$。故障时，将有故障分量产生，且区内故障与区外故障时的故障分量方向不同。表 10-3 定性地给出了各种区内、外故障时，流过 4 个电流互感器的电流故障分量的方向及“大”“小”。“大”表示故障发生后测量电流大于正常运行时的值，“小”的含义则相反。

表 10-3　电流故障分量方向及互感器电流测量值变化规律

测量电流		极母线对地短路	极母线对中性直流母线短路	整流器直流侧出口对地短路	整流器直流侧出口对中性端短路	架空线末端对地短路
I_{dH}	故障分量方向	+	+	−	−	+
	测量值	大	大	小	小	大
I_{dL}	故障分量方向	−	−	−	−	+
	测量值	小	小	小	小	大
I_{dN}	故障分量方向	+	+	+	−	+
	测量值	大	大	大	小	大
I_{dE}	故障分量方向	+	−	+	−	+
	测量值	大	小	大	小	大

由表 10-3 可以看出：

(1) 极母线对地或对中性母线故障时，I_{dH} 增大而 I_{dL} 减小；其他故障时，I_{dH} 与 I_{dL} 均同时增大，或同时减小。据此区分极母线区内故障与区外故障。

(2) 极母线对中性母线短路时，I_{dN} 增大，I_{dE} 减小；在其他故障情况下，I_{dN} 与 I_{dE} 同时增大或同时减小。结合 (1)，可以区分极母线是对地短路还是对中性母线短路。

2. 中性母线差动保护

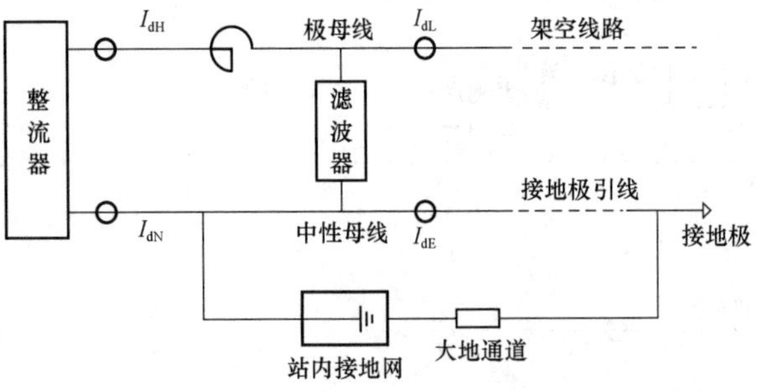

图 10-31　整流侧中性母线对地短路的等效电路

中性母线是连接换流器与接地极系统、直流旁路母线的设备。中性母线差动保护的保护范围是从换流器低压侧出口穿墙套管上的电流互感器至接地极引线侧电流互感器之间的区域，用于检测该范围内的短路故障。图 10-31 所示为中性母线对地短路时的等效电路，接地极引线被短路，电流回路通道转由站内接地网提供，接地极引线上的电流逐渐减小，直至为零；由于接地极引线电阻被短路，直流系统的运行电流在故障初期将有所上升，之后在控制系统的作用下逐渐恢复到额定值。当中性母线外部发生接地短路时，I_{dN} 与 I_{dE} 同时增大或者同时减小，两者差值很小。

以极 1 中性母线差动保护为例，保护的动作判据为

$$|I_{dN1}-I_{dE1}|>\max[I_{op.0},K\max(I_{dN1},I_{dE1})] \quad (10-46)$$

式中：K 为比率制动系数，其整定原则和极母线差动保护相同，一般取 0.2 左右；$I_{op.0}$ 为最小动作电流，一般取 0.2 倍额定电流。

中性母线对地短路后，一般不会立即对直流系统运行产生过大影响，保护动作延时可略长，但不应大于极差动保护的延时。由于极母线与中性母线短路时，也会使 I_{dN} 与 I_{dE} 产生很大的电流差值，为了保证保护的选择性，中性母线差动保护的延时大于极母线差动保护的延时。

3. 极差动保护

极差动保护的保护范围是换流器区和直流母线区，保护功能是检测该范围内的接地故障，一般作为直流场接地的总后备保护。由 I_{dL} 和 I_{dE} 作差构成动作判据，经长延时动作。以极 1 为例，采用比率制动特性的极差动保护动作判据为

$$|I_{dL1}-I_{dE1}|>\max[I_{op.0},K\max(I_{dL1},I_{dE1})] \quad (10-47)$$

式中：K 为比率制动系数，其定值整定主要考虑区内非接地故障以及区外故障时，两互感器对穿越电流的最大测量误差，一般取 0.2 左右；$I_{op.0}$ 为最小动作电流，可按式（10-48）计算。

$$I_{op.0}=K_{rel}K_{er}K_{ol}I_N \quad (10-48)$$

式中：K_{rel} 为可靠系数，取 1.3～1.5；K_{er} 为测量设备百分比误差；K_{ol} 为直流系统的最大过负荷倍数；I_N 为额定电流。

保护动作延时需要大于重叠区内所有接地保护的动作时间。

上述保护动作后，执行极紧急停运（ESOF）。

10.5.2 双极区保护

双极区是单极大地回线运行方式、单极金属回线运行方式和双极大地回线运行方式进行切换及运行的公共区域。双极区保护的范围是从中性母线开关至接地极的区域，配置的保护主要有双极中性母线差动保护、接地极引线不平衡保护、接地极引线过负荷保护、站内接地过电流保护、站内接地后备过电流保护、金属回线纵差保护、金属回线接地保护、接地阻抗监视和直流开关保护等。

1. 双极中性母线差动保护

图 10-32 中的虚框内为双极中性母线的区域，为了反应此区域内的接地短路故障，需配置双极中性母线差动保护。

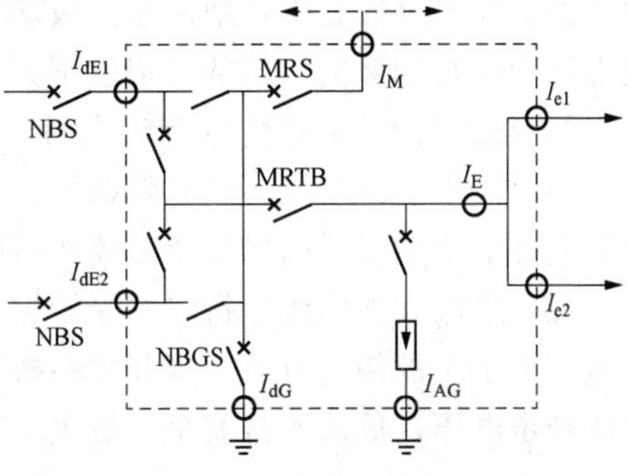

图 10-32 双极中性母线的区域

保护采用比率制动特性，其动作判据为

$$I_d>I_{op.0}+KI_{res} \quad (10-49)$$

式中：I_d 为差动电流，$I_d=|I_{dE1}-I_{dE2}-I_{e1}-I_{e2}-I_M-I_{dG}-I_{AG}|$；$I_{res}$ 为制动电流，$I_{res}=|I_{dE1}+I_{dE2}|$；$I_{op.0}$ 为最小动作电流；K 为制动特性的斜率。

保护可以设置报警段，延时跳闸段。例如：满足 $I_d>0.0375I_{d.N}$ 时，延时 2s 报警；满足 $I_d>0.05I_{d.N}+0.1I_{res}$ 时，延时 150ms 跳闸；

满足 $I_d > 0.35I_{d.N} + 0.2I_{res}$ 时，延时 5ms 跳闸。保护动作延时一方面需要小于站内接地网的过电流耐受时间，另一方面为减少瞬时性故障引起的直流系统不必要启停操作，保护的动作延时也不宜太小。

直流输电系统的运行方式不同，差动电流和制动电流的取值不同。在双极双端接地方式下，$I_M = 0$，$I_{dG} = 0$；在（极 1）单极大地回线方式下，$I_{dE2} = 0$，$I_M = 0$；在（极 1）单极金属回线方式下，$I_{e1} = 0$，$I_{e2} = 0$，$I_{dE2} = 0$。

在双极运行方式下，由于正常运行时流入接地极的电流很小，母线区发生接地短路时，也只有很小的电流流入站内大地，对直流系统的运行影响不大，因此可以只发告警信息。当双极的不平衡电流较大，达到保护动作定值后，一般有极平衡和换流器闭锁 2 个动作段。首先执行极平衡操作，以维持直流系统继续运行。在极平衡操作后，若保护仍然检测到故障存在，则闭锁双极。极平衡段的动作延时与站内接地网的过电流耐受能力相配合，闭锁段的动作延时在极平衡段的基础上进一步考虑极平衡操作所需的时间。

在单极大地回线方式下，正常运行时入地电流为额定直流电流；当双极中性母线区发生故障时，有很大的电流进入换流站的大地，形成跨步电压，威胁运行人员的生命安全，保护动作后立即发闭锁命令，执行极闭锁。

单极金属回线方式下，双极中性母线区的故障后果以及保护的动作策略，与单极大地回线方式下相似，不再赘述。

2. 接地极引线不平衡保护

在直流输电工程中，为了减小接地极引线故障对直流系统的影响，一般采用两条接地极引线并联运行的方式，在正常运行条件下，两条线路上的电流相同。当其中一根发生接地短路或者断线故障时，两条接地引线上的电流将不再相等，据此可形成接地极引线不平衡保护，其动作判据为

$$|I_{e1} - I_{e2}| > I_{set} \tag{10-50}$$

式中：I_{set} 为保护动作定值，其整定主要考虑躲开互感器的最大测量误差，可取 0.05 倍额定电流。

动作延时应考虑接地极引线的过电流耐受能力并躲开瞬时性故障的自行恢复时间。

保护动作的控制策略与直流系统的运行方式密切相关。

（1）双极运行时的保护控制策略。当双极运行的不平衡度较小时，接地极电流很小，即便一条引线开路或发生接地短路的极端情况下，非故障接地极引线电流为零，故障接地极引线电流为原来的 2 倍，但数值仍然不大，直流系统可继续运行，保护只需动作于信号。

当双极运行的不平衡电流较大时，保护动作于两个时段。Ⅰ段为极平衡，Ⅱ段为极闭锁。如果极平衡命令得不到有效执行，直流系统双极闭锁。极闭锁段的动作时间应在极平衡段的基础上增加极平衡操作所需要的时间。

（2）单极大地回线运行时的保护控制策略。单极大地回线运行时，流过每根接地极引线的电流为 1/2 的额定电流。当其中一根发生接地短路时，接地短路处流入很大的直流电流，形成跨步电压，危及人畜安全；发生一条引线开路后，另一条引线将流过全部电流，引起过电流。

保护动作于两个时段。Ⅰ段执行降功率或故障重启，其动作延时应大于瞬时性故障的自行恢复时间，小于接地极引线的过电流耐受能力；Ⅱ段执行换流器闭锁或切换到单极金属回

线方式运行，动作延时在Ⅰ段的基础上增加降功率或故障重启的时间。

3. 接地极引线过负荷保护

接地极引线过负荷保护主要用来检测接地极引线和接地极上的过电流现象，以保护设备和人身安全。其保护判据为

$$|I_{e1}| > I_{set} \tag{10-51}$$

或

$$|I_{e2}| > I_{set} \tag{10-52}$$

式中：I_{set} 为动作定值，一般取 0.75 额定电流。

由于接地极引线（接地极）的耐流能力是按照单极大地回线方式设计的。因此，当系统双极运行时若产生过电流现象，说明双极不平衡现象已异常严重，仅依靠极平衡操作难以在短时间内实现降低接地极电流的任务，因此必须立即闭锁换流器，以保护设备和人身安全。单极大地方式下，可延时请求功率回降，除了闭锁换流器外，根据需要可转换到单极金属回线方式继续运行。

4. 站内接地过电流保护

双极运行方式下，以站内接地网作为暂时的电位参考点，若两极严重不平衡时，将造成站内接地网过电流；单极金属回线运行方式下，金属线接地故障时，接地侧站内接地网流过较大电流，当中性母线区发生接地故障，也会有较大的电流经故障点流过站内接地网。

为了防止过高的电流流入站内接地网，避免站内接地网的损坏和保护运行人员的安全，配置站内接地过电流保护，通过检测流过高速接地开关的电流 I_{dG} 进行判断，保护的动作判据为

$$|I_{dG}| > I_{set} \tag{10-53}$$

式中：I_{set} 为保护动作定值，动作定值和动作延时的整定需要躲开互感器的最大测量误差并与站内接地网的过电流耐受能力相配合。

在双极运行方式下，保护动作后首先进行极平衡。经过一段时间后，若保护判据依然满足，则发闭锁信号到极控系统，闭锁直流双极。单极金属回线运行方式下，保护动作后立即闭锁直流系统，以保护接地网的安全。在实际运行中还可以增加告警段，以尽量减少在轻微故障下的启停操作。

5. 站内接地后备过电流保护

站内接地后备过电流保护的作用是避免过大接地电流流入站内接地网造成接地网的损坏，其工作原理是根据两极中性母线电流（I_{dE1}、I_{dE2}）、金属回线电流（I_M）以及接地极引线电流（I_{e1}、I_{e2}）计算流过站内接地网的电流，保护的动作判据为

$$|I_{dE1} - I_{dE2} - I_M - I_{e1} - I_{e2}| > I_{set} \tag{10-54}$$

式中：I_{set} 为保护整定值，工程中经验值可取为 100A。

6. 金属回线纵差保护

在单极金属回线运行方式下，金属回线纵差保护通过测量整流站金属回线的电流 I_{Mr} 和逆变站金属回线电流 I_{Mi} 的差值来反应金属回线接地短路故障。保护的动作判据为

$$|I_{Mr} - I_{Mi}| > \max(I_{op.0}, KI_{Mr}) \tag{10-55}$$

式中：$I_{op.0}$ 为最小动作电流，主要考虑躲过互感器的最大测量误差引起的不平衡电流；K 为比率制动系数，一般取 0.1 左右。

保护可设置告警段、故障重启段和闭锁段，它们具有不同的动作定值和动作时延。

7. 金属回线接地保护

金属回线接地保护检测站内接地开关电流（I_{dG}）和接地极电流（I_E），如果两个电流之和高于设定值，则保护动作。保护判据为

$$|I_{dG}+I_E|>I_{set} \tag{10-56}$$

式中：I_{set} 为保护定值，可由式（10 - 48）计算得到，一般取 0.05 倍额定电流。

保护动作时间需与故障后重启时间配合。

8. 接地阻抗监视

直流系统双极平衡运行时，流过接地极引线的电流为很小的不平衡电流，利用两极引线的不平衡电流不能检测接地极故障。为此可采取两种措施，一是运行人员可以通过短时调节两极电流，人为造成两极不平衡，使地极引线流过一定的电流，可定期进行接地极引线接地故障检测；二是安装独立的阻抗监视装置。

接地阻抗监视装置的工作原理是向接地极引线注入高频电流，继而通过测量该频率下的电压电流值，计算出对应的接地阻抗，该阻抗值反映了接地极引线的状况。当测量阻抗发生变化时，判定接地极引线发生了短路或开路故障。

9. 直流开关保护

直流开关是换流站的重要设备，主要用于直流输电系统运行方式切换和故障设备的隔离。直流开关设备包括：金属回线转换开关 MRTB、大地回线转换开关 MRS、高速接地开关 NBGS、中性母线开关 NBS、旁路开关 BPS（Bypass Switch，属于换流器区的设备）。由于直流系统固有的特性，直流开关设备通常安装在（双极）中性母线上，且不用来直接开断大的故障电流。

直流电流的开断需要借助过零振荡装置产生过零点，然而，开断直流电流时，储存的巨大能量释放会在回路上产生过电压，引起开关断口间的电弧重燃，以致造成开断失败。为了防止直流开关的损坏，需要配置直流开关保护，其基本原理是：当开关处于分闸位置，而继续有电流流过时，则重合该开关。

对于没有过零振荡装置的直流开关（如 BPS），其分合必须与控制保护系统配合。

10.5.3 直流滤波器保护

高压直流输电系统中的 12 脉动换流器将在直流侧产生 $12k$（k 为自然数）次谐波，直流滤波器则是滤除直流侧谐波的关键设备，它与平波电抗器共同构成换流站直流侧的谐波滤波回路。直流滤波器并联装设在极母线和中性母线（或大地）之间。直流滤波器的结构与交流滤波器类似，由电容器、电抗器和电阻元件串并联构成。直流滤波器普遍的电路结构型式包括有或无高通特性的单调谐滤波器、双调谐滤波器及三调谐滤波器。其中双调谐滤波器是常用的直流滤波器结构，可同时滤除两个特征频率谐波，具有占地面积小、投资成本低、便于维护等优点。

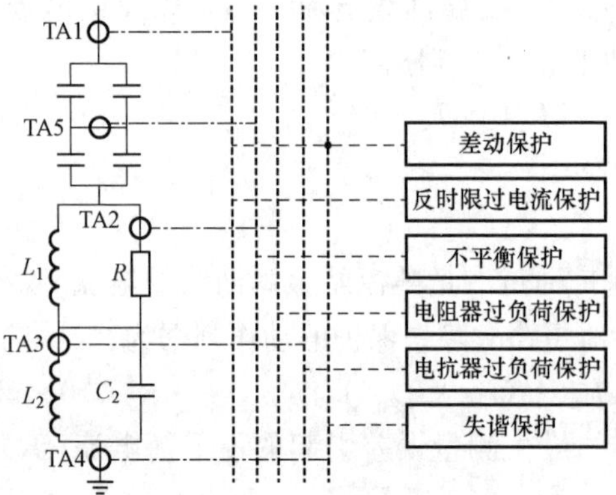

图 10 - 33　双调谐直流滤波器及其保护配置

图 10 - 33 为双调谐滤波器的结构及保护配

置示意图。直流滤波器的主保护为差动保护和电容器不平衡保护，后备保护配置有电阻器过负荷保护、电抗器过负荷保护、失谐保护等。直流滤波器保护与交流滤波器保护的基本原理大致相同。对于失谐保护，可通过检测相同型式直流滤波器的 12 次谐波电流进行失谐判断。

10.6 直流输电线路保护

受气象因素、绝缘子表面污秽或破损、绝缘老化等因素的影响，直流输电线路会发生接地故障和断线故障、金属回线接地故障、交直流线路碰线故障等。在已投运的高压直流输电工程中，一般配置行波保护和微分欠电压保护作为线路主保护，配置电流差动保护作为后备保护。其中，行波保护动作速度最快；微分欠电压保护兼做行波保护的后备保护；直流线路电流差动保护则作为行波保护及微分欠电压保护的后备保护。当系统双极运行时，对于某一极的直流输电线路保护，该极线路发生故障时属于区内故障，而对极线路、极母线区、换流器区以及交流系统故障时均属于区外故障。

10.6.1 行波保护

在 5.4 节中介绍了行波的基本理论和行波保护的基本原理。在直流线路中应用行波保护具有一定优势，没有故障初始相位的问题，不存在行波电压死区；在直流线路上发生故障时，由于两端换流站波阻抗很大，行波只在整流器和逆变器之间来回反射，有利于对行波波头进行捕捉；在直流线路外部故障时，由于换流器和平波电抗器的作用，折射到直流线路上的行波无论是幅值还是波头的陡度都大大减小。

下面对国内外高压直流输电工程中应用的两种直流线路行波保护进行介绍。

1. 电压行波保护

电压行波保护利用了直流输电线路发生故障后的电压变化量 ΔU_{dL}、电压变化率 dU_{dL}/dt 及电流变化量 ΔI_{dL} 3 个故障特征量。

(1)ΔU_{dL} 的变化规律。当直流输电系统发生短路故障时，无论是交流侧故障还是直流侧故障，无论是区内故障还是区外故障，直流电压都会迅速下降。图 10-34 为正极直流输电线路接地短路后整流侧的电压变化波形图，该结果基于 PSCAD/EMTDC 仿真（以下均采用该仿真），故障极的电压迅速下降，非故障极的电压在控制系统作用下很快回到正常值附近。利用 ΔU_{dL} 可以检测出故障的发生，作为保护的启动判据。

(2)dU_{dL}/dt 的变化规律。故障点位置的不同，dU_{dL}/dt 呈现出较大的差异。发生在交流侧和换流器区的故障，受换流变压器及平波电抗器的影响，电压变化率明显小于直流输电线路发生故障时的电压变化率。图 10-35 为正极直流线路发生故障时整流侧电压变化率的仿真波形图。当直流输电线路不同地点发生短路时，电压变化率 dU_{dL}/dt 不同，故障点越远，电压行波波头畸变程度越大，电压变化率 dU_{dL}/dt 越小。通过合理选择电压变化率的门槛值，可以判别出逆变侧平波电抗器阀侧接地故障和直流线路故障以及其他区外故障。

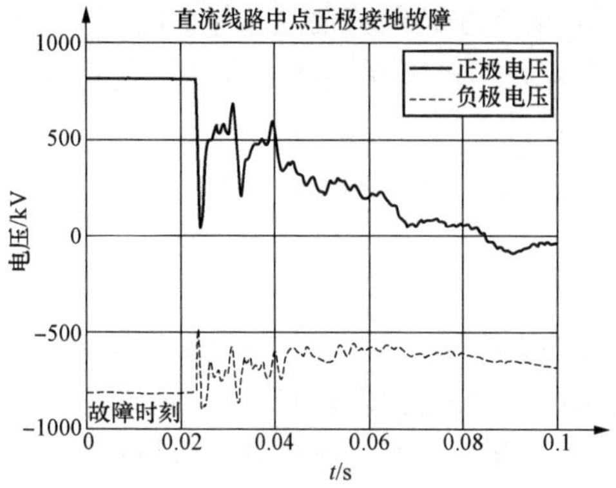

图 10 - 34　直流输电线路接地短路时的整流侧电压

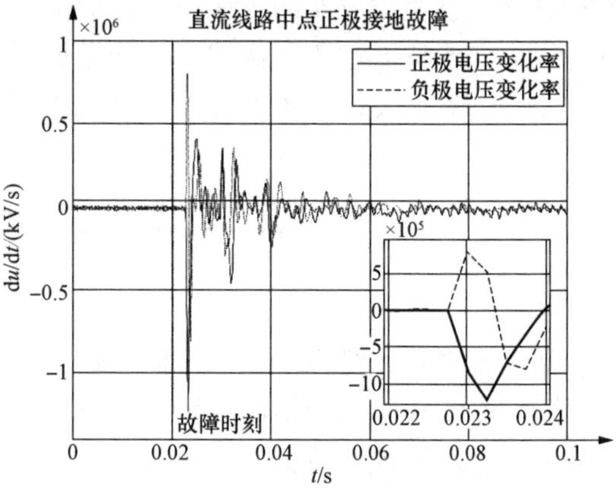

图 10 - 35　直流输电线路接地短路时的整流侧电压变化率

（3）ΔI_{dL} 的变化规律。图 10 - 36 为正极直流输电线路发生短路时的电流变化波形图，正极整流侧电流先迅速增大而后减小，短时内的峰值可以达到正常额定电流的 2～4 倍。逆变侧的线路电流由于直流滤波器和线路回路的放电作用，经过一定时间的振荡后逐渐减小为零，逆变侧换流阀电流迅速降为零；非故障极的电流在控制系统作用下逐渐回到正常值附近。当逆变侧平波电抗器阀侧发生接地故障时，整流侧线路电流与逆变侧线路电流变化规律相近。通过合理设置 ΔI_{dL} 门槛值，可以区分本极线路与对极线路上的故障。

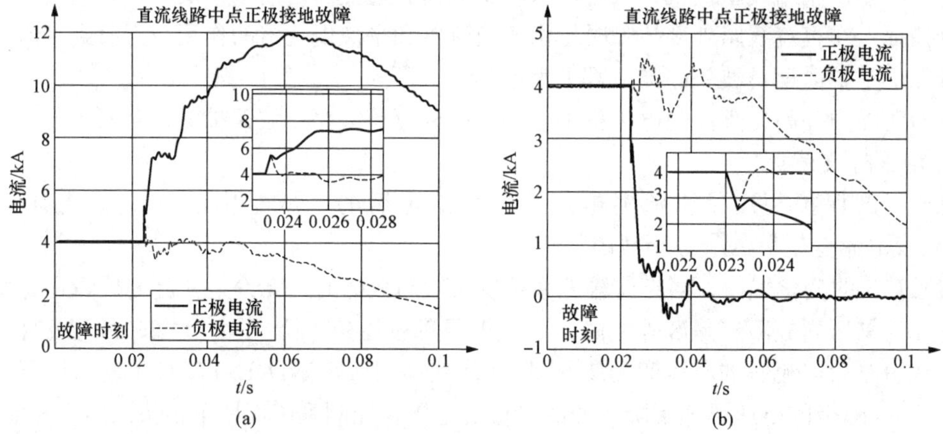

图 10 - 36　直流输电线路接地短路时的电流

（a）整流侧电流；（b）逆变侧电流

根据以上分析，电压行波保护的动作判据为

$$\begin{cases} dU_{dL}/dt > U'_{set} \\ \Delta U_{dL} > \Delta U_{set} \\ \Delta I_{dL} > \Delta I_{set} \end{cases} \tag{10 - 57}$$

式中：U'_{set} 为电压变化率判据的整定值；ΔU_{dL} 为极母线电压的变化量；ΔU_{set} 为电压变化量判据的整定值；ΔI_{dL} 为直流电流的变化量；ΔI_{set} 为电流变化量判据的整定值。

从保护的动作判据来看，该保护并没有利用故障行波，而是根据电流、电压的变化量和电压的变化率来检测出行波的波头，因此是一种波前保护。

电压行波保护逻辑框图如图10-37所示，当直流电压变化率条件满足时，出口信号被展宽6ms。在展宽期间，若电压变化量条件也满足，则输出12ms的展宽信号。在12ms的信号展宽期间，若电流判据满足，则行波保护动作。

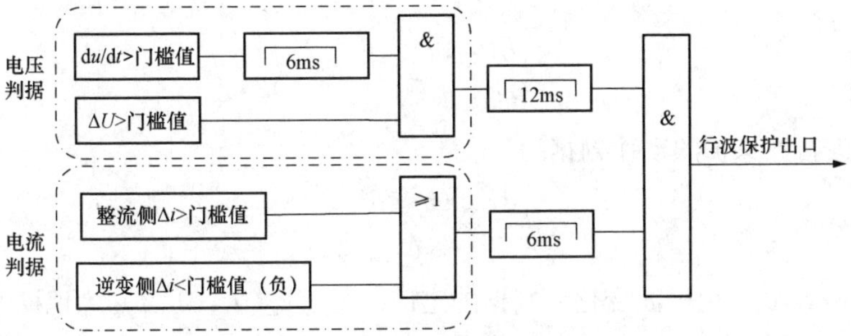

图10-37 行波保护逻辑框图

电压行波保护在整流侧、逆变侧均配置时，每侧保护的区域取线路全长的80%～90%，其优点是易区分故障区域，缺点是无法检测对侧线路出口附近的故障，需要依赖通道传输故障信号与重启指令。当只在整流侧配置保护时，保护的范围取线路全长，其优点是不依赖通道，能保证快速动作，有利于故障清除；缺点是逆变侧极母线故障时，保护会动作。

根据电压行波保护的构成原理，U'_{set} 与 ΔU_{set} 按躲过逆变侧平波电抗器阀侧接地故障整定；ΔI_{set} 按保证线路发生故障时有足够的灵敏性为原则进行整定。

2. 极波行波保护

图10-38为直流输电线路正极发生短路时的故障附加网络，L_r 为整流站的等值电抗，L_i 为逆变站的等值电抗，L_d 为线路两端安装的平波电抗器的电抗，Z_f 为直流滤波器的阻抗，U_0 为短路前故障处的直流电压，R_g 为故障点的过渡电阻。考虑到在发生接地故障后的初始行波阶段，两侧换流站的控制系统尚未响应，认为换流站等值电压源近似维持不变。

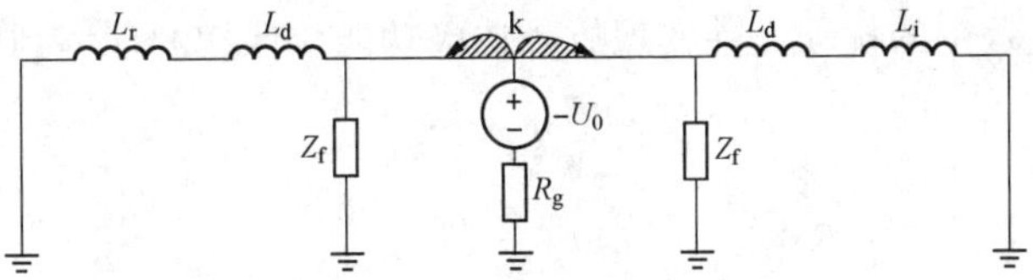

图10-38 直流输电线路接地短路时的故障附加网络

当k点发生故障时，由故障点开始，向两端换流站发出故障行波（反向行波）。根据行波理论，利用电压行波和电流行波可以计算出电压反向行波，由式（5-38）得

$$u_2\left(t+\frac{x}{u}\right)=\frac{1}{2}[u(x,t)-i(x,t)Z_c] \tag{10-58}$$

对于直流输电线路，定义极波为

$$P_1=ZI_{dL1}-U_{dL1}\text{或 }P_2=ZI_{dL2}-U_{dL2} \tag{10-59}$$

地模波为

$$G_{\text{wav}}=\frac{1}{2}[Z_{\text{g}}(I_{\text{E}}+I_{\text{C1}}+I_{\text{C2}})-(U_{\text{dL1}}+U_{\text{dL2}})] \tag{10-60}$$

式中：Z 为直流输电线路的极波阻抗；Z_{g} 为直流输电线路的地模波阻抗。

和式（10-58）相比，式（10-59）、式（10-60）的计算结果增大1倍且符号相反。

利用故障后的初始反向行波可以构成极波行波保护。正极线路极波行波保护的动作判据为

$$\begin{cases}\mathrm{d}P_1/\mathrm{d}t>P'_{1.\text{set}}\\ G_{\text{wav}}>G_{1.\text{wav.set}}\end{cases} \tag{10-61}$$

负极线路极波行波保护的动作判据为

$$\begin{cases}\mathrm{d}P_2/\mathrm{d}t<P'_{2.\text{set}}\\ G_{\text{wav}}<G_{2.\text{wav.set}}\end{cases} \tag{10-62}$$

式中：$P'_{i.\text{set}}$（$i=1,2$）为极波变化率判据的定值；$G_{i.\text{wav.set}}$（$i=1,2$）为地模波判据的定值。

根据式（10-59）、式（10-60）及故障后电气量的变化趋势可知：在极1（正极）线路发生接地短路故障时，P_1 增大，G_{wav} 增大；在极2（负极）线路发生接地短路故障时，P_2 减小，G_{wav} 减小。因此，直流系统可通过极波变化率判断线路保护区内是否发生故障，通过地模波判据进行故障选极。

考虑工程实际情况，保护定值的整定以保护线路全长为原则。根据行波理论分析得知，故障点距离保护测点越远，保护灵敏性越差，因此为了保证极波行波保护能够检测线路上所有位置的接地故障，$P'_{i.\text{set}}$ 与 $G_{\text{wav.set}}$ 应按躲过逆变侧平波电抗器阀侧接地故障和逆变侧交流开关场金属性接地故障进行整定，满足线路末端故障的最低灵敏度要求。

10.6.2 微分欠电压保护

微分欠电压保护又称为突变量保护，由微分和欠电压两种判据构成，保护只在整流侧投入。根据前面的分析可知，利用 $\mathrm{d}U_{\text{dL}}/\mathrm{d}t$ 可以检出极母线和直流线路发生的故障，欠电压判据主要是躲开运行过程中的扰动，并实现故障选极功能。保护的动作判据为

$$\begin{cases}\dfrac{\mathrm{d}U_{\text{dL}}}{\mathrm{d}t}>U'_{\text{set}}\\ |U_{\text{dL}}|<U_{\text{set}}\end{cases} \tag{10-63}$$

式中：U'_{set} 为电压变化率判据的整定值，与电压行波保护中的 U'_{set} 整定原则相同；U_{set} 为欠电压判据的整定值，按躲过另一极线路上发生故障时可能出现的电压最小值 $|U_{\text{dL}}|_{\min}$ 进行整定。

微分欠电压保护也是直流线路的主保护，兼做行波保护的后备保护，其动作时延介于行波保护的固有动作时延和电流纵差保护的动作时延之间。

微分欠电压保护范围为本极直流线路的全长，对极线路、线路两侧的末端设备（平波电抗器等）、换流器以及交流系统均属于保护范围之外。如果故障发生在逆变侧平波电抗器至逆变侧直流线路出口的电流互感器之间时，虽属于直流极母线差动保护区域，但由于其与线路末端电气距离较短，微分欠电压保护也会动作。

10.6.3　直流输电线路的其他保护

1. 纵差保护

纵差保护作为行波保护和微分欠电压保护的后备保护，主要用于检测发生于输电线路上的高阻接地故障。保护的动作判据为

$$|I_{dLr}-I_{dLi}|\geqslant I_{set} \tag{10-64}$$

式中：I_{dLr}、I_{dLi} 分别为线路整流侧和逆变侧的电流；I_{set} 为定值。

I_{set} 按躲过直流系统正常运行时两侧电流差值的最大值整定，即

$$I_{set}=K_{rel}K_{er}K_{ol}I_N \tag{10-65}$$

式中：K_{rel} 为可靠系数，取 1.3～1.5；K_{er} 是电流互感器的误差；K_{ol} 为直流系统最大过负荷倍数；I_N 为直流输电系统的额定电流。一般取 $I_{set}=(0.02\sim0.05)I_N$。

不同于交流输电线路的纵差保护，直流输电线路两端电流并没有严格的同步要求，但需要考虑对端数据传送存在的延时。另外，式（10-64）判据中没有计及暂态过程中分布电容的充放电影响，为了防止外部故障时保护误动，需要经过延时投入纵差保护，以躲过暂态过程的影响。

保护的动作逻辑为：将当前电流采样值与 65ms 前的采样值相减，若差值大于 0.2 倍额定电流，闭锁纵差保护 600ms；在闭锁过程中连续计算当前电流采样值与 65ms 前的采样值之差，如果再次有突变而满足大于 0.2 倍额定电流时，重新闭锁 600ms；闭锁结束后，判断两侧电流差流是否连续 500ms 满足纵差保护判据，若满足则纵差保护动作。

由此可见，纵差保护动作时间较长，通常作为行波保护和微分欠电压保护的后备保护，负责切除高阻接地故障。

2. 横差保护

在单极金属回线方式下投入横差保护，用于检测金属回线的接地故障。保护的动作判据为

$$|I_{dL}-I_M|\geqslant I_{set} \tag{10-66}$$

I_{set} 需躲过最大运行方式（交流系统最大运行方式，直流系统单极金属回线运行）下换相失败时流过横差继电器的最大不平衡电流。

图 10-39 为单极金属回线运行时的结构示意图，极Ⅱ为运行极，当金属回线发生接地故障时，运行极上直流线路电流、电压基本不变；金属回线两侧的直流线路电流存在差流；接地极开关闭合侧（通常是逆变侧）金属回线上的电流减小，即 $I_{Mi}<I_{dLi2}$；非接地站（通常为整流站）的金属回线电流基本不变。

基于上述分析，当金属回线发生接地故障时，接地站的横差线路保护动作。

而当极线路发生故障时，接地站侧的横差保护同样会动作。由于金属回线上的电压始终维持在较低水平，其发生接地故障时对系统的危害程度较小，所以横差保护具有较长的延时，动作时延应大于直流线路纵差保护的动作时延。

3. 低电压保护

当直流输电线路发生经过渡电阻的接地故障时，直流线路电压下降的幅值和陡度均减小，行波保护和微分欠电压保护可能拒动。由于线路电容放电和控制系统（定电流控制）的

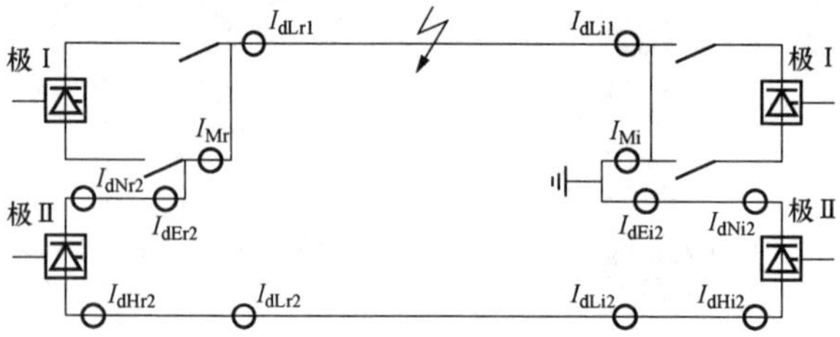

图 10 - 39 单极金属回线运行结构图

调节作用将使直流电压水平降低，为此，可配置低电压保护作为监测直流线路高阻接地故障的保护。

低电压保护的动作判据为

$$U_{dL} < U_{set} \quad (10-67)$$

式中：U_{set} 为保护的定值，一般取 0.5 倍额定电压。

当保护动作判据满足，并持续一定时间后，如果交流侧没有发生故障，也没有发生换相失败，则判断为直流线路故障。

行波保护、微分欠电压保护、纵差保护和低电压保护动作后，会执行直流线路故障重启动顺序（DC Line Fault Recovery Sequence，DFRS）：整流侧触发角移相至 90°以上，整流器进入逆变运行，将输送功率降为零，经过一定的去游离时间后，触发角移到 15°左右，如果故障已经清除，再启动逻辑将监测直流电压的建立，恢复传输功率，直流系统重新启动。如果直流电压不能建立，说明故障依然存在，再启动不成功，重新进行移相、降电流的去游离过程。再启动的次数预先设定，如第 1 次和第 2 次可以全电压再启动，第 3 次可降电压再启动，当最后一次启动不成功时，将闭锁换流器，停运直流系统。横差保护动作后，短时强制移相。

思考与练习

思考

10.1 简述常规直流输电系统一次设备的构成及其作用。

10.2 分析双极直流输电系统可能的运行方式及其特点。

10.3 简述 HVDC 工程所用直流电流互感器的种类及其工作原理。

10.4 简述分压式直流电压互感器的工作原理。

10.5 常规直流输电系统的直流部分可能发生哪些故障和异常运行状态？

10.6 交流系统的保护与直流系统的保护在清除故障方面有何不同？

10.7 直流输电系统保护的控制策略有哪些？

10.8 简述直流输电控制与保护系统的功能。

10.9 简述阀基电子设备的功能与作用。

10.10 换流变压器和普通变压器有何不同？

10.11 说明交流滤波器的保护配置。

10.12 归纳换流器差动保护组的保护种类、构成原理及其作用。

10.13 LCC12 脉动换流器的故障和异常运行状态有哪些？

10.14 何谓换相失败？说明换相失败时的故障特征。

10.15 说明换流器阀短路的故障特征、危害及换相失败保护的构成原理。

10.16 换流器的极间短路与高压端的对地短路的故障特征有何不同？

10.17 换流器配置哪些保护？它们分别反应哪些故障？

10.18　说明极母线对地短路和对中性母线短路时 I_{dH} 、I_{dL} 、I_{dN} 、I_{dE} 的变化规律。

10.19　画出双极区的原理接线，说明双极区的故障类型及保护配置。

10.20　简述直流输电线路的故障类型及电气量特征。

10.21　试述行波保护、微分欠电压保护的工作原理。

10.22　图 10-39 所示单极金属回线运行方式下，当金属回线、极线路、极母线和极中性母线发生接地短路时，分别说明直流保护中的哪些保护会动作？

拓展

10.23　建立直流输电系统仿真模型，进行直流输电线路故障仿真，根据电压行波保护工作原理，设计电压行波保护算法，进行定值整定，并验证算法的正确性。

参 考 文 献

[1] 贺家李，李永丽，董新洲，等．电力系统继电保护原理．5 版．北京：中国电力出版社，2018.
[2] 宋继成．220～500kV 变电所电气主接线设计．北京：中国电力出版社，2004.
[3] 毛锦庆．电力系统继电保护测试考核复习题解．北京：中国电力出版社，2006.
[4] 江苏省电力公司．电力系统继电保护原理与实用技术．北京：中国电力出版社，2006.
[5] 王维俭，王祥珩．大型发电机变压器内部故障分析与继电保护．北京：中国电力出版社，2006.
[6] 高春如．大型发电机组继电保护整定计算与运行技术．北京：中国电力出版社，2005.
[7] 朱声石．高压电网继电保护原理与技术．北京：中国电力出版社，2005.
[8] 许建安．继电保护整定计算．北京：中国水利水电出版社，2001.
[9] 国家电力调度通信中心．电力系统继电保护题库．北京：中国电力出版社，2008.
[10] 张保会，尹项根．电力系统继电保护．北京：中国电力出版社，2005.
[11] 杨奇逊，黄少锋．微机型继电保护基础．2 版．北京：中国电力出版社，2005.
[12] 吴必信．电力系统继电保护同步训练．北京：中国电力出版社，2003.
[13] 张举．微型机继电保护原理．北京：中国水利水电出版社，2004.
[14] 中国南方电网超高压输电公司．高压直流输电系统继电保护原理与技术［M］．北京：中国电力出版社，2013.
[15] 陶瑜．直流输电控制保护系统分析及应用［M］．北京：中国电力出版社，2015.
[16] 赵畹君．高压直流输电工程技术［M］．2 版．北京：中国电力出版社，2011.
[17] 李斌．柔性直流系统故障分析与保护［M］．北京：科学出版社，2019.
[18] 张勇军．高压直流输电原理与应用［M］．2 版．北京：清华大学出版社，2022.
[19] 戴志辉，张程，刘宁宁，等．特高压直流线路保护原理及动作策略分析［J］．电力系统自动化，2019，43（21）：1-11.
[20] 王力，黄明伟，周仕豪，等．计及保护动作与换相失败的逆变侧阀短路故障定位［J/OL］．电力自动化设备：1-13［2023-02-21］．DOI：10.16081/j.epae.202301026.
[21] 黄明伟，王力，周仕豪．基于实际控保录波的 HVDC 送端区内阀短路故障定位［J］．电力系统及其自动化学报，2023，35（01）：51-58.DOI：10.19635/j.cnki.csu-epsa.001034.
[22] 张海强，林圣，刘磊，等．基于直流差动保护动作的送端换流器接地故障定位方案［J］．电网技术，2018，42（08）：2382-2392.DOI：10.13335/j.1000-3673.pst.2018.0581.